설문지 작성법이 **추가된**

개정3판

즐거운
SPSS,
풀리는
통계학

박영사

김준우 지음

이 책에서는 독자가 직접 SPSS에 입력하고 실습할 수 있는
데이터를 본문에서 제시한다. 많은 통계책들은 데이터 파일
을 제공하지 않는다. 또 어떠한 책들은 제공된 데이터 파일들
이 CD형태로 제공되어 있다. 이런 경우들의 문제는 독자들
이 자신의 손으로 데이터를 직접 만들어 볼 기회를 박탈한다
는 것이다. 이 책의 모든 데이터 파일들은 독자들이 직접 가
지고 체험해 볼 수 있다. **머리말中**

편안하지 않은 현실에서 理想을 간직하시는 아버지와
작은 일에서 智慧를 보여 주시는 어머니께
이 책을 바칩니다.

개정 3판을 내면서

개정 3판에서는 25장이 추가되었다. 신뢰도와 타당도로 시작했다가, 설문지 작성으로 범위가 넓어졌다. 결국 이 책에서 가장 분량이 많은 장이 되어 버렸다.

신뢰도와 타당도에 대한 기존 문헌은 대부분 어렵다. 분류나 용어가 학계에서 확립되어 있지 않기 때문이다. 타당도에 대해서는 더욱 그러하다. 국내에서의 논의는 더더욱 어렵다. 신뢰도는 알파계수라는 식의 기계적 이해 때문이다.

이 책에서는 신뢰도와 타당도를 조사 과정 전반과 연결시키려 한다. 신뢰도와 타당도는, 연구자가 좋은 조사를 하는 데 도움을 줄 수 있는 원칙이다.

원칙의 강조는 또 자연스럽게 아주 구체적이고 현실적인 요령과 연결된다. 예를 들어, 왜 설문 문항을 짧게 해야 하는지 상세히 설명한다. 세심하게 이 장을 읽으면, 보통 사람들이 겪고 지나가는 많은 시행착오를 피해 나갈 수 있다.

꼭 필요한 부분은 내용이 복잡하더라도 풀어 설명한다. 신뢰도 계수 알파의 원리, 표본추출 가중치 적용, 실제 지수 구성과 같은 부분은 원리가 먼저 제시된다. 또 SPSS로 원리를 확인해본다.

부분적으로는 상세한 정보가 제공되었어도, 25장은 기초를 다룬다. 세부 개념과 상세 수식을 원할 경우에는, 다른 서적의 활용을 독자에게 권한다. 문제풀이 역시 제시되어 있지 않다. 시중에 나와 있는 사회조사분석사 자격증 대비 조사방법론 서적을 추천한다.

책의 맨 마지막에는 '난수표 亂數表 random number table'가 추가되었다. [표 13-1]에 나오는 난수표 일부가 수업시간에 간단한 실습을 해보기에 힘든 것 같아 분량을 늘렸다.

2015년 7월 15일

김 준 우

개정판 서문

개정판을 내게 된 가장 기본적인 이유는 초판보다 더 즐겁게 SPSS라는 프로그램을 가지고 통계학을 배울 수 있도록 하기 위해서이다. 이런 이유로 내용에 큰 변화가 있었다. 필요없는 부분은 과감히 버리고, 살릴 내용은 조금 더 자세하고 친절하게, 그리고 새롭게 즐거워질 수 있는 부분들을 집어넣었다. SPSS가 배우는 장난감이 될 수 있도록 최대한 노력하였다. 초판이 나온 이후, 저자는 이 교재를 가지고 수업에서 여러 가지 교육법을 활용해 보았다. 이 개정판은 그러한 수업에서의 성공과 실패가 묻어 나온다. 제18장 회귀분석에 나오는 "18.10 SPSS를 활용과 회귀분석 원리 이해"라는 절은 필자의 수업내용이 이번 개정판에 새로 들어간 대표적 부분이다. SPSS를 가지고 즐겁게 놀고 그럼으로써 통계학이 이해되는 이 책의 목표를 잘 구현하고 있다.

개정판이 지금 나오게 된 현실적 이유는, SPSS 프로그램이 최신판으로 계속 바뀌어서이다. 초판은 SPSS 12를, 이 개정판은 SPSS 19를 다루고 있다. 또 교재로서의 효용성도 높이려고 하였다. "수업시간에 혹은 나 혼자서 해보기"라는 각 장의 뒷 부분에 나오는 부분은 수업중 조별 실습이나 개별 실습으로 활용할 수 있다. 물론 독학으로 공부하는 학생들에게도 한번 생각해보거나 실제로 연습해 볼 수 있는 좋은 기회를 제공한다. 강의에 활용할 수 있는 파워포인트 파일 역시 이전보다 자세히 작성하여 박영사 홈페이지 ≪http://www.pakyoungsa.co.kr/≫ 자료실에 올려두었다.

한국산업인력공단에서 실시하는 사회조사분석사 시험의 기출문제가 해당되는 장 마지막에 "문제 풀기"로 추가된 것도 개정판에서 달라진 점이다. 학생들의 취업에 실질적 도움을 주기 위해, 이 자격증의 취득을 적극 권장해 왔던 저자가 수업시간에 했던 문제풀이 과정이 정답과 함께 책 제일 마지막 부분에 풀이 과정을 소개하였다. 이론적인 풀이가 아닌, 간단한 예를 사용하는 직관적인 풀이를 심기 위해 노력하였다. 다른 강의자가 시험을 내는 경우

나 독학으로 공부하는 학생이 자신의 실력을 확인해보고 싶을 때에도 유용할 것이다.

　로지스틱 회귀분석이라는 새로운 장이 추가되었다. 간단한 소개에 머물지만, 기본 개념은 쉽고 명확하게 이해할 수 있도록 상당한 분량을 할애하였다.

　이렇게 개정판을 낼 수 있는 기회가 주어진 것에 감사한다. 박영사 기획마케팅부 김중용 차장님과 편집부 우석진 부장님이 개정판 출간을 실질적으로 가능하게 해 주셨다. 영광본당의 최상준 유스티노 신부님과 전남대 사회학과 최석만 선생님은 이 개정판을 내는 시간 동안 큰 힘이 되어 주셨다. 고향 대구에서 자주 만나 이야기를 나누는 친구 박재영과 정우철에게도 고마움을 전한다.

2012년 8월

김　준　우

책을 내면서

SPSS는 사용하기 쉽다. 하지만 사실 중요한 것은 통계학의 원리를 이해하고, 자신이 어떤 통계기법을 필요로 하는지 알고 SPSS를 사용하여 필요한 결과를 도출해 내고, 또 결과에 대한 제대로 된 해석을 하는 것이다. 이 책은 이러한 중요한 점들을 모두 짚어 나간다.

이 책은 "SPSS를 활용해서 만든 쉬우면서도 깊이가 있는 통계학"이다. 이 책은 기존 SPSS 교재와는 달리 파일을 열고 저장하며, 또 인쇄하는 것 같은 기본적인 사항은 반복적으로 다루지 않는다. 이 책의 초점은 SPSS의 전체적 구조를 이해하고, 또 혼자서 배우기 힘든 부분들을 하나씩 살펴주는 것을 목적으로 한다. SPSS를 실질적으로 잘 활용할 수 있는 노하우를 전달하는 것도 목적 중 하나이다. 따라서 다른 일반적인 SPSS 매뉴얼과는 달리 단순하고 쉬운 부분은 과감히 생략하였다. 대신 실제로 유용하게 사용할 수 있는 부분은 원리와 연결하여 상당히 상세하게 설명하였다.

이 책과 같이 SPSS를 사용하여 통계학의 원리를 깨우쳐 가는 시도는 많지 않았다. 외국의 경우 인터넷을 이용한 단계별 수업자료가 가끔씩 있긴 하지만, 단순한 적용이 보통이다. 이 책에서는 어려워 보이는 통계공식을 SPSS 활용을 통해 하나하나 쉽게 풀어서 분해해 보는 과정을 거친다.

이 책에서는 독자가 직접 SPSS에 입력하고 실습할 수 있는 데이터를 본문에서 제시한다. 많은 통계책들은 데이터 파일을 제공하지 않는다. 또 어떠한 책들은 제공된 데이터 파일들이 CD 형태로 제공되어 있다. 이런 경우들의 문제는 독자들이 자신의 손으로 데이터를 직접 만들어 볼 기회를 박탈한다는 것이다. 이 책의 모든 데이터 파일들은 독자들이 직접 가지고 체험해 볼 수 있다.

많은 분야의 실무인 및 전공자가 이 책을 유용하게 사용할 수 있다. 설문조사를 많이 쓰는 사회학·행정학·경영학·사회복지·정치학 등의 분야를 위해 회귀분석이 집중적으로 다루어졌다. 실험을 주로 다루는 심리학·생

물학·공학·의학 등의 분야의 적용을 돕기 위해 분산분석의 원리를 상세하
게 설명하였다.

강의실·공부방·실험실 등 많은 곳에서 이 책은 활용될 수 있다. 이 책
의 집필내용이 저자의 강의수업결과를 반영하기 때문에 강의교재용으로도
적합하다. 원리이해와 SPSS 실습 두 가지 모두가 충족되는 장점이 있다. 강
의용으로 사용할 때는 전체내용을 다 다루려면 2학기, 뒤쪽 부분을 생략한다
면 1학기가 적합할 것이다. 좀더 상세한 수식·내용·문제풀이를 원하는 강
의자에게는 이 책과 더불어 "김영채·김준우,「사회과학의 현대통계학」(개정
3판, 박영사, 2005)"을 권하고 싶다.

혼자서 이 책을 사용하는 분들에게는 가능한 처음부터 읽어 나가기를
권하고 싶다. 이는 앞서 설명된 부분을 저자가 반복해서 설명하지는 않기 때
문이다. 특히 통계에 대한 지식이 전혀 없는 분들은 최소한 평균비교와 관련
된 부분까지는 순서대로 차근하게 읽어 나가시기를 권한다. 이 부분들은 논
리적으로 아주 연결되어 있기 때문에 앞부분 하나를 생략하면 뒷부분이 쉽
게 이해되지 않는다.

"사회조사분석사" 자격증을 준비하는 분들에게 이 책은 큰 도움이 될
것이라고 생각한다. 이 책은 특히 사회조사분석사 통계학 실기시험을 준비하
는 데 좋은 도구역할을 할 수 있을 것이다. 이 책의 내용과 마찬가지로 실기
시험은 실제로 SPSS를 활용하고, 그 결과를 해석하는 데 중점을 두고 있다.

이 책을 펴내면서 가장 먼저 떠오른 이들은 저자의 수업을 들었던 전남
대학교 학생들이다. 저자는 학생들에게 지식을 숟가락으로 떠먹이지 않으려
고 부단히 노력해 왔다. 수업에 먼저 책을 읽고, 자신의 생각을 써오게 하였
다. 강의의 많은 부분도 학생들이 조를 짜서 담당하게 하였다. 익숙하지 않
은 학습방법과 많은 학습량에도 불구하고 자신들의 잠재능력을 보여 주곤
했던 학생들에게 고마움을 전한다. 이 책은 저자와 학생들의 대화록이라고
할 수 있다.

많은 분들이 이 책의 집필과정에 직·간접적으로 도와 주셨다. 분산분석
부분에 대한 조언을 주신 전남대학교 심리학과 한규석 교수님의 도움이 아니
었다면, 이 책의 가치는 지금의 형태보다 훨씬 줄어들었을 것이다. 책제목

앞부분을 지어 준 전남대학교 사회학과 문장웅 학생과 뒷부분을 채워 주신 전남대학교 정치외교학과 김용철 교수님께 감사의 마음을 전한다. 전남대학교 사회과학대학 많은 선생님들의 격려는 큰 동기부여가 되었다. 실제 출판을 가능하게 해 주신 박영사의 이구만 부장님과 꼼꼼하게 편집을 해 주신 이일성 편집위원님께도 감사함을 전한다.

　　일상의 의미를 찾게 해 주는 가족들에게도 감사하고 싶다. 특히 아내의 이해와 딸의 웃음은 이 책을 끝낼 수 있는 힘이 되었다.

2006. 12. 5

김　준　우

목 차

제 1 장 거짓말과 통계

1.1 현실에서의 첫 번째 '거짓말?' ·· 2

1.2 현실에서의 두 번째 '거짓말?' ·· 3

1.3 일상생활 속에 있는 통계 거짓말 찾아내기 ···························· 9

제 2 장 SPSS에서 데이터 입력과 관리

2.1 데이터 파일의 작성 · 수정 ·· 13

2.2 데이터 보기, 변수 보기, 변수값 설명 ···································· 15

2.3 케이스 선택 ··· 19

2.4 변수계산 · 코딩 변경 ··· 22

2.5 코딩 변경 ·· 24

2.6 파일 합치기 ··· 30

    2.6.1 파일 합치기 : 케 이 스   30

    2.6.2 파일 합치기 : 변   수   36

제 3 장 다른 형태 파일 가져오기(Excel · 텍스트 · 한글)

3.1 Excel 파일 가져오기 ·· 45

3.2 텍스트 파일 · 한글 파일 가져오기 : '구분자에 의한 배열' ······ 48

3.3 텍스트 파일 · 한글 파일 가져오기 : '고정 너비로 배열' ········· 52

제 4 장 변수의 이해 : 측정수준

4.1 측정수준 ··· 59
    4.1.1 명목척도　　60
    4.1.2 서열척도　　61
    4.1.3 등간척도　　61
    4.1.4 비율척도　　62
4.2 측정수준의 의미 ··· 63

제 5 장 기술통계 : 케이스 요약 · 빈도분석 · 교차표 · 다중응답

5.1 케이스 요약 ··· 69
5.2 빈도분석 ··· 73
5.3 교 차 표 ··· 78
5.4 다중응답(Multiple Response)의 입력과 기술 ················· 85
    5.4.1 이분형 다중응답　　86
    5.4.2 범주형 다중응답　　91

제 6 장 기술통계 : 막대도표

6.1 각 케이스의 값 ··· 99
    6.1.1 각 케이스의 값 : 단 순　　99
    6.1.2 각 케이스의 값 : 수평누적　　101
    6.1.3 '각 케이스의 값' 막대도표 작성시 주의할 점　　103
6.2 케이스 집단들의 요약값 ··· 106
    6.2.1 케이스 집단들의 요약값 : 단 순　　106
    6.2.2 케이스 집단들의 요약값 : 수평누적　　108

6.2.3 케이스 집단들의 요약값 : 수직누적　110

6.2.4 '케이스 집단들의 요약값' 막대도표 작성시 주의사항　112

6.3 개별 변수의 요약값 ·· 115

6.3.1 개별 변수의 요약값 : 단　순　116

6.3.2 개별 변수의 요약값 : 수평누적　118

6.3.3 '개별 변수의 요약값' 막대도표 작성시 주의사항　120

제 7 장　기술통계 : 원도표 · 히스토그램 · 선도표

7.1 원 도 표 ··· 128

7.2 히스토그램 ··· 129

7.3 선 도 표 ··· 133

제 8 장　그래프의 편집, 거짓말과 참말

8.1 그래프를 이용한 거짓말의 창조 ······························ 137

8.2 막대그래프의 편집 ·· 148

제 9 장　중심경향 : 평균 · 최빈값 · 중위수

9.1 평　　균 ··· 160

9.2 중 위 수 ··· 162

9.3 최 빈 값 ··· 166

9.4 SPSS에서 중심경향 구하기 ·································· 167

9.5 평균 · 중위수 · 최빈값의 관계 ······························· 169

9.5.1 평균＝중위수＝최빈값　169

9.5.2 평균＞중위수＞최빈값　171

9.5.3 최빈값>중위수>평균   173

제10장 산포도 : 범위 · 분산 · 표준편차

10.1 최소값 · 최대값 · 범위 ··· 179

10.2 사분위수 범위 ·· 182

10.3 분산과 표준편차 : 원리의 이해 ··· 185

10.4 분산과 표준편차 : 차이의 제곱 ··· 189

10.5 분산과 표준편차 : $n-1$ ··· 191

제11장 확률분포

11.1 확률이란? ··· 195

11.2 이산확률분포와 연속확률분포 ·· 198

11.3 확률과 실제의 차이 ·· 204

11.4 확률의 계산 ··· 206

제12장 정규분포

12.1 정규분포의 정의와 특성 ·· 215

12.2 정규분포의 면적 : 68% · 95%의 법칙 ·· 219

12.3 표준정규분포 ·· 221

12.4 SPSS 활용 : 표준점수 · 정규분포곡선 ······································· 226

12.5 정규분포 vs 비정규분포 : 첨도 · 왜도 ······································ 230

12.6 정규분포 vs 비정규분포 : Kolmogorov-Smirnov test, Shapiro-Wilk
      Test ··· 234

제13장 추리통계 : 모집단 · 표본 · 무작위표본추출

13.1 모집단과 표본 ·· 244

13.2 왜 추리통계? ·· 246

13.3 무작위표본추출 ·· 251

제14장 중심극한정리

14.1 표본평균들의 분포 ··· 260

14.2 중심극한정리의 정의 ·· 264

14.3 표본평균들의 분포를 실제로 구해 보기 ······························ 266

14.4 표본평균들의 분포를 실제로 구해보기 두 번째 ················· 272

14.5 왜 표본분포는 더 평균근처에 집중되나? ··························· 276

제15장 신뢰구간

15.1 신뢰구간의 이해 : 동전던지기 ··· 290

15.2 신뢰구간의 이해 : 활쏘기 ·· 292

15.3 신뢰구간의 계산 ··· 296

15.4 신뢰구간을 실제로 만들어 보기 : $n=25$ ···························· 300

15.5 신뢰구간을 실제로 만들어 보기 : $n=100$ ·························· 307

15.6 신뢰구간에서 표본크기 n의 결정 ·· 309

15.7 신뢰구간에서 표본크기 n의 결정 : 모집단비율의 추정 ······ 311

15.8 잘못된(?) 신뢰구간 : 비확률표집과 신뢰구간 ··················· 313

제16장   가설검정

16.1 가설검정의 원리이해 : 동전던지기 ·· 322
16.2 가설검정의 원리이해 : 판사의 판결 ·· 325
16.3 평균추정 ··· 327
16.4 가설검정의 실제 : 단측검정 ··· 334

제17장   평균의 차이

17.1 독립표본 T-검정 : 논리의 이해 ··· 343
17.2 독립표본 T-검정 : 평균차이의 산포도 ································· 345
17.3 독립표본 T-검정 : 실제로 해 보기 ······································· 348

제18장   회귀분석

18.1   회귀분석의 효용성 ··· 360
18.2   회귀분석의 이해 : 모집단과 표본, 회귀식 ··························· 361
18.3   최소제곱선(least square line)으로서의 회귀선 ················· 364
18.4   SPSS로 회귀선 그리기 : 단순산점도의 작성 ······················ 367
18.5   SPSS로 회귀식 구하기 ··· 371
18.6   기울기 b에 대한 가설검정 ·· 373
18.7   결정계수 R^2의 이해와 분산분석 ··· 377
18.8   증명 "$TSS=SSE+RSS$" ··· 380
18.9   선형회귀분석의 가정 ··· 383
18.10 SPSS의 활용과 회귀분석 원리 이해 ··· 384

　　　18.10.1 최소제곱선　384

　　　18.10.2 TSS＝SSE＋RSS　393

18.11 다중회귀분석의 이해 ·· 407

18.12 다중회귀분석에서의 3차원 산점도 그리기 ····················· 410

　　　18.12.1 SPSS로 회귀식 활용하기　415

18.13 다중회귀분석에서 회귀면 · R^2 · 기울기 ························· 420

제19장　상관분석

19.1 공분산과 상관분석의 이해 ·· 430

19.2 산점도를 이용한 상관분석의 이해 ···································· 435

19.3 SPSS의 활용과 상관분석 원리 이해 ·································· 440

19.4 상관계수의 성격 ··· 449

제20장　분산분석

20.1 분산분석의 이해 ··· 457

20.2 $TSS＝BSS＋WSS$ ··· 459

20.3 SPSS로 실제 계산해보기 : $TSS＝BSS＋WSS$ ··················· 462

20.4 $MSB · MSW$ ·· 469

20.5 모분산의 불편추정치 : MSW ··· 471

20.6 모분산의 불편추정치 : MSB ·· 472

20.7 F값의 이해와 분산분석에의 적용 : $F＝MSB/MSW$ ··········· 474

20.8 SPSS 분산분석결과의 이해 ··· 477

20.9 대　　비(contrast) ··· 482

20.10 사후분석(post hoc analysis) ·· 487

20.11 분산분석의 가정 ··· 489

제21장 카이 제곱(χ^2) 분석

21.1 카이 제곱의 계산 ··· 499
21.2 카이 제곱 분석 : SPSS 활용과 출력결과 ·· 501
21.3 카이 제곱 분석에 있어서 유의점 ··· 506

제22장 이원분산분석

22.1 상호 작용 ··· 514
22.2 제곱합의 계산 ··· 517
22.3 이원분산분석과 SPSS 활용 ·· 531
22.4 프로파일 도표의 편집 ··· 536

제23장 회귀분석의 확장 : 공선성·상호 작용·가변수

23.1 공선성의 개념 ·· 541
23.2 공선성의 실제 예 ·· 543
23.3 공선성의 진단 ·· 549
23.4 공선성의 대응방안 ·· 554
23.5 회귀분석에서 상호 작용 ·· 554
23.6 가변수의 의미와 가변수를 포함하는 회귀식 ····························· 559
23.7 가변수의 효과측정 ·· 564

제24장 로지스틱 회귀분석의 소개

24.1 로지스틱 회귀분석 공식 ·· 571

24.2 SPSS를 활용하여 확률을 직접 구해보기 ····················· 575

24.3 선형회귀분석을 쓰지 않는 이유 ································· 579

24.4 로지스틱 회귀분석에서 기울기의 의미 ····················· 584

24.5 로짓(logit)과 확률(p)과의 관계 ······························ 586

24.6 로짓과 기울기 다시 살펴보기 ································· 592

24.7 오즈(odds)의 이해 ·· 595

24.8 오즈(odds)와 기울기 ·· 597

제25장 신뢰도, 타당도, 그리고 현실에서의 설문조사

25.1 일관성으로서 신뢰도 ··· 603

25.2 정확성으로서 타당도 ··· 605

25.3 좋은 설문 만들기 ··· 606

    25.3.1 재미의 추구와 질문던지기 606

    25.3.2 실용적 글쓰기로서 설문지 초안 611

    25.3.3 하나의 질문으로 묻기 어려울 때는 지수를 활용 622

    25.3.4 사전조사와 설문지 수정 627

    25.3.5 현실을 반영하는 표본 선정 631

25.4 신뢰도의 측정 ·· 655

    25.4.1 재검사법 655

    25.4.2 동형검사 656

    25.4.3 반분법 657

    25.4.4 Cronbach α의 계산과 그 의미 657

    25.4.5 반분법과 Cronbach α 659

25.5 타당도의 측정 ·· 662

25.5.1 액면 타당도 662

25.5.2 내용 타당도 664

25.5.3 기준 타당도 665

부록 ·· 669

참고문헌 ··· 673

색　인(국문색인 · 영문색인) ·· 675

그림 목차

[그림 1-1]   부동산세금변화 사례 : 조선일보 기사 ··· 4
[그림 1-2]   취득등록세 SPSS 막대도표 ··· 7
[그림 1-3]   보유세 SPSS 막대도표 ·· 7
[그림 1-4]   양도세 SPSS 막대도표 ·· 8

[그림 2-1]   데이터 편집기 화면 ·· 14
[그림 2-2]   자료입력 화면 ·· 14
[그림 2-3]   데이터 보기 화면 ··· 15
[그림 2-4]   변수보기 화면 ·· 16
[그림 2-5]   변수값 설정 ··· 17
[그림 2-6]   변수값 설명 보기 실행 ··· 18
[그림 2-7]   변수값 보기 화면 ··· 19
[그림 2-8]   케이스 선택 ··· 20
[그림 2-9]   케이스 선택 조건 ··· 21
[그림 2-10]   남자 케이스 선택 ··· 22
[그림 2-11]   변수계산 데이터 ·· 23
[그림 2-12]   변수계산 ·· 23
[그림 2-13]   표준체중이 계산된 변수가 추가된 데이터 ·· 24
[그림 2-14]   비만도 변수계산 ·· 25
[그림 2-15]   코딩변경 데이터 ·· 25
[그림 2-16]   새로운 변수로 코딩변경 ·· 27
[그림 2-17]   코딩변경 기존값 및 새로운 값 ··· 28
[그림 2-18]   비만도 판정 변수가 추가된 데이터 ·· 28
[그림 2-19]   비만도 판정 변수값 설명 ·· 29
[그림 2-20]   비만도 판정 변수가 추가된 데이터의 변수값 설명 보기 ················ 29
[그림 2-21]   케이스 합치기 작업파일 데이터 ··· 31
[그림 2-22]   케이스 합치기 외부파일 데이터 ··· 31
[그림 2-23]   케이스 추가 파일 합치기 ·· 32
[그림 2-24]   케이스 추가 : 파일 읽기 ·· 32

[그림 2-25]   파일합치기 케이스 추가 ·· 33
[그림 2-26]   대응되지 않은 변수 옮기기 ·· 34
[그림 2-27]   합쳐진 파일 데이터 ·· 35
[그림 2-28]   두 파일 모두 열려 있을 경우의 케이스 추가 ·············· 35
[그림 2-29]   변수합치기 작업파일 데이터 ·· 36
[그림 2-30]   변수합치기 외부파일 데이터 ·· 37
[그림 2-31]   변수추가 파일 합치기 ·· 37
[그림 2-32]   변수추가 파일읽기 ·· 38
[그림 2-33]   파일합치기 변수추가 ·· 38
[그림 2-34]   파일합치기 변수추가 일련번호 이름변경 ······················ 39
[그림 2-35]   파일합치기 변수추가 이름변경이 된 상태 ···················· 39
[그림 2-36]   파일합치기 변수추가된 데이터 ·· 40

[그림 3-1]   Excel 데이터 파일 ·· 46
[그림 3-2]   Excel 데이터 소스 열기 ·· 47
[그림 3-3]   Excel에서 SPSS로 바꾸어진 파일 ···································· 47
[그림 3-4]   콤마 구분자로 배열된 한글파일 ·· 48
[그림 3-5]   구분자 텍스트 가져오기 마법사 1단계 ···························· 49
[그림 3-6]   구분자 텍스트 가져오기 마법사 2단계 ···························· 50
[그림 3-7]   구분자 텍스트 가져오기 마법사 3단계 ···························· 51
[그림 3-8]   구분자 텍스트 가져오기 마법사 4단계 ···························· 52
[그림 3-9]   고정너비 텍스트 파일 ·· 53
[그림 3-10]   고정너비 텍스트 가져오기 마법사 1단계 ························ 53
[그림 3-11]   고정너비 텍스트 가져오기 마법사 2단계 ························ 54
[그림 3-12]   고정너비 텍스트 가져오기 마법사 3단계 ························ 55
[그림 3-13]   고정너비 텍스트 가져오기 마법사 4단계 ························ 56
[그림 3-14]   고정너비 텍스트 가져오기 마법사 5단계 ························ 56
[그림 3-15]   고정너비 텍스트 가져오기 마법사 6단계 ························ 57

[그림 5-1]   케이스 요약 데이터 ·· 70
[그림 5-2]   케이스 요약 ·· 70
[그림 5-3]   "성별"을 집단변수로 둔 케이스 요약 ································ 72
[그림 5-4]   빈도분석 데이터 ·· 74
[그림 5-5]   적절하지 않은 빈도분석 ·· 74

[그림 5-6]   적절한 빈도분석 ··· 76
[그림 5-7]   교차표 데이터 ··· 79
[그림 5-8]   교차분석 ··· 79
[그림 5-9]   이성친구가 레이어로 들어간 교차분석 ····················· 80
[그림 5-10] 부적절한 교차분석 ··· 82
[그림 5-11] 교차분석에서 셀 ··· 83
[그림 5-12] 교차분석 셀 출력 ·· 84
[그림 5-13] 이분형 다중응답 데이터 ······································· 88
[그림 5-14] 이분형 다중응답 변수군 정의 ·································· 88
[그림 5-15] 다중응답 변수군 정의의 완료 ·································· 89
[그림 5-16] 이분형 다중응답 빈도분석 ····································· 89
[그림 5-17] 범주형 다중응답 데이터 ······································· 93
[그림 5-18] 범주형 다중응답 변수군 정의 ·································· 93
[그림 5-19] 범주형 다중응답 변수군 정의의 완료 ························ 94
[그림 5-20] 범주형 다중응답 빈도분석 ····································· 95

[그림 6-1]   막대도표 데이터 ·· 98
[그림 6-2]   단순막대도표 ··· 99
[그림 6-3]   단순막대도표 정의 : 각 케이스의 값 ························· 100
[그림 6-4]   단순 막대도표 각 케이스의 값 출력결과 ····················· 101
[그림 6-5]   수평누적막대도표 정의 : 각 케이스의 값 ····················· 101
[그림 6-6]   수평누적막대도표 정의 : 각 케이스의 값 ····················· 102
[그림 6-7]   수평누적 막대도표 출력결과 ·································· 102
[그림 6-8]   부적절한 예 : 각 케이스의 값 단순막대도표 정의 ············· 103
[그림 6-9]   부적절한 예 : 각 케이스의 값 단순막대도표 출력결과 ········· 104
[그림 6-10] 틀린 예 : 각 케이스의 값 수평누적막대도표 정의 ············· 105
[그림 6-11] 틀린 예 : 각 케이스의 값 수평누적막대도표 출력결과 ········· 105
[그림 6-12] 단순막대도표 : 케이스 집단들의 요약값 ····················· 106
[그림 6-13] 단순막대도표 정의 : 케이스집단들의 요약값 ················· 107
[그림 6-14] 단순막대도표 : 케이스 집단들의 요약값 출력결과 ············ 108
[그림 6-15] 수평누적 막대도표 : 케이스 집단들의 요약값 ················ 109
[그림 6-16] 수평누적막대도표 정의 : 케이스 집단들의 요약값 ············ 109
[그림 6-17] 수평누적막대도표 : 케이스 집단들의 요약값 출력결과 ········ 110

[그림 6-18] 수직누적 막대도표 : 각 케이스의 값 ··· 111
[그림 6-19] 수직누적막대도표 : 케이스 집단들의 요약값 ······························· 111
[그림 6-20] 수직누적막대도표 : 케이스 집단들의 요약값 출력결과 ············· 112
[그림 6-21] 부적절한 단순막대도표 ··· 113
[그림 6-22] 부적절한 단순막대도표 정의 : 케이스 집단들의 요약값 ············ 113
[그림 6-23] 부적절한 단순막대도표 : 케이스 집단들의 요약값 ···················· 114
[그림 6-24] 적절한 단순막대도표 정의 : 케이스 집단들의 요약값 ················ 114
[그림 6-25] 적절한 단순막대도표 : 케이스 집단들의 요약값 ························· 115
[그림 6-26] 단순막대도표 : 개별 변수의 요약값 ··· 116
[그림 6-27] 단순막대도표 정의 : 개별 변수의 요약값 ···································· 117
[그림 6-28] 단순막대도표 정의 : 개별 변수의 요약값 요약함수 ··················· 117
[그림 6-29] 단순막대도표 개별변수의 요약값 출력결과 ································· 118
[그림 6-30] 수평누적막대도표 : 개별 변수의 요약값 ······································ 119
[그림 6-31] 수평누적막대도표 정의 : 개별 변수의 요약값 ··························· 119
[그림 6-32] 수평누적막대도표 : 개별 변수의 요약값 출력결과 ····················· 120
[그림 6-33] 부적절한 막대도표 : 개별 변수의 요약값 ···································· 121
[그림 6-34] 부적절한 막대도표 정의 처음 화면 : 개별 변수의 요약값 ·········· 122
[그림 6-35] 부적절한 개별 변수 요약값 막대도표에서 통계량 선택 ············· 122
[그림 6-36] 부적절한 막대도표의 정의 두 번째 화면 : 개별 변수의 요약값 ·········· 123
[그림 6-37] 부적절한 막대도표 출력결과 : 개별 변수의 요약값 ··················· 123
[그림 6-38] 부적절한 수직누적막대도표 : 개별 변수의 요약값 ····················· 124
[그림 6-39] 부적절한 수직누적막대도표 징의 : 개별 변수의 요약값 ············· 124
[그림 6-40] 부적절한 수직누적막대도표 : 개별 변수의 요약값 ····················· 125

[그림 7-1]   원도표 히스토그램 선도표 데이터 ·· 127
[그림 7-2]   원도표 ··· 128
[그림 7-3]   원도표 : 케이스 집단들의 요약값 ·· 128
[그림 7-4]   원도표 : 출력결과 ·· 129
[그림 7-5]   단순막대도표 : 케이스 집단들의 요약값 ····································· 130
[그림 7-6]   막대도표와 히스토그램의 비교 : 막대도표 ································· 130
[그림 7-7]   막대도표와 히스토그램의 비교 : 막대도표출력 ··························· 131
[그림 7-8]   막대도표와 히스토그램의 비교 : 히스토그램 ······························ 131
[그림 7-9]   막대도표와 히스토그램의 비교 : 히스토그램 출력 ····················· 132

[그림 7-10] 선도표 ·· 133
[그림 7-11] 선도표정의 : 케이스 집단들의 요약값 ·································· 134
[그림 7-12] 선도표출력결과 ··· 134

[그림 8-1] 그래프의 편집 데이터 ··· 138
[그림 8-2] 그래프의 편집 막대도표 ··· 138
[그림 8-3] 그래프의 편집 막대도표 정의 ··· 139
[그림 8-4] 그래프의 편집 출력결과 ··· 139
[그림 8-5] 도표편집기 ··· 140
[그림 8-6] 도표편집기특성 : 원점 40 ·· 141
[그림 8-7] 도표편집결과 : 원점 40 ·· 141
[그림 8-8] 도표편집기특성 : 최대값 160 ·· 142
[그림 8-9] 도표편집결과 : 최대값 160 ·· 143
[그림 8-10] 국민총생산 증가율 데이터 ··· 144
[그림 8-11] 국민총생산 증가율 선도표 ··· 145
[그림 8-12] 국민총생산 증가율 선도표 정의 ··· 145
[그림 8-13] 국민총생산 증가율 선도표 출력결과 ··································· 146
[그림 8-14] 일부 구간 국민총생산 증가율 데이터 ································· 146
[그림 8-15] 일부 구간 국민총생산 증가율 선도표 출력결과 ·················· 147
[그림 8-16] 막대그래프의 편집 데이터 ··· 148
[그림 8-17] 막대그래프 ··· 149
[그림 8-18] 막대그래프의 정의 ··· 149
[그림 8-19] 막대도표 편집기 ··· 150
[그림 8-20] 막대도표 편집기 데이터 설명보이기 출력결과 ·················· 150
[그림 8-21] 막대도표 편집기 데이터 설명보이기 막대 선택 ·················· 151
[그림 8-22] 막대도표 편집기 데이터 설명보이기 특성 ·························· 151
[그림 8-23] 막대도표 편집기 데이터 설명보이기 수정 결과 ·················· 152
[그림 8-24] 도표편집기에서 하나의 막대만 선택 ·································· 153
[그림 8-25] 도표편집기 특성 : 패턴 ··· 154
[그림 8-26] 패턴 적용된 막대도표 ··· 154
[그림 8-27] 도표편집기 : 3차원 ··· 155
[그림 8-28] 3차원 막대도표 ··· 155

[그림 9-1] 중심경향 데이터 ·· 160

[그림 9-2] 무게중심으로서의 평균 ·· 161

[그림 9-3] 이성친구 없는 일곱 명 데이터 ································· 162

[그림 9-4] 일곱명 케이스 정렬 ·· 163

[그림 9-5] 정렬된 이성친구 없는 일곱 명 데이터 ··················· 163

[그림 9-6] 정렬된 네 명 여학생 몸무게 ···································· 164

[그림 9-7] 네 명 여학생 케이스 정렬 ······································· 165

[그림 9-8] 정렬된 네 명 여학생 몸무게 ···································· 165

[그림 9-9] 네 명 여학생 몸무게 빈도분석 ································· 166

[그림 9-10] 빈도분석 : 중심경향 ··· 167

[그림 9-11] 빈도분석통계량 : 중심경향 ····································· 168

[그림 9-12] 중심경향데이터 : 평균＝중위수＝최빈값 ················· 169

[그림 9-13] 중심경향 막대도표 : 평균＝중위수＝최빈값 ············ 170

[그림 9-14] 중심경향데이터 : 평균＞중위수＞최빈값 ················· 171

[그림 9-15] 중심경향 막대도표 : 평균＞중위수＞최빈값 ············ 172

[그림 9-16] 중심경향 막대도표 : 최빈값＞중위수＞평균 ············ 173

[그림 9-17] 중심경향 막대도표 : 최빈값＞중위수＞평균 ············ 174

[그림 10-1] 분산도 범위 데이터 ··· 180

[그림 10-2] 기술통계 : 분산도 ·· 180

[그림 10-3] 기술통계 옵션 : 분산도 ·· 181

[그림 10-4] 기술통계량 : 범위 출력 결과 ·································· 181

[그림 10-5] 몸무게 기준으로 정렬 ·· 182

[그림 10-6] 몸무게 기준 정렬 분산도 범위 데이터 ·················· 183

[그림 10-7] 데이터 탐색 ··· 184

[그림 10-8] 데이터 탐색 : 통계량 ··· 184

[그림 10-9] 데이터 탐색 출력 결과 ··· 185

[그림 10-10] 분산도 데이터 ·· 187

[그림 10-11] 기술통계 : 분산도 ··· 188

[그림 10-12] 기술통계 옵션 : 분산도 ··· 188

[그림 10-13] 기술통계량 출력결과 : 표준편차, 분산 ··················· 189

[그림 11-1] 동전던지기에서 앞면 나올 확률 ····························· 199

[그림 11-2] 히스토그램과 연속확률분포 ····································· 200

[그림 11-3] 연속확률분포에서 구간 ··· 201

[그림 11-4]   주사위를 세 개 던질 때 합의확률 ························· 203

[그림 11-5]   동전 두 번 던져서 앞면이 나온 퍼센트 : 실제결과 ········· 205

[그림 11-6]   서울시내 대학생 200명 키 실제분포 ····················· 207

[그림 11-7]   동전 두 개 던질 때 확률 : 확률의 계산 ················· 208

[그림 11-8]   연속확률분포 : 확률의 계산 ··························· 208

[그림 12-1]   여러 형태의 확률밀도함수 ····························· 216

[그림 12-2]   정규분포 ··· 216

[그림 12-3]   정규분포 : 같은 평균, 다른 표준편차 ················· 217

[그림 12-4]   정규분포 : 다른 평균, 같은 표준편차 ················· 218

[그림 12-5]   정규분포에서 확률계산 ····························· 219

[그림 12-6]   정규분포의 면적 : 68% ····························· 220

[그림 12-7]   정규분포의 면적 : 95% ····························· 221

[그림 12-8]   원점수와 변환점수 ································· 223

[그림 12-9]   표준정규분포 ····································· 223

[그림 12-10]   표준정규분포 전환 : 국   어 ························· 224

[그림 12-11]   표준정규분포 전환 : 수   학 ······················· 225

[그림 12-12]   대학생 200명 키 데이터 : 표준점수 ··············· 228

[그림 12-13]   기술통계 : 표준점수 ······························· 228

[그림 12-14]   대학생 200명 키 데이터 : 표준점수 변수산출 ········· 229

[그림 12-15]   대학생 200명 키 히스토그램 ····················· 229

[그림 12-16]   대학생 200명 키 히스토그램 : 정규분포곡선 ········· 230

[그림 12-17]   200명 키 히스토그램 : 정적분포 ················· 232

[그림 12-18]   키 빈도분석 : 정적분포 ··························· 232

[그림 12-19]   빈도분석통계량 : 정적분포 ························· 233

[그림 12-20]   데이터 탐색 : 정규성 ····························· 235

[그림 12-21]   데이터 탐색도표 : 정규성 ························· 236

[그림 13-1]   모집단과 표본 ····························· 245

[그림 13-2]   SPSS에서 '통계량' 표현 ····················· 246

[그림 13-3]   무작위표본추출 ························· 252

[그림 13-4]   무작위추출 데이터 ····················· 254

[그림 13-5]   케이스 선택 : 무작위추출 ················· 255

[그림 13-6]   케이스 선택 표본추출 : 무작위추출 ········· 256

[그림 13-7]   무작위추출 케이스 선택된 데이터 ·· 256

[그림 14-1]   의대생 영화관람 데이터 : 중심극한정리 ··· 260
[그림 14-2]   케이스 선택 : 중심극한정리 ··· 261
[그림 14-3]   케이스 선택된 데이터 : 중심극한정리 ··· 262
[그림 14-4]   케이스 요약 : 중심극한정리 ··· 262
[그림 14-5]   표본평균 데이터 : 중심극한정리 ··· 263
[그림 14-6]   여러 형태의 확률밀도함수 ·· 266
[그림 14-7]   히스토그램 : 중심극한정리 ·· 267
[그림 14-8]   200명의 키 데이터 : 중심극한정리 ·· 269
[그림 14-9] n이 25인 키 표본평균들의 분포의 히스토그램 ······························ 272
[그림 14-10] 맥박수 데이터 ·· 273
[그림 14-11] 기술통계 맥박수와 표본평균 ·· 275
[그림 14-12] 기술통계 옵션 맥박수와 표본평균 ·· 275
[그림 14-13] 모집단확률분포 ·· 277
[그림 14-14] $n=2$일 때 표본평균확률분포 막대도표 ··· 279
[그림 14-15] $n=3$일 때 표본평균확률분포 막대도표 ··· 282

[그림 15-1]   신뢰구간들과 모수 ·· 292
[그림 15-2]   활 쏘 기 ··· 293
[그림 15-3]   활쏘기와 신뢰구간 : 명중지점, 즉 모수를 아는 경우 ························· 294
[그림 15-4]   활쏘기와 신뢰구간 : 명중지점, 즉 모수를 모르는 경우 ····················· 295
[그림 15-5]   정규분포에서 확률계산 ·· 297
[그림 15-6]   표준정규분포 : ±1.96 ·· 299
[그림 15-7]   표준정규분포 : ±1.64 ·· 299
[그림 15-8]   표준정규분포 : ±2.58 ·· 300
[그림 15-9]   신뢰구간 : $n=25$ 케이스 선택 표본추출 ··· 302
[그림 15-10] 신뢰구간 : $n=25$ 케이스 선택된 데이터 ··· 302
[그림 15-11] 데이터 탐색 : $n=25$일 때 표본평균 ·· 303
[그림 15-12] 일표본 T-검정 : $n=25$ 신뢰구간 ·· 304
[그림 15-13] 일표본 T-검정 옵션 : 신뢰구간 $n=25$, 신뢰수준 90% ················· 305

[그림 16-1]   일표본 T-검정 : 검정값 170 ·· 328
[그림 16-2]   일표본 T-검정 옵션 : 검정값 170 ··· 329

[그림 16-3]   정규분포와 t-분포 ·· 330

[그림 16-4] t값과 실제값 ··· 331

[그림 16-5]   차이의 신뢰구간과 표본평균신뢰구간 ·································· 333

[그림 16-6]   단측검정 ··· 335

[그림 17-1]   모평균차이의 검정 ·· 345

[그림 17-2]   평균비교 데이터 ·· 349

[그림 17-3]   케이스 요약 : 평균비교 ·· 350

[그림 17-4]   케이스 요약 통계량 : 평균비교 ·· 350

[그림 17-5]   평균비교 ··· 352

[그림 17-6]   평균비교집단 정의 ·· 352

[그림 17-7]   평균비교 : t값 ·· 354

[그림 18-1]   회귀분석에서 모집단분포와 표본분포 ·································· 361

[그림 18-2]   회귀선 : 모집단분포와 표본분포 ·· 362

[그림 18-3]   회귀선 : 표본분포 ··· 363

[그림 18-4]   직선과 선 편차합=0 : 첫 번째 경우 ··································· 365

[그림 18-5]   직선과 선 편차합=0 : 두 번째 경우 ··································· 365

[그림 18-6]   직선과 점 차이 절대값 편차합의 최소화 ······························ 366

[그림 18-7]   최소제곱선 ·· 367

[그림 18-8]   공부시간과 점수 ·· 368

[그림 18-9]   산 점 도 ··· 369

[그림 18-10] 산점도특성 : 선   형 ·· 370

[그림 18-11] 산점도 : 최소제곱선 ··· 370

[그림 18-12] 단순회귀분석 ·· 371

[그림 18-13] 회귀식과 회귀선 ·· 372

[그림 18-14] 회귀식 $\beta=0$ ·· 374

[그림 18-15] 회귀식 $\beta \neq 0$ ··· 374

[그림 18-16] $\beta=0$인 경우 b값의 가능성 ·· 375

[그림 18-17] $\beta=0$인 경우 b값의 분포 ··· 376

[그림 18-18] error · regression · total ··· 377

[그림 18-19] $TSS=SSE+RSS$ ··· 381

[그림 18-20] 회귀분석 데이터 ·· 385

[그림 18-21] 최소제곱선 변수 계산 ··· 385

[그림 18-22] 최소제곱선 추가 ·· 386

[그림 18-23] 단순 산점도 케이스 설명 기준변수 이름 ······················· 386

[그림 18-24] 최소제곱선 추가된 산점도 ······································· 387

[그림 18-25] 척도화 분석 ·· 388

[그림 18-26] 척도화 분석 수정 ·· 389

[그림 18-27] 원점에서 올라온 선 표시 ··· 389

[그림 18-28] 기울기 표시 ·· 390

[그림 18-29] 데이터 설명모드 ·· 391

[그림 18-30] 데이터 설명모드 예시 ··· 392

[그림 18-31] 데이터 설명모드 해설 ··· 392

[그림 18-32] 회귀분석 변수 위치 이동 데이터 ······························· 393

[그림 18-33] 기술통계 점수 평균 ·· 394

[그림 18-34] 점수평균 변수 추가 ·· 395

[그림 18-35] 점수 빼기 점수평균 계산 ··· 395

[그림 18-36] 점수 빼기 점수평균 추가 ··· 396

[그림 18-37] 점수 빼기 점수평균의 제곱 계산 ······························· 396

[그림 18-38] 점수 빼기 점수평균의 제곱 추가 ······························· 397

[그림 18-39] 점수 빼기 점수평균의 제곱 기술통계 ························· 397

[그림 18-40] 점수 빼기 점수평균의 제곱 기술통계 옵션 ················· 398

[그림 18-41] Y축 참조선 ··· 400

[그림 18-42] 산점도로 설명한 TSS ··· 400

[그림 18-43] 변수계산 점수 빼기 최소제곱선값 ···························· 401

[그림 18-44] 점수 빼기 최소제곱선 변수 추가 ······························· 402

[그림 18-45] 점수 빼기 최소제곱선값의 제곱 ······························· 402

[그림 18-46] 점수 빼기 최소제곱선값의 제곱 추가 ························· 403

[그림 18-47] 변수계산 최소제곱선값 빼기 평균 ···························· 404

[그림 18-48] 변수계산 최소제곱선값 빼기 평균 추가 ····················· 405

[그림 18-49] 변수계산 최소제곱선값 빼기 평균의 제곱 ·················· 405

[그림 18-50] 변수계산 최소제곱선값 빼기 평균의 제곱 추가 ··········· 406

[그림 18-51] 다중회귀분석 데이터 ·· 408

[그림 18-52] 다중회귀분석 ··· 408

[그림 18-53] 산점도 3차원 ·· 411

[그림 18-54] 산점도 3차원 변수 ·· 411

[그림 18-55] 산점도 3차원 도표편집기 ··· 412

[그림 18-56] 점들이 활성화된 산점도 3차원 도표편집기 ····························· 412

[그림 18-57] 산점도 3차원 특성 : 말뚝 표시 ··· 413

[그림 18-58] 말뚝 표시된 3차원 산점도 ·· 413

[그림 18-59] 3-D 회전 ··· 414

[그림 18-60] 3-D 회전된 산포도 ·· 414

[그림 18-61] 선형회귀분석 : 비표준화 예측값 ··· 415

[그림 18-62] 선형회귀분석 저장 : 비표준화 예측값 ··································· 416

[그림 18-63] 선형회귀분석 데이터 비표준화 예측값 ··································· 417

[그림 18-64] 겹쳐그리기 산점도 대응-1 Y변수 ······································ 418

[그림 18-65] 겹쳐그리기 산점도 대응-1 X변수 ······································ 418

[그림 18-66] 겹쳐그리기 산점도 대응-2 Y변수 ······································ 419

[그림 18-67] 겹쳐그리기 산점도 대응-2 X변수 ······································ 419

[그림 18-68] 겹쳐그리기 산점도 출력결과 ·· 420

[그림 18-69] 3차원 산점도 : 회귀면 ··· 421

[그림 18-70] 회귀면과 점 ·· 422

[그림 19-1] 공분산 데이터 ··· 431

[그림 19-2] 이변량상관계수 : 공분산 ··· 433

[그림 19-3] 이변량상관계수 옵션 : 공분산 ··· 434

[그림 19-4] 산점도 : 상관분석 ··· 435

[그림 19-5] X축 참조선 ·· 436

[그림 19-6] Y축 참조선 ·· 437

[그림 19-7] X축 · Y축 참조선이 있는 산점도 : 상관분석 ······················ 438

[그림 19-8] 산점도의 네 가지 면구분 ··· 439

[그림 19-9] 산점도 해설 ··· 441

[그림 19-10] 변수계산 시간_시간평균 ··· 442

[그림 19-11] 변수계산 친구_친구평균 ··· 442

[그림 19-12] 상관계수 계산값과 평균차 ·· 443

[그림 19-13] 변수계산 시간_시간평균의제곱 ·· 443

[그림 19-14] 변수계산 친구_친구평균의제곱 ·· 444

[그림 19-15] 상관계수 값과 평균차 제곱 ··· 444

[그림 19-16] 변수계산 시_시평곱하기친_친평 ·· 445

[그림 19-17] 상관계수 분석 변수 추가 완료 ·· 446
[그림 19-18] 기술통계 시_시평곱하기친_친평 ··· 446
[그림 19-19] 기술통계 시_시평곱하기친_친평 ··· 447
[그림 19-20] 기술통계 시간_시간평균의제곱 친구_친구평균의제곱 ········· 448
[그림 19-21] Pearson r값이 +1일 때 ·· 449

[그림 20-1] 집단내 분산이 작은 경우 ·· 458
[그림 20-2] 집단내 분산이 큰 경우 ··· 458
[그림 20-3] 세 가지 발기부전약의 약효발현시간 ···································· 460
[그림 20-4] 집단평균과 전체평균 ··· 463
[그림 20-5] 변수계산 : 시간－집단평균 ··· 464
[그림 20-6] 변수계산 : (시간－집단평균)의 제곱 ····································· 464
[그림 20-7] 변수계산 : 집단평균－전체평균 ·· 465
[그림 20-8] 변수계산 : (집단평균－전체평균)의 제곱 ······························ 465
[그림 20-9] 변수계산 : 약효발현시간－전체평균 ······································ 466
[그림 20-10] 변수계산 : (약효발현시간－전체평균)의 제곱 ······················ 466
[그림 20-11] 제곱값들이 계산된 데이터 ··· 467
[그림 20-12] 기술통계 : 제곱값들 ··· 468
[그림 20-13] 기술통계 합계 : 제곱값들 ··· 468
[그림 20-14] 모집단분산과 표준편차 ·· 475
[그림 20-15] F-분포 ·· 476
[그림 20-16] 분산분석 데이터 입력 ··· 478
[그림 20-17] 분산분식 데이터 입력(변수값 보기) ···································· 478
[그림 20-18] 일원배치 분산분석화면 ·· 479
[그림 20-19] 일원배치 분산분석 옵션 화면 ··· 479
[그림 20-20] 일원배치 분산분석 옵션 화면 ··· 481
[그림 20-21] 분산분석대비 ··· 483
[그림 20-22] 분산분석 두 번째 대비 ·· 486
[그림 20-23] 일원배치 분산분석 사후분석 ·· 488
[그림 20-24] 분산동질성검정 ·· 490

[그림 21-1] 카이 제곱 데이터 화면 ··· 502
[그림 21-2] 카이 제곱 데이터 화면 : 변수값 설명 ··································· 503
[그림 21-3] 교차분석화면 ··· 504

[그림 21-4] 교차분석 : 통계량 ··· 504
[그림 21-5] 교차분석 : 셀출력 ··· 505

[그림 22-1] 이원분산분석 데이터 ··· 520
[그림 22-2] 이원분산분석 데이터 : 계약별성취도평균 ··················· 521
[그림 22-3] 변수계산 계약별성취도편차제곱 ·································· 521
[그림 22-4] 이원분산분석 데이터 : 계약별성취도편차제곱 ··········· 522
[그림 22-5] 이원분산분석 데이터 : 의욕별성취도평균 ················· 523
[그림 22-6] 변수계산 : 의욕별성취도편차제곱 ······························· 524
[그림 22-7] 이원분산분석 데이터 : 의욕별성취도편차제곱 ··········· 524
[그림 22-8] 이원분산분석 데이터 : 집단별성취도평균 ················· 525
[그림 22-9] 변수계산 : 상호작용발업무성취도편차 ······················· 526
[그림 22-10] 변수계산 : 상호작용발업무성취도편차제곱 ··············· 527
[그림 22-11] 이원분산분석 데이터 : 상호작용발성취도편차제곱 ····· 527
[그림 22-12] 변수계산 : 집단내성취도편차제곱 ···························· 528
[그림 22-13] 변수계산 : 전체성취도편차제곱 ······························· 528
[그림 22-14] 이원분산분석 데이터 전체성취도편차제곱 ··············· 529
[그림 22-15] 기술통계 성취도편차제곱합 ······································· 529
[그림 22-16] 기술통계 옵션 성취도편차제곱합 합계 ····················· 530
[그림 22-17] 이원분산분석 데이터 편집기 ····································· 531
[그림 22-18] 이원분산분석데이터 편집기(변수값 보기) ················· 532
[그림 22-19] 이원분산분석 화면 ··· 532
[그림 22-20] 이원분산분석 프로파일 도표화면 ······························· 533
[그림 22-21] 이원분산분석 옵션화면 ·· 533
[그림 22-22] 업무성취도의 추정된 주변평균 ································· 535
[그림 22-23] 프로파일 도표편집기화면 ··· 537
[그림 22-24] 프로파일 도표편집기 특성화면 ································· 538
[그림 22-25] 수정된 프로파일 도표 ·· 538

[그림 23-1] 회귀분석에서의 공선성 ·· 543
[그림 23-2] 독립변수가 공부시간이고, 종속변수가 점수일 때의 산점도 ··········· 544
[그림 23-3] 성취욕구와 점수의 산점도 ··· 546
[그림 23-4] 공부시간 · 성취욕구 · 점수의 산점도 ······················· 548
[그림 23-5] 공선성진단 데이터 파일 ·· 550

[그림 23-6] 성취욕구·공부시간·집중력이 독립변수이고, 점수가
　　　　　　　 종속변수인 회귀분석 ··· 551
[그림 23-7] 회귀분석통계량에서 공선성진단 ·································· 551
[그림 23-8] 상호작용이 포함된 데이터 파일 ································· 555
[그림 23-9] 상호작용 변수계산 ··· 555
[그림 23-10] 상호작용변수를 포함한 회귀분석 ···························· 556
[그림 23-11] 가변수를 포함한 회귀분석 데이터 파일 ················· 560
[그림 23-12] 가변수를 포함한 회귀분석 ·· 561
[그림 23-13] 각 교육방식에 따른 회귀선 ······································ 563
[그림 23-14] 가변수효과를 알아보기 위한 회귀분석블록 1/1 ······· 564
[그림 23-15] 가변수효과를 알아보기 위한 회귀분석블록 2/2 ······· 565
[그림 23-16] 가변수효과를 알아보기 위한 회귀분석 블록 2/2 독립변수입력 ······· 565
[그림 23-17] 가변수효과를 알아보기 위한 회귀분석통계량 ············ 566

[그림 24-1] 연령과 JH 지지 ··· 572
[그림 24-2] 로지스틱 회귀모형 ·· 573
[그림 24-3] 로지스틱 회귀분석 : 저장 ·· 573
[그림 24-4] 연령과 JH 지지 확률 추가 ·· 575
[그림 24-5] 변수계산 z ··· 576
[그림 24-6] 변수계산 exp ·· 577
[그림 24-7] 변수계산 expz ··· 577
[그림 24-8] 변수계산 p ··· 578
[그림 24-9] 연령과 JH 지지 확률계산 ·· 579
[그림 24-10] 선형회귀분석 ·· 580
[그림 24-11] 선형회귀분석 : 저장 ·· 580
[그림 24-12] 연령과 JH 지지 선형회귀분석 : 예측값 포함 ·········· 581
[그림 24-13] 연령과 JH 지지 산점도 ·· 582
[그림 24-14] 연령과 JH 지지 산점도 전체적합선 ························ 582
[그림 24-15] 연령과 JH 지지 산점도 특성 ··································· 583
[그림 24-16] 연령과 JH 지지 수정된 산점도 ······························· 583
[그림 24-17] 연령과 JH 지지 산점도 설명 ··································· 584
[그림 24-18] 변수계산 1-p ·· 586

[그림 24-19] 변수계산 $\dfrac{p}{1-p}$ ·································· 587

[그림 24-20] 변수계산 log ·· 588

[그림 24-21] 변수계산 로짓 ·· 588

[그림 24-22] 연령과 JH 지지 로짓 계산 ································· 589

[그림 24-23] 로짓과 확률간의 산점도 ··································· 590

[그림 24-24] 로짓과 확률간의 산점도 ··································· 591

[그림 24-25] 연령과 JH 지지 로짓 ······································· 593

[그림 24-26] 단순산점도 연령과 로짓 ··································· 593

[그림 24-27] 단순산점도 출력결과 연령과 로짓 설명 ············ 594

[그림 24-28] 연령과 JH 지지 오즈 위치 이동 ························ 598

[그림 24-29] 케이스 선택 모드 ··· 598

[그림 24-30] 케이스 선택 조건 오즈 ···································· 599

[그림 24-31] 연령과 JH 지지 데이터 케이스 선택 ················· 599

[그림 24-32] 연령과 JH 지지 데이터 단순산점도 ·················· 600

[그림 24-33] 연령과 JH 지지 단순산점도 설명 ····················· 601

[그림 25-1] 과녁으로 본 신뢰도와 타당도 ··························· 604

[그림 25-2] 간편 알코올 중독 지수 데이터 파일 ················· 623

[그림 25-3] 간편 알코올 중독 지수 총점 변수 추가 ············· 624

[그림 25-4] 간편 알코올 중독 지수 총점 변수 추가된 데이터 파일 ·········· 625

[그림 25-5] 모집단 50명 표본 5명인 체계적 표집 ················ 634

[그림 25-6] 모집단 50명 표본 5명인 체계적 표집의 결과 ······· 635

[그림 25-7] 모집단 52명 표본 5명인 체계적 표집 ················ 636

[그림 25-8] 가사노동 데이터 파일 ······································· 639

[그림 25-9] 가사노동 데이터 파일 변수값 보기 ··················· 640

[그림 25-10] 가사노동 데이터 파일 빈도분석 ······················· 641

[그림 25-11] 가사노동 데이터 파일 빈도분석 통계량 ············· 642

[그림 25-12] 가사노동 데이터 파일 평균비교 ······················· 643

[그림 25-13] 가중치 명령문 ·· 644

[그림 25-14] 가중치 명령문 실행 ·· 645

[그림 25-15] 가사노동 데이터 파일 WEIGHT 변수 추가 ········· 646

[그림 25-16] 가중 케이스 ·· 647

[그림 25-17] 가사노동 데이터 파일 가중치 ·························· 648

[그림 25-18] 가중치 적용이후 빈도분석 ·· 649
[그림 25-19] 가중치 적용이후 평균비교 ·· 650
[그림 25-20] 가중 케이스 사용않음 ·· 651
[그림 25-21] 덩어리 표본추출 ·· 652
[그림 25-22] 덩어리 표본추출에서 덩어리 선택 ································· 653
[그림 25-23] 간편 알코올 중독 지수 재검사 파일 ····························· 655
[그림 25-24] 간편 알코올 중독 지수 반분 변수 ································· 659
[그림 25-25] 반분 변수의 신뢰도분석 ··· 660
[그림 25-26] 간편 알코올 중독 지수 신뢰도분석 ······························ 661

표 목 차

[표 1-1] 부동산세금변화 증가율도표 ·· 4
[표 1-2] 부동산세금 데이터 ·· 6

[표 2-1] 비만도판정 ·· 26

[표 5-1] 케이스 요약 출력결과 ·· 71
[표 5-2] 성별을 집단변수로 처리할 때 케이스 요약 출력결과 ········· 72
[표 5-3] 적절하지 않은 빈도분석 출력결과 ····································· 75
[표 5-4] 이성친구의 빈도분석 출력결과 ··· 77
[표 5-5] 표준체중의 빈도분석 출력결과 ··· 77
[표 5-6] 비만도판정과 성별의 교차표 출력결과 ····························· 80
[표 5-7] 이성친구가 레이어로 들어간 교차분석 출력결과 ··············· 81
[표 5-8] 부적절한 교차분석 출력결과 ··· 82
[표 5-9] 교차분석 셀 출력결과 ·· 84
[표 5-10] 이분형 다중응답 빈도분석 출력결과 ································· 91
[표 5-11] 이분형 다중응답 빈도분석 출력결과 ································· 95

[표 8-1] 분기별 시장가격기준 국민총생산증가율 ·························· 143

[표 9-1] 네 명 여학생 빈도분석 결과 ··· 167
[표 9-2] 중심경향 빈도분석 출력결과 ··· 168
[표 9-3] 중심경향 빈도분석 출력결과 : 평균>중위수>최빈값 ········· 172
[표 9-4] 중심경향 빈도분석 출력결과 : 최빈값>중위수>평균 ········· 174

[표 10-1] 200명 모집단의 키 ·· 138
[표 10-2] 기술통계량 : 범위출력결과 ··· 139
[표 10-3] 기술통계량 출력결과 : 표준편차·분산 ···························· 142

[표 11-1] 동전던지기 실제결과 ··· 204
[표 11-2] 서울시내 대학생 200명 키 ··· 206

[표 12-1] 키 기술통계량 출력결과 ··· 227

[표 12-2] 200명 키 : 정적분포 ·· 231
[표 12-3] 첨도·왜도통계량 출력결과 ··· 234
[표 12-4] 데이터 탐색 출력결과 : 정규성 ·· 237

[표 13-1] 난 수 표 ·· 253
[표 13-2] 난수표 : 무작위추출해 보기 ·· 253

[표 14-1] 케이스 요약 출력결과 : 중심극한정리 ·································· 263
[표 14-2] 200명 키 : 중심극한정리 ··· 268
[표 14-3] 200명 키 케이스 요약 : 중심극한정리 ································· 270
[표 14-4] n이 25인 키 표본평균들의 분포 ··· 271
[표 14-5] 기술통계량 출력결과 맥박수 표본평균 ······························ 276
[표 14-6] $n=2$일 때 경우의 수와 표본평균 ·· 278
[표 14-7] $n=2$일 때 각 표본평균들의 확률분포 ······························· 279
[표 14-8] $n=3$일 때 경우의 수와 표본평균 ·· 281
[표 14-9] $n=3$일 때 각 표본평균들의 확률분포 ······························· 282

[표 15-1] 신뢰구간 : $n=25$일 때 기술통계 출력결과 ····················· 303
[표 15-2] 일표본 T-검정 : 신뢰구간 $n=25$, 신뢰수준 95% ········· 305
[표 15-3] 일표본 T-검정 출력결과 : 신뢰구간 $n=25$, 신뢰수준 90% ·········· 306
[표 15-4] 일표본 T-검정 출력결과 : 신뢰구간 $n=25$, 신뢰수준 99% ·········· 307
[표 15-5] 일표본 T-검정 출력결과 : 신뢰구간 $n=100$, 신뢰수준 95% ········ 308

[표 16-1] 동전던지기의 네 가지 상황 ·· 323
[표 16-2] 동전던지기 경우의 수 ··· 323
[표 16-3] 판사판결의 네 가지 상황 ·· 326
[표 16-4] 일표본 T-검정 출력결과 : 검정값 170 ······························ 329
[표 16-5] 기술통계 출력결과 : 표본평균신뢰구간 ······························ 333

[표 17-1] 케이스 요약 출력결과 : 평균비교 ·· 351
[표 17-2] 평균비교 출력결과 ·· 353

[표 18-1] 단순회귀분석 출력결과 ·· 372
[표 18-2] 단순회귀분석 출력결과 : 계수 ··· 376
[표 18-3] 회귀분석 출력결과 : R^2 ··· 379
[표 18-4] 기술통계 점수 평균 출력결과 ··· 394

[표 18-5] TSS 출력결과 ·· 398
[표 18-6] 회귀분석 출력결과에서 분산분석 부분 ···························· 399
[표 18-7] RSS 출력 결과 ·· 404
[표 18-8] RSS 계산 결과 ·· 406
[표 18-9] 다중회귀분석 출력결과 ·· 409
[표 18-10] 분산분석 : 단순회귀와 다중회귀 ····································· 422
[표 18-11] 다중회귀분석 계수 ·· 423

[표 19-1] 상관분석 출력결과 : 공분산 ··· 434
[표 19-2] 상관분석 출력결과 : 계수 ·· 440
[표 19-3] 기술통계 합계 시_시평곱하기친_친평 ····························· 447
[표 19-4] 기술통계 출력 시간_시간평균의제곱 친구_친구평균의제곱 ····· 448

[표 20-1] 기술통계 합계 출력결과 : 제곱값들 ································· 469
[표 20-2] 일원배치 분산분석 출력결과 ··· 480
[표 20-3] 분산분석대비 출력결과 ·· 484
[표 20-4] 분산분석 첫번째와 두 번째 대비 출력결과 ······················ 487
[표 20-5] 일원배치 분산분석 사후분석 출력결과 ···························· 489
[표 20-6] 분산분석 Levene검정 ··· 490

[표 21-1] 독립적 두 변수 : 행의 조건분포 ····································· 498
[표 21-2] 독립적 두 변수 : 열의 조건분포 ····································· 498
[표 21-3] 두 변수의 실제값을 모를 때 교차표 ································ 500
[표 21-4] 교차표에서 실제빈도와 기대빈도의 차이 ·························· 500
[표 21-5] 교차분석 출력결과 교차표 ·· 505
[표 21-6] 교차분석 출력결과 카이 제곱 검정 ·································· 506

[표 22-1] 이원분산분석의 모형 ··· 514
[표 22-2] 상호작용 ×, 변수 A 주효과 ○, 변수 B 주효과 × ············ 516
[표 22-3] 상호작용 ○, 변수 A 주효과 ×, 변수 B 주효과 × ············ 516
[표 22-4] 상호작용효과 ○, 변수 A 주효과 ×, 변수 B 주효과 ○ ······· 517
[표 22-5] 이원분산분석에서 제곱합의 계산 ····································· 518
[표 22-6] 기술통계 출력결과 성취도편차제곱합 합계 ······················ 530
[표 22-7] 이원분산분석 출력결과 ·· 534

[표 23-1] 독립변수가 공부시간이고, 종속변수가 점수인 경우 회귀분석결과 ······· 545

[표 23-2] 독립변수가 성취욕구이고, 종속변수가 점수인 경우 회귀분석결과 ······· 547

[표 23-3] 독립변수에 공부시간과 성취욕구가 동시에 들어간 경우의
          회귀분석결과 ·· 548

[표 23-4] 회귀분석통계량에서 공선성통계량 출력결과 ································· 552

[표 23-5] 성취욕구가 종속변수이며, 공부시간과 집중력이 독립변수인
          회귀분석결과 ·· 552

[표 23-6] 공부시간이 종속변수이며, 성취욕구와 집중력이 독립변수인
          회귀분석결과 ·· 552

[표 23-7] 집중력이 종속변수이며, 공부시간과 성취욕구가 독립변수인
          회귀분석결과 ·· 553

[표 23-8] 상호작용변수를 포함한 회귀분석 출력결과 ································· 557

[표 23-9] 가변수를 포함한 회귀분석결과 ··· 562

[표 23-10] 가변수효과를 알아보기 위한 회귀분석결과 ······························· 567

[표 24-1] 방정식에 포함된 변수 ··· 574, 602

[표 25-1] 좋지 않은 설문의 예 ··· 615

[표 25-2] 가사노동 데이터 파일 빈도분석 결과 ··· 642

[표 25-3] 가사노동 데이터 파일 평균비교 결과 ··· 643

[표 25-4] 가중치 적용이후 빈도분석 결과 ··· 649

[표 25-5] 가중치 적용이후 평균비교 결과 ··· 651

[표 25-6] 간편 알코올 중독 지수의 설문문항간 상관계수 출력결과 ·················· 657

[표 25-7] 반분 변수의 알파값 출력결과 ··· 661

[표 25-8] 간편 알코올 중독 지수의 알파값 출력결과 ································· 662

제01장

거짓말과 통계

숫자는 거짓말을 하지 않는다. 하지만 거짓말쟁이는 숫자를 늘어놓는다
(Figures don't lie, but liars figure) — Charles Grosvenor

"세상에는 거짓말(lie), 새빨간 거짓말(damned lie), 그리고 통계(statistic)가 있다"고 마크 트웨인은 얘기했다. "나는 오늘 열심히 공부했다" 정도는 거짓말에 속할 수 있다. "나는 공부가 언제나 재미있다"는 새빨간 거짓말일 가능성이 많다. "나는 오늘 8시간 공부했다"는 통계일 것이다. 여기서 '8'이라는 숫자가 사용되었다. 이렇게 설명하거나 추측하기 위하여 사용되는 숫자를 통계라고 한다. 그리고 이러한 숫자를 다루는 학문이 통계학이다.

현실세계에서 통계와 거짓말의 구분은 쉽지 않다. 8시간 공부했다고 주장한 학생은 어머니를 안심시키기 위해서 고의적으로 얘기했을 수도 있지만, 어림짐작으로 8시간 공부했다고 스스로 실제 생각했을 수도 있기 때문이다. 이런 경우 공부시간을 제대로 계산하지 못해서 결국 거짓말이 되어 버렸다.

공부가 무엇이냐는 개념문제가 나올 때는 문제가 더욱 복잡해진다. 어떤 학생이 물 로켓을 만드는 데 오늘 정확하게 4시간을 보냈다고 가정해 보자. 학생입장에서는 진정한 공부시간이라고 생각하겠지만, 그 학생의 어머

니 입장에서는 시험성적과 관계가 없기 때문에 공부시간이 아닐 수도 있는 것이다.

완벽하게 객관적인 통계는 없다는 것을 이해할 필요가 있다. 통계학에서 다루는 숫자는 사회적 맥락을 가지고 있다. 학생이 잠결에 '8시간'이라고 외친 것은 우리의 관심이 되지 않는다. 대학 이전의 학업성적이 유독 인생의 경로에 많은 영향을 미치는 한국의 교육상황에서 '8시간'은 의미를 갖는다. 압박을 느끼는 수험생들은 항상 자신의 실제 공부시간보다 과장해서 얘기하기 쉬울 수 있다.

또 하나의 예를 들어 보자. 자살률의 차이는 사망원인의 판정과도 관련이 있다. 목격자가 없는 익사나 추락사와 같은 애매한 경우에 자살에 대한 부정적 견해를 가진 사회에서는 담당자가 사고로 처리할 가능성이 많다. 근래 들어서 우울증을 인격이 아닌 의학적인 문제로 바라봄에 따라서 가족들과 의사들이 이러한 애매한 경우들을 자살로 공식 보고할 가능성이 높아진 것이다(Moore, 2001).

숫자를 가지고 사람들은 의도하든, 의도하지 않았든 간에 거짓말을 하게 될 수 있다. 조심스럽게 숫자를 다루는 것만이 거짓말을 하지 않을 가능성을 높이는 길이라고 저자는 생각한다. 이 책을 열심히 읽은 학생들은 무지로 인한 '거짓말 통계'를 얘기할 가능성은 줄어들 것이다. 겸손한 자세는 통계를 다룰 때 언제나 미덕이다. 앞으로 자세히 설명하겠지만, 통계학은 거짓말을 하게 될 가능성에 대한 얘기들로 가득 차 있다.

1.1 현실에서의 첫 번째 '거짓말'

강남을 중심으로 한 집값 상승과 투기억제를 천명한 참여정부의 2005년도 부동산정책은 많은 통계적 논쟁을 가져왔다. 중앙정부에서 통계를 사용하여 자신의 입장을 정당화시키고 있지 않느냐는 질문이 제기되었다. 동아일보는 2005년 8월 31일 〈정부 부동산통계 "그 때 그 때 달라요"〉라는 기사에서 일부 중앙정부부처가 현실에 맞지 않는 통계기준을 적용해 부동산보유편중

을 과장했다는 지적을 받는다고 보도했다 :

> 행정자치부가 29일 발표한 전국 주택 및 토지 소유현황에 따르면 전국 1,777만2328세대 가운데 45%인 806만5,458세대가 무주택으로 나타났다. 작년 말 기준으로 전국주택 수가 1298만 채이므로 행자부통계방식을 적용하면 전국주택보급률은 73%(1,298만÷1,777만2,328세대)에 불과하다. 하지만 건설교통부는 지난 해 1,298만 채의 집에 1,271만 가구가 살고 있는 것으로 파악해 주택보급률을 102.2%로 발표했다. 이런 차이는 행자부가 주택소유실태나 세금을 매길 때 일반적으로 사용하는 '가구' 대신 '세대'를 기준으로 통계를 냈기 때문이다.
> 8월 17일 이주성(李周成) 국세청장은 국회 재정경제위원회에서 "2주택 보유자가 전국적으로 158만 가구에 이른다"고 말했다. 반면 행자부는 29일 2주택 보유자가 72만2,054세대, 2주택 이상 보유자가 88만7,180세대라고 발표했다. 이에 대해 행자부와 국세청은 "행자부는 건축물관리대장의 주택을 기준으로 삼고, 국세청은 재산세과세대상 주택을 기준으로 삼았기 때문"이라고 밝혔다. 행자부통계에 빠져 있는 주거용 오피스텔·무허가주택 등이 국세청통계에는 포함된다는 것이다.

1.2 현실에서의 두 번째 '거짓말?'

저자가 우연히 읽은 조선일보 2005년 8월 23일 〈8.31 부동산대책 … 다가오는 세금폭탄 : 어디가 얼마나 오를까?〉라는 기사는 중앙정부의 입장과 반대되는 것 같다.

하지만 숫자가 처리되는 방식에서는 앞서 참여정부와 비슷한 종류의 문제가 발견된다. 허프(2003)가 「새빨간 거짓말, 통계」라는 책에서 언급하는 도표제시에 있어서의 거짓말과 유사하다. 도표의 구간, 크기, 중간의 절단선삽입 등을 통해서 자신이 원하는 결과를 과장해서 보이게끔 유도할 수 있다는 것이다.

[그림 1-1]은 이 기사에 실려 있었던 도표이다. [그림 1-1]을 볼 때 가장 눈에 띄는 '세금폭탄'은 강남 대치동이 아닌 강북에 위치한 길음동 아파

[그림 1-1]   부동산세금변화 사례 : 조선일보 기사

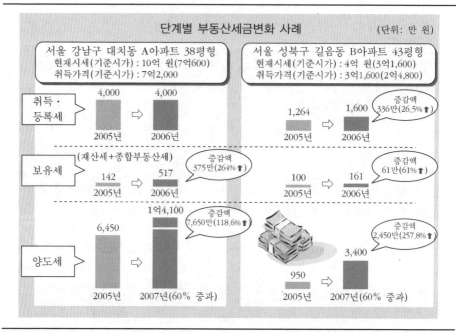

* 취득시점은 2002년 8월로 동일하고, 시세는 올해와 내년이 같다고 가정. 양도세는 유예기간 1년 적용하면 2007년부터 중과세될 예정. 보유세는 내년부터 상한선 폐지를 기준으로 계산함.
자료 : 김종필 세무사.

트의 양도세에서 찾아보기가 쉽다. 시각적으로 보아 오른쪽 맨 하단의 표는 다른 표에 비해 두드러진 증가세를 보이는 것 같기 때문이다. 반면 대치동의 양도세는 중간의 절단선이 삽입되어서 크게 대단치 않은 증가율처럼 보인다. 대치동의 보유세증가 역시 미미한 것으로 보인다.

[그림 1-1]의 자료를 가지고 증가율도표를 다시 정리하면 [표 1-1]과 같다. 조선일보 기사에 있는 [그림 1-1]에서 시각적으로 느껴지는 것과는 상당

[표 1-1]   부동산세금변화 증가율도표

	강남구 대치동 A아파트	강북구 길음동 B아파트
취득·등록세 증가율(%)	0	26.5
보유세 증가율(%)	264	61
양도세 증가율(%)	118.6	257.8

히 다른 내용을 [표 1-1]은 담고 있다. 예를 들어 보유세의 경우 대치동의
증가율이 264%로써 길음동의 61%보다 훨씬 높다.

　여기서 재미있는 점은 세금증가율이 숫자로써 신문에 이미 제시되어 있
었다는 점이다. [그림 1-1]을 확인해 보면 알 수 있다. 예를 들어 대치동의
보유세가 142만 원에서 517만 원으로 264% 증가한다는 정보는 이미 기사에
나와 있다. 그래프를 그려 두면 독자들이 그 형태로써 정보를 찾아 나가며,
동시에 제시된 숫자자료에는 큰 신경을 쓰지 않는다는 것이다. 막대그래프와
같은 시각적 자료는 숫자보다 더 강렬한 인상을 독자에게 남긴다. 그만큼 거
짓말하기도 쉬워지는 것이다.

　다시 조선일보 해당 기사내용으로 돌아가면 다음과 같이 해설하고 있다.

◆취득·등록세, 비(非)강남도 25% 이상 증가 = 취득·등록세 부과기준이 현
행 기준시가에서 내년부터 실거래가로 바뀐다. 이 경우 서울 강남권과 분
당 등의 주택거래신고지역 아파트는 세금이 늘지 않는다. 주택거래신고지
역은 이미 실거래가를 기준으로 취득·등록세를 내고 있기 때문이다. 그러
나 주택거래신고지역이 아닌 서울 강북지역과 대부분 지방은 과세기준이
바뀜에 따라 세부담이 올해보다 최소 25% 늘어난다.
　예컨대 현재 실거래가격이 4억 원인 서울 성북구 길음동 B아파트(43평
형)는 올해 구입하면 취득·등록세가 1,264만 원(기준시가의 4%)이지만, 내년
부터는 1,600만 원으로 세금이 26.5% 늘어난다. 또한 이 아파트는 보유세
실효세율(실거래가에서 차지하는 실질세금비중)이 1%로 인상되는 2009년에는
올해보다 3배나 많은 400만 원의 보유세를 내야 한다.
◆보유세, 내년부터 1가구 1주택자도 40%까지 증가 = 정부·여당은 주택에
대한 종합부동산세 부과대상기준을 9억 원(기준시가)에서 6억 원으로 낮추
고, 나대지는 6억 원에서 3억-4억 원으로 낮추는 방안을 추진중이다. 또 전
년에 낸 세액보다 최대 1.5배까지 올리지 못하도록 한 보유세액증가 상한
선이 폐지되면, 일부 주택보유자들은 세액이 곧바로 2배 이상 증가한다. 내
년부터는 1가구 1주택자도 보유세폭등에서 벗어나기 힘들다.
　현재 기준시가(토지는 공시지가) 대비 50% 수준인 보유세과표적용률이 내
년에 70%로 올라가기 때문이다. 당정은 또 보유세과표적용률을 2009년까지
100%로 올리겠다고 밝혔다. 우선 내년 보유세과표적용률이 50%에서 70%
로 오를 경우, 1가구 1주택을 포함한 모든 주택보유자의 보유세부담은 올해

보다 40% 오르게 된다. 과표적용률이 100%가 되면 보유세부담은 올해의 2
배로 급증한다.

◆ 양도·상속·증여세도 동시에 올라 = 당·정은 1가구 2주택에 대한 양도소
득세세율을 1년 유예기간을 거쳐 2007년부터 60%로 올릴 방침이다. 이 경
우 2007년 서울 길음동 B아파트의 양도세는 3,400만 원으로 올해 팔았을
때(950만 원)보다 무려 2,450만 원(258%) 늘어난다. 강남지역에서는 대치동
A아파트의 양도세는 6,450만 원에서 1억4,100만 원으로 7,650만 원(119%)
증가한다. 세금증가액은 강남이 높지만, 증가율은 강북이 강남의 2배 수준
이다. 강남지역은 이미 주택투기지역으로 분류되어 실거래가로 과세되는
반면, 강북은 대부분 지역이 기준시가로 과세되고 있기 때문이다.

[표 1-2] 　　　　　　　　　　　　**부동산세금 데이터**

	아파트	취득·등록세	보유세	양도세
1	대치동 A 2005년	4,000	142	6,450
2	대치동 A 2006년	4,000	517	14,100
3	길음동 B 2005년	1,264	100	950
4	길음동 B 2006년	1,600	161	3,400

재미있는 면은 보유세에 대해서는 대치동과 길음동 비교를 하지 않고, 양도
세에 대해서는 비교를 한다는 점이다. 사실 보유세부분은 강남이 훨씬 많이
오른다.

정확한 이해를 위해 세금액수를 SPSS에 입력하고, 직접 그래프를 그려
보기로 한다. 나중에 자세히 설명하겠지만, SPSS에 입력되는 방식은 [표
1-2]와 같다.

[그림 1-2]는 취득·등록세를 SPSS를 사용, 다시 구성하여 보여 주고
있다. 기사에 나온 도표인 [그림 1-1]과는 달리 대치동 아파트의 취득세와
등록세 규모를 좀더 현실성 있게 드러내 주고 있다. 자료를 표시함에 있어서
증감의 비율도 중요하지만, 그 크기도 중요하다는 것을 보여 준다.

보유세를 재구성한 [그림 1-3]은 기사에 나온 [그림 1-1]의 해당 부분이
얼마나 왜곡되었는지를 잘 나타낸다. 보유세는 규모나 증가율에서 대치동 A
아파트가 월등히 높다는 것을 알 수 있다.

[그림 1-2]   취득등록세 SPSS 막대도표

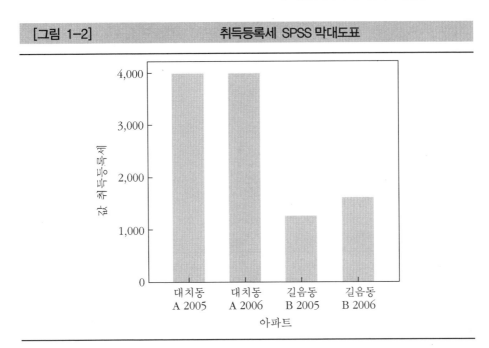

[그림 1-3]   보유세 SPSS 막대도표

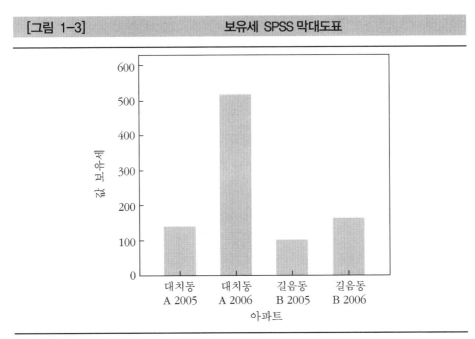

[그림 1-4] 양도세 SPSS 막대도표

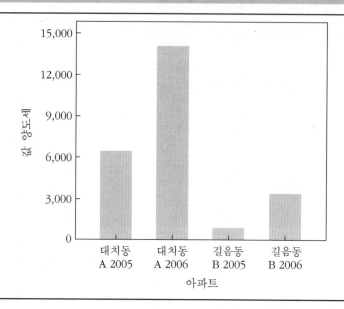

양도세부분도 [그림 1-4]가 드러내 주는 점이 많다. 조선일보 기사에서처럼 증가율 자체는 길음동 B아파트가 더 높다. 하지만 증가율의 차이가 그렇게 크지 않으며, 규모면에서는 대치동 A아파트가 증가액이 훨씬 많다는 것을 알 수 있다.

만약 정부와 조선일보의 주장을 거짓말로 본다면, 아래와 같이 정리할 수 있다. 정부는 부사에 의한 주택보유 정도를 부풀리려고 하였다. 반대로 조선일보는 8.31 부동산대책이 서민에게 주는 세금부담을 과장하였다.

참여정부와 조선일보의 숫자 늘어놓기는 통계에 대한 기피보다는 제대로 된 통계의 필요성을 제시한다. 거짓말이라고 통계를 기피하기보다는 드물지만, 필요한 진실을 이야기하려고 하는 것이 더 현실적인 듯하다. 토론·숙고·논쟁 등으로 대변될 수 있는 참여민주주의는 서로에 대한 신뢰를 기반으로 한다. 정직한 통계는 신뢰의 조건이자 결과이다.

1.3 일상생활 속에 있는 통계 거짓말 찾아내기

"20% 할인＋추가 20% 할인"이라는 표현은 일상생활에서 쉽게 볼 수 있는 통계를 이용한 거짓말이다. 언뜻 이러한 문구를 보았을 때, 사람들은 40%의 할인으로 생각하기 쉽다. 또한 40%가 아니라는 것을 알고 있더라도, 정확한 할인율을 그 자리에서 계산해내는 사람은 많지 않다.

실제 할인율은 36%이다. $0.2+(0.8×0.2)=0.2+0.16=0.36$이라는 계산이 가능하다. 실제 사례를 가지고 생각해보면 훨씬 더 직관적 이해가 가능하다. 1,000원짜리 물건이라고 가정했을때, 20% 할인이 되면 800원이다. 이 800원에서 "추가적으로" 20%를 할인하면 160원이 할인된다($800×0.2=160$). 800원에서 160원을 빼면 640원이다. 360원이 할인된 것이다.

금융거래에서의 통계 거짓말은 더욱더 찾아내기 쉽다. 자동차를 구입하고 난 많은 사람들은 공식적인 할부금리와 자신이 실제로 내는 "실제금리" 사이에 큰 차이점이 있는지를 나중에야 깨닫는다. "취급수수료"라는 이해하기 어려운 비용이 있는 경우가 존재하기 때문이다. 자신이 생각한 이율보다 몇퍼센트나 더 내게 되는 경우는 쉽게 찾아 볼 수 있다. 말이 되지 않는다 싶어서, 다른 곳에서 돈을 빌려 일찍 갚으려고 하면 계약서를 작성할 때 별 신경쓰지 않았던 "중도상환수수료"를 물어야 한다.

매달 동일한 금액의 원금을 갚아나가고 남아있는 원금에 대한 이자를 추가적으로 부담하는 원금균등상환과 매달 동일한 금액을 내면서 원금과 이자를 갚아나가는 원리금균등상환에 대한 이야기는 명백한 "통계 거짓말"이라기 보다는 "거짓말에 가까운 통계"라고 보아야 할 것이다. 초기상환부담이 크긴 하지만 원금균등상환의 이자부담은 원리금균등상환보다 훨씬 작다. 원리금균등상환의 경우, 대출이 시작된 초기에는 원금을 조금밖에 갚지 않는다. 대출이 어느 정도 지난 다음에야 매달 내는 고정된 금액에서 원금상환이 많아진다. 전체적으로 이자부담이 늘어난다. 금융감독원 서민금융119서비스 <http://s119.fss.or.kr>의 "유용한 서비스/재미있는 테스트/금융거래계산기/대출계산기"에 들어가서 직접 계산해 보았다. 1,000만원을 연리 10%에 10년

원리금균등상환하면, 월납부금액이 132,151원이다. 대출이자합계는 5,858,088 원이다. 똑같은 조건으로 원금균등상환하면, 대출이자합계가 5,041,776원으로 줄어든다. 이러한 정보를 금융기관 창구에서 제대로 설명받았다는 사람은 주위에 많지 않다.

통계 거짓말을 이해할 수 있다면, 지금보다 훨씬 현명한 삶을 살 수 있다. 미국의 주택금융위기가 많은 미국인들을 길거리로 내몰았다. "계약서에서 큰 글씨가 아닌 작은 글씨로 적혀진 부분을 꼼꼼하게 읽어야 한다는 것이, 이 위기가 보통 미국사람들에게 준 가장 큰 교훈이다"라는 한 뉴스 진행자의 말은 진실에 가까울 것 같다.

이렇게 통계 거짓말 내지는 거짓말에 가까운 통계가 일상생활에서도 많은 이유는 숫자가 가지는 사회적 맥락 때문이다. 더 돈을 많이 가지고, 유리한 입장에 서 있고, 권력을 가진 자 편에서 악용되기 쉽기 때문이다. 누가 어떠한 통계 거짓말을 어떻게 하는가는 그 사회의 힘 지형도가 어떠하고 어떻게 변화하고 있는지를 보여준다.

수업시간에 혹은 나 혼자서 해보기

01 주변에서 볼 수 있는 거짓말 통계의 예를 몇 가지 들어보고, 이러한 예들이 거
짓말 통계에 해당하는 이유를 상세하게 적어보자.

02 이러한 거짓말 통계들에 대해 친구들에게 이야기하고 친구들의 생각을 적어보자.

제02장

SPSS에서 데이터
입력과 관리

2.1 데이터 파일의 작성 · 수정

SPSS 설치 후 처음 프로그램을 작동하고, 처음 나타나는 초기대화상자는 [취소]를 선택한다. [IBM SPSS Statistics 19]이라는 제목을 단 초기대화상자는 특별한 내용이 없으므로 취소해 버려도 아무 문제가 없다.

그 이후 나타나는 화면이 만약 영어 일색이라도 좌절할 필요가 없다. 한국어로 바꿀 수 있는 방법이 있다. [편집][옵션][일반] 이후에, [사용자 인터페이스]에서 [한국어]를 선택하고 하단의 [확인]을 누르면 된다.

[그림 2-1]의 [SPSS 데이터 편집기] 화면이 이제 보일 것이다. 여기서 새롭게 파일을 만들 경우에는 [파일][새 파일][데이터]의 순으로 메뉴를 선택해 나가면 된다. 기존의 만들어진 SPSS 파일을 가져올 때는 [파일][열기][데이터]의 순으로 메뉴를 선택하면 된다.

실제 입력과 수정은 먼저 커서(cursor)나 화살표, 엔터(enter), 탭(tap) 등을 이용해 원하는 칸(cell)으로 이동한 후 이루어진다. [그림 2-2]에서 나타나듯이, 변수들이 있는 행 바로 위쪽에 있는 공란에 선택된 칸 내부의 정보가 나타나게 되어 있다. 변수의 이름 붙이기 등의 관련된 사항은 데이터 편집기와 관련해서 곧 설명된다.

[그림 2-1]   데이터 편집기 화면

[그림 2-2]   자료입력 화면

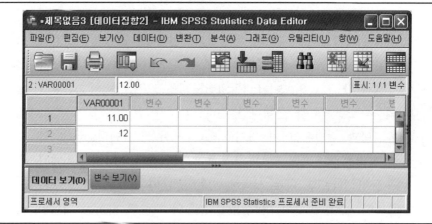

2.2 데이터 보기, 변수 보기, 변수값 설명

　SPSS를 사용할 때 많이 접하는 화면은 '데이터 편집기' 화면이다. 데이터 편집기 화면에는 [데이터 보기]와 [변수 보기]라는 두 가지의 작업환경이 가능하다. [그림 2-3]은 [데이터 보기] 화면이다. 화면의 맨 아래 왼쪽에 [데이터 보기]라는 부분이 활성화되어 있는 것을 알 수 있다.

　[데이터 보기] 화면에서 열(column)은 변수를 의미하고, 행(row)은 개체를 의미한다. [그림 2-3]에서 첫번째 줄은 강쇠라는 개체에 대한 정보를 담고 있다. 반면 네 번째 열은 이성친구라는 변수를 다루고 있다. 보통 개인을 대상으로 하는 조사에서 하나의 줄(행)은 한 사람을 나타낸다. 열은 설문조사의 경우 하나의 질문을 나타낸다. 이러한 질문에는 여러 가지 대답이 나올

[그림 2-3]　　　　　　　　　　　데이터 보기 화면

수 있기 때문에 변할 變(변)을 사용하여 변수(變數, variable)라고 부른다. 변수에 대해서는 앞으로 자세히 설명될 것이다.

[그림 2-4]는 [변수 보기] 작업환경이다. [변수 보기]라는 작업환경은 변수의 이름을 정해 주고 속성을 부여하는 작업을 손쉽게 하기 위해서 존재한다. [그림 2-3]의 왼쪽 하단에 있는 [변수 보기]라는 파일 색인부분처럼 생긴 버튼을 눌러서 작업환경을 선택하였다. [그림 2-3]에서 [그림 2-4]로 전환하는 또 다른 방법이 있다. 상단의 [보기]를 누른 후 나타나는 메뉴 중 [변수]를 선택하면 된다.

[변수 보기] 작업환경은 변수에 대한 사항들을 관할한다. 만일 [변수 보기] 작업환경에서 변수 이름을 정해 주지 않으면, [데이터 보기] 화면에서 컴퓨터가 해당 열의 어느 한 칸이라도 입력이 되면 자동적으로 "VAR00001"·"VAR00002" 식의 이름을 붙인다. 여기서 VAR은 variable(변수)의 준말이다. 이러한 이름들은 혼란스럽기 때문에 보통은 데이터를 입력하기 전에 변수를 먼저 설정해 주는 경우가 보통이다.

[그림 2-4]의 변수정보설정 기능들은 다음과 같다. '이름'은 변수 이름이다. '유형'은 변수에 입력되는 정보가 숫자인지 문자인지를 결정한다. 해당 칸을 누르면 오른쪽 끝에 회색 정사각형이 생긴다. 이 정사각형을 누르면 유형들을 선택할 수 있는 창이 튀어 오른다. 다른 변수들과 달리 두 번째 변수 유형은 문자인 것을 [그림 2-4]에서 확인할 수 있다. '자리'는 전체자리 숫자이다. 해당 칸을 누르면 오른쪽에 오름과 내림을 표시하는 화살표가 주어진

[그림 2-4]　　　　　　　　　**변수보기 화면**

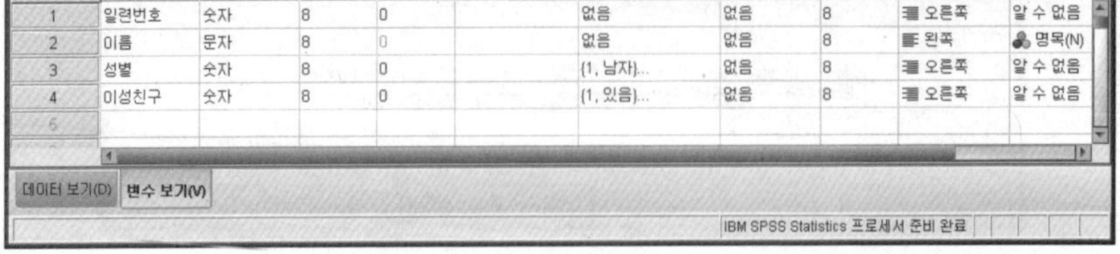

다. 숫자를 직접 입력하여 수정해도 무방하다. '결측값'은 측정되지 않은 값에 대한 설정을 얘기한다. 실제 데이터 입력에 있어 한 칸을 입력하지 않고 넘어가면 '피어리어드(.)'로 표시된다. 상당히 중요한 주제이지만, 현재로서는 특별한 사항이 없으면 [없음]이라는 기본사양을 유지하면 된다는 것만 알아두자. '맞춤'은 칸 이내의 내용을 왼쪽·오른쪽·중앙으로 정렬하는 기능이다. '측도'는 실제 SPSS 사용에서는 무시해도 무방하다. 하지만 개념적으로는 잘 파악해 둘 중요한 문제이므로 이후에 변수성격을 다루는 장에서 상세히 설명될 것이다.

여기서 '값'은 상세한 설명이 필요하다. 이 기능이 필요한 이유는 SPSS에서의 자료입력이 간편성을 위해서 숫자로 이루어지기 때문이다. 예를 들어 "찬성한다" 대신에 '1'을 입력하고, "반대한다" 대신에 '2'를 입력한다. [데이터 보기] 작업환경에서 대부분의 정보가 숫자로 되어 있는 것은 이러한 이유에서이다.

[그림 2-5]는 '값' 아래 어떤 칸을 누를 때 생기는 오른쪽 회색 정사각형을 다시 클릭하면 나타나는 창이다. 이 창에서는 어떤 식으로 숫자가 내용을

[그림 2-5] 변수값 설정

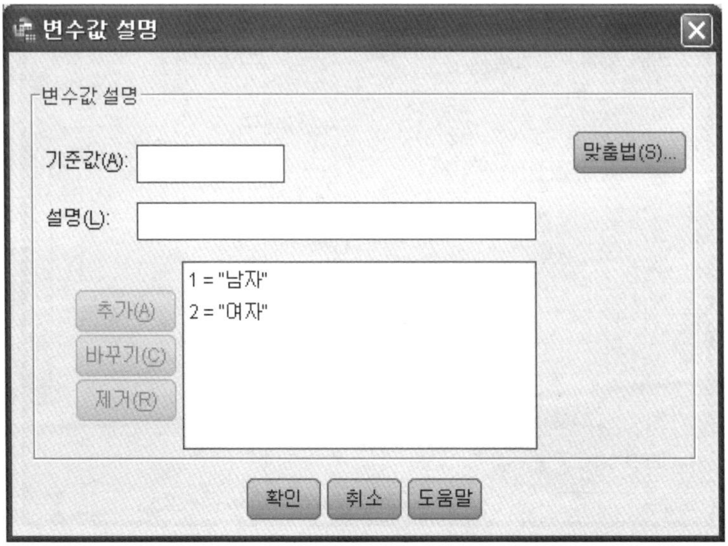

대신하는지를 알려 준다. '기준값' 오른쪽 공란에 '1'을 입력하고 '설명' 오른쪽 공란에 '남자'를 입력한 뒤 왼쪽 아래에 있는 '추가' 버튼을 누르면, 맨 아래 공란에 [1="남자"]라는 식이 입력된다. 이 경우 숫자인 1이나 2가 '변수값'이며, 남자와 여자 같은 문자가 '변수값 설명'인 것이다. 이후 변경과 제거도 가능하다.

주의할 점은 원하는 식이 [그림 2-5]에서와 같이 모두 다 맨 아래의 공란에 입력되고 난 이후에 확인을 눌러야 한다는 점이다.

[그림 2-6]에서 [보기][변수값 설명]을 눌렀을 때 바뀌는 화면이 [그림 2-7]이다. [그림 2-7]에서는 실제 입력한 숫자인 변수값이 아니라 대응되는 의미인 변수값 설명이 나타난다. [변수 보기] 작업환경에서 식으로 입력한 내용이다. '성별'과 '이성친구'라는 변수에서 1이나 2 대신에 '남자'·'여자', '있음'·'없음' 등의 변수값 설명이 나타난다.

[그림 2-6]   **변수값 설명 보기 실행**

[그림 2-7] 변수값 보기 화면

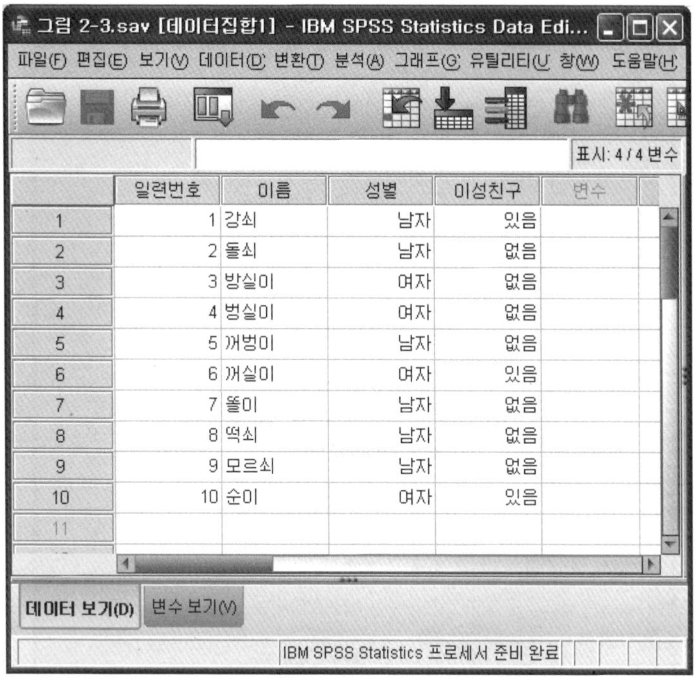
그림 2-3.sav [데이터집합1] - IBM SPSS Statistics Data Edi...
파일(F) 편집(E) 보기(V) 데이터(D) 변환(T) 분석(A) 그래프(G) 유틸리티(U) 창(W) 도움말(H)
표시: 4 / 4 변수
일련번호 이름 성별 이성친구 변수
1 1 강쇠 남자 있음
2 2 돌쇠 남자 없음
3 3 방실이 여자 없음
4 4 벙실이 여자 없음
5 5 꺼벙이 남자 없음
6 6 꺼실이 여자 있음
7 7 똘이 남자 없음
8 8 떡쇠 남자 없음
9 9 모르쇠 남자 없음
10 10 순이 여자 있음
11
데이터 보기(D) 변수 보기(V)
IBM SPSS Statistics 프로세서 준비 완료

다시 숫자로 표시되게 하려면 똑같은 과정을 한 번 다시 반복하면 된다. '변수값'이 아닌 '변수값 설명'이 화면에 표시되어 있는 경우, [보기][변수값 설명]을 누른다.

이렇게 '변수값 설명' 화면을 보는 것은 가끔씩 숫자들의 의미가 궁금해지거나 전체적인 분포에 대한 감을 잡을 때 사용된다.

평소에는 자주 사용하면 혼란스럽다고 얘기해 둔다. 애초에 숫자인 변수값을 입력하는 이유가 그 때문이기도 하다.

2.3 케이스 선택

[그림 2-8]은 [데이터][케이스 선택]을 눌렀을 때 나오는 화면이다. 이

[그림 2-8]	케이스 선택

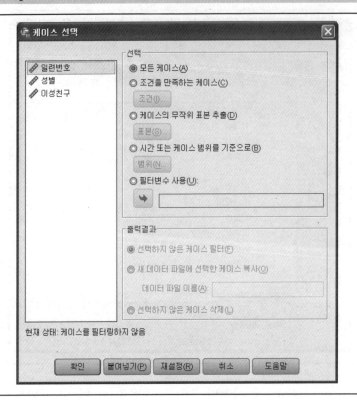

화면에서 SPSS가 제공하는 기본사양은 '전체 케이스'이다. 데이터 파일에 있는 케이스를 다 사용하여 통계분석한다는 것이다. 설명하였듯이 우리가 사용중인 데이터 파일의 경우 10개의 케이스가 있다. 여기서 하나의 케이스는 조사대상인 한 사람을 의미하는 것이다. 각각의 케이스는 강쇠·돌쇠·방실이·벙실이·꺼벙이·꺼실이·똘이·떡쇠·모르쇠·순이를 나타낸다고 할 수 있다. [모든 케이스]를 선택하면, 이 10명을 다 분석하겠다는 것이다.

예를 들어 이 열 명의 사람 중에서 남자만 대상으로 통계분석을 하고 싶은 경우에 케이스선택을 사용한다. [모든 케이스] 아래에 있는 [조건을 만족하는 케이스] 왼쪽에 있는 동그라미(radio button)를 누르고, 이어서 활성화 되는 [조건]이라는 버튼을 누르면 [그림 2-9]와 같은 화면이 나타난다.

[그림 2-9] 오른쪽 상단 공란의 '성별＝1'이라는 부분은 성별이라는 변수

[그림 2-9]	케이스 선택 조건

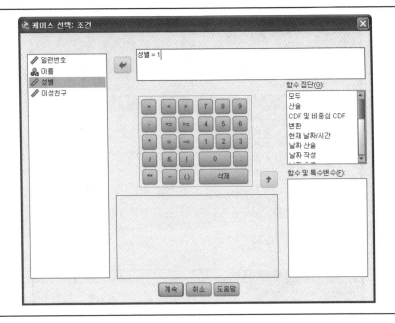

를 왼쪽 공란에서 선택하고 화살표로 오른쪽으로 옮기고(double click을 하여도 무방), 중간부분의 계산기에서 '='과 '1'을 누른 결과이다. 이후 [계속]을 누르고, 다시 나타나는 [그림 2-8] 화면에서 [확인]을 누르면 케이스 선택이 완료된다.

[그림 2-10]은 케이스 선택이 완료된 이후의 데이터 편집기화면이다. 제일 왼쪽의 열에 있는 일부 숫자들이 사선으로 그어져 있음을 알 수 있다. 이제는 남자인 6명만 선택된 것이다. 오른쪽에 있는 "filter_$" 변수는 선택된 케이스는 1로, 선택되지 않은 케이스는 0으로 자동입력해서 나타나는 변수이다.

이러한 케이스 선택을 해제시키려면, [데이터] [케이스 선택]으로 가서 [전체 케이스] [확인]을 선택하면 된다.

한 가지 중요한 점을 얘기하자면, [그림 2-8]에서 [선택되지 않은 케이스]라는 부분이 있다는 것이다. 데이터 관리에 있어서 이 부분은 기본사양으로 놓아 두고 손대지 않는 것이 언제나 현명하다. 기본사양인 [필터 사용]이

[그림 2-10]   남자 케이스 선택

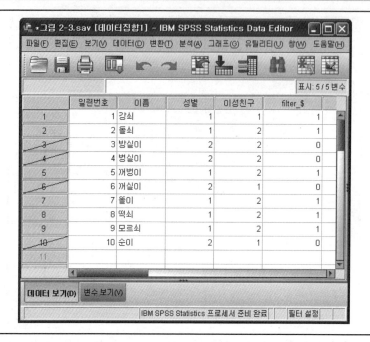

아닌 [지우기]를 사용해 버리면, 선택되지 않은 케이스들이 삭제되어 버린다.

2.4 변수계산 · 코딩 변경

변수계산 역시 실제로 자주 쓰이기 때문에 중요하다. 여기서는 강쇠 · 돌쇠 등에게서 추가로 조사한 키와 몸무게를 바탕으로 그들의 표준 몸무게를 계산해 보도록 하자. [그림 2-11]에는 '키' · '몸무게' 변수가 추가되어 있는 것을 알 수 있다.

[변환] [변수계산]을 선택하면 [그림 2-12] 화면이 나타난다. 표준체중공식 중 여기서 사용할 것은 '표준체중=(키-100)×0.9'이다. 여기에서는 공식을 입력해 두었다. 변수계산에서는 새로운 변수를 만드는 것이기 때문에 새로 만들어질 변수의 이름을 입력해야 한다. 이 새로운 변수 이름을 [대상변

[그림 2-11]   변수계산 데이터

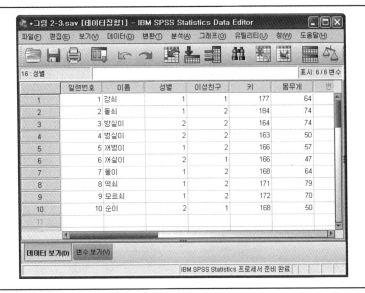

[그림 2-12]   변수계산

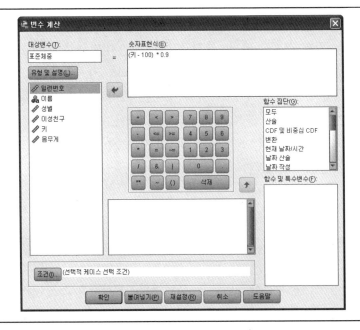

[그림 2-13] 표준체중이 계산된 변수가 추가된 데이터

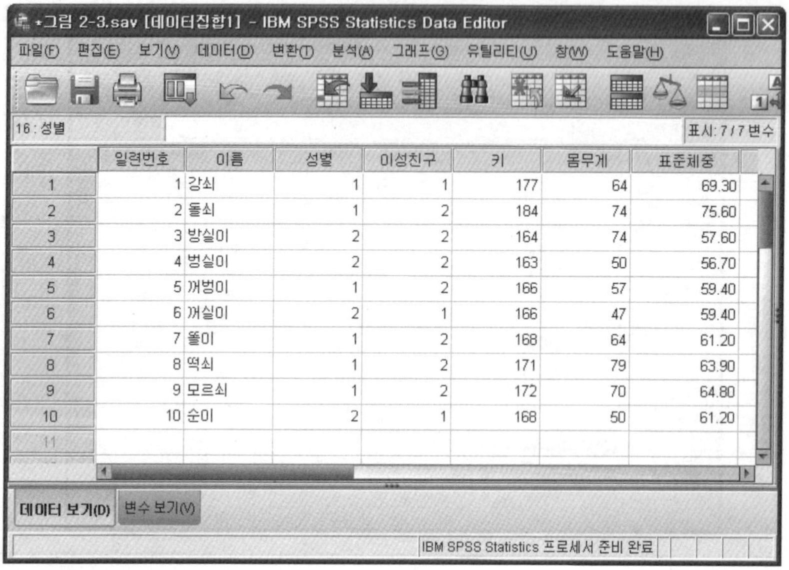

	일련번호	이름	성별	이성친구	키	몸무게	표준체중
1	1	강쇠	1	1	177	64	69.30
2	2	돌쇠	1	2	184	74	75.60
3	3	방실이	2	2	164	74	57.60
4	4	벙실이	2	2	163	50	56.70
5	5	꺼벙이	1	2	166	57	59.40
6	6	꺼실이	2	1	166	47	59.40
7	7	똘이	1	2	168	64	61.20
8	8	떡쇠	1	2	171	79	63.90
9	9	모르쇠	1	2	172	70	64.80
10	10	순이	2	1	168	50	61.20
11							

수]란에 입력한다. [그림 2-12]에서는 '표준체중'이라고 입력되어 있다.

숫자표현식 만드는 방식은 이전의 케이스선택 때의 방식과 동일하다. 직접 공식을 입력하여도 되며, 중간부분의 계산기 버튼을 이용하여도 된다. '키' 변수를 왼쪽 아래 편에서 [숫자표현식]으로 가져올 때는 더블 클릭(double click)하거나, 선택 후 오른쪽을 향하는 화살표 버튼을 누르면 된다.

[그림 2-13]은 [그림 2-12]에서 [확인]을 누른 후 나타나는 화면이다. 계산된 변수가 다른 변수들 맨 오른쪽에 '표준체중'이라는 변수명으로 추가되어 있다는 것을 알 수 있다.

2.5 코딩 변경

코딩 변경 역시 유용한 기법 중 하나이다. 효과적으로 쓸 수 있는 예를 앞서 표준체중과 관련해서 제시하려 한다. 먼저 이전의 표준체중에 이어 하

[그림 2-14]   비만도 변수계산

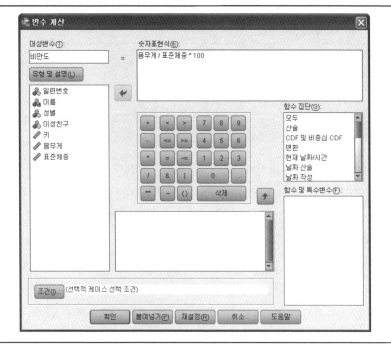

[그림 2-15]   코딩변경 데이터

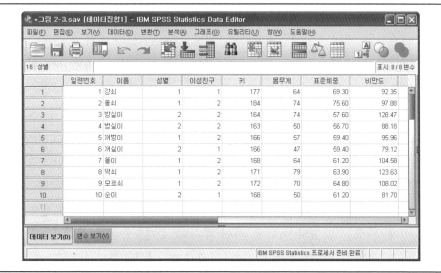

[표 2-1]	비만도판정
80% 미만	심각한 수척
80% 이상–90% 미만	수 척
90% 이상–110% 미만	정 상
110% 이상–120% 미만	과체중
120% 이상–130% 미만	비만(경도)
130% 이상–150% 미만	비만(중등도)
150% 이상	비만(고도)

나의 변수를 먼저 변수계산해 보기로 하자. 비만도를 '비만도＝몸무게/표준
체중×100'이라는 공식을 사용하여 변수계산하였다. [그림 2-14]에는 변수계
산이, [그림 2-15]에는 그 결과로 나온 비만도 변수가 나타나 있다.

　　그런데 비만도의 해석에 대해서는 [표 2-1]과 같은 해석이 가능하다고
한다. 다 알겠지만 비만도는 관련질병(당뇨병·심장질환·심혈관계질환·고혈압)
의 위험과 관련되어 있기 때문에 중요하다.

　　[그림 2-15]에서의 '비만도'를, [표 2-1]의 '비만도판정'으로 바꾸어 주는
것을 가능하게 하는 것이 코딩 변경이다. [변환][다른 변수로 코딩변경]을 선
택한다.

　　[변환][같은 변수로 코딩변경]과 같은 순서로 선택할 수도 있지만 하지
말 것을 권고한다. 이는 케이스 선택에서 선택되지 않은 케이스를 지우지 말
것을 권고하는 것과 동일한 맥락이다. 같은 변수로 코딩 변경할 경우 기존의
변수가 없어져 버린다. 이는 불필요한 자료의 손상이며, 제내로 저장이 되어
있지 않은 경우 재앙적 결과를 초래할 수 있다. 언제나 현명한 방법은 새로
운 변수를 만드는 것이다.

　　[그림 2-16]은 이번 코딩 변경과 관련해서 중요한 사항이 이미 입력되어
있다. 중간의 공란에 있는 '비만도→비만도판정'이라는 공식을 만들기 위해
서 먼저 왼쪽의 공란에서 '비만도'를 선택하고 화살표 버튼을 눌렀다. 이 때
[숫자변수(V)→출력변수] 바로 아래 공란에는 '비만도→?'라는 표현이 나타
난다. 이때 새로운 변수의 이름을 지어 주어야 한다. 오른쪽 상단 [출력변수]
[이름] 밑 공란에 '비만도판정'이라고 입력하고, 아랫부분의 [바꾸기]를 눌렀

[그림 2-16]　　　　　　　　　　　새로운 변수로 코딩변경

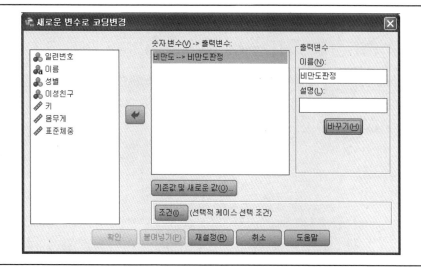

다. 코딩 변경의 구체적인 작업은 [그림 2-16] 중간부분에 있는 [기준값 및 새로운 값]을 눌러야 가능하다.

[그림 2-17]은 코딩 변경의 구체적인 작업을 나타낸다. 작업방식은 화면 왼쪽의 기존값을 선택하고, 오른쪽 상단의 새로운 값을 선택해서 오른쪽 하단의 [기존값 → 새로운 값] 아래 공란에 추가시켜 나가는 것이다. 추가시키기 위해서는 공란 왼쪽의 [추가] 버튼을 누른다.

[그림 2-17]은 기존값 '150 이상'을 새로운 값 '7'로 변환하는 과정을 보여 주고 있다. 기존값에서는 [다음 값에서 최고값까지 범위]에서 '150'을 선택하였고, [새로운 값][기준값]은 '7'을 선택하였다. 이 화면에서 [추가]를 누른다면, 공란에 "150 thru Highest"라고 표시될 것이다.

그 이전의 작업과정들은 [기존값 → 새로운 값] 아래 공란부분에 나와 있다. 예를 들어 "Lowest thru 79.99"는 [기존값][최저값에서 다음 값까지 범위]에 '79.99'를 입력하고, [새로운 값][기준값]에서 '1'을 입력한 것이다. "80 thru 89.99"의 경우, [기존값][범위]에서 [80에서 89.99]를 입력하고, [새로운 값][기준값]에서 '2'를 입력한 것이다.

참고로 범위가 아닌 수치를 선택할 때는 [값]을 누른다는 것을 알 수 있

다. 또한 결측값은 측정되지 않아서 해당 칸에 '피어리어드(.)'로 입력되는 경우를 말한다.

[그림 2-17]	코딩변경 기존값 및 새로운 값

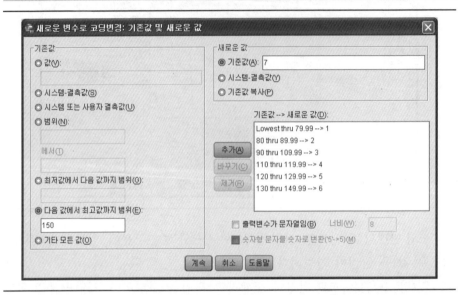

[그림 2-18]	비만도 판정 변수가 추가된 데이터

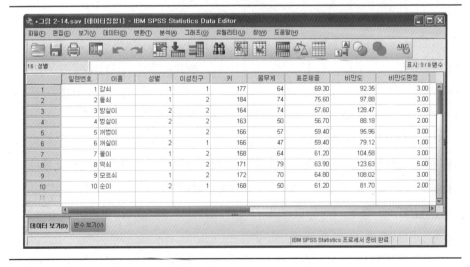

[그림 2-19]   비만도 판정 변수값 설명

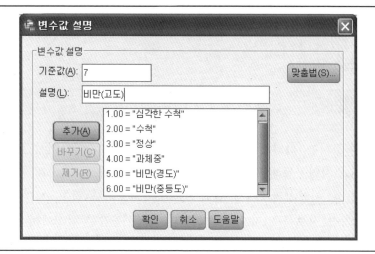

[그림 2-18]은 이러한 '비만도판정'이라는 변수가 추가된 모습을 나타낸다.
[변수보기]에 가서 비만도판정 변수의 [값]을 '1=심각한 수척…'식으로
입력하였다. [그림 2-19] 화면 있는 그대로에서 [추가] [확인]을 누르고, 데이
터 보기 화면에서 [보기] [변수값 설명]을 선택한 결과는 [그림 2-20]과 같다.
'비만도판정' 변수의 값이 숫자가 아닌 '정상', '심각한 수척' 등의 변수값 설

[그림 2-20]   비만도 판정 변수가 추가된 데이터의 변수값 설명 보기

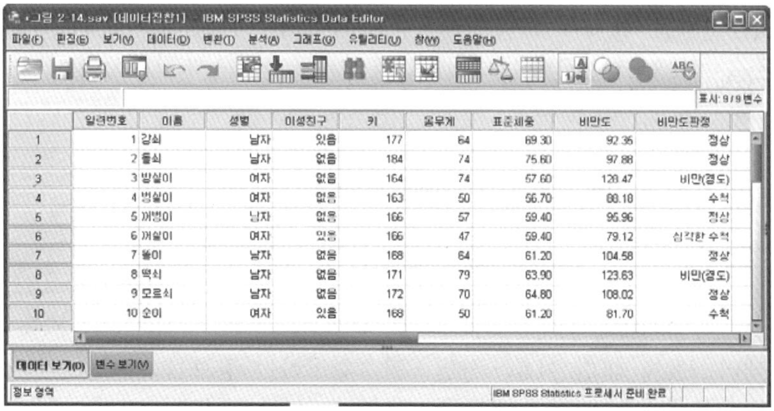

일련번호	이름	성별	이성친구	키	몸무게	표준체중	비만도	비만도판정
1	1 강쇠	남자	있음	177	64	69.30	92.35	정상
2	2 돌쇠	남자	없음	184	74	75.60	97.88	정상
3	3 방실이	여자	없음	164	74	57.60	128.47	비만(경도)
4	4 병실이	여자	없음	163	50	56.70	88.18	수척
5	5 깨병이	남자	없음	166	57	59.40	95.96	정상
6	6 꺼실이	여자	있음	166	47	59.40	79.12	심각한 수척
7	7 돌이	남자	없음	168	64	61.20	104.58	정상
8	8 딱쇠	남자	없음	171	79	63.90	123.63	비만(경도)
9	9 모로쇠	남자	없음	172	70	64.80	108.02	정상
10	10 순이	여자	있음	168	50	61.20	81.70	수척

명으로 나타나 있다.

　[그림 2-20]은 데이터 코딩의 효용을 직설적으로 나타내 준다. 이는 자료의 간략화이다.

2.6 파일 합치기

　실제의 조사는 상당히 복잡하다. 저자가 관여한 미국 미시간(Michigan) 랜싱(Lansing) 지역공동체조사의 경우, 몇 년에 걸쳐서 여러 차례의 설문조사가 이루어졌다. 지역경찰서에서 범죄정보를 가져오기도 하고, 시청에서는 주택과세기준가격 정보를 가져오기도 하였다. 이런 복잡한 현실에서 유용한 것이 파일 합치기이다.

　파일 합치기는 두 가지로 나누어진다. 케이스(case)를 합칠 수도 있고, 변수(variable)를 합칠 수도 있다. 저자가 관여한 조사의 경우 1차 조사, 2차 조사 등으로 나누어졌다. 1차 조사 때에는 남부지역중심으로, 2차 조사 때에는 북부지역중심으로 하는 식이었다. 각 조사 때의 대상 케이스 숫자가 많기 때문에 각 조사 때 별도의 SPSS 파일을 작성하였다. 따라서 각 파일들은 동일한 질문지들에 대한 각 가구(case)들의 대답을 정보화하고 있었다. 이러한 파일들을 합치는 작업을 나중에 하게 되었다. 이 때 사용한 방법이 케이스를 합치는 방법이다.

　반면 변수를 합치는 작업은 '각 가구에 대한 과세기준가격'과 같은 새로운 변수(variable)를 더해 나갈 때 사용하였다.

2.6.1 파일 합치기 : 케이스

　케이스를 합치는 방법을 먼저 해보도록 하자. [그림 2-21]은 현재 작업하고 있는 파일이다. 파일 이름은 '파일 합치기_케이스1'이다. 일련번호 1에서 5까지 케이스들에 대한 이름·성별·이성친구라는 정보를 가지고 있다.

　이 작업 파일에 외부 파일(지금 SPSS에서 작업하고 있지 않는 파일)로

써 합칠 데이터가 [그림 2-22]에 나타나 있다. 파일 이름은 '파일 합치기_케

[그림 2-21]　　　　　　　케이스 합치기 작업 파일 데이터

[그림 2-22]　　　　　　　케이스 합치기 외부 파일 데이터

[그림 2-23]   케이스 추가 파일 합치기

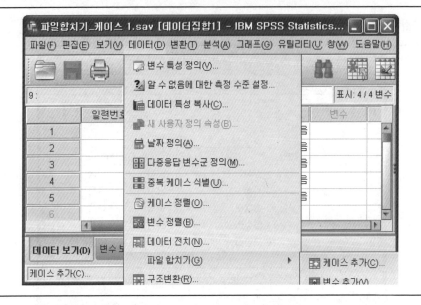

[그림 2-24]   케이스 추가 : 파일 읽기

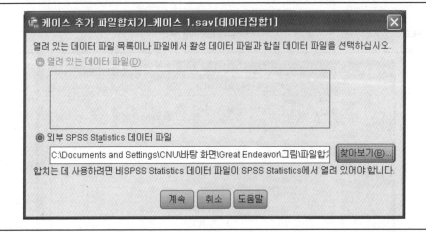

이스2'이다. 이 파일은 일련번호 6-10까지의 케이스를 다루고 있다.

    설문지를 가지고 처음 5명(강쇠·돌쇠·방실이·벙실이·꺼벙이)에 대한 데이터를 입력해 둔 것이 [그림 2 21]이다. [그림 2-22]은 비슷한 설문지를 가

지고, 그 다음 5명(꺼실이 · 똘이 · 떡쇠 · 모르쇠 · 순이)에게 추가적인 조사를 한 것이라고 이해할 수 있다.

[그림 2-23]은 일련번호 1에서 5까지 케이스를 다룬 작업 파일인 [그림 2-21]에서 [데이터] [파일 합치기] [케이스 추가]를 선택하는 과정을 보여 준다.

이때 나타나는 화면이 [그림 2-24]와 같은 [케이스 추가 : 파일 읽기]이다. 여기서 [외부 SPSS Statistics 데이터 파일]을 선택하고 [찾아보기]를 눌러 케이스를 추가할 외부파일 '파일합치기_케이스2'를 가져온다.

[계속]을 선택하면 [그림 2-25]와 같은 구체적인 내용들을 지정하도록 되어 있다. 오른쪽 위쪽에 있는 [새 활성 데이터 파일의 변수]에서는 앞으로 합쳐서 나올 파일에 나타날 변수를 SPSS가 제시하고 있다. 이 변수들은 '일련번호 · 이름 · 성별 · 이성친구'이다.

오른쪽 하단의 [케이스 소스를 표시할 변수 이름]은 각 케이스에 대한 원본 데이터 파일이 무엇인지를 나타내는 변수를 합쳐지는 파일에 하나 만들겠다는 의미이다. 작업 데이터 파일로부터 가져온 케이스들은 0값을 가지고, 외부 데이터 파일로부터 가져온 케이스들은 1값을 가진다. 여기서는 기본사

[그림 2-25]	파일합치기 케이스 추가

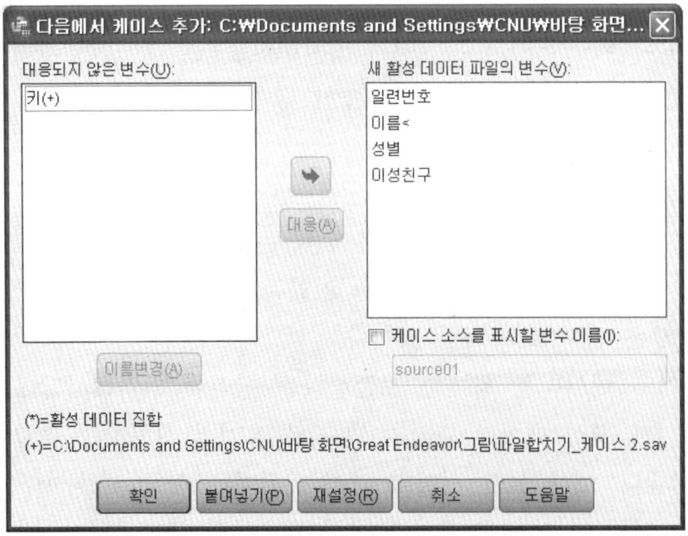

[그림 2-26]　　　　　　　　　대응되지 않은 변수 옮기기

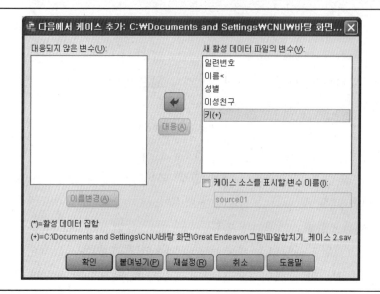

양 그대로, 추가하지 않고 진행한다.

　　[그림 2-25]에서 실제 주의해서 볼 부분은 [대응되지 않은 변수]이다. 여기에 포함된 변수들은 합쳐질 파일에서 제외된다는 것을 의미한다. [대응되지 않은 변수]에는 다음과 같은 변수들이 SPSS에 의해 선택되어진다 : 작업 데이터 파일과 외부 데이터 파일에서 일치하지 않는 변수, 한 파일에서는 문자변수이고, 다른 파일에서는 숫자변수인 경우 해당 변수, 그리고 너비가 다른 문자변수이다.

　　[그림 2-21]에서 제시한 작업 파일(일련번호 1-5)과 [그림 2-22]의 외부 파일(일련번호 6-10)을 보면, 외부 파일에 '키'라는 변수가 추가적으로 기입된 것을 알 수 있다. '키'가 작업 파일에는 없었는데 외부 파일에는 있기 때문에 [대응되지 않은 변수]로 나타난 것이다.

　　이런 경우 데이터를 최대한 보존한다는 상식에 입각해서 [대응되지 않은 변수]를 [새 활성 데이터 파일의 변수]로 옮겨서 합쳐지는 파일에 포함시키는 것이 좋다. 예를 들어 저자가 앞서 언급한 조사를 했을 때, 2차와 3차 조사에서는 1차 조사에서 생각하지 못한 변수들을 추가하였다. 비록 1차 조

사에서는 이러한 변수에 대한 응답자들의 대답을 알지 못하지만, 2차와 3차에는 정보가 있기 때문에 추가적인 정보를 합쳐지는 파일에 포함시켰었다. 따라서 [그림 2-26]와 같이 '키'를 [새로운 작업 데이터 파일의 변수]로 옮기

[그림 2-27] 합쳐진 파일 데이터

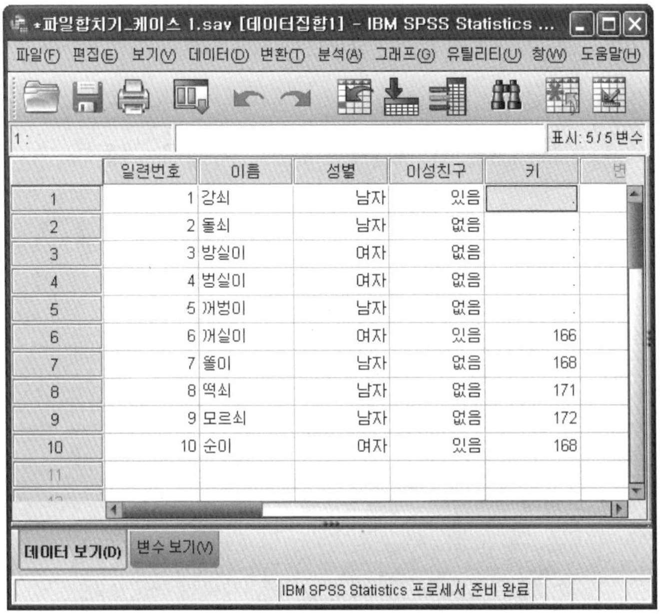

	일련번호	이름	성별	이성친구	키
1	1	강쇠	남자	있음	.
2	2	돌쇠	남자	없음	.
3	3	방실이	여자	없음	.
4	4	벙실이	여자	없음	.
5	5	꺼벙이	남자	없음	.
6	6	꺼실이	여자	있음	166
7	7	똘이	남자	없음	168
8	8	떡쇠	남자	없음	171
9	9	모르쇠	남자	없음	172
10	10	순이	여자	있음	168

[그림 2-28] 두 파일 모두 열려 있을 경우의 케이스 추가

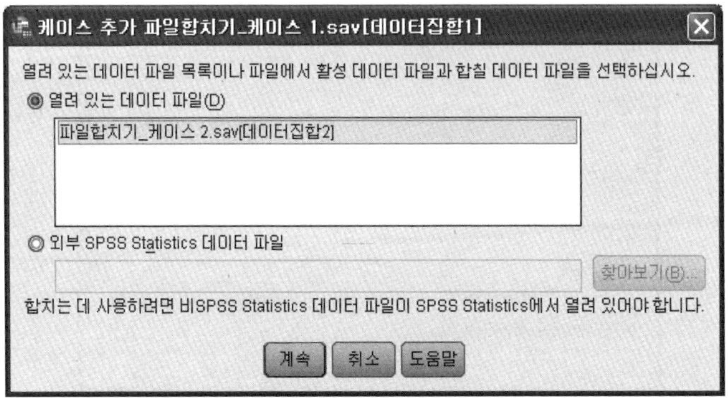

는 것이 좋다.

합쳐진 파일은 [그림 2-27]과 같다. 대응되는 변수들인 일련번호·이름·성별·이성친구를 볼 수 있다. '키'의 경우는 작업 파일에 해당되는 일련번호 1-5까지의 케이스의 경우, 결측값(missing value)으로 처리되었음을 알 수 있다.

만약 합치려고 하는 파일 역시 이미 SPSS에서 열려 있다면, 즉 합치려는 "파일합치기_케이스 2"가 외부파일이 아닌 작업파일이라면, 그림 2.24과는 달리 그림 2.28이 나온다. 나와 있는 파일 이름을 클릭하면 그림 2.28과 같이 [계속]이 활성화 된다. 그 이후는 똑같은 과정을 거친다.

2.6.2 파일 합치기 : 변 수

이번에는 기존 파일에 새로운 변수를 합치는 방법을 알아보자. [그림 2-29]는 일련번호·이름·성별·이성친구라는 네 개의 변수를 가진 작업 파일

[그림 2-29] 변수합치기 작업파일 데이터

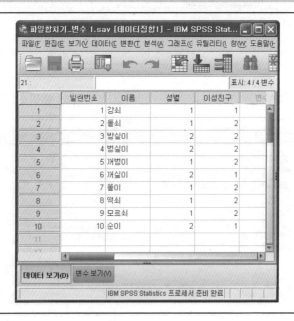

[그림 2-30]　　　　　　　　변수합치기 외부파일 데이터

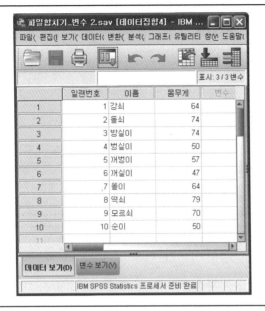

[그림 2-31]　　　　　　　　변수추가 파일 합치기

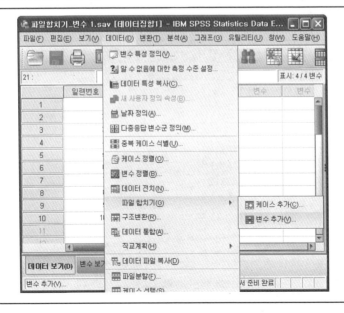

[그림 2-32]   변수추가 파일읽기

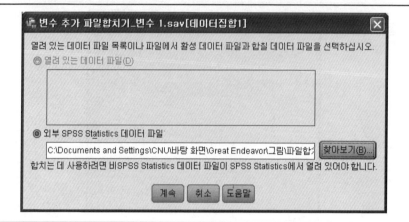

이다. 파일의 이름은 '파일 합치기-변수 1'이다.

　　[그림 2-30]은 일련번호·이름·몸무게라는 세 개의 변수를 가진 외부
파일이다. 파일의 이름은 '파일 합치기-변수 2'이다.

　　[그림 2-31]은 작업 파일에서 [데이터][파일합치기][변수추가]를 선택하

[그림 2-33]   파일합치기 변수추가

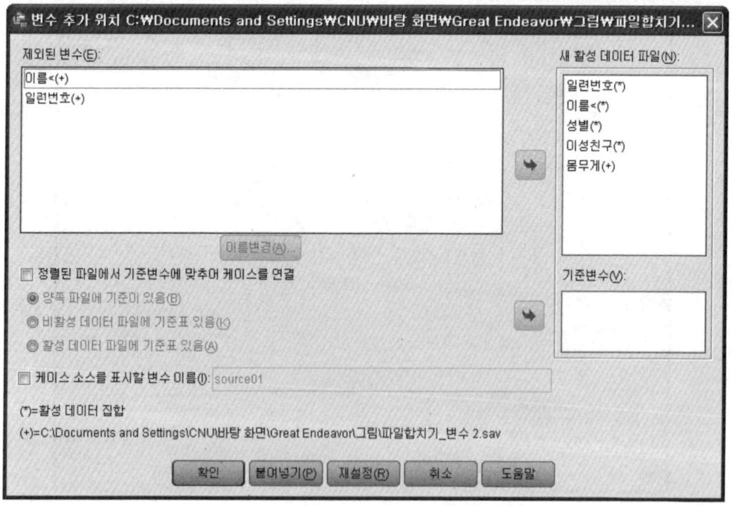

는 과정을 보여 준다.

　　이어 나타나는 화면이 [그림 2-32]이다. 이 화면에서는 변수를 추가할 외부 파일 '파일 합치기-변수 2'를 찾아서 선택한다. 그리고 [계속]을 누른다.

　　[그림 2-33]에서도 신경을 써서 파악해야 할 부분은 [제외된 변수]이다. 이름이 동일한 변수가 작업 파일과 외부 파일에 있기 때문에 제외시킨다는

[그림 2-34]	파일합치기 변수추가 일련번호 이름변경

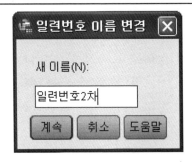

[그림 2-35]	파일합치기 변수추가 이름변경이 된 상태

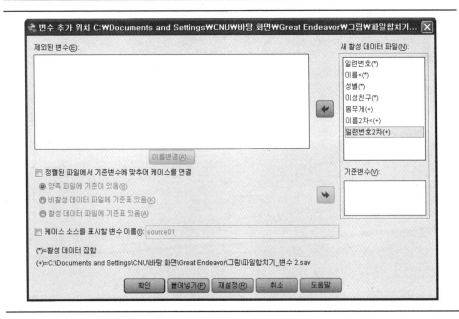

것이다. 이대로 [확인]을 누르면 외부 파일의 (+)가 붙은 '이름'과 '일련번호' 변수는 제외된다.

일단 정보를 많이 보전한다는 원칙에 의거해서 이 변수들도 활용하기로 하자. 이러한 경우 중복되는 변수의 이름을 바꾸어 주어야 한다.

[그림 2-33]에서 '일련번호(+)'를 누르면 [제외된 변수] 공란 바로 아래의 [이름 변경]이 활성화된다.

[이름 변경]을 누르면 [일련번호 이름 변경] 창이 나타난다. 이 때 이름을 바꾸도록 한다. [그림 2-34]에서는 '일련번호2차'로 이름을 바꾸었다.

[그림 2-35]는 '이름2차'와 '일련번호2차'로 이름을 바꾼 변수들을 [새 활성 데이터 파일]로 옮긴 상태를 보여 준다. 여기서 [확인]을 누른다.

이때 합쳐지는 파일을 [그림 2-36]에서 볼 수 있다. 이전의 변수순서가 유지되었고, 외부 파일의 경우 '이름2차', '일련번호2차'로 변수 이름이 바뀌어진 것을 알 수 있다.

[그림 2-36] 파일합치기 변수추가된 데이터

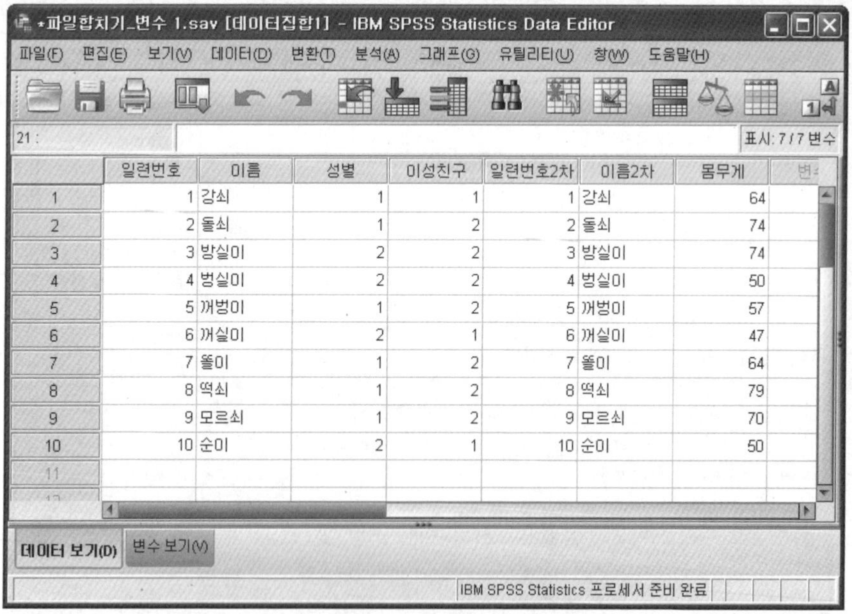

	일련번호	이름	성별	이성친구	일련번호2차	이름2차	몸무게
1	1	강쇠	1	1	1	강쇠	64
2	2	돌쇠	1	2	2	돌쇠	74
3	3	방실이	2	2	3	방실이	74
4	4	벙실이	2	2	4	벙실이	50
5	5	꺼벙이	1	2	5	꺼벙이	57
6	6	꺼실이	2	1	6	꺼실이	47
7	7	똘이	1	2	7	똘이	64
8	8	떡쇠	1	2	8	떡쇠	79
9	9	모르쇠	1	2	9	모르쇠	70
10	10	순이	2	1	10	순이	50
11							

대체적으로 보았을 때, 이런 식으로 변수를 보전해 주는 것이 바람직하다. 실제로 파일 관리를 할 때 각 조사 때마다 이름과 일련번호가 있으면 훨씬 편리한 면이 많다. 이는 또 자연스럽게 어느 부분이 1차 조사변수이고, 어느 부분이 2차 조사변수인지를 알려 주는 역할도 한다.

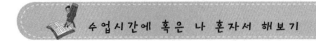

수업시간에 혹은 나 혼자서 해보기

01 성인의 정상맥박수는 흔히 60~90회라고 한다. 손목에 손을 대고 60초 동안 몇 번 맥박이 뛰는지 세어보자. 친구들에게도 맥박수를 재어보도록 한다.

물론 맥박수는 긴장상태나 운동유무에 따라 달라지므로, 이 맥박수가 건강상태 의 정상여부를 꼭 나타내는 것은 아니다.
맥박수를 SPSS에 입력하고 코딩변경을 통해 "정상" "비정상"으로 케이스들을 구분해본다.

02 보건복지부에서 운영하는 'e-건강다이어리'라는 사이트〈http://diary.hp.go.kr/〉에 접 속하여 가입해보자. 어제 하루동안 나의 섭취칼로리와 나의 소비칼로리를 꼼꼼하 게 계산해보자. 섭취칼로리는 /식생활/이라고 표기되어 있고, 소비칼로리는 /신 체활동/으로 나와 있다. 친구들도 이를 똑같이 계산하도록 권해보자.

SPSS에 나와 친구들의 섭취칼로리와 소비칼로리를 계산해보자. 변수계산을 통 해 "잉여칼로리"라는 변수를 만들어 보자. 섭취칼로리에서 소비칼로리를 빼면 된다.

03 두 명의 학생을 대상으로 다음과 같은 설문조사 결과를 얻었다. SPSS에 이 자 료를 입력하고 저장하자.

이름 : 신사임당
취미 : 붓글씨
수학성적 : 98
행복지수 : 낮음

이름 : 강감찬
취미 : 검도
수학성적 : 81
행복지수 : 아주 높음

다시 세 학생에게 설문조사를 하여 다음과 같은 설문조사를 얻었다. SPSS에
이 자료를 입력하고 저장하자. 저장된 이전 파일과 현재의 파일을 합쳐보자.

이름 : 홍길동
취미 : 등산
수학성적 : 70
행복지수 : 보통

이름 : 유관순
취미 : 독서
수학성적 : 88
행복지수 : 높음

이름 : 복희
취미 : 독서
수학성적 : 59
행복지수 : 아주 높음

04 이렇게 합쳐져서 다섯 학생의 정보를 가지고 있는 파일에서, 수학성적을 다음과
    같은 기준으로 코딩변경 하도록 하자. 기존 '수학성적'이라는 변수는 유지하고,
    '수학학점'이라는 새로운 변수를 만들기로 하자.

    90 ~ 100 → A
    80 ~ 89 → B
    70 ~ 79 → C
     0 ~ 69 → D

05 이러한 수학성적 코딩변경이 가지는 장점과 단점은 각각 무엇인가?

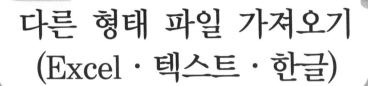

다른 형태 파일 가져오기
(Excel · 텍스트 · 한글)

    이 장에서는 다른 형태의 파일을 가져오는 방법에 대해 알아본다. 실제로 데이터를 관리하는 입장에서는 SPSS 파일만을 사용하는 사치를 누릴 수 없다. 다양한 출처의 파일들을 함께 사용할 수밖에 없을 때가 많은 것이 현실이다.

    이 글에서는 Excel 파일을 먼저 다룬다. Excel 파일은 가로와 세로로 그어진 선으로 칸(cell)이 이루어져 있고, 이러한 칸에 데이터가 저장되어 있다는 점에서 SPSS와 유사하다. SPSS로 가져오는 과정도 단순하다.

    반면 텍스트 파일(text file)을 SPSS로 가져오는 과정은 좀더 복잡하다. 이 장에서는 텍스트 파일이 저장되어 있는 두 가지 방식을 나누어서 설명한다. 하나는 '구분자에 의한 배열'이며, 다른 하나는 '고정 너비로 배열'이다.

    훈글과 같은 문서처리 파일에 입력된 데이터는 텍스트 파일로 저장한 이후에만 SPSS로 가져올 수 있다.

3.1   Excel 파일 가져오기

    여기서는 가장 간단한 방법만을 소개한다. 먼저 Excel 프로그램이 컴퓨

[그림 3-1] Excel 데이터 파일

	A	B	C	D
1	일련번호	이름	성별	이성친구
2	1	강쇠	1	1
3	2	돌쇠	1	2
4	3	방실이	2	2
5	4	벙실이	2	2
6	5	꺼벙이	1	2
7	6	꺼실이	2	1
8	7	똘이	1	2
9	8	떡쇠	1	2
10	9	모르쇠	1	2
11	10	순이	2	1

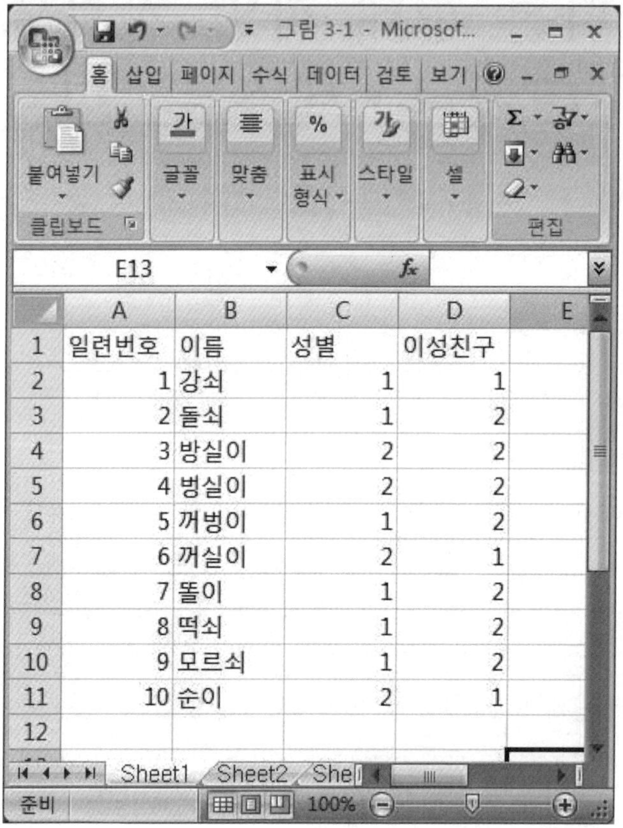

터에 열려 있는지 확인한다. 열려져 있다면 닫도록 한다.

[그림 3-1]과 같은 엑셀(Excel) 파일을 가져오기로 하자. SPSS에서 [파일] [열기] [데이터]를 선택한다. 열리는 창 하단에 있는 [파일유형]에서 'Excel'을 선택한다.

SPSS에서는 파일을 열기 전에 [그림 3-2]의 "Excel 데이터 소스 열기" 라는 창을 띄운다. 여기서 신중하게 처리할 것은 [데이터 첫행에서 변수 이름 읽어 오기]이다. [그림 3-1]에 있는 Excel 파일의 경우, 첫행에 변수가 있으므로 [데이터 첫행에서 변수 이름 읽어 오기] 왼쪽 공란에 체크함으로써 선택하면 된다.

[그림 3-2]   Excel 데이터 소스 열기

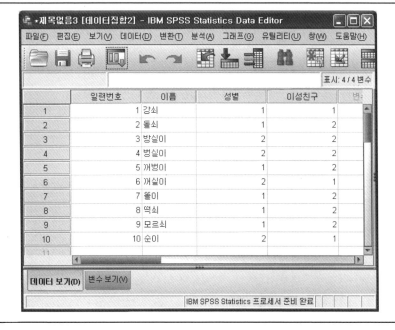

[그림 3-2]에서 [확인]을 누른 다음 SPSS에 나타난 데이터 파일은 [그림 3-3]과 같다.

[그림 3-3]   Excel에서 SPSS로 바꾸어진 파일

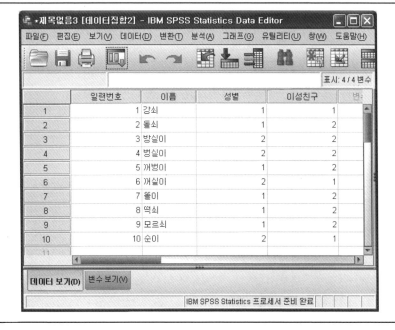

3.2 텍스트 파일 · 한글 파일 가져오기 : '구분자에 의한 배열'

구분자에 의한 배열이란 각 변수에 해당하는 정보가 정해진 구분자에 의해 배열되어 있다는 것이다. 이때 구분자는 콤마(comma)나 탭(tap) 등이 될 수 있다. 이러한 구분자에 의한 배열이 되었을 경우에는 Excel이나 SPSS 에서처럼 변수와 관련된 정보들이 하나의 열을 이루면서 정렬되지 않는다. 정렬기준이 고정된 열이 아니라 정해진 구분자이기 때문이다. [그림 3-4]의 콤마로 구분된 한글 파일은 직관적인 이해를 쉽게 할 것이다.

이러한 한글 파일은 텍스트 파일로 저장하여야 한다.

[그림 3-4]　　　　　　　　**콤마 구분자로 배열된 한글 파일**

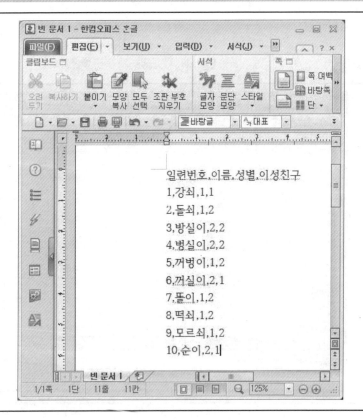

이렇게 저장된 텍스트 파일을 SPSS에서 열 때는 [파일] [텍스트 데이터 읽기]를 선택한다. 선택과 더불어 나타나는 화면은 [그림 3-6]과 같은 [텍스트 가져오기 마법사] 화면이다.

여기서는 단계적으로 텍스트 파일을 SPSS 파일로 바꾸는 과정이 처리된다. 제1단계에서는 [텍스트 파일이 사전정의된 형식과 일치합니까?]라고 묻는 부분에 주목하면 된다. 이는 마법사화면들을 다 거친 연후에 향후 똑같은 형식의 텍스트 파일을 반복적인 과정 없이 SPSS로 가져오기 위해 저장해 둔 파일이 있는지를 묻는 것이다. 물론 현재는 없으므로 [아니오]라는 기본사양을 유지하면 된다.

[그림 3-6]의 제2단계에서는 [변수는 어떻게 배열되어 있습니까?]와 [변수 이름이 파일의 처음에 있습니까?]라는 두 개의 질문에 대한 선택을 해야 한다. 첫번째 질문에 대한 선택은 미리 언급하였듯이 '구분자에 의한 배열'이다. 두 번째 질문은 변수들 이름이 화면 아랫부분에서와 같이 첫번째 행에 등장하기 때문에 [예]를 선택한다.

[그림 3-5]	구분자 텍스트 가져오기 마법사 1단계

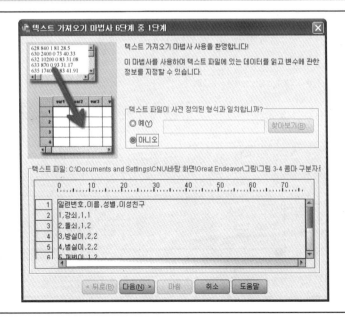

[그림 3-7]에 있는 제3단계의 첫번째 질문은 [데이터의 첫번째 케이스가 몇 번째 줄에서 시작합니까?]이다. 여기서는 SPSS의 기본사양으로 [2]가 나타난다. 그 이유는 2단계에서 변수 이름이 파일의 처음에 있다고 답했기 때문이다. 첫번째 행은 변수명이고, 두 번째 행부터는 변수에 대한 정보라고 간주하기 때문이다. 따라서 기본사양 [2]를 유지하면 된다.

[케이스가 어떻게 표시되고 있습니까?]라는 질문에 대한 답은 보통 [각 줄을 케이스를 나타냅니다]이다. 여기서 사용되는 파일의 경우도 마찬가지이다. 만약 [다음 갯수의 변수가 한 케이스를 나타냅니다]를 선택하는 경우는 [4]를 선택하여야 한다.

4보다 크거나 작은 숫자를 선택하여 다음 단계로 나가 보면 직관적으로 무엇이 잘못되었는지 알 수 있다. 잘못되었다는 것을 인식했을 때는 [뒤로]를 선택하면 되기 때문에 한번 실험해 보는 것도 좋을 듯하다.

[그림 3-6]	구분자 텍스트 가져오기 마법사 2단계

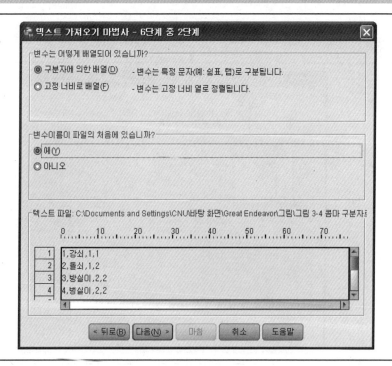

[그림 3-7]	구분자 텍스트 가져오기 마법사 3단계

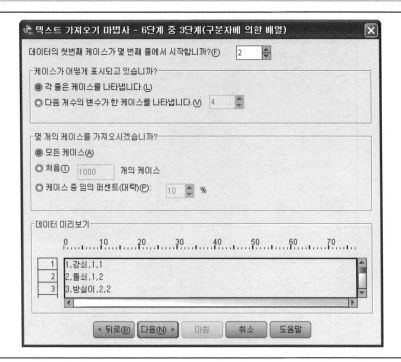

[그림 3-8]에 나오는 제4단계에서는 사용된 구분자를 선택해 주면 된다. [텍스트 한정자를 선택하십시오]라는 질문에 대한 일반적인 선택은 [없음]이다.

텍스트 한정자는 '구분자문자'를 포함하는 값을 묶는 데 사용되는 문자이다. 예를 들어 콤마가 값 사이에 구분자가 아닌 정보로써 사용되었을 경우를 위해서 사용된다. 저자는 가능한 텍스트 한정자를 사용하지 않을 것을 권한다.

제5단계는 [변수 이름]과 [데이터 형식]을 수정할 기회를 준다. 제6단계는 이전에 1단계에서 언급한 파일 작성을 할 수 있다. 이 파일을 작성하면 앞으로 동일한 형태의 텍스트 파일을 SPSS 파일로 저장할 때, 번거로운 중간과정을 많이 생략할 수 있다. 직접 저장해 보고 동일한 파일을 가지고 한번 1단계에서 사용해 볼 것을 권고한다.

[그림 3-8]   구분자 텍스트 가져오기 마법사 4단계

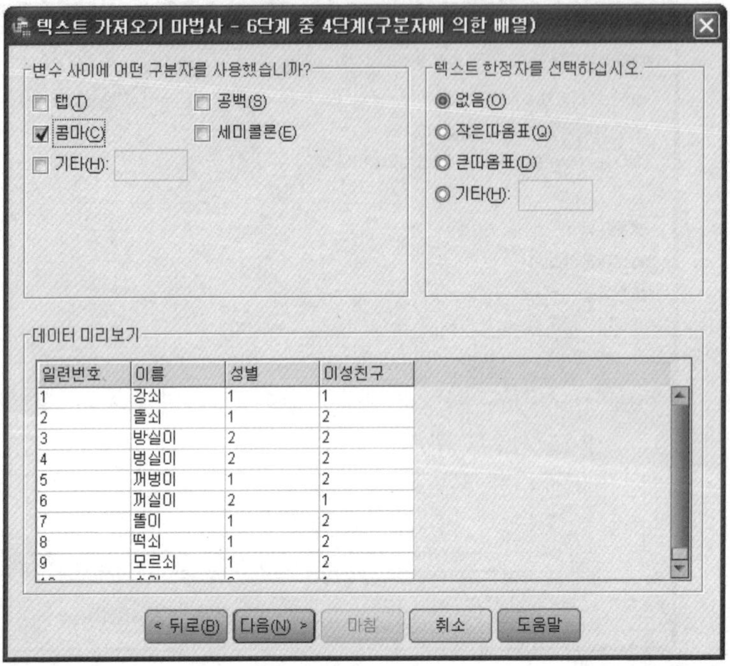

3.3 텍스트 파일 · 한글 파일 가져오기 : '고정 너비로 배열'

고정너비로 배열된 파일은 Excel이나 SPSS처럼 한 변수에 대한 정보가 정해진 열에 존재한다. 마치 가로선과 세로선이 없는 Excel이나 SPSS 파일을 보는 것 같다. [그림 3-9]는 고정너비로 배열된 텍스트 파일을 나타낸다.

이전과 동일하게 SPSS에서 [파일][텍스트데이터읽기]를 선택하면 [텍스트 가져오기 마법사]가 시작된다. 현재로선 파일을 어떤 식으로 읽어들이겠다는 미리 지정된 명령문 파일이 존재하지 않는다. 따라서 [그림 3-10]에서는 기본사양인 [아니오]를 그대로 유지한다.

[그림 3-9]　　　　　　　　　고정너비 텍스트 파일

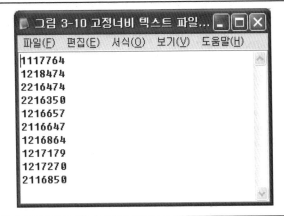

[그림 3-10]　　　　　고정너비 텍스트 가져오기 마법사 1단계

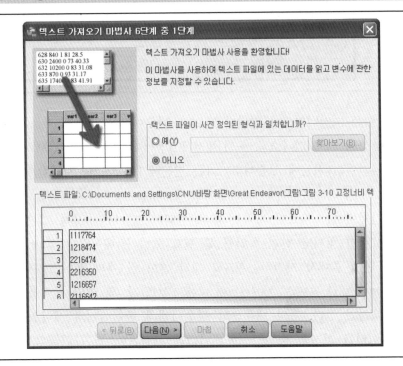

[그림 3-11]	고정너비 텍스트 가져오기 마법사 2단계

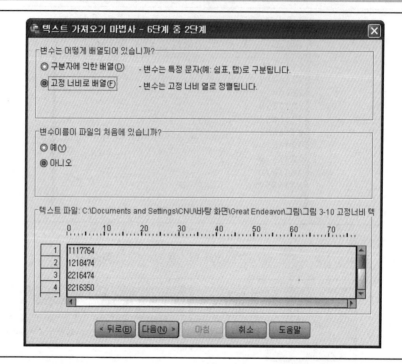

변수는 고정너비로 배열되어 있으며, 변수이름은 파일의 처음에 있지 않다. 이 점은 2단계인 [그림 3-11]에서 [고정너비로 배열]을 선택하고, "변수이름이 파일의 처음에 있습니까?"라는 질문에 [아니오]를 지정함으로써 해결한다.

3단계에서는 자료가 보이는 대로 선택해주면 된다. 보통 기본사양이 판단하는 바가 맞지만 한번 확인해 볼 필요는 있다. 데이터의 첫 번째 케이스가 몇 번째 줄에서 시작하는지, 몇 개의 줄이 한 개의 케이스(사람으로 치자면 한 명에 대한 정보가 한 케이스에 대한 정보)인지, 몇 개의 케이스를 가져올지 선택하면 된다. 거의 대부분의 경우 1개의 줄이 1개의 케이스를 의미하고, 데이터를 가져올 때는 모든 케이스를 가져온다. 단지 가끔씩 자료에 대한 설명이 제일 위쪽 하나나 몇 개의 줄에 걸쳐 있는 경우가 있을 뿐이다. [그림 3-12]는 가장 전형적인 선택이 기본사양으로 나와 있다. 이대로 선택

[그림 3-12]	고정너비 텍스트 가져오기 마법사 3단계

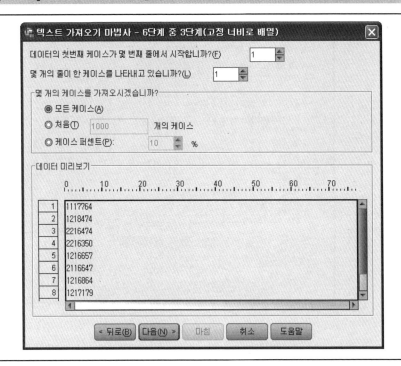

하면 된다.

　"고정 너비로 배열"된 텍스트 파일을 가져오는데 있어서 중요한 단계는 [그림 3-13]에 나오는 제4단계이다. 커서를 아래의 데이터가 보이는 부분으로 가져가서, 변수를 나누는 선(Excel이나 SPSS에서 열을 나누는 선과 기능적으로 유사)을 직접 만들어야 한다. 원하는 대로 작성, 수정, 삭제하는 방법은 화면에 표시되어 있다. 기본적으로는, 변수를 나누어야 하는 부분에 커서를 대고 클릭하면 가로줄이 만들어진다. 이렇게 만든 가로줄은 커서를 대고 끌고 이동할 수도 있고 바깥쪽으로 끌고 가서 없애버릴 수도 있다. [그림 3-14]와 [그림 3-15]에 나오는 제5단계와 제6단계는 이전의 설명을 참조하면 된다.

[그림 3-13]   고정너비 텍스트 가져오기 마법사 4단계

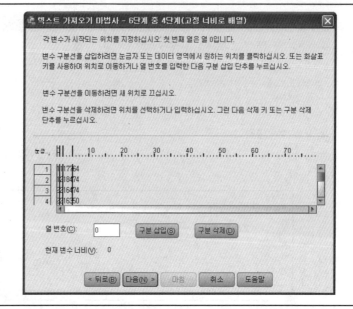

[그림 3-14]   고정너비 텍스트 가져오기 마법사 5단계

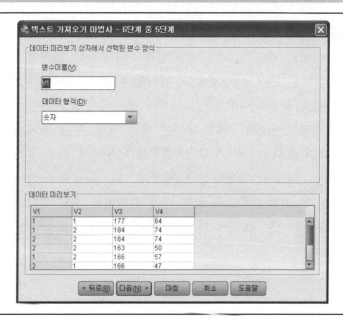

[그림 3-15] 고정너비 텍스트 가져오기 마법사 6단계

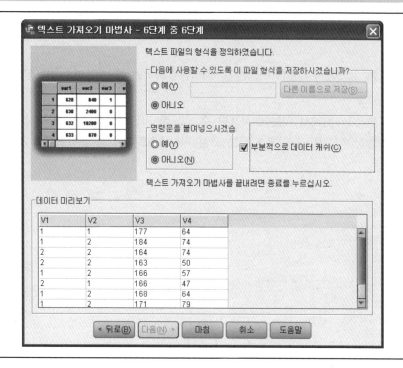

01 그림 3.15에서 '성별' '이성친구' '키' '몸무게'라는 순서로 변수이름을 입력해보자.

02 [그림 3-15]에서 다음에 사용할 수 있도록 파일형식을 저장해 보자. 이 파일을 사용하여 [그림 3-9]에 나오는 고정너비 텍스트 파일을 열어보도록 하자.

변수의 이해 : 측정수준

통계학에서 변수(變數, variable)는 연구대상의 변이(variation)를 알기 위해 만들어졌다고도 이해할 수 있다. 예를 들어 특정대학 학생들의 키를 조사할 때 조사된 키의 값은 학생에 따라서 달라진다. 돌쇠의 키는 175, 강쇠의 키는 182, 꺽쇠의 키는 167 ⋯ 등이다. 이렇듯 변화하는 속성을 나타내는 '키'가 변수이다. 변수가 가지는 특정의 값을 변수값(variable value)이라 한다. 175・182・167 등의 수치 하나하나가 변수값인 것이다.

4.1 측정수준

여기서 이해해야 할 부분은 '키'라는 변수의 속성이 꼭 cm로 측정되는 것은 아니라는 것이다. 앞서 SPSS 데이터 입력에서 언급하였듯이 사물의 기록을 위해 통계학에서는 숫자를 사용한다. 예를 들어 큰 키를 3으로, 중간 키를 2로, 작은 키를 1로 표시할 수 있는 것이다.

이때 175・182・167과 같이 cm를 나타내는 숫자와 정도를 나타내는 1・2・3은 다른 의미를 가진다. 이러한 의미차이는 변수의 측정수준(척도) 차이에서 기인한다. 이러한 변수값이 가지는 정보수준에 따라서 명목・서열・

등간・비율이라는 네 가지의 측정수준을 생각해 볼 수 있다.

우리가 얻는 측정치는 같은 수치이더라도 내포하고 있는 정보의 수준은 판이할 수 있다. 측정치가 가지는 정보수준이란 서열성・등가성・동간성・비율성 등을 말한다.

4.1.1 명목척도

명목척도(名目尺度, nominal scale)에서 자료의 측정치는 일련의 범주(category) 중 하나에 속하는 척도이며, 이러한 척도는 단위들을 분류하는 역할만 한다. 명목척도는 동질적인 분류종류에 대한 이름 붙이기이다. 따라서 "같다―다르다"는 등가성정보만을 가진다. 예를 든다면 학생번호・주민등록번호 등과 같은 것이다. 성별로 분류할 때 여자를 1, 그리고 남자를 2로 정한다면, 이 때의 1・2라는 측정치는 명목척도이다.

명목척도는 한 변수에 따라 개체들을 분류하는 기능을 하기 때문에 분류척도라 부르기도 한다. 분류에는 분류범주가 있어야 하며, 분류범주에 수치를 부여하여 자료를 요약・정리하게 된다.

그러면 분류범주를 어떻게 할 것인가? 분류범주는 상호 배타적(mutually exclusive)이어야 하며, 그러면서도 그것들은 포괄적(exhaustive)이어야 한다. 다시 말하면 어떠한 범주에 속하는 개체(분석단위)는 다른 범주에는 속할 수 없어야 한다. 그러면서도 변수의 모든 단위들은 어느 분류범주에는 반드시 소속될 수 있도록 해야 한다. 예컨대 우리 나라의 행정구역을 분류하면서 서울특별시・경기도・수원・충청북도… 등으로 하였다면, 이것은 분류범주의 작성원칙에서 벗어난다. 왜냐하면 이런 경우 수원은 수원이라는 범주에도 속하고, 동시에 경기도라는 범주에도 소속하게 된다. 따라서 상호 배타적이지는 못하다.

명목척도는 분류척도이기 때문에 분류를 나타내는 이름의 역할을 할 뿐 가감승제(+−×/)는 불가능하다. 서울특별시를 1로, 그리고 경기도를 2로 정한 다음 1+2나 1×2를 하는 것은 말이 되지 않는다.

4.1.2 서열척도

서열척도(序列尺度, ordinal scale : 혹은 순서척도)는 서열·순위, 즉 상대성을 나타내는 척도로서 등가(equivalence)와 서열(rank)의 두 가지 정보를 가진다. 따라서 "같다 — 다르다"라는 정보뿐만 아니라 "더 크다(많다) — 더 작다(적다)"라는 서열적인 정보도 알려 준다. 대학교수를 교수·부교수·조교수 및 전임강사로 분류하는 것이나, 어느 태도설문지의 반응을 "아주 좋다 — 보통이다 — 아주 싫다"의 3단계로 얻은 다음 이들을 각기 3점·2점·1점 등으로 수량화한 것은 서열척도의 보기이다.

그러나 서열척도는 동간성(同間性, equidistance)이 없다. 따라서 서열척도의 경우는 분류, 즉 〉·〈·= 등은 쓸 수 있지만, 가감승제를 의미 있게 할 수는 없다. 예컨대 교수-부교수의 차이가 조교수-전임강사의 차이와 같다고 말할 수 없으며, 또한 "아주 좋다 — 보통이다"의 간격이 "보통이다 — 아주 싫다"의 것과 같다고도 자신할 수 없다.

그러나 실제에 있어서는 심리검사나 설문지의 결과를 동간성이 있는 것처럼 가감승제하여 처리하는 경우를 볼 수 있다. 그것은 자료가 사실은 서열척도이지만, 동간성정보를 상당히 가지고 있다고 가정한 것이다.

4.1.3 등간척도

등간척도(等間尺度, interval scale : 동간척도·간격척도)는 등가성과 서열성뿐만 아니라 동간성도 가지므로 얼마만큼 크다는 정보도 내포한다. 그러므로 가감산을 의미 있게 할 수 있다. 즉 국어학력고사에서 A·B·C 세 사람이 각기 받은 10·15·25점과 같은 것이며, 이러한 자료는 25-15=10 등의 가감산이 가능하다. 섭씨 온도의 수치들도 마찬가지이다.

등간척도는 비율성에 관한 정보를 갖고 있지 아니하다. 따라서 영하 10℃가 영하 5℃보다 2배가 더 춥다거나, 30점 받은 학생은 10점 받은 사람보다 3배 공부를 더 잘 한다고 말할 수는 없다. 동간척도가 비율성에 관한 정보를 가지고 있지 않다는 말은 척도의 값, 즉 척도치(scale value)를 비율로 말하는 것은 무의미하다는 것이다.

등간척도가 비율성을 가지지 않는 것은 0의 의미를 실체적으로 가지지 않기 때문이기도 하다. 예를 들어 온도 0℃가 열이 하나도 없다는 것을 의미하지 않는다. 0점이라는 점수가 지식이 전혀 없다는 것을 의미하지는 않는다.

이 말은 곧 측정치 자체의 곱하기·나누기 계산은 무의미하다는 말이 된다. 그러므로 영하 10℃가 영하 5℃보다 2배가 춥거나, 마찬가지로 10점이 30점에 비해 공부를 1/3만큼 한다고 말할 수는 없다.

그러나 척도치의 비율과 척도치간격, 즉 척도치간의 거리의 비율은 다른 이야기이다. 즉 척도치간 간격(차이)은 비율화해도 유의미하므로 더하기·빼기뿐만 아니라 곱하기·나누기도 가능하다. 예를 들어 A·B·C·D 각각의 점수가 25·15·15·10이라고 가정해 보자. 이때 $(25-15)/(15-10)=2$라는 계산으로 A의 점수가 B의 점수보다 뛰어난 정도는 C의 점수가 D의 점수보다 나은 것의 2배라는 말은 합리적이다.

4.1.4 비율척도

비율척도(ratio scale)는 우리가 측정해서 추출해 낼 수 있는 척도 중에서 가장 좋은 것으로 등가성·서열성·동간성 뿐 아니라 비율성의 정보도 가진다. 이 척도는 절대영점, 즉 진정한 의미의 영점을 가지고 있기 때문에 가감승제의 모든 연산이 가능하다.

길이·무게·시간 등은 모두 비율척도이며, −273에서 출발하는 캘빈 온도(Kelvin Scale)도 마찬가지이다. 캘빈 온도는 더 이상 열을 뺏을 수 없는 온도인 −273도를 0도로 간주한다.

참고로 캘빈 온도는 (섭씨온도+273)으로 계산할 수 있다. 바다 표면 높이에서 물은 273K(Kelvin)에서 얼고, 373K에서 끓는다.

비율척도는 자연과학에서는 쉽게 얻을 수 있는 성질의 것이지만 사회과학영역에서는 얻기 힘들며, 우리가 얻을 수 있는 것은 대개가 명목척도나 서열척도이며, 일부가 등간척도이다.

4.2 측정수준의 의미

어떤 변수에 대한 측정을 할 때, 가능하면 많은 정보를 가진 측정수준을 목표로 하는 것은 당연하다. '수·우·미·양·가'와 같은 서열척도보다 100점 만점의 점수가 선호되는 것이 그 예이다. 많은 정보를 가진 측정수준을 낮은 정보로(예를 들어 점수→수·우·미·양·가) 바꾸는 것은 가능하다.

하지만 그 반대는 가능하지 않다는 것을 알 수 있다. 앞서 SPSS 코딩변경에서 퍼센트로 나타나는 비만도를 '수척'·'정상'·'과체중' 등으로 바꾼것이 그 예이다. 처음부터 '수척'·'정상' 등으로만 평가를 했다면, 비만도와 같은 등간척도로의 전환은 불가능하였을 것이다.

등간측정 이상이 되어야만 다양한 통계학적 접근이 용이해지기도 하다. 동간성이 없으면 가감승제의 다양한 연산이 불가능하며, 적용가능한 통계학적 기법은 매우 제한적이다.

사실 사회과학에서 얻을 수 있는 자료는 대부분 서열척도적인 것에 지나지 아니한 데도 불구하고, 대부분의 통계학적 기법들은 동간변수 내지 비율변수에 적용되는 것이기 때문에 애로가 있다. 실제의 자료분석에서는 자료가 서열적인 것이지만, 동간적인 정보를 어느 정도 가지고 있다고 판단될 때는 동간성을 가정하고 통계학적 기법들을 적용할 때가 많은 것이 사실이다.

그러나 등간척도나 비율척도를 구하려는 노력이 언제나 먼저 이루어져야 하며, 불가피하여 동간성가정을 하는 경우에도 적용과 해석은 언제나 신중해야 한다.

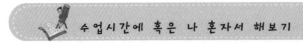

수업시간에 혹은 나 혼자서 해보기

01 아래의 수학 성적은 등간척도이다. 이를 나름대로의 기준을 세워 서열척도로 바
    꾸어 보자.
    85
    92
    88
    77
    65
    76

02 이렇게 서열척도로 변경했을 때의 장점과 단점은 각각 무엇인가?

03 주위에서 볼 수 있는 각 척도들의 예를 들어 보자. 혈액형, 영화에 대해 매긴 별
    숫자, 아파트 실내 면적 등의 예를 생각해 볼 수 있다.

04 성별이라는 질문에 대한 대답을 입력할 때, 여자에게는 1의 값을 부여하였고 남
    자에게는 2의 값을 부여하였다. 20명의 응답자 중 10명은 남자이고 10명은 여
    자이었다. SPSS에서 평균을 구해서 1.5라는 값을 구하였다. 이 값은 의미가 있
    을까? 척도와 관련해서, 이유를 설명해보라.

05 서열척도의 자료를 등간척도로 간주해서 사용할 때의 애매함은 '4.2 측정수준의
    의미'에서 설명되어 있다. 자료 자체가 서열척도인지 등간척도인지의 문제에 대
    해서도 사실은 논란이 계속되고 있다.
    세계화에 대해 '최고로 싫어한다' '상당히 싫어한다' '어느 정도 싫어한다' '아주
    조금 싫어한다' '싫어하지도 좋아하지도 않는다' '아주 조금 좋아한다' '어느 정
    도 좋아한다' '상당히 좋아한다' '최고로 좋아한다'까지 9개의 응답선택을 가지
    고 설문조사를 하였다고 가정해 보자. 설문조사 결과는, 1에서 9까지의 숫자로
    SPSS에 입력되었다고 역시 가정해 보자.

이 숫자들을 서열척도로 취급하는 것이 적절할까 아니면 등간척도로 취급하는 것이 적절할까? 자신의 생각을 이야기해보고 친구들의 생각과 비교해보자.

06 명목변수로서 "성별"이라는 문항의 분류범주를 제시해보라. 4번 문제에서 제시된 "남자" "여자"는 하나의 가능한 분류범주이다. 자신과 친구들의 분류범주를 비교해보고 토론해보자.

문제풀기

01 다음 중 측정 수준에 대한 내용으로 옳지 않은 것은?

가. 각 범주간에 크고 작음의 관계가 판단될 때 이는 서열척도이다.

나. 비율척도에서 0의 값은 자의적으로 부여되었으므로 절대적 의미를 가질 수 없다.

다. 각 범주에 부여되는 수치가 계량적 의미를 갖지 못하는 경우 이는 명목 척도이다.

라. 각 대상간의 거리나 크기를 표준화된 척도로 표시할 수 있다면 이는 등간 척도이다.

02 결혼한 부부들을 대상으로 자녀수를 조사하고자 하는데, 두 가지로 측정한다. 아래의 보기 〈측정 A〉와 〈측정 B〉에서 사용한 척도를 순서대로 제대로 짝지어 놓은 것은?

〈측정 A〉 부부에게 현재 자녀수에 대해 1)적다 2)적당하다 3)많다 라는 세 가지 응답범주로 답하도록 하였다.
〈측정 B〉 부부에게 그들의 실제 자녀수를 적도록 하였다. 자녀가 없는 부부의 경우는 자녀수를 0으로 처리한다.

가. 명목척도 – 서열척도

나. 서열척도 – 비율척도

다. 등간척도 – 비율척도

라. 서열척도 – 등간척도

03 다음 중에서 틀린 내용은?

가. 정부의 교육정책에 따른 지지도는 서열척도나 비율척도로 측정해 볼 수 있다.

나. IQ는 등간척도로 측정하는 것이다.

다. 좋아하는 정당을 선택하라는 질문은 명목척도로 측정하는 것이 적절하다.

라. 가구당 소득은 비율척도로 측정하는 것이 적절하다.

04 현직 대통령에 대한 인기도를 0점에서 100점까지의 값 가운데 하나를 선택하도
   록 했다(높은 수치일수록 높은 지지). 갑은 30번을 준 반면 을은 60점을 주었다.
   갑과 을의 평가에 대해 다음 중 적절한 것은?

   가. 을은 갑보다 2배 만큼 현직 대통령을 더욱더 지지한다.

   나. 갑이 을보다 2배 만큼 현직 대통령을 더욱더 지지한다.

   다. 을이 더 지지하지만 그 차이가 2배라고 할 수 없다.

   라. 갑과 을의 평가를 비교할 수 없다.

제05장

기술통계 : 케이스 요약 · 빈도분석 · 교차표 · 다중응답

　기술통계(descriptive statistics)는 연구대상에 대한 정보를 이해하기 쉽게 보여 주고, 특징을 파악하고, 간략화하는 데 그 목적이 있다. 예를 들어 학생들의 출신지역을 얘기할 때, '서울·서울·부산·광주·서울·서울·강원도·서울·서울·서울·대구·서울·서울·서울·서울·대전·인천·서울·서울·서울'이라고 나열하는 것보다 "20명 중 70%가 서울 출신이다"라고 얘기해 주는 것이 효과적이라는 것이다.

　하지만 기술통계가 쉬운 작업은 아니다. 자료를 간결한 형태로 나타내지만, 원자료의 내용을 최대한 유지시켜야만 한다. 또한 앞서 통계학과 거짓말을 구분하였을 때처럼 자료의 맥락에 맞아 들어가는 해석을 할 수 있어야만 한다. 이 장에서는 SPSS에서 사용되는 다양한 탐색적 기법과 그래프에 대해 알아보고, 사용할 때의 주의점과 해석을 다룬다.

5.1 케이스 요약

　케이스 요약은 각 분석대상(케이스)의 값들을 잘 기술할 수 있다. 먼저 [그림 5-1]의 SPSS 파일을 가지고 케이스 요약을 하였다고 하자.

[그림 5-1] 케이스 요약 데이터

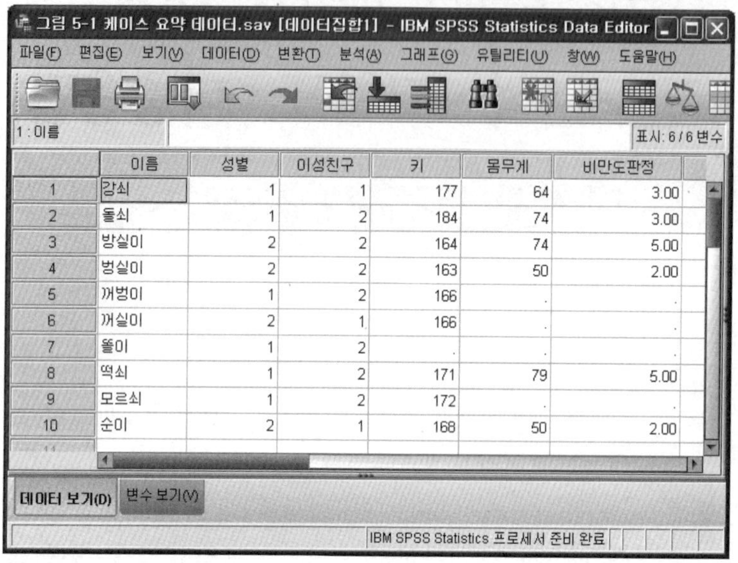

그림 5-1 케이스 요약 데이터.sav [데이터집합1] - IBM SPSS Statistics Data Editor
파일(F) 편집(E) 보기(V) 데이터(D) 변환(T) 분석(A) 그래프(G) 유틸리티(U) 창(W) 도움말(H)
1 : 이름
표시: 6 / 6 변수
이름 성별 이성친구 키 몸무게 비만도판정
1 강쇠 1 1 177 64 3.00
2 돌쇠 1 2 184 74 3.00
3 방실이 2 2 164 74 5.00
4 범실이 2 2 163 50 2.00
5 꺼벙이 1 2 166 . .
6 꺼실이 2 1 166 . .
7 똘이 1 2 . . .
8 떡쇠 1 2 171 79 5.00
9 모르쇠 1 2 172 . .
10 순이 2 1 168 50 2.00
데이터 보기(D) 변수 보기(V)
IBM SPSS Statistics 프로세서 준비 완료

[그림 5-2] 케이스 요약

케이스 요약
키
비만도판정
변수(V):
이름
성별
이성친구
몸무게
집단변수(G):
통계량(S)...
옵션(O)...
케이스 출력(L)
첫 케이스부터의 출력수(F) 100
유효 케이스만 보이기(H)
케이스 번호 보이기(C)
확인 붙여넣기(P) 재설정(R) 취소 도움말

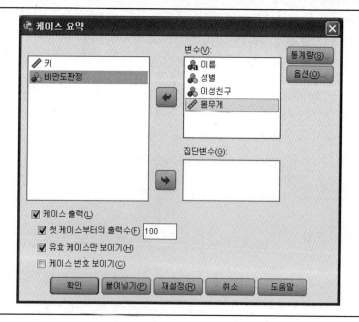

[분석] [보고서] [케이스 요약]을 선택하면 [그림 5-2]가 나온다. 여기서는 요약하고자 하는 변수를 왼쪽 공란에서 [변수] 아래의 공란으로 이동하였다. 여기서 선택된 변수는 '이름'·'성별'·'이성친구'·'몸무게'이다.

케이스 요약 결과는 [표 5-1]과 같다. [케이스 처리 요약] 표에서는 유효한 케이스와 SPSS에서 결측값(.)으로 처리된 케이스들의 숫자와 퍼센트가 표시된다. [케이스 요약] 표에서는 데이터 편집 화면과 유사한 정보가 제시된다.

이번에는 케이스 요약의 활용을 해 보도록 하자. 변수 '성별'을 [그림

[표 5-1] 케이스 요약 출력결과

케이스 처리요약 [a]

	케이스					
	포 함		제 외		합 계	
	N	퍼센트	N	퍼센트	N	퍼센트
이 름	10	100.0%	0	.0%	10	100.0%
성 별	10	100.0%	0	.0%	10	100.0%
이성친구	10	100.0%	0	.0%	10	100.0%
몸무게	6	60.0%	4	40.0%	10	100.0%

a) 처음 100 케이스로 제한됨.

케이스 요약 [a]

	이 름	성 별	이성친구	몸무게
1	강 쇠	남자	있음	64
2	돌 쇠	남자	없음	74
3	방실이	여자	없음	74
4	벙실이	여자	없음	50
5	꺼벙이	남자	없음	.
6	꺼실이	여자	있음	
7	똘 이	남자	없음	.
8	떡 쇠	남자	없음	79
9	모르쇠	남자	없음	.
10	순 이	여자	있음	50
합 계 N	10	10	10	6

a) 처음 100 케이스로 제한됨.

5-3]에서는, [집단변수] 밑 공란에 넣었다. 케이스 요약을 해본 결과가 [표 5-2]이다. 이때는 남자와 여자라는 두 가지 집단에 대한 각각의 케이스 요약 이 제시된다. 남자와 여자를 나누어서 케이스를 요약함으로써 두 집단의 분 포에 대한 이해가 쉬워졌다. 예를 들어 남자는 거의 이성친구가 없다(6명 중 5명)는 점을 쉽게 파악할 수 있다. 이런 점이 기술통계의 기능이라고 할 수 있다.

| [그림 5-3] | "성별"을 집단변수로 둔 케이스 요약 |

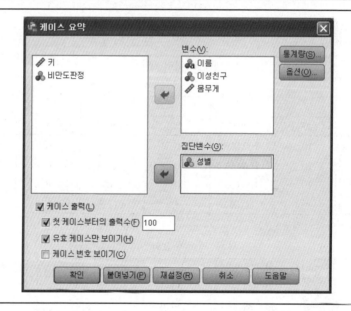

| [표 5-2] | 성별을 집단변수로 처리할 때 케이스 요약 출력결과 |

케이스 처리요약[a)]

	케이스					
	포 함		제 외		합 계	
	N	퍼센트	N	퍼센트	N	퍼센트
이름×성별	10	100.0%	0	.0%	10	100.0%
이성친구×성별	10	100.0%	0	.0%	10	100.0%
몸무게×성별	6	60.0%	4	40.0%	10	100.0%

a) 처음 100 케이스로 제한됨.

케이스 요약^{a)}

			이 름	이성친구	몸무게
성 별	남 자	1	강 쇠	있음	64
		2	돌 쇠	없음	74
		3	꺼벙이	없음	.
		4	똘 이	없음	.
		5	떡 쇠	없음	79
		6	모르쇠	없음	.
	합 계 N		6	6	3
	여 자	1	방실이	없음	74
		2	벙실이	없음	50
		3	꺼실이	있음	.
		4	순 이	있음	50
	합 계 N		4	4	3
합 계 N			10	10	6

a) 처음 100 케이스로 제한됨.

5.2 빈도분석

빈도분석에서 빈도(frequency)란 반장선거 때 칠판에 투표 수를 세는 숫자들이라고 생각할 수 있다. 예를 들어 순희가 23표, 철수가 17표, 무효가 3표라고 할 때의 숫자들(23·17·3)이 빈도인 것이다. 앞서 언급한 변수의 속성들에 해당되는 관찰치가 빈도이며, 이에 대한 계산을 하는 기법이 빈도분석이다. 즉 반장선거의 표기록이 빈도분석인 것이다.

먼저 [그림 5-4]의 데이터 자료를 가지고 분석해 보기로 하자. 아래의 자료에서는 여성인 벙실이·꺼실이·순이가 개인적으로 민감한 부분인 이성친구 유무와 키, 몸무게에 대해 밝히기를 거부하였다. 앞서 언급한 바와 같이 이러한 부분은 결측치(missing value)로 처리되었다.

빈도분석의 유용성은 변수의 성격(예를 들어 측정수준)과 그 분포의 성격에 따라 달라진다. 따라서 통계기법의 실제적 적용은 기계적이기보다는 예술

적이라고 하여야 할 것이다. 변수들에 대해 빈도분석을 실제로 해 가면서 이를 파악해 보기로 한다.

[그림 5-4]   빈도분석 데이터

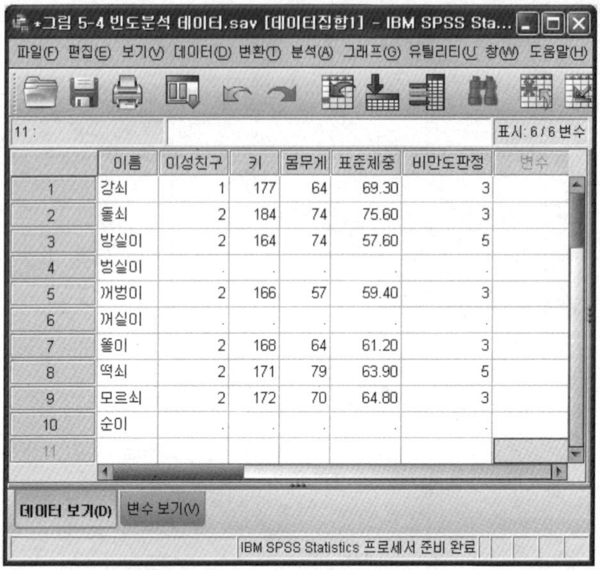

[그림 5-5]   적절하지 않은 빈도분석

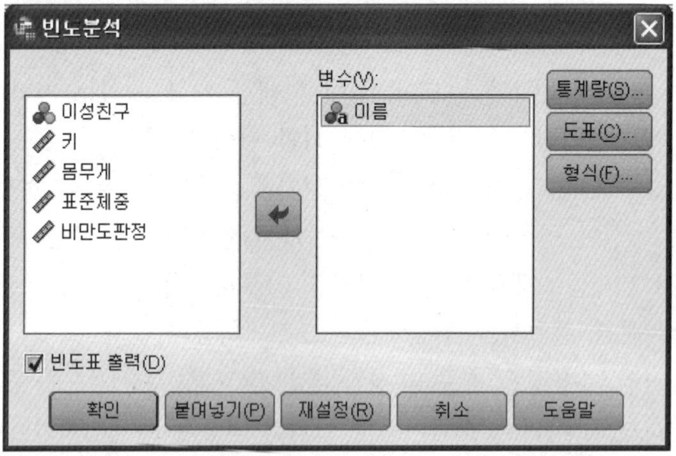

[표 5-3]	적절하지 않은 빈도분석 출력결과

통 계 량
이 름

N	유 효	10
	결 측	0

이 름

		빈 도	퍼센트	유효퍼센트	누적퍼센트
유효	강 쇠	1	10.0	10.0	10.0
	꺼벙이	1	10.0	10.0	20.0
	꺼실이	1	10.0	10.0	30.0
	돌 쇠	1	10.0	10.0	40.0
	떡 쇠	1	10.0	10.0	50.0
	똘 이	1	10.0	10.0	60.0
	모르쇠	1	10.0	10.0	70.0
	방실이	1	10.0	10.0	80.0
	벙실이	1	10.0	10.0	90.0
	순 이	1	10.0	10.0	100.0
	합 계	10	100.0	100.0	

[그림 5-5]에서 [분석] [기술통계량] [빈도분석]을 선택하고, '이름'을 선택하였다.

변수 '이름'에 대한 [표 5-3]의 빈도분석결과는 지양해야 할 빈도분석의 예이다. 관찰치를 세어 나간다는 빈도분석의 효용성을 생각해 보면 크게 의미가 없다는 것을 알 수 있다. 이름은 속성들(각 사람의 이름들)에 대해 하나의 관찰치밖에 없었다. 따라서 각 속성에 대한 관찰치인 빈도가 1이고, 유효퍼센트는 모두 10%로 기록되었다.

각 응답자가 하나의 케이스를 이루고 있다는 것은 이미 알고 있기 때문에 굳이 빈도분석을 할 필요가 없었던 것이다.

이번에는 제대로 된 빈도분석의 예를 들어 보기로 하자.

[분석] [기술통계량] [빈도분석]을 선택하고, [그림 5-6]의 빈도분석 화면 [변수] 아래 공란에 '이성친구'를 입력한 [표 5-4]의 빈도분석 결과는 만족스

럽다. 같은 명목변수인 '이름'과는 달리 속성에 대한 관찰치의 변이가 다양한 것이 그 이유이다.

[그림 5-6]   적절한 빈도분석

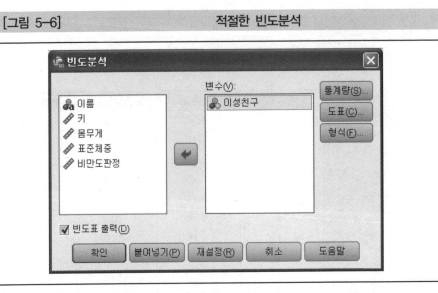

여기서는 결과를 좀더 분석해 볼 필요가 있다. 먼저 [통계량] 도표에서 유효와 결측은 앞서 설명한 바와 같다. 응답을 거부한 벙실이 · 꺼실이 · 순이 세 명이 결측으로 처리되었고, 제대로 해당 데이터를 구한 나머지 7명이 유효로 처리되었다. [이성친구] 도표에서 유심히 살펴볼 부분은 '퍼센트'와 '유효 퍼센트'의 차이이다. '퍼센트'는 결측값(측정되지 않은 값)을 포함해서 계산하고 있다. 따라서 3개의 결측값이 30퍼센트를 차지하고 있는 것이다.

중요한 점은 이번 조사결과에서 이성친구가 있는 비율을 이야기할 때는 '퍼센트'가 아닌 '유효 퍼센트'를 사용해야 한다는 것이다. 제대로 조사가 된 케이스들에 대해서 비율을 이야기해야 하기 때문이다. '유효 퍼센트'를 사용해야만 이성친구가 있다는 14.3%와 이성친구가 없다는 85.7%가 합쳐서 100이 나온다. '누적 퍼센트'를 계산할 때 '유효 퍼센트'를 기초로 계산하는 것도 이러한 이유에서이다.

빈도분석은 명목변수나 서열변수의 설명에 유용하다. '7명 중 이성친구가 있다는 3명(14.3%)과 이성친구가 없다는 4명(85.7%)'이라는 단순하면서도

[표 5-4]	이성친구의 빈도분석 출력결과

통 계 량
이성친구

N	유 효	7
	결 측	3

이성친구

		빈 도	퍼센트	유효 퍼센트	누적 퍼센트
유 효	있음	1	10.0	14.3	14.3
	없음	6	60.0	85.7	100.0
	합계	7	70.0	100.0	
결 측	시스템결측값	3	30.0		
합 계		10	100.0		

[표 5-5]	표준체중의 빈도분석 출력결과

통 계 량
표준체중

N	유 효	7
	결 측	3

표준체중

		빈 도	퍼센트	유효 퍼센트	누적 퍼센트
유 효	57.60	1	10.0	14.3	14.3
	59.40	1	10.0	14.3	28.6
	61.20	1	10.0	14.3	42.9
	63.90	1	10.0	14.3	57.1
	64.80	1	10.0	14.3	71.4
	69.30	1	10.0	14.3	85.7
	75.60	1	10.0	14.3	100.0
	합계	7	70.0	100.0	
결 측	시스템결측값	3	30.0		
합 계		10	100.0		

잘 이해시켜 주는 설명은 이성친구 유무에 대한 명목변수에 적용된 것이다. 반장선거를 다시 한번 생각해 보면 된다. 이름이라는 변수는 명목변수이다. 우리가 사용하고 있는 데이터에서 '비만도판정'과 같은 서열변수 역시 빈도 분석이 유용할 것임을 추측해 볼 수 있다.

하지만 등간변수나 비율변수의 경우는 빈도분석적용에 어려움이 있는 경우가 많다. 측정하는 방법에 따라서 변수값이 거의 중복되지 않는 경우가 많기 때문이다. '표준체중'에 대한 [표 5-5]의 결과는 이러한 빈도분석의 부적절한 사용의 예이다. 각 속성에 대한 관찰치인 빈도가 1이고, 따라서 유효 퍼센트는 모두 14.3%로 기록되었다. 케이스가 많지 않은 상황에서 등간변수나 비율변수는 자칫 이렇게 거의 모든 관찰치에 대해 1이라는 빈도를 가질 수 있다. 이런 경우 요약한다는 기술통계의 원래 취지가 퇴색된다.

5.3 교 차 표

교차표에 대한 분석을 교차분석이라 한다. 교차분석은 빈도분포와 더불어 많이 사용되어지는 기술통계기법 중 하나이다. 우리가 일반적으로 얘기하는 '표'가 이 교차분석기법인 것이다. 여기서는 [그림 5-7]의 데이터 파일을 가지고 교차분석의 효과적인 사용과 그렇지 않은 경우를 비교해 볼 것이다.

[분석] [기술통계량] [교차분석]을 선택하면, [그림 5-8]이 나타난다. 여기서 우리는 기본적으로 [행]에 해당하는 변수와 [열]에 해당하는 변수를 선택하게 되어 있다. 관례적으로 말하자면 원인으로 생각될 수 있는 변수를 열에 선택하고, 결과라고 간주될 수 있는 변수를 행에 선택한다. 밀러(Miller *et al.*, 2002 : 128)는 성별을 열에 배치하고, 사람에 대한 신뢰를 행에 배치하는 경우를 언급한다. 성별이 사람에 대한 신뢰에 영향을 미친다는 것이다.

우리는 여기에서 '성별'을 [열]에 넣고, '비만도판정'을 [행]에 넣는다. 성별이 몸무게 관리에 영향을 미친다고 가정하였다.

[그림 5-7]   교차표 데이터

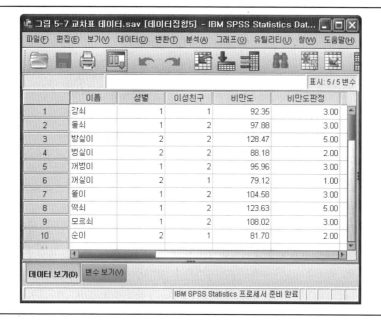

[그림 5-8]   교차분석

[표 5-6]	비만도판정과 성별의 교차표 출력결과

비만도판정×성별 교차표

빈 도

		성 별		전 체
		남 자	여 자	
비만도 판 정	심각한 수척	0	1	1
	수 척	0	2	2
	정 상	5	0	5
	비만(경도)	1	1	2
전 체		6	4	10

[표 5-6]은 교차분석결과의 일부분이다. 이 표는 성공적인 교차분석적용 결과를 나타낸다. 아래에서 여성이 비교적 수척한 경우가 남성보다 많다는 사실을 쉽게 알 수 있다. 여성은 '수척'이 2명이며, '심한 수척'이 1명이다. 반면 남성은 해당되는 빈도가 모두 0이다. 남성은 대부분이 정상(전체 6명 중 5명)이라는 사실도 알 수 있다.

[그림 5-9]	이성친구가 레이어로 들어간 교차분석

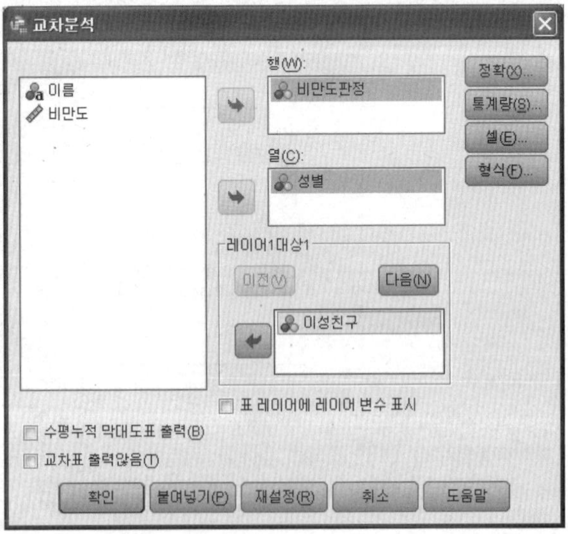

[그림 5-9]처럼 [레이어]에 추가적인 변수를 넣으면, 그 변수에 대한 사항이 고려되어서 나타난다. 레이어(layer)는 쌓여지는 층을 원래 의미한다. [그림 5-9]는 해당 화면에서 [레이어]로써 '이성친구'를 넣은 화면이다.

그 분석결과는 [표 5-7]과 같다. [레이어]를 사용함으로써 더 정밀한 분석이 가능할 수 있다. 이성친구가 없을 때보다 이성친구가 있을 경우, 여성이 '심한 수척'과 '수척'일 경우가 많다는 것을 교차표는 말해 주고 있다.

이번에는 부적절한 교차분석사례를 살펴보자. [그림 5-10]에서는 교차분석에서 '성별'을 [열]에 넣고, 비만정도의 비율인 '비만도'를 [행]에 선택하였다.

[그림 5-10]은 역시 실망스러운 결과를 나타낸다. 비만도판정에 대한 교차분석결과와는 달리 아래의 표는 쉽게 전체분포를 이해하도록 도움을 주지 않는다. 혼란스럽다는 표현이 적절하다.

[표 5-7]	이성친구가 레이어로 들어간 교차분석 출력결과

비만도판정×성별×이성친구 교차표

빈 도

이성친구			성 별		전 체
			남 자	여 자	
있 음	비만도	심각한 수척	0	1	1
	판 정	수 척	0	1	1
		정 상	1	0	1
	전 체		1	2	3
없 음	비만도	수 척	0	1	1
	판 정	정 상	4	0	4
		비만(경도)	1	1	2
	전 체		5	2	7
전 체	비만도	심각한 수척	0	1	1
	판 정	수 척	0	2	2
		정 상	5	0	5
		비만(경도)	1	1	2
	전 체		6	4	10

[그림 5-10]	부적절한 교차분석

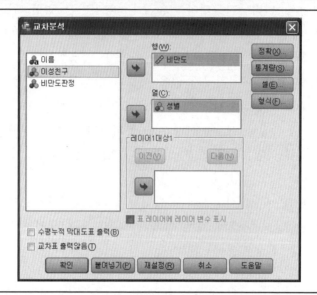

[표 5-8]	부적절한 교차분석 출력결과

비만도×성별 교차표

빈 도

		성 별		전 체
		남 자	여 자	
비만도	79.12	0	1	1
	81.70	0	1	1
	88.18	0	1	1
	92.35	1	0	1
	95.96	1	0	1
	97.88	1	0	1
	104.58	1	0	1
	108.02	1	0	1
	123.63	1	0	1
	128.47	0	1	1
전 체		6	4	10

　　교차분석은 '매우 수척'이나 '수척'과 같은 정도를 나타내는 서열변수에 대해서는 유용했지만, 비만도와 같은 비율변수에 대해서는 실망스러운 결과를 보였다. 많은 경우에 있어서 교차분석은 명목변수나 서열변수에 적합하다.

　　명목변수나 서열변수라도 너무 많은 항목을 가진 변수는 역시 혼란스러운 분석결과를 초래한다. 예를 들어 '한국의 광역지자체'와 '단체장의 소속정당'을 사용하는 것은 괜찮을 것이다. 하지만 '한국의 시·군 단위 지자체'와 '단체장의 소속정당'을 교차표로 나타내는 것은 악몽일 것이다.

　　마지막으로 교차분석이 제시하는 퍼센트 정보에 대해 알아본다. [그림 5-11]의 교차분석 창에서 [셀]을 선택하고, 이때 나타나는 [그림 5-12]의 [퍼센트]에서 [행][열][전체]라는 세 가지 모두를 선택하였다.

　　'비만도판정 중 %'라는 부분이 [행] 퍼센트이다. 예를 들어 '비만(경도)'의 경우, 행으로 선택된 변수인 비만도판정 전체 수가 2이다. 남자가 그 중 1명이기 때문에 50.0%이며, 여자 역시 1명이므로 50.0%이다.

　　'성별 중 %' 부분이 [열] 퍼센트이다. 예를 들면 남자의 경우 6을 계산에서 분모로 사용한다. '정상'인 남자의 셀을 보면 '성별 중 %'가 '83.3%'이다. 이는 (5/6)×100=83.3이라는 계산에 의한 것이다.

[그림 5-11]	교차분석에서 셀

[그림 5-12]	교차분석 셀 출력

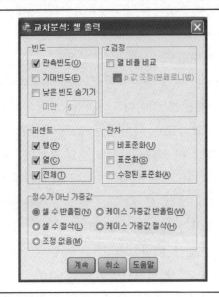

[표 5-9]	교차분석 셀 출력결과

비만도판정×성별 교차표

			성 별		전 체
			남 자	여 자	
비만도 판정	심각한 수척	빈 도	0	1	1
		비만도판정 중 %	.0%	100.0%	100.0%
		성별 중 %	.0%	25.0%	10.0%
		전체 %	.0%	10.0%	10.0%
	수 척	빈 도	0	2	2
		비만도판정 중 %	.0%	100.0%	100.0%
		성별 중 %	.0%	50.0%	20.0%
		전체 %	.0%	20.0%	20.0%
	정 상	빈 도	5	0	5
		비만도판정 중 %	100.0%	.0%	100.0%
		성별 중 %	83.3%	.0%	50.0%
		전체 %	50.0%	.0%	50.0%

		빈 도	1	1	2
비만(경도)		비만도판정 중 %	50.0%	50.0%	100.0%
		성별 중 %	16.7%	25.0%	20.0%
		전체 %	10.0%	10.0%	20.0%
전 체		빈 도	6	4	10
		비만도판정 중 %	60.0%	40.0%	100.0%
		성별 중 %	100.0%	100.0%	100.0%
		전체 %	60.0%	40.0%	100.0%

'전체 %'가 [전체] 퍼센트를 나타낸다. 전체총수인 10을 분모로 사용하여 각 칸(셀, cell)에서 퍼센트를 계산한다.

5.4 다중응답(Multiple Response)의 입력과 기술

다중응답이란 하나의 질문에 하나 이상의 응답(response)이 있는 경우이다. 두 개나 그 이상의 응답을 고르라는 식의 질문은 설문조사에서 자주 사용된다. 예를 들어 몇 명의 대선후보들 중에서 "이 사람은 정말 안 된다"라고 생각하는 사람을 얘기해 보라고 할 수 있다. 어떤 사람들의 경우 나온 대선후보를 모두 선택할 수도 있을 것이다.

다른 식으로 설명하자면 하나의 케이스(case)가 여러 개의 응답(response)을 한다는 것이다. '김철수'라는 하나의 케이스가 '정말 이 사람은 대통령이 되어서는 안 된다고 생각되는 대선후보'라는 질문에 '노무현·이회창'이라고 대답했다면, 이는 복수응답이다.

문제는 SPSS에는 하나의 변수에 대해 하나의 응답만을 기술할 수 있다는 것이다. 이는 변수와 케이스의 교차점에 하나의 값을 입력하는 SPSS의 속성상 대선후보자 몇 명이 아닌 한 명에 대한 정보밖에 입력할 수 없다는 것이다. 따라서 다중응답은 기술적인 목적으로만 사용된다. 빈도분포와 교차표를 만들 수는 있지만, SPSS의 확률적 기법들을 적용할 수는 없다는 것이다. 그 기본적인 이유는 설명하였듯이 분석대상인 케이스(case)와 그 분석대상의 반응인 응답(response)의 차이에 기인한다.

　이러한 기술적인 사용이 가지는 한계 때문에 '다중응답변수군'을 SPSS에서 지정하더라도 데이터 파일에 이러한 변수군이 눈에 보이는 새로운 변수로 만들어지지는 않는다. 즉 요약하고 나타내 주는 기능을 위해서 SPSS가 편의상 가지고 있는 정보에 불과하다는 것이다. SPSS가 변수군지정에 있어서 다른 변수들과 구분하기 위해 "$"를 붙이는 것도 이런 맥락이다.

5.4.1 이분형 다중응답

　다중응답의 첫번째 유형은 하나의 질문에 여러 개의 이분형(dichotomous) 응답들을 요구하는 사항들이 있는 경우이다. '예'와 '아니요' 식의 두 가지의 응답만이 있는 것이다. 질문의 예를 들면 〈설문 5-1〉과 같다.

　〈설문 5-2〉는 꺼실이가 응답한 설문지를 보여 준다.

　[그림 5-13]의 데이터 편집화면을 보면서 조사결과가 어떻게 SPSS에 입력되었는지 알아보자. 이 경우는 다섯 개의 이분형 문항에 대해서 각각 하나씩의 변수를 만들어 준다. 예를 들어 '승진이 늦다고 느낄 때'라는 질문이

〈설문 5-1〉 이분형 질문

　당신은 어떤 조건에서 현재 직장을 그만두시겠습니까? 해당되는 (　) 안에 체크하세요.

　1. 승진이 늦다고 느낄 때
　　그만둔다 (　)　　　　　　그만두지 않는다 (　)
　2. 월급이 동결되었을 때
　　그만둔다 (　)　　　　　　그만두지 않는다 (　)
　3. 한직으로 발령났을 때
　　그만둔다 (　)　　　　　　그만두지 않는다 (　)
　4. 월급이 깎일 때
　　그만둔다 (　)　　　　　　그만두지 않는다 (　)
　5. 상사로부터 모욕적인 이야기를 들었을 때
　　그만둔다 (　)　　　　　　그만두지 않는다 (　)

<설문 5-2> 꺼실이의 설문지

당신은 어떤 조건에서 현재 직장을 그만두시겠습니까? 해당되는 ( ) 안에 체크하세요.

1. 승진이 늦다고 느낄 때
   그만둔다 ( )　　　　　그만두지 않는다 (✔)
2. 월급이 동결되었을 때
   그만둔다 ( )　　　　　그만두지 않는다 (✔)
3. 한직으로 발령났을 때
   그만둔다 (✔)　　　　　그만두지 않는다 ( )
4. 월급이 깎일 때
   그만둔다 (✔)　　　　　그만두지 않는다 ( )
5. 상사로부터 모욕적인 이야기를 들었을 때
   그만둔다 (✔)　　　　　그만두지 않는다 ( )

'사직-미승진'으로 변수화되었다. 사직에 관련된 변수값과 변수값 설명은 "1 =그만둔다," "0=그만두지 않는다"로 설정되었다.

데이터를 한번 살펴보자. 강쇠는 좌천되었을 때(사직-좌천)만 그만둔다라고 응답하였다. 나머지 항목에 대해서는 그만두지 않는다고 대답하였다. 사직과 관련된 5개의 변수 중 사직-좌천에만 1이라고 입력되어 있고, 나머지는 0으로 처리되어 있다.

꺼실이의 경우를 보자. 승진이 늦다고 느낄 때와 월급이 동결되었을 때는 그만두지 않는다고 대답하였다. 0으로 처리되어 있다는 것이다. '한직으로 발령났을 때', '월급이 깎일 때', '상사로부터 모욕적인 이야기를 들었을 때'는 모두 그만둔다라고 응답하였다. 사직-좌천, 사직-깎임, 사직-모욕에 모두 1이 기입되어 있다.

[분석] [다중응답] [변수군정의]를 선택하면, [그림 5-14]의 [다중응답 변수군 정의]라는 화면을 볼 수 있다. 쉽게 이야기하자면 '세트'를 정해 주는 것이라고 할 수 있다. [변수군에 포함된 변수]란에 왼쪽으로부터 사직관련 5개의 변수인 '사직-미승진, 사직-동결, 사직-좌천, 사직-깎임, 사직-모욕'을 가져왔다.

각 문항들이 "그만둔다," "그만두지 않는다"의 두 가지 선택만 가능하기

[그림 5-13]   이분형 다중응답 데이터

[그림 5-14]   이분형 다중응답변수군 정의

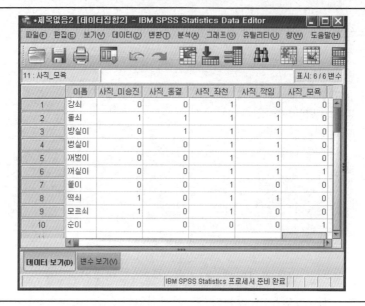

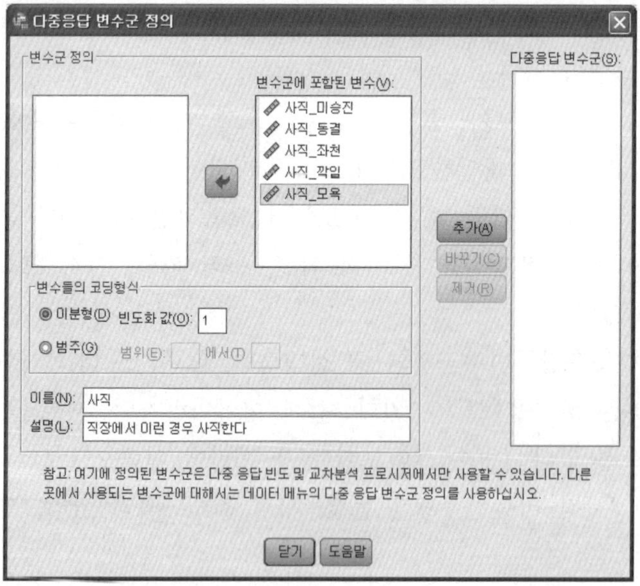

[그림 5-15]　　　　　　　　　　다중응답 변수군 정의의 완료

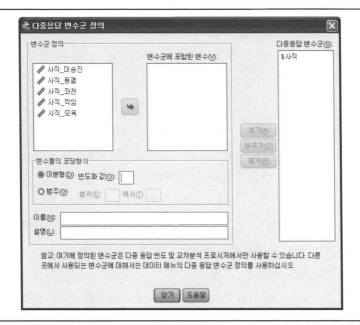

[그림 5-16]　　　　　　　　　　이분형 다중응답 빈도분석

때문에 [변수들의 코딩형식]은 [이분형]을 선택한다. [빈도화값]은 분석대상으로 하는 응답을 "그만둔다"로 할 것인지, "그만두지 않는다"로 할 것인지를 묻는다. 여기서는 그만두는 것에 관심이 있기 때문에 "그만둔다"의 변수값인 '1'을 선택하였다. 아래의 [이름]에는 변수군의 이름을 정해서 입력하고, [설명]에는 변수설명을 기입한다.

이러한 과정이 모두 끝나고 오른쪽의 [추가]를 누르면, [다중응답변수군] 아래의 공란에 "$사직"이라는 표시가 [그림 5-15]와 같이 나타난다. 다중응답변수군의 경우 SPSS가 자동적으로 변수 앞에 달러($) 표시를 붙이는 것이다. [닫기]를 누르면 변수군정의가 설정된다.

이렇게 다중응답변수군 설정이 끝난 후에는 다중응답을 사용한 빈도분석과 교차분석이 가능해진다. [분석] [다중응답] [빈도분석]을 선택하면, [그림 5-16]과 같은 [다중응답빈도분석]이라는 창을 볼 수 있다. [표작성응답군]에 "직장에서 이런 경우 사직한다"를 넣었다.

[그림 5-16]에서 [확인]을 누른 결과는 [표 5-10]과 같다. [표 5-10]을 해석할 때는 케이스(case)와 응답(response)이 각각 표시된다는 것을 명심해야 한다. "N"이 나타내는 것은 케이스가 아닌 응답이다. 예를 들어 '사직-미승진'이라는 응답이 3개라는 의미이다. 전체 케이스는 10명이지만, 전체응답은 22개인 것이다. 따라서 '사직-미승진'의 3개의 응답을 22로 나눈 결과가 '퍼센트'이다. 즉 $3/22 \times 100 = 13.6\%$인 것이다. '사직-미승진'의 3개의 응답을 10으로 나눈 결과가 '케이스 퍼센트'이다. 즉 $3/10 \times 100 = 30.0\%$인 것이다.

이렇듯 응답의 숫자를 전체 케이스인 10명으로 나누었을 때의 퍼센트가 '케이스 퍼센트'이다. 케이스인 각각의 사람들이 1개 이상의 답을 하였기 때문에 '케이스 퍼센트' '합계'가 220%인 것이다. 총 응답이 22개이고, 이를 항목별로 총 케이스 10으로 나누어 계산한 퍼센트 값들의 합이기 때문에 220%이다.

응답의 숫자를 전체응답의 숫자인 22로 나누었을 때의 퍼센트가 '퍼센트'이다. '퍼센트'의 '합계'가 100%가 되는 것은 쉽게 이해가 될 것이다. 총 응답이 22개이고, 이를 항목별로 총 응답 22로 각각으로 나누어 계산한 퍼센트 값들의 합은 당연히 100%인 것이다.

[표 5-10]	이분형 다중응답 빈도분석 출력결과

$사직빈도

		응답		케이스 퍼센트
		N	퍼센트	
직장에서 이런 경우 사직한다a)	사직_미승진	3	13.6%	30.0%
	사직_동결	2	9.1%	20.0%
	사직_좌천	9	40.9%	90.0%
	사직_깎임	6	27.3%	60.0%
	사직_모욕	2	9.1%	20.0%
합계		22	100.0%	220.0%

a) 값 1에서 표로 작성된 이분형 집단입니다.

좀더 자세히 살펴보도록 하자. 사직-깎(월급이 깎일 때 사직)을 보자. 응답 수는 6이다. 총 응답 수로 나누면 6/22=27.3%가 계산된다. 사직한다는 전체응답 중에서 월급이 깎이면 사직한다는 응답의 비율은 27.3%이다.

응답 수를 사람 수인 10으로 나누면 6/10=60%가 나온다. 응답자 10명 중 6명이 월급이 깎이면 사직한다고 대답한 것이다.

5.4.2 범주형 다중응답

다중응답의 두 번째 유형은 하나의 질문에 여러 개의 응답이 가능한 범주형이다. 〈설문 5-3〉은 이런 경우를 잘 나타낸다.

〈설문 5-3〉 범주형 다중응답 질문

당신은 어떤 조건에서 현재 직장을 그만두시겠습니까? 1번에서 5번까지 해당되는 사항이 있으면 네 개까지 체크하시오.
1. 승진이 늦다고 느낄 때 ( )
2. 월급이 동결되었을 때 ( )
3. 한직으로 발령났을 때 ( )
4. 월급이 깎일 때 ( )
5. 상사로부터 모욕적인 이야기를 들었을 때 ( )

〈설문 5-4〉는 꺼실이가 응답한 설문지이다. 범주형과 이분형 질문의 차이점은 〈설문 5-2〉와 비교해 보면 쉽게 이해된다.

〈설문 5-4〉 꺼실이 범주형 다중응답 설문지

당신은 어떤 조건에서 현재 직장을 그만두시겠습니까? 1번에서 5번까지 해당되는 사항이 있으면 네 개까지 체크하시오.
1. 승진이 늦다고 느낄 때 ( )
2. 월급이 동결되었을 때 ( )
3. 한직으로 발령났을 때 (✓)
4. 월급이 깍일 때 (✓)
5. 상사로부터 모욕적인 이야기를 들었을 때 (✓)

이 경우 응답이 가능한 최대수가 4이기 때문에 변수를 네 개 만든다. 이들은 '사직 1, 사직 2, 사직 3, 사직 4'로 정한다. 각 변수에 입력가능한 숫자는 1에서 5까지이다. 1에서 5까지의 변수값은 아래와 같이 설정하였다.

1=승진이 늦다고 느낄 때
2=월급이 동결되었을 때
3=한직으로 발령났을 때
4=월급이 깍일 때
5=상사로부터 모욕적인 이야기를 들었을 때

[그림 5-17]의 데이터 파일은 SPSS에서 응답된 설문지들이 어떤 식으로 입력되는지를 보여 준다. [그림 5-13]의 이분형 질문 데이터 입력과 비교해 보면 차이 이해가 가능할 것이다.

자세히 하나씩 살펴보기로 하자. [그림 5-17]에서 강쇠는 한직으로 발령났을 때(사직-좌천)만 그만둔다라고 응답하였다. 사직 1이라는 변수에 3이라고 입력되어 있는 것을 알 수 있다. 나머지 변수들은 결측값으로 처리되어 있다.

꺼실이의 경우를 보자. '한직으로 발령났을 때', '월급이 깍일 때', '상사로부터 모욕적인 이야기를 들었을 때'라는 세 가지 그만두는 상황을 응답하

[그림 5-17]   **범주형 다중응답 데이터**

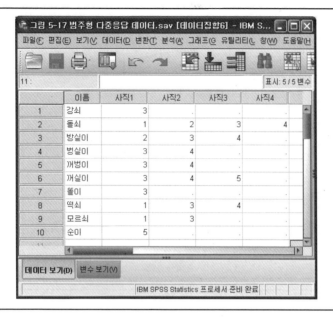

[그림 5-18]   **범주형 다중응답 변수군 정의**

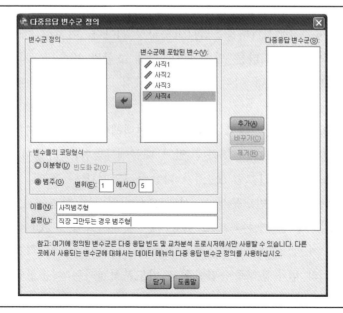

[그림 5-19]	범주형 다중응답 변수군 정의의 완료

였다. 사직 1, 사직 2, 사직 3에 각각 3·4·5가 입력되어 있다. 사직 4는 결측값으로 처리되어 있다.

[그림 5-18]의 범주형 다중응답변수군 정의는 이분형을 정의할 때와 거의 같다. 순서는 [분석] [다중응답] [변수군정의]이다. 여기서 차이점은 먼저 데이터 파일의 변수가 다른 만큼 [변수군에 포함된 변수]도 차이가 있다는 것이다. 이분형과는 달리 사직 1, 사직 2, 사직 3, 사직 4라는 네 개의 변수가 선택되어 있다.

[변수들의 코딩 형식]에서는 [범주]를 선택해야 한다. 또 위에서 언급하였던 것처럼 변수값이 1에서 5까지 있기 때문에 [범위]에 '1에서 5'를 입력한다. [추가]를 선택하면, [그림 5-19]가 나온다. [닫기]를 누른다.

[분석] [다중응답] [빈도분석]을 선택하면 나타나는 화면에서, "직장 그만두는 경우 범주형"을 오른쪽으로 이동시킨 것이 [그림 5-20]이다. [확인]을 누른다.

[표 5-11]의 범주형 다중응답변수군 빈도분석결과는 이분형일 때와 동일한 것을 알 수 있다. 이는 동일한 설문내용을 다른 방식으로 물어 본 것(이

분형과 범주형)이므로 당연하다. 독자가 비교해 볼 것을 권고한다. 해석도 이분형 결과에서 설명된 내용을 참조하면 된다.

[그림 5-20]	범주형 다중응답 빈도분석

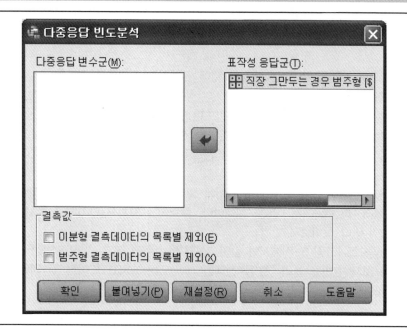

[표 5-11]	이분형 다중응답빈도분석 출력결과

$사직범주형 빈도

		응답		케이스 퍼센트
		N	퍼센트	
직장그만두는 경우 범주형a)	승진이 늦다고 느낄 때	3	13.6%	30.0%
	월급이 동결되었을 때	2	9.1%	20.0%
	한직으로 발령났을 때	9	40.9%	90.0%
	월급이 깍일 때	6	27.3%	60.0%
	상사로부터 모욕적인 이야기를 들었을 때	2	9.1%	20.0%
합계		22	100.0%	220.0%

a) 집단 설정

수업시간에 혹은 나 혼자서 해보기

01   케이스 요약과 빈도분석이 유용한 경우는 각각 어떤 경우인가? 구체적 예를 들
      어 보고, 이에 대해 친구들과 토론해보자.

02   원인으로 생각될 수 있는 변수를 열에 선택하고 결과라고 간주될 수 있는 변수
      를 행에 선택하라고 교차분석을 다룬 절에서 이야기하였다. 그래서 [그림 5-8]
      에서는 "성별"을 [열]에 넣고, "비만도판정"을 [행]에 넣는다.
      이와는 반대로, "비만도판정"을 [열]에 넣고 "성별"을 [행]에 넣어 보자. [셀]을
      눌러 [퍼센트]에서는 [행]을 선택한다. 출력되는 교차표를 가지고 혹시 어떤 문제
      점이 있나 살펴보자.
      이번에는 다시 "비만도판정"을 [열]에 넣고 "성별"을 [행]에 넣은 상태에서 [셀]
      을 눌러 [퍼센트]에서 [열]을 선택한다. 출력되는 교차표를 가지고 혹시 어떤 문
      제점이 있나 살펴보자.
      마지막으로 [그림 5-8]에서와 같이 "성별"을 [열]에 넣고, "비만도판정"을 [행]에
      넣어 보자. [셀]을 눌러 [행]을 선택한다. 나오는 교차표와 이전 두 개의 교차표
      를 비교해보자.

03   [그림 5-13]과 [그림 5-17]에 나오는 파일을 각각 다중응답이 아닌 다른 방식
      으로 분석해보자. 예를 들어, 빈도분석을 사용하여 분석해보자. 어떠한 어려운
      점이 있는지 친구들과 토론해보자.

제06장

기술통계 : 막대도표

책의 첫부분에서 거짓말과 통계에 대해 얘기할 때, 시각적 효과의 중요성을 강조하였었다. 부동산세금관련 그래프에서 바로 막대 옆에 숫자가 있더라도 시각적 효과를 가지는 막대들의 위력에 묻혀 버린다는 것을 언급하였었다.

이 장에서는 어떠한 종류의 그래프가 어떤 상황에서 유용한지를 알아본다. 자료에 적합한 그래프를 만드는 방법과 해석법도 언급될 것이다. 여기서 SPSS의 표들을 전부 다루지는 않는다. 예를 들어 산점도는 회귀분석에서 설명될 것이다.

SPSS에서 그래프를 그리는 기본적인 방법을 제시하는 데 초점을 맞추기로 한다. 주로 막대도표를 이용하여 설명이 될 것이다. 막대표에서 이용된 방식은 다른 많은 표에서도 유용하다. 예를 들자면 막대 대신 선이 사용된 것이 선도표라고 생각하면 된다.

이 장은 SPSS의 [그래프][레거시 대화 상자][막대도표]라는 부분에 나오는 세 가지 선택을 중심으로 구성된다. '각 케이스의 값', '개별 변수의 요약값', '케이스 집단들의 요약값'이 이들 세 개의 선택이다. '각 케이스의 값', '개별 변수의 요약값', '케이스 집단들의 요약값'은 쉽게 이야기하자면 문장의 주어와 같다고 생각할 수 있다. 문장은 '주어＋서술어'로 이루어진다.

사실 그래프는 문장과 같은 의사소통을 하고 있다. 예를 들어 "철수는 165cm이다"라는 문장을 표시할 때, 철수를 의미하는 막대가 *Y*축의 165까지 표시되는 것이다. 이러한 때 '철수'가 주어의 역할을 하는 것이다. 이렇듯 SPSS의 한 행에 해당하는 각 케이스가 주어가 될 때 '각 케이스의 값'이 사용된다. 케이스(case)는 조사에 따라 개인이 될 수도 있다. 아래 데이터 파일의 경우에는 '강쇠 · 돌쇠…'가 각각의 케이스이다. 회사를 조사할 때는 '삼성 · LG · 현대…'가 각각의 케이스가 된다. 국가상대의 연구에는 '한국 · 태국 · 캐나다…' 같은 각 국가가 케이스가 된다.

자세히 설명이 되겠지만 케이스들이 모여진 집단이 '케이스 집단'이다. 예를 들어 아래의 데이터 파일에서 성별로 케이스 집단을 나눌 수 있다. 이 경우 하나는 '강쇠 · 돌쇠 · 꺼벙이 · 똘이 · 떡쇠 · 모르쇠'로 이루어진 남자 집단이다. 다른 하나는 '방실이 · 벙실이 · 꺼실이 · 순이'가 있는 여자집단이다.

'개별 변수의 요약값'은 모든 케이스들이 주어이다. '강쇠'나 '남자집단'이 아닌 '모든 케이스'가 사용된다. 저자는 SPSS에서 '개별 변수의 요약값'이라는 표현보다 '모든 케이스를 대상으로'라는 표현으로 바꾸면 훨씬 더 이해가 쉬울 것이라고 생각한다.

[그림 6-1] 막대도표 데이터

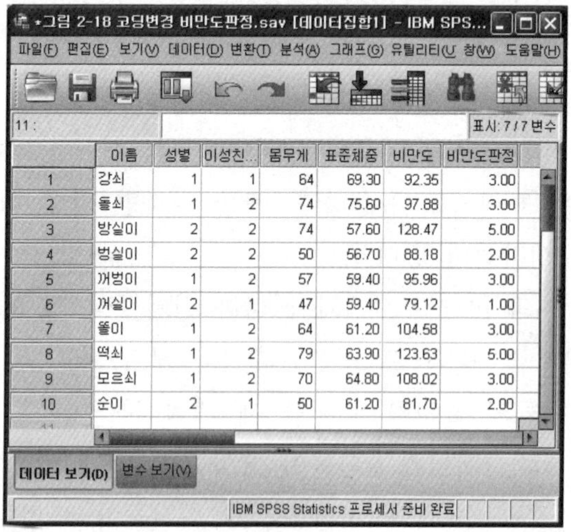

	이름	성별	이성친...	몸무게	표준체중	비만도	비만도판정
1	강쇠	1	1	64	69.30	92.35	3.00
2	돌쇠	1	2	74	75.60	97.88	3.00
3	방실이	2	2	74	57.60	128.47	5.00
4	벙실이	2	2	50	56.70	88.18	2.00
5	꺼벙이	1	2	57	59.40	95.96	3.00
6	꺼실이	2	1	47	59.40	79.12	1.00
7	똘이	1	2	64	61.20	104.58	3.00
8	떡쇠	1	2	79	63.90	123.63	5.00
9	모르쇠	1	2	70	64.80	108.02	3.00
10	순이	2	1	50	61.20	81.70	2.00

[그림 6-1]은 이 장에서 사용될 데이터 파일이다. 이제부터 '각 케이스의 값', '개별 변수의 요약값', '케이스 집단들의 요약값'을 차례로 다루기로 한다. 각각을 다루면서 제1장에서 언급된 거짓말과 통계의 관계가 어떻게 그래프에서도 적용되는지도 언급해 보려고 한다.

6.1 각 케이스의 값

앞서 언급하였듯이 SPSS의 한 행에 해당하는 각 케이스가 그래프를 통한 의사소통에서 주어가 될 때 '각 케이스의 값'이 사용된다.

6.1.1 각 케이스의 값 : 단 순

[그래프] [레거시 대화 상자] [막대도표]를 선택하면 [그림 6-2]와 같은 [막대도표] 창이 등장한다. 여기에서 [각 케이스의 값]을 선택하고, 기본사양인 [단순]은 그대로 유지한다. [정의]를 누른다.

[그림 6-2]	단순막대도표

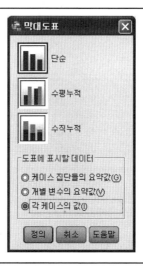

이때 나타나는 [그림 6-3]에서는 변수선택에 신중하여야 한다. 다시 한번 생각할 것은 막대가 각 케이스(강쇠 · 돌쇠 · 방실이…)를 의미한다는 것이다.

막대로 나타내는 것이 부적합한 변수들을 생각해 보자. [막대표시]에 예를 들어 성별을 입력한다고 하자. 그러면 막대의 높이는 1과 2로 이루어질 것이다. 독자들에게 표로 제시하지 않아도 이해하리라고 본다. 직접 한번 해 보는 것도 권하고 싶다. 명목변수인 성별의 1과 2는 높이를 나타내는 막대도표에 아무 의미도 주지 않는다. 이는 이성친구도 마찬가지이다.

그래프 작성도 다른 통계와 마찬가지로 많은 생각과 고려를 요구한다. 높이로써 의미를 전달하려는 막대를 대변하는 데 적합한 변수는 무엇일까 하는 고민이 필요한 것이다. 저자는 몸무게를 선택하였다. 연속적인 숫자로 이루어진 비율변수 몸무게가 높이로써 각 케이스를 이루는 개인의 특성을 나타내는 데 적합하다고 생각했기 때문이다.

[그림 6-4]의 막대도표는 막대가 '각 케이스의 값'을 나타낸다는 것을 분명히 보여 주고 있다. 예를 들어 첫번째 막대인 강쇠의 몸무게는 60을 조금 넘긴다. 막대 밑에는 '강쇠'의 이름이 있다.

[그림 6-3]	단순막대도표 정의 : 각 케이스의 값

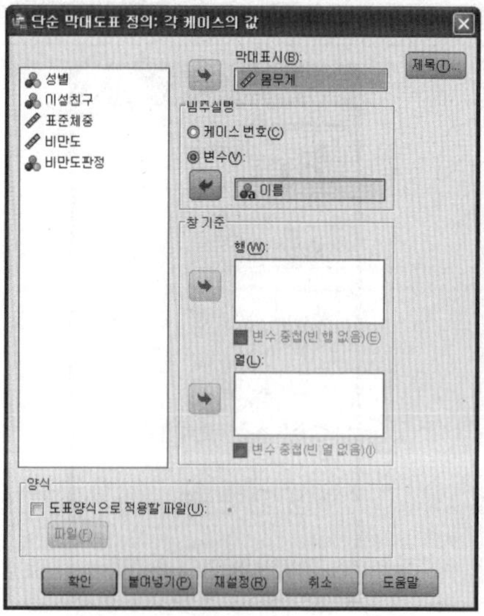

[그림 6-4]　　　　　　　　단순 막대도표 각 케이스의 값 출력결과

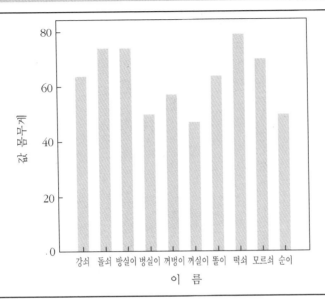

6.1.2 각 케이스의 값 : 수평누적

'각 케이스의 값'에 다시 '수평누적'이라는 조합이 어떤지를 설명하기보

[그림 6-5]　　　　　　　수평누적막대도표 정의 : 각 케이스의 값

[그림 6-6]   수평누적막대도표 정의 : 각 케이스의 값

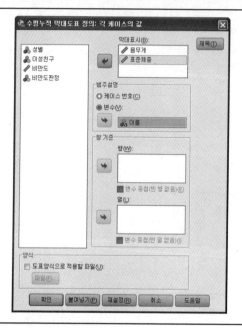

[그림 6-7]   수평누적 막대도표 출력결과

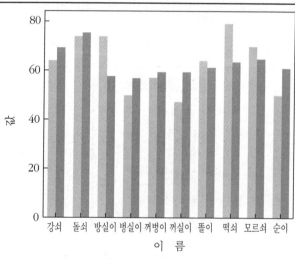

다는 실제의 예로써 직관적 이해를 가능하게 하려 한다. [그래프][레거시 대화 상자][막대도표]에서 [그림 6-5]와 같이 [각 케이스의 값][수평누적]을 선택한다. [정의]를 누른다.

[그림 6-6]의 [수평누적막대도표 정의]에서는 [막대표시]에 두 개 이상의 변수를 넣어야 한다. 여기서는 같이 넣었을 때 비교대상으로써 의미가 있을 것 같은 '몸무게'와 '표준체중'을 골랐다.

[그림 6-7]의 결과는 단순막대도표와의 차이를 잘 드러낸다. 각 케이스에 대한 막대가 하나가 아닌 2개 이상이라는 것이다. 예를 들어 방실이의 몸무게는 표준체중보다 훨씬 무겁다는 것을 알 수 있다.

6.1.3 '각 케이스의 값' 막대도표 작성시 주의할 점

'각 케이스의 값' 막대도표 작성시 가장 주의할 점은 케이스의 숫자이다. 케이스의 숫자가 많은 경우에는 너무 복잡한 도표가 된다. 예를 들어 100명

[그림 6-8]	부적절한 예 : 각 케이스의 값 단순막대도표 정의

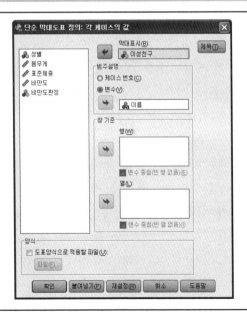

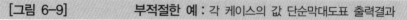

[그림 6-9]　　　　　　　　　　부적절한 예 : 각 케이스의 값 단순막대도표 출력결과

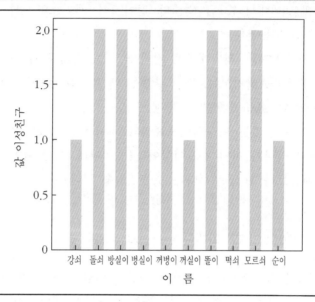

을 조사했는데, 각 케이스의 값을 사용한다는 것은 비이성적이라고 할 수밖에 없다. 도표에서 막대가 100개나 나온다는 것이다. '각 케이스의 값' 막대도표는 유용한 기법이긴 하지만 신중하게 사용되어야 한다.

앞서 언급하였듯이 막대가 나타내는 변수선정도 중요하다. [그림 6-8]과 같이 '이성친구'와 같은 명목변수를 [막대표시]에 넣으면, 그래프 결과는 조금 이상하다는 느낌을 주게 된다.

[그림 6-9]와 같은 막대도표는 사용하지 않는 것이 좋다. 첫째로 요약하고 특성을 강조한다는 기술통계의 목적에는 전혀 부합하지 않는다. 누가 이성친구가 있는가를 '케이스 요약' 등을 통해 나타내는 게 훨씬 적절하다. 둘째로 Y축에 나타난 '1'과 '2'라는 값들이 의미가 없다는 것이다. 이성친구라는 변수가 '이성친구가 있다'가 '1'이 되든 '2'가 되든 차이가 없는 명목변수이기 때문이다.

또 하나의 예를 들어 보자. 이번에는 나타내는 막대의 단위문제이다. '몸무게'와 '비만도'를 수평누적막대도표의 막대표시로 선택하는 [그림 6-10]의 경우는 부적절한 수준을 넘는 결과를 가져온다.

[그림 6-10]　　　　틀린 예 : 각 케이스의 값 수평누적막대도표 정의

[그림 6-11]　　　　틀린 예 : 각 케이스의 값 수평누적막대도표 출력결과

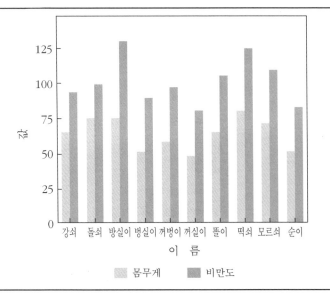

[그림 6-11]의 경우는 언뜻 보기에는 괜찮아 보이지만 사용하지 말아야 한다. 이는 단위가 다른 두 변수가 막대로 표시되어 있기 때문이다. 몸무게의 단위는 kg이며, 비만도는 %로 나타내기 때문이다.

6.2 케이스 집단들의 요약값

앞서 설명하였듯이 케이스들이 모여진 집단이 '케이스 집단'이다. 예를 들어 '강쇠·돌쇠·꺼벙이·똘이·떡쇠·모르쇠'로 이루어진 남자집단이 하나의 케이스 집단이다.

6.2.1 케이스 집단들의 요약값 : 단 순

SPSS에서 [그래프] [레거시 대화 상자] [막대도표]를 선택한다. [그림 6-12]와 같이 [단순]과 [도표에 표시할 데이터] [케이스 집단들의 요약값]을

[그림 6-12]	단순막대도표 : 케이스 집단들의 요약값

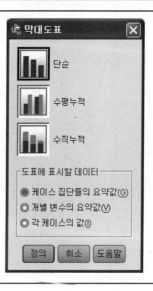

[그림 6-13]   단순막대도표 정의 : 케이스 집단들의 요약 값

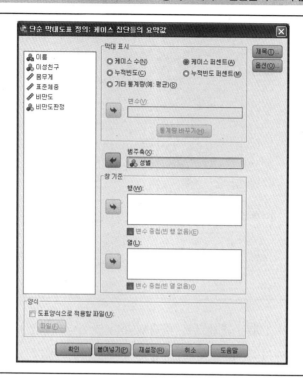

선택한다. 이제 막대가 나타내는 것은 각각의 케이스가 아닌 케이스 집단이 되는 것이다. '강쇠·돌쇠…' 각각이 대상이 아니라, 예를 들어 '강쇠·돌쇠'라는 하나의 케이스 집단과 '방실이·꺼실이·순이'라는 또 하나의 케이스 집단에 대한 정보가 막대에 나타나는 것이다.

　　[그림 6-13]를 살펴보자. 먼저 케이스 집단을 어떻게 정하느냐의 기준을 제시하기 위해서 [범주축]에 '성별'을 넣었다. 이는 케이스 집단을 나누기 위한 정보이다.

　　범주축을 정하는 변수를 선택함에 있어서 부적절한 예를 하나 들어 보자. 비만도 같은 등간변수를 선택하였다고 하자. 만약 10명의 비만도수치가 각각 다르다면, 각 개인이 하나의 집단이 된다는 것을 직관적으로 파악할 수 있을 것이다.

　　[막대표시]에는 [케이스 퍼센트]를 선택하였다. 해당된 집단의 케이스 숫

| [그림 6-14] | 단순막대도표 : 케이스 집단들의 요약값 출력결과 |

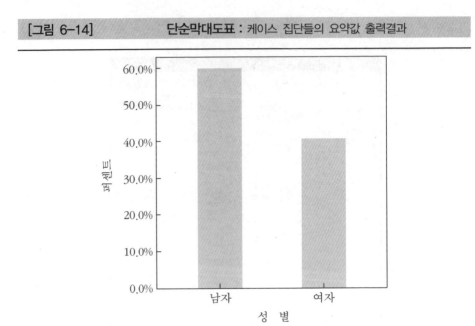

자가 전체에서 차지하는 퍼센트를 나타낸다는 것이다. [확인]을 누른다.

[그림 6-14]에서 막대의 주체는 성별로 나누어진 '케이스 집단'이다. 여기서는 두 개의 케이스 집단이 사용되었다. 하나는 '강쇠·돌쇠·꺼벙이·똘이·떡쇠·모르쇠'로 이루어진 남자집단이며, 다른 하나는 '방실이·벙실이·꺼실이·순이'가 있는 여자집단이다.

막대가 나타내는 것은 이들 각 집단이 가지고 있는 케이스 숫자가 차지하는 퍼센트이다. 남자집단의 경우, 케이스 수가 전체 10개 중 6개이다. 따라서 6/10×100=60%이다.

6.2.2 케이스 집단들의 요약값 : 수평누적

[그래프] [레거시 대화 상자] [막대도표] [수평누적] [케이스 집단들의 요약값]을 [그림 6-15]와 같이 선택한다. [그림 6-16]에서 [범주축]에 '성별'을 넣고, [수평누적 기준변수]에 '이성친구'를 선택한다. [막대표시]는 [케이스 수]로 한다.

[그림 6-15]　　　　　　　　수평누적 막대도표 : 케이스 집단들의 요약값

[그림 6-16]　　　　　　　수평누적막대도표 정의 : 케이스 집단들의 요약 값

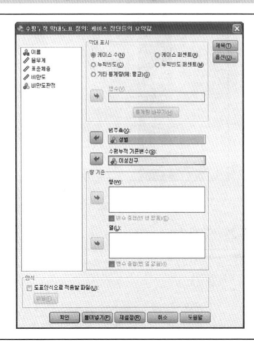

[그림 6-17]은 수평누적된 막대도표를 나타낸다. 남자집단의 경우, 이성친구가 없는 사람의 수가 많다는 것을 알 수 있다.

6.2.3 케이스 집단들의 요약값 : 수직누적

[그래프] [레거시 대화 상자] [막대도표] [수직누적] [케이스 집단들의 요약값]을 [그림 6-18]과 같이 누르면, 케이스 집단에 대한 막대를 그리는 조건을 [그림 6-19]와 같이 묻는다. 이때 수직누적을 선택하였기 때문에 [수직누적기준변수]의 선택에 따라 막대가 층이 나뉘게 된다. 여기서는 [막대표시]에서는 [케이스 수]를, [범주축]에는 [성별]을, [수직누적기준변수]에는 [이성친구]를 선택한다.

[그림 6-17]	수평누적막대도표 : 케이스 집단들의 요약값 출력결과

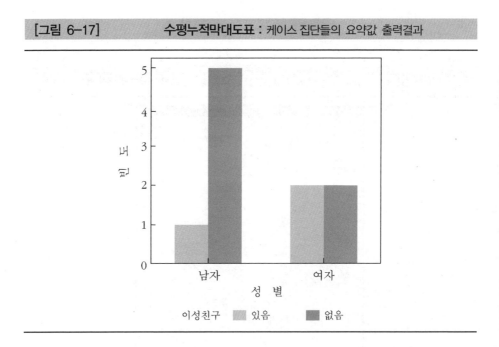

[그림 6-18]   **수직누적막대도표** : 각 케이스의 값

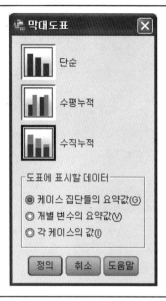

[그림 6-19]   **수직누적막대도표** : 케이스 집단들의 요약 값

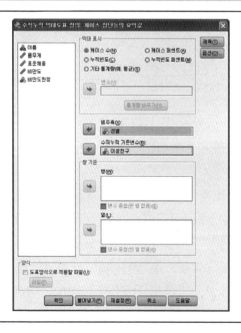

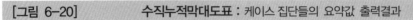

[그림 6-20]　수직누적막대도표 : 케이스 집단들의 요약값 출력결과

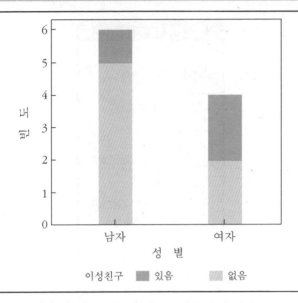

[그림 6-20]은 수직누적이 어떻게 작용하는지를 직관적으로 잘 이해할 수 있게 해 준다. 단순한 남자와 여자라는 두 케이스 집단의 케이스 숫자만을 나타내는 것이 아니라, 각 집단을 이성친구 유무로 구분하고 있다.

6.2.4 '케이스 집단들의 요약값' 막대도표 작성시 주의사항

'케이스 집단들의 요약값'에서 가장 주의하여야 할 점은 '케이스의 누적 빈도'와 '케이스의 누적 퍼센트'의 사용이다. 최대한 신중하게 사용할 것을 독자들에게 권고한다.

부적절한 예를 들어 보자. [그래프] [레거시 대화 상자] [막대도표]에서, [그림 6-21]과 같이 [단순]과 [케이스 집단들의 요약값]을 선택한다. [정의]를 누른다.

[그림 6-22]의 [단순막대도표 정의 : 케이스 집단들의 요약값]을 살펴보자. [범주축]에 '성별'을 넣고, [막대표시]에는 [누적빈도 퍼센트]를 선택하였다.

[그림 6-21]   부적절한 단순막대도표

[그림 6-22]   부적절한 단순막대도표 정의 : 케이스 집단들의 요약값

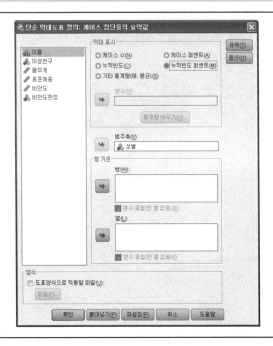

[그림 6-23]   부적절한 단순막대도표 : 케이스 집단들의 요약값

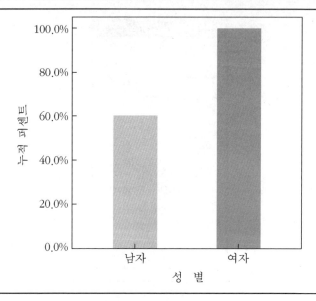

[그림 6-24]   적절한 단순막대도표 정의 : 케이스 집단들의 요약값

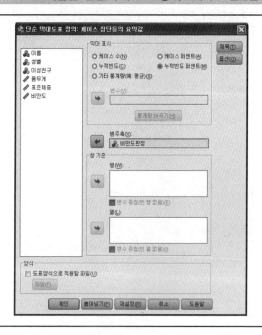

[그림 6-25] 　　　　**적절한 단순막대도표** : 케이스 집단들의 요약값

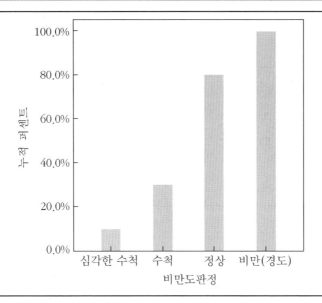

[확인]과 동시에 나타나는 [그림 6-23]은 혼란스럽다. 남자가 60%인 것은 쉽게 이해가 가지만, 여자가 왜 100%인가 하는 의문이 든다. 또한 시각적으로 보면 여자가 훨씬 많다는 느낌을 주게 된다.

이제 막대가 케이스의 누적 퍼센트를 나타내는 것이 적절한 경우를 들어 보자. [그림 6-24]과 같이 [범주축]에 '비만도판정'을 넣어서 막대도표를 작성할 경우이다. 성별과는 달리 비만도판정은 각 집단이 서열을 가지고 있다. 따라서 [그림 6-25]는 그래프의 누적되는 시각적 효과가 좀더 쉽게 이해되는 것이다.

6.3 개별 변수의 요약값

앞에서 언급하였듯이 '개별 변수의 요약값'에서는 모든 케이스를 다 사용한다. 그리고 이 모든 케이스가 특정변수에 대해서 어떤 값들을 가지는지 알아본다.

6.3.1 개별 변수의 요약값 : 단 순

[그래프] [레거시 대화 상자] [막대도표] [단순] [개별 변수의 요약값]을 [그림 6-26]처럼 누르면, [그림 6-27]이 나타난다. 선택된 '몸무게'·'표준체중'이 자동적으로 "MEAN(몸무게)"·"MEAN (표준체중)"으로 바뀐 것을 알 수 있다. 몸무게와 표준체중의 단위는 동일한 kg이다. 커서로 이들 중 하나인 "MEAN(몸무게)"를 클릭해 본다.

커서로 이들 중 하나인 "MEAN(몸무게)"를 클릭한 후 아래에 활성화되는 [통계량 바꾸기]를 선택하여 나타나는 화면은 [그림 6-28]과 같다. [선택한 변수의 통계량]에서 기본사양인 평균 이외의 다른 요약함수를 선택할 수도 있다.

[그림 6-26]   단순막대도표 : 개별변수의 요약값

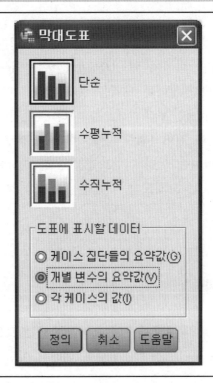

[그림 6-27]   **단순막대도표 정의 : 개별 변수의 요약값**

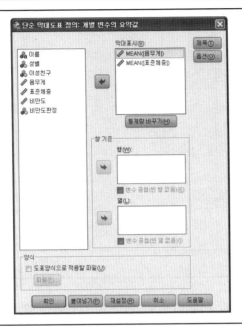

[그림 6-28]   **단순막대도표 정의 : 개별 변수의 요약값 요약함수**

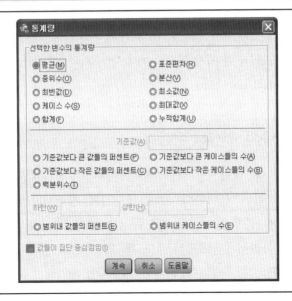

[그림 6-29]   단순막대도표 개별 변수의 요약값 출력결과

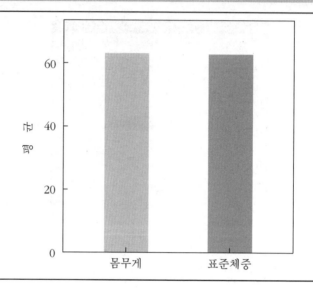

'기준값보다 큰 값들의 퍼센트' 이하의 선택들은 왼쪽 라디오 버튼을 누르면 해당되는 기준값 공란이 활성화된다. 자신이 원하는 값을 입력할 수 있는 것이다.

[그림 6-27]에서 요약함수로 평균을 그대로 유지한 채 그린 막대도표가 [그림 6-29]와 같다. 여기서 몸무게와 표준체중의 각각 평균치가 동일한 것처럼 보이는 것은 단순한 우연이다. 실제 몸무게의 평균은 62.90kg이며, 표준체중의 평균은 62.91kg이다.

6.3.2 개별 변수의 요약값 : 수평누적

[그래프][레거시 대화 상자][막대도표][수평누적][개별 변수의 요약값]을 [그림 6-30]과 같이 선택한다. [그림 6-31]의 창에서 [범주축]에 '성별'을 넣고, [막대표시]에 '몸무게'·'표준체중'을 선택한다. 수평누적의 경우 막대는 두 개 이상이다. 따라서 [막대표시]에도 두 개 이상의 변수를 선택하여야 한다. 역시 선택된 '몸무게'·'표준체중'이 자동적으로 "MEAN(몸무게)"·"MEAN(표준체중)"으로 바뀐 것을 알 수 있다.

[그림 6-30]   **수평누적 막대도표 : 개별 변수의 요약값**

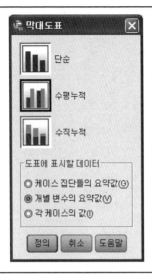

[그림 6-31]   **수평누적막대도표 정의 : 개별 변수의 요약값**

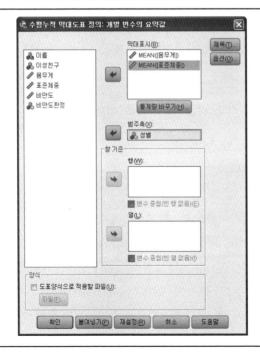

[그림 6-32]   수평누적막대도표 : 개별 변수의 요약값 출력결과

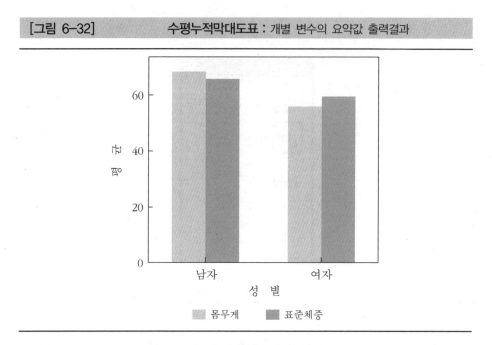

요약함수를 평균으로 그냥 유지한 채 막대도표를 그린 결과가 [그림 6-32]이다. 남자와 여자들의 몸무게·표준체중을 잘 나타낸다. 남자들은 표준체중보다 몸무게가 많이 나가고, 여자들은 그 반대이다.

6.3.3 '개별 변수의 요약값' 막대도표 작성시 주의사항

개별 변수 요약값의 경우 두 변수의 단위가 일치해야 된다는 점을 가장 신경써야 한다. 이 부분은 각 케이스의 값 막대도표 작성시 주의사항에서 이미 언급하였다.

요약함수가 비교가능해야 한다는 점도 지적해 둔다. 예를 들어 하나의 변수는 평균, 다른 변수는 최소값을 선택하는 것은 적절하지 않을 가능성이 높다. [그림 6-33] [그림 6-34] [그림 6-35] [그림 6-36]을 살펴보자. [그림 6-36]에서는 표준체중의 함수가 MIN(Minimum)으로 바뀐 것을 알 수 있다. [그림 6-37]은 '몸무게'의 평균과 '표준체중'의 최소값을 제시한다. 그 자체로는 문제가 없지만, 도표를 보는 사람들에게 불필요한 혼란을 야기한다.

또 하나 더 생각해 볼 부분은 수평누적과 수직누적의 차이이다. 예를 들어 지난 절에서 언급된 수평누적작성방식을 수직누적에 적용하는 것은 적절치 않을 수 있다. [그래프] [레거시 대화 상자] [막대도표] [수직누적] [개별 변수의 요약값]을 [그림 6-38]처럼 선택한다. [그림 6-39]에서 [범주축]에 '성별'을 넣고, [막대표시]에 '몸무게'·'표준체중'을 선택한다.

[확인]을 누른 후 보게 되는 [그림 6-40]은 보는 사람들에게 전혀 기쁨을 안겨 주지 않는다. 몸무게 평균값 위에 표준체중 평균값이 얹혀 있기 때문이다. 남자의 경우 합쳐진 막대는 130kg에 가까운데, 이것이 무엇을 의미하는지는 미궁에 빠진다.

[그림 6-33] **부적절한 막대도표**: 개별변수의 요약값

[그림 6-34]   부적절한 막대도표 정의 처음 화면 : 개별변수의 요약값

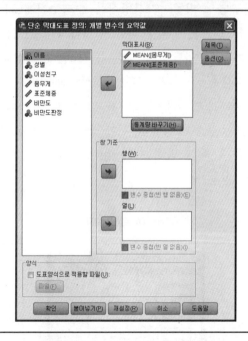

[그림 6-35]   부적절한 개별변수 요약값 막대도표에서 통계량 선택

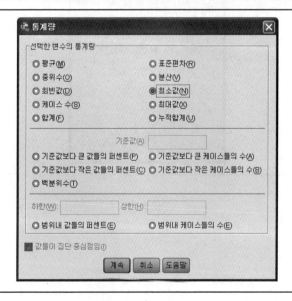

[그림 6-36]   부적절한 막대도표의 정의 두번째 화면 : 개별변수의 요약값

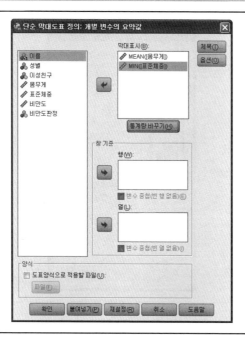

[그림 6-37]   부적절한 막대도표 출력결과 : 개별 변수의 요약값

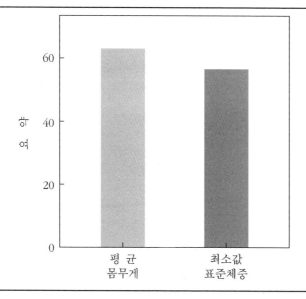

[그림 6-38]　　　　　부적절한 수직누적 막대도표 : 개별변수의 요약값

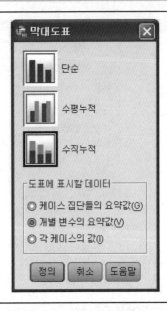

[그림 6-39]　　　　부적절한 수직누적막대도표 정의 : 개별 변수의 요약값

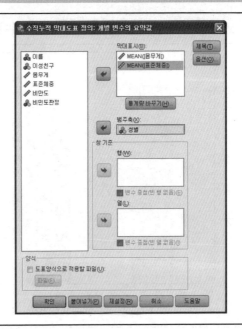

[그림 6-40] 부적절한 수직누적막대도표 : 개별 변수의 요약값

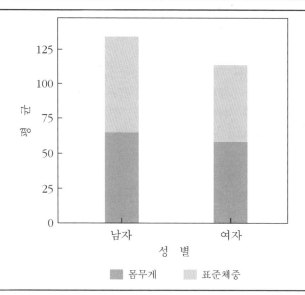

01 [그림 6–1]의 데이터를 그대로 활용해 보자. [그래프] [레거시 대화 상자] [막대도표] 이후 [단순]과 [각 케이스의 값]을 선택하자. [범주설명] [변수]에 "이름"을 입력한다. [막대표시]에 "성별"을 입력한다. 이때 나오는 표의 문제점을 제4장에 나오는 척도와 연결하여 찾아보자. 이에 대해 친구들과 토론해보자.

02 역시 [그림 6–1]의 데이터를 활용한다. [그래프] [레거시 대화 상자] [막대도표] 이후 [단순] [케이스 집단들의 요약값]을 선택한다. 도표 정의 화면에서는 [막대표시]에 [케이스 퍼센트]를 선택한다. [범주축]에는 "비만도"를 입력한다. 출력되는 표의 문제점을 찾아보자. 구체적으로 어떤 점이 왜 문제가 되는지를 친구들과 토론해보자.

03 다섯 번에 걸쳐서 자신의 맥박을 재어 보자. 1분을 재기가 번거롭다면, 30초만 재고 곱하기 2를 하면 된다. SPSS에 입력해보자. [개별변수의 요약값]을 활용한 도표를 그려보자. 혹 도표가 그려지지 않는다면 왜 그럴까를 생각해보자.
이번에는 친구에게 똑같이 맥박을 다섯 번에 걸쳐서 재도록 부탁해보자. 친구의 맥박을 다른 이름의 변수로 입력해보자. 개별변수의 요약값 단순막대도표 정의에서 이번에는 두 개의 변수를 모두 [막대표시] 아래 공란에 입력해보도록 하자. 혹 이번에 도표가 그려진다면 왜 그려질까를 생각해보자. 도표를 왜 그리느냐는 상식적인 원칙과 연결해서, 이 문제를 친구들과 토론해보자.

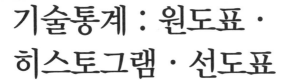

제07장

기술통계 : 원도표 · 히스토그램 · 선도표

이 장에서는 막대도표에서 익혔던 원리들을 기반으로 많이 사용되는 그래프들을 살펴본다. [그림 7-1]의 데이터를 이용한다.

[그림 7-1]　　　　　　　　**원도표 히스토그램 선도표 데이터**

7.1 원 도 표

[그래프] [레거시 대화 상자] [원]을 누르면 막대도표에서 집중적으로 다루었던 세 가지 선택이 [그림 7-2]에 나온다. [각 케이스의 값] [개별 변수의 요약값] [케이스 집단들의 요약값]이 이들 세 개의 선택이다.

[그림 7-2]   **원도표**

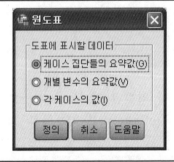

[그림 7-3]   **원도표 : 케이스 집단들의 요약값**

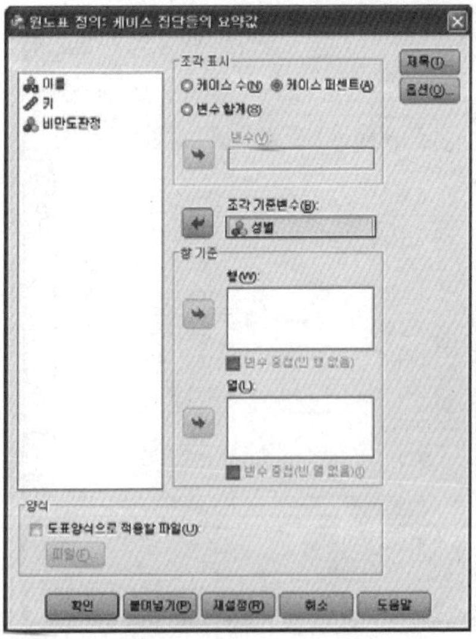

[그림 7-4]	원도표 : 출력결과

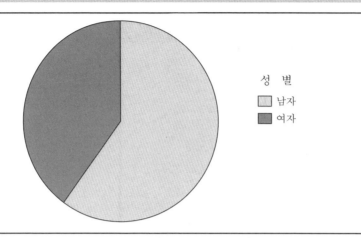

성 별
☐ 남자
■ 여자

　[정의]를 누른 다음 나타나는 화면에서 [그림 7-3]과 같이 [조각표시]에 [케이스 퍼센트]를 선택하고, [조각기준변수]에 '성별'을 입력하였다. 막대도표와 비교할 때 [막대표시]가 [조각표시]로, [막대기준변수]가 [조각기준변수]로 바뀌었다고 이해하면 좋을 것이다.

　[그림 7-4]는 원도표출력결과를 나타낸다. 원도표의 장점은 전체에서 일부가 차지하는 비율을 잘 나타낸다는 것이다.

7.2 히스토그램

　히스토그램(histogram)은 막대도표와 비슷하게 보이지만, 상당한 차이점을 가지고 있다. 막대도표의 막대는 숫자에 대한 정보를 나타낸다. 이를 가지고 이산형(discrete) 데이터라고도 한다. 예를 들어 177cm, 178cm와 같이 하나하나 정해진 숫자라는 의미이다.

　반면 히스토그램의 막대는 구간에 대한 정보를 제시한다. 따라서 히스토그램의 막대들은 막대도표와는 달리 서로 붙어 있다.

[그림 7-5]   단순막대도표 : 케이스 집단들의 요약값

[그림 7-6]   막대도표와 히스토그램의 비교 : 막대도표

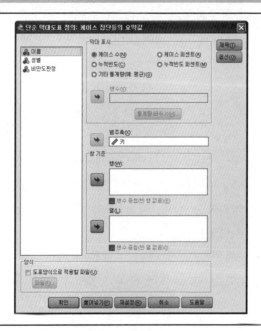

[그림 7-7] 막대도표와 히스토그램의 비교 : 막대도표출력

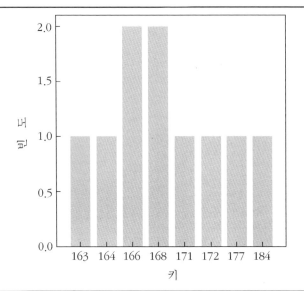

[그림 7-8] 막대도표와 히스토그램의 비교 : 히스토그램

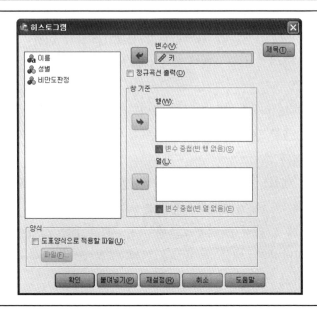

[그림 7-9]   막대도표와 히스토그램의 비교 : 히스토그램 출력

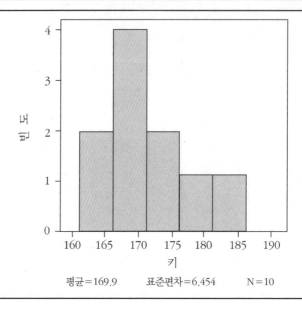

평균=169.9   표준편차=6.454   N=10

키에 대한 막대도표와 히스토그램을 실제로 그려서 그 차이를 직관적으
로 이해해 보자. 먼저 막대도표를 그려 보자. [그래프] [레거시 대화 상자]
[막대도표] [단순] [케이스 집단들의 요약값] [정의]를 [그림 7-5]와 같이 거쳤
다. [그림 7-6]에서 [막대표시]에 [케이스 수]를 선택하고, [범주축]에 '키'를
입력하였다.

이때 나오는 막대도표가 [그림 7-7]과 같다. 각 막대는 하나하나의 정해
진 숫자를 나타낸다. 예를 들어 첫번째 막대는 키가 163cm인 사람의 케이스
숫자를 의미하는 것이다.

[그래프] [레거시 대화 상자] [히스토그램]을 선택하면 [그림 7-8]과 같은
창이 나온다. [변수]에 '키'를 입력하고 [확인]을 누른다.

[그림 7-9]는 이때 나타나는 히스토그램이다. 각 막대는 하나하나의 숫
자가 아닌 구간을 의미한다. 예를 들어, 첫 번째 구간에 두 명의 케이스가
있다는 의미를 전달하고 있다.

7.3 선 도 표

선도표는 각각의 순서를 나타내는 범주에 대한 양적인 변수를 제시할 때 매우 유용하다(Miller *et al.*, 2002 : 82). 선도표의 특징상 두 개 이상의 선들이 각각 순서를 나타내는 범주에 대한 변화를 보는 것도 유용한 이용법이다.

여기서는 비만도판정을 그러한 순서를 나타내는 각각의 범주로 두고, 케이스 숫자를 양적인 변수로 제시하였다. [그래프][레거시 대화 상자][선도표]를 선택하면, [그림 7-10]과 같은 [선도표] 창이 나온다. 두 개 이상의 선을 다루기 때문에 [다중]을 선택한다. [도표에 표시할 데이터]는 [케이스 집단들의 요약값]이다.

[그림 7-10]   선 도 표

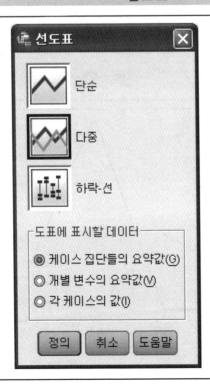

[그림 7-11]	선도표정의 : 케이스 집단들의 요약값

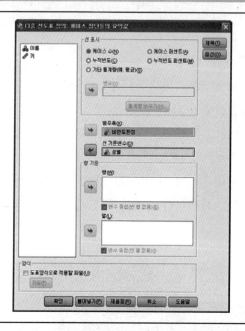

[그림 7-12]	선도표출력결과

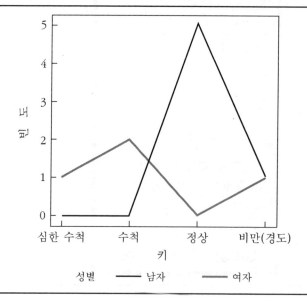

[그림 7-11]에서 [선표시] [케이스 수], [범주축] '비만도판정', [선기준변수] '성별'을 선택한다.

[그림 7-12]의 선도표는 막대도표나 히스토그램과 비교되는 독특한 장점을 드러낸다. 비만도판정에 따른 남녀의 케이스 숫자 분포변화가 쉽게 이해되는 것이다.

수업시간에 혹은 나 혼자서 해보기

01 전국 고등학교 재학생을 대상으로 키를 조사하였다. 측정은 171.4cm와 같이 소수점 한자리까지 이루어졌다. 이 데이터를 시각적으로 나타낼 때, 막대도표가 효율적일까 히스토그램이 효율적일까? 자신이 생각하는 이유를 구체적으로 이야기해보자. 친구들과도 토론해보자.

02 지금 수업을 듣고 있는 학생들을 두 집단으로 나누어 보자. 예를 들자면 군대를 갔다 온 복학생과 그렇지 않은 학생들로 나누어 보자. 이 두 집단의 비율을 시각적으로 나타내는데 가장 좋은 방법은 원도표, 히스토그램, 선도표 중 무엇인가? 자신이 그렇게 생각하는 이유를 구체적으로 이야기해보자.

03 지난 3년간 우리나라 경제성장률을 분기별로 시각적으로 나타내고 싶다. 인터넷으로 자료를 찾아서, SPSS에 입력해보자. 원도표, 히스토그램, 선도표 중 유용할 것 같은 방법을 하나 골라 시각적으로 제시해보자.

제08장

그래프의 편집, 거짓말과 참말

데이터를 통계처리하고 보고서나 연구논문을 쓸 때, SPSS의 출력결과를 그대로 사용하는 경우가 많다. 이 장에서 그래프 편집과 관련한 부분을 다루는 것도 이러한 실용적인 이유 때문이다. 완성단계의 그래프를 만들 수 있는 능력이 필요하다. 또한 그래프의 편집은 자칫 거짓말로 이어질 수도 있다. 이 장에서는 거짓말 그래프를 만드는 예들을 제시한다. 이러한 과정이 독자들로 하여금 이해하기 쉬우면서도 참말을 얘기하는 그래프를 만드는 데 도움이 될 것이다.

8.1 그래프를 이용한 거짓말의 창조

[그림 8-1] 데이터를 가지고 설명하려고 한다. [그래프][레거시 대화 상자][막대도표][각 케이스의 값][단순][정의]를 [그림 8-2]와 같이 누른다. [그림 8-3]에서는 [막대표시]에 '몸무게'를 입력하고, [범주설명][변수]에 '이름'을 넣고 나서 [확인]을 누른다.

[그림 8-4]의 화면은 도표작성을 요구했을 때, SPSS가 제시하는 새로운 창인 [출력결과] 화면이다. SPSS를 쓸 때 흔히 사용되는 두 가지 화면은

[데이터 편집기]와 [출력결과]이다. 이 화면에서 도표부분 위로 커서를 올리
고 더블 클릭(double-click)을 해 본다.

[그림 8-1]	그래프의 편집 데이터

[그림 8-2]	그래프의 편집 막대도표

[그림 8-3]　　　　　　　　　그래프의 편집 막대도표 정의

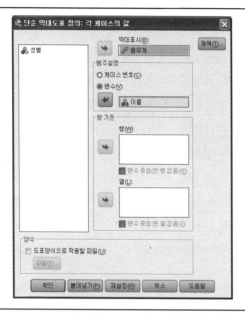

[그림 8-4]　　　　　　　　　그래프의 편집 출력결과

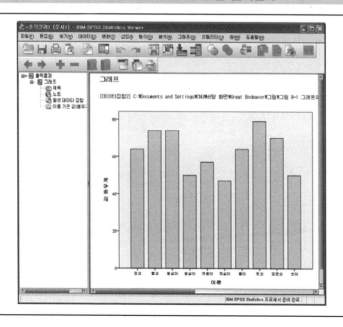

더블 클릭결과는 [그림 8-5]와 같은 새로운 창 [도표편집기]의 출현이다. 좀더 세밀한 도표의 작성이 가능해지는 반면, 제 1 장에서 언급한 거짓말도 쉬워진다. 거짓말을 해 보기로 하자. [편집] [Y축 선택]을 누른다.

[특성]이라고 나타난 [그림 8-6]에서 [척도화분석]을 선택하고, [원점] 바로 오른쪽에 [자동]의 열에 해당되는 공란 안의 체크를 한번 눌러서 해제시킨다. 그리고 그 오른쪽 [사용자정의] 열의 공란의 숫자를 아래와 같이 40으로 변경시켰다. [적용]을 마지막으로 누른다.

적용된 결과는 [그림 8-4]의 새로운 도표이다. 원점을 '0'이 아닌 '40'으로 설정함으로써 개인간의 몸무게 차이가 과장되는 것이다. 특별한 경우가 아니면, Y축의 원점은 '0'으로 설정하는 것이 좋다. 참고로 적용 후 [도표편집기]를 종료시키면, 원래의 [출력결과] 화면으로 돌아가면서 변경된 그래프가 나타난다. [그림 8-7]은 거짓말에 가깝다.

[그림 8-5]	도표편집기

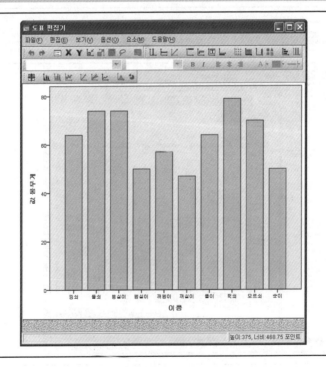

[그림 8-6]   도표편집기특성 : 원점 40

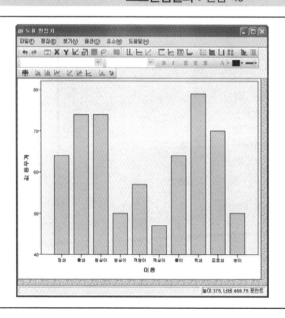

[그림 8-7]   도표편집결과 : 원점 40

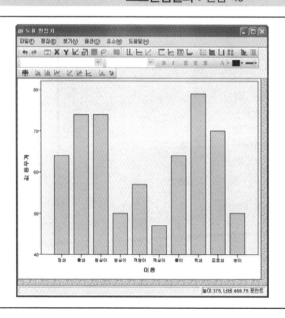

또 다른 거짓말을 해보기로 하자. 다시 막대도표를 더블클릭하고, [도표 편집기]에서 [편집][Y축 선택]을 누른다. [그림 8-8]의 [특성]이라고 나타난 화면에서 기본사양인 [척도화분석]을 유지한다.

[최대값] 오른쪽에 있는 [사용자 정의] 열의 공란의 숫자를 아래와 같이 160으로 변경시켰다. 또 [원점]과 [최소값]을 사용자정의에서 0으로 고정시켰다. [적용]을 마지막으로 누른다.

결과로 나타난 [그림 8-9] 도표는 각 개인간의 몸무게 차이가 극적으로 축소된 거짓말을 나타내고 있다.

[그림 8-8]   도표편집기특성 : 최대값 160

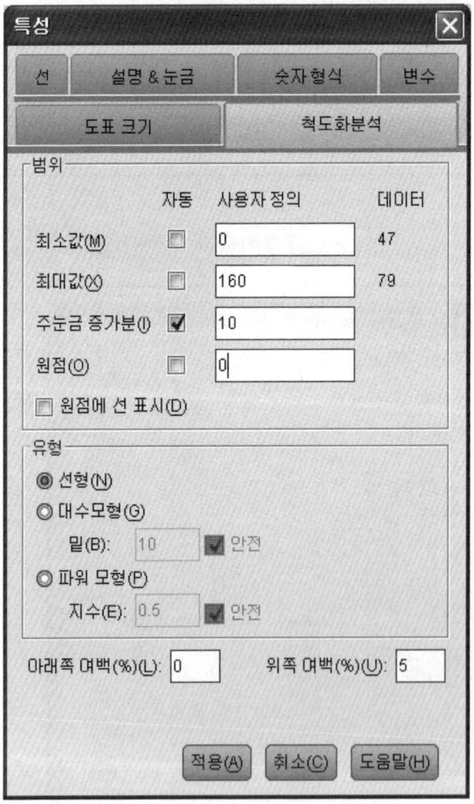

[그림 8-9]	도표편집결과 : 최대값 160

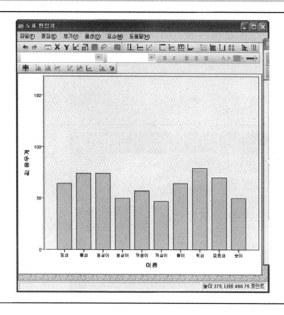

[표 8-1]	분기별 시장가격기준 국민총생산증가율

분 기	국민총생산증가(%)
2002.1	6.5
2002.2	7.0
2002.3	6.8
2002.4	7.5
2003.1	3.8
2003.2	2.2
2003.3	2.3
2003.4	4.1
2004.1	5.3
2004.2	5.5
2004.3	4.7
2004.4	3.3
2005.1	2.7
2005.2	3.3

자료 : 통계청 www.nso.go.kr.

마지막으로 좀더 시각적 효과가 분명한 거짓말 예를 하나 더 들어 보고
자 한다. 이는 해당되는 데이터의 구간을 어떻게 선정하느냐의 문제이다.

먼저 [표 8-1]의 분기별 시장가격기준 국민총생산증가율 자료를 사용하자.
이를 SPSS에 입력한 것이 [그림 8-10]이다.

[그림 8-10]	국민총생산 증가율 데이터

[그래프][레거시 대화 상자][선도표]를 누른 화면에서, [단순]과 [각 케이
스의 값]을 선택한 화면이 [그림 8-11]이다. [정의]를 눌러 나온 화면에서,
[선표시]에 "총생산증가율"을 넣고 [범주설명][변수] 밑 공란에 "분기"를 옮
겨 넣는다. 이 상태가 [그림 8-12]이다.

[그림 8-11]	국민총생산 증가율 선도표

[그림 8-12]	국민총생산 증가율 선도표 정의

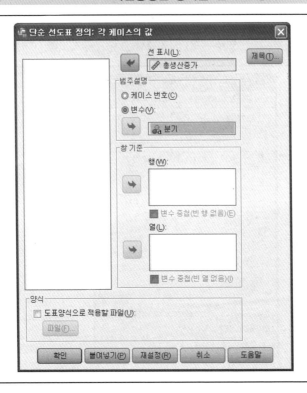

[그림 8-13]　　　　　　국민총생산 증가율 선도표 출력결과

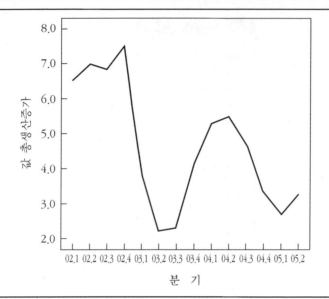

[그림 8-14]　　　　　　일부 구간 국민총생산 증가율 데이터

[그림 8-13]은 나와 있는 자료의 전부를 사용한 선도표이다. 이 기간 중의 경제성장은 전반적으로 하락세를 나타낸다.

[그림 8-14]는 일부 구간만 나타나는 데이터 파일이다. 2003년 2월부터 자료가 나오는 것을 알 수 있다.

[그림 8-15]는 좀더 경제상황을 긍정적으로 보게 한다. 시작점보다 현재의 성장률이 높고 또 최근의 올라가는 현상이 더 두드러지게 느껴지기 때문이다.

일부 정치인들이 선호하는 그래프는 [그림 8-13]보다는 [그림 8-15]일 것이라는 것을 짐작해볼 수 있다. 일부 정치인들이 야당일지 여당일지는 독자들도 쉽게 판단할 수 있을 것이다.

[그림 8-15]	일부 구간 국민총생산 증가율 선도표 출력결과

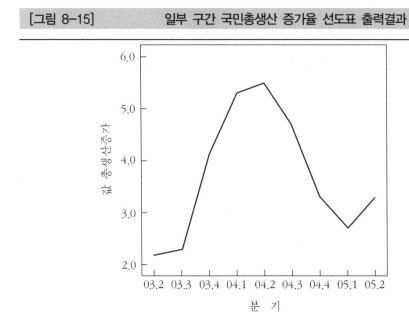

8.2 막대 그래프의 편집

[그림 8-16]에서 [그림 8-19]까지는 선도표가 나오는 과정을 보여준다. 혹 이에 익숙하지 않은 독자는 선도표에 대한 절로 다시 돌아가서 살펴보기를 권한다.

[그림 8-19]에서 [요소] [데이터 설명 보이기]를 선택하면 나오는 화면이 [그림 8-20]이다. 각 막대가 보여 주는 값이 정확하게 얼마인지를 표시하게 하는 기능이다. 첫 번째 막대는 68Kg이며 두 번째 막대는 55.25Kg이라는 것을 알려준다.

[그림 8-16]   막대 그래프의 편집 데이터

[그림 8-17]   막대그래프

[그림 8-18]   막대그래프의 정의

[그림 8-19]   막대도표 편집기

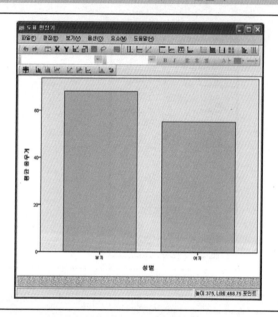

[그림 8-20]   막대도표 편집기 데이터 설명보이기 출력결과

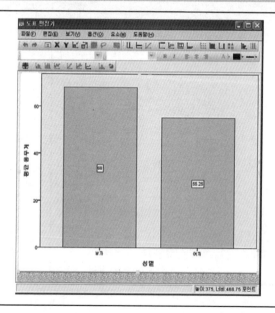

[그림 8-21]	막대도표 편집기 데이터 설명보이기 막대 선택

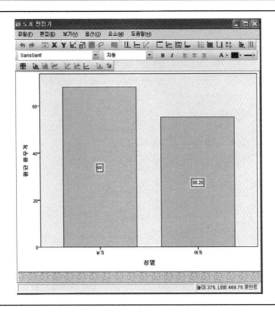

[그림 8-22]	막대도표 편집기 데이터 설명보이기 특성

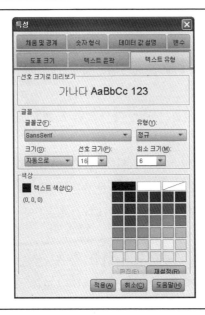

[그림 8-23]	막대도표 편집기 데이터 설명보이기 수정 결과

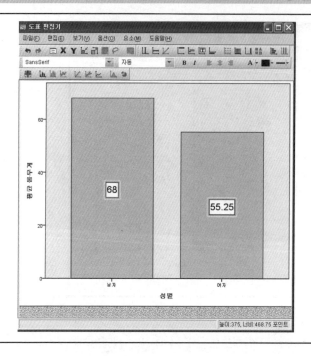

SPSS 기본사양으로 제시된 데이터 값 설명 부분이 너무 작은 것 같아서, 크게 만들어 보기로 하자. [그림 8-21]과 같이 커서를 데이터 값 설명 부분 위에 두고 클릭한다. 데이터 값을 둘러싼 네모 주변에 옅은 네모가 각각 생긴 것을 알 수 있다.

[편집] [특성] [텍스트 유형]을 선택한다. [그림 8-22] [선호크기]에서 "16"을 입력한다. 그 결과가 [그림 8-23]이다.

새로 만들어진 변수값 설명은 좀더 읽기 쉽게 바뀌어졌음을 [그림 8-23]에서 알 수 있다. 가능하면 도표의 숫자나 문자는 크게 할 것을 독자들에게 권한다. 읽는 사람의 시력을 시험하는 것은 그리 좋은 의사소통전략이 아니기 때문이다.

이번에는 두 개의 막대가 비슷해서 나타날 수 있는 문제점을 해결해 보도록 한다. [그림 8-23]에서 왼쪽 막대를 바꾸어 보도록 하자. 그러려면 왼쪽 막대만 선택하여야 한다. 즉, 옅은 선이 왼쪽 막대의 테두리만 둘러싸야 한다는 것이다.

먼저 두 막대 중 하나를 클릭하면 두 막대가 다 선택된다. 여기서 왼쪽 막대 위에 커서를 두고 다시 한 번 클릭하면 [그림 8-24]와 같은 화면이 제시된다. 왼쪽 막대 주변에만 옅은 선이 둘러싸 있는 것을 알 수 있다.

이 상태에서 [편집][특성][채움 및 경계]를 선택하면 [그림 8-25]와 같은 화면이 나타난다. [색상] 밑 [채움]의 왼쪽에 있는 공란을 누른 후, 바로 오른쪽에서 하얀색을 선택한다. 이어서 아래쪽의 [패턴]을 누르고 사선모양의 패턴을 골랐다.

[적용]을 누른 후 나타나는 막대도표는 [그림 8-26]과 같다. 두 막대의 차이가 좀더 분명하게 드러난다. 출력물이 흑백으로 나타나는 경우 [패턴]은 매우 유용한 수단이 될 수 있다.

[그림 8-24]　　　　　　도표편집기에서 하나의 막대만 선택

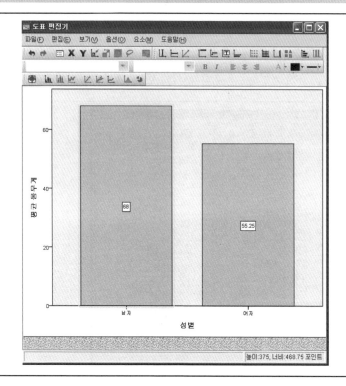

[그림 8-25]   도표 편집기 특성 : 패턴

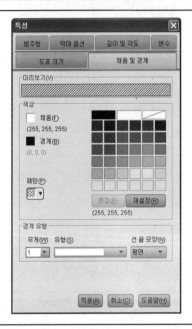

[그림 8-26]   패턴 적용된 막대도표

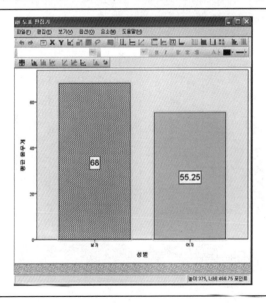

[그림 8-27]   도표 편집기 : 3차원

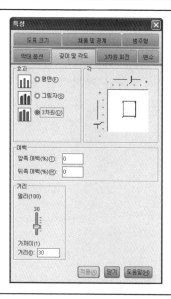

[그림 8-28]   3차원 막대도표

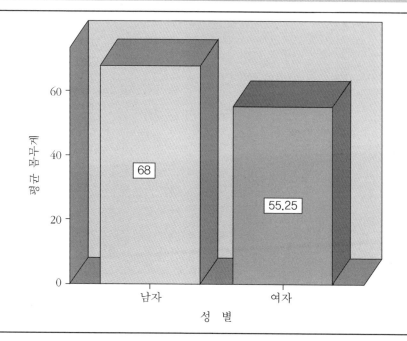

마지막으로 좀더 화려하게 그래프를 장식하기 위해 삼차원 막대로 바꾸기로 한다. 두 막대에 모두 파란선이 둘러져 있는 상태에서, [편집] [특성] [깊이 및 각도]를 선택한다. [그림 8-27]에서 [효과] [3차원]을 선택하고, [각]과 [거리]를 알아서 조절해 보았다. [각]과 [거리]를 조정함에 따라 오른쪽 위 부분의 공란에 3차원 그래프의 모양이 바뀌어서 나타난다.

[그림 8-28]은 막대도표 편집의 최종 결과물이다. 더 많은 편집을 할 수 있지만, 이 정도면 실제 보고서나 연구논문에서 충분히 사용할 수 있다.

수업시간에 혹은 나 혼자서 해보기

01 지난 5년간 분기별 경제성장률을 인터넷에서 찾아보자. 구간을 자신이 원하는
    대로 설정하여, 몇 개의 선도표를 그려보자. 5년간 전체의 선도표와 어떠한 차이
    가 있는가? 어떠한 거짓말이 가능한가? 친구들과 토론해보자.

02 책에 나와 있는 자료 혹은 다른 자료를 사용하여, 선도표, 원도표 등을 편집해보
    자. 예를 들어 원도표에 3차원 효과를 넣어보자.

제09장

중심경향 : 평균 · 최빈값 · 중위수

통계에서 사용하는 숫자들은 나름대로의 이야기를 한다. 이번 장에서 다룰 중심경향 역시 마찬가지이다. 친구가 새로 연 통닭집에 가서 "요즘 장사 어때?"라고 물었을 때 나오는 대답인 "보통 하루 매출 20만 원 정도이다"라는 이야기는 중심경향에 대한 것이다.

'중심경향(central tendency)'이란 분포의 가장 평균적이거나 전형적인 값을 의미한다(Miller *et al.*, 2002 : 63). 바꾸어 설명하자면 중심경향과 관련된 값을 구하는 것은 분포의 중심에 대한 정보를 요약적으로 나타내는 것이다. [그림 9-1]에서 여학생들의 몸무게 분포를 생각해 보자. '74kg(방실이) · 50kg(병실이) · 47kg(꺼실이) · 50kg(순이)'라는 분포가 있으며, 숫자만으로 표현하자면 '74 · 50 · 47 · 50'이 된다. 우리는 흔히 이러한 중심경향을 나타내는 수치로써 평균을 많이 연상한다. '(74+50+47+50)/4'라는 계산을 통해 '55.25'라는 평균을 산출해 낸다.

이러한 분포의 중심에 대해 설명하는 방법에 평균만 있는 것은 아니다. 즉 '55.25'만이 유일한 중심경향의 측정치이지는 않다는 것이다. 이 장에서는 평균(mean) · 중위수(median) · 최빈값(mode)에 대해 설명한다.

[그림 9-1]   중심경향 데이터

9.1 평   균

아까 언급하였듯이 '(74+50+47+50)/4'라는 계산을 통해 '55.25'라는 평균을 구하였다. 평균을 수식으로 표현하자면, 값들의 합을 나타내는 그리스 문자 "$\sum$"(sigma)를 사용한다. 만약 X_1=10, X_2=19, X_3=21 그리고 X_4=30이라면 $\sum X_i$=80이 된다. 이때 $\sum Xi$는 원래 $\sum_{i=1}^{n} X_i$를 맥락이 분명하기 때문에 간단하게 표시한 것이다. 제일 단순하게는 $\sum X$로만 표기해도 된다. 여기서 n은 측정값의 갯수를 의미한다. 여학생 4명의 몸무게를 측정하였을 경우 n=4인 것이다. 평균은 $\overline{X}$(X bar)라고 흔히 불리며, 다음과 같이 수식으로 표현된다.

$$\overline{X} = \frac{\sum X_i}{n}$$

[그림 9-2]　　　　　　　　　　　　무게 중심으로서의 평균

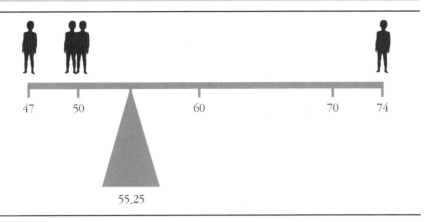

평균(Mean)에 대해 가장 직관적으로 이해할 수 있는 방법은 '무게중심'을 가정해 보는 것이다. 우리가 몸무게가 표시된 막대 위에 방실이(74kg)·벙실이(50kg)·꺼실이(47kg)·순이(50kg)를 올려 놓았다고 가정해 보자. 즉 무게중심으로서 평균을 이해할 수 있는 것이다.

평균의 가장 핵심적인 의미는 [그림 9-2]에서와 같이 '무게중심'이라고 볼 수 있다. 말이 전혀 되지 않음에도 불구하고 첫번째로 무게중심 위의 막대가 무게가 안 나간다고 두 번째로 모든 사람들의 무게가 동일하다고 가정할 때, 중심은 막대의 균형을 이루는 무게중심이 된다.

이 무게중심부터 왼쪽으로 떨어져 있는 거리들의 합과 오른쪽으로 떨어져 있는 거리들의 합은 일치한다. 오른쪽으로 떨어진 값을 계산하면 $74-55.25=18.75$이다. 왼쪽으로 떨어진 값을 계산하면 $2\times(55.25-50)+(55.25-47)=18.75$이다.

평균은 모든 관찰치를 더하고 그 갯수로 나누어 주기 때문에 하나하나 숫자의 의미가 계산에 들어간다는 장점이 있다. 예를 들자면 방실이가 다이어트를 열심히 해서 74kg이 아닌 70kg이라면, 평균은 1kg이 떨어진 54.25가 된다.

하지만 평균은 극단적인 값에 취약하다는 단점이 있다. 사실 방실이의 몸무게인 74kg은 다른 여학생들에 비해 극단적으로 무겁다. 만약 방실이

가 학교를 그만둔다면 여학생 몸무게 분포는 '50kg(벙실이)·47kg(꺼실이)· 50kg(순이)'이 된다. 세 명의 평균은 49kg이 되는 것이다. 극단값인 방실이의 몸무게가 포함되었을 때 55.25kg이라는 평균과 비교하면 큰 차이를 보인다. 국민의 연간소득과 같은 변수에 있어서 평균은 큰 한계를 나타낸다. 많은 국가에서 상위 1%의 소득은 일반인들보다 훨씬 많은 극단적인 수치를 나타내기 때문이다. 소득의 경우 평균은 체감되는 소득수준보다 훨씬 높은 수치를 계산해 내는 경향을 보인다.

9.2 중위수

중위수(Median)는 작은 값부터 큰 값까지 일렬로 늘어놓았을 때 제일 중간을 차지하는 값이다. [그림 9-3]의 이성친구가 없는 일곱명 학생의 몸무게

[그림 9-3]   **이성친구 없는 일곱명 데이터**

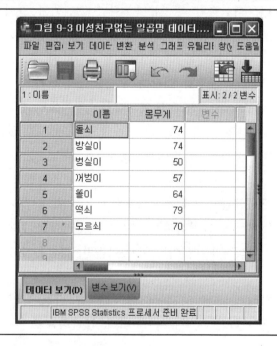

를 생각해보자. "74kg(돌쇠), 74kg(방실이), 50kg(벙실이), 57kg(꺼벙이), 64kg (똘이), 79kg(떡쇠), 70kg(모르쇠)"와 같은 분포를 이룬다.

[그림 9-4]   일곱명 케이스 정렬

[그림 9-5]   정렬된 이성친구 없는 일곱명 데이터

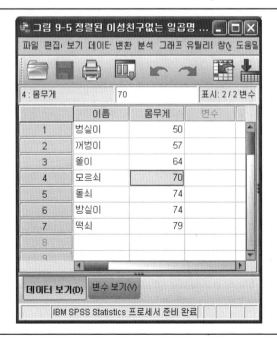

이를 작은 값부터 큰 값까지 일렬로 늘어놓아보자. 여기에 SPSS를 활용해보자. [데이터][케이스 정렬]을 누른 이후, "몸무게"를 [정렬기준] 아래 공란으로 옮겨 넣는다. 정렬순서는 오름차순이라는 기본사양을 유지한다. 작은 값부터 큰 값으로 올라가면서 정렬되는 것을 오름차순이라 한다. 케이스 정렬된 7명의 데이터는 [그림 9-5]와 같다.

[그림 9-5]에서 가장 중간에 위치한 숫자를 찾아보자. "50kg(벙실이), 57kg(꺼벙이), 64kg(똘이), 70kg(모르쇠), 74kg(돌쇠), 74kg(방실이), 79kg(떡쇠)" 제일 중간에 있는 값은 모르쇠의 "70"이다. 즉, 중위수가 70인 것이다.

케이스의 수가 홀수가 아닌 짝수의 경우에는 제일 중간에 있는 두 숫자를 구해서 이들의 평균을 구한다. 4명으로 구성된 여학생의 분포를 생각해보자. [그림 9-6]과 같은 "74kg(방실이), 50kg(벙실이), 47kg(꺼실이), 50kg(순이)"라는 분포이다.

[그림 9-6]	정렬된 네 명 여학생 몸무게

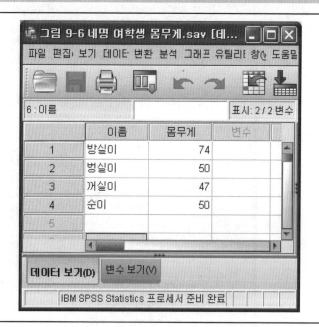

[그림 9-7]   네 명 여학생 케이스 정렬

[그림 9-8]   정렬된 네 명 여학생 몸무게

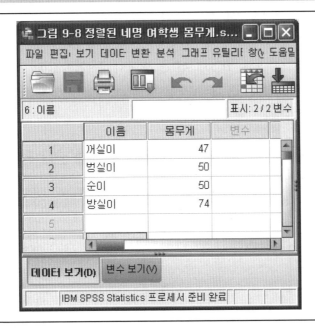

　　[그림 9-7]을 통해 정렬을 해보면 짝수가 가지는 문제를 쉽게 파악할 수 있다. [그림 9-8]에서는 제일 중간 하나의 값을 선택할 수 없다. 작은 값부터 큰 값까지 정렬을 하면 "47kg(꺼실이), 50kg(벙실이), 50kg(순이), 74kg

(방실이)" 순이다. 중간에 위치한 값이 하나가 아닌 두 개가 나오는 것이다.

따라서, 가장 중간 두 개의 값인 50kg(벙실이)와 50kg(순이)를 선택하고, 두 값의 평균을 구한다. 여기서는 (50+50)/2=50이다.

9.3 최 빈 값

최빈값이라는 뜻의 모드(mode)라는 말은 유행을 의미하는 프랑스 단어인 만큼, 분포상의 최빈값은 가장 빈도수가 높은 (즉, 가장 유행하는) 값으로 정의된다(워나코트, 1993 : 43).

그렇다면 빈도에 관련된 최빈값을 빈도분석을 통해 한번 구해보자. [그림 9-8]에서 [분석] [기술통계량] [빈도분석]을 선택한다. [그림 9-9]에서처럼 [변수] 밑 공란에 "몸무게"를 넣는다.

[그림 9-10]의 빈도분석 결과에서 최빈치를 찾기는 어렵지 않다. 47과 74는 빈도가 각각 1인 반면에, 50은 빈도가 2이기 때문이다. 여학생들의 몸무게 분포 "74kg(방실이), 50kg(벙실이), 47kg(꺼실이), 50kg(순이)"에서 최빈값은 빈도가 2인 "50"이다.

[그림 9-9]	네 명 여학생 몸무게 빈도분석

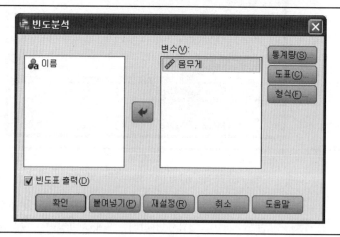

[표 9-1]	네 명 여학생 빈도분석 결과				
몸무게					
		빈도	퍼센트	유효 퍼센트	누적퍼센트
유효	47	1	25.0	25.0	25.0
	50	2	50.0	50.0	75.0
	74	1	25.0	25.0	100.0
	합계	4	100.0	100.0	

9.4 SPSS에서 중심경향 구하기

[그림 9-1] 데이터를 가지고, [그림 9-10]과 같이 [분석][기술통계량][빈도분석] 순으로 진행한 이후 "몸무게"를 선택한다. 오른쪽에 있는 [통계량]을 누른다. 나타나는 화면의 [중심경향]에서 [평균][중위수][최빈값]을 선택한 상태가 [그림 9-11]이다.

[그림 9-10]	빈도분석 : 중심경향

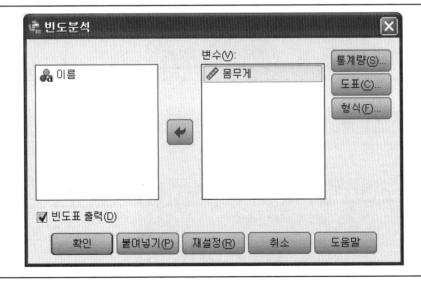

　　[표 9-2]의 결과는 우리가 손수 계산하였던 값들과 동일함을 알 수 있다. 평균은 55.25, 중위수는 50, 최빈값은 50이다. '74kg(방실이) · 50kg(병실이) · 47kg(꺼실이) · 50kg(순이)'라는 분포에서 방실이의 극단적으로 큰 몸무게 때문에 평균의 경우, 55.25kg이라는 결과가 나왔다. 앞서 설명한 대로 극단치가 있을 경우, 평균이 가지는 한계를 잘 나타내 보여 준다.

[그림 9-11]	빈도분석통계량 : 중심경향

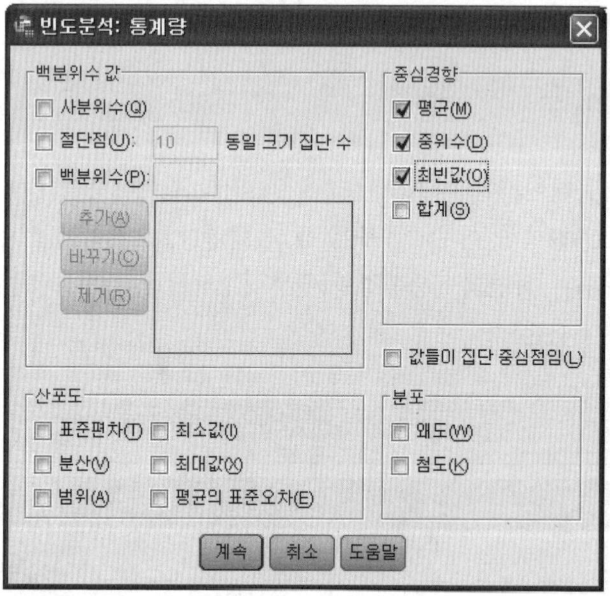

[표 9-2]	중심경향 빈도분석 출력결과

통 계 량

몸무게

N	유 효	4
	결 측	0
평 균		55.25
중위수		50.00
최빈값		50

9.5 평균 · 중위수 · 최빈값의 관계

분포에 따라 평균 · 중위수 · 최빈값의 상대적인 위치가 달라진다. 어떤 경우에는 평균이 가장 크고, 다른 경우에는 중위수가 가장 큰 식이다. 예를 들어 세 학과의 학생들 각각 10명에게 이번 달 영화관에 간 횟수를 적으라고 했다. 학과들은 교육학과 · 의학과 · 연극영화과이다.

9.5.1 평균=중위수=최빈값

교육학과의 경우 1번(1명) · 2번(2명) · 3번(4명) · 4번(2명) · 5번(1명)의 분포를 보였다. 조사결과를 SPSS에 입력한 결과는 [그림 9-12]와 같다.

[그림 9-12]   중심경향 데이터 : 평균=중위수=최빈값

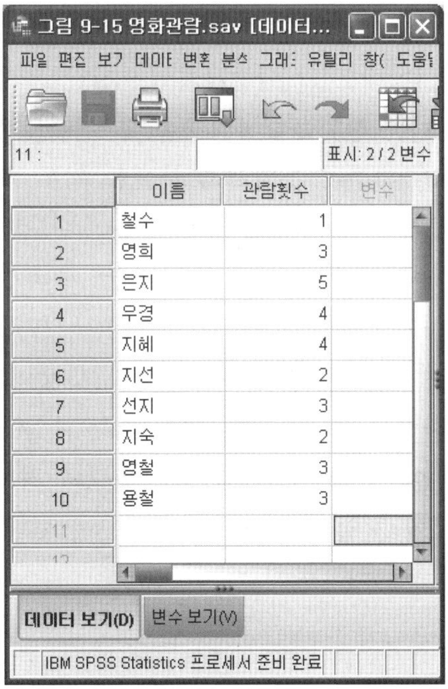

[그림 9-13]	중심경향 막대도표 : 평균＝중위수＝최빈값

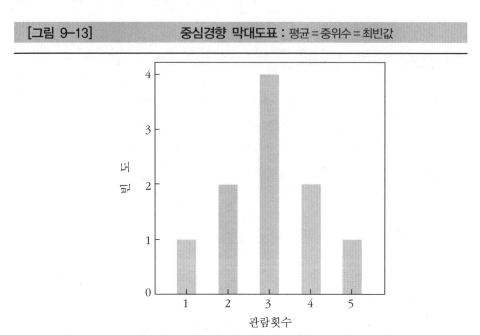

[그림 9-13]은 위 데이터 파일을 막대도표로 나타낸 경우이다. [그래프] [레거시 대화 상자] [막대도표] [단순] [케이스 집단들의 요약값] [정의]를 거쳐 [막대표시] [케이스수]를 선택하고, [범주축]에 '관람횟수'를 입력하였다.

이렇듯 오른쪽과 왼쪽이 동일하게 분포할 경우, 대칭적(symmetrical)이라고 한다. 분포의 중간빈도가 높고 대칭적으로 빈도가 분포한 경우에는 평균 · 중위수 · 최빈값이 같다. 교육학과의 평균 · 중위수 · 최빈수는 3이다. 평균의 경우, (1+3+5+4+4+2+3+2+3+3)/10＝30/10＝3이다. 중위수의 경우, 작은 값부터 큰 값까지 늘여 세우면 '1 · 2 · 2 · 3 · 3 · 3 · 3 · 4 · 4 · 5'이다. 짝수이므로 정확하게 중간에 맞아 떨어지는 수는 없으며, 5번째 3과 6번째 3의 평균을 구하여 중위수 3이 나온다. 빈도의 경우, 3번 관람이 4명으로 다른 관람보다 빈도가 제일 많으므로 최빈치 3이 된다.

9.5.2 평균〉중위수〉최빈값

[그림 9-14]의 의대생 10명의 경우는 교육학과와는 달리 1번과 2번 정도 관람하는 학생 수가 가장 많았다. 상대적으로 3번 이상 관람하는 학생 수 빈도는 낮았다. 의대생 10명의 영화관람횟수는 '1·3·2·1·1·1·2·5·4·2'이다. 앞서의 방법과 동일하게 막대 그래프를 그리면 [그림 9-15]와 같이 왼쪽으로 빈도가 집중되고, 오른쪽에 늘어진 꼬리가 보이는 모습을 볼 수 있다. 이런 분포를 정적편포(positively skewed)라 한다. 오른쪽으로 꼬리가 생기듯이 치우쳤다는 의미이다.

[그림 9-14]	중심경향데이터: 평균>중위수>최빈값

[그림 9-15]   중심경향 막대도표 : 평균 〉중위수 〉최빈값

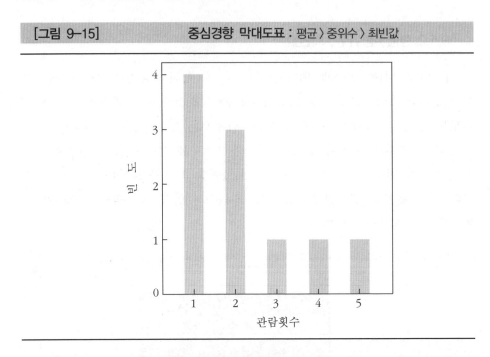

[표 9-3]   중심경향 빈도분석 출력결과 : 평균 〉중위수 〉최빈값

통 계 량
관람횟수

N	유 효	10
	결 측	0
평 균		2.20
중위수		2.00
최빈값		1

[표 9-3]의 SPSS 결과는 앞서 설명된 방식으로 빈도분석을 통해 중심경향 통계량을 구한 것이다. 평균 2.2, 중위수 2, 최빈값은 1로써 '평균 〉중위수 〉최빈값'이 성립한다.

소득과 같은 자료를 분석할 때 위와 비슷한 그래프가 그려진다. 이런 경우 역시 '평균 〉중위수 〉최빈값'이 적용된다. 직관적 이해를 위해 단순화해 설명하자면 다음과 같다. 소득의 경우, 평균은 얼마되지 않는 소수의 소득을 많이 반영한다고 지적한 바 있다. 중위수는 저소득자부터 고소득자 순으로

사람들을 늘여 놓은 후 가장 가운데를 선택하기 때문에 비교적 중류생활자를 고르게 된다. 최빈치는 소득구간별로 가장 많은 사람들이 집중된 곳이기 때문에 우리가 흔히 이야기하는 '서민층'이 될 가능성이 많다. 평균·중위수·최빈치가 다 나름대로의 유용성이 있다는 점을 다시 한번 생각해 볼 수 있다.

9.5.3 최빈값 〉 중위수 〉 평균

[그림 9-16]의 연극영화과 학생들의 경우 많은 학생들이 4번이나 5번 정도 영화를 본 것으로 나타났다. 결과는 '5·4·5·4·3·5·5·1·4·2'이다. [그림 9-17]에서는 오른쪽으로 빈도가 집중되고, 왼쪽에 늘어진 꼬리가 보이는 모습을 볼 수 있다. 이런 분포를 부적편포(negatively skewed)라 한다. 왼쪽으로 꼬리가 생기듯이 치우쳤다는 의미이다.

[그림 9-16] 　　　　　**중심경향 막대도표 : 최빈값 〉 중위수 〉 평균**

[그림 9-17]　　　　　　　　중심경향 막대도표 : 최빈값 〉중위수 〉평균

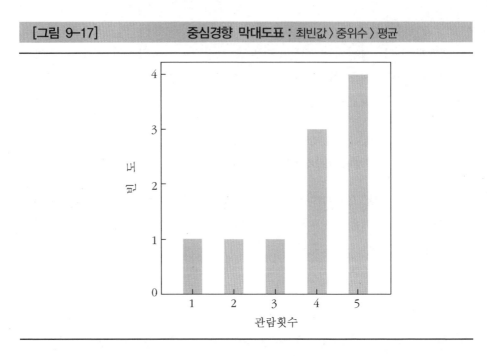

결과는 '5〉4〉3.8'로서 '최빈값 〉중위수 〉평균'이다. 의학과학생분포에서의 설명을 역으로 생각해 보면 이해가 쉬울 것이다.

[표 9-4]　　　　　　중심경향 빈도분석 출력결과 : 최빈값 〉중위수 〉평균

통 계 량		
관람횟수		
N	유 효	10
	결 측	0
평 균		3.80
중위수		4.00
최빈값		5

수 업 시 간 에 혹 은 나 혼 자 서 해 보 기

01 중심경향치는 현실생활에서 부적절하게 사용되거나 해석되기도 한다. 예를 들자면, 어떤 개울의 평균 수심은 1m라는 표지판이 있다. 이러한 숫자를 접하고, 일부 사람들은 이곳에서 수영해도 안전할 것이라고 생각한다.
이와 같은 중심경향치의 사용 자체가 가지는 한계를 실생활에서 찾아보아라.

02 실생활에서 평균이라는 중심경향치가 부적절하게 또는 그릇되게 사용되는 예들을 찾아보자. 이를 친구들과 얘기해보자.

03 최근 10년간 우리나라 소비자 물가 인상률을 인터넷에서 찾아보자. 이 값들의 중심경향치를 구해보자. 이 숫자들이 가지는 의미와 한계를 찾아보자. 친구들과 토의해 보자.

문제풀기

01 다음 통계자료에서 최빈값(mode)은 무엇인가?

> 31, 35, 36, 36
> 36, 37, 37, 38
> 39, 40, 40, 43

가. 35
나. 36
다. 37
라. 40

02 다음의 6개 측정값에 대한 산술평균과 중위수는?

> 11, 14, 23, 17, 7, 15

가. 14.5   14.5
나. 14.5   14
다. 14.5   15
라. 15   14

03 다음 자료는 한 사무실에 근무하는 직원들의 월급여(단위 : 만원)이다. 이들의 평균, 중앙값, 최빈값의 크기 순서가 바르게 된 것은?

> 128, 96, 115, 120, 115, 100, 100, 115, 110

가. 평균 〉 중앙값 = 최빈값
나. 평균 = 중앙값 〈 최빈값
다. 평균 〈 중앙값 = 최빈값
라. 평균 = 중앙값 〉 최빈값

04 어느 대학교 학생들을 대상으로 키, 몸무게, 혈액형, 월평균 용돈 등 4개의 변수에 대한 관측값을 얻었다. 이들 변수 중 관측값들을 대표하는 측도로 최빈값

(mode)을 사용하는 것이 가장 적절한 것은?

가. 키

나. 몸무게

다. 혈액형

라. 월평균 용돈

05 기술통계치와 관련된 다음 진술들 가운데 잘못된 것은?

가. 자료가 왼쪽으로 치우쳐진(skewed) 경우에 중앙값은 평균보다 더 작은 경향이 있다.

나. 종모양의 완벽한 대칭적 분포에서 평균, 중앙값, 최빈값은 동일한 값을 갖는다.

다. 평균과 중앙값이 모든 경우 단일값을 갖는데 비해 최빈값은 하나 이상이 될 수 있다.

라. 평균과 중앙값, 최빈값 모두 측정수준이 서열변수 이상인 경우에만 정의될 수 있다.

06 다음의 통계량 중에서 성격이 다른 것은?

가. 평균

나. 왜도

다. 최빈값

라. 중앙값

07 자료의 대표값으로 평균 대신 중앙값(median)을 사용하는 가장 적절한 이유는?

가. 평균은 음수가 나올 수 있다.

나. 대규모 자료의 경우 평균은 계산이 어렵다.

다. 평균은 극단적인 관측값에 영향을 많이 받는다.

라. 평균과 각 관측값의 차이의 총합은 항상 0이다.

08 도수분포가 비대칭이고, 극단치들이 있을 때 보다 적절한 중심성향 측도는?

가. 산술평균

나. 중위수

다. 최빈수

라. 조화평균

09 중심위치를 측정하는 통계량 중 분포의 모든 관찰값으로부터의 차이를 제곱했을
    때 이 제곱의 합을 최소로 하는 통계량은?
    가. 최빈값
    나. 중위수
    다. 평균
    라. 범위

제10장

산포도 : 범위 · 분산 · 표준편차

여기서는 케이스(case)들이 얼마나 몰려 있거나 흩어져 있는지, 또 케이스들의 상대적인 위치는 어떠한지를 알아본다. 산포도(dispersion, spread) 혹은 분산도를 알아보기 위해 범위 · 분산 · 표준편차를 살펴본다.

10.1 최소값 · 최대값 · 범위

분산의 정도에서 가장 기본적인 정보는 최소값, 최대값, 범위이다. 최소값은 가장 낮은 값이 어느 정도인지를, 최대값은 가장 높은 값이 어느 정도인지를 알려준다. 범위는 최대값에서 최소값을 뺀 값이다.

[그림 10-1]의 7명 몸무게에 대한 데이터를 가지고 시작해 보자. SPSS에서 [분석] [기술통계량] [기술통계]를 선택하여, [그림 10-2]와 같이 만든다. 이 화면에서 [옵션]을 선택하면, [그림 10-3]과 같은 화면을 볼 수 있다. [산포도]에서 [최소값] [최대값] [범위]를 선택한다.

[그림 10-1]   분산도 범위 데이터

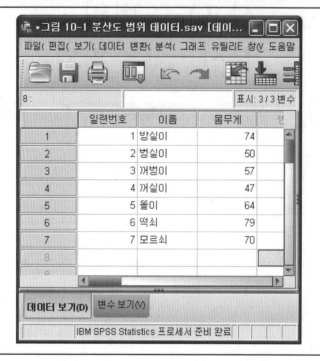

[그림 10-2]   기술통계 : 분산도

| [그림 10-3] | 기술통계 옵션 : 분산도 |

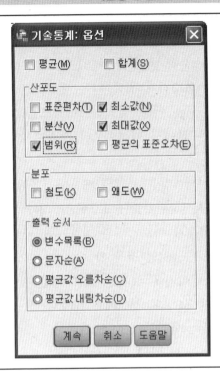

| [그림 10-4] | 기술통계량 : 범위 출력 결과 |

기술통계량

	N	범위	최소값	최대값
몸무게	7	32	47	79
유효수(목록별)	7			

　　통계처리 결과인 [그림 10-4]를 보면, 최소값은 47이고 최대값은 79이다. 범위는 앞서 설명한대로, 최대값에서 최소값을 뺀 "79−47=32"이다.

10.2   사분위수 범위

　이러한 범위는 최소값과 최대값 두 값에 의해서만 결정된다는 단점을 가진다. 이러한 단점을 해소하기 위해 나온 대안 중 하나가 '사분위수 범위 (四分位數 範圍, quartile range)'이다. 말 그대로 분포를 4개 덩어리로 나누어서 아래로부터 세번째 높은 값에서 아래로부터 첫번째 높은 값을 뺀 범위를 구하는 것이다.

　앞서 사용한 일곱명의 데이터를 생각해보자. [데이터] [케이스 정렬]을 선택한 후 나오는 화면에서 [정렬기준]을 [그림 10-5]와 같이 몸무게로 삼았다.

　그림 10.6에서 중위수가 바로 7명의 몸무게를 순서대로 정렬했을 때 중간에 위치한 똘이의 몸무게 64인 것을 알 수 있다. 4개의 덩어리로 나누었을 때, 딱 중간인 두번째 덩어리에 위치한 값이 64인 것이다. 세번째는 64보다 큰 70, 74, 79의 중간인 74이다. 첫번째는 64보다 작은 47, 50, 57의 중간인 50이다. 74에서 50을 뺀 24가 사분위수 범위이다.

　다시 해설하자면, 아래와 같다.

[그림 10-5]   몸무게 기준으로 정렬

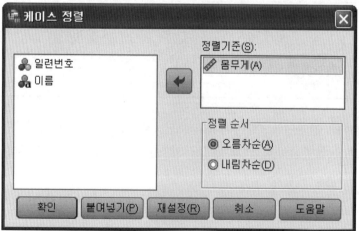

47 50 57 64 70 74 79

47 50 57 **64** 70 74 79   중위수 발견

(47 50 57) **64** (70 74 79) 중위수 앞 뒤 각각 덩어리로 묶음

(47 **50** 57) 64 (70 **74** 79) 앞 뒤 덩어리 내에서 각각의 중위수 두 개를
                찾아냄

여기서 50과 같은 값을 "하사분위수(lower quartile)" 혹은 "1사분위수(first quartile, Q1)"이라고 부른다. 74와 같은 값은 "상사분위수(upper quartile)" 혹은 "3사분위수(third quartile, Q3)"라고 부른다. 사분위 범위는 "Q3−Q1"이다. 여기서 74−50=24이다.

SPSS에서는 [분석] [기술통계량] [데이터 탐색]을 선택하고 나오는 화면에서 몸무게를 [종속변수]로 [그림 10-7]과 같이 선택한다. [그림 10-7]에서 [통계량]을 선택하고, [그림 10-8]에서 [기술통계]를 누른다. 결과인 [그림

[그림 10-6]	몸무게 기준 정렬 분산도 범위 데이터

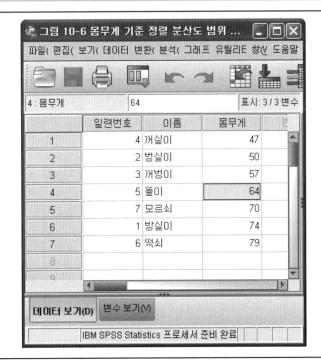

10-9]에서 사분위수 범위가 앞서 계산과 동일한 24로 나온 것을 알 수 있다.

사분위수를 구할 때 여기서 사용한 데이터처럼 케이스가 7개가 아닌 8개가 되면 문제가 조금 복잡해진다. 통계 프로그램마다 계산식이 다르므로, 이 책에서 예시한 정도의 직관적 이해로 일단은 만족하도록 하자.

[그림 10-7]   데이터 탐색

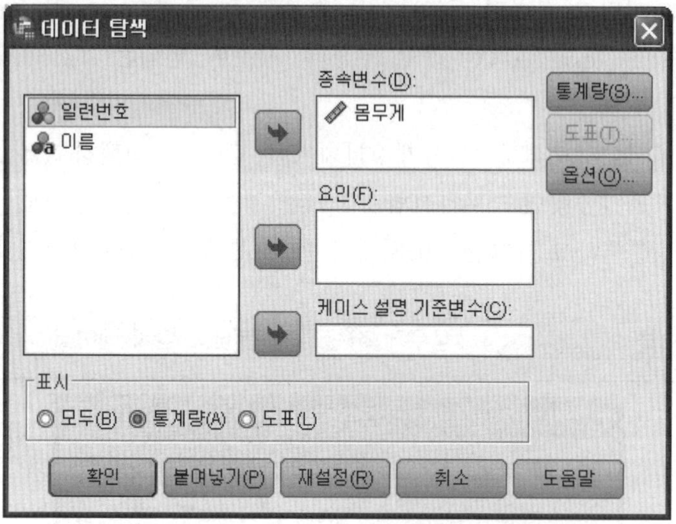

[그림 10-8]   데이터 탐색 : 통계량

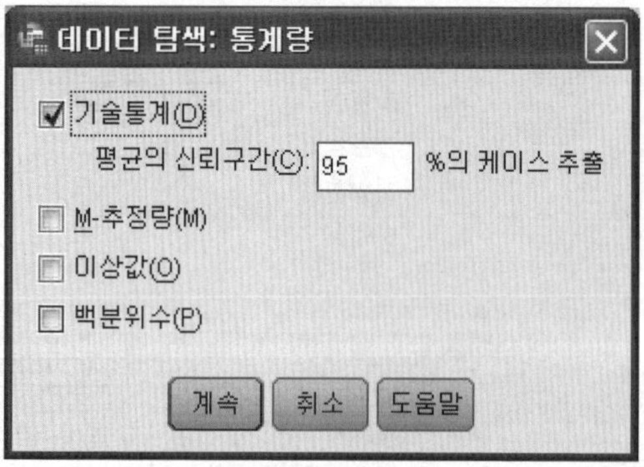

[그림 10-9]	데이터 탐색 출력 결과		
	기술통계		
		통계량	표준오차
몸무게	평균	63.00	4.598
	평균의 95% 신뢰구간 하한	51.75	
	상한	74.25	
	5% 절삭평균	63.00	
	중위수	64.00	
	분산	148.000	
	표준편차	12.166	
	최소값	47	
	최대값	79	
	범위	32	
	사분위수 범위	24	
	왜도	-.096	.794
	첨도	-1.608	1.587

또 하나 참고삼아 알아 둘 것은 '사분위 편차(四分位數 偏差, quartilequartile deviation)'이다. 다음 절에서 이야기하는 표준편차가 평균에서 자료가 흩어진 정도를 나타낸다면, 중위수를 기준으로 자료가 흩어진 정도를 나타내는 것이 사분위 편차이다. 계산은 단순하다. 사분위 범위를 반으로 나누면 된다. 식으로 나타내면 "(Q3−Q1)/2"로 표현할 수 있다.

10.3 분산과 표준편차 : 원리의 이해

우리가 쉽게 생각할 수 있는 데이터의 흩어진 정도는 평균을 기준으로 각 값들이 어느 정도 떨어져 있느냐의 문제이다. 다음의 A·B 두 집단의 키 분포를 생각해 보자. A집단의 키 평균과 B집단의 키 평균은 동일하게 180cm 이다.

A : 198 · 155 · 168 · 207 · 172
B : 183 · 176 · 181 · 181 · 179

평균으로부터 얼마만큼 떨어져 있는가를 알아보기 위해서 각 값으로부터 평균을 뺀 값들을 구해 보았다. 문제는 이러한 떨어진 정도를 더하면 두 집단 모두 더한 값이 0이 된다는 것이다.

A : 18 · −25 · −12 · 27 · −8
B : 3 · −4 · 1 · 1 · −1

이번에는 각 값으로부터 평균을 뺀 숫자들을 제곱해 보았다. 이런 제곱 값들은 다음과 같다.

A^2 : 324 · 625 · 144 · 729 · 64
B^2 : 9 · 16 · 1 · 1 · 1

위 제곱값을 사용해서 만든 수치가 분산과 표준편차이다. 분산은 이러한 제곱값들을 다 더한 합을 $n-1$로 나눈 결과이다. 표준편차는 분산의 제곱근이다.

$$\text{분산}(s^2) = \frac{\sum(X_i - \overline{X})^2}{n-1}$$

$$\text{표준편차}(s) = \sqrt{s^2} = \sqrt{\frac{\sum(X_i - \overline{X})^2}{n-1}}$$

분산이 있는데도 표준편차를 쓰는 이유는 기본적으로 단위문제이다. 분산값은 단위를 이해하기 어렵다. 예를 들어 A집단의 분산값을 구해 보자.

$$(324+625+144+729+64)/4 = 1,886/4 = 471.5$$

이러한 471.5는 원래 키인 cm와는 호환되기 힘들다. 반면 표준편차 $\sqrt{471.5} = 21.714$의 경우는 21.714cm 개념으로 볼 수 있다. 즉 표준편차가 현실에서 이해하고 적용하기 쉬운 것이다. 차이를 제곱하고, 이를 다 더한

[그림 10-10]	분산도 데이터

다음 다시 제곱근을 구했기 때문이다.

　SPSS로 분산과 표준편차를 구하는 것을 알아보자. [그림 10-10]은 A집단과 B집단의 키가 입력된 데이터 파일이다.

　[분석] [기술통계량] [기술통계]를 눌러서 나오는 [그림 10-11]에서 [변수] 아래 공란에 A와 B를 넣는다. 이어서 [옵션]을 선택한다.

[그림 10-11]   기술통계 : 분산도

[그림 10-12]   기술통계 옵션 : 분산도

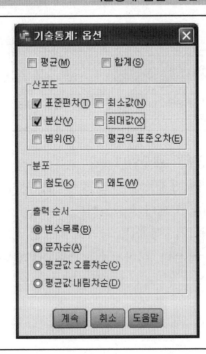

	N	표준편차	분산
A	5	21.714	471.500
B	5	2.646	7.000
유효수(목록별)	5		

[그림 10-13]   **기술통계량 출력결과 : 표준편차, 분산**

기술통계량

[그림 10-12]의 [옵션] 화면에서 [표준편차] [분산]을 선택한다.

[그림 10-13]의 결과는 위에서 저자가 계산했던 것과 동일한 내용을 담고 있다. A집단의 분산은 471.5이며, 표준편차는 21.714이다. 분산과 표준편차로써 A집단과 B집단의 산포도차이를 숫자로써 비교할 수 있게 되었다.

10.4 분산과 표준편차 : 차이의 제곱

분산과 표준편차를 구하는 방법을 보면서 한 가지 의문을 가질 수 있다. 왜 평균으로 뺀 편차를 제곱하느냐는 것이다.

일반적으로 통계학에서는 모든 값들을 다 일종의 무게 개념으로 감안하여 더해서 나눈 평균을 선호하는 경향을 보인다. 다른 중심경향값들인 중위수와 최빈치 등은 실제로 모든 값들의 각각 중요성을 반영하지 않는다는 것이다. 평균은 치우친 값이든, 아니든 간에 모든 값을 그 값만큼 반영해 주는 특징이 있다.

각 값들과 평균의 차이를 제곱한 합에서 N을 나눈 값이 각 값들과 어느 다른 값의 차이를 제곱한 합에서 N을 나눈 값에 비해 가장 작다. 분산을 구할 때 평균을 사용하는 이유도 이러한 원리와 관련이 있다.

Hays(1981 : 165)는 이 원리를 증명해 보여 준다. 평균이 아닌 어떤 특정 값 C를 사용해 평균제곱합을 구해 보는 것이다. 이때 분산값이 S_c^2이다. 여기서는 독자들이 이해하기 쉽게 저자가 몇 과정을 더 넣어서 설명한다.

$$S_c^2 = \sum_i \frac{(x_i - C)^2}{N}$$

증명은 아래에서 시작된다. 다음에서 평균이 M으로 표기된다.

$$
\begin{aligned}
(x_i - C)^2 &= (x_i - C)^2 \\
&= (x_i - M + M - C)^2 \\
&= (x_i - M)^2 + 2(x_i - M)(M - C) + (M - C)^2
\end{aligned}
$$

$$
\sum_i \frac{(x_i - C)^2}{N} = \sum_i \frac{(x_i - M)^2}{N} + 2\sum_i \frac{(x_i - M)(M - C)}{N} \\
+ \sum_i \frac{(M - C)^2}{N}
$$

여기서 $(M-C)$는 평균에서 어떤 특정값을 뺀 것이기 때문에 변수가 아닌 상수이다. 이러한 상수는 더하기 과정에서 늘 같은 값들이 더해진다는 것을 이해할 수 있다. 만약 $(M-C)$를 N번 더하면 $(M-C)N$이 된다는 것이다.

$$S_c^2 = \sum_i \frac{(x_i - M)^2}{N} + 2(M - C)\sum_i \frac{(x_i - M)}{N} + (M - C)^2$$

여기서 $\sum_i \frac{(x_i - M)^2}{N}$은 바로 각 값들과 평균의 차이를 제곱한 합에서 N을 나눈 값이다. 이 값을 S^2라고 하기로 한다. $\sum_i \frac{(x_i - M)}{N}$ 부분이 0인 것은 쉽게 알 수 있다. 각 값에서 평균을 뺀 차이를 다 더하면 0이 된다는 것은 앞서 언급하였다.

$$S_c^2 = S^2 + (M - C)^2$$

$(M-C)^2$라는 부분이 0이거나 양수라는 점을 생각하면, 위의 수식은 앞서 언급했듯이 평균을 이용하였을 때 차이제곱합의 평균이 최소가 된다는 점을 증명한다. 이 원리를 최소제곱원리(principle of least squares)라고 부르기도 한다.

10.5 분산과 표준편차 : $n-1$

또 다른 의문이 들 수 있는 점은 왜 분산과 표준편차를 구하는 공식에서 $n-1$을 사용하느냐이다. n이 아닌 $n-1$로 나누는 점은 충분히 의구심을 불러일으킬 수 있다.

여기서 먼저 알려 둘 것은 실제로 모집단에 대한 분산과 표준편차를 구할 때는 공식에서 n으로 나누어 주어야 한다는 것이다. $n-1$을 사용하는 것은 표본의 분산, 표준편차를 구할 때이다. SPSS는 데이터 파일을 표본으로 가정하기 때문에 $n-1$을 사용한다. 쉽게 이해가 되겠지만, 표본 크기가 커지면 n과 $n-1$의 차이는 실제로 없어진다. 단지 표본 크기가 작을 때, 실제적인 차이가 발생하는 것이다.

$n-1$을 사용하는 이유는 표본의 분산이나 표준편차를 모집단의 분산이나 표준편차를 예측하는 추정치로 사용하려는 의도 때문이다. 표본의 크기가 작은 경우 표본의 분산이나 표준편차는 n을 사용할 경우, 모집단의 분산이나 표준편차를 작게 추정하는 경향을 보이기 때문이다. 좋은 추정치, 즉 불편추정치(unbiased estimate)를 만들기 위해 $n-1$을 사용한다고 할 수 있다.

01 범위를 사용하기에 좋은 자료는 무엇일지 구체적으로 생각해보자. 범위를 사용하여 자료의 흩어진 정도를 알려고 할 경우의 장점과 단점은 무엇인가?

02 사분위수 범위를 사용하기에 좋은 자료는 무엇일지 구체적으로 생각해보자. 사분위수 범위 사용의 장점과 단점은 무엇인가?

03 표준편차가 구체적으로 어떤 자료를 분석하는 경우에 많이 쓰이는지 생각해보자. 자료가 흩어진 정도를 나타내는 도구로서 표준편차의 장점과 단점은 무엇일까?

문제풀기

01 자료가 다음과 같이 주어진 경우에 사분위 범위는?

10, 4, 7, 14, 9, 11, 3, 8, 8

가. 3
나. 5
다. 6
라. 11

02 중심위치를 측정하는 통계량 중 분포의 모든 관찰값으로부터의 차이를 제곱했을 때 이 제곱의 합을 최소로 하는 통계량은?
가. 최빈값
나. 중위수
다. 평균
라. 범위

03 산포도의 측정이 아닌 것은?
가. 사분위편차
나. 왜도
다. 범위
라. 분산

04 다음 중 자료의 산포(dispersion)의 정도를 나타내는 측도가 아닌 것은?
가. 범위(range)
나. 사분편차(quartile deviation, 사분위수 범위)
다. 변동계수(coefficient of variation)
라. 왜도(skewness)

05 다음중 산포도에 관한 설명으로 틀린 것은?

　가. 관측값들이 평균으로부터 멀리 떨어져 나타날수록 분산은 커진다.

　나. 평균편차의 총합은 0이다.

　다. 분산은 평균편차들의 평균이다.

　라. 표준편차는 분산의 제곱근이다.

06 다음 자료에 대한 설명으로 옳지 않은 것은?

1, 3, 5, 10, 1

　가. 분산은 14이다.

　나. 중위수는 5이다.

　다. 범위는 9이다.

　라. 평균은 4이다.

07 다음 중 산포의 측도를 나타내는 통계량은?

　가. 표본평균

　나. 중앙값

　다. 사분위수 범위

　라. 최빈값

08 X가 $N(\mu, \sigma^2)$인 분포를 따를 경우 Y=aX+b의 분포는?

　가. 중심극한정리에 의하여 표준정규분포 $N(0,1)$

　나. a와 b의 값에 관계없이 $N(\mu, \sigma^2)$

　다. $N(a\mu + b, a^2\sigma^2 + b)$

　라. $N(a\mu + b, a^2\sigma^2)$

확률분포

확률분포에 대한 연구는 17세기 프랑스에서 어떻게 도박(gambling) 전략을 짜는 것이 유리한가를 알아보는 데서 시작되었다(Agresti *et al.*, 1986 : 66). 확률분포에 대한 이론이나 적용 자체가 흥미 있지만, 여기서는 통계적 추론에 관련된 부분을 집중적으로 다루려고 한다. 특히 정규분포에 관련된 부분이 집중적으로 다루어질 것이다.

11.1 확률이란?

미국 라스베가스(Las Vegas)의 도박장(Casino)에서는 어디를 가나 공통점이 있다. 첫번째로 시계와 창문이 없어서 시간개념이 없어진다는 것이다. 해가 지는지, 비가 오는지 바깥세상의 일에 대해서 잊어버리게 된다. 이러한 점은 대부분의 우리 나라 백화점과 마찬가지이다. 두 번째로 몇 푼 벌지 않더라도 슬럿 머신(Slot Machine : 돈을 투입하면 다양한 무늬가 있는 원통들이 돌아가다 정지하며, 특정한 조합이 이루어졌을 때, 예를 들어 "Bar · Bar · Bar" 정해진 배수나 금액을 딸 수 있게 한 도박기계)이 요란한 소리를 낸다. 세 번째로 나오는 음식의 수준을 보아서는 너무도 가격이 싼 부페(buffet) 식당을 운영한다.

새우·바다가재 등으로 무장한 부페는 공짜 같은 느낌을 주는 정도의 돈을 내고 들어갈 수 있다. 네 번째로 도박장내부에서는 공짜 음료를 준다. 콜라가 되었건, 비싼 맥주이건 간에 공짜이기는 마찬가지이다.

도박장들이 왜 이럴까 하는 의문을 가진다면, 확률에 대한 절반의 이해를 한 것이다. 답부터 이야기하자면 도박장들이 고객들에 비해 유리한 확률을 가지고 있기 때문이다. 고객들은 '대박'의 꿈을 꾸고 슬럿 머신에 열심히 돈을 투입한다. 기계들은 엄청난 배율의 대박을 광고하고 있다. 가끔씩 주위에서 환호하는 소리도 들리며, 그런 경우 번쩍거리는 불빛과 동전 쏟아지는 굉음이 난다. 하지만 쉽게 이야기하여서 고객입장에서는 남는 장사가 아니다.

이 슬럿 머신의 '확률'은 고객이 돈을 넣었을 때 얼마만큼을 돈을 실제로 돌려 주느냐이다. 이러한 확률이 94%이건 97%이건 도박장이 돈을 벌고, 많이 돈을 넣으면 넣을수록 고객들이 손해본다는 것은 마찬가지이다. 하지만 대박을 터트리는 '실제사례'가 없는 것은 아니다.

여기서 '실제사례'와 '확률'의 차이를 이해할 수 있다. 설사 라스베가스의 도박장같이 불리한 확률에서도 돈을 따는 실제사례는 있을 수 있다. 이러한 차이를 도박장들은 잘 알고 있기 때문에 대박이 난 고객을 도박장이 운영하는 호텔의 최고급객실에 모신다. 계속해서 딴 돈을 도박장에서 쓰면 결국 다 잃을 것이라는 것을 알기 때문이다.

'실제사례'와 '확률'이 다른 것이다. 구부러지지 않은 온전한 동전을 던진다고 생각해 보자. 10번을 던졌을 때 앞면이 나올 확률은 50%이다. 5번이 나온다는 것이다. 저자가 실제로 한번 던져 보았다. 어쩐 일인지 앞면이 무려 7번이나 나왔다. 70%인 셈이다. 하지만 동전을 100번 던진다고 생각해 보자. 이 경우에는 확률적으로 기대되는 갯수인 50에 상당히 접근한다. 예를 들어 10,000번을 던질 때는 실제사례의 퍼센트가 확률 50%에 더 근접한다. 도박장 한 슬럿 머신에서 만 원을 쓸 때는 돈을 따는 '실제사례'가 많이 발생해도 오랜 시간 동안 그 슬럿 머신에서 천만 원을 쓸 때는 '실제사례'가 돈을 잃는 '확률'에 상당히 접근한다는 것이다. 많은 수의 시행이 이루어졌을 때 '실제사례'는 '확률'에 근접한다.

이렇듯 도박에 관련되어서 나온 확률개념을 '고전적 확률(classical probability)'이라고 한다. 이러한 확률에서는 모든 도박이 공정하게 이루어지고, 기본적 요소들이 나올 확률이 같다는 것을 전제한다(Gonick and Smith, 1993: 35). 동전은 구부러지지 않아야 하며, 주사위는 이상적인 정육면체형태와 중심에 위치한 무게중심을 가져야 할 것이다. 이러한 공정성은 동일한 추출기회로 연결된다. 포커카드를 이용한 게임에서 어느 카드이더라도 전체 중에서 뽑힐 확률은 기본적으로 같다. 주사위를 사용하여 홀짝게임을 할 때 역시 1·3·5가 각각 나올 확률과 2·4·6이 각각 나올 확률이 같다.

고전적 확률을 수학적으로 정의하면 아래와 같다. '특정사건 A가 일어날 수 있는 경우의 수' 나누기 '모든 경우의 수'이다.

$$P(A) = \text{'특정사건(들) } A\text{가 일어날 수 있는 경우의 수'} / \text{'모든 경우의 수'}$$

동전을 한 번 던질 때 나올 수 있는 경우의 수인 n은 {앞면}·{뒷면}으로 2개이다. 이 중 특정사건 A인 {앞면} 경우의 수는 1이다. 확률 P(앞면)는 1/2인 50%이다.

주사위 두 개를 동시에 던져서 합을 구한다고 가정해 보자. 이 때 나올 수 있는 전체경우의 수는 36이다.

1·1	1·2	1·3	1·4	1·5	1·6
2·1	2·2	2·3	2·4	2·5	2·6
3·1	3·2	3·3	3·4	3·5	3·6
4·1	4·2	4·3	4·4	4·5	4·6
5·1	5·2	5·3	5·4	5·5	5·6
6·1	6·2	6·3	6·4	6·5	6·6

여러분이 라스베가스에 가서 주사위 두 개를 동시에 던지는 도박을 한다고 생각해 보자. 합이 7일 확률에 걸 때는 확률이 어떤지 계산해 볼 수 있을 것이다. 다음은 전체 경우의 수 중에서 합이 7인 경우의 수를 굵은 글씨와 밑줄로써 표현하였다.

1·1	1·2	1·3	1·4	1·5	<u>**1·6**</u>
2·1	2·2	2·3	2·4	<u>**2·5**</u>	2·6

3·1	3·2	3·3	<u>3·4</u>	3·5	3·6
4·1	4·2	<u>4·3</u>	4·4	4·5	4·6
5·1	<u>5·2</u>	5·3	5·4	5·5	5·6
<u>6·1</u>	6·2	6·3	6·4	6·5	6·6

특정사건인 '합이 7일 경우에 해당하는 경우의 수'는 위 전체경우의 수에서 굵고 밑선이 그어진 6개이다. 따라서 확률 P(합 7)는 6/36＝1/6≈17% 이다.

두 번째 확률개념은 '경험적 확률(empirical probability)'이다. 혹은 '상대도수확률(relative frequency probability)'이라는 용어를 사용하기도 한다. 이 방식에 의하면 아주 많은 시행을 거쳐서 특정한 퍼센트가 산출되면, 이 특정한 퍼센트는 확률에 근접한다는 것이다(Voelker, 2001 : 38). 예를 들어 학교건물에 있는 자판기가 동전을 가끔씩 먹는다고 하자. 자판기에 동전을 1,000번 투입시켜 본 후 55번이라는 결과를 얻어 냈다고 하자. 이 때 자판기가 동전을 먹을 확률은 55/1,000＝5.5%에 가깝다는 것이다.

이러한 고전적 확률과 경험적 확률 개념은 고전적 확률개념과 생각하는 방식의 출발지점에서 틀릴 뿐이며, 서로 개념적으로 공통되는 부분이 있다. 두 입장 다 객관적인 확률이 존재한다는 데에는 동의하고 있다. 또한 경험적 확률은 시행횟수가 증가함에 따라 고전적 확률개념에 가까워진다. 동전던지기의 경우, 아주 많은 수의 동전을 던질 경우 앞면이 나오는 경험적 확률은 점점 고전적 확률인 50%에 접근한다.

11.2 이산확률분포와 연속확률분포

변수는 연속변수(continuous variable)와 이산변수(discrete variable)로 구분할 수도 있다. 앞서 설명한 동전이나 주사위의 숫자와 같이 '셀 수 있는(countable)'정수는 이산변수이다.

연속형 변수란 키나 몸무게와 같이 이론적으로 각 값이 연속적으로 위치할 수 있는 변수를 의미한다. 키 167cm와 168cm 사이에는 수많은 숫자들이 연속적으로 존재할 수 있는 것이다. 예를 들어 167.89276…, 167.678323…,

167.42384… 등을 생각해 볼 수 있다. 현실적으로 연속형 변수란 '소수점 이하까지로 측정되어지는 변수'라고 간주할 수 있다.

이산확률분포는 이산변수의 확률분포를 나타낸 것이다. 동전 두 개를 던져서 나오는 앞면의 수를 예로 들어 보자. 전체경우의 수는 아래와 같이 4이다.

앞면   앞면
앞면   뒷면
뒷면   앞면
뒷면   뒷면

앞면이 한번도 나오지 않는 경우의 수는 {뒷면·뒷면}으로써 1이다. 앞면이 한 번 나오는 경우의 수는 {앞면·뒷면}, {뒷면·앞면}으로 2이다. 앞면이 두 번 나오는 경우는 {앞면·앞면}의 1번이다.

이때 앞면이 나오는 숫자에 따른 각각의 확률은 이러하다. 예를 들어 $P(1)$은 앞면이 한 번 나올 확률이다. $P(0)=1/4(25\%)$, $P(1)=2/4(50\%)$, $P(2)=1/4(25\%)$이다. 전체확률의 합은 $4/4=1(100\%)$이라는 것을 알 수 있다.

[그림 11-1]　　　　　　　　동전던지기에서 앞면 나올 확률

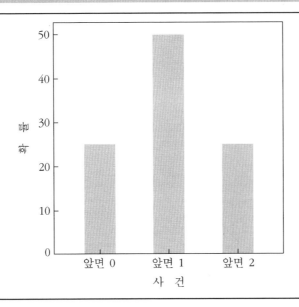

이러한 확률을 막대도표로 그리면 [그림 11-1]과 같다.

연속확률분포는 히스토그램의 케이스 수가 아주 많고 구간이 아주 작아질 때 궁극적으로 만들어지는 곡선이라고 이해해 볼 수 있다. [그림 11-2]에서 히스토그램의 구간인 ΔX가 0에 접근하면, 연속변수의 성격을 가지게 되는 것이다.

연속확률분포는 확률밀도함수(probability density function)라는 다양한 가능한 형태의 곡선에 의해 표현된다. 이산변수와는 달리 연속변수를 다루고 있기 때문에 특정한 숫자에 대한 확률은 0이다. 이는 이론적으로 연속변수의 경우, 무한소수점까지 측정한다는 것을 가정하기 때문이다. 연속확률분포에 있어서는 구간(interval)에 대해서만 확률을 언급할 수 있다. [그림 11-3]과 같이 X값이 a와 b 사이에 있을 확률인 $P(a \leq X \leq b)$는 구할 수 있는 것이다.

[그림 11-2]	히스토그램과 연속확률분포

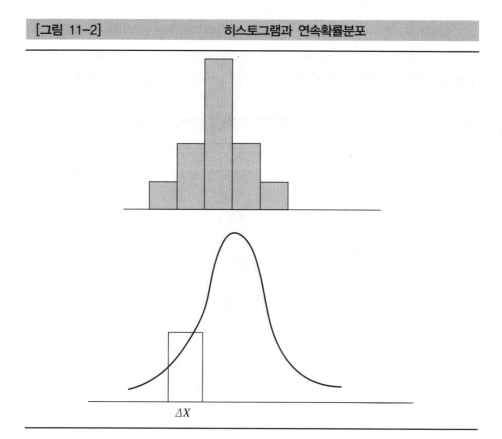

ΔX

[그림 11-3]	연속확률분포에서 구간

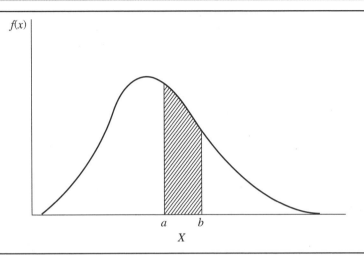

확률밀도함수는 X값이 특정한 값 a일 때의 '확률밀도'를 이야기한다.

$f(a)$＝X가 a값일 때의 확률밀도

앞서 언급하였듯이 하나의 지점에서의 확률은 0이다. 확률밀도는 a라는 지점 근처에서 특정사건이 발생할 확률로 이해할 수 있다(Lewis-Beck, 2004 : 870).

연속변수의 확률에 대한 이해는 이산변수의 확장으로 직관적으로 해 볼 수 있다. 이산변수막대도표가 막대숫자가 많아질 경우, 곡선형을 가지는 연속확률분포에 가까워진다.

막대의 숫자를 늘리기 위해 주사위 세 개를 던지는 경우의 수를 생각해 보자. 주사위 세 개를 던질 때 6×6×6＝216개 경우의 수가 아래와 같이 가능하다.

```
1·1·1   1·1·2   1·1·3   1·1·4   1·1·5   1·1·6
1·2·1   1·2·2   1·2·3   1·2·4   1·2·5   1·2·6
1·3·1   1·3·2   1·3·3   1·3·4   1·3·5   1·3·6
1·4·1   1·4·2   1·4·3   1·4·4   1·4·5   1·4·6
1·5·1   1·5·2   1·5·3   1·5·4   1·5·5   1·5·6
1·6·1   1·6·2   1·6·3   1·6·4   1·6·5   1·6·6
```

2·1·1	2·1·2	2·1·3	2·1·4	2·1·5	2·1·6
2·2·1	2·2·2	2·2·3	2·2·4	2·2·5	2·2·6
2·3·1	2·3·2	2·3·3	2·3·4	2·3·5	2·3·6
2·4·1	2·4·2	2·4·3	2·4·4	2·4·5	2·4·6
2·5·1	2·5·2	2·5·3	2·5·4	2·5·5	2·5·6
2·6·1	2·6·2	2·6·3	2·6·4	2·6·5	2·6·6
3·1·1	3·1·2	3·1·3	3·1·4	3·1·5	3·1·6
3·2·1	3·2·2	3·2·3	3·2·4	3·2·5	3·2·6
3·3·1	3·3·2	3·3·3	3·3·4	3·3·5	3·3·6
3·4·1	3·4·2	3·4·3	3·4·4	3·4·5	3·4·6
3·5·1	3·5·2	3·5·3	3·5·4	3·5·5	3·5·6
3·6·1	3·6·2	3·6·3	3·6·4	3·6·5	3·6·6
4·1·1	4·1·2	4·1·3	4·1·4	4·1·5	4·1·6
4·2·1	4·2·2	4·2·3	4·2·4	4·2·5	4·2·6
4·3·1	4·3·2	4·3·3	4·3·4	4·3·5	4·3·6
4·4·1	4·4·2	4·4·3	4·4·4	4·4·5	4·4·6
4·5·1	4·5·2	4·5·3	4·5·4	4·5·5	4·5·6
4·6·1	4·6·2	4·6·3	4·6·4	4·6·5	4·6·6
5·1·1	5·1·2	5·1·3	5·1·4	5·1·5	5·1·6
5·2·1	5·2·2	5·2·3	5·2·4	5·2·5	5·2·6
5·3·1	5·3·2	5·3·3	5·3·4	5·3·5	5·3·6
5·4·1	5·4·2	5·4·3	5·4·4	5·4·5	5·4·6
5·5·1	5·5·2	5·5·3	5·5·4	5·5·5	5·5·6
5·6·1	5·6·2	5·6·3	5·6·4	5·6·5	5·6·6
6·1·1	6·1·2	6·1·3	6·1·4	6·1·5	6·1·6
6·2·1	6·2·2	6·2·3	6·2·4	6·2·5	6·2·6
6·3·1	6·3·2	6·3·3	6·3·4	6·3·5	6·3·6
6·4·1	6·4·2	6·4·3	6·4·4	6·4·5	6·4·6
6·5·1	6·5·2	6·5·3	6·5·4	6·5·5	6·5·6
6·6·1	6·6·2	6·6·3	6·6·4	6·6·5	6·6·6

두 주사위의 합에 대한 확률은 다음과 같아진다.

$P(3)=1/216\approx.0046296$

$P(4)=3/216\approx.0138889$

$P(5)=6/216\approx.0277778$

$P(6)=10/216\approx.0462963$

$P(7)=15/216\approx.0694444$

$P(8)=21/216\approx.0972222$

$P(9)=25/216\approx.1157407$

$P(10)=27/216\approx0.125$

$P(11)=27/216\approx0.125$

$P(12)=25/216\approx.1157407$

$P(13)=21/216\approx.0972222$

$P(14)=15/216\approx.0694444$

$P(15)=10/216\approx.0462963$

$P(16)=6/216\approx.0277778$

$P(17)=3/216\approx.0138889$

$P(18)=1/216\approx.0046296$

[그림 11-4]	주사위를 세 개 던질 때 합의확률

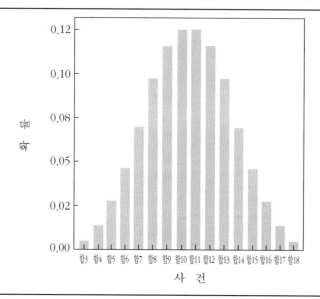

이러한 확률을 도표로 나타내면, [그림 11-4]와 같이 좀더 곡선형의 연속확률분포에 가깝게 느껴진다.

11.3 확률과 실제의 차이

'확률'과 '실제'의 차이는 이후에 나올 정규분포의 이해에 중요하기 때문

[표 11-1]	동전던지기 실제결과	
첫번째 동전	두 번째 동전	앞면의 숫자
앞면	뒷면	1
뒷면	뒷면	0
앞면	뒷면	1
앞면	앞면	2
뒷면	뒷면	0
뒷면	뒷면	0
앞면	뒷면	1
앞면	앞면	2
뒷면	앞면	1
앞면	앞면	2
앞면	뒷면	1
앞면	앞면	2
뒷면	뒷면	0
뒷면	뒷면	0
뒷면	뒷면	0
앞면	뒷면	1
뒷면	뒷면	0
뒷면	앞면	1
앞면	뒷면	1
뒷면	뒷면	0

[그림 11-5]   동전 두 번 던져서 앞면이 나온 퍼센트 : 실제결과

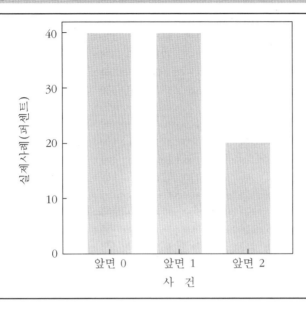

에 잘 이해할 필요가 있다. 먼저 앞서 언급한 동전을 두 번 던지고 앞면의 횟수를 구하는 시행을 실제로 20회 해 보았다. 그 결과는 [표 11-1]과 같았다.

확률에 따르면 [그림 11-1]에서와 같이 앞면 1번이 50%이고, 앞면이 0이나 2인 경우가 각각 25%이어야 한다. 하지만 실제사례인 [표 11-1]의 결과는 이와 달랐다.

당연히 실제사례와 확률은 상이하게 나타난다. [표 11-1]에서는 앞서 제시한 확률과는 달리 앞면 0번과 1번이 동일하게 40%(8번)씩 나왔다. 앞면 2번은 20%(4번)를 차지하였다.

두 번째로 [표 11-2]는 서울시내 대학생들 200명의 키를 조사한 것이다. 나중에 언급하겠지만 키나 몸무게와 같은 변수는 흔히 정규분포라는 확률밀도함수를 따른다고 한다. 여기서는 이 200명의 실제분포가 확률분포와 어떻게 다른지 알아보도록 한다.

그 결과를 퍼센트가 아닌 빈도를 나타내는 히스토그램으로 나타내었다. SPSS를 이용하여 히스토그램 위에 이 분포에 적합한 정규분포곡선을 그렸다. [그림 11-6]에 나타난 실제분포는 곡선으로 나타낸 정규분포와 정확히

[표 11-2]	서울시내 대학생 200명 키

181 · 187 · 188 · 187 · 182 · 188 · 181 · 167 · 178 · 179
175 · 183 · 167 · 180 · 173 · 177 · 161 · 161 · 176 · 187
175 · 154 · 158 · 160 · 178 · 165 · 171 · 169 · 178 · 163
161 · 154 · 151 · 168 · 165 · 173 · 162 · 176 · 184 · 163
165 · 169 · 161 · 168 · 165 · 165 · 159 · 159 · 170 · 163
156 · 173 · 162 · 172 · 184 · 173 · 162 · 175 · 159 · 162
183 · 165 · 166 · 167 · 171 · 159 · 164 · 163 · 158 · 174
165 · 167 · 172 · 171 · 178 · 170 · 173 · 171 · 180 · 182
164 · 185 · 168 · 174 · 157 · 166 · 169 · 163 · 164 · 165
160 · 163 · 152 · 166 · 164 · 170 · 172 · 166 · 160 · 177
184 · 178 · 175 · 176 · 170 · 169 · 169 · 164 · 153 · 171
179 · 170 · 150 · 174 · 166 · 160 · 174 · 169 · 163 · 166
168 · 162 · 156 · 170 · 172 · 162 · 180 · 156 · 155 · 168
160 · 161 · 164 · 157 · 170 · 182 · 163 · 167 · 172 · 167
169 · 174 · 167 · 179 · 173 · 167 · 181 · 172 · 170 · 158
171 · 181 · 166 · 175 · 164 · 169 · 167 · 164 · 163 · 161
177 · 181 · 168 · 169 · 155 · 158 · 159 · 168 · 173 · 176
180 · 172 · 171 · 167 · 170 · 162 · 165 · 168 · 157 · 159
153 · 181 · 168 · 160 · 155 · 173 · 177 · 175 · 166 · 162
176 · 183 · 185 · 171 · 168 · 167 · 162 · 161 · 162 · 164

일치하지는 않는다는 것을 알 수 있다.

11.4 확률의 계산

[그림 11-7]에서는 앞서 언급된 동전 두 개를 던져서 앞면의 수를 계산하는 확률을 다시 제시하였다. 이를 가지고 앞으로 정규분포와 관련되어 다시 언급할 확률의 계산을 간단히 알아볼 것이다.

Kolmogorov의 수리적 확률이론 중 몇 가지(Lewis-Beck, 2004 : 867)를 언급하고, 위 확률분포와 연결시켜 보고자 한다.

첫째, 어느 사건의 확률은 0에서 1 사이에 존재한다. 수식으로 표현하면, '$0 \leq P(A) \leq 1$'이다. 여기서도 앞면 0, 앞면 1, 앞면 2라는 각각의 사건들의 확

[그림 11-6]　　　　　　　　서울시내 대학생 200명 키 실제분포

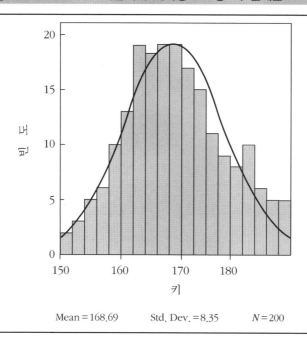

Mean＝168.69　　　Std. Dev.＝8.35　　　N＝200

률은 0.25 · 0.5 · 0.1로써 0과 1 사이에 존재한다. 일어날 확률이 전혀 없는
사건의 확률은 0이며, 시행되는 경우 모두 하나의 사건만이 늘 일어난다면
그 확률은 1인 것이다.

둘째, 만약 두 사건이 동시에 일어날 수 없는 사건이라면, 그 사건들 합
의 확률은 각각 확률의 합과 같다. 즉 "$P(A+B)=P(A)+P(B)$, 만약 $AB=\varnothing$"
이다. 예를 들어 위 그래프의 경우 P(앞면 0)와 P(앞면 1)가 동시에 일어날 수
없으므로 "P(앞면 0＋앞면 1)＝P(앞면 0)＋P(앞면 1)＝0.25＋0.5＝0.75"이다.

응용해서 하나 더 언급하면 "$P(A$가 일어나지 않을 확률)＝$1-P(A)$"이라는
것이다. 예를 들어 [그림 11-7]에서 P(앞면 0이 일어나지 않을 확률)＝1−0.25＝
0.75이다.

이를 연속확률분포에 적용해도 마찬가지이다. 단지 차이는 구간에 대한
계산이 이루어진다는 것이다. [그림 11-8]의 경우 줄이 그어진 $P(a\leqq X)$를 제
외한 확률은 '$1-P(a\leqq X)$'이다.

[그림 11-7]   동전 두 개 던질 때 확률 : 확률의 계산

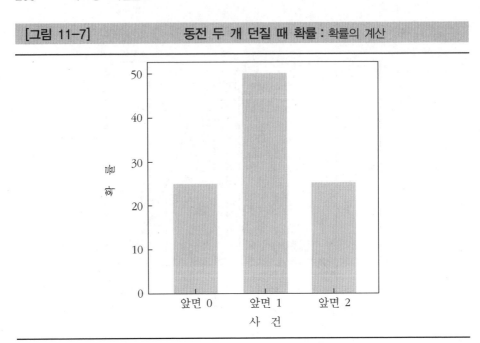

[그림 11-8]   연속확률분포 : 확률의 계산

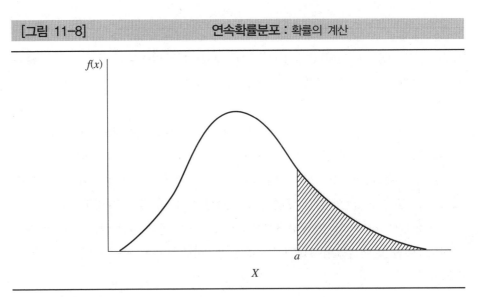

참고로 간단한 몇 개의 확률 원리를 나열해 둔다. 잘 기억이 나지 않거나 헷갈리는 경우, 쉽게 설명한 수학 교과서를 다시 살펴보자.

사건 A와 사건 B가 동시에 일어날 수 있는 경우, 사건 A 혹은 사건 B가 일어날 확률

$$P(A \cup B) = P(A) + P(B) - P(A \cap B)$$

사건 A와 사건 B가 동시에 일어날 수 없는 경우 (서로 배반인 경우) (서로 배타적인 경우),

사건 A 혹은 사건 B가 일어날 확률
$$P(A \cup B) = P(A) + P(B)$$

한 사건이 다른 사건에 영향을 미치지 않을 경우 (독립인 경우), 사건 A와 사건 B가 동시에 일어날 확률

$$P(A \cap B) = P(A) \cdot P(B)$$

사건 B가 일어났을 때 사건 A가 일어날 확률은 P(A|B)
사건 A가 일어났을 때 사건 B가 일어날 확률은 P(B|A)

$$P(A|B) = P(A \cap B)/P(B)$$
$$P(A \cap B) = P(B) \cdot P(A|B)$$

$$P(B|A) = P(A \cap B)/P(A)$$
$$P(A \cap B) = P(A) \cdot P(B|A)$$

한 사건이 다른 사건에 영향을 미치지 않는 경우,

$$P(A|B) = P(A)$$
$$P(B|A) = P(B)$$

확률의 기댓값
$$E(X) = \sum X\ P(X)$$

예를 들어 10만원 당첨확률이 0.1이고 5만원 당첨확률이 0.4이면, 기댓값

은 다음과 같다.

$$(10 \times 0.1) + (5 \times 0.4) = 1 + 2 = 3$$

즉, 기댓값은 3만원이다.

수업시간에 혹은 나 혼자서 해보기

01 동전 두 개를 던져서 나오는 앞면의 확률과 실제 비율이 어떻게 다른지 실제로 알아보자. 동전 두 개를 8번 던져보자. 실제 결과는 확률과 어떻게 다른가? 동전 두 개를 이번에는 40번 던져보자. 8번 던졌을 때와 40번 던졌을 때 실제 비율과 확률은 어떠한 차이를 보이는가? 40번 던졌을 때 실제 비율이 확률에 근접하는가?

02 이 책에서는 도박의 예를 들고 있다. 횟수가 커짐에 따라 실제 비율이 확률에 근접하는 다른 예를 일상생활에서 들어 보라. 친구들과 이에 대해 얘기해 보자.

03 이 책에서는 이산확률분포의 예로서 동전 앞면이나 주사위 숫자와 같은 예를 들었다. 그렇다면 연속확률분포가 나올 수 있는 일상생활에서의 예를 들어보자.

문 제 풀 기

01 사건 A가 일어날 확률을 P(A)로 나타낸다. 두 사건 A, B에 관하여 다음에서 맞는 것은?

가. $0 < P(A) \leq 1$

나. $-1 < P(A) \leq 1$

다. $P(A \cap B) = P(A) + P(B) - P(A \cap B)$

라. $P(A \cap B) = P(A) \cdot P(B)$

02 $P(A) = 0.4$ $P(B) = 0.2$ $P(A|B) = 0.6$일 때, $P(A \cap B)$의 값은?

가. 0.08

나. 0.12

다. 0.24

라. 0.48

03 두 사건의 A와 B가 서로 배반일 때, 사건 A∪B의 확률 P(A∪B)와 같은 것은?

가. $P(A) + P(B) - P(A) \cdot P(B)$

나. $P(A) - P(B)$

다. $P(A) + P(B)$

라. $P(A) \cdot P(B)$

04 $P(A) = P(B) = 1/2$, $P(A|B) = 2/3$일 때, $P(A \cup B)$를 구하면?

가. 1/3

나. 1/2

다. 2/3

라. 1.0

05 어떤 상품에 대한 시장조사 결과 다음 자료를 얻었다. 한 사람을 임의로 선택했을 때 그 사람이 S(TV 광고를 시청했음)에 속했다면 P(상품을 구입)의 조건부확률은 얼마인가?

	TV 광고를 시청했음(S)	TV 광고를 시청 못했음(T)
상품 구입함(P)	40	60
상품 구입하지 않음(Q)	60	40

가. 0.4
나. 0.5
다. 0.6
라. 0.7

06 100만원으로 주식투자를 하려고 한다. 20% 오를 확률이 0.3, 10% 내릴 확률이
    0.4, 무변동이 0.3이라 할 때 주식투자 수익의 기대값은?
    가. 1
    나. 2
    다. 3
    라. 4

07 K라는 양궁선수는 화살을 쏘았을 때 과녁의 중심에 맞출 확률이 0.6이라고 한
    다. 이 선수가 총 7번 화살을 쏜다면 과녁의 중심에 평균 몇 회 맞출까?
    가. 6.00
    나. 8.57
    다. 1.68
    라. 4.20

08 주사위를 던져 나온 눈의 수를 X라 하면 X의 기대값은 얼마일까?
    가. 3
    나. 3.5
    다. 6
    라. 2.5

09 다음 중 연속확률변수인 것은?
    가. A 대학 학생의 인터넷 사용 여부
    나. A 대학 학생의 일주일 평균 인터넷 사용 정도 - 상, 중, 하
    다. A 대학 학생의 일주일 평균 인터넷 사용 시간

라. A 대학의 B 컴퓨터 실습실에서 1시간 이상 지속적으로 컴퓨터를 사용하는
학생의 수

10 동전을 3번 던졌을 때 앞면(H)이 한 번 이상 나타날 확률은?

가. 3/8

나. 2/3

다. 7/8

라. 1/3

11 어떤 지역 선거에서 유력 후보에 대한 지지율은 60%라고 한다. 유권자 중 20명
을 무작위로 뽑아 조사할 때 몇 명 정도가 유력후보를 지지할 것으로 기대되는
가?

가. 6명

나. 8명

다. 10명

라. 12명

12 양면이 고른 동전 3개를 던질 때 적어도 앞면이 하나 이상 나올 확률은?

가. 7/8

나. 6/8

다. 5/8

라. 4/8

13 기록에 의하면 어느 백화점 매장에서 물품을 구입 후 25%의 고객이 신용카드로
결제한다고 알려져 있다. 오늘 40명의 고객이 이 매장에서 물건을 구입하였다면,
몇 명의 고객이 신용카드로 결재하였을 것이라 기대되는가?

가. 5명

나. 8명

다. 10명

라. 20명

제12장

정규분포

앞 장에서는 확률밀도함수에 대해 언급하였다. 정규분포도 이들 중 하나이다. 정규분포에 대해 자세히 설명하기 전에 다양한 형태의 확률밀도함수가 있을 수 있다는 것을 이해할 필요가 있다. [그림 1-1]은 가능한 형태의 함수 몇 가지를 시각적으로 제시한다.

12.1 정규분포의 정의와 특성

정규분포(normal distribution)를 처음으로 데이터에 적용한 사람은 가우스(Carl Friedrich Gauss, 1777-1855)이다. 따라서 정규분포를 가우스 분포(Gaussian distribution)라고도 한다. 가우스는 천문학분야에서 똑같은 양을 측정하는 데 있어서 나타나는 조그마한 오차들을 기술하기 위해 정규분포를 사용하였다. 이후에 이 분포는 여러 학문분야에서 나타나는 많은 분포를 설명하기 적합하다는 것이 알려졌다. [그림 12-2]는 전형적인 정규분포곡선이다.

[그림 12-1]   여러 형태의 확률밀도함수

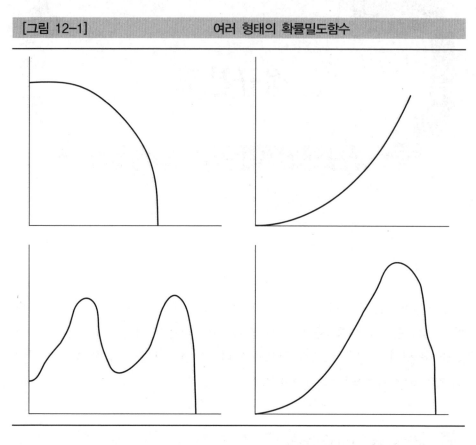

[그림 12-2]   정규분포

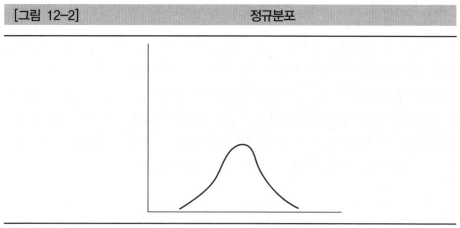

이러한 정규분포의 확률밀도함수는 다음과 같다.

$$f(x) = \frac{1}{\sigma\sqrt{2\pi}}\,e^{-(x-\mu)^2/2\sigma^2}$$

μ(mu)＝모집단평균

σ(sigma)＝모집단표준편차

$e \approx 2.718$

$\pi \approx 3.14$

앞서 그린 몇 개의 다른 확률밀도함수와 비교하여 다른 점을 간단하게 설명하면 다음과 같다. 다른 밀도함수와 마찬가지로 곡선 이하의 면적의 합은 1이다. 수식과 연결된 좀더 자세한 분석은 김영채·김준우(2005 : 113)를 참조하면 된다.

(1) 분포가 평균을 중심으로 대칭적(symmetric)이다. 따라서 '평균＝중위수＝최빈값'이다.
(2) 종모양으로 하나의 봉우리만을 가진다. 최빈치는 평균 하나만 존재한다.
(3) 곡선은 X축에 근접할 수는 있어도 0이 될 수는 없다.

여기서 이해하고 넘어가야 할 부분은 정규분포가 평균과 표준편차라는

[그림 12-3]　　　　　　　　**정규분포 : 같은 평균, 다른 표준편차**

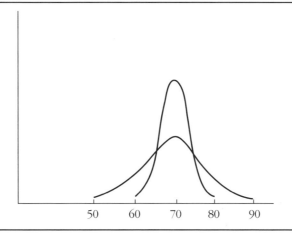

두 가지 값에 따라서 여러 가지 위치와 형태를 가질 수 있다는 것이다. 전국
고등학교 학과별 성적을 예로 들어 보자. 첫번째로 영어와 국어의 경우를 생
각해 보자. 영어와 국어 모두 평균이 70점이다. 하지만 영어의 경우 좋은 점
수를 받은 학생들과 나쁜 성적을 받은 학생들의 차이가 국어보다 크다. 국어
의 표준편차는 5점인 데 반해, 영어의 표준편차는 10점이다. 이 경우 두 정
규분포의 분포는 [그림 12-3]과 같다. 좀더 뾰족한 곡선이 국어의 성적분포
를 나타낸다.

이번에는 영어와 수학을 살펴보기로 하자. 영어와 수학 모두 표준편차는
10점이지만, 평균은 다르다. 영어가 70점인 데 반해, 수학은 60점이다. 이 경
우 나타나는 두 개의 정규분포 위치와 형태는 [그림 12-4]와 같다.

수학과 국어의 정규분포를 그린다면, 평균과 표준편차가 각각 다르기 때
문에 봉우리의 위치와 그 뾰족함이 각각 상이할 것이라는 것을 미루어 짐작
할 수 있다. 이렇듯이 정규분포는 평균과 표준편차에 따라 다양한 위치·형
태를 가질 수 있다.

[그림 12-4]　　　　　정규분포 : 다른 평균, 같은 표준편차

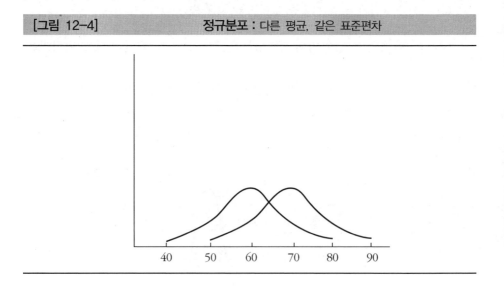

12.2 정규분포의 면적 : 68% · 95%의 법칙

다른 확률밀도함수와 마찬가지로 정규곡선 역시 곡선 아랫부분 면적의 합은 1이다. 그리고 앞 장에서 설명하였듯이 각 구간의 면적이 그 구간에 해당되는 확률이다.

정규분포의 경우, 평균에서 오른쪽과 왼쪽으로 하나의 표준편차(1σ)만큼 벌어져 있는 구간의 확률은 68%이다. [그림 12-5]의 그림 다음의 수표를 보면, 이러한 확률을 다양한 x값에 대해서 설명해 두고 있다. $\frac{x}{\sigma}$만큼 평균으로부터 떨어진 경우, 그 구간의 '면적'이 나타나 있다. 여기서 x는 평균으로부터 떨어진 거리를 의미한다. σ는 표준편차를 의미한다. $\frac{x}{\sigma}$가 1이라는 것은 평균으로부터 하나의 표준편차만큼 멀어진 구간을 의미한다.

[그림 12-5]의 하단을 보면, $\frac{x}{\sigma}$가 1.00일 때 면적이 0.3413이다. 따라서 양쪽으로 하나의 표준편차만큼의 면적은 $0.3413+0.3413 \approx 0.68$이다.

예를 들자면 평균이 70이고 표준편차가 10인 [그림 12-6]의 영어점수 정규분포 그림에서 사선이 그어진 부분의 면적은 약 68%이다.

[그림 12-5] 　　　　　　　　정규분포에서 확률계산

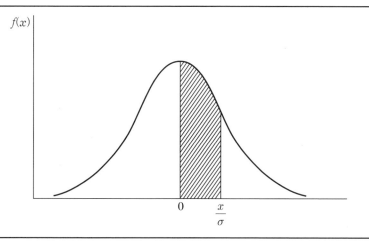

$\dfrac{x}{\sigma}$	면적
.00	.0000
1.00	.3413
1.64	.4495
1.96	.4750
2.00	.4772
2.58	.4951

[그림 12-6]	정규분포의 면적 : 68%

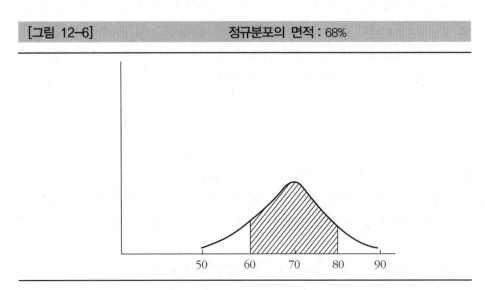

동일한 영어점수 정규분포인 [그림 12-7]에서 평균을 중심으로 표준편차의 두 배만큼 오른쪽과 왼쪽으로 확장한 부분의 면적은 약 95%이다. [그림 12-5]를 보면 $\dfrac{x}{\sigma}$가 2.00일 때 면적이 0.4772이다. 따라서 0.4772＋0.4772≈ 0.95이다.

많은 통계학서적 맨 끝부분에 있는 표를 활용하면 정규분포의 다양한 부분에 대한 계산을 할 수 있다. 전체면적이 1이며, 대칭인 양쪽 부분의 각각 면적이 0.5라는 사실을 생각하면 더욱 표를 잘 활용할 수 있다.

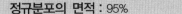

[그림 12-7]　　　　　　　　정규분포의 면적 : 95%

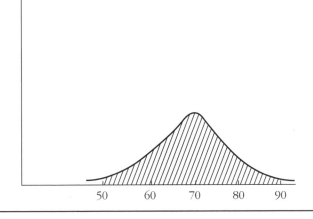

12.3 표준정규분포

　　앞서 설명한 다양한 정규분포의 위치와 형태는 비교를 힘들게 한다. 표준편차가 다른 각 과목의 점수를 생각해 볼 수 있다. 이러한 문제를 해결하기 위해서 표준정규분포(standard normal distribution)가 고안되었다.

　　[그림 12-8]에 있는 내용은 "2006학년도 대학수학능력시험 Q&A 자료집"이라는 한국교육과정평가원의 홈페이지에 게시된 파일의 일부분이다(http://www.kice.re.kr/2005년 11월 3일). 이 내용은 왜 표준정규분포가 필요한지를 잘 대변해 주고 있다.

　　단, 내용을 인용하는 과정에서 저자가 두 가지 수정을 가했다. 첫번째는 원문에서 나오는 '표준점수'를 '변환점수'로 바꾸었다. 이는 Z점수를 표준점수(standard score)로 통계학에서 사용하고 있기 때문에 불필요한 혼동을 막기 위해서이다.

　　두 번째는 변환점수의 산출공식 부분을 삭제하였다. 저자가 생각했을 때 부정확한 기술일 가능성이 많아서이다. 반면 변환점수산출에 예나 그래프에서 나온 부분은 정확한 표현인 것 같다. 많이 사용되는 Z점수의 응용방법은

"Z점수×10+50"이다. 이렇게 바꾸어 줄 경우 변환된 점수가 일반적인 100점 만점인 점수와 비슷하게 느껴지는 효과가 있다. 물론 실제에 있어서 이러한

〈지문 12-1〉 대학수능시험 변환점수

Ⅳ-3. 원점수를 제공하지 않고 변환점수를 제공한다고 하는데, 그 이유는 무엇입니까?

○ 2006학년도 대학수학능력시험은 2005학년도와 마찬가지로 모든 영역/과목이 임의선택이어서 각 영역/과목에 응시하는 수험생이 서로 다르기 때문에 영역/과목 간에 난이도를 일정하게 유지하는 것이 사실상 어렵습니다. 따라서 원점수로는 영역/과목 간 난이도의 차이로 인해 발생하는 문제들을 해결하지 못해서 변환점수제를 도입한 것입니다.

○ 원점수는 시험총점과 대비하여 몇 점을 받았는가 하는 정보만을 나타낼 뿐 개인간 상대적인 비교나 개인 내 영역/과목 간의 비교는 어렵습니다. 반면 변환점수는 집단의 특성을 고려하여 각 개인의 원점수를 의미 있는 해석이 가능하도록 바꾼 점수입니다.

Ⅳ-4. 변환점수란 무엇이며, 어떻게 산출합니까?

○ 변환점수는 원점수에 해당하는 상대적 서열을 나타내는 점수입니다. 즉 원점수의 분포를 영역 또는 선택과목별로 정해진 평균과 표준편차를 갖도록 변환한 분포상에서 어느 위치에 해당하는가를 나타내는 점수입니다.

○ 변환점수의 산출과정은 다음과 같습니다.

① 영역/과목별로 다음 공식에 의하여 Z점수를 구합니다.

$$Z점수 = \frac{(수험생의\ 원점수) - (수험생이\ 속한\ 집단의\ 평균)}{수험생이\ 속한\ 집단의\ 표준편차}$$

② 위에서 얻은 Z점수를 다음 공식에 대입하여 변환점수를 산출합니다.

〈예〉 과학탐구영역 물리 Ⅱ에서 원점수 38점(원점수평균 19.3, 표준편차 9.2)을 받은 수험생의 물리 Ⅱ 변환점수는

$$\frac{38 - 19.3}{9.2} \times 10 + 50 = 70.3260$$

에서 반올림(소수 첫째 자리)을 한 70점이 됩니다.

○ 원점수와 변환점수의 변환과정을 그림으로 나타내면 다음과 같습니다([그림 12-8] 참조).

변환점수는 0-100점 사이로 점수가 한정되지는 않는다.

수능점수의 경우와 마찬가지로 아까 언급한 수학과목과 국어과목의 예를 생각해 보자. 수학은 평균 60점에 표준편차 10점이었다. 국어는 평균 70

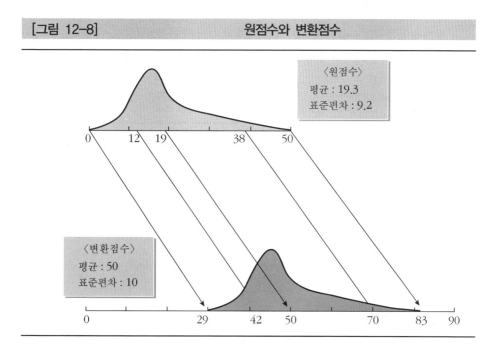

[그림 12-8]　　　　　　　　　　　원점수와 변환점수

〈원점수〉
평균 : 19.3
표준편차 : 9.2

〈변환점수〉
평균 : 50
표준편차 : 10

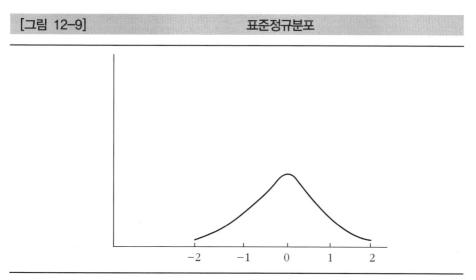

[그림 12-9]　　　　　　　　　　　표준정규분포

점에 표준편차 5점이었다. 두 과목 시험을 다 치른 김단아 학생의 성적은 수학 50점, 국어 60점이다. 어느 과목의 성적이 더 우수한 것일까? 이런 경우 원점수의 단순비교는 의미가 없다. 이때 우리는 각 과목성적분포를 표준정규분포로 바꾸어 준다.

표준정규분포는 평균이 0이고, 표준편차가 1인 정규분포이다. 표준정규분포를 그리면 [그림 12-9]와 같다.

[그림 12-10]	표준정규분포 전환 : 국 어

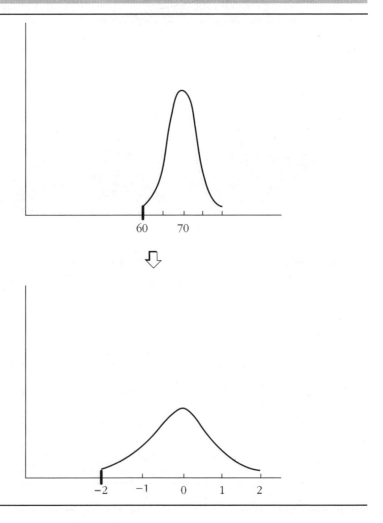

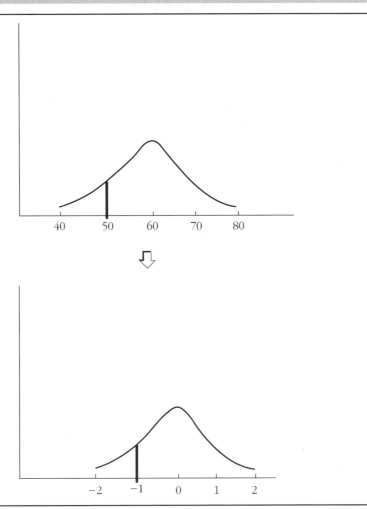

[그림 12-11]   표준정규분포 전환 : 수 학

원래의 정규분포의 점수를 아래와 같이 표준점수(z점수)로 바꾸면 표준
정규분포가 된다. 표준점수는 '(점수-평균)/표준편차'로 계산한다.

$$z = \frac{x - \mu}{\sigma}$$

김단아 학생의 경우, 수학의 경우 '표준점수=(50-60)/10=-1'이다. 국어의 경우, '표준점수＝(60－70)/5＝－2'이다. 따라서 수학의 원래 성적이 국어보다 낮아도 실제로는 수학시험을 국어시험보다 잘 본 것이다. 이를 그림으로 나타내면 훨씬 더 쉽게 이해할 수 있다.

[그림 12-10]은 김단아 학생의 국어점수 정규분포가 어떻게 표준정규분포로 전환되는지를 설명한다. 이 과정에서 김단아 학생의 점수 60점은 표준점수 －2로 바뀐다.

[그림 12-11]은 김단아 학생의 수학점수 정규분포가 어떻게 표준정규분포로 전환되는지를 설명한다. 이 과정에서 김단아 학생의 점수 50점은 표준점수 －1로 바뀐다.

12.4 SPSS 활용 : 표준점수 · 정규분포곡선

앞 장에서 사용하였던 서울시내 대학생들 200명 키에 대한 데이터를 다시 사용해 보도록 하자.

181 · 187 · 188 · 187 · 182 · 188 · 181 · 167 · 178 · 179
175 · 183 · 167 · 180 · 173 · 177 · 161 · 161 · 176 · 187
175 · 154 · 158 · 160 · 178 · 165 · 171 · 169 · 178 · 163
161 · 154 · 151 · 168 · 165 · 173 · 162 · 176 · 184 · 163
165 · 169 · 161 · 168 · 165 · 165 · 159 · 159 · 170 · 163
156 · 173 · 162 · 172 · 184 · 173 · 162 · 175 · 159 · 162
183 · 165 · 166 · 167 · 171 · 159 · 164 · 163 · 158 · 174
165 · 167 · 172 · 171 · 178 · 170 · 173 · 171 · 180 · 182
164 · 185 · 168 · 174 · 157 · 166 · 169 · 163 · 164 · 165
160 · 163 · 152 · 166 · 164 · 170 · 172 · 166 · 160 · 177
184 · 178 · 175 · 176 · 170 · 169 · 169 · 164 · 153 · 171
179 · 170 · 150 · 174 · 166 · 160 · 174 · 169 · 163 · 166
168 · 162 · 156 · 170 · 172 · 162 · 180 · 156 · 155 · 168
160 · 161 · 164 · 157 · 170 · 182 · 163 · 167 · 172 · 167
169 · 174 · 167 · 179 · 173 · 167 · 181 · 172 · 170 · 158
171 · 181 · 166 · 175 · 164 · 169 · 167 · 164 · 163 · 161

177 · 181 · 168 · 169 · 155 · 158 · 159 · 168 · 173 · 176
180 · 172 · 171 · 167 · 170 · 162 · 165 · 168 · 157 · 159
153 · 181 · 168 · 160 · 155 · 173 · 177 · 175 · 166 · 162
176 · 183 · 185 · 171 · 168 · 167 · 162 · 161 · 162 · 164

SPSS 데이터 화면은 [그림 12-12]와 같다.

먼저 표준점수(z점수)를 구해 보기로 하자. [분석] [기술통계량] [기술통계]를 선택하면, [그림 12-13]과 같은 창이 나온다.

[표준화값을 변수로 저장]을 선택하고, 변수칸에 '키'를 옮겨 넣는다. [확인]을 누르면 [표 12-1]과 같은 결과물이 Output 창에 나타난다.

이와 동시에 데이터 화면도 바뀌게 된다. 새로운 변수인 "Z키"라는 변수가 기존 변수 바로 옆에 생겨난다. [그림 12-14]의 자료를 한번 살펴보자. 위 쪽에서 네 번째에 있는 169의 경우, 표준점수가 0.03653으로 0에 가깝다. 이는 169가 평균인 168.69에 가깝기 때문이다. SPSS의 경우 기술통계에 나와 있는 평균과 표준편차를 자동적으로 이용한다. 따라서 '(169－168.69)/8.350≈0.03653'이다. 계산이 정확하게 맞지 않는 것은 표시된 값들이 반올림된 결과이기 때문이다.

맨 위에 있는 177의 경우 표준점수가 0.99462로 1에 가깝다. '(177－168.69)/8.350≈0.99462'이며, 다르게 이야기하면 평균에서 오른쪽으로 1 표준편차(σ)만큼 이동된 지점에 위치하고 있다는 것이다. 여기서 1 표준편차는 8.350cm임을 [표 12-1]의 기술통계량표에서 알 수 있다.

맨 아래의 160에 해당하는 표준점수는 －1.04133이다. 표준점수가 －1에 가까우므로, 평균보다 1 표준편차 정도 작은 값을 가지고 있다는 것을 의미한다.

[표 12-1]	키 기술통계량 출력결과				
기술통계량					
	N	최소값	최대값	평균	표준편차
키	200	150	188	168.69	8.350
유효 수(목록별)	200				

[그림 12-12]   대학생 200명 키 데이터 : 표준점수

	키	변수	변수	변수	변수	변수	변수
161	177						
162	181						
163	168						
164	169						
165	155						
166	158						
167	159						
168	168						
169	173						
170	176						
171	180						
172	172						
173	171						
174	167						
175	170						
176	162						
177	165						
178	168						
179	157						
180	159						
181	153						
182	181						
183	168						
184	160						

200명키확률과실제 - SPSS 데이터 편집기

파일(F) 편집(E) 보기(V) 데이터(D) 변환(T) 분석(A) 그래프(G) 유틸리티(U) 창(W) 도움말(H)

1 : 키   181

데이터 보기 / 변수 보기 /

SPSS 프로세서 준비 완료

[그림 12-13]   기술통계 : 표준점수

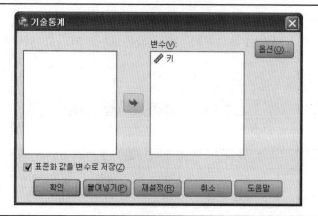

기술통계

변수(V):
🖉 키

옵션(O)...

☑ 표준화 값을 변수로 저장(Z)

확인   붙여넣기(P)   재설정(R)   취소   도움말

[그림 12-14] 대학생 200명 키 데이터 : 표준점수 변수산출

	키	Z키	변수	변수	변수	변수
161	177	.99462				
162	181	1.47367				
163	168	-.08323				
164	169	.03653				
165	155	-1.64014				
166	158	-1.28086				
167	159	-1.16109				
168	168	-.08323				
169	173	.51558				
170	176	.87486				
171	180	1.35391				
172	172	.39581				
173	171	.27605				
174	167	-.20300				
175	170	.15629				
176	162	-.80181				
177	165	-.44252				
178	168	-.08323				
179	157	-1.40062				
180	159	-1.16109				
181	153	-1.87967				
182	181	1.47367				
183	168	-.08323				
184	160	-1.04133				

[그림 12-15] 대학생 200명 키 히스토그램

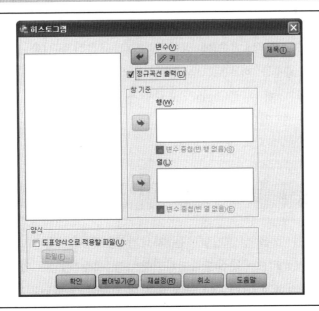

[그림 12-16]   대학생 200명 키 히스토그램 : 정규분포곡선

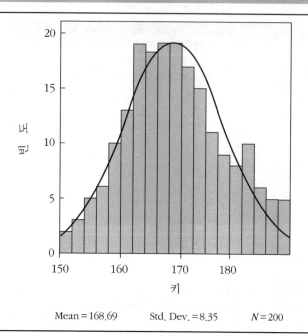

Mean = 168.69   Std. Dev. = 8.35   N = 200

정규분포곡선은 이러한 데이터에 대한 히스토그램을 그릴 때 그릴 수 있다. [그래프] [레거시 대화 상자] [히스토그램]을 선택하면 나타나는 [그림 12-15]에서 변수 '키'를 [변수]에 집어 넣고 [정규곡선출력]을 선택한다.

[그림 12-16]에는 히스토그램 위로 정규분포곡선이 그려진 것을 알 수 있다. 오른쪽 하단에 평균(mean)·표준편차(standard deviation)·사례수(N)가 기록된 것을 볼 수 있다.

12.5 정규분포 vs 비정규분포 : 첨도·왜도

앞으로 다룰 많은 통계기법들은 자료가 정규성을 가지고 있는 것을 가정하고 있다. 평균비교·분산분석·회귀분석을 예로 들 수 있다. 따라서 이러한 분석을 시작하기 전에 정규분포인지, 정규분포가 아닌지를 알아보는 것

이 좋다.

히스토그램 위에 정규곡선을 출력하게 하는 방법 이외의 몇 가지 정규성을 알아보는 방법이 있다. 첨도(kurtosis)는 실제 분포가 이론적인 정규분포보다 뾰족한지 평평한지를 알아본다. 왜도(편포도, skewness)는 실제 분포가 좌우 대칭이어야 한다는 정규분포의 원리에서 얼마만큼 벗어나 한 쪽으로 치우쳐 있는지를 알아본다.

정규분포에서 벗어난 데이터를 [표 12-2]와 같이 만들어 보았다. 전반적으로 평균 키보다 조금 작은 구간에 사람들이 집중해 있으면서도 키가 극단적으로 큰 사람들도 가끔 있는 200명 키의 데이터이다.

먼저 [그림 12-17]과 같이 정규분포곡선을 그려 보면 실제분포와의 차이를 볼 수 있다. 정규분포보다 실제분포가 더 중간부분에 위로 뾰족하게 올라가 있다. 또한 정규분포곡선보다 오른쪽으로 더 꼬리가 치우쳐 있다는 것

[표 12-2]	200명 키 : 정적분포	
165 · 169 · 167 · 165 · 168 · 170 · 181 · 167 · 178 · 179		
175 · 183 · 167 · 180 · 173 · 177 · 161 · 161 · 176 · 164		
195 · 154 · 158 · 160 · 178 · 165 · 171 · 169 · 178 · 163		
161 · 163 · 188 · 168 · 165 · 173 · 162 · 176 · 186 · 163		
165 · 169 · 161 · 168 · 165 · 165 · 159 · 159 · 170 · 163		
159 · 173 · 162 · 172 · 184 · 173 · 162 · 169 · 159 · 162		
165 · 165 · 166 · 167 · 164 · 159 · 164 · 163 · 158 · 174		
165 · 167 · 172 · 171 · 178 · 170 · 173 · 171 · 166 · 162		
164 · 170 · 168 · 174 · 160 · 166 · 169 · 163 · 164 · 165		
160 · 163 · 157 · 166 · 164 · 170 · 172 · 166 · 160 · 163		
168 · 178 · 175 · 166 · 170 · 169 · 169 · 164 · 194 · 171		
168 · 170 · 190 · 174 · 166 · 160 · 165 · 169 · 163 · 166		
168 · 162 · 156 · 166 · 165 · 162 · 180 · 156 · 198 · 168		
160 · 161 · 164 · 157 · 170 · 164 · 163 · 167 · 172 · 167		
169 · 164 · 167 · 179 · 173 · 167 · 162 · 166 · 167 · 158		
171 · 165 · 166 · 175 · 164 · 169 · 167 · 164 · 163 · 161		
193 · 181 · 168 · 169 · 196 · 158 · 159 · 168 · 173 · 176		
180 · 172 · 171 · 167 · 170 · 162 · 165 · 168 · 157 · 159		
158 · 165 · 168 · 160 · 155 · 173 · 166 · 175 · 166 · 162		
166 · 183 · 185 · 166 · 168 · 167 · 162 · 161 · 162 · 164		

[그림 12-17]   200명 키 히스토그램 : 정적분포

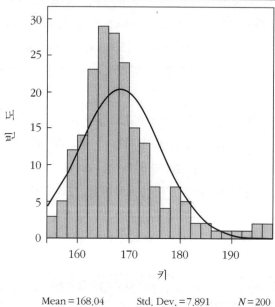

Mean = 168.04   Std. Dev. = 7.891   N = 200

[그림 12-18]   키 빈도분석 : 정적분포

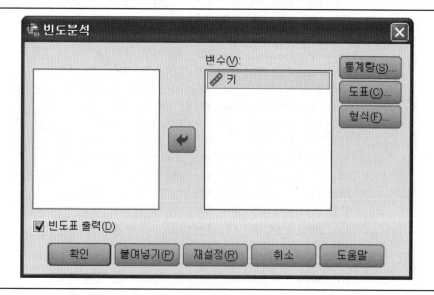

[그림 12-19]	빈도분석통계량 : 정적분포

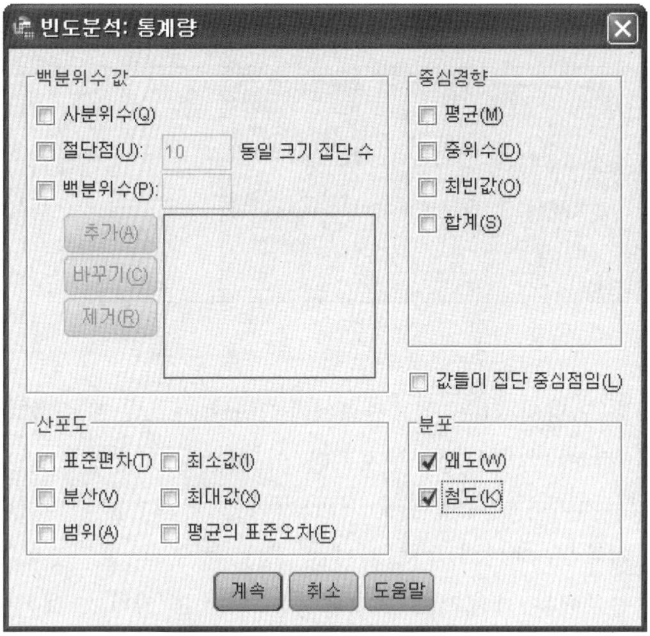

을 볼 수 있다.

이 분포에 대한 왜도와 첨도를 알아보려면, [분석] [기술통계량] [빈도분석]을 선택해서 나온 [그림 12-18]에서 [통계량]을 선택한다.

[그림 12-19]의 [분포]에서 [왜도] [첨도]를 각각 선택한다.

[그림 12-18]에서 빈도분석을 돌리면, [표 12-3]과 같은 결과가 나온다. 실제분포가 정규분포와 거의 일치할 때는 좌우대칭이므로 왜도가 0이다. 왜도가 양수인 경우, 오른쪽으로 긴 꼬리가 나타난다. 왜도가 음수인 경우에는 왼쪽으로 긴 꼬리가 나타난다. 왜도에 대한 절대적인 해석방법은 없다.

SPSS 도움말의 경우, 왜도가 표준오차의 2배가 넘는 절대값을 가질 때는 대칭에서 벗어났다고 파악한다. [표 12-3]의 경우, '왜도 1.343'/'왜도표준오차 0.172'=7.81이다. -2와 2 사이를 훨씬 벗어났다. 즉 치우친 정도를 볼 때는 정규분포에서 벗어난다는 것이다. 실제 분포가 오른쪽에 긴 꼬리를 가지고 있다는 것을 [그림 12-17]의 히스토그램을 통해 다시 확인해 볼 수

[표 12-3]		첨도 · 왜도통계량 출력결과	
통 계 량			
키			
N	유 효		200
	결 측		0
왜 도			1.343
왜도의 표준오차			.172
첨 도			2.421
첨도의 표준오차			.342

있다.

첨도의 경우, 양의 값은 실제관측치가 정규분포보다 뾰족하다는 것을 의미한다. 음의 값은 반대로 정규분포보다 더 완만하고 평평한 분포를 실제분포가 보인다는 것이다. 정규분포에 거의 가까울 때는 0을 나타낸다.

첨도의 경우도 왜도와 마찬가지로 '첨도/첨도의 표준오차'가 +2에서 −2 사이인 경우에는 대체적으로 정규성을 가지고 있다고 해석할 수 있다. 아래 표의 경우, '첨도 2.421'/'첨도표준오차 0.342'=7.08이다. 뾰족한 정도를 볼 때도 정규분포에서 벗어난다. 실제 분포가 정규분포보다 더 뾰족한 것을 [그림 12-17]의 히스토그램에서 다시 알아볼 수 있다.

12.6 정규분포 vs 비정규분포 : Kolmogorov-Smirnov test, Shapiro-Wilk Test

첨도와 왜도의 경우는 정규성에 대한 기술통계의 일종이다. 정규성에 대한 확률적 추정을 할 수 있는 방법은 콜모고로프-스미르노프 검정(Kolmogorov- Smirnov test)과 샤피로 윌크 검정(Shapiro-Wilk Test)이 있다.

Kolmogorov-Smirnov test는 실제 데이터의 작은 값부터 큰 값까지의 누적을 나타내는 누적상대빈도가 이론적 정규분포에서의 누적상대빈도와 얼마나 다른가를 측정한다.

Shapiro-Wilk Test는 실제 데이터값들과 '표준정규순서 통계량의 기대치

(expected standard normal-order statistics)'의 상관계수(Pearson *R*)라고 이해할 수 있다(Lewis-Beck, 2004 : 1029). 상관계수에 대해서는 책 후반부의 관련부분을 참조하면 이해할 수 있지만, '표준정규순서 통계량의 기대치'는 조금 복잡하다.

정규분포하는 모집단에서 10개를 뽑아서 표본으로 삼았다고 가정해 보자. 이때 이러한 값을 작은 값부터 큰 값 순으로 늘여 놓으면, 각각의 값들이 '순서통계량'이 된다. 이러한 경우, 예를 들어 제일 작은 값은 뽑을 때마다 다를 것이다. 하지만 무수히 이러한 표본추출을 반복한다면, 제일 작은 값은 어느 값을 중심으로 분포하게 될 것이다. 이러한 현상은 10개의 값 모두에 대해서 동일할 것이다. 이러한 순서통계량에 대해 기대되는 값을 '순서통계량의 기대값' 혹은 '순서통계량의 평균'이라 한다. 모집단이 표준정규분포일 때 '순서통계량의 기대값'은 '표준정규순서 통계량의 기대치'이다(Sabo, 2005).

[그림 12-20]　　　데이터 탐색 : 정규성

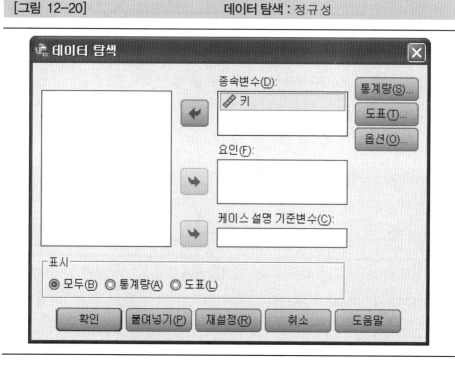

[그림 12-21]   데이터 탐색도표 : 정규성

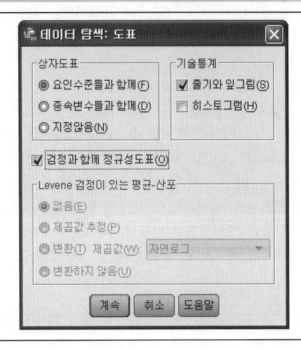

　　두 방법을 앞에서 사용했던 데이터 파일을 이용해서 적용해 보기로 하자. [분석] [기술통계량] [데이터 탐색]을 선택하면, [그림 12-20]과 같은 화면이 나타난다. 여기에서 '키'를 [종속변수]의 란에 넣는다. [도표]를 누른다.

　　[그림 12-21]에서 [검정과 함께 정규성도표]를 선택하고 [계속]을 누른다.

　　처리된 결과물 중 정규성검정만 [표 12-4]에 배치하였다. Kolmogorov-Smirnov test와 Shapiro-Wilk Test의 통계량이 어떻게 계산되는지에 대해서는 앞서 설명하였다. 유의확률이 0.05보다 작으면, 모집단이 정규분포가 아니라고 결론내릴 수 있다.

　　여기서 하나 강조할 점은 이러한 추리통계적인 방법이 기술통계보다 꼭 낫다고 할 수는 없다는 점이다. 위 출력결과에서 0.05보다 숫자가 작다고 해서 정규분포가 아니라고 판명되는 것은 아닌 것이다. 앞서 언급하였듯이 확률적인 판단일 뿐인 것이다.

　　모든 방법들은 나름대로의 한계를 가지고 있다. 어떻게 보면 히스토그램

에 정규분포선을 나타내어서 보는 기본적인 방법이 첨도, 왜도, Kolmogorov-
Smirnov test, Shapiro-Wilk Test와 같이 하나의 숫자로써 표시하는 것보다
더 정확할 수도 있다. 연구자의 성실하고 세심한 자세가 가장 중요하다. 숫
자들은 참조사항일 뿐이다.

[표 12-4] 데이터 탐색 출력결과 : 정규성

정규성검정

	Kolmogorov-Smirnov[a]			Shapiro-Wilk		
	통계량	자유도	유의확률	통계량	자유도	유의확률
키	.136	200	.000	.906	200	.000

a) Lilliefors 유의확률수정.

수 업 시 간 에 혹 은 나 혼 자 서 해 보 기

01 나와 친구들의 맥박수를 재어보자. 이를 SPSS에 입력하고 표준점수를 구해보자. 내 맥박수의 표준점수가 얼마인지를 살펴보자. 평균과 표준편차를 구해보고, 나의 표준점수가 이러한 평균, 표준편차와 어떻게 연결되어 있는지 생각해보자.

02 표준점수를 사용했을 때 생기는 실생활에서의 문제점을 찾아보자. 예를 들어, 입시에서 표준점수를 활용하면 어떠한 문제가 생길 수 있는지 생각해보자.

03 표준점수를 활용하기 어려운 자료는 구체적으로 무엇일지 생각해보자. 이유도 자세히 따져 보도록 하자.

문제풀기

01 다음 중 정규분포의 특징이 아닌 것은?

　가. 정규곡선은 평균을 기준으로 대칭한다.

　나. 정규곡선이 갖는 평균과 중앙값은 같다.

　다. 정규분포 면적은 분포의 평균과 표준편차에 따라 달라진다.

　라. 정규곡선과 밑변 사이에 둘러싸인 면적은 곡선의 양쪽방향으로 무한대까지 연장된다.

02 정규분포에 대한 설명 중 옳은 것은?

　가. 모든 연속형의 확률변수는 정규분포를 따른다.

　나. 정규분포를 따르는 변수는 평균이 0이고 분산이 1이다.

　다. 이항분포를 따르는 변수는 언제나 정규분포를 통해 확률값을 구할 수 있다.

　라. 정규분포를 따르는 변수는 평균, 중위수, 최빈값이 모두 같다.

03 다음 정규분포의 특성 중 옳지 않은 것은?

　가. 봉우리가 한 개인 분포이다.

　나. 좌우대칭이다.

　다. 곡선아래의 면적이 1이다.

　라. 분포 양측의 꼬리는 X축에 맞닿는다.

04 표준정규분포의 특성이 아닌 것은?

　가. 모든 정규분포를 평균=0, 표준편차=1이 되도록 표준화한 것이다.

　나. 표준화의 공식은 $(X-\mu)/\sigma$이다.

　다. 전체면적은 1이다.

　라. Z가 $\mu \pm 2\sigma$ 사이에 있을 확률은 약 99.8%이다.

05 표준화 변환을 하면 변화된 자료의 평균과 표준편차의 값은?

　가. 평균 = 0, 표준편차 = 1

　나. 평균 = 1, 표준편차 = 1

다. 평균 = 1, 표준편차 = 0

라. 평균 = 0, 표준편차 = 0

06 평균 μ, 표준편차 σ인 정규 모집단에서 추출된 표본평균 $\bar{\chi}$가 $\mu+\sigma$와 $\mu-\sigma$ 사이에 존재할 가능성은 대략 몇 %인가?

    가. 50   나. 68

    다. 95   라. 98

07 한국도시연감에 의하면 1998년 1월 1일 현재 한국도시들의 재정자립도 평균은 53.4%이고, 표준편차는 23.4%로 계산된다. 또한 이 자료에는 서울의 재정자립도는 98.0%로 나타났다. 서울 재정자립도의 표준점수(Z값)는?

    가. 1.91   나. −1.91

    다. 1.40   라. −1.40

08 한국, 미국, 일본의 대졸 신입사원의 월급은 평균 210만원, 3,500달러, 25만엔이고 표준편차는 각각 50만원, 350달러, 2만 7천엔인 정규분포를 따른다고 한다. 위 3개국에서 임의로 한명씩 대졸 신입사원 A, B, C의 월급이 각 250만원, 3,750달러, 27만엔이라 할 때, 자국내에서 상대적으로 월급을 많이 받는 사람 순서대로 나열한 것은?

    가. A 〉 B 〉 C   나. A 〉 C 〉 B

    다. B 〉 C 〉 A   라. B 〉 A 〉 C

09 평균이 μ이고, 표준편차가 σ인 정규모집단으로부터 표본을 관측할 때, 관측값이 $\mu+2\sigma$와 $\mu-2\sigma$ 사이에 존재할 확률은 약 몇 %인가?

    가. 33%   나. 68%

    다. 95%   라. 99%

10 평균이 50이고 표준편차가 2인 정규분포를 따르는 확률변수 X를 관측할 때 X의 관측값이 4보다 크고 6보다 작을 확률을 구하면? (단, $P(Z\langle 0.5)=0.6915$, Z는 표준정규확률변수)

    가. 0.3085   나. 0.3830

    다. 0.2580   라. 0.6915

11 20세 성인남성의 키는 정규분포를 따르며, 평균 172cm이고 표준편차는 5.5cm 이다. 20세 성인남성의 키가 161cm에서 183cm의 범위에 있는 사람의 비율은?

가. 약 68.3%　　　　　　　　　　나. 약 95.4%

다. 약 99.7%　　　　　　　　　　라. 알 수 없음

12 오른쪽으로 꼬리가 길게 늘어진 분포에 대해 옳은 설명으로만 짝지어진 것은?

> A. 왜도는 양의 값을 가진다.
> B. 왜도는 음의 값을 가진다.
> C. 자료의 평균은 중위수보다 큰 값을 가진다.
> D. 자료의 평균은 중위수보다 작은 값을 가진다.

가. A, C　　　　　　　　　　나. A, D

다. B, C　　　　　　　　　　라. B, D

13 평균이 50이고, 표준편차가 10인 어떤 분포에 점수가 10인 6개의 사례가 더 추가되는 경우, 표준편차는 어떻게 변하게 되는가?

가. 당초의 표준편차보다 더 커진다.

나. 당초의 표준편차보다 더 작아진다.

다. 변하지 않는다.

라. 판단할 수 없다.

제13장

추리통계 : 모집단 · 표본 · 무작위표본추출

고기가 질기다는 것을 알기 위해 소를 다 먹어 치울 필요는 없다.
(You don't have to eat the whole ox to know that it is tough) ─ Samuel Johnson

구약성서 민수기 제1장에 의하면 이스라엘 민족의 첫번째 인구조사는 모세가 이스라엘 민족을 이끌고 이집트를 빠져 나와 가나안 땅으로 이동하기 직전인 B.C. 1250년에 광야에서 실시. 로마 시대 인구조사는 재정과 징병을 목적으로 시민의 수와 재산을 조사. 특히 B.C. 435년부터는 전 로마 제국에 걸쳐 시민 등록과 시세조사를 담당하는 센소(Censor)라는 관리에 의해 인구조사가 실시되었으며, 이때부터 인구조사 담당관리의 직명을 따서 센서스(Census)라고 부르게 됨 ─ 통계청(http://www.census. go.kr/2005년 11월 11일 접근).

기술통계(descriptive statistics)와 추리통계(inferential statistics)의 차이는 단순하다. 기술통계는 다루고 있는 데이터에 대해서만 이야기할 뿐이다. 추리통계는 다루고 있는 데이터를 가지고, 다루지 않은 데이터에 대해서 추리(inference)를 한다.

범죄현장을 조사하는 형사의 예를 들어 보자. 범죄와 관련된 사안을 기술하여 조서를 작성하는 과정은 기술통계의 역할과 비슷하다. 몇 시에 범죄가 발생하고, 피해자는 어떤 식으로 사망하였나를 보고하는 식이다.

주어진 증거를 가지고 아직 모르는 용의자에 대하여 추리해 가는 과정은 추리통계와 비슷하다고 할 수 있다. 이때 증거는 용의자와 피해자가 자주 언쟁을 벌였다는 식의 정황과 같이 미약할 수도 있으며, 범죄현장에 남겨진 피에서 나온 유전자정보와 같이 강력할 수도 있다.

13.1 모집단과 표본

기술통계와 추리통계에 대해 잘 이해하자면, 모집단과 표본에 대한 이해가 필요하다. 모집단과 표본의 정의는 아래와 같다.

모집단: 관심을 가지는 조사대상(사람·물건 등)의 전체
표 본: 모집단에서 실제 조사가 이루어지는 집단

다른 식으로 설명하자면 표본은 모집단의 한 부분이라고 할 수도 있다. 모집단과 표본에 대한 다음의 예를 보자. 첫번째는 차기 대통령선거결과를 예측하려는 조사이고, 두 번째는 A핸드폰 회사의 고객만족도조사이다. 세 번째는 B회사에서 제조하는 라면의 중량이 실제로는 표시된 120g보다 작다는 소비자불만이 제기된 이후에 회사에서 자체적으로 실시하려는 조사이다.

모집단: 한국 19세 이상 성인남녀
표 본: 한국 19세 이상 성인남녀 300명

모집단: A핸드폰 회사의 제품을 구입한 고객
표 본: A핸드폰 회사의 제품을 구입한 고객 500명

모집단: 향후 1주간 생산되는 모든 라면
표 본: 향후 1주간 생산되는 모든 라면 중 1,000개

이때 모집단특성을 나타내는 수를 모수(母數, parameter)라 한다. 모집단의 평균이나 표준편차가 그 예가 될 수 있다. 표본의 특성을 나타내는 수를 통계량(統計量, statistic)이라 한다. 통계량을 통계치라고 부르는 경우도 있다. 예를 들어 라면의 경우 향후 1주간 생산되는 모든 라면의 평균중량이 120.1g

[그림 13-1] 　　　　　　　　　　　　　　　　**모집단과 표본**

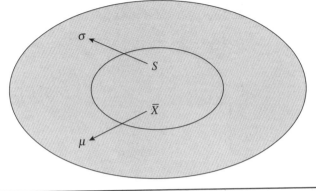

이라면 '120.1'이 모수이다. 표본으로 뽑은 1,000개의 평균이 199.9g이라면 '199.9'가 통계량이다.

　이제 기술통계와 추리통계에 대해 더 엄밀한 정의를 내릴 수 있다. 표본이나 모집단에 대한 서술을 하는 것은 기술통계이다. 표본의 통계량을 가지고 모집단의 모수를 추정하는 것이 추리통계이다. [그림 13-1]에서 내부의 작은 원 내부는 표본을 의미하고, 외부의 큰 원 내부는 모집단을 의미한다. 표본의 통계량인 표본평균($\overline{X}$: X bar)이나 표본의 표준편차(s)를 가지고, 모집단의 모수인 모평균(μ : mu)이나 모집단표준편차(σ : sigma)를 추정하는 과정을 나타내고 있다.

　SPSS에서는 '모수'라는 표현을 잘 찾아볼 수 없다. 하지만 '통계량'이라는 표현은 흔히 사용된다. 이는 SPSS가 어떤 데이터를 처리할 때 모집단이 아닌 표본을 사용한다고 전제하기 때문이다. 아래는 [분석][기술통계량][빈도분석]에 이어 [통계량]을 선택할 때의 화면을 [그림 13-2]와 같이 나타내었다. 여기서 선택할 수 있는 여러 값들은 모두 '통계량'이다.

[그림 13-2]   SPSS에서 '통계량' 표현

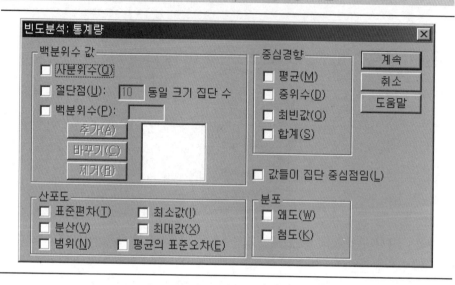

13.2 왜 추리통계?

여기서 다시 왜 기술통계와 추리통계라는 구분이 생기는지에 대해 생각
해 보자. 기술통계에 대해서는 이해가 쉬울 것이다. 한 반에 학생이 몇 명인
지, 수학점수평균이 몇 점인지 등을 알아보는 것은 실생활에 흔히 있는 일이
기 때문이다.

왜 구태여 표본을 정하고 모집단을 추정하는 번거로운 추리통계를 해야
되나 하는 생각이 들 수 있다. 여기에 대해서는 센서스(census)를 설명하
면 될 것 같다. 센서스는 표본을 쓰지 않고 모집단 전체를 조사하여 여기에
대해 기술하는 기술통계의 방식을 사용한다. 통계청(http://www.census.go.kr/
2005년 11월 11일 접근)에 의하면 인구주택총조사(센서스)는 〈지문 13-1〉과 같
은 특징을 가지고 있다.

〈지문 13-1〉 총조사(census)란?

* 총조사(census)란?
  + 국가가 주관이 되어
  + 통일된 기준에 따라
  + 조사대상의 총 수와 그 개별적 특성을
  + 일일이 조사하는
  + 전국적 규모의 통계조사를 말합니다.

  총조사(總調査)는 영어 census(센서스)의 우리말로 전국규모의 조사를 뜻합니다.

* 인구주택총조사란?
  우리 나라의 모든 인구와 주택의 총수는 물론 개별 특성까지 파악하여 각종 경제·사회 발전계획의 수립 및 평가와 각종 학술연구, 민간부문의 경영계획 수립에 활용하기 위해 실시하는 전국적 규모의 통계조사입니다.

  조사기준시점 : 11월 1일 0시 현재 우리 나라에 살고 있는 모든 사람과 거처를 조사합니다.

  조사대상 : 현재 대한민국 영토내에 상주하는 모든 내·외국인과 이들이 살고 있는 거처

  조사방법 : 통계청이 주관하며, 지방자치단체를 통해서 선발된 약 11만 명의 조사원에 의해 조사가 이루어집니다. 수집된 조사표는 컴퓨터로 전산처리하여 통계자료가 작성됩니다.

○ 조사원 면접방식
  조사원이 아파트 조사구 이외의 지역에서 응답자를 직접 면접하여 조사표를 작성합니다.

○ 응답자 기입방식
  조사원이 전수조사구 중 아파트지역에서 조사표를 대상가구에 배부하고, 응답자가 기입한 후에 회수합니다.

○ 인터넷 조사방식
  응답자가 인터넷상의 조사표양식에 직접 응답하고 본청으로 직접 송신합니다.

다음의 두 기사는 이렇듯이 모집단 전체를 조사하는 데 있어서의 어려움을 말해 준다.

인구조사 '홍역', "사생활침해" 주민불쾌, "문전박대 · 모욕"
조사원 괴롭고

경향신문 2005-11-10 45판 8면 1,368자

정부의 '2005 인구주택 총조사'가 시작 1주일이 지나면서 주민은 물론 조사원들로부터 갖가지 불만이 제기되고 있다. 인구조사는 5년에 한번씩 1천6백만 전가구를 대상으로 전국적으로 실시되는 국가적 중요 사업. 그러나 주민들은 조사문항이 지나치게 자세한 개인정보를 요구하고 있는 데다 밤늦은 시간에 조사하고 있다며 '사생활침해'라고 지적하고 있다.

◇주민 · 조사원 반발과 불평=최근 재혼한 주부 김모 씨(38)는 9일 인구조사를 받고 불쾌감을 감추지 못했다. 인구조사항목 속에 이혼 여부가 있어 조사원이 이에 대해 꼬치꼬치 캐물었기 때문이다. 김 씨는 "국가가 왜 개인의 이혼경력까지 물어 마음의 상처를 건드리는지 모르겠다"고 말했다.

서울 관악구의 임모씨(43)도 "밤늦게 집에 찾아 와서 다짜고짜 질문을 퍼붓기에 불쾌해 돌려 보내려 하니 조사원이 대뜸 '간첩은 이거 안 해, 당신 간첩이야?'라고 말해 어이가 없었다"고 밝혔다.

주민들이 불쾌하게 여기는 부분은 올해 새로 들어간 저출산항목. 혼인상태와 혼인연월, 출생아동 수, 자녀출산시기, 추가계획자녀 수, 아동보육실태 등이다. 출생아동도 2000년에는 단순히 총수만 파악했으나, 이번에는 직접 낳은 자녀 수, 나가 있는 자녀 수, 사망한 자녀 등을 꼼꼼하게 묻게 돼 있다.

통계청은 저출산에 대한 국가정책을 세우기 위해 꼭 필요하다고 밝혔으나 주민들은 "죽은 아이 수까지 말해 줘야 하느냐"며 반발하고 있다.

일부 조사원의 몰지각한 행동도 문제가 되고 있다. 박모씨는 통계청 홈페이지에 "조사보고를 하는 줄 알고 휴대전화를 빌려 줬더니 개인적인 통화를 5분 이상 하더라"고 지적했다. 장모 씨는 "조사원이 찾아와 8살 된 딸 아이를 상대로 이것 저것 묻고는 돌아갔다"며 자질부족을 문제삼았다.

주민들의 이해부족에 따라 조사원이 겪는 수난사례도 많다. 지난 8일 인천의 한 조사원은 주민의 집에 40여 분간 감금된 채 폭행을 당해 병원치료를 받기도 했다. 조사원 이모 씨는 "한 집에서만 수차례 '×××'란 욕설을 듣고 기가 막혀 눈물을 흘렸다"고 토로했다. 다른 조사원도 "조사 도중 개한데 물려 병원에 가 파상풍주사를 맞아 치료비만 3만8천5백 원이 나왔다"며 "일당(3만6

천여 원)을 고스란히 날렸다"고 한탄했다.

◇ **이미 72% 조사**=통계청은 지난 1일부터 실시된 총조사에 8일까지 조사대상의 72.5%인 1천1백60만 가구가 참여했다고 밝혔다. 통계청은 조사에 앞서 조사원 10만 명을 선발, 주민들과 충돌하지 않도록 친절교육을 시켰으나 일부에서 마찰이 일어나고 있다고 밝혔다.

통계청은 "현재까지 접수된 사건·사고는 총 97건으로 개에게 물린 사고가 35건, 계단에서 구르는 등의 낙상사고 22건 등 각종 사고가 잇따르고 있다"며 어려움을 토로하면서도 국민의 협조를 당부했다.

장관순 기자

"인구주택총조사" 개인정보유출 부실통계 불보듯

세계일보 2005-11-9

가가호호 방문조사를 원칙으로 하는 '2005 인구주택총조사'가 중반에 접어들면서 조사원들이 아파트 경비원 등 제3자를 통해 조사표를 일괄 배포·수거하는 등의 편법을 동원해 개인정보가 대량 유출될 수 있다는 지적이 제기되고 있다. 또 일부 조사원들은 주민등록번호에 대한 조사항목이 없는데도 이름과 주민번호를 통해 본인확인만 거친 후 다른 조사항목은 아예 조사조차 하지 않는 경우 등이 빈발해 부실논란에 휩싸이고 있다.

서울 홍제동의 한 아파트에 사는 김모(31) 씨는 "퇴근 후 집에 오는데 경비실 아저씨가 인구주택총조사 서류를 건네주며 '다 작성하면 경비실로 돌려 달라'고 했다"며, "아내가 집에 있는데도 경비실에 조사표를 맡긴 것도 그렇지만, 개인정보가 모두 담긴 자료를 조사원도 아닌 제3자에게 맡기는 것도 찜찜했다"고 전했다. 경기 부천에 사는 김모(34·여) 씨도 "아침에 출근할 때 조사원이 '조사표를 작성하고 우편함에 넣어 달라'고 말해 아무 생각 없이 그렇게 했다"며, "이웃들도 대부분 우편함에 서류를 넣었다고는 하지만 우편함은 누구나 마음만 먹으면 손을 댈 수 있어 개인정보가 유출된 건 아닌지 격정"이라고 말했다.

하지만 이 같은 조사방법은 일반주택은 면접조사, 아파트는 응답자기입방

식을 통해 조사토록 한 인구주택총조사 조사원칙에 어긋나는 '편법조사'에 해
당한다. 특히 통계청은 개인정보유출을 우려해 아파트 거주자의 경우 원하면
비밀보호용 봉투로 밀봉까지 하도록 했지만, 작성된 서류가 경비원 등을 통해
전달될 경우 이 같은 보완책은 무용지물이 될 수밖에 없는 상황이다.

조사원들의 부실조사에 대한 지적도 끊이지 않고 있다. 인구주택총조사 홈
페이지(www.census.go.kr)의 게시판에 '봉천 11동'이라고 밝힌 한 네티즌은 '건
의사항' 게시판에서 "조사목록을 작성하려고 봤더니 (조사원이) 이미 편한 대
로 다 써놓고 이름 등만 쓰면 되게 해놓아 어이가 없었다"며, "이런 식의 조
사가 무슨 소용이 있을까 의문"이라고 말했다.

'방화동'이란 네티즌은 "조사원이 연락처를 적어 놓고 가 연락하니 '다른
공통적인 것은 다 알고 있으니까 주민등록번호만 알려 달라'고 말해 황당했
다"고 전했고, 네티즌 '정은수'씨도 "대지와 부동산 등은 자세히 몰라 물어
보러 갔더니 조사관이 다 적어 놓았다"고 말했다.

통계청 관계자는 "주간에 부재가구가 워낙 많아 더러 그런 경우가 발생하
는 것을 부인하지는 않는다"며, "내부공지와 이메일을 통해 원칙에 따른 조사
를 독려할 방침이며, 다만 응답자측에서도 조사원들의 어려움을 고려해 협조
해 줬으면 한다"고 말했다.

김재홍 기자 hong@segye.com

이렇듯 센서스와 같이 모집단 전체를 세는 것은 막대한 비용의 문제만
가지고 있는 것이 아니다. 기사에서도 나오듯이 조사의 정확성 자체도 오히
려 떨어질 수 있는 여지가 많다.

이러한 이유 때문에 표본을 뽑아서 조사하는 것이다. 표본의 통계량을
가지고 모집단의 모수를 추정하는 것이 센서스처럼 모집단을 다 조사해서
이야기하는 것보다 효과적일 수 있기 때문이다.

사실 센서스는 전세계적으로 쇠퇴의 길을 걷고 있다는 주장이 있을 수
있다. Moore(2001 : 11)에 따르면 덴마크는 센서스가 없다. 프랑스는 센서스를
없애고, 대규모 표본조사로 바꿀 예정이다. 1790년부터 매 10년마다 센서스를
실시해 온 미국도 6명 중 1명에게 묻는 '분량이 많은 형(long form)'은 2000
년 이후 사용하지 않는다.

13.3 무작위표본추출

추리통계가 왜 필요한지는 알아도 다시 이런 질문을 할 수 있다 : 표본은 얼마만큼 믿을 수 있는가? 앤 랜더스(Ann Landers : 사람들의 일상문제에 대한 조언으로 유명한 미국의 칼럼리스트)가 아기를 가지기 전의 상황으로 다시 돌아간다면, 아기를 낳겠느냐는 질문을 칼럼에서 한 적이 있다. 이에 답한 거의 10,000명 중 70%가 "아니요"라고 답하였다. 이러한 10,000명 표본을 가지고 미국인들이 자식을 기른 것에 대해서 후회하고 있다고 말할 수 있을까? 이런 경우 표본에 문제가 있다고 볼 수 있다. 이러한 자발적 응답표본은 모집단 전체보다는 일부 강한 감정을 가진 사람으로 많이 구성되어 있다는 것이다(Moore, 2001 : 21).

학교학생 전체에 대해 알려고 할 때, 정문 앞에서 지나가는 학생들을 대상으로 조사를 하였다고 하자. 이때도 비슷한 문제점을 가진다. 휴학생은 실질적으로 조사에서 제외된다. 다른 쪽 문보다는 정문을 이용하는 학생이 조사대상이 될 확률이 높다. 정문 앞에서 자취를 하고, 수업이 없을 때는 자취집에서 잠시 시간을 보내는 학생이 표본으로 선택될 확률은 다른 학생들보다 월등하게 높을 것이다.

추리통계는 무작위표본추출(random sampling)을 전제로 한다. 무작위표본추출에서는 모집단의 어떤 개체도 동일한 선택가능성을 가진다. 추리통계는 확률이론에 기반을 두기 때문에 표본이 모집단을 확률적으로 의미 있게 대변한다는 전제를 필요로 하는 것이다. [그림 13-3]은 무작위표본추출이 있어야 추리통계의 과정이 가능하다는 것을 나타낸다. 추리통계 부분에서는 표본평균 $\overline{X}$ 를 가지고 모평균 μ 를 추정하는 과정을 보여 주고 있다.

이러한 무작위표본추출을 어떻게 하는지를 한번 알아보는 것은 필요하다. 예를 들어 통계학수업을 듣고 있는 10명의 학생들이 우리가 관심을 가지는 모집단이라고 가정하자. 여기에서 2명의 표본을 뽑으려 한다. 이러한 때는 모집단의 학생들을 현실적으로 기록한 목록이 필요하다. 이를 표본 틀(sampling frame)이라고 한다.

[그림 13-3]   무작위표본추출

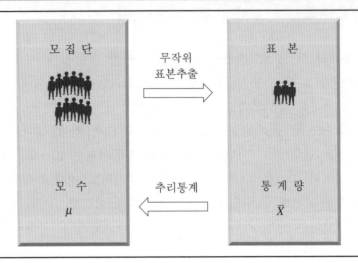

이렇게 표본 틀이 갖추어진 상태에서 난수표를 이용해서 무작위표본추출을 해 보도록 한다. 먼저 이 목록을 가지고 각 학생들에게 아래와 같이 1부터 10까지 먼저 번호를 부여하는 것이 필요하다.

1. 철희
2. 순이
3. 영심
4. 설희
5. 대성
6. 희재
7. 영삼
8. 나리
9. 건희
10. 경희

이제 [표 13-1]에 나와 있는 난수표를 이용한다. 난수표의 왼쪽 윗부분은 [표 13-1]과 같이 구성되어 있다. 현재 표집 틀의 개체가 10까지 있기 때문에 2자리 수 단위로 읽어 나갈 부분을 먼저 정해야 한다. 예를 들어 맨 처

음 두 열을 이용할 수도 있다. 표의 어느 부분에서 시작하든지, 어떤 방향(예를 들어 대각선)으로 진행하든지는 전적으로 조사자의 마음에 달려 있다. 어느 부분을 사용하더라도 각 개체가 선택될 확률이 동일하기 때문이다. [표 13-1]에서 우리는 편의상 맨 처음 두 열을 이용한다.

　이런 식으로 숫자를 읽으면서 1에서 10까지 사이에 해당되는 숫자가 있

[표 13-1]	난 수 표	
10480	15011	01536
22368	46573	
24130		
42167		
37570		
77921		
99562		
96301		
89579		
86475		
28918		
63553		
09429		

[표 13-2]	난수표 : 무작위추출해 보기	
10480	15011	01536
22368	46573	
24130		
42167		
37570		
77921		
99562		
96301		
89579		
86475		
28918		
63553		
09429		

으면, 그 숫자에 해당하는 사람이 표본으로써 선택된다. 숫자가 1에서 10까지가 아니면 그냥 다음 숫자로 넘어가면 된다. 처음의 10은 범위 내에 있었기 때문에 선택된다. 즉 표집 틀의 번호가 10인 경희가 선택된 것이다. 이후 나오는 숫자 22 · 24 · 42 · 37 · 77 · 99. 96 · 89 · 86 · 28 · 63은 모두 그냥 넘어간다. 그 다음의 9는 범위 내에 있어서 선택된다. 즉 표집 틀의 번호가 9인 건희가 선택된 것이다. 표본은 {건희 · 경희} 두 사람으로 정해진다.

[표 13-2]는 그 과정을 선택된 두 숫자를 밑줄치면서 다시 한번 나타내 보았다.

SPSS를 이용하여 무작위추출을 할 수도 있다. 방금 언급한 자료를 [그림 13-4]와 같이 사용하여 보자.

[그림 13-4]	무작위추출 데이터

| [그림 13-5] | 케이스 선택 : 무작위추출 |

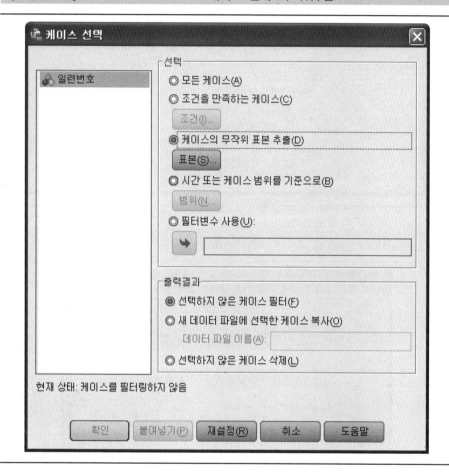

케이스 선택을 사용하면 표본추출을 할 수 있다. [데이터][케이스 선택]에서 [그림 13-5]와 같이 [케이스의 무작위표본추출]을 고른다.

[그림 13-5]의 [케이스의 무작위표본추출] 바로 아래의 [표본]을 누른다. 이때 나타나는 [그림 13-6]에서 [정확하게]를 선택하고, [처음 '10'개의 케이스 중에서 '2'개의 케이스 추출]한다는 내용을 입력한다.

이어서 [계속][확인]을 누른 후 나타나는 결과가 [그림 13-7]과 같다. 무작위추출에 의해 철희·대성이 선택되었음을 알 수 있다. 철희와 대성이 속한 행은 맨 왼쪽에 사선이 그어져 있지 않다.

[그림 13-6]   케이스 선택 표본추출 : 무작위추출

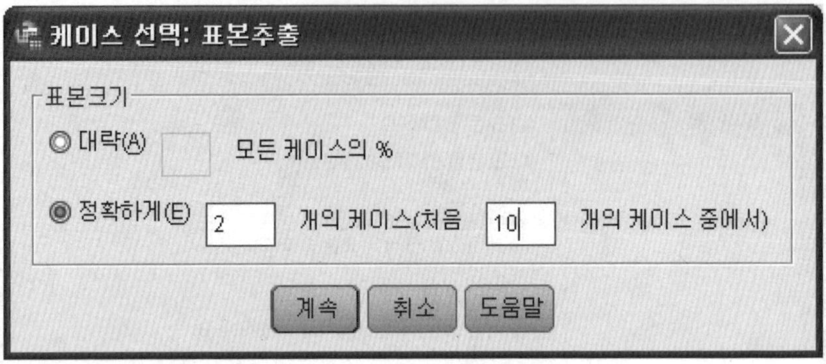

케이스 선택: 표본추출

표본크기
- ○ 대략(A) [ ] 모든 케이스의 %
- ◉ 정확하게(E) [2] 개의 케이스(처음 [10] 개의 케이스 중에서)

[계속] [취소] [도움말]

[그림 13-7]   무작위추출 케이스 선택된 데이터

★그림 13-4 무작위 추출 데이터.sav [데이터집...

파일(편집(| 보기(데이터) 변환(분석(그래프(유틸리티 창(W 도움말)

11 :   표시: 3 / 3 변수

	일련번호	이름	filter_$	변수
1	1	철희	1	
2	2	순이	0	
3	3	영심	0	
4	4	설희	0	
5	5	대성	1	
6	6	희재	0	
7	7	영삼	0	
8	8	나리	0	
9	9	건희	0	
10	10	경희	0	
11				

데이터 보기(D) | 변수 보기(V)

IBM SPSS Statistics 프로세서 준비 완료 | 필터 설정

수업시간에 혹은 나 혼자서 해보기

01 아는 사람들 이름 20명을 써보고 일련번호를 매기도록 하자. 다른 통계학 책들이나 인터넷에 있는 난수표를 활용하여, 이들 중에서 5명을 뽑는 것을 반복해 보자.

02 무작위 표본추출의 정의를 명확하게 내려 보자.

제14장

중심극한정리

중심극한정리(Central Limit Theorem) 혹은 정규접근정리(Normal Approximation Theorem)는 신뢰구간과 가설검정의 기초를 이루기 때문에 매우 중요하다. 중심극한정리를 이해하지 못하면, 신뢰구간과 가설검정에 대한 이해가 불가능하다. 앞서 추리통계를 설명하면서 모집단과 표본의 구분을 언급한 바 있다. 표본을 가지고 모집단을 추정할 때 중심극한정리가 직접적으로 사용된다고 생각할 수 있다.

중심극한정리는 복잡하지 않음에도 불구하고 추상적인 개념을 다루기 때문에 이해하기가 어려울 수 있다. 따라서 이 장에서는 최대한 다양한 방법으로 독자들을 이해시키려고 노력할 것이다. 중심극한정리를 하나의 독립된 장으로 취급하는 이유도 여기에 있다.

참고로 말하자면 추상적인 내용을 다루는 중심극한정리를 이해함에 있어서 인터넷이 상당히 유용할 수 있다. 특히 사용자가 직접 모의실험을 해 볼 수 있는 홈페이지들이 유용할 것이다. 아래는 이들 중 들러 볼 만한 두 개의 인터넷 주소이다.

http://www.vias.org/simulations/simu_stat.html
http://www.statisticalengineering.com/central_limit_theorem.htm

14.1 표본평균들의 분포

중심극한정리는 모집단으로부터 표본을 추출하였을 때, 그 표본평균의 분포에 대한 설명을 제시한다. 잘 이해할 것은 '모집단의 케이스(case)들의 분포'가 아닌 '표본평균들의 분포'에 대해 중심극한정리는 이야기하고 있다는 것이다. [그림 14-1]의 데이터 파일은 우리가 관심을 가지는 10명의 의과대학생들로 구성된 모집단이라고 가정하자. 즉 이 데이터 파일은 '모집단의 케이스(case)들의 분포'를 나타내는 것이다.

[그림 14-1] 의대생 영화관람 데이터 : 중심극한정리

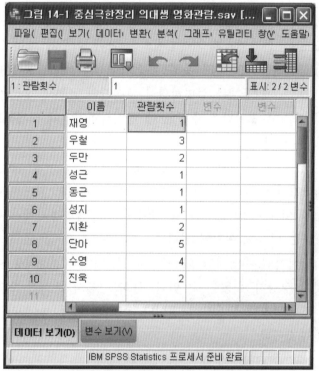

[그림 14-2]	케이스 선택 : 중심극한정리

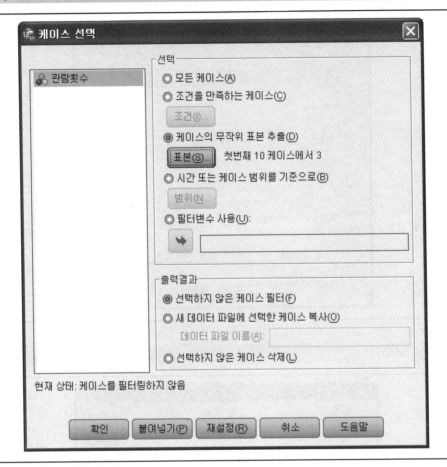

[그림 14-2]와 같이 케이스 선택을 통해 무작위추출된 3명으로 표본을 구성한다.

[그림 14-3]은 선택된 3명을 나타내고 있다.

이제 이러한 3명으로 구성된 표본의 평균을 구해 보자. [분석][보고서] [케이스 요약]을 선택하면, [그림 14-4]와 같은 화면이 나타난다. [통계량]을 누르고 [평균]을 [셀 통계량] 밑 공란에 선택한다.

[표 14-1]과 같은 빈도분석결과는 선택된 3명에 대해서만 분석이 이루어졌다는 것을 알 수 있게 한다. 관람횟수가 1번인 학생이 2명이고, 관람횟

[그림 14-3]　　　　　　　　　　　　　케이스 선택된 데이터 : 중심극한정리

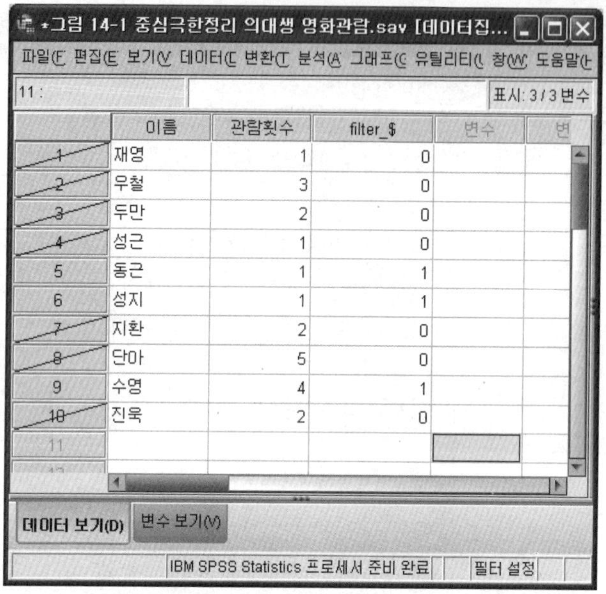

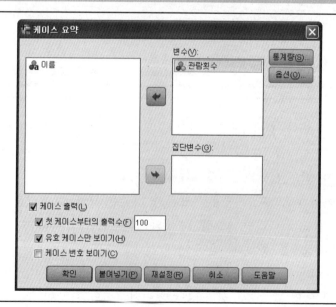

	이름	관람횟수	filter_$	변수	변
1	재영	1	0		
2	우철	3	0		
3	두만	2	0		
4	성근	1	0		
5	동근	1	1		
6	성지	1	1		
7	지환	2	0		
8	단아	5	0		
9	수영	4	1		
10	진욱	2	0		
11					

[그림 14-4]　　　　　　　　　　　　　　케이스 요약 : 중심극한정리

[표 14-1]	케이스 요약 출력결과 : 중심극한정리

케이스 요약[a]

		관람횟수
1		1
2		1
3		4
합계	N	3
	평균	2.00

a) 처음 100 케이스로 제한됨.

[그림 14-5]	표본평균 데이터 : 중심극한정리

수가 4번인 학생이 1명이었다. 평균은 (1+1+4)/3=2이다. 표본평균은 2인 것이다.

이런 식으로 계속 3명씩 무작위추출하여 표본평균을 구한다고 해 보자. 저자가 직접 7번 이러한 과정을 반복하여 '표본평균들의 분포'를 구해 보았다. 표본평균들은 2·3·1.67·1.67·1.67·2.33·2이었다.

중심극한정리는 이러한 표본평균들의 분포에 대한 이야기이다. 이러한 표본평균들의 분포에 있어서 평균과 표준편차에 대해 설명하는 것이다. 이 분포를 입력한 것이 [그림 14-5]이다.

14.2 중심극한정리의 정의

　여기서는 먼저 중심극한정리에 대한 정의를 몇 가지 출처로부터 가져와서 제시하고자 한다. 이러한 방식으로 독자들은 다양한 정의들을 접하면서 중심극한정리에 대해 잘 이해할 수 있을 것이다. 먼저 다음에서는 이해를 위해 몇 가지 기호 및 용어를 먼저 정리해 두었다.

> n＝표본의 크기(표본을 구성하는 케이스의 수)
> μ(mu)＝모평균(모집단의 평균)
> σ(sigma)＝모집단표준편차
> $\overline{X}$(X bar), $\overline{x}$(X bar)＝x의 표본평균
> $\overline{Y}$(Y bar)＝y의 표본평균
> 표준오차(standard error)＝표본평균값들의 표준편차

　워나코트(1993 : 131)는 중심극한정리를 아래와 같이 정의하였다. 이 정의는 기본적인 내용들을 잘 설명해 주고 있다.

> 　크기가 n인 무작위표본에서 표본평균 $\overline{X}$는 모집단평균 μ주위에서 $\sigma/\sqrt{n}$의 표준오차(모집단표준편차를 σ라고 할 때)를 갖고 기복을 일으킨다. 그러므로 $\overline{X}$의 분포는 n이 증가함에 따라 그것의 목표인 μ주위에서 점점 덜 기복을 일으키게 된다. 그것은 또한 정규분포(종모양)에 점점 가까워진다.

　Agresti & Finlay(1986)는 중심극한정리를 다음과 같이 정리하였다. 그는 이에 몇 가지 설명을 덧붙인다.

> 　평균 μ와 표준편차 σ를 가지고 있는 모집단분포에서 n개의 측정치로 구성된 무작위추출표본을 생각해 보자. n이 충분히 크다면, $\overline{Y}$의 표본분포는 평균 μ와 표준오차 $\sigma_{\overline{Y}}=\sigma/\sqrt{n}$을 가진 정규분포와 비슷하다.
>
> 1. 중심극한정리를 해석하자면 모평균을 추정하는 데 있어서 오차(표준오차)는 n이 커질수록 작아진다는 것을 의미한다.
> 2. 모집단의 분포가 어떠하든지간에 표본분포는 정규분포에 가까워진다.
> 3. n이 커짐에 따라서 표본분포는 더 정규분포에 가까워진다. 보통 25-30

정도가 충분하다고 한다.

    4. n이 작더라도 모집단분포가 정규분포이면, 표본평균의 분포도 정규분포를 따른다.

Rumsey(2003)의 정의는 좀더 쉽게 풀어져 있다. 모집단과 표본의 구분을 분명히 하면서 설명하려고 노력한 흔적이 역력하다.

중심극한정리는 평균 μ, 표준편차 σ를 가진 어떠한 형태의 모집단에도 적용된다.

1. 가능한 모든 표본평균값($\bar{x}$)들의 분포는 충분히 큰 표본크기에서는 정규분포에 접근한다.
2. 표본크기 n이 크면 클수록 표본평균들의 분포는 정규분포에 더 가까워진다 (대부분의 통계학자들은 30 정도를 충분히 큰 기준으로 삼고 있다).
3. 표본평균들의 평균 역시 μ이다.
4. 표본평균들의 표준오차는 $\sigma/\sqrt{n}$이다. n이 커질수록 표준오차는 줄어든다.
5. 만약 원자료(original data, 모집단자료)가 정규분포를 가지고 있다면, 표본 크기에 상관없이 표본평균들의 분포는 정확한 정규분포형태를 보일 것이다.

참고로 '모집단의 분포가 어떠하든지간에' 표본의 크기가 크면 표본평균은 정규분포에 접근한다는 것을 한번 풀어 설명하려고 한다. 이는 모집단이 정규분포가 아니더라도 뽑는 표본의 크기가 예를 들어 30 정도 이상이 되면, 이러한 각 30개씩의 평균들인 표본평균들의 분포는 정규분포에 가까워진다는 것이다.

'모집단의 분포가 어떠하든지간에'를 다시 이해시키기 위해서 정규분포가 아닌 분포를 나타낸 [그림 14-6]을 다시 나타내 보인다. [그림 14-6]의 분포들은 정규분포가 아니다.

[그림 14-6]	여러 형태의 확률밀도함수

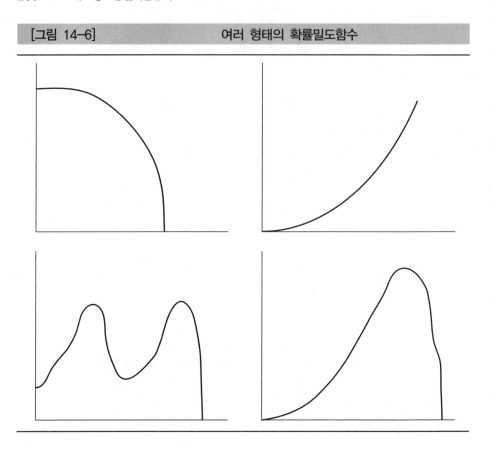

14.3 표본평균들의 분포를 실제로 구해 보기

여기서는 추상적으로 설명되었던 표본평균들의 분포를 실제로 구해 보기로 하자. 중심극한정리가 어렵게 느껴지는 것은 실제 조사에 있어서는 모집단에 대해서는 알 수 없는 경우가 대부분이기 때문이다. 조사를 하면서 표본을 뽑는 것은 앞 장에서 설명한 바와 같이 모집단을 다 조사하기가 현실적으로 어렵기 때문이다. 이 경우 모집단의 평균과 표준편차는 추정의 대상일 뿐 실제로 알 도리가 없는 것이다. 이렇듯이 현실에서 보이지 않는 숫자를 사용해 가면서 수학적 정리를 설명하는 것이 어렵게 느껴지는 것이다.

[그림 14-7] 히스토그램 : 중심극한정리

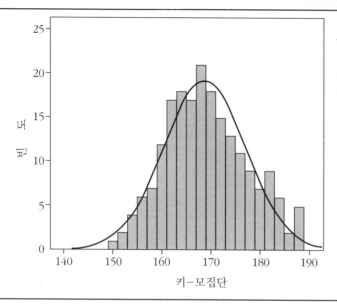

그런 이유로 여기에서는 모집단을 알고 있는 것으로 전제하고 표본평균들의 분포를 실제로 구해 보기로 한다. 정규분포와 중심극한 정리에서 사용된 200명 키를 [그림 14-7]에서는 히스토그램으로 나타내었다. [그래프] [레거시 대화 상자] [히스토그램]을 선택하고, 나온 표를 더블클릭한 후 [요소] [분포곡선표시] [특성] [분포곡선] [정규] [적용]을 누른다. 히스토그램 오른쪽에 나와 있듯이 모평균은 168.7이고, 모집단 표준편차는 8.35이다.

히스토그램에 이어서 200명 키 데이터도 [표 14-2]와 같이 제시한다.

이 모집단으로부터 $n=25$인 표본을 무작위추출한다. [데이터] [케이스 선택] [케이스의 무작위 표본추출]을 누른 후, [표본]을 선택하고 [정확하게] "[25]개의 케이스(처음 [200]개의 케이스 중에서)"를 입력한다. [계속] [확인]을 누른다. 선택결과는 [그림 14-8]과 같다.

선택된 케이스는 [표 14-3]과 같다. [분석] [보고서] [케이스 요약]을 선택하고, "키"라는 변수를 [변수]에 넣는다. [통계량]을 누르고, [셀 통계량]에 "평균"을 넣는다.

이 25개 케이스의 평균은 168.76이었다. 이와 동일하게 계속 무작위표본 추출을 하고, 그 표본평균을 구하였다. 여기서는 이러한 표본평균을 구하는 작업을 36회 반복하였다. 결과는 [표 14-4]와 같다.

이러한 표본평균의 분포를 히스토그램으로 그려 보면 [그림 14-9]와 같다.

시행횟수가 많지 않아서 실감이 많이 나지는 않지만, 위 히스토그램에서 몇 가지 발견을 할 수 있다.

첫번째, 표본평균들의 평균과 모평균이 상당히 비슷하다는 점이다. 표본 평균들의 평균은 168.91이며, 모평균은 앞서 언급하였듯이 168.7이다. 불과 0.21의 차이에 불과하다. 이런 결과를 감안한다면, 중심극한정리의 "표본평균들의 평균 역시 μ이다"라는 주장이 우리의 실제 실습결과와 일치한다고 할 수 있다.

[표 14-2]	200명 키 : 중심극한정리
181 · 187 · 188 · 187 · 182 · 188 · 181 · 167 · 178 · 179	
175 · 183 · 167 · 180 · 173 · 177 · 161 · 161 · 176 · 187	
175 · 154 · 158 · 160 · 178 · 165 · 171 · 169 · 178 · 163	
161 · 154 · 151 · 168 · 165 · 173 · 162 · 176 · 184 · 163	
165 · 169 · 161 · 168 · 165 · 165 · 159 · 159 · 170 · 163	
156 · 173 · 162 · 172 · 184 · 173 · 162 · 175 · 159 · 162	
183 · 165 · 166 · 167 · 171 · 159 · 164 · 163 · 158 · 174	
165 · 167 · 172 · 171 · 178 · 170 · 173 · 171 · 180 · 182	
164 · 185 · 168 · 174 · 157 · 166 · 169 · 163 · 164 · 165	
160 · 163 · 152 · 166 · 164 · 170 · 172 · 166 · 160 · 177	
184 · 178 · 175 · 176 · 170 · 169 · 169 · 164 · 153 · 171	
179 · 170 · 150 · 174 · 166 · 160 · 174 · 169 · 163 · 166	
168 · 162 · 156 · 170 · 172 · 162 · 180 · 156 · 155 · 168	
160 · 161 · 164 · 157 · 170 · 182 · 163 · 167 · 172 · 167	
169 · 174 · 167 · 179 · 173 · 167 · 181 · 172 · 170 · 158	
171 · 181 · 166 · 175 · 164 · 169 · 167 · 164 · 163 · 161	
177 · 181 · 168 · 169 · 155 · 158 · 159 · 168 · 173 · 176	
180 · 172 · 171 · 167 · 170 · 162 · 165 · 168 · 157 · 159	
153 · 181 · 168 · 160 · 155 · 173 · 177 · 175 · 166 · 162	
176 · 183 · 185 · 171 · 168 · 167 · 162 · 161 · 162 · 164	

[그림 14-8]	200명의 키 데이터 : 중심극한정리

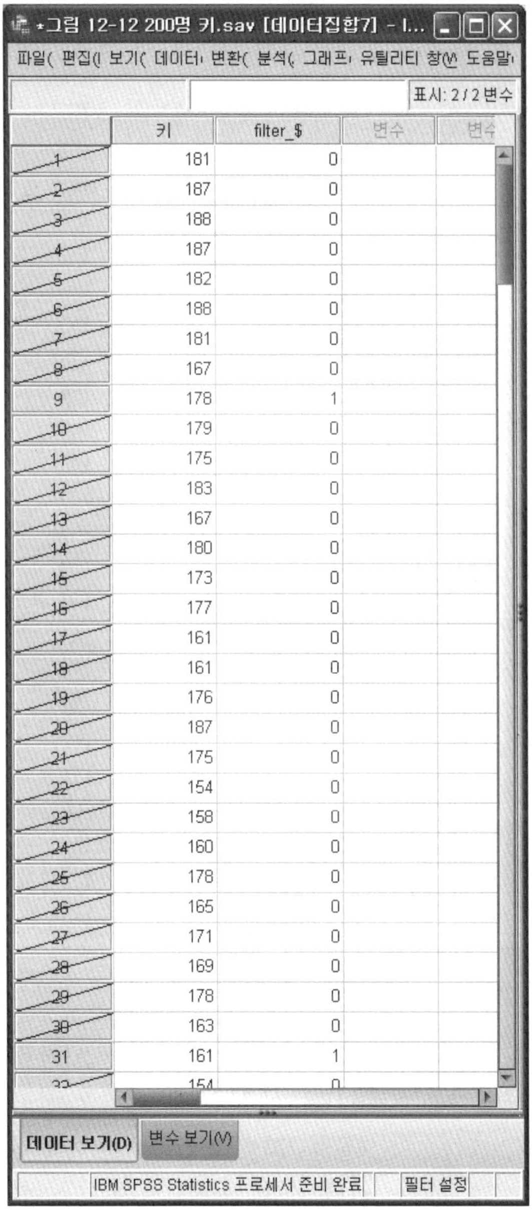

*그림 12-12 200명 키.sav [데이터집합기] – I... 　□×

파일(편집(I 보기(데이터(변환(분석(그래프(유틸리티 창(W 도움말)

표시: 2 / 2 변수

	키	filter_$	변수	변수
1	181	0		
2	187	0		
3	188	0		
4	187	0		
5	182	0		
6	188	0		
7	181	0		
8	167	0		
9	178	1		
10	179	0		
11	175	0		
12	183	0		
13	167	0		
14	180	0		
15	173	0		
16	177	0		
17	161	0		
18	161	0		
19	176	0		
20	187	0		
21	175	0		
22	154	0		
23	158	0		
24	160	0		
25	178	0		
26	165	0		
27	171	0		
28	169	0		
29	178	0		
30	163	0		
31	161	1		
32	154	0		

데이터 보기(D)　변수 보기(V)

IBM SPSS Statistics 프로세서 준비 완료　　필터 설정

[표 14-3]	200명 키 케이스 요약 : 중심극한정리

케이스 요약[a)]	
	키
1	178
2	161
3	161
4	165
5	156
6	172
7	173
8	167
9	178
10	164
11	169
12	163
13	179
14	160
15	169
16	160
17	164
18	182
19	163
20	169
21	171
22	167
23	176
24	177
25	175
합 계 평 균	168.76

a) 처음 100 케이스로 제한됨.

두 번째, 표본평균분포의 표준편차와 모집단표준편차는 큰 차이를 보인
다. 모집단의 표준편차는 8.35이다. 이에 비해 표준오차(표본평균들의 표준편
차)는 1.41886이다. 표준오차(표본평균들의 표준편차)는 모집단표준편차에 비해
대략 1/5 정도인 것을 알 수 있다. 표본 크기 n이 25이므로 $\sqrt{25}$ =5이다. 중
심극한정리의 "표준오차는 $\sigma / \sqrt{n}$ 이다"가 비슷하게 재연되었다. 8.35/5=1.67
이므로 표준오차 1.41886과 비슷하다.

[표 14-4]	n이 25인 키 표본평균들의 분포

케이스 요약[a)]

	키
1	168.76
2	168.96
3	168.20
4	166.28
5	167.16
6	169.36
7	167.52
8	170.08
9	168.96
10	171.00
11	166.72
12	170.20
13	170.12
14	172.64
15	169.84
16	167.52
17	166.28
18	168.20
19	168.96
20	169.12
21	169.40
22	170.84
23	170.88
24	169.88
25	169.60
26	167.28
27	168.60
28	169.72
29	169.68
30	167.92
31	166.68
32	168.60
33	169.40
34	168.36
35	169.20
36	168.72
합 계 N	36
평 균	168.9067
표준편차	1.41886

a) 처음 100 케이스로 제한됨.

[그림 14-9] *n*이 25인 키 표본평균들의 분포의 히스토그램

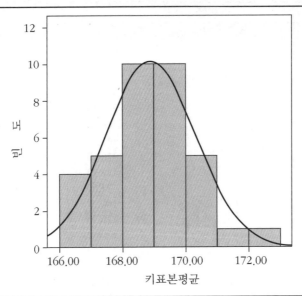

평균=168.91
표준편차=1.419
N=36

키표본평균

세 번째, 히스토그램을 통해서 볼 때, 표본평균의 분포가 정규분포에 상당히 가깝다는 것을 알 수 있다. 여기서는 제한된 36개의 케이스를 가지고 그려진 히스토그램이라는 것을 감안하여야 한다.

14.4 표본평균들의 분포를 실제로 구해보기 두 번째

[그림 14-10]의 맥박수 데이터는 실제 필자가 강의하는 수업에서 학생들이 잰 1분간 맥박수를 보여주고 있다.

[그림 14-10]에서 나오는 표본평균은 학생들이 자신의 맥박수를 종이에 적어 내게 하고 그 종이를 섞어서 모자 안에 넣고 뽑은 것이다. 한 번 뽑힌 종이는 다시 모자 안에 집어넣었다. 한번에 종이를 네개씩 뽑아서 다음과 같이 표본평균이 나왔다.

[그림 14-10]	맥박수 데이터

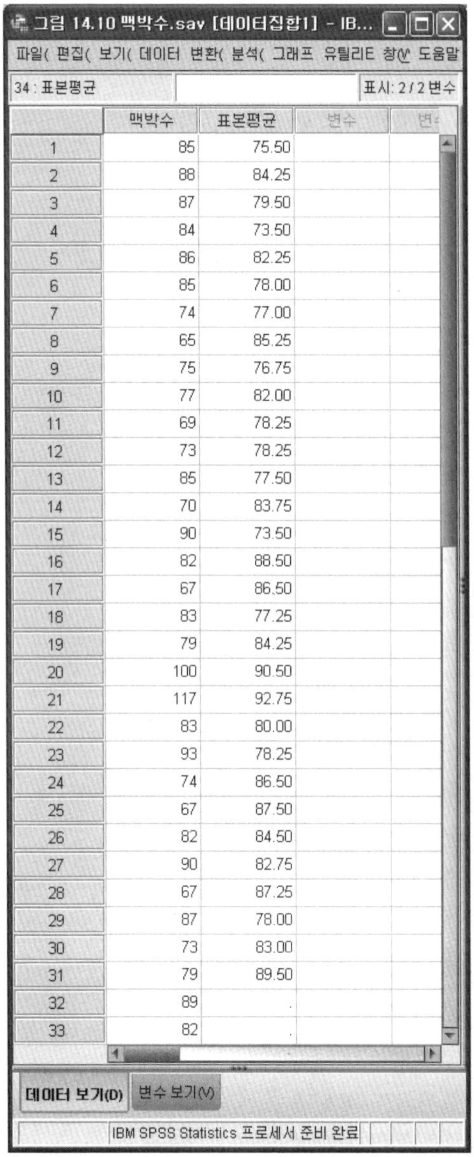

그림 14.10 맥박수.sav [데이터집합1] – IB...

파일(편집(보기(데이터 변환(분석(그래프 유틸리티 창(도움말

34 : 표본평균   표시: 2 / 2 변수

	맥박수	표본평균	변수	변수
1	85	75.50		
2	88	84.25		
3	87	79.50		
4	84	73.50		
5	86	82.25		
6	85	78.00		
7	74	77.00		
8	65	85.25		
9	75	76.75		
10	77	82.00		
11	69	78.25		
12	73	78.25		
13	85	77.50		
14	70	83.75		
15	90	73.50		
16	82	88.50		
17	67	86.50		
18	83	77.25		
19	79	84.25		
20	100	90.50		
21	117	92.75		
22	83	80.00		
23	93	78.25		
24	74	86.50		
25	67	87.50		
26	82	84.50		
27	90	82.75		
28	67	87.25		
29	87	78.00		
30	73	83.00		
31	79	89.50		
32	89			
33	82			

데이터 보기(D)   변수 보기(V)

IBM SPSS Statistics 프로세서 준비 완료

89, 67, 73, 73   75.5
79, 85, 86, 87   84.25
90, 79, 65, 84   79.5
67, 87, 67, 73   73.5
82, 93, 89, 65   82.25
87, 77, 73, 75   78
89, 87, 67, 65   77
90, 73, 93, 85   85.25
67, 83, 90, 67   76.75
89, 83, 74, 82   82
67, 75, 87, 84   78.25
67, 93, 83, 70   78.25
85, 69, 74, 82   77.5
87, 83, 77, 88   83.75
67, 87, 67, 73   73.5
77, 87, 100, 90   88.5
93, 82, 83, 88   86.5
73, 79, 75, 82   77.25
82, 82, 90, 83   84.25
75, 100, 70, 117   90.5
79, 90, 117, 85   92.75
73, 90, 83, 74   80
89, 82, 67, 75   78.25
87, 82, 77, 100   86.5
74, 86, 90, 100   87.5
87, 77, 89, 85   84.5
85, 90, 69, 87   82.75
74, 85, 73, 117   87.25
65, 82, 82, 83   78
87, 85, 86, 74   83
85, 117, 74, 82   89.5

[그림 14-11]   **기술통계 맥박수와 표본평균**

[그림 14-12]   **기술통계 옵션 맥박수와 표본평균**

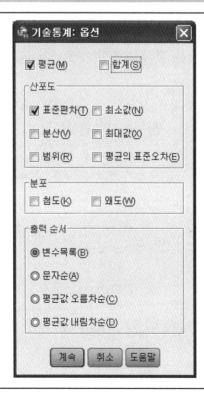

[표 14-5]		기술통계량 출력결과 맥박수 표본평균	
기술통계량			
	N	평균	표준편차
맥박수	33	81.42	10.651
표본평균	31	82.0081	5.10820
유효수(목록별)	31		

맥박수가 모집단에 해당하고 4명씩 뽑은 값의 평균은 표본평균인 것이다. 이제 모집단과 표본평균의 평균과 표준편차를 각각 구해보자. [분석][기술통계량][기술통계]로 들어간다. [그림 14-11]에서와 같이 [변수]에 "맥박수" "표본평균"을 넣는다. 옵션을 누르고, [그림 14-12]에서와 같이 [평균][표준편차]를 체크한다. [계속][확인]을 누른다.

[표 14-5]는 흥미로운 사실을 보여준다. 모집단의 평균과 표본평균의 평균은 거의 일치한다. 모집단 맥박수의 평균은 81.42인데 반해, 표본평균값들의 평균은 82.0081이다. 무한히 4명의 맥박수값을 뽑아 표본평균을 구해간다면 표본평균값들의 평균은 결국 모집단 평균인 81.42와 같아진다는 것을 추론해볼 수 있다.

표본평균들의 표준편차는 모집단 표준편차의 절반 정도라는 것을 알 수 있다. 모집단인 맥박수라는 변수의 표준편차는 10.651이다. 반면 표본평균의 표준편차는 5.1082이다.

다음의 계산은 왜 이런 결과가 나왔는지를 보여준다. 표본수인 n이 4이며, 모집단의 표준편차인 σ가 10.651이라는 것을 알 수 있다.

$$\frac{\sigma}{\sqrt{n}} = \frac{10.651}{\sqrt{4}} = \frac{10.651}{2} \approx 5.1082$$

14.5 왜 표본분포는 더 평균근처에 집중되나?

중심극한정리와 실제로 구해 본 표본평균값들을 보면서 어떤 독자들은 이런 생각을 할지도 모른다. 맞는 것 같기는 하지만 왜 그럴까? 이런 좋은 질문들에 대해 여기서는 직관적인 이해를 제시하려 한다.

여기서는 앞서 언급한 확률과 연결하여 설명하려고 한다. 만약 모집단의 값들이 다음과 같이 1에서 6이라고 하자. 즉 '1·2·3·4·5·6'이 모집단분포인 것이다.

이러한 모집단의 확률분포를 막대도표로 그리면, 정규분포와 전혀 다른 [그림 14-13]의 모습을 취한다. 1·2·3·4·5·6이 각각 하나의 빈도를 가지기 때문에 모두 확률은 1/6이 된다. 모집단분포가 어떠한 모양이더라도 중심극한정리는 적용가능하다는 점을 다시 한번 생각해 볼 수 있다.

여기서 표본의 크기 n이 2인 모든 경우의 수를 생각해 보자. 또 각 경우의 평균값(즉 표본평균)을 구해 보자. [표 14-6]이 이러한 경우의 수와 각 경우에 해당하는 표본평균을 보여 준다.

[표 14-7]은 이러한 표본평균들의 확률분포를 나타낸다.

[그림 14-14]는 $n=2$일 때 표본평균값들의 확률분포를 막대도표로 나타내었다.

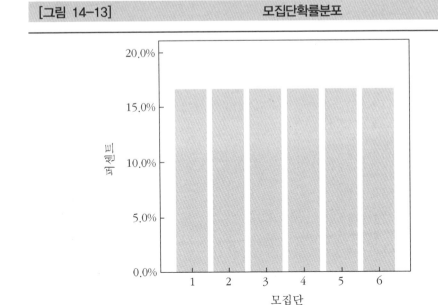

[그림 14-13]　　　　　　　　모집단확률분포

[표 14-6]	$n=2$일 때 경우의 수와 표본평균

$1 \cdot 1 = 1$
$1 \cdot 2 = 1.5$
$1 \cdot 3 = 2$
$1 \cdot 4 = 2.5$
$1 \cdot 5 = 3$
$1 \cdot 6 = 3.5$

$2 \cdot 1 = 1.5$
$2 \cdot 2 = 2$
$2 \cdot 3 = 2.5$
$2 \cdot 4 = 3$
$2 \cdot 5 = 3.5$
$2 \cdot 6 = 4$

$3 \cdot 1 = 2$
$3 \cdot 2 = 2.5$
$3 \cdot 3 = 3$
$3 \cdot 4 = 3.5$
$3 \cdot 5 = 4$
$3 \cdot 6 = 4.5$

$4 \cdot 1 = 2.5$
$4 \cdot 2 = 3$
$4 \cdot 3 = 3.5$
$4 \cdot 4 = 4$
$4 \cdot 5 = 4.5$
$4 \cdot 6 = 5$

$5 \cdot 1 = 3$
$5 \cdot 2 = 3.5$
$5 \cdot 3 = 4$
$5 \cdot 4 = 4.5$
$5 \cdot 5 = 5$
$5 \cdot 6 = 5.5$

$6 \cdot 1 = 3.5$
$6 \cdot 2 = 4$
$6 \cdot 3 = 4.5$
$6 \cdot 4 = 5$
$6 \cdot 5 = 5.5$
$6 \cdot 6 = 6$

[표 14-7]	n=2일 때 각 표본평균들의 확률분포

$P(1)=1/36≈.0277778$
$P(1.5)=2/36≈.0555556$
$P(2)=3/36≈.0833333$
$P(2.5)=4/36≈.1111111$
$P(3)=5/36≈.1388889$
$P(3.5)=6/36≈.1666667$
$P(4)=5/36≈.1388889$
$P(4.5)=4/36≈.1111111$
$P(5)=3/36≈.0833333$
$P(5.5)=2/36≈.0555556$
$P(6)=1/36≈.0277778$

[그림 14-14]	n=2일 때 표본평균확률분포 막대도표

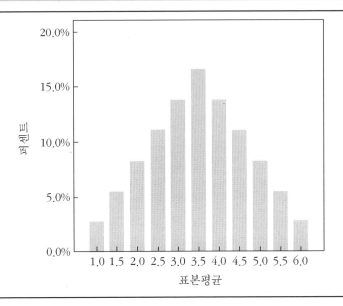

여기서 재미있는 몇 가지 점을 알 수 있다.

첫번째, 이러한 표본평균의 평균은 모평균과 일치한다는 점이다. 막대도표에서도 알 수 있듯이 표본평균값들의 평균은 3.5이다. 이는 모평균 (1+2+3+4+5+6)/6=3.5와 일치한다.

두 번째, 모집단의 분포와 비교했을 때, 표본평균값들이 평균근처에 훨썬 더 몰린다는 것이다. 모집단의 경우, 값마다의 확률분포가 동일하였었다. 하지만 표본평균의 경우, 평균인 3.5부근에 훨씬 더 몰린다는 것을 알 수 있다.

세 번째, 분포가 정규분포에 가까워졌다는 것이다. 여기서는 표본의 크기가 2에 불과해서 아직 정규분포처럼 곡선의 형태를 띠지 못한 것이다.

[표 14-8]은 표본의 크기를 3으로 하였을 때의 결과를 보여 준다. 이 때에 경우의 수는 1·1·1, 1·1·2, … 순으로 진행된다.

[표 14-9]는 n이 3일 때 각 표본평균들의 확률분포를 나타낸다. 표본평균이 1인 예를 들어 보자. 표본평균이 1일 경우의 수는 {1·1·1}로써 하나이다. 전체경우의 수는 6×6×6=216이다. 따라서 $P(1)=1/216≈0.0046296$이다.

[표 14-8]			n=3일 때 경우의 수와 표본평균		
1·1·1	1·1·2	1·1·3	1·1·4	1·1·5	1·1·6
1·2·1	1·2·2	1·2·3	1·2·4	1·2·5	1·2·6
1·3·1	1·3·2	1·3·3	1·3·4	1·3·5	1·3·6
1·4·1	1·4·2	1·4·3	1·4·4	1·4·5	1·4·6
1·5·1	1·5·2	1·5·3	1·5·4	1·5·5	1·5·6
1·6·1	1·6·2	1·6·3	1·6·4	1·6·5	1·6·6
2·1·1	2·1·2	2·1·3	2·1·4	2·1·5	2·1·6
2·2·1	2·2·2	2·2·3	2·2·4	2·2·5	2·2·6
2·3·1	2·3·2	2·3·3	2·3·4	2·3·5	2·3·6
2·4·1	2·4·2	2·4·3	2·4·4	2·4·5	2·4·6
2·5·1	2·5·2	2·5·3	2·5·4	2·5·5	2·5·6
2·6·1	2·6·2	2·6·3	2·6·4	2·6·5	2·6·6
3·1·1	3·1·2	3·1·3	3·1·4	3·1·5	3·1·6
3·2·1	3·2·2	3·2·3	3·2·4	3·2·5	3·2·6
3·3·1	3·3·2	3·3·3	3·3·4	3·3·5	3·3·6
3·4·1	3·4·2	3·4·3	3·4·4	3·4·5	3·4·6
3·5·1	3·5·2	3·5·3	3·5·4	3·5·5	3·5·6
3·6·1	3·6·2	3·6·3	3·6·4	3·6·5	3·6·6
4·1·1	4·1·2	4·1·3	4·1·4	4·1·5	4·1·6
4·2·1	4·2·2	4·2·3	4·2·4	4·2·5	4·2·6
4·3·1	4·3·2	4·3·3	4·3·4	4·3·5	4·3·6
4·4·1	4·4·2	4·4·3	4·4·4	4·4·5	4·4·6
4·5·1	4·5·2	4·5·3	4·5·4	4·5·5	4·5·6
4·6·1	4·6·2	4·6·3	4·6·4	4·6·5	4·6·6
5·1·1	5·1·2	5·1·3	5·1·4	5·1·5	5·1·6
5·2·1	5·2·2	5·2·3	5·2·4	5·2·5	5·2·6
5·3·1	5·3·2	5·3·3	5·3·4	5·3·5	5·3·6
5·4·1	5·4·2	5·4·3	5·4·4	5·4·5	5·4·6
5·5·1	5·5·2	5·5·3	5·5·4	5·5·5	5·5·6
5·6·1	5·6·2	5·6·3	5·6·4	5·6·5	5·6·6
6·1·1	6·1·2	6·1·3	6·1·4	6·1·5	6·1·6
6·2·1	6·2·2	6·2·3	6·2·4	6·2·5	6·2·6
6·3·1	6·3·2	6·3·3	6·3·4	6·3·5	6·3·6
6·4·1	6·4·2	6·4·3	6·4·4	6·4·5	6·4·6
6·5·1	6·5·2	6·5·3	6·5·4	6·5·5	6·5·6
6·6·1	6·6·2	6·6·3	6·6·4	6·6·5	6·6·6

[표 14-9]	$n=3$일 때 각 표본평균들의 확률분포

$$P(1)=1/216\approx.0046296$$
$$P(4/3)=3/216\approx.0138889$$
$$P(5/3)=6/216\approx.0277778$$
$$P(2)=10/216\approx.0462963$$
$$P(7/3)=15/216\approx.0694444$$
$$P(8/3)=21/216\approx.0972222$$
$$P(3)=25/216\approx.1157407$$
$$P(10/3)=27/216\approx0.125$$
$$P(10/3)=27/216\approx0.125$$
$$P(11/3)=27/216\approx0.125$$
$$P(4)=25/216\approx.1157407$$
$$P(13/3)=21/216\approx.0972222$$
$$P(14/3)=15/216\approx.0694444$$
$$P(5)=10/216\approx.0462963$$
$$P(16/3)=6/216\approx.0277778$$
$$P(17/3)=3/216\approx.0138889$$
$$P(6)=1/216\approx.0046296$$

[그림 14-15]	$n=3$일 때 표본평균확률분포 막대도표

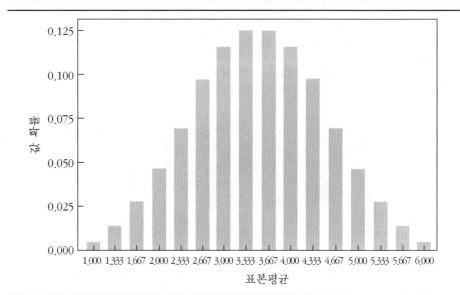

[그림 14-15]에서 나타나는 확률은 정규분포에 상당히 접근한 모습을 보인다. n이 커질수록 표본평균들의 분포는 정규분포에 가까워진다는 것을 알 수 있다. 표본평균값들의 평균은 모평균과 마찬가지로 역시 3.5이다.

수 업 시 간 에 혹 은 나 혼 자 서 해 보 기

01 중심극한정리에 대해 스스로의 방식으로 정의해보도록 하자. 친구들과 같이 돌아가며 해보고, 토론해보자.

02 중심극한정리가 어떻게 활용될 수 있을지 한번 생각해보자. 앞으로 배울 통계와는 어떠한 연관이 있을지 추측해보자.

문제풀기

01 평균이 μ, 표준편차가 σ인 모집단에서 크기 n의 임의표본을 반복 추출하는 경우, n이 크면 중심극한정리에 의하여 표본평균의 분포는 정규분포로 수렴한다. 이때 정규분포의 형태는?

가. $N(\mu, \sigma^2/n)$

나. $N(\mu, n\sigma^2)$

다. $N(n\mu, n\sigma^2)$

라. $N(n\mu, \sigma^2/n)$

02 다음은 중심극한정리(central limit theorem)의 정의다. ( ) 속에 들어갈 말을 차례대로 쓰면?

"모집단의 평균이 μ이고 분산이 σ^2인 분포로부터 n개의 표본을 취하여 만든 표본평균 $\bar{\chi}$의 분포는 ( )가 커지면 원래 분포와 무관하게 평균은 ( )이고, 분산은 ( )인 ( )분포를 따른다."

가. n μ σ^2 표준정규

나. $\bar{\chi}$ μ σ^2/n 정규

다. σ^2 $\bar{\chi}$ μ 표준정규

라. n μ σ^2/n 정규

03 중심극한정리(central limit theorem)은 다음 중 어느 것의 분포에 관한 것인가?

가. 모집단

나. 표본

다. 모집단의 평균

라. 표본의 평균($\bar{\chi}$)

04 모평균이 100, 모표준편차가 20인 어느 무한모집단에서 크기 100의 단순임의표본을 얻었다. 이때 표본평균 $\bar{\chi}$의 평균과 표준편차는 얼마인가?

가. 평균=100, 표준편차=2
나. 평균=1, 표준편차=2
다. 평균=100, 표준편차=0.2
라. 평균 =1, 표준편차=0.2

05 표본의 크기가 n=10에서 n=160으로 증가한다면, 평균의 표준오차는 n=10에서 얻은 경우와 비교하여 몇 배가 되는가?
가. 1/4
나. 1/2
다. 2
라. 4

06 임의의 모집단으로부터 확률표본을 취할 때 표본평균의 확률분포는 표본의 크기가 충분히 크면 근사적으로 정규분포를 따른다는 사실의 근거가 되는 이론은?
가. 중심극한의 정리
나. 대수의 법칙
다. 체비셰프의 부등식
라. 확률화의 원리

07 모집단의 표준편차의 값이 작을 때의 표본평균 값은?
가. 대표성이 크다.
나. 대표성이 작다.
다. 대표성의 정도는 표준편차와 관계없다.
라. 어느 것도 해당되지 않는다.

08 다음중 표본평균 $\overline{X}$의 속성이 아닌 것은?
가. 표본평균의 평균은 모집단의 평균과 동일하다.
나. 이상치(outlier)의 영향을 많이 받는 편이다.
다. 중심위치를 나타내는 통계량 중 하나이다.
라. 크기 순서대로 나열된 자료를 같은 크기의 2개 집단으로 나눈다.

09 모평균이 100, 표준편차가 20인 무한모집단으로부터 크기 100의 단순임의표본
을 얻었다. 이때 표본평균 $\overline{X}$의 평균과 표준편차는?
   가. 평균=100, 표준편차=2
   나. 평균=1, 표준편차=2
   다. 평균=100, 표준편차=0.2
   라. 평균=1, 표준편차=0.2

제15장

신뢰구간

철수는 우리 나라의 유명한 반도체기업 A회사에서 일하고 있다. 올해 A회사의 세계시장점유율은 25%이었다. 어느 날 회장님이 철수를 불러서 내년 A회사의 세계시장 점유율을 예측해 보라는 일을 맡겼다. 철수는 내년 세계경기가 호전될 것이라는 생각을 가지고 30%라고 회장님께 보고하였다. 이때 회장님은 "구체적으로 이야기해 주어서 정확하다. 하지만 딱 떨어지게 30.00% 점유율이 나올 확률은 거의 없는 것 아니냐. 좀더 신뢰할 수 있는 이야기를 해 주면 좋겠다"고 말했다. 다음 보고할 때 철수는 "10%에서 50% 사이에 점유율이 있을 것입니다"라는 보고를 하였다. 이에 회장님은 "많이 신뢰할 수 있는 이야기이네"라고 인정을 하셨습니다. "하지만 정확성은 거의 없네"라고 말했다. 철수는 어떤 식으로 보고를 했으면 좋을까?

답부터 이야기하자면 범위를 설정하되 가능한 범위를 좁게 잡고 이야기하는 것이 좋았을 것이다. 구간이 필요한 이유는 세상일이 불확실하기 때문이다. 철수가 예상하는 것처럼 세계경제가 호전될 수도 있고, 아닐 수도 있기 때문이다. 하지만 범위가 너무 넓으면 예측을 할 필요 자체가 없어진다. 예를 들어 "내년 시장점유율은 0%에서 100% 사이에 있을 것입니다"라는 이야기는 절대적으로 신뢰할 수 있다. 하지만 정확성이 없는 것이다.

신뢰구간은 이와 같이 모르는 사실에 대한 추정을 하는 구간이다. 또한 모르는 사실은 모집단에 대한 정보이다. 앞서 예를 들었듯이 불확실하고 복잡한 현실에서 정확성을 가지면서도 신뢰할 수 있는 언급을 해 주기 위해 필요한 것이 신뢰구간이다. 신뢰구간의 설정은 정확성(precision)과 신뢰성(confidence)의 타협을 가져온다. 정확성은 구간의 넓이가 좁을수록 커진다. 신뢰성은 추정하고자 하는 모수(parameter)를 포함할 확률을 의미한다(Agresti & Finlay, 1986 : 109).

신뢰성을 위해서 신뢰구간은 하나의 숫자가 아닌 구간을 제시한다. 하나의 숫자는 엄밀하게 이야기하면 언제나 틀리다고 이야기할 수 있기 때문이다. 예를 들어 한국 성인남녀의 키 평균을 170cm로 언급한다고 해 보자. 실제조사에서 키 평균은 예를 들어 정확하게 170.0000000cm로 나타나지 않는다. 170으로부터 조금의 오차는 가지게 되는 것이다. 예를 들어 170에 거의 가깝더라도 170.000012이라면 170은 아닌 셈이다. 구간이 넓어질수록 신뢰성은 커진다. 한국 성인남녀 키 평균을 150cm에서 190cm라는 구간으로 나타내면, 신뢰성은 매우 커질 것이다. 실제의 한국 성인남녀 키 평균은 아마 이 구간 내에 포함되어 있을 것이다.

정확성을 위하여 신뢰구간의 넓이는 좁혀야 한다. 앞서 예를 든 0%에서 100% 사이의 점유율이라는 주장은 하나도 정확성이 없다. 또한 한국 성인남녀 키 평균이 150cm에서 190cm 사이에 있을 것이라는 결과를 얻기 위해서 조사를 할 필요는 현실적으로 없다. 역시 정확성이 거의 없기 때문이다. 하지만 넓이를 좁히는 데 제한이 존재한다. 구간의 넓이를 좁힐수록 추정하는 모수가 포함될 확률은 낮아지기 때문이다. 주어진 표본을 가지고 모집단에 대한 추정을 할 경우, 정확성을 높일수록 신뢰성이 낮아지는 것을 감수해야 한다.

15.1 신뢰구간의 이해 : 동전던지기

흔히 신문이나 방송에 '60%가 찬성하였으며, 이 조사는 ±3% 오차에 신뢰수준 95%' 식의 표현이 등장한다. 이러한 표현은 신뢰구간을 언급하는 것이다. 이런 경우 신뢰구간은 '57%-63%'가 된다. 이렇듯 신뢰구간이란 모수를 추정하기 위해 표본통계량에 오차범위를 더하고 뺀 구간을 의미한다. 오차범위(margin of error)에 대해서는 이후 자세히 설명한다.

신뢰구간＝표본평균±오차범위

그렇다면 흔히 이야기하는 95%란 어떤 의미를 가질까? 이는 신뢰수준으로써 신뢰성의 정도를 의미하는 것이다. 즉 구간이 실제의 모수를 포함하고 있을 확률의 정도이다. 이 때 우리는 다시 질문을 던져 볼 수 있다.

"57%-63%라는 신뢰구간은 모수를 포함하거나 포함하지 않거나 두 가지 가능성밖에 없는데, 어떻게 95%가 나올 수 있을까?" 이러한 질문에 대답하기 위해서는 앞서 확률이론에서 언급한 확률과 실제의 차이를 이야기하여야 한다. 동전의 앞면이 나올 확률이 50%이지만 실제 동전을 1번 던졌을 때는 앞면이 나오든지, 아니면 뒷면이 나오든지 두 가지의 가능성밖에 존재하지 않는다.

즉 신뢰구간 95%는 이 신뢰구간에 모수가 포함될 확률이 95%라는 의미를 가지지 않는다. 질문에서처럼 한 표본에 대한 조사에 근거해 나온 신뢰구간은 우리가 모르지만, 존재하고 있는 모수를 포함하거나 포함하지 않거나 두 가지 중 하나일 것이다.

신뢰구간 95%란 동전을 무한히 계속 던지면 50% 앞면 확률을 가진다는 이야기와 마찬가지이다. 똑같은 방식으로 표본을 무한히 계속 뽑고 각각의 표본에 기초한 구간을 만들 때, 이들 신뢰구간 중 95%는 모수를 포함하고 있다는 것이다. 예를 들어 똑같은 방식으로 100번 표본조사를 하고, 100개의 신뢰구간을 만들어 보았다고 하자. 이들 신뢰구간 중 95개는 모수를 포함하고 있을 것이다. Rumsey(2003：195)의 표현대로 95% 신뢰하는 것은 자료를 구하고 구간을 정하는 과정(the process)인 것이다. 하나의 표본을 구하고, 그에 기반하여 작성한 구간이 모수를 포함하고 있다고 95% 신뢰하는 것은 아니다.

[그림 15-1]은 모수와 신뢰구간과의 관계를 나타내고 있다. 95% 신뢰수

[그림 15-1]	신뢰구간들과 모수

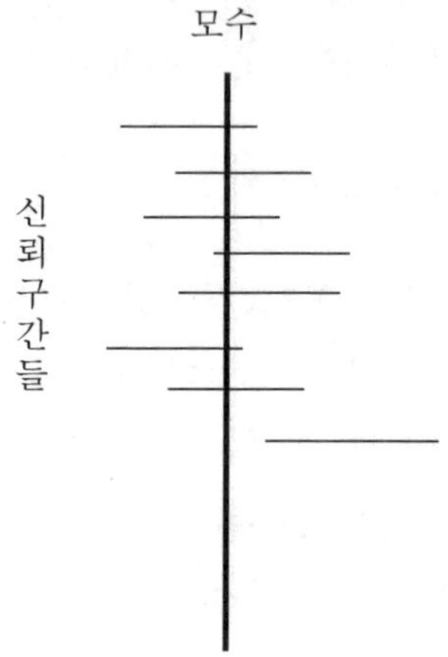

모수

신뢰구간들

준을 가지고 있으면, 95% 정도의 구간들은 모수를 포함하고 있다는 것이다. [그림 15-1]에서 대부분의 신뢰구간은 모수를 포함하고 있다. 제일 밑쪽에 있는 신뢰구간은 모수를 포함하고 있지 않다는 것을 알 수 있다. 다시 말하자면 동일한 방법으로 표본을 무한대로 뽑을 때, 그림에서처럼 모수를 포함하는 신뢰구간들이 95%가 된다는 것이 신뢰수준 95%의 의미이다.

15.2 신뢰구간의 이해 : 활 쏘 기

신뢰구간은 중심극한정리에 기초한다. 중심극한정리를 다시 한번 상기시키자면 아래와 같다.

평균 μ와 표준편차 σ를 가지고 있는 모집단분포에서 n개의 측정치로 구성된 무작위추출표본을 생각해 보자. n이 충분히 크다면, $\overline{Y}$의 표본분포는 평균 μ와 표준오차 $\sigma_{\overline{Y}} = \sigma/\sqrt{n}$ 을 가진 정규분포와 비슷하다.

이렇게 중심극한정리는 모수를 제시한다. 하지만 거의 모든 실제 조사에서는 모집단의 모수를 모른다. 모집단을 다 조사할 수 없기 때문에 표본을

표집한다고 앞서 언급한 바 있다. 예를 들어 우리 나라의 성인남녀 키 전부
를 측정할 수 없기 때문에, 1,000명의 표본을 무작위추출로 뽑고 그 표본평
균을 구하는 것이다.

　　이러한 중심극한정리를 이용하여 먼저 하나의 표본에서 구한 표본평균
을 모집단의 추정치로 사용한다. 중심극한정리에서는 표본평균들의 평균치가
모평균이라고 정의하고 있다. 따라서 하나의 표본평균을 모평균의 추정치로
쓸 수 있다.

　　그리고 중심극한정리에서 언급된 표준오차(표본평균들의 표준편차)를 참조
하여 하나의 표본평균을 중심으로 한 구간의 범위를 정한다. 표본평균들의
분포확률밀도에서 95%를 차지하는 구간정도의 넓이를 신뢰구간의 넓이로
설정한다. 표본평균들의 흩어진 정도가 많으면 신뢰구간의 범위를 여기에 따
라 넓게 잡고, 표본평균들의 흩어진 정도가 작으면 이에 따라 신뢰구간을 작
게 잡는 것이다.

　　이해를 돕기 위해 비유를 들자면 활쏘기를 생각해 볼 수 있다. 연예인
A씨가 무협영화에 출연하기 위해서 열심히 활쏘기를 하고 있다고 하자. 그
가 오늘 10발의 화살을 쏘았고, 그 화살들은 아래와 같이 꽂혀 있었다. 중간
에 있는 작고 둥근 점이 명중지점이다. ×로 표시된 지점들이 화살이 꽂힌
곳이다.

[그림 15-2]	활 쏘 기

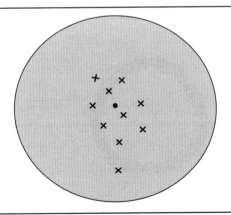

그런데 실제 영화촬영에서 A씨는 딱 한번밖에 화살을 쏠 기회가 없다고 한다. 감독은 실제 있는 그대로를 촬영하려고 한다. 이때 그가 쏘는 한 발은 대체로는 이전에 그가 했던 화살실력과 비슷할 것이다. 따라서 그가 한 발 쏜 화살이 박힌 지점은 중간에 있는 명중지점으로부터 어느 정도 떨어져 있다고 예측할 수 있다.

말을 바꾸어 이야기하면 중간에 있는 작은 원은 그가 쏜 한 발의 화살이 박힌 지점에서 어느 정도 떨어져 있다고 예측할 수 있는 것이다. 만약 한 발의 화살이 박힌 지점을 중심으로 어느 정도 크게 원을 그으면, 그 원 안에는 과녁의 명중지점이 포함될 수 있을 가능성이 크다고 추측할 수 있다.

비유를 풀자면 다음과 같다. 중간의 작은 원인 명중지점은 우리가 알려고 하지만 실제로 모르는 모수이다. 예를 들어 전국 성인남녀의 키 평균 같은 수치가 될 수 있다. [그림 15-2]의 10개의 화살이 박힌 그림은 표본통계량의 분포를 나타낸다. 우리가 무작위로 1,000명씩 뽑았을 때의 표본평균들의 분포라고 할 수 있다.

하지만 많은 시간과 돈이 드는 표본조사를 할 수 있는 기회는 현실적으로 한번밖에 없다고 볼 수 있다. 이런 경우 하나의 표본평균을 가지고 모평균이 포함될 수 있을 것 같은 범위를 제시하는 것이 신뢰구간이다.

[그림 15-3]　　　　　활쏘기와 신뢰구간 : 명중지점, 즉 모수를 아는 경우

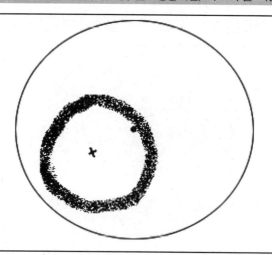

[그림 15-4]	활쏘기와 신뢰구간 : 명중지점, 즉 모수를 모르는 경우

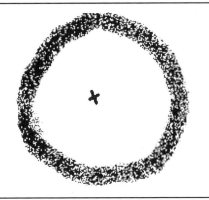

[그림 15-3]에서 ×로 표시된 하나의 표본평균을 중심으로 한 스프레이로 뿌려서 그린 것처럼 보이는 원이 신뢰구간인 셈이다.

그런데 실제에 가까운 모습은 [그림 15-4]와 같다. 모평균은 모르는 값이다. 조사자가 제시하는 것은 하나의 표본평균과 이를 기반으로 한 신뢰구간이다. 즉 아래와 같이 화살이 박힌 지점과 이를 중심으로 하는 스프레이로 그린 듯한 원이다.

이번에는 이순신 장군과 어느 병졸의 활쏘기를 생각해 보자. 이순신 장군은 활을 아주 잘 쏘기 때문에 명중지점의 1cm 이내에 95% 정도의 화살이 꽂힌다. 한 병졸은 이에 반해 화살을 잘못 쏘기 때문에 명중지점의 50cm 이내에 95%의 화살이 꽂힌다. 만약 이순신 장군이 하나의 화살을 날렸다고 하자. 표적을 보지 않고도 우리는 그 화살의 1cm 이내에 표적 정중간이 있을 확률이 95%라고 이야기할 수 있다. 마찬가지로 어느 병졸이 하나의 화살을 날렸다고 하자. 표적을 보지 않고도 우리는 그 화살의 50cm 이내에 표적 정중간이 있을 확률이 95%라고 이야기할 수 있다.

화살 쏘기의 비유에서 저자가 설명한 부분은 사실 독자들의 이해를 돕기 위해 통속적이고 쉬운 설명을 하였다. 학문적으로는 사실 부정확한 것이다. 따라서 학문적으로 엄밀한 신뢰수준의 해석을 제시하고, 신뢰구간의 이해에 대한 부분을 마치려고 한다.

정확하지 않은 표현은 '스프레이로 그린 원 내부에 명중지점이 있을 확률이 95%라는' 부분이다. 독자들이 너무 혼란스러워 할 것 같아서 그렇게 표현한 것에 불과하다. 이제 통속적인 이해가 되었다고 생각되기 때문에 좀 더 정확한 이해를 해 보자.

우리가 낚싯대를 한번 올릴 때 물고기를 잡을 확률이 30%라고 이야기한다고 하자. 하지만 실제 강태공 씨가 2005년 12월 31일 오후 12시에 낚싯대를 올리면 두 가지의 결과밖에 없다. 물고기를 잡았거나, 아니면 잡지 못한 것이다. 100%가 아니면 0%인 셈이다. 확률 30%라는 것은 강태공 씨가 해 오던 대로 계속 낚싯대를 올리면 대체적으로 100번 중 30번은 고기를 잡더라는 이야기일 뿐이다.

마찬가지로 우리가 한번 설문조사를 해서 신뢰구간을 제시할 때 '모수(예를 들어 모평균)가 이 신뢰구간 내에 있을 확률이 95%'라는 표현은 학문적으로 엄밀하지 않다. 하나의 특정한 신뢰구간에 모수가 포함되어 있을지 없을지는 실제 모르기 때문이다.

좀 더 엄밀한 이야기는 이러하다 : "만약 동일한 방법으로 신뢰구간을 계속 구해 간다면, 이러한 신뢰구간들 가운데서 95%가 모수를 포함하고 있을 것이다. 즉 100개의 신뢰구간들 가운데서 95개 정도는 모수를 포함하고 있을 것이다."

15.3 신뢰구간의 계산

먼저 제12장에서 나온 정규분포에 대한 수표를 다음과 같이 제시한다. 이 수표가 신뢰구간계산에 유용하기 때문이다.

[그림 15-5]   정규분포에서 확률계산

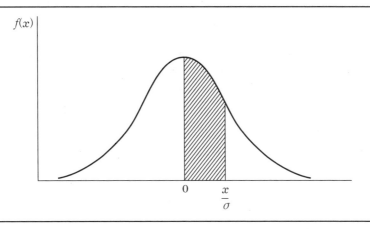

$\dfrac{x}{\sigma}$	면적
.00	.0000
1.00	.3413
1.64	.4495
1.96	.4750
2.00	.4772
2.58	.4951

모평균 μ를 추정하는 신뢰구간의 계산은 다음과 같다. 이 때 신뢰구간은 n이 충분히 커서(일반적으로 25 이상) 표본평균의 분포가 정규분포에 접근한다는 전제 하에서 성립된다.

$$\mu = \overline{X} \pm Z_{\alpha/2} \times \frac{\sigma}{\sqrt{n}}$$

$\overline{X}$는 표본평균이다. $Z_{\alpha/2}$는 표준정규분포에서의 특정표준점수이다. 표준정규분포 밀도함수에서 특정한 값의 절대값이 $Z_{\alpha/2}$라는 값보다 클 확률이 α(alpha)라는 의미이다. 만약 $Z_{\alpha/2}$가 2라면, 표준정규분포 밀도함수에서 -2보다 작거나 $+2$보다 큰 표준점수가 나올 확률이 α라는 의미이다. $Z_{\alpha/2}$에서

α(alpha)는 유의수준을 의미한다. 유의수준에 대해서는 다음 장에서 자세히 다룬다. 보통 이러한 기준을 0.05로 잡는 경우가 많다. σ는 모집단의 표준편차이다. n은 표본크기(표본을 구성하는 케이스의 수)이다.

정규분포수표를 적용하여 보자. 표본 크기가 충분히 큰 표본을 가지고 신뢰수준 95%의 신뢰구간을 산출하는 경우이다. 수표에서 $\frac{x}{\sigma}$가 1.96일 때 표준점수 0에서 1.96까지의 면적이 0.475라는 것을 알 수 있다. 따라서 $\frac{x}{\sigma}$가 1.96보다 클 확률은 0.025이다. $\frac{x}{\sigma}$가 −1.96보다 작을 확률 역시 0.025이다.

신뢰수준은 '$(1-\alpha)\times100$'%로 계산된다. 즉 신뢰수준이 95%일 때 $Z_{\alpha/2}$는 "$Z_{.025}=1.96$"이다. 참고로 '신뢰계수 0.95'와 '신뢰수준 95%'는 동일한 표현이다. 신뢰계수(confidence coefficient)는 구간이 모수를 포함할 개연성을 의미한다.

신뢰수준 95%로 모집단의 평균인 μ를 추정하는 신뢰구간의 계산은 다음과 같다.

$$\mu = \overline{X} \pm 1.96 \times \frac{\sigma}{\sqrt{n}}$$

숫자 1.96은 신뢰수준 95%에서의 $Z_{\alpha/2}$이다. 이때 α가 0.05인 것이다. 즉 $Z_{.025}=1.96$이다. 다른 식으로 표현하면, 표준정규분포에서 Z값 −1.96에서 1.96 사이의 확률이 95%이라는 것이다.

[그림 15-6]은 표준정규분포를 제시하고 1.96의 의미를 설명하고 있다.

신뢰수준 90%로 모집단의 평균인 μ를 추정하는 신뢰구간의 계산은 다음과 같다.

$$\mu = \overline{X} \pm 1.64 \times \frac{\sigma}{\sqrt{n}}$$

숫자 1.64는 신뢰수준 90%에서의 $Z_{\alpha/2}$이다. 이때 α가 0.10인 것이다. 즉 $Z_{.05}=1.64$이다. 표준정규분포 밀도함수에서 Z값 −1.64에서 1.64 사이의 값이 나올 확률이 90%라는 것이다.

[그림 15-6]	표준정규분포 : ±1.96

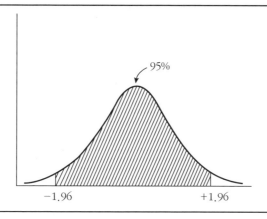

[그림 15-7]	표준정규분포 : ±1.64

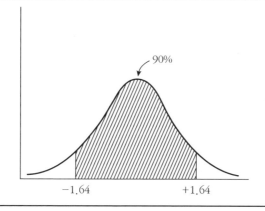

표준점수 1.64에 관해서는 [그림 15-7]이 설명하고 있다.
다음은 99% 신뢰구간을 계산하는 방법이다.

$$\mu = \overline{X} \pm 2.58 \times \frac{\sigma}{\sqrt{n}}$$

[그림 15-8]   표준정규분포 : ±2.58

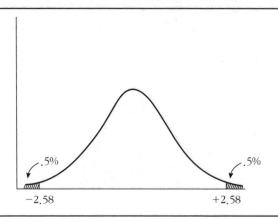

숫자 2.58이 $Z_{\alpha/2}$로서 사용되었다. [그림 15-8]을 참조하면 된다. 이번에는 절대값이 2.58보다 큰 경우의 표준정규분포 밀도함수에서의 확률을 나타내 보였다.

15.4 신뢰구간을 실제로 만들어 보기 : $n=25$

여기서는 모집단을 정해 놓고 케이스를 먼저 25개 무작위추출하여 신뢰구간을 구하는 것을 보여 준다. 수학적인 계산은 케이스를 100개 추출하여서 신뢰구간을 구하는 다음 단계에서 보여 주도록 한다. 표본 크기가 25개일 때 95% 신뢰구간, 90% 신뢰구간, 99% 신뢰구간을 각각 구해 보도록 한다.

앞서 중심극한정리에서 사용한 200명 키를 다시 모집단으로 사용하기로 하자. 현실에서는 이렇듯 모집단을 아는 경우가 거의 없지만, 원리를 알아보기 위해 모집단을 아는 것처럼 가정해 보자. 키 분포는 아래와 같다. 모평균은 170.41이며, 모집단의 표준편차는 10.50781이다.

170 · 193 · 178 · 184 · 182 · 158 · 160 · 167 · 178 · 179
175 · 183 · 185 · 180 · 179 · 177 · 161 · 160 · 176 · 187

175 · 154 · 158 · 160 · 178 · 165 · 171 · 191 · 178 · 163

161 · 154 · 151 · 168 · 165 · 173 · 162 · 176 · 184 · 163

165 · 193 · 161 · 168 · 165 · 165 · 159 · 159 · 170 · 163

156 · 173 · 175 · 172 · 184 · 173 · 162 · 175 · 159 · 175

183 · 165 · 166 · 167 · 171 · 158 · 164 · 163 · 158 · 173

165 · 167 · 185 · 170 · 178 · 170 · 173 · 185 · 180 · 182

164 · 189 · 168 · 174 · 158 · 155 · 169 · 163 · 164 · 165

160 · 163 · 152 · 153 · 164 · 170 · 172 · 158 · 160 · 193

184 · 178 · 175 · 176 · 170 · 169 · 156 · 164 · 153 · 184

179 · 194 · 150 · 174 · 155 · 160 · 173 · 159 · 163 · 158

168 · 162 · 158 · 170 · 172 · 162 · 180 · 156 · 155 · 168

160 · 161 · 164 · 158 · 170 · 182 · 165 · 164 · 172 · 166

169 · 190 · 164 · 179 · 179 · 179 · 180 · 193 · 170 · 158

171 · 180 · 166 · 175 · 164 · 195 · 177 · 164 · 163 · 161

178 · 181 · 168 · 166 · 155 · 158 · 159 · 166 · 190 · 183

180 · 165 · 171 · 179 · 191 · 175 · 164 · 168 · 157 · 158

194 · 181 · 168 · 160 · 155 · 173 · 178 · 175 · 163 · 175

176 · 183 · 185 · 190 · 189 · 178 · 182 · 184 · 172 · 174

중심극한정리를 설명할 때 표본을 선택한 것처럼 케이스 선택을 사용하여 25명을 무작위표본추출한다. [데이터] [케이스 선택] [케이스의 무작위표본추출] [표본]을 누른다. [그림 15-9]에서 [정확하게] '처음 [200]개의 케이스 중에서 [25]개의 케이스 추출'을 입력한다.

이 결과 선택된 키들은 화면에서는 [그림 15-10]과 같이 보여진다.

표본은 다음과 같이 무작위로 선택된 값들로 이루어져 있는 것이다.

178 · 179 · 183 · 187 · 175 · 178 · 154 · 168 · 161 · 175

173 · 167 · 180 · 172 · 173 · 162 · 160 · 164 · 179 · 179

195 · 163 · 180 · 171 · 179

이 표본을 가지고 신뢰구간을 구해 보도록 하자. [분석] [기술통계량] [데이터 탐색]을 선택하면, [그림 15-11]과 같은 화면이 나온다. 종속변수에 '키'

를 넣는다.

[그림 15-9]   신뢰구간 : $n=25$ 케이스 선택 표본추출

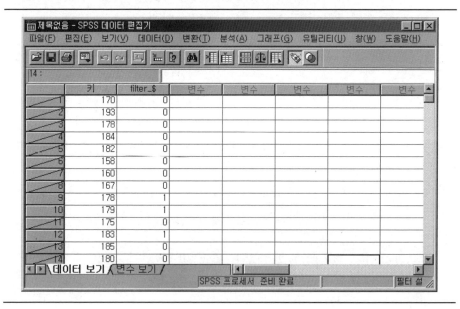

[그림 15-10]   신뢰구간 : $n=25$ 케이스 선택된 데이터

[그림 15-11]   **데이터 탐색 : *n*=25일 때 표본평균**

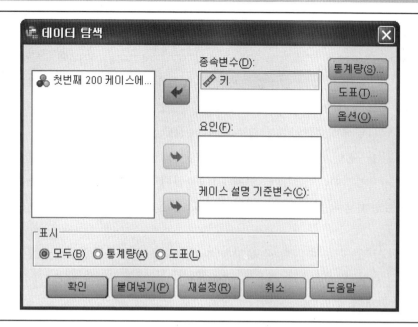

[표 15-1]   **신뢰구간 : *n*=25일 때 기술통계 출력결과**

기술통계

		통계량	표준오차
키	평 균	173.40	1.879
	평균의 95% 신뢰구간 하한	169.52	
	상한	177.28	
	5% 절삭평균	173.30	
	중위수	175.00	
	분 산	88.250	
	표준편차	9.394	
	최소값	154	
	최대값	195	
	범 위	41	
	사분위수범위	14	
	왜 도	−.029	.464
	첨 도	.059	.902

[표 15-1]과 같이 표본의 평균으로는 173.40이 나오고, 표준오차로는 1.879가 나왔다. 평균의 95% 신뢰구간으로는 하한 169.52와 상한 177.28이 나온다.

하지만 이러한 기술통계에서는 오직 95% 신뢰구간만을 제시한다. 따라서 저자는 여러 가지 신뢰수준에서의 신뢰구간을 구할 수 있는 방법을 제시하도록 한다.

[분석][평균비교][일표본 T-검정]을 선택한다. [그림 15-12]의 [검정변수]에 '키'를 집어 넣는다. 아래의 [검정값]이란 것은 저자가 가설검정을 설명할 때 이야기하도록 한다. 현재로서는 신뢰구간과 무관하기 때문에 그냥 기본사양인 0으로 남겨 둔다. 이러한 0에 대한 결과치도 역시 해석에서 무시한다.

[표 15-2]에서 주의할 점은 'T-검정'이라는 표현과 [일표본검정] 표에서 나오는 '검정값=0'·'t'·'자유도'·'유의확률(양쪽)'·'평균차'라는 부분을 무시해야 한다는 점이다.

[그림 15-12]   일표본 T-검정 : $n=25$ 신뢰구간

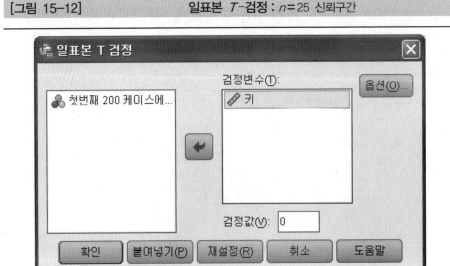

우리가 관심 있는 부분은 오로지 '차이의 95% 신뢰구간'이라는 부분이다. 169.52~177.28이라는 구간은 앞 데이터 탐색에서 나온 결과와 일치한다. 여기에서는 기본사양인 신뢰수준 95%가 적용되었다.

이번에는 90% 신뢰구간을 구해 보도록 하자. [분석] [평균비교] [일표본 T-검정] 이후 [옵션]을 선택한다. [그림 15-13]과 같은 화면에서 [신뢰구간]에 '90'을 입력한다.

[표 15-3]의 결과에서도 우리가 원하는 부분은 '차이의 90% 신뢰구간'뿐이다. 여기서는 95% 신뢰구간보다 더 구간이 좁아진 것을 알 수 있다.

[표 15-2]　　　　　　**일표본 T-검정** : 신뢰구간 $n=25$, 신뢰수준 95%

일표본통계량

	N	평 균	표준편차	평균의 표준오차
키	25	173.40	9.394	1.879

일표본검정

	검정값＝0					
	t	자유도	유의확률 (양쪽)	평균차	차이의 95% 신뢰구간	
					하한	상한
키	92.292	24	.000	173.400	169.52	177.28

[그림 15-13]　　　　　**일표본 T-검정 옵션** : 신뢰구간 $n=25$, 신뢰수준 90%

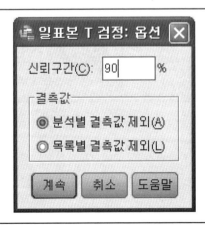

90% 신뢰구간은 170.19~176.61이다. 95% 신뢰구간이 169.52~177.28이라는 점을 생각해 보면, 키의 신뢰구간이 약 8cm에서 6cm 정도로 줄어든 것이다.

이 장의 처음에서 언급한 정확성(precision)과 신뢰성(confidence)의 관계에 대해서 다시 한번 생각해 보자. 하나의 같은 표본을 가지고 신뢰구간을 제시할 때, 정확성을 얻으면 신뢰성을 그만큼 잃는다. 반대로 신뢰성을 얻으면, 정확성을 그만큼 희생해야 한다. 90%라는 낮은 신뢰성(confidence)을 가지는 신뢰구간은 대신 좁은 구간을 제시하는 높은 정확성(precision)을 가지고 있는 것이다.

이번에는 좀더 높은 신뢰성을 가지는 99% 신뢰구간을 구해 보자. 마찬가지로 [분석] [평균비교] [일표본 T-검정] 이후 [옵션]을 선택한다. [옵션] [신뢰구간]에서 오른쪽에 '99'를 입력한다.

[표 15-4]에서는 90% 신뢰수준뿐 아니라 95% 신뢰수준보다도 훨씬 넓은 신뢰구간이 산출되었다. 신뢰구간은 168.15~178.65이다. 신뢰구간이 10cm 정도에 걸쳐서 나타난 것이다. 99% 신뢰수준이라는 높은 신뢰성을 가지고 있지만, 넓은 신뢰구간 때문에 낮은 정확성을 나타낸다고 이해할 수 있다.

[표 15-3] **일표본 T-검정 출력결과 :** 신뢰구간 n=25, 신뢰수준 90%

일표본통계량				
	N	평 균	표준편차	평균의 표준오차
키	25	173.40	9.394	1.879

일표본검정					
	검정값=0				
	t	자유도	유의확률 (양쪽)	평균차	차이의 90% 신뢰구간
					하한 / 상한
키	92.292	24	.000	173.400	170.19 / 176.61

[표 15-4]	일표본 *T*-검정 출력결과 : 신뢰구간 $n=25$, 신뢰수준 99%

일표본통계량

	N	평 균	표준편차	평균의 표준오차
키	25	173.40	9.394	1.879

일표본검정

	검정값=0					
	t	자유도	유의확률 (양쪽)	평균차	차이의 99% 신뢰구간	
					하한	상한
키	92.292	24	.000	173.400	168.15	178.65

15.5 신뢰구간을 실제로 만들어 보기 : $n=100$

신뢰구간에서 표본평균을 중심으로 한 오차범위가 $Z_{\alpha/2} \times \sigma/\sqrt{n}$ 이므로 표본의 크기가 클수록 신뢰구간은 작아진다고 볼 수 있다. 예를 들어 표본 크기를 4배로 늘리면, 신뢰구간은 2배로 줄어들 것이다. 이 역시 중심극한정리의 원리에 기인한다. 중심극한정리에서 표본 크기가 늘어날수록 표본평균들의 분포가 평균을 중심으로 몰린다는 것을 상기해 볼 수 있다. 이 부분이 이해가 되지 않는 독자들은 중심극한정리를 다시 공부할 필요가 있다. 여기서는 실제로 이렇게 표본 크기를 4배 늘였을 때, 어떠한 결과가 나오는지 알아본다. 실제 계산과정을 확인해 보는 작업도 해 보기로 한다.

표본 크기 25일 경우와 동일한 모집단을 이용한다. 중심극한정리를 다루었을 때와 마찬가지로 케이스 선택을 사용하여 100명을 무작위표본추출하였다. 다음과 같은 신장측정치들이 선택되었다.

170 · 193 · 184 · 182 · 160 · 167 · 178 · 179 · 175 · 183
180 · 160 · 187 · 175 · 158 · 160 · 171 · 191 · 178 · 161
154 · 151 · 168 · 176 · 165 · 161 · 159 · 163 · 175 · 173
162 · 159 · 175 · 183 · 171 · 158 · 164 · 163 · 173 · 167
185 · 170 · 180 · 182 · 164 · 174 · 158 · 163 · 165 · 152

172 · 158 · 184 · 178 · 175 · 170 · 155 · 160 · 173 · 159
158 · 170 · 162 · 160 · 161 · 170 · 164 · 172 · 166 · 169
179 · 179 · 170 · 158 · 180 · 166 · 175 · 164 · 195 · 163
178 · 181 · 155 · 166 · 190 · 180 · 171 · 179 · 191 · 168
157 · 158 · 194 · 181 · 168 · 175 · 163 · 190 · 178 · 184

[표 15-5]에서 볼 수 있듯이 이러한 100명의 키에 대한 정보를 가지고 95% 신뢰구간을 구하였다. 신뢰구간은 168.68~172.86이다. 대체로 구간은 4cm 정도의 넓이를 가진다. 25명을 가지고 조사한 표본으로 계산한 95% 신뢰구간은 169.52~177.28이었던 점을 상기해 보자. 표본의 크기를 25에서 100으로 늘림에 따라 신뢰구간이 반 정도 줄어든 것을 알 수 있다. 신뢰구간공식에 있는 $Z_{\alpha/2} X \sigma/\sqrt{n}$ 때문에 표본의 크기가 클수록 신뢰구간은 작아진다고 언급하였다. 공식과 거의 일치하는 예가 산출된 셈이다. 표본 크기를 4배로 늘려서 신뢰구간의 넓이를 반 정도로 줄인 것이다.

그렇다면 이러한 신뢰구간 자체는 어떻게 산출된 것일까? 신뢰구간의 계산부분에서의 공식을 다시 한번 상기해 보자. 95% 신뢰구간의 공식은 아래와 같았다.

$$\mu = \overline{X} \pm 1.96 \times \frac{\sigma}{\sqrt{n}}$$

[표 15-5]   일표본 *T*-검정 출력결과 : 신뢰구간 *n* = 100, 신뢰수준 95%

일표본통계량

	N	평 균	표준편차	평균의 표준오차
키	100	170.77	10.518	1.052

일표본검정

	검정값=0					
	t	자유도	유의확률 (양쪽)	평균차	차이의 95% 신뢰구간	
					하한	상한
키	162.363	99	.000	170.770	168.68	172.86

신뢰구간설정에 있어 모집단의 분포는 원래 모르기 때문에 모집단표준오차인 σ(sigma) 대신에 표본의 표준편차를 대신 사용한다. 표본의 표준편차는 [표 15-5]에 나와 있듯이 10.518이다. 따라서 $\dfrac{\sigma}{\sqrt{n}}$ 부분은 $10.518/10=1.0518$이 된다. 오차범위인 $1.96\times\dfrac{\sigma}{\sqrt{n}}$의 계산은 $1.96\times1.0518=2.061528$이다. 표본평균에서 오차범위를 더하고 빼면, 신뢰구간의 상한과 하한이 계산된다. 아래에서 표본평균은 170.77이다.

$$170.77+2.061528=172.831528$$
$$170.77-2.061528=168.708472$$

신뢰구간은 $168.708472\sim172.831528$로 계산되었다. $168.68\sim172.86$이라는 SPSS 결과와의 사소한 차이는 SPSS의 경우 1.96이 아닌 좀더 정밀한 값을 사용하기 때문이다.

15.6 신뢰구간에서 표본크기 *n*의 결정

표본을 추출하여 조사를 하고 그 결과를 신뢰구간으로 나타내야 할 때, 표본 크기를 먼저 정해야 하는 문제에 부닥친다. 이때 기계적인 해결책은 없다. 여러 가지 고려요소들이 있기 때문이다. 이러한 참조할 점들을 여기서 다루어 보기로 한다.

표본크기결정에 중요한 점은 아래와 같다.

✓ 모집단의 산포도
✓ 통계분석의 종류
✓ 자원(시간·돈…)
✓ 정확성
✓ 신뢰성

모집단의 산포도는 해당 변수에 대해 모집단의 각 케이스들이 얼마만큼 다르냐는 것이다. 이는 모집단표준편차인 σ(sigma)의 크기로 이해할 수도 있다. 만약 모든 케이스들이 동일하다면, 표본의 크기는 하나로도 충분할 것이다. 좀더 현실적으로 이야기하자면 선거조사의 예를 들 수 있다. 전라도 목포권역에 대한 선거조사와 지리산권역(경상도·전라도를 포함하는)에 대한 선거조사의 조사항목에 대한 표준편차는 상당히 다를 것이다. 지리산권역의 모집단표준편차가 더 클 것이라고 볼 수 있다. 이 경우 지리산권역의 조사를 위해서는 더 많은 표본이 필요할 것이다.

통계분석의 경우 퍼센트·평균·중위수 등의 간단한 통계기법은 작은 수의 표본 크기로도 큰 무리가 없다. 하지만 좀더 복잡한 통계기법은 많은 케이스 수를 필요로 할 수 있다.

시간과 돈 같은 자원은 생각보다 매우 중요한 요소이다. 현실적으로 이러한 돈이나 관리의 문제가 표본 크기를 결정하는 경우가 많다. 표본 크기를 크게 한다는 것은 일반적으로 돈·시간·정열을 많이 요구한다. 연구의 중요성, 연구문제의 복잡성 등을 종합적으로 비용에 대비해서 생각해 보아야 한다.

정확성과 신뢰성은 앞서 언급하였다. 정확성과 신뢰성은 위 세 가지 요소와는 달리 확률적인 준거점을 제시할 수 있으므로, 이에 대해서 알아보도록 하자.

모집단의 평균인 μ를 구하는 경우, 표본 크기는 신뢰구간공식에서 유도된다. 여기서 "E=신뢰구간의 오차범위"이다.

$$E = Z_{\alpha/2} \times \frac{\sigma}{\sqrt{n}}$$

$$E^2 = (Z_{\alpha/2})^2 \times \frac{\sigma^2}{\sqrt{n}}$$

$$\frac{E^2}{Z_{\alpha/2}^2} = \frac{\sigma^2}{n}$$

$$n \times \frac{E^2}{Z_{\alpha/2}^2} = \sigma^2$$

$$n = \sigma^2 \times \left(\frac{Z_{\alpha/2}}{E}\right)^2$$

앞서 공식은 모집단의 표준편차를 알고 있다는 전제에서 시작되었다. 예를 들어 어느 표본의 과목별 모의고사점수에 대한 신뢰구간을 할 때는 모집단의 표준편차를 어느 정도 정확하게 짐작할 수 있다. 예를 들어 지난번 전국응시학생들의 표준편차를 사용하면 된다.

하지만 현실에서는 이런 선택들이 간단하지 않다. 예를 들어 전남대학교 학생들의 한 달 평균 용돈을 조사한다고 하자. 이전에 동일한 방식으로 표본을 추출하여 조사한 적이 있다면, 그 때의 표본 케이스들에 대한 표준편차를 사용하면 된다. 하지만 이런 경우는 거의 없다. 이러한 때는 두 가지 정도의 방법이 가능하다. 무작위추출을 통해 30명 이상의 학생을 사전조사하여 이렇게 사전조사된 학생들의 용돈 표준편차를 모집단표준편차로 대체하여 사용하는 것이다. 두 번째는 짐작을 해 보는 방법이다. 만약에 95%의 학생들의 용돈이 10만 원에서 90만 원 정도라는 것을 짐작할 수 있다면, 모집단표준편차의 짐작이 가능해진다. 1.96이 표준정규분포의 오차범위이므로 대략 95%가 속하는 모집단의 전체범위는 $1.96 \times 2 \times \sigma$이다. 1.96을 2로 간주하면, 대략 '$4 \times \sigma = 80$만 원'이다. $\sigma = 20$만 원으로 짐작할 수 있다.

만약 95% 신뢰수준이면서 용돈의 오차범위가 5만 원으로 신뢰구간을 제시하기를 원한다고 생각해 보자. 이러한 경우 표본크기의 계산은 $20^2 \times (1.96/5)^2 = 400 \times 0.153664 = 61.46$이다. 대략 62명 정도를 표본크기로 하면 된다는 결론이 나온다. 여기서 하나 언급할 것은 모집단표본편차의 짐작은 가능한 보수적으로 하는 것이 좋다. 즉 모집단표본편차가 크다고 가정하는 것이 바람직하다는 것이다.

15.7 신뢰구간에서 표본크기 n의 결정 : 모집단비율의 추정

이번에는 모집단평균의 추정이 아닌 모집단비율의 추정을 다룬다. 대부분의 통계학서적들과 달리 이 책에서는 퍼센트로 나타나는 비율에 대한 언급을 별로 하지 않았다. 첫번째는 비율에 대한 언급이 가져오는 학습에 있어서의 복잡성 때문이다. 두 번째는 실제 데이터 처리에서 비율과 숫자는 별

차이가 없기 때문이다. 예를 들어 찬성과 반대에 대한 비율을 조사했다고 하자. 찬성을 1로 입력하고 반대를 0으로 입력한다면, 나오는 결과 그 자체가 결국 비율을 의미하게 된다. 예를 들어 표본이 10명이고, 이들 중에서 7명이 찬성하고, 나머지 3명이 반대라고 하자. 찬성이 1이며 반대가 0으로 입력된다면, SPSS는 찬성평균을 0.7로 계산할 것이다. 70% 찬성이라는 의미와 동일한 숫자가 출력되는 셈이다. 이 경우 SPSS에서 평균통계량으로써 언급되는 숫자는 모집단평균의 추정에서와 마찬가지로 모집단비율을 추정하기 위한 값이다.

하지만 표본의 통계적인 계산 이전의 문제인 표본 크기의 결정은 다른 문제이다. 다른 책에서 자세한 내용을 많이 다루므로, 여기서는 공식만 언급하도록 한다.

$$n = \hat{p}(1 - \hat{p})\left(\frac{Z_{\alpha/2}}{E}\right)^2$$

$\hat{p}$=모집단비율에 대한 추정치

예를 들어 전국 성인남녀의 열린 우리당 지지율을 알아보려고 한다. 이전 조사는 30%로 나타났었다. 이때 95% 신뢰수준으로써 ±2% 오차범위를 가지고 지지율을 추정하려고 한다. 이때 필요한 표본 크기는 얼마일까?

$$0.3(1-0.3)(1.96/0.02)^2 = 0.3 \times 0.7 \times 9,604 = 2,016.84$$

즉 2,017명 정도가 표본으로써 필요하다는 결론이 나왔다. 이때 만약 열린 우리당에 대한 이전 여론조사지지도와 같은 추정치가 없을 때에는 $\hat{p}$값으로써 0.5를 사용한다. 이러한 경우 0.5는 대입할 수 있는 비율 중 가장 많은 표본 크기가 나오게 되는 값이다.

참고삼아 한번 0.5를 넣어서 계산해 보면 아래와 같다.

$$0.5 \times 0.5 \times 9,604 = 2,401$$

즉 표본 크기는 2,401명이 되어야 한다는 것이다. 이는 앞서 모집단의 평균을 추정할 때 언급한 보수적인 접근(많은 표본 크기)과 동일한 논리적 해결책이다.

참고로 모집단비율에 대한 신뢰구간의 공식은 다음과 같다. 여기에서 $\hat{p}$는 표본비율이며, p는 모비율을 의미한다.

$$p = \hat{p} \pm Z_{\alpha/2} \times \sqrt{\frac{\hat{p}(1-\hat{p})}{n}}$$

15.8 잘못된(?) 신뢰구간 : 비확률표집과 신뢰구간

신뢰구간은 확률적인 추론이며, 따라서 확률표집을 통해 표본을 구했을 때만 유효하다. 어느 케이스나 선택될 확률이 동일한 무작위추출(random sampling)을 통해서 조사가 이루어져야만, 확률적인 의미를 가지는 신뢰구간을 제시할 수 있다는 것이다. 비확률표집에서는 신뢰구간을 제시하지 않는 것이 적절하다.

다음은 2005년 11월 15일 중앙일보 기사내용의 일부분이다. 퇴직연금에 대한 각 질문에 대한 응답의 신뢰성과 오차범위를 제시한 것을 알 수 있다. 기사본문에서는 '유의할당추출법(purposive quota sampling)'을 사용하여 표본을 구했다고 밝히고 있다.

이러한 유의적(purposive) 표집은 일반적으로 비확률표집으로 분류된다 (Babbie, 2002 : 237; Kalton, 1983 : 91). 기사내용을 보면 알 수 있듯이 무작위추출은 이루어지지 않았다. 이러한 경우 "비확률표집이므로 신뢰구간을 제시할 수는 없다"라고 명시하는 것이 적절하다고 저자는 생각한다.

따라서 아래의 기사는 최소한 부적절하게 신뢰구간을 제시했다는 비판은 피할 수 없을 것이다. 근거가 충분하지 않은 상황에서 확률적인 증거인 신뢰구간을 제시한 것이다.

〔준비 안 된 '퇴직혁명'〕 상·기업담당자 "정보 없어 헷갈린다"

상. 너무 모르는 퇴직연금

경기도 안양시에서 중소기업을 상대로 보험영업을 하는 김모 씨는 이달 초 처음으로 퇴직연금교육을 받았다. 나름대로 틈틈이 공부했지만 아직도 모르는 것 투성이다. 김 씨는 '퇴직연금을 유치해야 하는데, 기업담당자의 질문에 자신 있게 답해 줄 수 없어 고민'이라며 답답해 했다.

정부가 야심작으로 내놓은 퇴직연금제는 '21세기형' 노후보장제도다. 40여 년간 유지돼 왔지만 연간체불액이 5,000억 원이 넘는 등 '불안한' 퇴직금제도를 대체·보완하자는 게 가장 큰 목적이다. 그러나 아직 세제지원 여부 등 세부시행지침이 마련되지 않은 데다 상품도 확정된 게 없어 시행초기부터 혼란이 불가피할 전망이다. 기업이든, 근로자든 막상 어디서부터 손을 대야 할지 막막해 하는 분위기다.

당장 퇴직원금을 투자하고 운용하는 책임을 회사가 지느냐(확정급여형), 아니면 근로자가 지느냐(확정기여형)를 놓고 노사간 또는 노노간 갈등이 생길 수 있다. '퇴직용 원금'을 주식투자 등을 통해 불리는 것을 두고 반대하는 직장인도 많기 때문이다.

이런 문제를 풀어 가려면 무엇보다 홍보와 교육이 시급하지만, 정부는 "알 만한 사람은 웬만큼 안다"면서 이를 소홀히 하고 있다.

퇴직연금전문가인 김성일 씨는 '제대로 정착되면 불안한 국민연금을 보완할 최고의 노후대책이 될 것'이라며, "정부는 물론 기업과 근로자 모두의 노력이 필요하다"고 말했다.

◆ **"퇴직연금이 뭡니까"**=대다수 직장인은 기초정보에도 어두웠다. 본지 설문응답자의 절반 가량이 "(퇴직연금제도를) 들어는 봤지만 뭔지 모르겠다"(50.5%)고 응답했다. "전혀 모른다"도 세 명 중 한 명(32.2%) 꼴이었다. ▶ 근무연수가 낮을수록, ▶ 다니는 회사의 규모가 작을수록 퇴직연금에 대해 몰랐다. 좀 안다는 근로자도 대부분 '수박겉핥기 수준'이었다. "퇴직연금을 안다"고 답한 이들 중 70% 이상이 자금운용의 기본개념인 확정급여형과 확정기여형의 차이를 구별하지 못했다.

각 회사 퇴직연금담당자도 정보에 목말라 하기는 마찬가지였다. 그룹 사차원에서 교육을 받았다는 A기업 담당자는 "여러 금융회사에서 와 교육을 했는데 별 도움이 안 됐다"며, "구체적인 내용을 물으면 '아직 확정되지 않았다'는 대답뿐이었다"고 말했다.

◆ **"제도도입이 겁난다"**=퇴직연금제의 문제점으로 '투자에 따른 위험성'을 꼽은 이가 31.7%로 가장 많았다. 퇴직연금재원을 (주식 등에) 투자했다가 혹여 원금을 까먹을까 걱정하는 사람이 그만큼 많았기 때문이다. 직장인들은 노후대책으로 주식투자(13.6%)보다 부동산(39.6%)이나 은행 예·적금(39.4%)을 선호했다. "기존 퇴직금제도를 바꾸는 게 귀찮다"(23.7%)거나 "정보나 교육이 부족하다"(22.5%)는 것을 문제점으로 꼽은 근로자도 많았다. 중소기업인 H기계 인사담당자는 '골치 아프게 바꿀 필요 없이 기존 퇴직금제도를 유지할 생각'이라고 말했다.

이런 인식이 바뀌지 않는 한 퇴직연금의 조기정착은 어려울 수밖에 없다. 퇴직연금이 증시의 자금줄 역할을 해 주가가 오르고, 오른 주가가 퇴직연금의 고수익을 뒷받침하는 선순환 시나리오가 작동하지 않게 되기 때문이다.

기협중앙회 조유현 실장은 "막상 시행에 들어가면 문제나 불만이 봇물처럼 터져 나올 것"이라며, "그 때 가서 땜질식 처방을 하다가는 국민연금의 실패를 되풀이할 수 있다"고 말했다.

◆ **정부와 기업이 팔걷고 나서야**=건설자재업체인 D사의 경리과장은 "실무적인 절차나 구체적 내용을 알아야 퇴직금과 퇴직연금을 비교해 볼 텐데, 정보가 턱없이 부족하다 보니 어떤 게 좋은지 모르겠다"고 말했다. 직장인의 71%는 신문·방송·인터넷을 통해 퇴직연금과 관련된 정보를 얻고 있었다. 정부홍보를 통해 정보를 얻는 비율은 크게 낮았다.

그나마 어느 정도 퇴직연금관련 정보를 들어 본 적이 있다는 응답은 대기업근로자(74.8%)가 중소기업종사자(55.7%)보다 많았다. ▶ 여성(7.6%)보다는 남성(22.7%)이, ▶ 판매나 기능직(8.3%)보다는 경영관리직(30.8%)이, ▶ 소득이 높을수록 관련정보를 잘 알고 있는 것으로 나타났다. 김인재(법학) 상지대 교수는 "제도도입 초기에는 정부가 나서 적극적으로 교육과 홍보를 하는 것이 근로자들에게 신뢰를 줄 수 있다"고 말했다.

정부도 할 말은 많다. 문제점도 알고 개선노력도 하지만 쉽지 않다는 것이다. 노동부관계자는 "제도정착을 위해 내년부터 300인 이하 영세기업을 대상으로 퇴직연금 컨설팅비용의 일부를 보조해 주는 예산을 국회에 상정해 놨지만, 이마저 통과 여부가 불투명한 상황"이라고 말했다.

어떻게 조사했나
직장인 1,000명, 인사·노조담당 140명 설문

이번 설문조사는 11월 3-9일 5일간(공휴일 제외) 진행됐다. 직장인 1,000명 외에 기업 인사담당자와 노조담당자 70명씩을 별도설문조사하는 등 모두 1,140명을 대상으로 했다. 본지와 세계적 금융회사인 피델리티가 공동기획하고, 여론조사전문기관인 유니온 조사연구소가 조사를 맡았다.

유의할당추출법(Purposive Quota Sampling)에 따라 조사대상을 선정해 전화와 팩스로 조사했다. 설문내용은 국내외 퇴직연금전문가들의 조언을 바탕으로 했다.

일반직장인에 대한 설문조사는 서울을 포함한 6개 지역(인천·경기·부산·광주·울산·포항)에 거주하는 성인남녀(만 20-59세) 1,000명을 대상으로 했다.

기업 인사담당자와 노조간부는 각각 대기업·중견기업·소기업으로 분류한 뒤 전화와 팩스 조사를 병행했다.

노조간부들을 상대로 한 설문조사에선 전체응답자 네 명 중 한 명꼴(27.1%, 19명)로 노조위원장이 직접 응답했다.

표준오차는 ±3.1%, 신뢰수준은 95%이다.

◆ 유의할당추출법=모집단이 한정돼 있으면서 지역별·성별·연령별 분포를 정확히 알 수 없을 때 대상자를 선별하는 방법. 대기업과 중소기업을 구분한 이번 설문조사처럼 모집단 내에서 따로 대상자를 분류하는 조사에 많이 쓰인다.

수 업 시 간 에 혹 은 나 혼 자 서 해 보 기

01 신뢰수준이란 어떤 의미인가?

02 신뢰구간 사용의 장점과 또 그 한계에 대해 생각해보자. 친구들과 이에 대해 토론해 보자.

03 좀더 짧은 신뢰구간을 만들기 위해 표본의 수를 늘리려고 한다. 표본수 증가와 신뢰구간의 길이가 어떠한 관계인지 생각해보자. 예를 들어, 표본수가 9배 늘어나면 신뢰구간은 얼마나 줄어들 것인가? 왜 그런지도 따져 보자.

04 같은 표본을 가지고 90%, 95%, 99% 신뢰구간을 각각 구하였다. 신뢰성, 정확성, 구간의 길이라는 세 가지에 대해 아래 괄호 안에 부호(예를 들어 〉〈와 같은)를 기입해보라. 친구들과 이에 대해 또 토론해보자.

신뢰성:　　90% 신뢰구간 (　　) 　95% 신뢰구간 (　　) 　99% 신뢰구간

정확성:　　90% 신뢰구간 (　　) 　95% 신뢰구간 (　　) 　99% 신뢰구간

구간길이: 90% 신뢰구간 (　　) 　95% 신뢰구간 (　　) 　99% 신뢰구간

문제풀기

01 신뢰구간의 크기에 대한 설명으로 틀린 것은?

  가. 신뢰수준(Z)이 높으면 커진다.
  나. 모집단의 표준편차(σ)가 클수록 커진다.
  다. 표본의 수(n)가 증가할수록 작아진다.
  라. 표본의 수(n)와는 무관하다.

02 신뢰구간의 폭이 작아지는 경우가 아닌 것은?

  가. 신뢰수준(Z)을 낮게 한다.
  나. 모집단의 표준편차(σ)가 작다.
  다. 표본의 수(n)를 증가시킨다.
  라. 신뢰수준(Z)을 높인다.

03 n=100, $\overline{\chi}$=16, s^2=25일 때, 95%의 신뢰구간은? ($Z_{0.05}$=1.64, $Z_{0.025}$=1.96)

  가. 16±0.98
  나. 16±0.82
  다. 16±4.5
  라. 16±2.2

04 어느 선거구에서 갑후보의 지지율을 조사하기 위하여 100명의 유권자를 조사한 결과 갑후보의 지지율이 65%이었다. 갑후보의 지지율에 대한 95%의 신뢰구간은?

  가. $0.65 \pm (1.96) \sqrt{0.65(1-0.65)/100}$
  가. $0.65 \pm (1.96) \{0.65(1-0.65)/100\}$
  가. $0.65 \pm (1.645) \sqrt{0.65(1-0.65)/100}$
  가. $0.65 \pm (1.645) \{0.65(1-0.65)/100\}$

05 설문을 이용한 여론조사에서, 95% 신뢰도 ±5% 이내의 정확도를 유지하려면 최소 몇 명 정도를 표집해야 하는가?

가. 400

나. 900

다. 1100

라. 2000

06 우리나라 가구의 월평균 소득을 조사한 결과 표준편차가 8,000원 정도 될 것으로 예상되었다. 모평균 μ를 신뢰도 95%로 추정하고자 할 때 오차를 1,000원 이내로 하려면 표본크기는 얼마로 해야 하는가?

가. 약 160 이상

나. 약 430 이상

다. 약 250 이상

라. 약 210 이상

07 형광등을 대량 생산하고 있는 공장이 있다. 제품의 평균수명시간을 추정하기 위하여 100개의 형광등을 임의로 추출하여 조사한 결과, 표본으로 추출한 형광등 수명의 평균은 500시간 그리고 표준편차는 400시간이었다. 모집단의 평균수명에 대한 95% 신뢰구간을 추정하면? (단, $Z_{0.025} = 1.96$, $Z_{0.005} = 2.58$)

가. (492.16, 510.32)

나. (492.16, 507.84)

다. (489.68, 507.84)

라. (489.68, 510.32)

08 모분산이 알려져 있는 정규모집단의 모평균에 대한 구간 추정을 하는 경우, 표본의 수를 4배로 늘리면 신뢰구간의 길이는 어떻게 변하는가?

가. 신뢰구간의 길이는 표본의 수와 관계없다.

나. 2배로 늘어난다.

다. 1/2로 줄어든다.

라. 1/4로 줄어든다.

09 어느 대학교 학생들의 흡연율을 조사하고자 한다. 실제 흡연율과 추정치의 차이가 5% 이내라고 90% 확신을 갖기 위해서는 얼마만큼 크기의 표본이 필요한가? (단, $Z_{0.1}=1.282$, $Z_{0.05}=1.64$, $Z_{0.025}=1.96$)

가. 165

나. 192

다. 271

라. 385

10 동일한 신뢰수준에서 모비율 θ에 대한 신뢰구간의 길이를 절반으로 줄이기 위해서는 표본크기를 몇 배로 하여야 하는가?

가. $\sqrt{2}$ 배

나. 2 배

다. 4 배

라. 1/4 배

제16장

가설검정

가설검정은 판단 혹은 결정(decision)을 내리는 작업이다. 가설(假說)에서 '가(假)'는 '임시의', '잠정적인'이란 의미를 가지고 있다. 잠정적인 주장을 세우고, 이에 대한 판단을 하는 것이다.

가설검정은 신뢰구간과 공통점들을 가지고 있다. 첫째, 표본을 사용하여 사용한다. 둘째, 무작위추출에 의해 표본이 구성되어지는 확률표집일 때만 의미를 가진다. 셋째, 모집단의 모수를 추정한다. 넷째, 사용되는 확률적 원리는 기본적으로 중심극한정리이다.

가설검정이 신뢰구간과 가장 주요한 차이를 가지는 점은 가설을 먼저 세운다는 점이다. 가설검정에서는 연구자가 모집단에 대한 가설(hypothesis)을 먼저 세우고, 이후에 이를 검정(test)한다.

여기서는 가설검정의 원리를 이해하기 위한 비유들을 사용한다. 하나는 동전던지기이고, 하나는 판사의 판결이다. 저자는 이러한 비유들이 독자들의 이해를 쉽게 할 것이라고 생각한다. 더 자세하고 구체적인 지식전달을 위해 이어서 평균추정에 대한 가설검정을 해 본다. 하나의 모집단에서 추출한 표본을 가지고 모집단의 평균을 추정하는 것이다.

16.1 가설검정의 원리이해 : 동전던지기

한 친구가 나에게 간단한 놀이를 제안하였다. 동전던지기를 해서 앞면이 나오면 자신이 1,000원을 받고, 뒷면이 나오면 내가 1,000원을 받는다는 것이다. 나는 놀이를 하기 전에 한번 생각해 보았다. 이런 놀이를 했을 때 앞면과 뒷면이 나올 확률이 같다는 것이 보통 사람들의 생각이리라 생각되었다. 동전이 구부러지지 않는 이상 앞면과 뒷면이 나올 확률은 각각 50%인 것이다. 가설검정에서는 이러한 기존의 생각을 귀무가설(歸無假說, null hypothesis)이라고 한다. 혹은 영가설(零假說)이라고 부르기도 한다.

그런데 나는 그 친구가 아무래도 수상하다는 생각을 하게 되었다. 어떤 술수를 부려서 나에게서 돈을 가져가려고 하는 게 아닌가 하는 생각이 든 것이다. 그래서 앞면이 나올 확률이 실제로 높다는 생각을 하게 되었다. 동전을 그 친구가 구부린 것이 아닌가 하는 의심을 하게 된 것이다. 가설검정에서는 이러한 새로운 생각을 대립가설(alternative hypothesis)이라고 한다. 연구자가 증명하려는 생각이라는 의미에서 이를 연구가설(research hypothesis)이라고 부르기도 한다.

실제로 친구와 동전던지기를 하기 이전에 나는 내가 내리는 판단에 대해 생각해 보았다. 그 결과 [표 16-1]과 같이 네 가지 상황이 나올 수 있다는 것을 알았다. 여러 상황이 나오는 이유는 실제 진실은 알 수 없기 때문이다. 무한대로 동전을 던져 본다면 알 수 있을지 모르지만, 동전던지기 게임에서는 제한된 횟수만큼 동전을 던지게 된다.

[표 16-1]의 표는 쉽게 이해할 수 있을 것이다. 네 가지의 상황에서 두 가지는 옳은 판단을 하는 것이다. 나머지 두 가지는 틀린 판단을 하는 것이다. 틀린 판단의 성격은 각기 다르다.

하나는 동전이 정상적인데, 판단은 정상적이지 않다고 하는 경우이다. 즉 귀무가설이 맞는데, 귀무가설이 틀리다고 판단하는 경우이다. 이를 '제1

[표 16-1]	동전던지기의 네 가지 상황	
진실 / 판단	동전은 정상적이다 (귀무가설이 맞음)	동전은 구부러졌다 (대립가설이 맞음)
정상적 동전이 아니다 (귀무가설이 틀림)	잘못된 판단 (제1종 오류)	옳은 판단
정상적 동전이 아니라고 판단할 수 없다(귀무가설이 틀리다고 할 수 없음)	옳은 판단	잘못된 판단 (제2종 오류)

종 오류'라고 한다.

[표 16-2]	동전던지기 경우의 수		

1회	2회	3회	4회
앞	앞	앞	앞
			뒤
		뒤	앞
			뒤
	뒤	앞	앞
			뒤
		뒤	앞
			뒤
뒤	앞	앞	앞
			뒤
		뒤	앞
			뒤
	뒤	앞	앞
			뒤
		뒤	앞
			뒤

다른 하나는 동전이 구부러졌는데, 정상적 동전이 아니라고 판단하지 않는 경우이다. 대립가설이 맞는데, 귀무가설이 틀리다고 판단하지 않는 경우이다. 이를 '제2종 오류'라고 한다.

드디어 실제 동전던지기를 하였다. 네 번 던졌는데, 네 번 모두 앞면이 나왔다. 나는 동전이 정상적일 때 앞면이 4번 나올 확률을 계산해 보았다. 이는 0.5×0.5×0.5×0.5=0.0625라는 사실을 파악했다.

쉽게 경우의 수를 생각해 보자. [표 16-2]에서 '뒤 뒤 뒤 뒤'라는 경우의 수가 나올 확률은 16개 중 하나에 불과하다. 1/16=0.0625이다.

이러한 확률을 유의확률(significance probability, significance)라고 한다. 혹은 p값(p value)이라고 부르기도 한다. 이러한 유의확률은 제1종 오류를 범할 확률이기도 하다.

만약 동전이 정상적이 아니라고 판단하였다고 생각해 보자. 아까 계산한 0.0625는 동전이 정상적일 때에도 이러한 결과가 나올 확률이다. 즉 귀무가설이 맞는데도 틀린다고 판단할 확률인 것이다.

가설검정에서는 유의확률을 가지고 판단을 내린다. 물론 판단은 두 가지 중 하나이다. 귀무가설이 틀리다고 판단을 하는 것이 하나이다. 다른 하나는 귀무가설이 틀렸다고 판단할 수 없다는 것이다.

판단의 근거가 되는 확률값을 유의수준(significance level)이라고 한다. 어떤 경우에는 α수준(αlevel)이라고도 한다. 이는 통상적으로 제1종 오류 확률을 α라고 하고, 제2종 오류를 β라고 하는 데서 기인한다.

유의수준은 기존에 연구자들이 많이 사용해 왔던 값을 사용한다. 주로 0.05를 주로 많이 사용한다. 똑같은 방식으로 연구를 되풀이할 때, 100번 중 5번 정도는 오류를 범하게 된다는 정도로 이해할 수 있다. 어떤 경우에는 0.01이나 0.10이 사용되기도 한다.

마지막으로, 유의확률을 유의수준과 비교함으로써 판단을 내릴 수 있다. 실제 동전이 정상적인데도 내가 이렇게 돈을 잃을 확률이 생각해 둔 확률보다 낮을 때는 뭔가 잘못되었다고 생각하는 것과 같은 이치이다. 통계적으로 말하자면 유의확률이 정해 둔 유의수준보다 작은 경우 귀무가설이 틀리다고 판단한다.

유의확률이 작을수록 귀무가설이 틀리다고 판단하기 쉽다는 점은 이해가 될 것이다. 동전이 정상적인데, 4번 던져서 모두 앞면이 나올 확률은 1/16으로 0.0625이었다. 동전이 정상적인데, 5번 던져서 모두 앞면이 나올 확률은 1/32로 0.03125이다. 4번 모두 앞면이 나와서 4,000원을 잃은 경우보다 5번 모두 앞면이 나와서 5,000원을 잃고 난 다음에 "이것은 사기다"라고 판단하기가 더 쉽다는 것이다.

4,000원을 잃은 경우는 유의수준을 0.05로 잡았다면, 유의확률 0.0625가 이보다 크기 때문에 귀무가설을 기각할 수 없다. 유의수준 0.05에서는 동전이 구부러졌다고 판단할 수 없다.

하지만 이러한 가설검정에서의 판단이 진실을 의미하는 것은 아니다. 실제로 동전이 구부러졌는지, 아닌지는 알 수 없는 것이다. 즉 모수에 대해서는 여전히 모르는 것이다.

16.2 가설검정의 원리이해 : 판사의 판결

흔히 통계학 책에서 많이 사용되는 다른 설명은 판사의 판결이다. 내가 판사라고 생각해 보자. 살인사건이 있었고, 판사인 내가 관심 있어 하는 것은 현재 심증이 가고 있는 피의자에 대한 유죄판결이다. 하지만 법정에서 피의자는 일단 무죄라고 간주된다. "유죄가 확정되지 않은 이상 피의자는 무죄이다"는 현대적 법해석에 의해서이다. 피해자와의 원한관계와 같은 정황증거로는 내가 원하는 유죄판결을 내릴 수 없다. 예를 들어 범행현장에 남아 있는 핏자국이 피의자의 것이라는 강한 물리적 증거가 있다면, 아마 유죄를 선고할 수 있을 것이다.

이런 비유에서는 다음과 같은 도식화가 가능하다.

귀무가설＝무죄
대립가설＝유죄
제 1 종 오류＝실제로 피의자가 무죄인데, 유죄라고 판결하는 오류
제 2 종 오류＝실제로 피의자가 유죄인데, 유죄가 아니라고 판결하는 오류

[표 16-3]	판사판결의 네 가지 상황	
진 실 판 결	피의자는 무죄이다 (귀무가설이 맞음)	피의자는 유죄이다 (대립가설이 맞음)
피의자는 유죄이다 (귀무가설이 틀림)	잘못된 판결 (제 1 종 오류)	옳은 판결
피의자는 유죄가 아니다 (귀무가설이 틀리다고 할 수 없음)	옳은 판결	잘못된 판결 (제 2 종 오류)

[표 16-3]과 같이 다시 표를 그려 볼 수 있다.

이러한 판사의 판결에서 무죄인 피의자를 유죄로 판결하는 제 1 종 오류를 범할 확률이 유의확률(혹은 p 값)이다. 평소 피해자와 원한관계에 있었던 피의자가 사건 당시 범행현장 근처에 있었다는 정황증거를 가지고 유죄판단을 판사가 내린다면, 제 1 종 오류 가능성이 매우 높다. 예를 들어 DNA 검사도 아주 작은 확률이지만, 틀릴 가능성이 있기는 하다. 판사의 판결이 DNA 증거에 직접적으로 의존한다면, 그만큼 제 1 종 오류 가능성을 가지는 것이다.

판사가 유죄판결을 할 때는 무고한 사람을 유죄로 만드는 확률이 어느 수준 미만이라고 판단될 때이다. 즉 유의확률이 유의수준보다 작을 경우이다. 판사 나름대로 가지고 있는 유죄판결의 기준이 유의수준(혹은 α 수준)이다. 판사의 성향이나 사건의 성격에 따라서 이러한 유의수준이 달라지는 것은 당연하다. 개인적으로 강한 범죄척결의지를 가진 판사는 높은 수준의 제 1 종 오류 가능성을 의미하는 큰 유의수준값을 감수할 것이다.

판사는 판결을 하지만, 판결이 진실은 아니다. 가설검정에서 판단을 하지만, 실제 모수는 알 수 없는 것과 마찬가지이다.

참고로 판사의 판결을 생각하면, 통계학에서 사용되는 표현과 논리를 이해하는 데 도움이 된다. 귀무가설이 틀렸다는 것을 통계학에서는 "귀무가설을 기각한다(reject the null hypothesis)"라고 표현한다. 귀무가설이 기각된 경우 "대립가설을 수용한다(accept the alternative hypothesis)"라고 표현한다. '수용' 대신 '채택'이라고 이야기하기도 한다.

재미있게도 "귀무가설을 기각하지 않는다(do not reject the null hypothesis)"라는 표현은 사용해도 "귀무가설을 수용한다(accept the null hypothesis)"라고는 하지 않는다. 이는 서구에서 피의자에 대한 선고가 '유죄 (guilty)'와 '유죄 아님(not guilty)'의 두 가지라는 사실과 연결시켜 볼 수 있 다. 즉 법원이 피의자의 무죄를 증명해 주지는 않는 것이다.

제1종 오류와 제2종 오류의 관계 또한 생각해 볼 수 있다. 한정된 상황 에서는 두 가지 오류가 서로 연결되어 있다. 무죄인 피의자를 유죄로 판결하 는 제1종 오류를 줄이려고 판사가 노력하다 보면, 실제 범인을 풀어 주는 제2종 오류가 늘어나게 된다. 반대로 실제로 피의자가 유죄인데 풀어 주는 오류를 없애려고 하다 보면, 무고한 사람에게 유죄판결을 내릴 가능성이 높 아지는 것이다.

이러한 딜레마의 해결은 수사력의 강화(예를 들어 과학수사대의 활용)로 가능하다. 통계학에서 제1종 오류와 제2종 오류를 한꺼번에 줄이기 위해서 는 표본의 크기를 늘리는 방법을 많이 택한다. 중심극한정리에서 표본의 크 기가 커질수록 표준오차가 줄어드는 것을 회상해 보면 이해가 될 수 있을 것이다.

16.3 평균추정

서울시내 대학생들의 평균신장이 작년에 평균 170cm로 조사되었다고 하자. 올해 서울시내 대학생들의 평균신장에 대한 가설검정을 하기로 하였 다. 이전의 연구에서 밝혀진 값과 같은 기존의 숫자를 귀무가설에서 기준이 되는 수치로 사용하는 경우가 많다.

다음에서는 올해의 모평균이 작년의 모평균인 170cm와 동일할 것이라 는 귀무가설을 제시하였다. 이에 대한 대립가설은 모평균이 170cm가 아닐 것이라는 것이다. 대립가설은 기존의 값과 다르다는 것을 추구하는 경우가 많다. 이는 연구자가 조사를 할 때 차이가 나는 것에 보통 더 관심을 가지고 가설설정을 하기 때문이다.

귀무가설 : 모평균=170

대립가설 : 모평균 ≠ 170

　다른 예를 들어 새로운 학습방법에 대한 조사를 한다고 해 보자. 이전 방법에 의한 학습결과 학생성적의 평균은 60점이었다. 새로운 학습방법이 차이를 가지고 있다고 주장하고 싶은 연구자는 새로운 학습방법에 의한 학생성적의 평균이 60점이 아니라고 이야기할 가능성이 많다. 대립가설을 연구가설이라고 표현하기도 한다는 것을 앞서 언급하였다.

　평균 키가 170cm라는 귀무가설과 평균 키가 170cm가 아니라는 대립가설을 가지고, 올해 서울시내 대학생들을 모집단으로 하여 무작위추출을 하였다. 표본의 크기는 25명이다. 이들 표본을 이루는 각 케이스의 키는 다음과 같다.

178 · 179 · 183 · 187 · 175 · 178 · 154 · 168 · 161 · 175
173 · 167 · 180 · 172 · 173 · 162 · 160 · 164 · 179 · 179
195 · 163 · 180 · 171 · 179

　[분석] [평균비교] [일표본 T-검정]을 선택하면, [그림 16-1]과 같은 창이 나타난다. [검정변수] 아래 공란에 우리가 분석하려는 변수인 '키'를 넣는다.

[그림 16-1]	일표본 T-검정 : 검정값 170

[그림 16-2] 　　　　　　　　**일표본 *T*-검정 옵션 :** 검정값 170

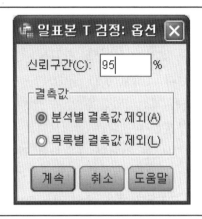

[검정값] 오른쪽 공란에 우리가 검정하려는 값인 '170'을 입력한다.

　　[그림 16-1]의 [일표본 *T*-검정] 창에서 [옵션]을 눌러 보았다. 이 때 나타나는 [그림 16-2]에서 [신뢰구간] 오른쪽 공란에 기본사양으로 있는 [95]를 그대로 유지하였다.

　　[표 16-4]의 *T*-검정 결과에 대해서는 자세히 하나하나 알아보기로 하자. [일표본통계량]이라는 표에서 *N*은 25로 나와 있다. 표본의 크기가 25란 의미이다. 그 표본의 평균은 173.40이다. 그 표본을 이루는 케이스 25개를 가지고 계산한 표준편차는 9.394이다. 중심극한정리에서 언급한 평균의 표준오차는

[표 16-4] 　　　　　　　　**일표본 *T*-검정 출력결과 :** 검정값 170

T-검정
일표본통계량

	N	평　균	표준편차	평균의 표준오차
키	25	173.40	9.394	1.879

일표본검정

	검정값＝170					
	t	자유도	유의확률 (양쪽)	평균차	차이의 95% 신뢰구간	
					하한	상한
키	1.810	24	.083	3.400	−.48	7.28

1.879이다. 이러한 방식으로 계속하여 표본을 추출하여 평균들을 구해 나갈 때 표본평균들의 표준편차라는 의미이다.

중심극한정리에서는 표준오차가 $\sigma/\sqrt{n}$ 이라고 밝힌 바 있다. 여기서 실제로 모집단표준편차 σ 를 알지는 못한다. 따라서 σ 불편추정치로 표본의 표준편차인 9.394를 사용한다. $9.394/\sqrt{25}=9.394/5=1.879$ 라는 계산을 통해 SPSS가 평균의 표준오차를 계산하였음을 알 수 있다.

[일표본검정]이라는 부분을 이번에는 살펴보기로 한다. 표본평균 173.4cm 라는 값은 앞서 z 값에서 설명한 것처럼 표준화할 필요가 있다. 이러한 표준화를 거쳐야만 173.4가 어느 정도 큰 값인지를 알 수 있는 것이다. 다시 설명하자면 우리가 가정한 모평균값에서 어느 정도 떨어졌는지는 분산도와 연관해서 이해해야 한다는 것이다. 표에서 평균차란 부분은 173.4−170=3.4라는 과정을 거쳐서 나왔다. 표본평균과 가정한 모평균의 차이이다. 이러한 3.4 에서 표준오차를 나눈 값이 t 값이다. 이러한 과정은 z 값과 동일하다.

$$t\,값=(표본평균-가정된\ 모평균)/표준오차=(173.4-170)/1.879=1.810$$

t 값에 대해서는 일단 정규분포의 z 값과 거의 유사하다고 생각하면 이해가 쉽다. 중심극한정리에서 표본 크기가 충분하면 표본평균들의 분포는 정규

[그림 16-3]	정규분포와 t-분포

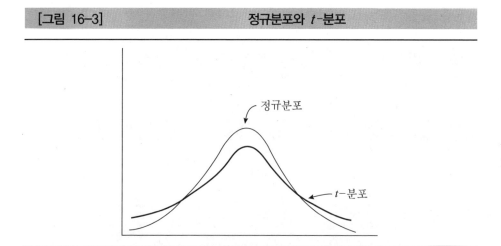

분포가 된다고 이야기한 바 있다. 그런데 표본크기가 충분치 않은 경우, 표본평균들의 분포는 정규분포보다 좀더 분산도가 크다. 케이스들이 중앙에 몰려 있지 않고 좌우로 좀더 더 펴져 있다는 의미이다. 표본크기가 작으면 아무래도 그 표본에서 나오는 평균값의 분포가 좀더 퍼질 것이라는 것은 직관적으로 이해가 가능할 것이다. 쉽게 설명하자면 t-분포와 정규분포의 관계는 [그림 16-3]과 같다. t-분포는 표본의 크기에 따라서 분포가 다르며, 표본크기 n이 30 이상이 되면 정규분포와 거의 차이가 없어진다고 보면 된다.

이러한 t-분포에서의 t 값들과 현실적인 키 값들의 관계는 [그림 16-4]에서 잘 나타난다. 가설검정의 원리가 이 그림에서는 아주 잘 드러난다. 이 그림에서 170cm가 모평균일 것을 가정하였다. 그리고 실제 25명의 표본에서 나온 표본평균 173.4cm가 똑같은 방식으로 계속 표본평균들을 만약 뽑는다면, t-분포라는 밀도함수에서 어느 정도의 확률적 위치를 가질까를 나타낸 것이 t 값이다.

여기서 우리가 관심을 가지는 대립가설이 "170이 아니다"라는 것을 상기할 필요가 있다. 이는 나오는 관찰값들이 가정된 모집단보다 크거나 작거

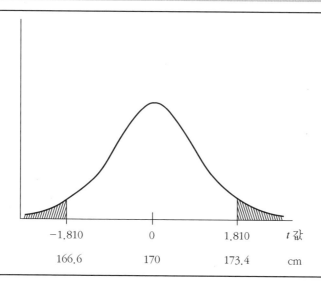

[그림 16-4] *t 값과 실제값*

| −1.810 | 0 | 1.810 | t 값 |
| 166.6 | 170 | 173.4 | cm |

나 간에 차이가 나는 절대값에 관심이 있다는 것이다. 따라서 그 절대값보다 큰 부분에 해당하는 확률을 유의확률로 간주한다. 실제로 모평균이 맞는데도 이러한 모평균에서의 절대값 차이가 나올 확률인 것이다. 귀무가설이 맞는데도 대립가설을 채택할 확률인 것이다. 이러한 유의확률은 SPSS가 확률밀도함수를 계산하여서 자동적으로 제시하였다. 아래의 오른쪽과 왼쪽에 있는 빗금친 부분의 확률이 바로 [표 16-4]에서 '유의확률(양쪽)'로 나오는 0.083인 것이다.

SPSS가 가설검정을 대신 수행해 주지는 않는다. 아래와 같이 유의확률을 제시할 뿐이다. 따라서 연구자는 조사의 성격과 의미를 잘 고려해서 유의수준을 결정해야 한다. 유의수준을 통상적인 수준인 0.05로 잡는다면, 유의확률이 유의수준보다 크기 때문에 귀무가설을 기각할 수 없다.

여기서 가설검정의 한계점에 대해 한번 생각해 볼 필요가 있다. 가설검정에서의 확률적 수치제시는 신뢰구간에서와 마찬가지로 '방법' 또는 '과정'의 의미밖에 가지지 못한다. 유의수준 0.05라는 것은 이번 가설검정이 틀릴 확률이 5%라고 해석되어서는 안 된다. 똑같은 방식으로 표본을 계속 추출해서 이러한 가설검정을 반복해서 했을 때, I종 오류를 범할 확률이 5%라는 의미이다.

가설검정의 판단이 확률적으로 유의미하더라도 실체적인 의미를 꼭 가지는 것은 아니다. 가설검정이란 통계학에서 제시하는 하나의 기법으로써 참고사항의 의미밖에 가지고 있지 않다.

첫째, 시행하는 가설검정의 현실적 의미를 잘 고려해야 한다. 예를 들어 제약회사에서 신약을 개발하는 경우에는 부작용의 심각성에 따라 유의수준 설정을 고민해야 할 것이다. 가설검정에서의 판단결과 자체가 기계적인 절대성을 가지지는 않는다고 볼 수 있다.

둘째, 가설검정에서의 판단결과는 표본 크기에 따라 많이 좌우될 수 있다는 점을 감안해야 한다. 표본 크기가 크면 실체적 의미가 없는데도 통계적 의미성을 부여받을 가능성이 높다. 반대로 표본 크기가 작으면 실체적 의미가 있는데도 통계적으로는 대립가설채택이 어려울 수도 있는 것이다. 다시 중심극한정리의 표본 크기와 표준오차와의 관계를 생각해 보는 것이 이해에

| [그림 16-5] | 차이의 신뢰구간과 표본평균신뢰구간 |

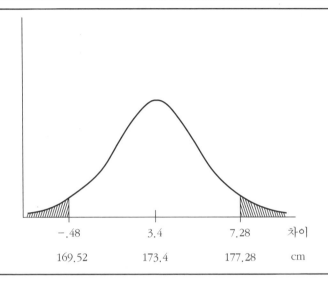

| | -.48 | 3.4 | 7.28 | 차이 |
| | 169.52 | 173.4 | 177.28 | cm |

| [표 16-5] | 기술통계 출력결과 : 표본평균신뢰구간 |

기술통계

			통계량	표준오차
키	평 균		173.40	1.879
	평균의 95%	하한	169.52	
	신뢰구간	상한	177.28	
	5% 절삭평균		173.30	
	중위수		175.00	
	분 산		88.250	
	표준편차		9.394	
	최소값		154	
	최대값		195	
	범 위		41	
	사분위수범위		14	
	왜 도		-.029	.464
	첨 도		.059	.902

도움이 될 수 있다. 가정된 모평균에서 약간의 차이라도 표본 크기가 아주 크면, 분모의 표준오차가 작아져서 꽤나 큰 t 값이 나올 수 있는 것이다.

마지막으로, [표 16-4]의 [일표본검정]에서 나오는 차이의 95% 신뢰구간이라는 부분을 생각해 보자. 이 부분은 가설검정과 직접적으로 관련 있지는 않다. 이 부분은 앞서 신뢰구간에서 언급한 표본평균의 신뢰구간을 변형해서 나타내고 있다. 하지만 가설검정에서 이러한 신뢰구간을 생각해 보고 같이 제시하는 것은 언제나 의미 있다. 이는 신뢰구간이 단순한 기법·신뢰수준·판단만을 주로 제시하는 가설검정과는 달리 구간을 제시하기 때문에 직관적인 이해를 돕기 때문이다.

'차이의 신뢰구간'은 −.48에서 7.28이지만, 실제로 이 부분은 173.4라는 표본평균을 중심으로 한 신뢰구간으로 이해하면 된다. [그림 16-5]에서 저자는 차이의 신뢰구간과 표본평균의 신뢰구간이 어떻게 연결되는지 제시하고 있다. '차이'나 'cm' 부분에서 각각 '0'과 '170'이 구간에 포함된 것은 표본평균을 기준으로 보았을 때, 가정된 모평균 170cm는 그리 멀리 떨어져 있는 값이 아니라는 것을 의미한다. 동일한 방법으로 계속 표본평균을 구한다고 가정하면, 100번 중에서 95번 정도는 이 구간 내에 가정된 모평균 170cm가 있을 것이라는 의미이다.

[분석] [기술통계] [데이터 탐색]을 통해 구한 [표 16-5]의 신뢰구간은 [그림 16-5]에서 제시한 수치들이 어떻게 나왔는지를 보여 준다. '차이의 신뢰구간'이 아닌 표본의 평균신뢰구간은 하한 169.52와 상한 177.28을 가진다.

16.4 가설검정의 실제 : 단측검정

평균의 추정에 있어서 앞서 시행해 보았던 방식을 양측검정이라고 한다. 흔히 특별한 이유가 없으면 양측검정을 사용하는 것이 관례적이다. 아래가 우리가 사용하였던 양측검정에서의 귀무가설과 대립가설이다.

귀무가설 : 모평균＝170

대립가설 : 모평균 ≠ 170

하지만 같은 귀무가설에 대해 두 가지 단측검정이 가능하다. 만약 서울
지역 대학생들의 키가 커졌거나 작아졌다고 전제할 수 있다면, 아래와 같은
두 가지 방향의 단측검정이 가능하다. 물론 단측검정은 큰 단점을 가지고 있
다. 만약 자신이 생각하였던 방향과 반대의 결과가 나오면, 거기에 대해서
적용할 수 있는 대립가설이 아예 없는 셈이다.

귀무가설 : 모평균 = 170
대립가설 : 모평균 〉70

귀무가설 : 모평균 = 170
대립가설 : 모평균 〈70

우리는 매년 영양상태가 좋아지기 때문에 올해 서울지역 대학생들의 신
장이 작년보다 커졌을 것이라는 아래와 같은 단측검정을 가지고 가설검정을
해 보기로 한다.

[그림 16-6]   단측검정

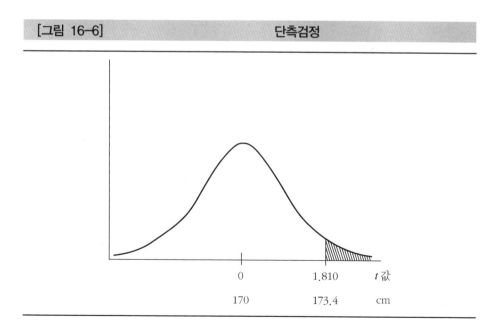

| | 0 | 1.810 | t 값 |
| 170 | | 173.4 | cm |

귀무가설 : 모평균＝170
대립가설 : 모평균 〉170

단측검정의 원리를 설명하면 [그림 16-6]과 같다. 단측검정을 할 경우와 양측검정을 할 경우는 동일한 t 값을 가지게 된다. 문제는 t 값의 해석이다. 양측검정은 해당 t 값의 절대값보다 크거나 작은 영역을 모두 유의확률로 계산하였다. 단측검정 원래의 관심 있었던 방향으로만 계산하면 된다. 이번 같은 경우는 170보다 크다는 점에 관심이 있기 때문에 오른쪽만 계산하면 되는 것이다.

SPSS는 별도의 단측검정을 위한 자료처리방법을 제시하고 있지 않다. 앞서와 동일한 방법으로 검정을 실시하고 해석만 달리하면 된다. '유의확률(양쪽)'이 해당 p 값의 절대치로부터 오른쪽 부분과 왼쪽 부분을 다 계산하였기 때문에 이를 반으로 나눈 값을 단측검정의 유의확률로 계산하면 된다. [그림 16-6]에서와 같이 t 값의 오른쪽만 생각하면 되기 때문이다. 따라서 [표 16-4]에서 단측검정의 유의확률은 0.083/2＝0.0415이다.

이렇게 단측검정을 실시한 경우, 유의수준 0.05에서 귀무가설을 기각하고 대립가설을 채택할 수 있게 된다. 단측검정은 원하는 방향으로만 유의확률을 계산하기 때문에 양측검정보다 대립가설을 채택할 수 있는 가능성이 높아진다.

하지만 가능하면 양측검정을 하는 것이 좋다. 모수가 어느 한 방향에 있다고 가정하는 것은 논리적으로도 너무 위험하기 때문이다.

수업시간에 혹은 나 혼자서 해보기

01 다음 개념이 통계학에서 어떤 의미를 가지는지 명확하게 설명하시오.

제 1 종 오류

제 2 종 오류

유의확률

유의수준

02 가설검정의 논리를 '사람에 대한 판단(예를 들어 좋은 사람, 나쁜 사람)'에 적용한다면 어떻게 되는지 이야기 해보자. 나는 어떠한 방향의 오류를 범하기 쉬운 인간형인지 스스로 진단해보자.

문 제 풀 기

01 다음 t 분포 특징을 설명한 것 중 잘못된 것은?

가. 자유도가 커질수록 정규분포에 가까워진다.

나. t 분포 곡선은 대칭곡선을 이룬다.

다. t 분포는 자유도에 따라 변하며, 자유도가 작아질수록 평평한 정도가 커지고 옆쪽으로 벌어진다.

라. t 분포는 큰 표본에 많이 이용되는 분포곡선이다.

02 통계적 가설검증을 실시할 때, 유의수준과 오류의 발생확률과의 관계에 대해 잘못 서술한 것은?

가. 가설검증에서 유의수준이란 제1종 오류를 범할 때 최대 허용오차이다.

나. 유의수준을 감소시키면(예를 들어 0.05에서 0.01로) 제2종 오류의 확률 역시 감소한다.

다. 제2종 오류의 확률, 즉 거짓인 귀무가설을 받아들일 확률은 쉽게 결정할 수 없다.

라. 유의수준은 표본의 결과가 모집단의 성질을 반영하는 것이 아니라 표본의 특성에 따라 나타날 확률의 범위이다.

03 아래 내용에 대한 가설형태는?

> "기존 진통제는 진통효과가 나타나는 시간이 평균 30분이고, 표준편차는 5분이라고 한다. 새로운 진통제를 개발하였는데, 개발팀은 이 진통제의 진통효과가 30분 미만이라고 주장한다."

가. H_0: $\mu < 30$, H_1: $\mu > 30$

나. H_0: $\mu = 30$, H_1: $\mu < 30$

다. H_0: $\mu > 30$, H_1: $\mu = 30$

라. H_0: $\mu = 30$, H_1: $\mu \neq 30$

04 만일 자료에서 모평균 μ에 대한 95% 신뢰구간이 (−0.042, 0.522)로 나왔다면, 이 유의수준 0.05에서 귀무가설 H_0: μ=0 대 대립가설 H_1: $\mu \neq 0$의 검증결과는 어떻게 해석할 수 있는가?

　가. 신뢰구간과 가설검증은 무관하기 때문에 신뢰구간을 기초로 검증에 대한 어떠한 결론도 내릴 수 없다.

　나. 신뢰구간이 0을 포함하기 때문에 귀무가설을 기각할 수 없다.

　다. 신뢰구간의 상한이 0.522로 0보다 상당히 크기 때문에 귀무가설을 기각해야 한다.

　라. 신뢰구간을 계산할 때 표준정규분포의 임계값을 사용했는지, 또는 t분포의 임계값을 사용했는지에 따라 해석이 다르다.

05 검정력(power)에 대한 설명으로 옳은 것은?

　가. 귀무가설이 옳음에도 불구하고 이를 기각시킬 확률

　나. 옳은 귀무가설을 채택할 확률

　다. 귀무가설이 거짓일 때 이를 기각시킬 확률

　라. 거짓인 귀무가설을 채택할 확률

06 옳은 귀무가설을 기각할 때 생기는 오류는?

　가. 제 4 종 오류

　나. 제 3 종 오류

　다. 제 2 종 오류

　라. 제 1 종 오류

07 유의확률(p value)의 설명 중 틀린 것은?

　가. 검정통계량이 실제 관측된 값보다 대립가설을 지지하는 방향으로 치우칠 확률로서 귀무가설 H_0 하에서 계산된 값이다.

　나. 주어진 데이터와는 직접적으로 관계가 없다.

　다. 유의확률이 작을수록 H_0에 대한 반증이 강한 것을 뜻한다.

　라. 귀무가설 H_0에 대한 반증의 강도에 대하여 기준값을 미리 정해놓고 p값을 그 기준값과 비교한다.

08 표본크기에 대한 설명으로 틀린 것은?

가. 가설검증에서 오진을 줄이기 위한 것과 표본의 크기는 관련이 없다.

나. 다른 조건은 일정하다면, 표본의 크기가 클수록 평균의 표본오차는 더 적어진다.

다. 표본이 클수록 진실한 가설을 기각할 가능성은 더 작아진다.

라. 모집단이 동질적일수록 표본의 크기는 적어진다.

09 정규분포를 따르는 어떤 집단의 모평균이 10인지를 검정하기 위하여 크기가 25인 표본을 추출하여 관찰한 결과 표본평균은 9, 표본표준편차는 2.5였다. t 검정을 할 경우 검정통계량의 값은?

가. 2

나. 1

다. -1

라. -2

10 모집단의 평균을 추정하기 위해 1,000개의 표본을 취하여 정리한 결과 표본평균은 100, 표준편차는 5로 계산되었다. 모평균에 대한 점추정치는?

가. 10

나. 100

다. 5

라. 25

11 A회사에서 생산하고 있는 전구의 수명시간은 평균이 $\mu=800$(시간)이고 표준편차가 $\sigma=40$(시간)이라고 한다. 무작위로 이 회사에서 생산한 전구 64개를 조사하였을 때 표본의 평균수명시간이 790.2시간 미만일 확률은 약 얼마인가? (단, $Z_{0.005}=2.58$, $Z_{0.025}=1.96$, $Z_{0.05}=1.645$)

가. 0.01

나. 0.025

다. 0.05

라. 0.10

12 어느 회사는 노조와 협의하여 오후의 중간 휴식시간을 20분으로 정하였다. 그런데 총무과장은 대부분의 종업원이 규정된 휴식시간보다 더 많은 시간을 쉬고 있다고 생각하고 있다. 이를 확인하기 위하여 전체 종업원 1,000명 중에서 25명을 조사한 결과 표본으로 추출된 종업원의 평균 휴식시간은 22분이고 표준편차는 3분으로 계산되었다. 유의수준 $\alpha=0.05$에서 총무과장의 의견에 대한 가설검정 결과로 옳은 것은? (단, $t_{(.05,\,25-1)} = 1.711$)

　가. 검정통계량 t 〈 1.711이므로 귀무가설을 기각한다.

　나. 검정통계량 t 〉 1.711이므로 귀무가설을 채택한다.

　다. 종업원의 실제 휴식시간은 규정시간 20분보다 더 길다고 할 수 있다.

　라. 종업원의 실제 휴식시간은 규정시간 20분보다 더 짧다고 할 수 있다.

13 다음 중 제1종 오류를 범할 확률의 허용한계를 뜻하는 통계적 용어는?

　가. 유의수준

　나. 기각역

　다. 검정통계량

　라. 대립가설

14 다음은 가설검정에 관한 설명이다. 옳은 것은?

　가. 검정통계량은 확률변수이다.

　나. 대립가설은 사전에 알고 있는 값이다.

　다. 유의수준 α를 작게 할수록 좋은 검정법이다.

　라. 가설이 틀렸을 때 판정할 확률을 유의수준이라 한다.

15 가설검정을 할 때 대립가설이 사실인 상황에서 귀무가설을 기각할 확률은?

　가. 검정력

　나. 제2종의 오류

　다. 유의수준

　라. 신뢰수준

16 다음 중 좌우대칭인 분포는?

　가. 포아송 분포

　나. t 분포

다. F 분포

라. 기하분포

17 귀무가설이 참임에도 불구하고 대립가설이 옳다고 잘못 결론을 내리는 오류는?

가. 제1종 오류

나. 제2종 오류

다. 알파오류

라. 베타오류

18 제1종 오류를 α, 제2종 오류를 β라 할 때의 설명으로 옳은 것은?

가. $\alpha + \beta = 1$이면 귀무가설을 기각해야 한다.

나. $\alpha = \beta$이면 귀무가설을 채택해야 한다.

다. $\alpha = \beta$이면 $(1 - \alpha)$는 검정력(power)와 같다.

라. $\alpha \neq \beta$이면 항상 귀무가설을 채택해야 한다.

19 다음중 제1종 오류(type 1 error)가 발생하는 경우는?

가. 진실이 아닌 귀무가설을 기각하지 않았을 경우

나. 진실인 귀무가설을 기각하지 않았을 경우

다. 진실이 아닌 귀무가설을 기각하게 될 경우

라. 진실인 귀무가설을 기각하게 될 경우

제17장

평균의 차이

앞서 가설검정에서는 모평균의 추정에 대해서 언급하였다. 여기서는 평균의 차이에 대해 다룬다. 기본적인 가설검정방법은 모평균의 추정과 거의 유사하다고 생각할 수 있다. 여기서는 하나의 모평균의 추정이 아니라, 두 개의 모평균차이를 추정하려고 할 뿐이다. 모평균의 추정과 관련해서는 서울지역 대학생 키를 추정하였다. 제16장에서는 모집단신장평균이 170cm인지를 판단해 보았다. 이 장에서는 서울지역 남학생과 서울지역 여학생이라는 두 모집단을 다룬다. 그리고 이 두 집단의 모평균들이 서로 같은지 다른지를 알아본다.

17.1 독립표본 *T*-검정 : 논리의 이해

'독립된(independent)'이란 표본이 각각으로부터 독립적으로 선택되어진다는 것을 의미한다(Blalock, Jr., 1979 : 224). 예를 들자면 서울지역 남자대학생과 서울지역 여자대학생이라는 두 개 모집단으로의 표본이 각각으로부터 독립적으로 추출된다는 의미이다. 서울지역 남자대학생이라는 모집단에 대해서 표본추출이 이루어지고, 이와는 별도로 서울지역 여자대학생에 대한 표본을 구해야 한다는 것이다. 이러한 두 표본들이 각기 무작위추출에 의해 만들어졌다면, 이 차이에 대해서 확률적인 판단인 가설검정을 해 볼 수 있다.

두 모집단의 평균차이는 현실적으로 각각의 모집단의 표본을 구해서 추정할 수밖에 없다. 표본의 차이를 가지고 모집단의 차이를 추정해 보는 것이다. 예를 들어 비교하는 모집단이 서울지역 남자대학생 신장과 서울지역 여자대학생 신장이라고 하자. 조사자는 각 모집단에 대해 표본을 구한다. 여학생 키의 표본평균이 165cm이고, 남학생 키의 표본평균이 170cm이다. 분명히 5cm의 키 차이가 난다.

하지만 이러한 차이가 통계적으로 유의미(significant)할까? 즉 이러한 차이가 단순한 우연에 의한 것이 아니라고 얘기할 수 있을까? 이런 질문을 답하기 위해서는 실질적으로 평균차이의 분포를 파악해야 한다.

다음은 남학생·여학생을 각 100명씩 무작위추출하여 나온 표본평균들과 이러한 평균차이의 분포를 이해하기 쉽도록 한번 예시해 보았다.

남학생 표본평균	여학생 표본평균	평균 차이
172	163	9
169	165	4
172	166	6
170	166	4
⋮	⋮	⋮

구체적인 가설검정에 앞서서 우리가 내리는 판단의 대상은 두 '모평균의 차이값'이라는 점을 얘기해 둔다. "두 모평균의 차이가 없다"라는 명제와 "두 모평균차이값은 0이다"라는 명제는 논리적으로 동일하다. 표본평균의 차이를 가지고 모집단의 차이를 추정하는 가설검정을 한다고 이해할 수 있다.

다음과 같이 두 쌍의 귀무가설과 대립가설을 제시하면 훨씬 이해가 쉬울 것이다. 첫째와 둘째의 가설설정은 실제로 동일하며, 계산과정에서는 두 번째 쌍의 가설을 실제로 검정하게 된다는 의미이다.

귀무가설 : 집단 1의 모평균=집단 2의 모평균

| [그림 17-1] | 모평균차이의 검정 |

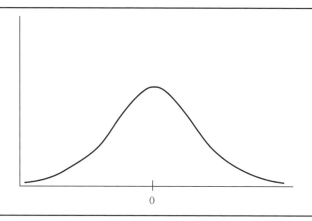

0

대립가설 : 집단 1의 모평균≠집단 2의 모평균
귀무가설 : 집단 1의 모평균−집단 2의 모평균=0
대립가설 : 집단 1의 모평균−집단 2의 모평균≠0

'집단 1의 모평균−집단 2의 모평균=0'이라는 귀무가설을 그림으로 그리자면, [그림 17-1]과 같다. 앞 장에서 설명한 모평균추정가설검정과 실질적으로 동일하다는 것을 알 수 있다. 하나의 모평균에 대한 판단을 내리는 가설검정에서는 확률분포에서 그 값이 170cm인지를 살펴보는 분석을 한 바가 있다.

[그림 17-1]에서는 170cm가 0cm로 바뀐 것이다.

17.2 독립표본 *T*-검정 : 평균차이의 산포도

평균차이를 가설검정하는 것이 하나의 모평균을 가설검정하는 것과 크게 다른 점은 산포도(분포의 흩어진 정도)를 파악하는 문제이다. 중심극한정리에 의해 하나의 모집단에 대한 표본평균들의 분포는 σ/n이다. 이 때 모집단 표준편차 σ는 추출한 하나의 표본에서 구한 표준편차 s로 대체할 수 있었다.

두 집단의 표본평균차이의 분포에서 산포도를 이해하는 것은 좀더 복잡하다. 이는 기본적으로 표본평균차이값들의 산포도는 첫번째 집단표본평균의 분포와 두 번째 집단표본평균의 분포에 모두 영향을 받기 때문이다.

앞에서 제시한 남학생, 여학생, 그리고 차이 각각의 분포를 다시 제시한다.

남학생 표본평균	여학생 표본평균	평균 차이
172	163	9
169	165	4
172	166	6
170	166	4
⋮	⋮	⋮

어떻게 평균차이의 산포도가 두 개의 원천에서부터 영향을 받는지에 대해서는 기존의 직관적 이해(Blalock, Jr., 1979 : 224)를 인용하려 한다. 이러한 방식에 의해 위 분포를 설명하자면 아래와 같다. 평균차이들의 표준편차는 남학생 표본평균의 분포와 여학생 포본평균의 분포 두 개 모두에 의해서 영향을 받는다. 따라서 평균차이의 흩어진 정도는 남학생 표본평균이나 여학생 표본평균 각각의 산포도보다 클 것이라는 것이다.

남학생 표본평균들의 전체평균이 170cm이고, 여학생 표본평균들의 전체평균이 165cm라고 가정해 보자. 첫번째 줄의 남학생표본과 여학생표본을 살펴보자. 남학생 표본평균은 172cm로써 170cm보다 2cm가 더 크다. 여학생 표본평균은 163cm로써 165cm보다 2cm가 더 작다. 결과적으로 평균의 차이는 9cm가 되었다. 평균차이들의 전체평균인 5cm보다 4cm가 더 커진 것이다. 남학생표본이 그 전체평균으로부터 흩어진 정도와 여학생표본이 그 전체평균으로부터 흩어진 정도가 합쳐져서 평균차이가 그 전체평균으로부터 흩어진 정도에 영향을 줄 수 있다는 것을 보여 준다. 남학생표본이 평균으로부터 2cm, 여학생표본이 평균으로부터 2cm, 차이는 4cm가 흩어진 것이다.

이번에는 네 번째 줄의 남학생표본과 여학생표본을 살펴보자. 남학생 표본평균과 여학생 표본평균은 각각 170cm와 166cm이다. 차이는 4cm이다. 남학생표본의 경우 평균으로부터 벗어난 정도가 0cm이다. 여학생은 1cm이다.

차이의 경우 그 전체평균으로부터 떨어진 정도가 1cm이다. 여학생의 흩어진 정도가 차이에 반영된 사례이다. 이렇듯 평균차이의 산포도는 두 표본평균들 각각의 분포성격에 따라서 다르지만, 전반적으로 볼 때 양쪽으로부터 영향을 받는다는 점은 이해할 수 있을 것이다.

　　구체적으로 평균차이의 산포도는 두 가지 경우에 따라 달리 계산된다. 첫번째는 비교하는 두 모집단의 표준편차가 같다고 가정하는 경우이다. 산포도가 같기 때문에 아래의 공식에 따라 공통되는 표준편차를 계산할 수 있다. 이때 공통되는 표준편차를 합쳐서 나온다는 의미의 영어단어 pool을 사용하여 S_{pool}이라 한다. 이때 n_1은 첫번째 집단 해당 표본의 크기이고, n_2는 두 번째 집단 해당 표본의 크기이다. s_1은 첫번째 집단 해당 표본의 표준편차이다. 모평균추정가설검정에서와 마찬가지로 첫번째 모집단의 실제 표준편차를 대체해서 표본의 표준편차를 사용한다. s_2 역시 동일하게 이해하면 된다. n_1－1은 첫번째 모집단의 표준편차를 표본을 가지고 추정하는 과정에서 －1이 된 것이라고 이해하면 된다. 모집단표준편차를 표본의 표준편차로 추정하는 부분을 상기해 보면 된다. n_2－1 역시 동일하게 생각할 수 있다. n_1+n_2-2는 이러한 n_1－1과 n_2－1이 합쳐진 것이다.

$$S_{pool} = \sqrt{\frac{(n_1-1)s_1^2 + (n_2-1)s_2^2}{n_1+n_2-2}}$$

　　이러한 S_{pool}을 가지고 평균차이의 표준편차를 구해 보자. 차이값이 아닌 평균차이값의 표준편차를 구하는 것이다. 즉 차이값의 표준오차(standard error)를 구하는 것이다. 모평균추정가설검정에서 평균값들의 표준편차는 중심극한정리에 기초해서 $\sigma/\sqrt{n}$이었던 것을 다시 생각해 보면 이해가 될 수 있을 것이다.

　　크게 보자면 차이 값 분포의 분산은 첫번째 집단의 분산과 두 번째 집단의 분산을 합친 것과 같다고 생각할 수 있다. 따라서 차이 값 분포의 표준편차는 이에 대해 제곱근을 취한 값인 것이다. 공식은 다음과 같다(Gonick & Smith, 1993 : 171) :

$$s_{(\overline{X_1}-\overline{X_2})} = \sqrt{\frac{s_{pool}^2}{n_1} + \frac{s_{pool}^2}{n_2}}$$

$$= s_{pool}\sqrt{\frac{1}{n_1} + \frac{1}{n_2}}$$

두 번째는 비교하는 두 모집단의 표준편차가 다르다고 가정하는 경우이다. 따라서 '같이 계산된(pool)' 표준편차인 S_{pool}을 구할 수는 없다. 이 경우 평균차이의 표준편차는 다음과 같다(Gonick & Smith, 1993 : 173) :

$$s_{(\overline{X_1}-\overline{X_2})} = \sqrt{\frac{s_1^2}{n_1} + \frac{s_1^2}{n_2}}$$

평균차의 t값에 적용할 자유도의 경우 두 모집단의 표준편차가 동일하다고 가정된 경우에서처럼 $n_1 + n_2 - 2$를 사용할 수는 없다. 두 모집단의 표준편차가 동일할 때는 $n_1 + n_2 - 2$처럼 각각의 자유도를 더하는 것이 가능했다. 여기서 자유도를 구하는 공식은 다른 책을 참조하는 것이 좋을 듯하다 (Hays, 1973 : 287; Blalock, 1979). 물론 SPSS는 이러한 자유도를 계산해서 제시해 준다.

17.3 독립표본 T-검정 : 실제로 해 보기

실제로 독립표본 T-검정을 해 보기로 하자. 가설은 서울지역 남학생과 여학생의 키 차이가 있느냐에 관한 것이다.

귀무가설 : 서울지역 여학생신장의 평균-서울지역 남학생신장의 평균=0
대립가설 : 서울지역 여학생신장의 평균-서울지역 남학생신장의 평균≠0

[그림 17-2]의 데이터 파일은 서울지역 남학생표본과 여학생표본을 나타낸다. 성별의 1은 여학생을 나타내고, 2는 남학생을 나타낸다. 데이터 입력을 이렇게 해야 한다는 것은 중요하다. 보통 처음 이 검정을 하려 하는 조사

[그림 17-2]	평균비교 데이터

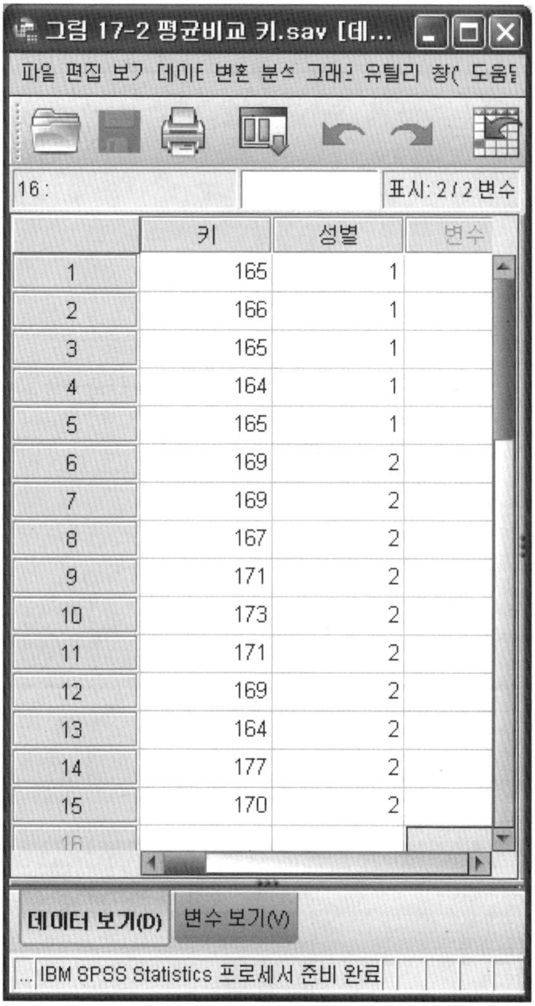

자들은 두 표본에 대해 독립적인 변수들(예를 들어 '여학생 키'와 '남학생 키')을 부여해야 한다고 생각하기 쉽기 때문이다.

　T-검정을 하기 전에 먼저 데이터에 대한 기술통계를 좀더 알아보자. 이를 알아보는 것은 이후 *T*-검정결과를 이해하기 위해 약간의 계산을 하는 과정에서 용이하기 때문이다. SPSS에서 [분석] [보고서] [케이스 요약]을 선택

해 보자. [그림 17-3]과 같은 창이 나타난다.

[그림 17-3]   케이스 요약 : 평균비교

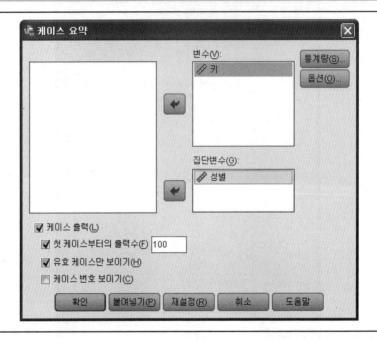

[그림 17-4]   케이스 요약 통계량 : 평균비교

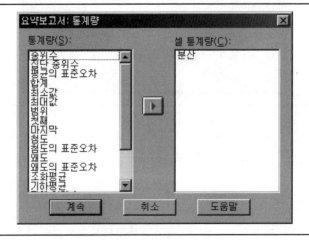

[표 17-1]		케이스 요약 출력결과 : 평균비교		

케이스 처리요약 a)

				키
성 별	여 자	1		165
		2		166
		3		165
		4		164
		5		165
		합 계	분 산	.500
	남 자	1		169
		2		169
		3		167
		4		171
		5		173
		6		171
		7		169
		8		164
		9		177
		10		170
		합 계	분 산	12,000
	합 계	분 산		13,810

a) 처음 100 케이스로 제한됨.

[그림 17-3]에서 다시 아래쪽의 [통계량]을 선택한다. [그림 17-4]의 [셀 통계량]에 '분산'을 넣는다.

[표 17-1]의 [케이스 요약]은 원하는 통계량인 각 표본의 분산을 제시하고 있다. 여학생표본의 분산은 0.5이고, 남학생표본의 분산은 12이다.

이제 본격적으로 독립표본 *T*-검정을 해 보자. [분석][평균비교][독립표본 *T*-검정]을 누른 후 [그림 17-5]와 같이 [검정변수]에 '키'를 넣는다. [집단변수]에는 '성별'을 투입한다. 그런데 [집단변수] 아래의 공란에 변수를 투입하자마자 '성별(? ?)'이라는 글자가 나타나면서 공란이 활성화된다. 파란색으로 칠해지는 것이다.

이때는 공란 바로 밑의 [집단정의]를 눌러 주어야 한다.

[그림 17-5]   평균비교

[그림 17-6]   평균비교집단 정의

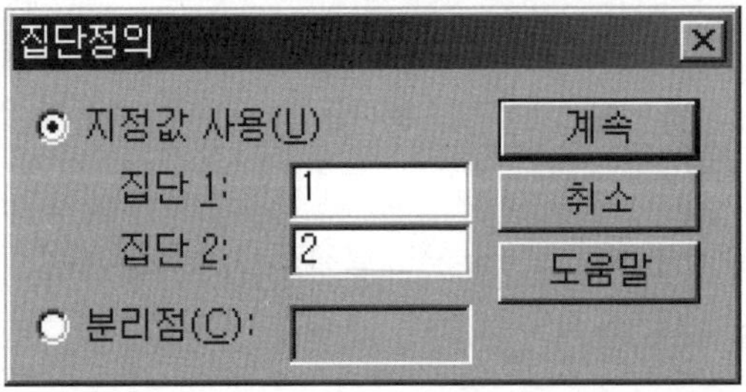

　[집단정의]를 선택하고 난 다음 나타나는 화면은 [그림 17-6]과 같다.
[지정값 사용]을 선택하고, [집단 1]과 [집단 2]에는 각각 1·2를 넣었다. 이
런 경우 다른 방법도 가능하다. [분리점]을 선택하고, 예를 들어 1.5를 입력
할 수 있다. 그러면 집단변수가 1.5와 같거나 큰 케이스들이 한 집단을 형성
하고, 집단변수가 1.5보다 작은 케이스들은 다른 한 집단을 이룬다.
　이어서 [계속][확인]을 눌러서 나타나는 결과가 [표 17-2]이다. [집단통
계량]표의 해석은 간단하다. 예를 들어 여학생의 경우 케이스 숫자를 의미하

[표 17-2] **평균비교 출력결과**

T-검정

집단통계량

성 별		*N*	평 균	표준편차	평균의 표준오차
키	여자	5	165.00	.707	.316
	남자	10	170.00	3.464	1.095

독립표본검정

		Levene의 등분산검정		평균의 동일성에 대한 *t*-검정						
		F	유의 확률	*t*	자유도	유의 확률 (양쪽)	평균차	차이의 표준 오차	차이의 95% 신뢰구간	
									하한	상한
키	등분산이 가정됨	3.359	0.90	-3.138	13	.008	-5.000	1.593	8.442	1.558
	등분산이 가정되지 않음			-4.385	10.400	.001	-5.000	1.140	7.527	2.473

는 표본 크기가 5이다. 표본평균은 165cm이다. 표본의 표준편차는 0.707이며, 이 표준편차와 표본 크기를 가지고 중심극한정리에 따라 계산할 수 있는 평균의 표준오차는 0.316이다. 남학생의 경우도 마찬가지로 해석될 수 있다.

[독립표본검정] 부분은 좀더 복잡하다. 먼저 [Levene의 등분산검정]이라는 부분부터 살펴보자. 이는 우리가 추정해 보려는 서울지역 남자대학생과 서울지역 여자대학생이라는 두 모집단의 분산이 동일한지를 살펴본다. 아까 기술통계에서 남학생과 여학생 두 표본집단의 분산을 알아보았다. 이러한 표본분산들의 차이로 짐작해 볼 때 실제 모집단의 분산이 다르다고 이야기할 수 있느냐의 문제이다. *F*-분포와 이의 해석에 대해서는 나중에 자세히 설명될 것이다.

여기서 알아 두어야 할 것은 단순하다. [Levene의 등분산검정] 아래의 [유의확률]이 0.05보다 크면, [평균의 동일성에 대한 *t*-검정]을 해석할 때 [등

분산이 가정됨]이 속한 위쪽 행만을 관심의 대상으로 둔다. 연후 [평균의 동
일성에 대한 *T*-검정]이 해당되는 부분을 살펴본다.

　　[표 17-1]의 경우 Levene의 등분산검정 유의확률이 0.09이므로 0.05보다
크다. 즉 두 집단의 분산이 같다는 귀무가설을 기각할 수 없는 것이다. 따라
서 [등분산이 가정됨]이 속한 위쪽 행만을 본다. 두 집단의 차이를 나타내는
숫자인 *t* 값은 −3.138이다. 앞서 표본평균차이의 산포도에서 언급하였듯이
두 모집단의 표준편차가 동일할 때는 n_1+n_2-2처럼 각 집단의 자유도를 더
한 결과가 나온다. 따라서 자유도는 5+10−2=13이다. 이러한 자유도에서
*t*값은 양측검정일 경우, 유의확률이 0.008을 나타낸다.

　　좀더 설명하자면 여학생 표본평균에서 남학생 표본평균을 뺀 값이 165−
170=−5이다. 여기서 [차이의 표준오차]는 표본평균차이 값들의 표준편차를
나타낸다. 앞서 그 산출공식은 자세히 설명한 바 있다. 여기서 *t*값 −3.138은
표본평균차이에서 [차이의 표준오차]를 나눈 값이다. 즉 −5/1.593인 것이다.

　　유의확률은 정규분포와 비슷하다고 설명한 *T*-분포에서 설명된다. 자유
도 13을 가지는 *T*-분포에서 *t*값 3.138보다 크거나 *t*값 −3.138보다 작을 확
률을 의미한다. [그림 17-7]에서 양쪽에 검게 표시되어 있는 영역이라고 생

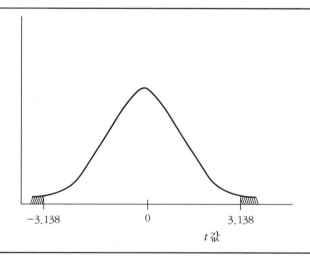

[그림 17-7]	평균비교 : *t*값

t 값
−3.138　　　0　　　3.138

각하면 된다. 전체분포의 크기가 1일 때 표시된 양쪽의 부분이 0.008이라고 이해할 수 있다. 양측검정이기 때문에 남학생평균이 여학생보다 큰 경우와 여학생평균이 남학생보다 큰 경우와 그 반대의 경우를 다 감안했다고 볼 수 있다. 좀더 확률적으로는 동일한 방식으로 계속 표본을 뽑아서 조사할 경우, 두 표본집단의 평균차이가 절대치로 5를 초과할 확률이 0.008이라는 것이다.

만약 단측검정으로 남학생 키가 더 클 것이라고 대립가설을 세웠다면, 왼쪽의 *t*값 −3.138보다 작을 확률만이 남는다. 즉 0.008/2=0.004가 유의확률인 것이다.

수업시간에 혹은 나 혼자서 해보기

01 실생활에서 독립표본 t 검정을 활용하기 좋은 예들을 찾아 보자. 친구들과 같이
    토론해 보자.

02 독립표본 t 검정은 독립적으로 선택된 두 표본을 전제로 한다. 독립적으로 선택
    되지 않은 두 표본의 예를 한번 들어 보자.

문제풀기

01 다음의 상황에 알맞은 검증방법은?

> "도시지역과 시골지역의 가족수의 평균의 차이가 있는지를 알아보기 위해 도시지역과 시골지역 중 각각 몇 개의 지역을 골라 가족수를 조사하였다"

가. 독립표본 t 검증
나. 대응표본 t 검증
다. χ^2 검증
라. F 검증

02 미국에서는 얼마 전 인종간의 지적능력의 근본적 차이를 강조하는 종모양 곡선 (bell curve)이라는 책이 논란을 불러일으켰다. 만약 흑인과 백인의 지능지수의 차이를 비교하고자 한다면 어떤 검정도구를 사용하는 것이 가장 적합하겠는가?

가. 카이자승 검증
나. t 검증
다. F 검증
라. Z 검증

03 서로 독립인 두 정규모집단의 모평균은 각각 μ_1과 μ_2이고 모분산은 동일하다고 가정한다. 이 두 모집단으로부터 표본의 크기가 각각 n_1과 n_2인 랜덤표본을 취하여 얻은 표본평균을 각각 $\overline{Y_1}$와 $\overline{Y_2}$라 하고 표본분산을 각각 S_1^2과 S_2^2이라 하면 확률변수 $\{(\overline{Y_1}-\overline{Y_2})-(\mu_1-\mu_2)\}/\sqrt{S_p^2(1/n_1+1/n_2)}$ 는 t 분포를 따른다. 이때 t 분포의 자유도는? (단 S_p^2은 공통분산의 추정량이다)

가. $n_1 + n_2$
나. $n_1 + n_2 - 1$
다. $n_1 + n_2 - 2$
라. $n_1 + n_2 - 3$

제18장

회귀분석

회귀(regression)라는 용어는 다윈(C. Darwin, 1809-1882)의 조카인 갈튼(F. Galton, 1822-1911)에 의해 최초로 통계학적인 의미로 사용되었다. 그는 다윈의 책을 읽고 나서 각 분야에서 뛰어난 인물은 태어날 때부터 가지는 유전적 우수성 때문일 것이라고 생각하였다. 물론 이는 인간들이 동일한 능력을 가지고 태어난다는 당시의 시대적 분위기와는 정반대의 사고였다. 심지어는 다윈조차도 인간의 차이는 열정과 노력으로 설명된다고 이해하고 있었다.

하지만 그의 연구는 그 자신의 생각과는 반대의 결과를 도출하였다. 갈튼은 일곱 가지 크기의 완두콩 100개를 가지고 다음 세대의 크기를 관찰하였다. 큰 콩들의 다음 세대들이 윗세대보다 작고, 작은 콩들의 다음 세대들이 윗세대보다는 크다는 것을 그는 발견하였다. 또한 그는 205 가족 가계의 키 자료를 분석하였다. 큰 키의 부모가 낳은 자식이 부모에 비해서는 작고, 작은 키의 부모가 낳은 자식이 부모에 비해서는 큰 키를 가진다는 것을 발견하였다. 그는 후손들이 평균치로 돌아가는 경향이 있다고 이해하였다. 그는 처음에는 이 현상을 환원(reversion)이라고 했다가 이후에 회귀(regression)라는 단어를 사용하였다.

갈튼의 제자인 피어슨(K. Pearson, 1857-1936)은 1,078 가족 부자의 키를 이용하여 다음과 같은 공식을 만들었다(이우리·오광우, 2003). 하나의 아버지에게는 하나의 아들 자료만을 사용하였다. 어머니의 자료가 없는 것은 당시 남성위주 사회상을 반영한다고 이해할 수도 있을 것이다.

$$Y = 33.73 + 0.516X$$

(단위 : inch)(1 inch = 2.54cm)

여기에서 아버지의 키는 X이고, 아들의 키는 Y이다. 아버지의 키 앞에 있는 숫자인 0.516이 1보다 훨씬 작고, 또한 더하기 33.73이 있는 것을 주목할 필요가 있다. 아주 큰 키의 아버지는 곱하기 0.561 때문에 자신보다는 작은 키의 아들을 가진다. 아주 작은 키의 아버지는 더하기 33.73 때문에 자신보다는 큰 키의 아들을 가질 수 있는 것이다.

18.1 회귀분석의 효용성

회귀분석은 매력 있는 통계기법 중 하나이다. 그 이유는 인과관계의 규명과 연결되어 있기 때문이다. 물론 숫자를 다루는 회귀분석 자체가 인과관계를 밝혀 주지는 않는다. 인과관계란 논리적이고 경험적이다. 예를 들어 땅콩섭취량이 원인이며, 비만도가 결과인 회귀분석을 해서 확률적으로 의미 있는 결과를 얻었다고 하자. 하지만 실제로 원인은 땅콩과 같이 한 맥주섭취량일 수 있는 것이다.

회귀분석에 대해서 좀더 섬세하게 이야기할 필요가 여기서 발생한다. 실제 회귀분석이란 우리가 생각하는 원인과 결과에 해당하는 변수들이 가지는 관계의 형태에 대한 분석이다. 이러한 관계의 형태 중에서 선으로 이루어진 것이 가장 단순하기 때문에 우리는 여기서 선형회귀분석(linear regression analysis)을 다룬다.

회귀분석은 상당히 흔하게 사용된다. 이러한 회귀분석은 앞서 이야기한 것처럼 우리가 논리적으로 세워 둔 인과관계를 증명하기 위한 수단으로써 사용되기도 한다. 대표적인 예 가운데 하나가 하루 공부시간과 학생의 학교 성적일 것이다. 연구자가 생각했을 때 공부시간과 학교성적이 관련이 있을

것이라는 논리적 근거가 있을 때, 이를 확인하기 위해 회귀분석이 사용되는
것이다.

어떤 경우에는 예측에 사용되기도 한다. 풍력발전을 위해 풍차를 세우고
매일 바람의 세기와 그 때 풍차를 돌려서 얻은 전기의 양을 측정한 결과를
회귀분석을 통해 나타낸다고 하자. 이러한 자료는 예측과 관련이 있다. 군산
앞바다의 한 섬에 풍력발전소를 건설하려 한다고 하자. 바람의 세기에 따른
발전량을 예측할 수 있다면, 필요한 발전량을 얻기 위해 몇 개의 풍차를 세
워야 하는지 계산할 수 있을 것이다.

이는 전기회사가 사업계획을 수립하는 데 있어서 매우 중요한 정보이다
(김철현, 2000 : 9). 물론 이런 경우 관측된 바람세기의 범위 내에서만 회귀분석
을 사용해야 된다는 것은 매우 중요하다.

18.2 회귀분석의 이해 : 모집단과 표본, 회귀식

회귀분석을 다룬 많은 책들은 모집단과 표본에 대한 이해를 쉽게 해 주
지 않는다. 이러한 이유는 앞서 신뢰구간과 가설검정 부분에서 언급한 내용

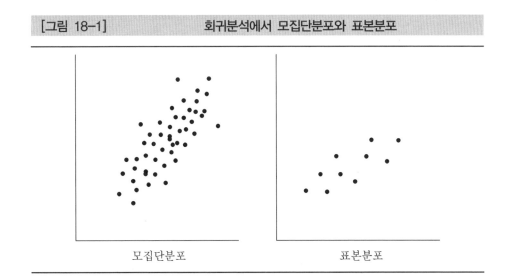

[그림 18-1]   회귀분석에서 모집단분포와 표본분포

모집단분포   표본분포

[그림 18-2]   회귀선 : 모집단분포와 표본분포

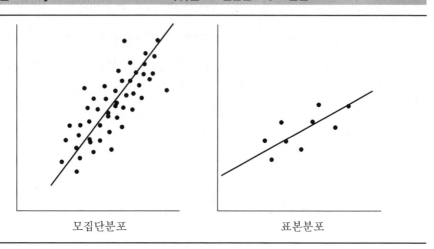

모집단분포   표본분포

과 관련이 되어 있다. 우리는 모집단에 대해 알려고 하지만, 실제 대부분의 경우 알지 못한다는 것이다. 현실에서 연구자가 가지고 있는 자료는 모집단을 추정하기 위해 만든 표본일 뿐이다. 회귀분석을 다룬 책들은 모집단분포에 대해 이야기는 하지만, 회귀분석을 적용할 때는 표본자료를 사용하게 된다.

모집단과 표본에 대해서는 예를 들어 [그림 18-1]과 같이 나타낼 수 있다.

이에 대해 아까 언급한 갈튼이 적용했던 바와 같은 회귀선을 나타낸다면 [그림 18-2]와 같을 수 있다. 그림에서 보듯이 모집단과 표본집단의 분포를 설명하는 직선이 다른 것을 알 수 있다.

대부분의 경우 우리가 회귀분석을 하는 것은 표본을 가지고 하는 것이며, 모집단의 실제 회귀선(regression line)은 알 수 없다.

이런 기본적인 이해를 가지고 모집단분포에 그어진 직선을 생각해 보자. 모집단분포를 하나의 직선으로써 잘 이해할 수 있다고 생각하여 사용하는 선형회귀분석이 이러한 경우이다. 회귀선(regression line)을 표현하는 식을 회귀식(regression equation)이라고 한다. 이 회귀식은 일차 함수로써 y축과 만나는 절편 α(alpha)와 기울기 β(beta)로 구성되어 있다.

$$Y = \alpha + \beta X$$

회귀선에 대한 수식이 아니라 하나하나의 점들(즉 사례들)의 위치를 설명하는 모형은 다음과 같다. [그림 18-2]에서처럼 실제 점들의 분포는 선과는 조금 떨어져 있다. 이러한 점 하나하나를 표현하는 것이 X_i와 Y_i이다. 첫번째 점은 X_1과 Y_1이 교차하는 지점에 찍혀 있고, 두 번째 점은 X_2와 Y_2가 교차하는 지점에 있는 것이다. 이러한 선과 점 사이의 오차를 나타내는 것이 ϵ_i이다. ϵ는 epsilon으로 발음한다.

$$Y_i = \alpha + \beta X_i + \epsilon_i$$

이번에는 표본을 가지고 선에 대한 공식과 점분포에 대한 식을 살펴보기로 하자. 선에 대한 공식과 점에 대한 식을 다음과 같이 나타낼 수 있다.

$$y = a + bx$$
$$y_i = a + bx_i + \epsilon_i$$

이러한 표본분포에 대한 회귀에 대해서는 좀더 그림으로 살펴보도록 하자. [그림 18-3]과 같이 선이 y축에 마주치는 부분이 절편인 a이다. 우리가 실제로 가지고 있는 표본분포를 가지고 이렇게 a를 계산해 낸다. 이러한 a로

[그림 18-3]   **회귀선 : 표본분포**

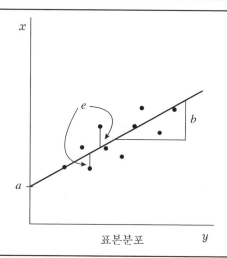

표본분포 y

서 알지 못하는 모집단분포의 a를 추정하는 것이다. 기울기인 b는 말 그대로 직선의 기울기를 나타낸다. 이 [그림 18-3]에서는 x값이 증가함에 따라 y값도 증가하므로 양의 값을 가질 것이다. 기울기 b는 직선에서 x의 단위 하나가 증가할 때 y의 증가량이라고 할 수 있다. 이러한 b를 가지고 알지 못하는 모수인 β를 추정한다. e는 선과 점의 차이라고 이해하면 된다. 회귀선으로써 이해가 되지 않는 부분이기 때문에 오차(error)라고 부르기도 한다. 점이 선 위에 있기 때문에 오차가 양이 되는 경우와 점이 선 밑에 있기 때문에 오차가 음이 되는 경우를 각각 하나씩 그림에서는 지적하였다.

18.3 최소제곱선(least square line)으로서의 회귀선

앞서 표본을 가지고 만들어지는 회귀선에 대해 언급하였다. 이러한 회귀선은 선과 점과의 차이에 대한 제곱이 최소가 되는 최소제곱선(least square line)이라는 것을 설명할 것이다. 회귀선에 대해 알기 위해서는 먼저 최소제곱선에 대해 이해할 필요가 있다. 최소제곱선(least square line)은 분포를 잘 이해하는 데 도움이 되는 직선 중의 하나이다.

왜 최소제곱선을 이용하는가에 대해서는 직관적인 이해를 돕기 위해 다른 가능성을 한번 생각해 보기로 하자. 다음과 같이 $X \cdot Y$ 분포가 이루어진 경우를 생각해 보자.

	X	Y
케이스 1	1	7
케이스 2	3	1
케이스 3	5	4

첫번째로 분포에 있어 직선과 점들 간의 차이의 합이 0이 되도록 선을 긋는 것을 생각해 볼 수 있다. 이 경우 [그림 18-4]와 같은 직선을 생각해 볼 수 있다. 케이스 1의 경우는 점과 직선 차이의 합이 7−5=2이다. 케이스 2는 점과 직선 차이의 합이 1−4=−3이다. 케이스 3은 점과 직선 차이의 합

[그림 18-4]	직선과 선 편차합=0 : 첫번째 경우

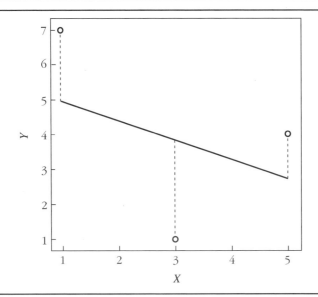

[그림 18-5]	직선과 선 편차합=0 : 두 번째 경우

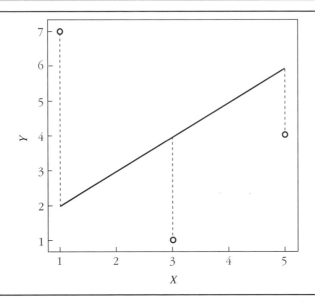

이 $4-3=1$이다. 점과 직선 차이의 합은 $2+(-3)+1=0$이다.

하지만 이렇게 직선과 점들 간의 차이의 합이 0이 되도록 선을 긋는 방법은 문제점을 가지고 있다. 동일한 점들에 대해서 다른 직선을 추가적으로 그을 수 있기 때문이다.

[그림 18-5]와 같이 정반대의 선 역시 점과 선 차이의 합이 0이다. 5+(−3)+(−2)=0이다. 점과 직선 차이를 작게 한다는 원래의 취지가 이 도표에서는 무색해진 것을 알 수 있다. [그림 18-4]만 해도 차이가 2·−3·1이었지만, [그림 18-5]에서는 5·−3·−2로 상당히 크다는 것을 알 수 있다. 따라서 직선과 점들 간의 차이의 합이 0이 되는 선을 긋는 것은 효용성이 없다.

두 번째는 분포에 있어 직선과 점들 간의 차이 절대값들의 합이 최소화되도록 선을 긋는 방법이다. 방금 사용하였던 케이스 세 개의 값을 그대로 이용한다. 이때 차이 절대값들의 합이 최소화되는 선은 [그림 18-6]과 같다. 이때 절대값의 합은 0+5+0=5이다. 하지만 그어진 선을 볼 때 케이스 2를 완전히 무시한 선이 아닌가 하는 생각이 든다.

이러한 두 가지의 예를 보았을 때 보다 적합한 방법은 점과 직선 차이

[그림 18-6]	직선과 점 차이 절대값 편차합의 최소화

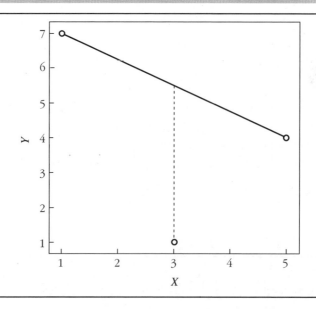

[그림 18-7]   최소제곱선

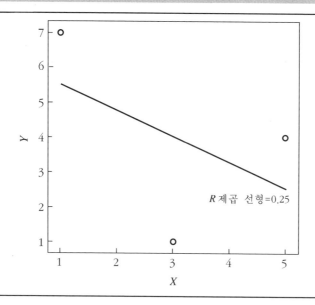

의 제곱을 더한 값이 최소가 되도록 선을 만드는 것이다. 이 경우 나타나는 선은 [그림 18-7]과 같다. SPSS가 계산한 선의 방정식은 $y = -0.75X + 6.25$ 이다. 이러한 방정식이 어떻게 산출되는지는 다른 통계학 책들을 참조하면 된다.

　　최소제곱선의 장점으로는 하나의 분포에 대해 최소제곱선은 하나밖에 존재하지 않는다는 점이 있다. 또한 직선의 차이를 제곱함으로써 각 케이스에 있어 점과 직선 차이가 크게 나지 않도록 한다는 점을 들 수 있다. 최소제곱법에 근거한 추정에 대한 수리적 증명은 염준근(2005)을 참조하면 된다.

18.4 SPSS로 회귀선 그리기 : 단순산점도의 작성

　　이번에는 SPSS로 이러한 회귀선을 만들어 보는 것을 직접 해 보려고 한다. 하나의 예를 들어 보자. 저자가 강의하는 통계학과목에 학생들이 20명 수강하고 있다. 저자는 학생들이 공부를 많이 하는 것이 높은 점수라는 결과

[그림 18-8] 공부시간과 점수

	이름	공부시간	점수	변수
1	철희	21	74	
2	숙희	34	62	
3	진수	14	48	
4	철수	55	88	
5	강희	32	45	
6	건희	78	93	
7	별식	44	73	
8	순이	32	69	
9	영희	45	79	
10	정진	36	59	
11	수진	51	72	
12	소현	32	85	
13	현진	31	55	
14	한성	22	52	
15	한진	45	91	
16	이수	32	84	
17	수현	22	76	
18	현진	34	56	
19	달영	28	62	
20	연수	41	77	

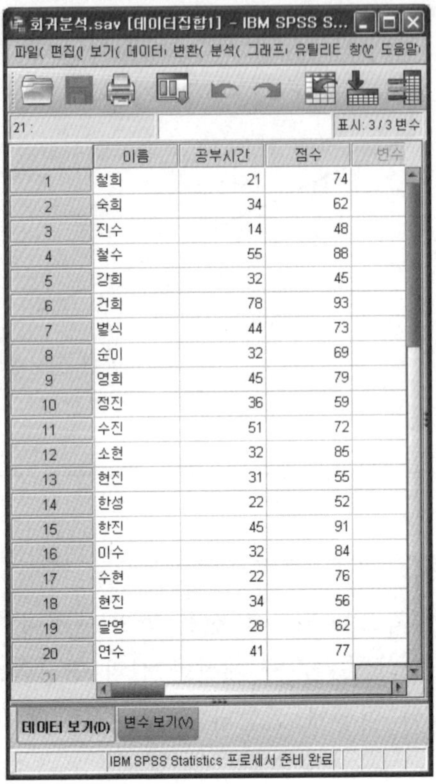

를 낳는 원인이라고 생각하고 있다. 저자는 학생들이 이번 학기에 한 주에 몇 시간 정도 공부하는지를 [그림 18-8]과 같이 알아보았다. 이러한 주별 공부시간과 학기 말에 나온 시험점수 간의 인과관계를 회귀분석으로 알아보려고 한다.

저자는 회귀분석에 들어가기 전에 늘 하듯이 산점도를 먼저 그려 보려고 한다. 이렇듯 데이터를 조심스럽게 탐색해 보는 것은 앞서 언급하였듯이 매우 중요하다. 또 이렇게 산점도를 그리는 과정에서 회귀분석결과를 해석하는 데 있어서 중요한 최소제곱선(line of least squares)을 알아보도록 한다.

[그래프] [레거시 대화 상자] [산점도/점도표]와 [단순산점도] [정의]를 선택한다. [단순산점도]라는 화면에서 왼쪽 공란으로부터 변수들을 오른쪽으로

[그림 18-9]	산 점 도

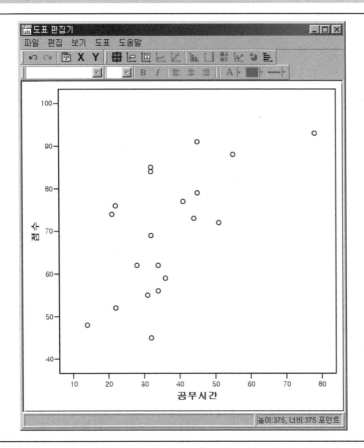

이동시켰다. '공부시간'을 [X축]에, '점수'를 [Y축]에, '이름'을 [케이스 설명기
준변수]에 입력시켰다. [확인]을 누른다.

[그림 18-9]는 [확인]을 누른 이후 나오는 산점도에 커서를 대고 더블
클릭한 도표편집기화면이다. 점들의 분포를 보았을 때, 전반적으로 직선적인
분포를 보인다는 것을 알 수 있다.

[요소] [전체적합선] [회귀선 적합]을 선택한다. [그림 18-10]의 [적합방
법]에서 [선형]을 선택하면 최소제곱선을 선택한 것이다.

최소제곱선이 그어진 산점도가 [그림 18-11]과 같이 나타난다.

[그림 18-10]   산점도특성 : 선 형

[그림 18-11]   산점도 : 최소제곱선

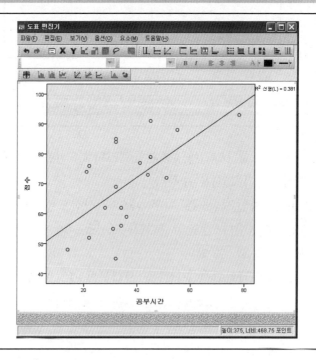

18.5 SPSS로 회귀식 구하기

동일한 자료를 가지고 회귀식을 구해 보도록 하자. [분석] [회귀분석] [선형]을 선택하면 [그림 18-12]가 나타난다. 원인을 의미하는 [독립변수]에 '공부시간'을 넣고, 결과를 의미하는 [종속변수]에 '점수'를 넣었다.

[확인]을 선택했을 때 나타나는 출력물 중 회귀식과 관련된 부분만 [표 18-1]에 나타내어서 설명해 보자. [계수] 표의 제일 왼쪽 열인 '모형' 밑에 '(상수)'와 '공부시간'이 각각 있음을 알 수 있다. '(상수)' 바로 오른쪽에 있는 47.047이 y절편을 의미하는 a이다. '공부시간' 바로 오른쪽에 있는 .630은 기울기인 b이다.

[그림 18-12]   단순회귀분석

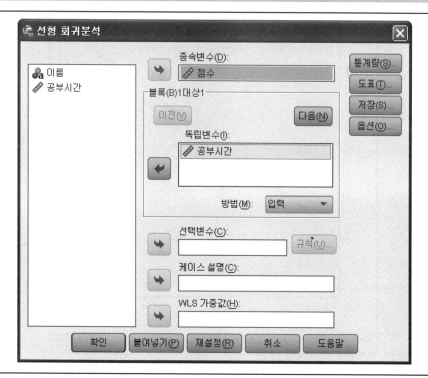

[표 18-1] 단순회귀분석 출력결과

계 수 a)

| 모 형 | 비표준화계수 | | 표준화계수 | t | 유의확률 |
	B	표준오차	베 타		
1 (상수)	47.047	7.376		6.378	.000
공부시간	.630	.189	.617	3.330	.004

a) 종속변수 : 점수.

[그림 18-13] 회귀식과 회귀선

$$y=a+bx$$
$$y=47.047+0.63x$$

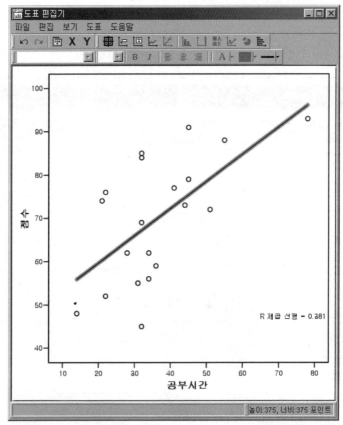

[그림 18-13]에서 회귀식과 회귀선을 서로 대조해 볼 수 있다. [표 18-1]을 가지고 회귀식을 구한다. 주어진 주별 공부시간에 0.63을 곱하고, 이에 47.047을 더한 값이 점수의 기대값이라고 볼 수 있다. 여기에 더해서 한 주에 매 1시간씩 더 공부할수록 점수의 기대값이 0.63씩 올라간다고 해석할 수 있다.

18.6 기울기 b에 대한 가설검정

만약에 공부시간 X가 점수 Y에 영향을 전혀 미치지 않는다면 어떠할까? 이런 경우 공부시간의 증가가 점수변화로 이어지지 않는다는 것이다. 대부분의 경우 우리의 궁극적인 관심은 모집단이다. 따라서 모집단회귀식인 $Y = \alpha + \beta X$에서 공부시간이 점수변화를 가져오지 못한다면 $\beta = 0$인 것이다. 공부시간인 X의 변화가 Y에 전혀 영향을 미치지 않게 되는 것이다.

현실적으로는 표본의 회귀식인 $y = a + bx$를 가지고 추측을 해 볼 수밖에 없다. 우리는 b의 신뢰구간과 b를 가지고 β의 값에 대한 가설을 검정하는 일에 대해 알아보려 한다.

저자는 다른 방식으로 $\beta = 0$의 의미를 이해해 볼 것을 제안한다. 우리가 모집단의 분포를 알고 있다고 생각해 보자. 먼저 우리가 공부시간이라는 정보를 가지고 있지 않을 때를 생각해 볼 수 있다. 한 학생의 점수를 예측할 때 사용할 수 있는 가장 좋은 추측은 점수 전체의 평균값이다. 철수라는 학생에 대한 정보가 하나도 없을 때, 평균정도 하겠지라고 애기하는 것이 이치에 맞을 것이다. 다른 말로 철수에 대한 추측을 평균으로 했을 때, 추측값과 실제값의 차이가 확률적으로 가장 작다. 이전에 언급한 평균의 정의가 그러한 것이다.

우리가 공부시간이라는 정보를 안다고 생각해 보자. 예를 들어 철수가 한 주에 20시간 공부한다는 사실을 안다고 하자. 이러한 정보가 철수의 점수 예측에 얼마나 도움이 될까? 만약 공부시간을 아는 것이 도움이 전혀 되지 않는다면, 공부시간을 모를 때와 동일하다는 의미가 될 것이다. [그림 18-14]

[그림 18-14]   회귀식 $\beta = 0$

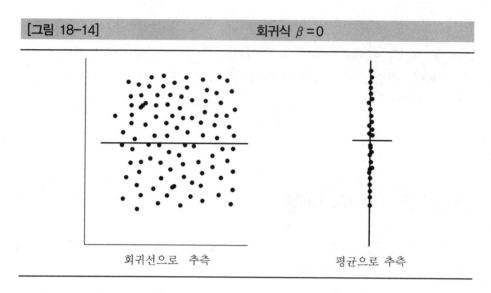

회귀선으로 추측   평균으로 추측

[그림 18-15]   회귀식 $\beta \neq 0$

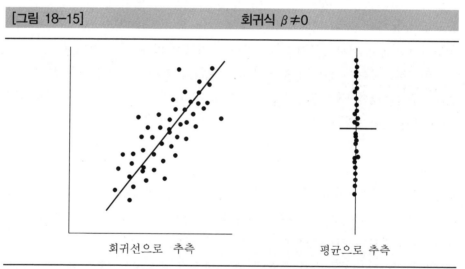

회귀선으로 추측   평균으로 추측

를 보면 오른쪽에는 평균으로 추측하는 경우이며, 왼쪽에는 $\beta = 0$인 경우이다. 왼쪽 회귀선의 기울기가 0이기 때문에 결국 평균으로 예측하는 것이나 동일하게 된다. 공부시간이라는 추가의 정보가 전혀 도움이 되지 않는다는 것이다. 다시 말하면 $\beta = 0$인 경우, 공부시간이 점수에 영향을 미치지 않는 것이다.

[그림 18-16]	$\beta = 0$인 경우 b값의 가능성

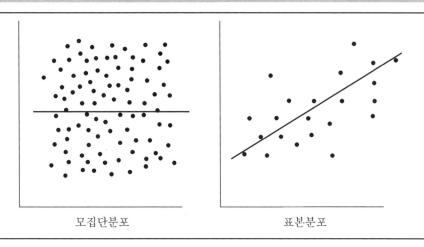

모집단분포	표본분포

[그림 18-15]는 $\beta \neq 0$인 경우이다. 기울기는 분명하게 양수이다. 공부시간을 아는 것이 점수추측에 큰 도움이 된다는 것을 알 수 있다. 어느 학생의 공부시간을 알면 회귀선을 이용하여 평균보다는 좀더 정확한 예측을 할 수 있을 것이다. 오른쪽의 평균으로 예측하는 경우와는 큰 차이가 난다는 것을 알 수 있다. 즉 $\beta = 0$인 경우에는 공부시간이 점수에 영향을 미치는 것이다.

통계적으로 이야기하자면, 독립변수 X가 종속변수 Y에 대해 독립적인지를 알아보는 가설검정은 다음과 같이 제시된다.

$H_0 : \beta = 0$

$H_0 : \beta \neq 0$

이러한 β에 대한 가설검정은 표본에서 구한 b를 가지고 한다. 여기서 살펴볼 것은 [그림 18-16]과 같이 실제로 왼쪽 모집단의 기울기 $\beta = 0$인 경우에도 오른쪽의 표본 기울기는 b는 0이 아닐 수 있다는 점이다. 이러한 b값의 의미는 표본을 뽑을 때마다 b값이 어느 정도 달리 나오느냐의 문제인 표준오차(표본에서 구한 b의 표준편차)를 감안해서 고려해 보아야 한다.

이 가설검정을 좀더 시각적으로 표현한 것이 [그림 18-17]이다. 표본에서 구한 b값은 아래와 같이 정규분포와 비슷하지만, 표본 수에 의해 조금씩

[그림 18-17] β=0인 경우 *b*값의 분포

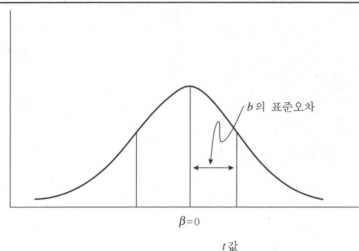

*b*의 표준오차

β=0

*t*값

달라지는 *t*-분포를 가진다. 직관적으로 이해하자면, 하나의 모집단에서 같은 방법으로 표본을 추출하여 계속하여 *b*값을 구하는 경우를 생각해 볼 수 있을 것이다. 이러한 *b*값은 대체적으로 보아 모집단의 기울기인 β보다 조금 크거나 작은 값을 많이 나타낸다고 생각해 볼 수 있다.

[그림 18-17]에서는 β=0인 경우, 표본에서 구한 *b*값이 떨어진 정도가 이러한 *t*-분포에서 어느 정도의 확률일 것인가를 나타내 보여 주고 있다. 이전 가설검정에서 적용된 논리가 똑같이 적용된다고 생각할 수 있다. 이 책에서는 *b*의 표준오차를 구하는 공식은 생략하기로 한다. 이러한 내용은 다른 많은 통계학 책에서 다루고 있다.

[표 18-2] 단순회귀분석 출력결과 : 계수

계 수 [a]					
모 형	비표준화계수		표준화계수	*t*	유의확률
	B	표준오차	베 타		
1 (상수)	47.047	7.376		6.378	.000
공부시간	.630	.189	.617	3.330	.004

a) 종속변수 : 점수.

우리는 여기서 다시 한번 공부시간과 점수의 회귀분석 결과를 [표 18-2]와 같이 살펴보도록 한다. '모형' 밑의 '공부시간'과 B가 교차하는 .630이 b값이다. 이러한 .630을 b값의 표준오차인 .189로 나누면 .630/.189≈3.330이 나온다. 표에서 '공부시간'과 '표준오차'가 교차하는 곳에 .189가 있다. 또 '공부시간'과 't'가 교차하는 부분에 3.330이 있음을 알 수 있다. 이러한 t 값의 유의확률은 .004이다. 만약 유의수준 .05로 검정한다면, 유의확률이 .05보다 작음을 알 수 있다. 이런 경우 $\beta = 0$이라는 귀무가설을 기각하고, $\beta \neq 0$이라는 대립가설을 채택할 수 있을 것이다.

18.7 결정계수 R^2의 이해와 분산분석

회귀식을 사용했을 때 점들과 선 사이의 편차가 있다. 이러한 편차는 회귀선이 점들을 얼마만큼 잘 설명하고 있는가를 알려 주는 좋은 정보가 될 수 있다. 이렇게 편차의 제곱을 가지고 분석하는 방식은 분산분석(Analysis of Variance)의 일종으로 간주할 수 있다.

[그림 18-18]   error · regression · total

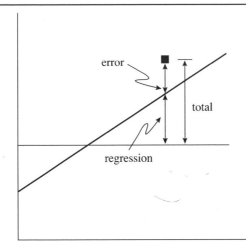

먼저 [그림 18-18]을 살펴보도록 하자. 오히려 영어로 표기하는 것이 쉬울 것 같아서 아래와 같이 편차의 종류의 error(잔차·오차)·regression(회귀)· total(전체·총합)으로 나누었다. 네모난 점이 평균에서 떨어져 있는 편차가 전체편차라서 total이라는 표현을 썼다. 평균에서 회귀선까지가 회귀식에 의해서 점 근처로 옮겨 온 부분이라서 regression, 또 점에서 회귀선까지가 회귀선에 의해서도 정확하게 예측이 되지 않은 부분이라서 error라고 표현하였다.

앞서 평균을 언급할 때 편차의 합은 0이 된다는 것을 언급하였다. 따라서 편차가 아닌 편차의 제곱을 가지고 회귀선이 의미가 있는지를 밝혀 낸다. 편차의 제곱은 아래와 같은 성격을 가지고 있다.

$$TSS = SSE + RSS$$

Total Sum of Squares = Sum of Squared Errors
$$+ \text{Regression Sum of Squares}$$

총 제곱합=오차제곱합+회귀제곱합

[그림 18-19]와 연결하여 설명하자면, 각 점들이 평균으로부터 떨어진 편차의 제곱을 다 더한 값이 TSS이다. 쉬운 수식으로 하자면, $TSS = \sum(Total)^2$이라고 할 수 있다. 각 점들이 회귀선으로부터 떨어진 편차의 제곱을 다 더한 값이 SSE이다. 설명하자면 $SSE = \sum(Error)^2$이다. 각 점을 기준으로 보았을 때, 회귀선과 평균편차의 제곱을 다 더한 값이 RSS이다. 여기서 $RSS = \sum(Regression)^2$이다.

전체분산 중에서 회귀식에 의해 설명되는 분산을 R^2이라고 한다. 회귀선을 사용하여 점들로부터 평균까지의 편차제곱을 비율적으로 줄였다는 의미에서 R^2을 결정계수(coefficient of determination)라고도 한다. 아래의 식에서 알 수 있듯이 R^2의 값은 0에서 1 사이이다.

하나 참조할 사항으로 R^2은 단위에 영향을 받는 기울기와는 다른 성격을 가지고 있다. 따라서 R^2이 크다고 해서 기울기가 가파르다는 것은 아니다. 하지만 R^2이 1에 가까울수록 회귀선이 의미 있다고 할 수는 있다.

$$R^2 = \frac{TSS-SSE}{TSS} = 1 - \frac{SSE}{TSS} = \frac{RSS}{TSS}$$

예를 들어 공부시간을 모를 때 학생 하나하나 성적을 예측하는 길은 평균밖에 없다. 총 분산 TSS는 이렇듯 x변수가 없을 때 y값을 예측하는 데 있어 발생하는 편차제곱의 총 합계이다. 하지만 공부시간이라는 x변수를 알게 되면 회귀선을 작성할 수 있다. 이제는 평균 대신에 각 x값에 해당하는 회귀선으로 예측을 하게 된다. 이러한 예측으로 인해 설명되는 편차제곱의 정도인 것이다. $R^2 = .25$인 경우를 가정해 보자. 공부시간에 대한 정보가 없어서 평균점수로 예측할 경우의 편차제곱합과 비교했을 때, 공부시간을 적용한 회귀선으로 점수를 예측한 경우 편차제곱합이 25% 줄어들었다는 것이다. 통계적인 해석으로 "x가 y의 분산(variance)을 25% 설명한다," 혹은 "y 분산의 25%는 x와의 직선적 관계에 의해 설명된다"가 가능하다(Agresti & Finlay,

[표 18-3]   **회귀분석 출력결과 : R^2**

모형요약

모 형	R	R제곱	수정된 R제곱	추정값의 표준오차
1	.617 [a]	.381	.347	11.747

a) 예측값 : (상수) · 공부시간.

분산분석 [b]

모 형		제곱합	자유도	평균제곱	F	유의확률
1	선형회귀분석	1,530.183	1	1,530.183	11.089	.004 [a]
	잔 차	2,483.817	18	137.990		
	합 계	4,014.000	19			

a) 예측값 : (상수) · 공부시간.
b) 종속변수 : 점수.

계 수 [a]

모 형		비표준화계수		표준화계수	t	유의확률
		B	표준오차	베 타		
1	(상수)	47.047	7.376		6.378	.000
	공부시간	.630	.189	.617	3.330	.004

a) 종속변수 : 점수.

1986 : 267).

회귀분석에 있어 SPSS는 기본사양으로 분산에 대한 분석도 결과로 출력한다. 앞서 사용한 공부시간과 점수에 대한 회귀분석결과는 [모형요약]에서 R^2을 표시하고, 또 [분산분석] 도표를 제시한다. [분산분석] 도표에서 선형회귀분석의 제곱합인 1,530.183을 합계의 제곱합인 4,014.000으로 나누면 .381이 된다는 것을 계산기로 확인해 볼 수 있다. 이는 [모형요약] 표에 나오는 R^2값과 일치한다.

[분산분석] 도표는 기울기에 대한 가설검정과 동일한 가설을 가진다. 단지 이를 증명하는 데 있어서 다른 방식을 사용하였을 뿐이다. [표 18-3]에서 [계수] 표의 기울기에 대한 검정에서 나온 유의확률과 [분산분석] 도표에서 유의확률이 0.004로서 동일함을 알 수 있다. [분산분석] 표의 F값 의미에 대해서는 이 책에서 분산분석을 다룬 부분을 참조하면 된다.

18.8 증명 "$TSS=SSE+RSS$"

R^2을 설명하면서 나온 "$TSS=SSE+RSS$"는 중요함에도 불구하고 언뜻 직관적으로 이해가 어려울 수 있다. 여기서는 완전하게는 아니어도 대략적인 증명과정을 제시함으로써 이해를 도우려고 한다.

[그림 18-19]에서처럼 i번째 케이스의 y값을 y_i라고 하자. 이러한 y_i를 회귀선으로 예측한 값이 $\hat{y}$(y hat이라고 읽음)이다. 물론 $\bar{y}$는 y의 평균값을 의미한다.

그림에서 y_i에서 $\bar{y}$까지의 거리인 $(y_i - \bar{y})$를 볼 수 있다. 관찰치에서 평균까지의 편차라고도 이해할 수 있다. 이 $(y_i - \bar{y})$는 '관찰치에서 회귀선까지의 거리$(y_i - \hat{y})$'와 '회귀선에서 평균까지의 거리$(\hat{y} - \bar{y})$'의 합으로 볼 수 있다.

$$(y_i - \bar{y}) = (y_i - \hat{y}) + (\hat{y} - \bar{y})$$

위 식을 등호 양쪽에서 세곱하면 아래와 같다.

[그림 18-19]   *TSS= SSE+ RSS*

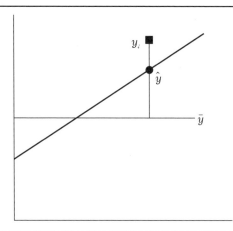

$$(y_i - \overline{y})^2 = \left\{(y_i - \hat{y}) + (\hat{y} - \overline{y})\right\} \times \left\{(y_i - \hat{y}) + (\hat{y} - \overline{y})\right\}$$
$$= (y_i - \hat{y})^2 + (\hat{y} - \overline{y})^2 + 2(y_i - \hat{y})(\hat{y} - \overline{y})$$

등호 왼쪽과 오른쪽에 대해 각각 모든 i에 대해 합친다. 즉 각각에 $\sum$를 붙인다.

$$\sum(y_i - \overline{y})^2 = \sum(y_i - \hat{y})^2 + \sum(\hat{y} - \overline{y})^2 + 2\sum(y_i - \hat{y})(\hat{y} - \overline{y})$$

등호 오른쪽 마지막 부분인 $2\sum(y_i - \hat{y})(\hat{y} - \overline{y})$에서 $(y_i - \hat{y})$를 error(잔차·오차)라는 의미에서 e_i로 표현할 수 있다. 즉 $e_i = (y_i - \hat{y})$이다.

증명을 더 진전시키기 전에 두 가지 세부적인 수식도출을 먼저 하려 한다. 첫번째로 $\sum e_i$의 성격에 대해 알아보자. 점에서 회귀선까지의 차이를 합한 값인 $\sum e_i = \sum(y_i - \hat{y}) = 0$이다.

관련된 식을 하나 유도하려고 한다. 회귀식에서 기울기는 x가 한 단위 증가함에 따라 y가 기울기 b만큼 변화한다는 것이다. 따라서 다음과 같은 식이 성립할 수 있다. 이 식은 어떠한 i번째 x에 대한 회귀선위치인 $\hat{y}$에서 y 평균인 $\overline{y}$까지의 거리는 i번째 x의 값인 x_i에서 $\overline{x}$까지의 거리에 기울기를 곱한 것과 같다는 것이다.

$$\hat{y} - \overline{y} = b(x_i - \overline{x})$$
$$\hat{y} = \overline{y} + b(x_i - \overline{x})$$

위를 감안해서 $e_i = (y_i - \hat{y})$를 다른 수식으로 다음과 같이 바꾸었다.

$$e_i = y_i - \hat{y} = y_i - [\overline{y} + b(x_i - \overline{x})]$$
$$= (y_i - \overline{y}) - b(x_i - \overline{x})$$

여기서 등호 왼쪽과 오른쪽에 대해 각각 모든 i에 대해 합친다. 즉 각각에 $\sum$를 붙인다. 앞서 평균에서 언급하였듯이 각 값에서 평균을 뺀 값들의 합은 0이다. 도출결과로는 $\sum e_i = 0$이 나왔다.

$$\sum e_i = \sum(y_i - \overline{y}) - \sum b(x_i - \overline{x}) = 0$$

두 번째로는 $\sum e_i \hat{y} = 0$이라는 것이다. 이를 위해서는 먼저 $\sum e_i x_i = 0$이라는 것을 밝혀야 한다. 이의 증명은 이 책에서 다루기는 너무 길어지기 때문에 염준근(2005:96)을 참조하는 것이 좋을 것 같다. 연후에 $\sum e_i \hat{y} = 0$을 도출하는 것은 간단하다.

$$\sum e_i \hat{y} = \sum e_i(a + bx_i)$$
$$= a\sum e_i + b\sum x_i e_i$$
$$= 0$$

다시 위에서 언급한 부분으로 넘어가도록 하자. 다루다 놓아 둔 식은 아래와 같다.

$$\sum(y_i - \overline{y})^2 = \sum(y_i - \hat{y})^2 + \sum(\hat{y} - \overline{y})^2 + 2\sum(y_i - \hat{y})(\hat{y} - \overline{y})$$

등호 오른쪽 마지막 부분인 $2\sum(y_i - \hat{y})(\hat{y} - \overline{y})$에서 $(y_i - \hat{y})$를 error(잔

차・오차)라는 의미에서 e_i로 표현할 수 있다. 즉 $e_i = (y_i - \hat{y})$이다. 그러면 값은 아래와 같이 0이 된다. 위에서 $\sum e_i = 0$이란 것과 $\sum e_i \hat{y} = 0$을 언급하였다.

$$\sum (y_i - \hat{y})(\hat{y} - \bar{y}) = \sum e_i(\hat{y} - \bar{y})$$
$$= \sum e_i \hat{y} - \bar{y} \sum e_i = 0$$

그러면 위쪽 계산식은 다시 다음과 같이 정리될 수 있다. "$TSS{=}SSE{+}RSS$"가 증명된 것이다.

$$\sum (y_i - \bar{y})^2 = \sum (y_i - \hat{y})^2 + \sum (\hat{y} - \bar{y})^2$$
$$TSS{=}SSE{+}RSS$$

18.9 선형회귀분석의 가정

직선인 회귀식을 가지고 회귀분석을 하기 위해서는 필요한 가정들을 몇 가지만 간략히 설명해 보려고 한다.

먼저 첫번째는 사용하는 변수들이 기본적으로 등간변수이거나 비율변수이어야 한다. 하지만 회귀분석은 비교적 이러한 점에서 어느 정도 벗어나는 것을 견딜 수 있다(Miller *et al.*, 2002 : 165). 따라서 서열변수라도 어느 정도 연속적인 성질을 가지게 되면 허용할 수 있다고도 생각할 수 있다.

두 번째는 선형회귀분석의 경우, 독립변수와 종속변수의 분포가 직선적인 형태를 가져야 한다는 것이다. 선형회귀분석결과 자체는 분포가 곡선적인 경우에도 의미 있게 나올 수 있다는 점을 유의할 필요가 있다. 앞서 언급한 대로 통계분석 이전에 산포도를 그려 보는 것이 중요하다.

세 번째는 오차 $e_i = (y_i - \hat{y})$가 정규분포를 가지고, 또한 모든 x값에 대해 동일한 분산을 가진다는 것이다. 오차분포의 정규성의미를 쉽게 설명해 보자. 점이 회귀선에 가까운 쪽에 많이 분포하고, 회귀선에서 많이 떨어진 경우는 작다고 이해하면 될 것이다. 모든 x값에 대해 동일한 분산을 가진다는 것에 대해 예를 들어 보자. 공부시간과 점수의 경우, 공부시간이 얼마 되지 않은 학생들은 회귀선에서 예측한 정도와 아주 비슷하게 성적이 분포한다고 하자. 공부시간이 많은 학생들의 경우는 다를 수 있다. 어떤 학생은 예측보다 아주 성적이 좋고, 어떤 학생은 공부를 열심히 했는데도 회귀선이 나타내는 예측치보다 훨씬 성적이 낮다고 하자. 이런 경우는 문제가 있다는 것이다.

18.10 SPSS의 활용과 회귀분석 원리 이해

이 절에서는 공부시간과 점수 파일을 그대로 이용하여 회귀분석 원리를 이해해보도록 하자. 먼저 최소제곱선을 가지고 살펴본다. 이어서 TSS=SSE+RSS를 이해하고, R제곱의 원리를 이해하도록 하자.

18.10.1 최소제곱선

최소제곱선의 공식은 이미 설명하였다. $y = 47.047 + 0.63x$라는 공식을 그대로 활용하여 SPSS에 최소제곱선이라는 변수를 추가해보자. [그림 18-20]에서 [변환][변수계산]을 눌러보자.

나오는 [변수계산] 화면에서 앞서 공부시간과 점수 공식을 그대로 입력해 보자. [대상변수] 밑 공란에 "최소제곱선"이라고 직접 입력한다. [숫자표현식] 밑의 계산식은 바로 밑에 있는 전자계산기에 있는 것과 유사한 버튼들을 활용한다. 숫자, 소수점, 곱하기 같은 버튼들을 활용하면 된다. "공부시간"이라는 변수이름은 왼쪽 공란에 있는 변수를 클릭하고 오른쪽 방향 화살표 버튼을 눌러서 가져온다.

[그림 18-21]과 같은 상태에서, [확인]을 누르면 [그림 18-22]와 같이 최소제곱선이라는 새로운 변수가 추가된 데이터 화면을 볼 수 있다.

[그림 18-20] 회귀분석 데이터

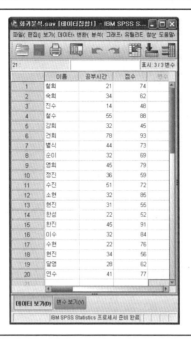

[그림 18-21] 최소제곱선 변수 계산

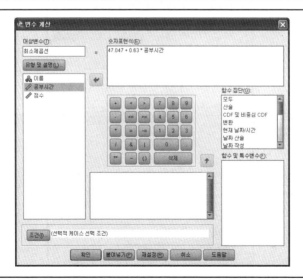

[그림 18-22]   최소제곱선 추가

[그림 18-23]   단순 산점도 케이스 설명 기준변수 이름

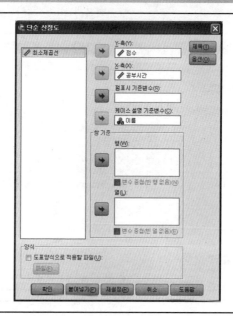

[그림 18-24]	최소제곱선 추가된 산점도

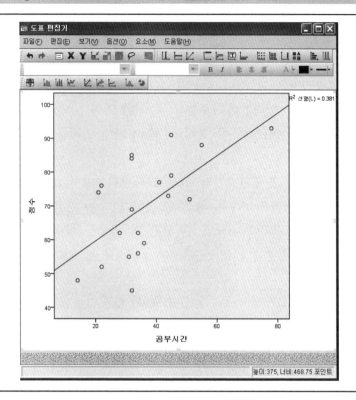

이제부터 이 세 변수를 직접 그림에서 확인해보도록 한다. [그래프][레거시 대화 상자][산점도/점도표]를 눌러보자. 이어 나온 화면에서 [단순산점도][정의]를 선택한다. [Y축]에 결과에 해당하는 변수인 "점수"를 넣는다. [X축]에 원인에 해당하는 변수인 "공부시간"을 택한다. [케이스 설명 기준변수]에는 "이름"을 넣는다. [그림 18-23]과 같은 화면이 된다.

[확인]을 누르고 나타나는 산점도를 더블클릭하면 [도표편집기] 화면이 나온다. [요소][전체적합선]을 누르면 나타나는 [특성] 창에서 [회귀선 적합]을 선택하고 [선형]을 다시 선택한다.

[그림 18-24]를 여기서 다시 편집한다. $y = 47.047 + 0.63x$ 라는 공식을 적절히 시각적으로 나타내지 못하기 때문이다. 절편에 해당하는 47.047을 찾으려고 y축과 최소제곱선이 만나는 부분을 찾아보면 50이 넘는 것을 알 수

있다. 바로 밑에 해당하는 x값이 0이 아니기 때문이다.

[도표편집기] 화면에서 [편집][X축 선택]을 누른다. [그림 18-25]와 같이 나타나는 화면은 [최소값] 오른쪽에 [자동] 밑이 체크되어 있고, 그 값은 [사용자 정의] 밑 공란에서와 같이 10으로 나타나 있는 것을 알 수 있다.

이를 [그림 18-26]과 같이 바꾼다. [자동] 기능을 해제하고 [사용자 정의] 밑 공란에 "0"을 입력한다. [주눈금 증가분] 역시 [자동]기능을 해제시키고 "10"으로 바꾼다. [원점에 선 표시] 왼쪽 상자에 커서를 눌러 체크표시가 나타나게 한다.

[적용]을 누르면 도표편집기의 산점도가 바뀌어져서 [그림 18-27]과 같다. x의 원점에서 올라온 y축과 최소제곱선이 만나는 지점이 47.047 정도인 것을 알 수 있다. 회귀식에 따르면 한 시간 더 공부를 할수록 0.63점씩 점수가 오르게 되어 있다. [그림 18-27]에서는 x축에서 한 칸 즉 10점씩 오른쪽

[그림 18-25]	척도화 분석

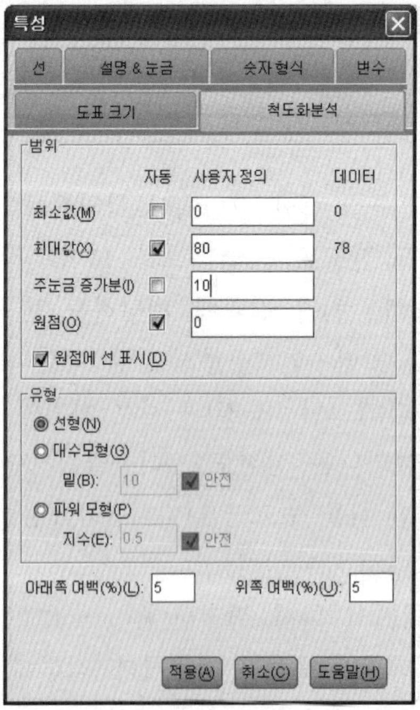

[그림 18-26] 척도화 분석 수정

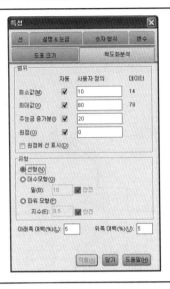

[그림 18-27] 원점에서 올라온 선 표시

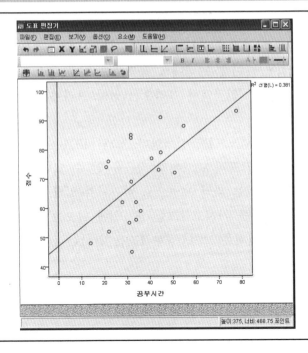

[그림 18-28]	기울기 표시

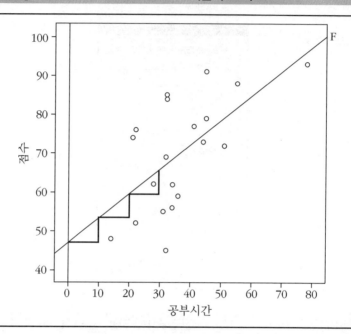

으로 이동할수록, 최소제곱선의 높이는 6.3점 정도씩 올라간다는 의미이기도 하다. 이를 시각화한 그래프가 [그림 18-28]이다.

　　[그림 18-27]에서 이제 원점에서 올라오는 선을 클릭해 선택하고는 삭제버튼을 눌러 없앤다. 원점에서 올라오는 선이 보기에 자연스럽지 않기 때문이다.

　　[요소] [데이터 설명모드]를 선택한다. [그림 18.29]와 같이 [데이터 설명모드] 왼쪽 공란이 체크표시로 채워져 있음을 알 수 있다. 이제 커서가 체크표시 바로 오른쪽에 있는 과녁 모양으로 바뀌어져 있다.

　　이러한 과녁 커서를 가지고 [그림 18-22]에 나오는 내용을 하나하나 실습해보자. 첫번째인 철희를 보자. 공부시간은 21시간 점수는 74점이다. 최소제곱선은 60.28이다.

　　철수에 해당하는 점을 찾아서 과녁커서를 점 위에 두고 눌러보자. 가로 21과 세로 74에 해당하는 점을 찾는다. 제대로 찾은 경우가 [그림 18-30]이다.

[그림 18-29]	데이터 설명모드

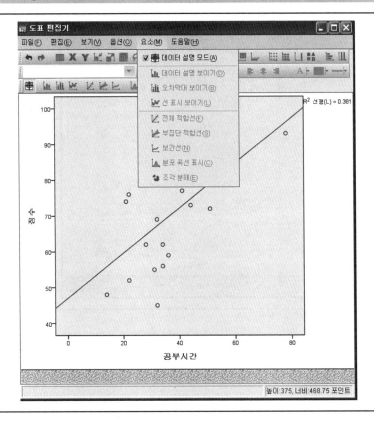

[그림 18-31]은 철희가 가진 세 개의 숫자가 의미하는 바가 무엇인지를 보여준다. 철희는 한 주에 21시간을 공부해서 74점을 받았다. 다른 학생들의 점수를 공부시간에 비추어 검토해본 결과, 21시간 공부하는 철희가 받을 것으로 예상할 수 있는 점수는 60.28이다.

다른 학생들도 이런 식으로 눌러서 최소제곱선이라는 변수에 나오는 점수와 실제 점수의 차이를 생각해보자. 최소제곱선에 해당되는 점수와 실제 점수의 차이가 작을수록 좋은 회귀분석이라는 것을 아마 독자들은 쉽게 느낄 수 있을 것이다.

[그림 18-30]   데이터 설명모드 예시

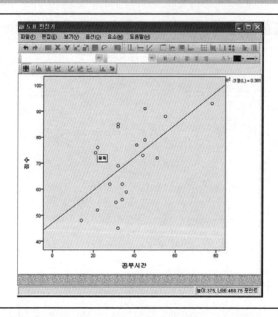

[그림 18-31]   데이터 설명모드 해설

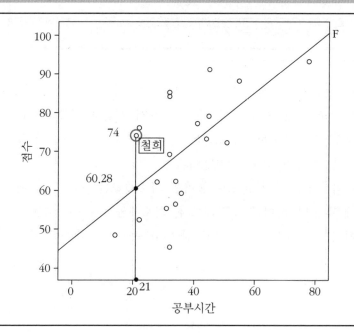

18.10.2 TSS=SSE+RSS

[그림 18-32]에서는 먼저 최소제곱선이라는 변수 위치를 이동시켰다. “최소제곱선”이라는 변수 이름 위에 커서를 두고 길게 클릭한 후, 공부시간 바로 오른쪽으로 이동시켰다.

TSS를 구하기 위해서는 y값(점수) 평균을 구해야 한다. [분석][기술통계량][기술통계]를 누르고 [그림 18-33]과 같이 “점수”를 [변수] 밑 공란에 집어넣는다. [확인]을 누르면 [표 18-4]가 나온다. 여기서 점수 평균이 70이라는 것을 알 수 있다.

[그림 18-32] 회귀분석 변수 위치 이동 데이터

	이름	공부시간	최소제곱선	점수	변수
1	철희	21	60.28	74	
2	숙희	34	68.47	62	
3	진수	14	55.87	48	
4	철수	55	81.70	88	
5	강희	32	67.21	45	
6	건희	78	96.19	93	
7	별식	44	74.77	73	
8	순이	32	67.21	69	
9	영희	45	75.40	79	
10	정진	36	69.73	59	
11	수진	51	79.18	72	
12	소현	32	67.21	85	
13	현진	31	66.58	55	
14	한성	22	60.91	52	
15	한진	45	75.40	91	
16	미수	32	67.21	84	
17	수현	22	60.91	76	
18	현진	34	68.47	56	
19	달영	28	64.69	62	
20	연수	41	72.88	77	
21					

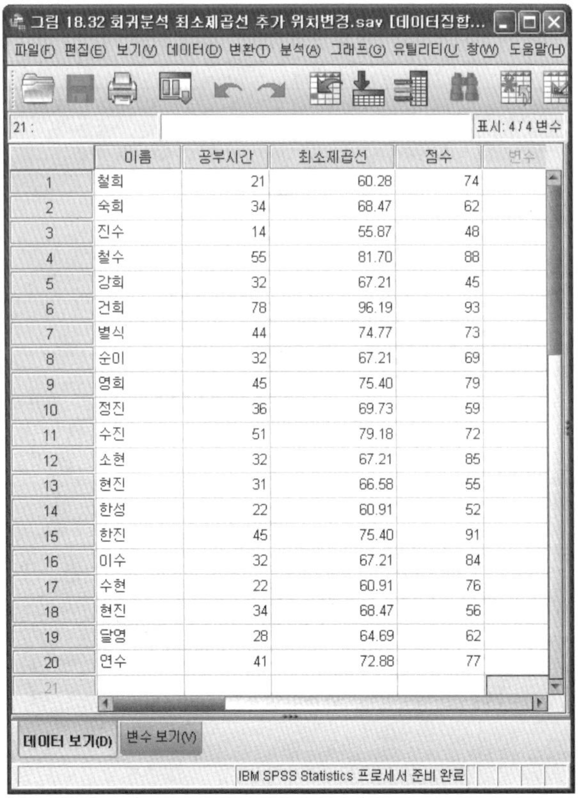

[그림 18-33] 　　　　　　　　**기술통계 점수 평균**

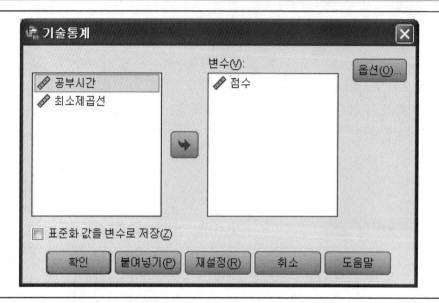

[표 18-4] 　　　　　　　　**기술통계 점수 평균 출력결과**

기술통계량

	N	최소값	최대값	평균	표준편차
점수	20	45	93	70.00	14.535
유효수(목록별)	20				

[그림 18-34]에서는 이름 변수를 다시 이동시키고, [편집][변수삽입]을 통해 점수 바로 옆에 점수평균이라는 새로운 변수를 만들어 두었다. 점수평균이라는 변수에는 모두 70이라는 값을 넣었다.

[변환][변수계산]을 선택하고 나오는 창에서, [그림 18-35]와 같이 [대상변수] 이름을 "점수_점수평균"으로 입력해 넣는다. [숫자표현식] 아래 공란에서는, 왼쪽 변수들 목록에서 "점수"와 "점수평균"을 가져오고 또 아래 계산기 버튼 중에서 마이너스 부호를 사용한다. [확인]을 누르면 나오는 화면이, [그림 18-36]이다.

[그림 18-34]   점수평균 변수 추가

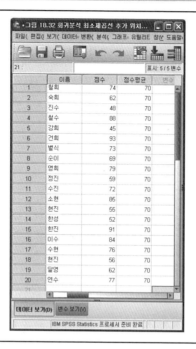

[그림 18-35]   점수 빼기 점수평균 계산

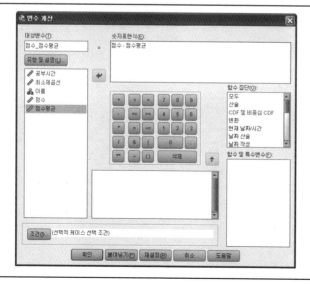

[그림 18-36]   점수 빼기 점수평균 추가

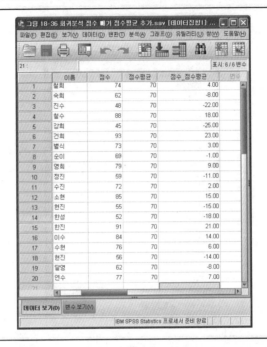

[그림 18-37]   점수 빼기 점수평균의 제곱 계산

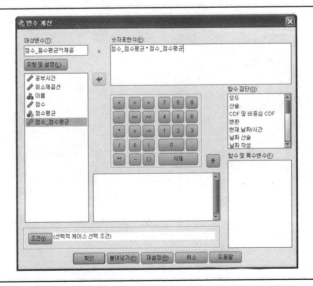

[변환][변수계산]을 선택하고 나오는 창에서, [그림 18-37]과 같이 [대상 변수] 이름을 "점수_점수평균의제곱"으로 입력해 넣는다. [숫자표현식]에서는 "점수_점수평균"이라는 변수를 왼쪽에서 가져오고, 아래의 곱하기 기호 버튼 (*)을 사용한다.

[그림 18-38]   점수 빼기 점수평균의 제곱 추가

	이름	점수	점수평균	점수_점수평균	점수_점수평균의제곱
1	철희	74	70	4	16
2	숙희	62	70	-8	64
3	진수	48	70	-22	484
4	철수	88	70	18	324
5	강희	45	70	-25	625
6	건희	93	70	23	529
7	별식	73	70	3	9
8	순이	69	70	-1	1
9	영희	79	70	9	81
10	청진	59	70	-11	121
11	수진	72	70	2	4
12	소현	85	70	15	225
13	현진	55	70	-15	225
14	한성	52	70	-18	324
15	한진	91	70	21	441
16	이수	84	70	14	196
17	수현	76	70	6	36
18	현진	56	70	-14	196
19	달영	62	70	-8	64
20	연수	77	70	7	49

[그림 18-39]   점수 빼기 점수평균의 제곱 기술통계

[분석][기술통계량][기술통계]에서 "점수_점수평균의 제곱"을 [그림 18-39]와 같이 [변수] 아래 공란에 넣는다. [옵션]을 선택한 후, [그림 18-40]에서와 같이 [합계]를 선택한다.

나오는 결과는 [표 18-5]와 같다. 각 점수와 점수평균간의 차를 제곱하여 더한 값인 TSS가 4014인 것이다. [표 18-3]에 나왔던 회귀분석 출력결과 중 [분산분석] 부분만을 표 18.6으로 다시 가져와 보았다. "합계"와 "제곱합"의 교차부분에 4014.000 이라는 값이 보인다.

[그림 18-40]   **점수 빼기 점수평균의 제곱 기술통계 옵션**

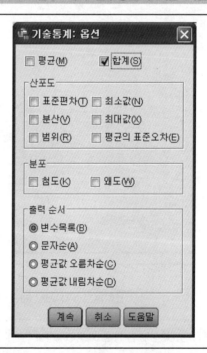

[표 18-5]   **TSS 출력결과**

기술통계량		
	N	합계
점수_점수평균의제곱	20	4014.00
유효수(목록별)	20	

[표 18-6]	회귀분석 출력결과에서 분산분석 부분				

분산분석^{b)}

모 형	제곱합	자유도	평균제곱	F	유의확률
1 회귀 모형	1530.183	1	1530.183	11.089	.004^{a)}
잔차	2483.817	18	137.990		
합계	4014.000	19			

a) 예측값:(상수), 공부시간
b) 종속변수:점수

[그림 18-38]에서 다섯번째인 철수의 경우를 한번 살펴보자. 철수 자신의 점수는 88이다. 20명 전체 평균은 70점이다. 이 차이를 계산하면 88-70=18이 나온다. "점수_점수평균"이라는 변수 아래의 철수에 해당하는 값은 18이다. 이 18을 제곱한 것이 "점수_점수평균의제곱"이라는 변수 아래 철수의 값인 324이다. 철수를 포함한 모든 20개 값을 다 합친 값이 4014이다.

이제는 산점도를 활용하여 철수의 값이 TSS에 포함되는 방식을 살펴보자. [그래프] [레거시 대화 상자] [산점도/점도표]에 이어 [단순산점도] [정의]를 선택한다. [Y축]에 결과에 해당하는 변수인 "점수"를 넣는다. [X축]에 원인에 해당하는 변수인 "공부시간"을 택한다. [케이스 설명 기준변수]에는 "이름"을 넣는다. [확인]을 누르고 나타나는 산점도를 더블클릭하면 [도표편집기] 화면이 나온다.

[옵션] [Y축 참조선]을 선택하면 [그림 18-41]과 같이 [평균]이 기본사양으로 [설정]되어 있다. 이어서 도표편집기에서 [요소] [전체 적합선]을 선택하고, 기본사양인 [선형]을 유지한다. [요소] [데이터 설명 모드]를 선택하고, 철수에 해당하는 점을 클릭하면 y평균선과 회귀선이 같이 나타난 산점도가 나타난다.

이 그래프에서 TSS, RSS, SSE에 각각 해당하는 부분을 선으로 해설해 놓은 것이 [그림 18-42]이다. TSS와 관련있는 구간은 88에서 70까지의 긴 굵은 세로선이다. 이 선의 길이(88-70=18)를 제곱하면 324이다. 이십명 학생 전원 각각의 점수에서 평균 차이값에 대한 제곱들이 더해지면 TSS가 되는 것이다.

[그림 18-41]   Y축 참조선

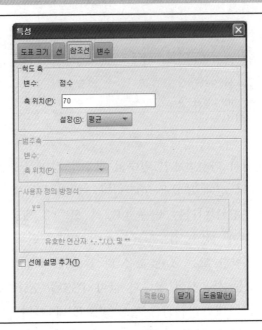

[그림 18-42]   산점도로 설명한 TSS

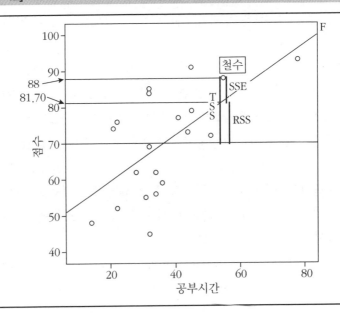

이 그림에서는 최소제곱선이라는 변수에 해당하는 값이 한 학생의 점수에서 세로줄을 그었을 때 그 세로줄이 최소제곱선과 만나는 점의 y값이라는 것을 확인할 수 있다. 즉, 그 학생의 공부시간을 감안했을 때 기대할 수 있는 점수인 셈이다.

이번에는 [표 18-6]에서 잔차 제곱합에 해당하는 2483.817이 어떻게 나오는지를 확인해 보자. SSE를 구해보는 것이다.

[변환] [점수계산]을 거쳐 [그림 18-43]과 같이 점수에서 최소제곱선을 뺀 값을 "점수_최소제곱선"이라고 명명하였다. [그림 18-44]에서는 이름, 점수, 최소제곱선 같은 변수를 보기 쉽게 이동시켰다.

[그림 18-43] 　　　　　　　변수계산 점수 빼기 최소제곱선값

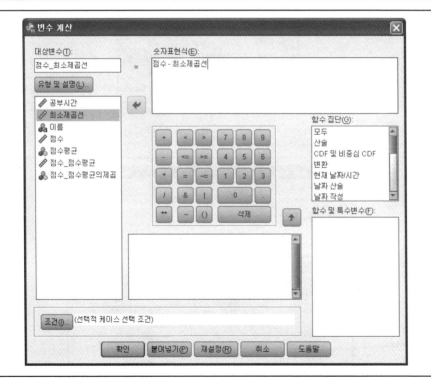

[그림 18-44] 점수 빼기 최소제곱선 변수 추가

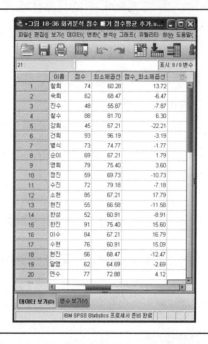

[그림 18-45] 점수 빼기 최소제곱선값의 제곱

[그림 18-46]　　　　점수 빼기 최소제곱선값의 제곱 추가

	이름	점수	최소제곱선	점수_최소제곱선	점수_최소제곱선의제곱
1	철희	74	60.28	13.72	188.32
2	숙희	62	68.47	-6.47	41.82
3	진수	48	55.87	-7.87	61.89
4	철수	88	81.70	6.30	39.73
5	강희	45	67.21	-22.21	493.15
6	건희	93	96.19	-3.19	10.16
7	별식	73	74.77	-1.77	3.12
8	순이	69	67.21	1.79	3.21
9	영희	79	75.40	3.60	12.98
10	정진	59	69.73	-10.73	115.07
11	수진	72	79.18	-7.18	51.51
12	소현	85	67.21	17.79	316.59
13	현진	55	66.58	-11.58	134.03
14	한성	52	60.91	-8.91	79.33
15	한진	91	75.40	15.60	243.45
16	이수	84	67.21	16.79	282.00
17	수현	76	60.91	15.09	227.80
18	현진	56	68.47	-12.47	155.43
19	달영	62	64.69	-2.69	7.22
20	연수	77	72.88	4.12	17.00

　　다시 [변환] [점수계산]을 거쳐 [그림 18-45]와 같이 점수와 최소제곱선 값과의 차이를 제곱한 값을 "점수_최소제곱선의제곱"이라는 변수로 계산한다. [그림 18-46]이 나온다.

　　[분석] [기술통계량] [기술통계]에서 "점수_최소제곱선의제곱"을 [변수] 아래 공란에 넣는다. [옵션]을 선택한 후, [합계]를 선택한다. [계속] [확인]을 누르면, [그림 18-47]이 나온다. 합계인 SSE 값은 2483.82이다.

　　[표 18-6]에는 "잔차"와 "제곱합" 교차부분에 2483.817이라는 값이 보인다. 두 값이 거의 동일한 것을 알 수 있다.

[표 18-7]		RSS 출력 결과
기술통계량		
	N	합계
점수_최소제곱선의제곱	20	2483.82
유효수(목록별)	20	

[그림 18-46]에서 철수의 값을 살펴보자. 점수 88점에서 최소제곱선값인 81.7을 빼면, [그림 18-46]에서와 같이 6.3이 나온다. 이를 제곱하면 39.73이다. 이러한 이십명의 제곱값을 더하면 2483.82가 나오는 것이다.

마지막으로 RSS를 구해보자. 이번에는 자세한 설명을 생략한다. [그림 18-47]을 거쳐 [그림 18-48]을 만들었다. 기존 변수들을 자리 이동시킨 결과이다. 다시 [그림 18-49]를 거쳐 [그림 18-50]이 나왔다. 최소제곱선에서 평균을 뺀 값을 제곱한 변수에 해당하는 이십개 값을 다 더한 합계가 [표 18-8]이다.

[그림 18-47]	변수계산 최소제곱선값 빼기 평균

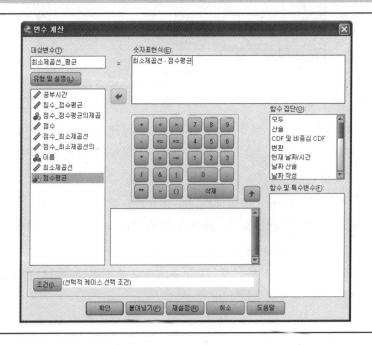

[그림 18-48]　변수계산 최소제곱선값 빼기 평균 추가

[그림 18-49]　변수계산 최소제곱선값 빼기 평균의 제곱

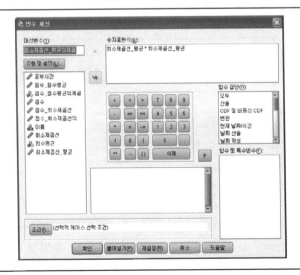

[그림 18-50] 변수계산 최소제곱선값 빼기 평균의 제곱 추가

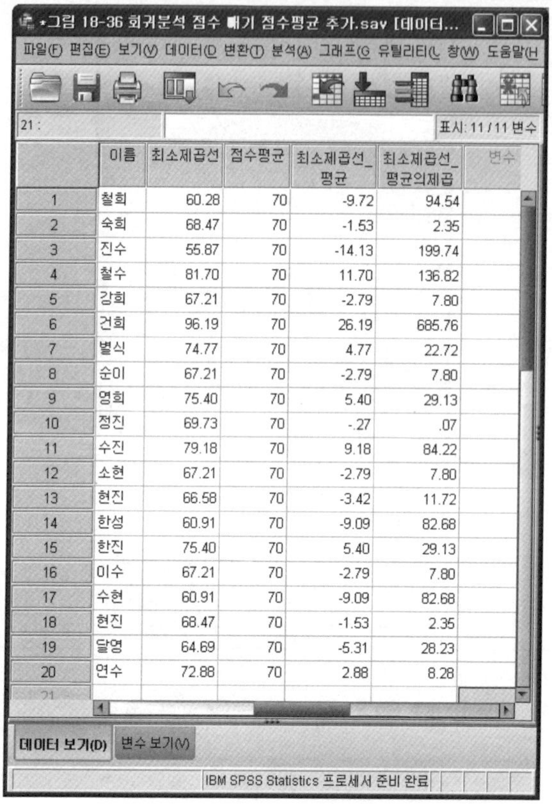

	이름	최소제곱선	점수평균	최소제곱선_평균	최소제곱선_평균의제곱	변수
1	철희	60.28	70	-9.72	94.54	
2	숙희	68.47	70	-1.53	2.35	
3	진수	55.87	70	-14.13	199.74	
4	철수	81.70	70	11.70	136.82	
5	강희	67.21	70	-2.79	7.80	
6	건희	96.19	70	26.19	685.76	
7	별식	74.77	70	4.77	22.72	
8	순이	67.21	70	-2.79	7.80	
9	영희	75.40	70	5.40	29.13	
10	정진	69.73	70	-.27	.07	
11	수진	79.18	70	9.18	84.22	
12	소현	67.21	70	-2.79	7.80	
13	현진	66.58	70	-3.42	11.72	
14	한성	60.91	70	-9.09	82.68	
15	한진	75.40	70	5.40	29.13	
16	이수	67.21	70	-2.79	7.80	
17	수현	60.91	70	-9.09	82.68	
18	현진	68.47	70	-1.53	2.35	
19	달영	64.69	70	-5.31	28.23	
20	연수	72.88	70	2.88	8.28	

[표 18-8] RSS 계산 결과

기술통계량

	N	합계
최소제곱선_평균의제곱	20	1531.62
유효수(목록별)	20	

RSS는 1531.62이다. 이는 [표 18-6]의 1530.183과 거의 유사하다. 소수점 계산이 나오고 또 이를 제곱하다 보니 나온 계산상의 차이이다. 앞서 소수점 계산이 없는 TSS와 같은 경우에는 회귀식과 완전 동일하게 나온 것을 알 수 있다. SPSS에서 더 많은 소수점이하 숫자를 계산에 넣으면 계산상 차이

가 줄어들 것이라고 생각할 수 있다.

[그림 18-42]를 가지고 설명하자면, 철수의 최소제곱선값인 81.70에서 평균인 70점까지의 구간이 RSS와 관련되어 있다. [그림 18-50]에서는 이 차이가 11.7이고 그 제곱은 136.82라는 것을 알 수 있다. "최소제곱선_평균의제곱"이라는 변수 아래 20개 값을 다 더하면 1531.62가 나오는 것이다.

전체적 결과는 다음과 같이 결론내릴 수 있다. 계산상 차이 때문에 $\approx$ 기호를 사용한다.

$$TSS = ESS + RSS$$
$$4014.00 \approx 2483.82 + 1531.62$$
$$4014.00 \approx 4015.44$$

18.11 다중회귀분석의 이해

다중회귀분석(multiple regression analysis)은 독립변수가 하나 있는 것이 아니라 두 개 이상 있는 경우를 말한다. 독립변수가 하나인 회귀분석을 반대로 단순회귀분석(simple regression analysis)이라고 한다. 예를 들자면 앞서 분석하였던 공부시간과 점수에 대한 자료에서 독립변수로 집중력이라는 변수를 추가할 수 있다. [그림 18-51]의 데이터 편집기화면에는 집중력이라는 변수가 추가되어 있다는 것을 알 수 있다.

회귀분석을 SPSS를 통하여 해 보기로 하자. [분석] [회귀분석] [선형]을 선택하면 [그림 18-52]가 나타난다. 원인을 의미하는 [독립변수]에 '공부시간'과 '집중력'을 넣고, 결과를 의미하는 [종속변수]에 '점수'를 넣었다.

회귀분석의 결과는 [표 18-9]와 같다. 표의 형식은 단순회귀일 때와 유사하다.

[그림 18-51] 다중회귀분석 데이터

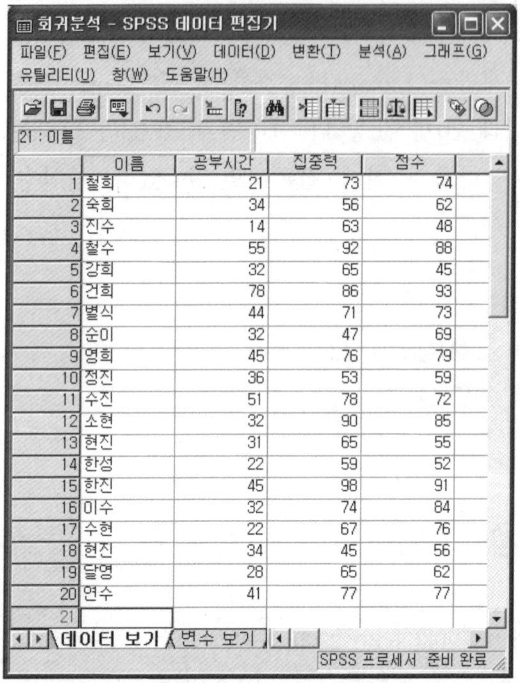
회귀분석 - SPSS 데이터 편집기
파일(F) 편집(E) 보기(V) 데이터(D) 변환(T) 분석(A) 그래프(G)
유틸리티(U) 창(W) 도움말(H)
21 : 이름
데이터 보기 변수 보기
SPSS 프로세서 준비 완료

	이름	공부시간	집중력	점수
1	철희	21	73	74
2	숙희	34	56	62
3	진수	14	63	48
4	철수	55	92	88
5	강희	32	65	45
6	건희	78	86	93
7	별식	44	71	73
8	순이	32	47	69
9	영희	45	76	79
10	정진	36	53	59
11	수진	51	78	72
12	소현	32	90	85
13	현진	31	65	55
14	한성	22	59	52
15	한진	45	98	91
16	이수	32	74	84
17	수현	22	67	76
18	현진	34	45	56
19	달영	28	65	62
20	연수	41	77	77
21				

[그림 18-52] 다중회귀분석

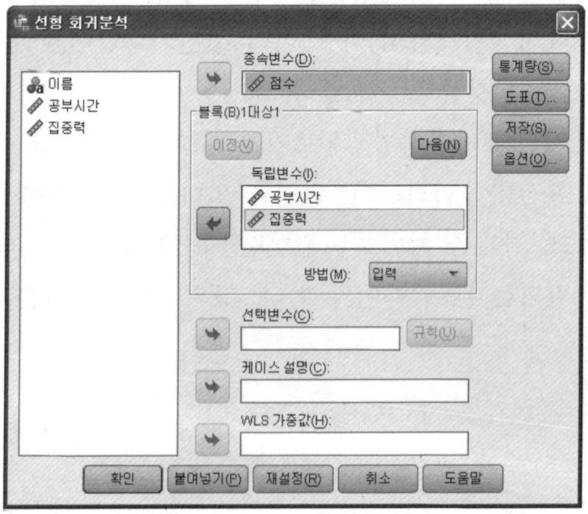
선형 회귀분석
이름
공부시간
집중력
종속변수(D):
점수
블록(B)1대상1
이전(V)
다음(N)
독립변수(I):
공부시간
집중력
방법(M):
입력
선택변수(C):
규칙(U)...
케이스 설명(C):
WLS 가중값(H):
통계량(S)...
도표(T)...
저장(S)...
옵션(O)...
확인
붙여넣기(P)
재설정(R)
취소
도움말

[표 18-9]	다중회귀분석 출력결과

선형회귀분석

진입/제거된 변수[b]

모 형	진입된 변수	제거된 변수	방 법
1	집중력·공부시간[a]	.	입 력

a) 요청된 모든 변수가 입력되었습니다.
b) 종속변수 : 점수.

모형요약

모 형	R	R제곱	수정된 R제곱	추정값의 표준오차
1	.813[a]	.661	.621	8.948

a) 예측값 : (상수)·집중력·공부시간.

분산분석[b]

모 형		제곱합	자유도	평균제곱	F	유의확률
1	선형회귀분석	2,652.822	2	1,326.411	16.566	.000[a]
	잔 차	1,361.178	17	80.069		
	합 계	4,014.000	19			

a) 예측값 : (상수)·집중력·공부시간.
b) 종속변수 : 점수.

계 수[a]

모 형		비표준화계수		표준화계수	t	유의확률
		B	표준오차	베 타		
1	(상수)	15.554	10.115		1.538	.143
	공부시간	.305	.168	.299	1.816	.087
	집중력	.619	.165	.617	3.744	.002

a) 종속변수 : 점수.

[표 18-9]의 출력결과를 가지고 회귀식을 생각해 보도록 하자. 이 모집단에 대한 회귀식에서는 β 하나가 아니라 β_1과 β_2라는 두 개의 기울기 계수가 나타난다. 점수(y)를 예측하는 데 쓰일 수 있는 정보가 하나(X)가 아닌 두 개($X_1 \cdot X_2$)라는 의미이다.

여기서 β_1과 β_2는 공부시간과 집중력 각각의 기울기를 나타낸다.

$$Y = \alpha + \beta_1 X_1 + \beta_2 X_2$$

표본의 회귀선은 아래와 같다.

$$y = a + b_1x_1 + b_2x_2$$

점수 $= a + b_1$공부시간 $+ b_2$집중력

[표 18-9]의 출력결과에서 아래 [계수] 표의 제일 왼쪽 열인 '모형' 밑에 '(상수)'와 '공부시간', '집중력'이 각각 있음을 알 수 있다. '(상수)' 바로 오른쪽에 있는 15.554가 y절편을 의미하는 a이다. '공부시간' 바로 오른쪽에 있는 .305는 기울기인 b_1이다. '집중력' 오른쪽의 .619는 기울기 b_2이다. 따라서 회귀식은 아래와 같다.

$$y = 15.554 + .305x_1 + .619x_2$$

이 수식의 해석은 단순회귀와는 약간 달라진다. 한 변수의 기울기에 대해 언급할 때, '다른 모든 변수들이 고정될 때'라는 가정을 붙여야 하는 것이다. 예를 들어 집중력의 기울기에 대해 알아보자. 기울기 .619의 의미는 "공부시간이 고정되어 있을 때, 집중력 매 1점의 증가는 점수의 기대값 .619의 증가로 이어진다"라고 할 수 있다.

18.12 다중회귀분석에서의 3차원 산점도 그리기

공부시간과 집중력으로 점수를 예측하는 데이터를 가지고 산점도를 그려 보기로 하자. 이렇게 변수가 세 개인 경우에는 3차원으로 그래프를 그리는 것이 가능하다. 하지만 변수가 네 개 이상인 경우에는 눈에 보이게 하는 것이 불가능하다.

[그래프] [레거시 대화 상자] [산점도/점도표]에서 [그림 18-53]과 같이 [3차원 산점도]를 선택한다.

[그림 18-54]에서는 왼쪽 공란으로부터 변수들을 오른쪽으로 이동시켰다. '공부시간'을 [X축]에, '집중력'을 [Z축]에, '점수'를 [Y축]에 입력시켰다.

[그림 18-55]는 [확인]을 누른 이후 나오는 산점도에 커서를 대고 더블클릭하여 나온 [도표편집기] 화면이다.

[그림 18-53]   산점도 3차원

[그림 18-54]   산점도 3차원 변수

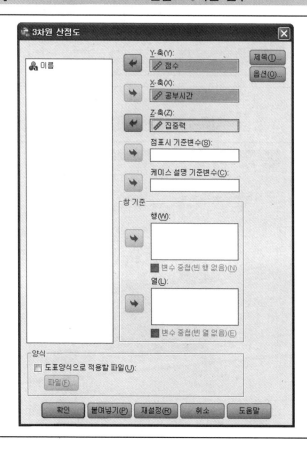

[그림 18-55]   산점도 3차원 도표편집기

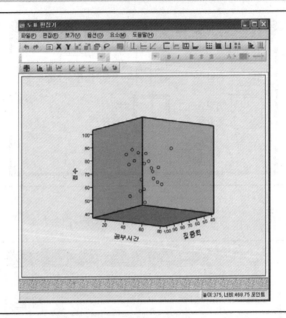

[그림 18-56]   점들이 활성화된 산점도 3차원 도표편집기

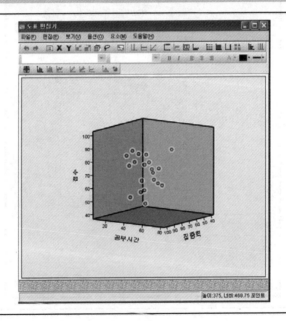

[그림 18-57] 　　　　　　　산점도 3차원 특성 : 말뚝 표시

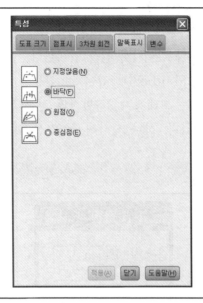

[그림 18-58] 　　　　　　　말뚝 표시된 3차원 산점도

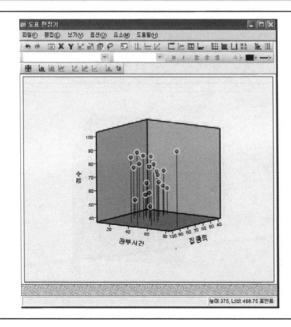

이러한 도표편집기에서 아무 점에나 커서를 두고 한번 클릭한다. 그러면 모든 점들이 [그림 18-56]과 같이 활성화된다.

모든 점들이 활성화된 상태에서 [편집][특성][말뚝 표시]를 선택한다. [특성]에서 [그림 18-57]과 같이 [바닥]을 선택한다.

[적용]을 누르면 [그림 18-58]과 같이 각 점들이 아래로 말뚝을 달고 나타난다. 2차원으로 그리는 그래프가 3차원적인 정보를 가지도록 하는 시각적 방법이라고 이해할 수 있다. 하나 생각해 둘 것은 이렇듯 독립변수가 2개인

[그림 18-59]   3-D 회전

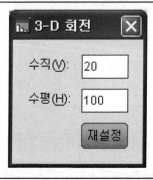

[그림 18-60]   3-D 회전된 산포도

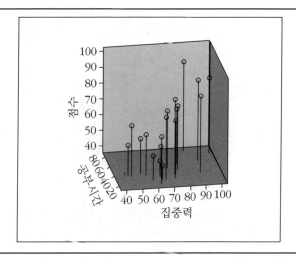

회귀분석에서 각 점들은 $X_1 \cdot X_2 \cdot Y$라는 세 개의 축에 의해 규정되는 하나의 3차원 공간지점에 위치하고 있다는 것이다. [그림 18-24]에서는 X_1이 X로, X_2는 Z로 입력된 바 있다. 참고로 단순회귀에서 각 점들은 $X \cdot Y$라는 두 개의 축에 의해 규정되기 때문에 2차원면에 자리잡고 있는 것이다.

이제 [편집][3-D 회전]을 통해 산점도를 좀더 잘 이해되도록 돌려보자. [그림 18-59]에서처럼 [수직]과 [수평]의 값을 각각 20과 100으로 바꾸어 보았다. [그림 18-60]에서는 공부시간과 집중력 각각의 증가에 따른 분포변화를 더 쉽게 이해할 수 있다.

18.12.1 SPSS로 회귀식 활용하기

$y = 47.047 + 0.63x$라는 공식에 대한 이해를 SPSS를 통해 직접해보기로 한다. 이 공식에서 y에 해당하는 것이 회귀선(최소제곱선)이라는 것을 다시 한번 기억하자. 공부시간을 가지고 예측할 수 있는 점수인 것이다.

[그림 18-61]	선형회귀분석: 비표준화 예측값

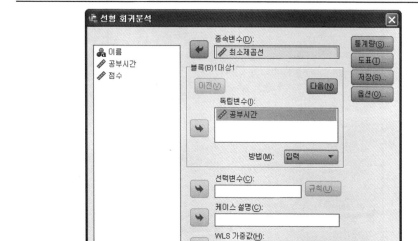

[그림 18-22]에서 [분석][회귀분석][선형]을 선택하고, [그림 18-61] 화면에서처럼 [종속변수]에 "최소제곱선"을 [독립변수]에 "공부시간"을 넣는다.

[그림 18-61]에서 [저장]을 누르고, [그림 18-62]에서처럼 [예측값][비표준화]를 선택한다. [계속][확인]을 누른다. [그림 18-63]이 나온다.

[그림 18-63]에서는 회귀선(최소제곱선)과 비표준화 예측값인 새로운 변수 "PRE_1"이 동일하다는 것을 알 수 있다. 이번에는 회귀식에 의한 예측값과 실제값이 산점도에서 어떻게 차이가 나는지 생각해보자. [그림 18-31]에서 설명한 내용을 다시 한번 SPSS로 구현해 보는 것이다.

[그림 18-62]	선형회귀분석 저장: 비표준화 예측값

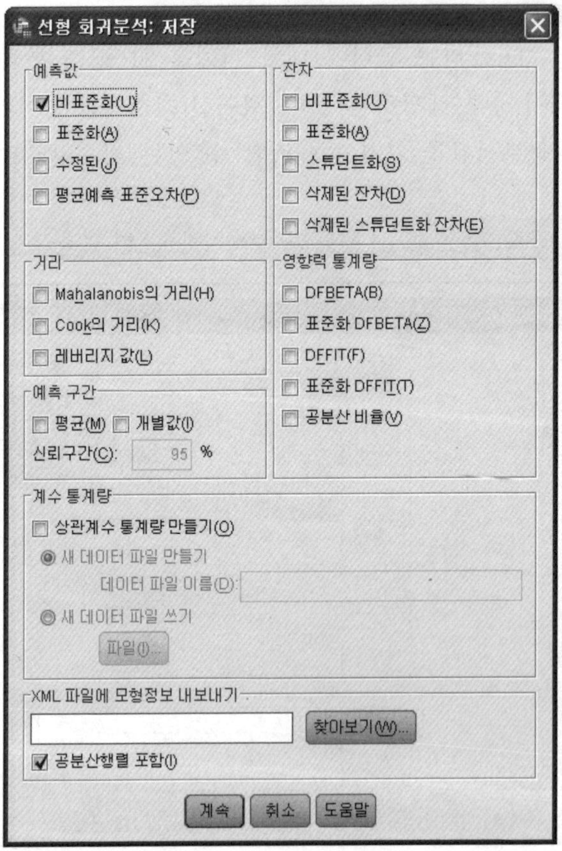

[그림 18-63] 선형회귀분석 데이터 비표준화 예측값

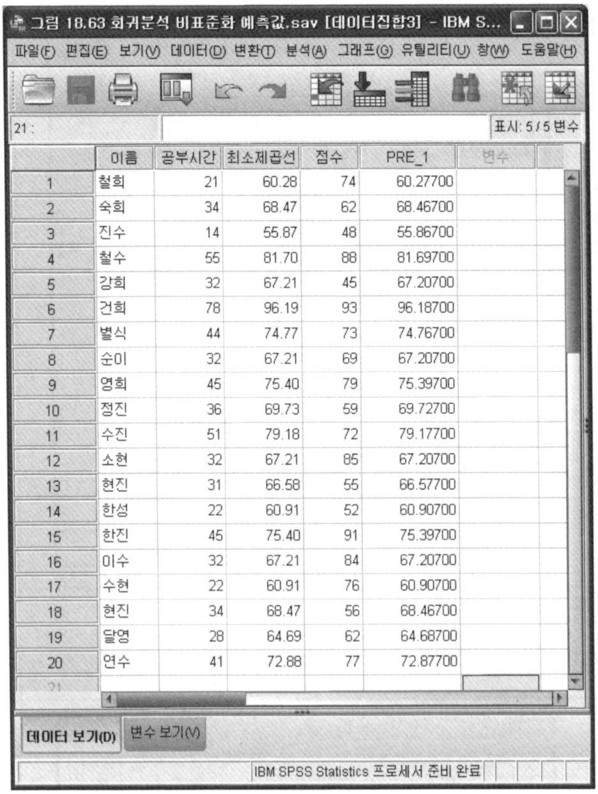

	이름	공부시간	최소제곱선	점수	PRE_1	변수
1	철희	21	60.28	74	60.27700	
2	숙희	34	68.47	62	68.46700	
3	진수	14	55.87	48	55.86700	
4	철수	55	81.70	88	81.69700	
5	강희	32	67.21	45	67.20700	
6	건희	78	96.19	93	96.18700	
7	별식	44	74.77	73	74.76700	
8	순이	32	67.21	69	67.20700	
9	영희	45	75.40	79	75.39700	
10	정진	36	69.73	59	69.72700	
11	수진	51	79.18	72	79.17700	
12	소현	32	67.21	85	67.20700	
13	현진	31	66.58	55	66.57700	
14	한성	22	60.91	52	60.90700	
15	한진	45	75.40	91	75.39700	
16	이수	32	67.21	84	67.20700	
17	수현	22	60.91	76	60.90700	
18	현진	34	68.47	56	68.46700	
19	달영	28	64.69	62	64.68700	
20	연수	41	72.88	77	72.87700	

[그래프] [레거시 대화 상자] [산점도/점도표]를 선택한다. 이번에는 [겹쳐 그리기 산점도]를 누르고, [정의]한다. [그림 18-64]에서는 “PRE_1”에 대하여 SPSS가 자동으로 붙인 변수설명인 “Unstanderdized Predicted Value”를 먼저 클릭한 후 오른쪽으로 가는 화살표를 눌렀다. [Y X 대응]에서 대응 1의 [Y 변수]란에 “Unst...”이라고 나온 것을 알 수 있다. [그림 18-65] [그림 18-66] [그림 18-67]은 각각 하나의 변수를 더 선택해서 [Y X 대응]의 공란에 넣은 것을 알 수 있다. 공부시간과 회귀선(최소제곱선)이 예측하는 값을 각각 가로 세로로 한 산점도와 공부시간과 실제 점수를 가로 세로로 한 산점도를 겹쳐서 [그림 18-67]은 나타내고 있다.

[그림 18-64]   겹쳐그리기 산점도 대응1 Y변수

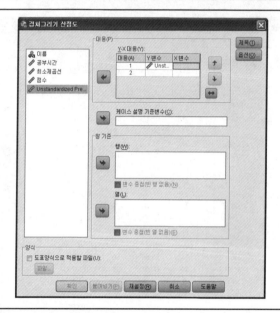

[그림 18-65]   겹쳐그리기 산점도 대응1 X변수

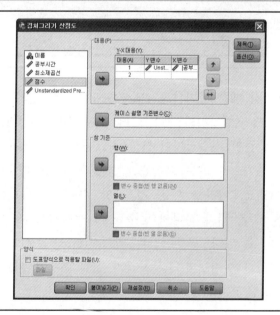

[그림 18-66]   겹쳐그리기 산점도 대응2 Y변수

[그림 18-67]   겹쳐그리기 산점도 대응2 X변수

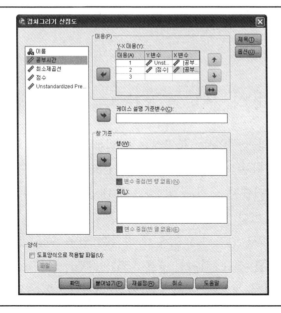

| [그림 18-68] | 겹쳐그리기 산점도 출력결과 |

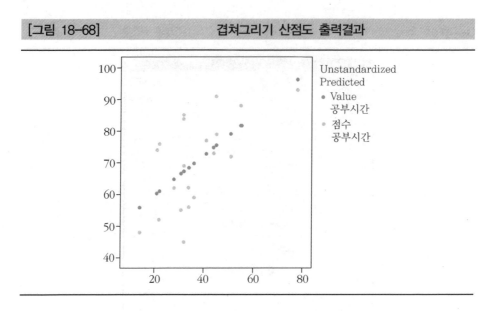

출력결과인 [그림 18-68]은 회귀선(최소제곱선)과 실제 점수의 분포를 보여준다. 한 x값에 두개의 점이 있다. 그 중 직선을 이루는 하나의 점은 회귀공식에 의한 예측값이며, 나머지 하나의 값은 실제 점수이다.

물론 [그림 18-63]에서 "최소제곱선"이라는 변수를 "PRE_1" 대신 사용하여도 동일한 결과를 얻을 수 있다.

18.13 다중회귀분석에서 회귀면 · R^2 · 기울기

[그림 18-69]의 산점도는 회귀식으로 인해 적용되는 회귀면을 보여 주고 있다. 단순회귀와는 달리 다중회귀분석의 회귀식은 회귀면으로 이루어져 있다. 이러한 회귀면에서 x_1과 x_2의 좌표를 대입하여 각 점들을 예측하는 공간을 잡아 내는 것이다.

[그림 18-69]에서 집중력과 점수가 만나는 왼쪽 면을 한번 보자. 여기에 굵은 선으로 그어진 선은 회귀선 $y = 15.554 + .305x_1 + .619x_2$에서 공부시간인 x_1을 0으로 고정시켜 둔 상태에서 만들어진 선이다. 즉 x_1은 0인 것이다. 따

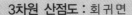

[그림 18-69]   3차원 산점도 : 회귀면

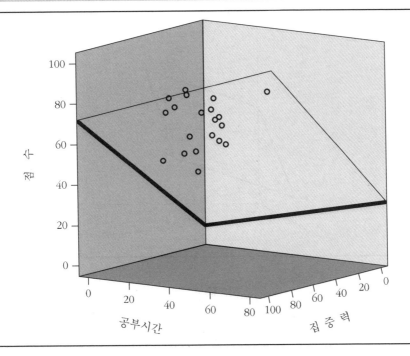

라서 $y=15.554+.619x_2$라는 선이 그어져 있다. 똑같은 원리로 x_2를 0으로 고정시켰을 때, $y=15.554+.305x_1$이라는 선이 오른쪽 면에 그어졌다. 이 두 선을 연결시켜 만든 면이 회귀면이며, 그어진 굵은 두 선과 연결된 가느다란 두 선으로 그려져 있다.

　간략하게 그려진 [그림 18-70]을 보면 좀더 잘 이해할 수 있을 것이다. 회귀면과 점위치의 3차원적 관계가 잘 표시되어 있다. 네모난 점이 공간에 떠 있는 하나의 케이스이다. 이 네모의 높이가 바로 y값이다. 이 점 아래에 회귀면이 있으며, 주어진 x_1과 x_2값으로 예측되는 y값은 회귀면에 있다. 이 예측치의 위치는 둥근 점으로 표시되어 있다.

　이제는 회귀면에 대한 이해를 기반으로 해서 다중회귀에서 R^2의 의미를 좀더 알아보자. 먼저 다중회귀와 단순회귀에서 같은 종속변수 y를 사용한다면 TSS는 동일하다는 것을 이해할 필요가 있다. 앞서 동일한 점수 y를 사용한 [표 18-10]에서 나타난 단순회귀와 다중회귀의 [분산분석]을 비교해

[그림 18-70]	회귀면과 점

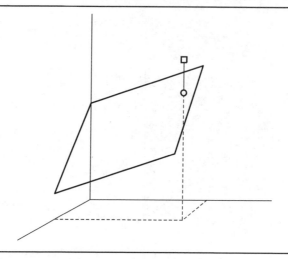

[표 18-10]	분산분석 : 단순회귀와 다중회귀

분산분석 b)

모 형		제곱합	자유도	평균제곱	F	유의확률
1	선형회귀분석	1,530.183	1	1,530.183	11.089	.004 a)
	잔 차	2,483.817	18	137.990		
	합 계	4,014.000	19			

a) 예측값 : (상수) · 공부시간.
b) 종속변수 : 점수.

분산분석 b)

모 형		제곱합	자유도	평균제곱	F	유의확률
1	선형회귀분석	2,652.822	2	1,326.411	16.566	.000 a)
	잔 차	1,361.178	17	80.069		
	합 계	4,014.000	19			

a) 예측값 : (상수) · 집중력 · 공부시간.
b) 종속변수 : 점수.

보자. 위쪽이 단순이고, 아래쪽이 다중이다.

TSS인 '합계'와 '제곱합'의 교차부분은 4,014.000으로 동일하다는 것을 알 수 있다. TSS가 y값이 y평균으로 떨어진 편차제곱들의 총합이라는 것을 생 각해 보면 당연하기도 하다. 하지만 SSE인 '잔차'와 '제곱합'의 교차점은 상당한 차이가 있다. 단순회귀에서는 2,483.817인데, 다중회귀에서는 1,361.178로 줄어 있는 것이다.

이러한 감소이유는 단순회귀에서는 공부시간이라는 정보밖에 없어서 회귀직선으로 예측하는 반면, 다중회귀에서는 공부시간과 집중력이라는 두 정보를 이용한 회귀면으로 예측함으로써 관측치와 예측치 간의 오차를 줄인 것이다. 다중회귀를 사용함으로써 유의확률이 .004에서 .000(물론 이는 0이 아니라 .0005보다 작다는 의미)으로 줄어든 것을 알 수 있다.

하나 주의할 점은 이렇듯 다중회귀 [분산분석]에서 의미 있게 결과가 나오더라도 이것이 꼭 독립변수 두 개가 다 의미 있다는 것은 아니라는 것이다. 실제로는 독립변수 하나만 중요하고, 나머지는 별 기여를 하지 못했을 수도 있다.

이를 위해서는 각 독립변수의 기울기에 대한 유의확률을 보아야 한다. [표 18-11]에서 공부시간은 유의수준 0.05 기준을 사용한다면, 통계적으로 의미가 없다는 것을 보여 준다.

[표 18-11]	다중회귀분석 계수				
계 수 a)					
모 형	비표준화계수		표준화계수	t	유의확률
	B	표준오차	베 타		
1 (상수)	15.554	10.115		1.538	.143
공부시간	.305	.168	.299	1.816	.087
집중력	.619	.165	.617	3.744	.002

a) 종속변수 : 점수.

01 한 주 동안의 웃는 횟수와 100점 만점의 행복점수를 조사하였다. 회귀식에서는 다음과 같이 나타났다. 회귀식에서 웃는 횟수와 행복점수와의 관계를 쉬운 일상어로 설명해보시오.

$$행복점수 = 0.5 \times 웃는\ 횟수 + 20$$

02 아래와 같은 회귀식을 활용하여, 공부시간(독립변수)과 성적(종속변수) 자료에서 TSS, RSS, SSE를 각각 구해보라. 손으로 직접 계산해보자.

계수[a]

모형		비표준화계수		표준화계수	t	유의확률
		B	표준오차	베타		
1	(상수)	1.000	2.179		.459	.691
	공부시간	1.000	.354	.894	2.828	.106

a) 종속변수 : 성적

공부시간	성적
4	5
6	6
6	8
8	9

문제 풀 기

01 결정계수(coefficient of determination) R^2에 대한 설명으로 틀린 것은?

가. 총제곱의 합 중 설명된 제곱의 합의 비율을 뜻한다.

나. 종속변수에 미치는 영향이 적은 독립변수가 추가된다면 결정계수는 변하지 않는다.

다. R^2의 값이 클수록 회귀선으로 실제 관찰치를 예측하는데 정확성이 높아진다.

라. 독립변수와 종속변수간의 표본상관계수 r의 제곱값과 같다.

02 회귀분석에서 독립변수에 의해서 설명되는 종속변수의 비율을 무엇이라고 하는가?

가. 회귀계수(regression coefficient)

나. 신뢰계수(coefficient of confidence)

다. 결정계수(coefficient of determination)

라. 자유도(degree of freedom)

03 다음 중에서 사회조사의 결과를 이용하여 추정된 단순회귀모형을 종합적으로 평가하는데 고려하여야 할 요인이 아닌 것은?

가. 예측값의 표준오차

나. 결정계수(決定係數)

다. 회귀계수

라. 가중평균값

04 다음의 분산분석표에서 결정계수는?

변동요인	자유도	제곱합	평균제곱	F값	P값
모형	1	1519.98	1519.98		0.0212
잔차	10	759.02	75.90		
종합	11	2279.00			

가. 0.67

나. 0.49

다. 0.09

라. 0.05

05 두 변수에 대한 자료가 다음과 같이 주어졌을 때 단순회귀모형으로 추정된 회귀 직선으로 옳은 것은?

X(설명변수)	0	1	2	3	4
Y(반응변수)	2	1	4	5	8

가. $\hat{Y} = 0.8 + 1.6X$

나. $\hat{Y} = 0.8 - 1.6X$

다. $\hat{Y} = -0.8 + 1.6X$

라. $\hat{Y} = -0.8 - 1.6X$

06 두 변수 X와 Y가 서로 독립일 때, X와 Y의 회귀직선의 기울기는?

가. 0

나. 1

다. 0.5

라. -1

07 회귀분석 결과 분산분석표에서 잔차제곱합(SSE)은 60, 총제곱합(SST)은 240임을 알았다. 이 회귀모형에서 결정계수는 얼마인가?

가. 0.25

나. 0.5

다. 0.75

라. 0.95

08 단순선형회귀모형 $Y_i = \beta_0 + \beta_1 X_i + \varepsilon_i$에 대한 설명 중 틀린 것은?

가. 두 변수 X, Y의 관계식은 선형식으로 표현할 수 있어야 한다.

나. 최소자승법에 의한 모수 추정량은 모든 선형불편추정량 중에서 최소분산을 갖는다.

다. 모형의 유의성 여부는 F 검정에 의해 판단된다.

라. 결정계수 R^2은 총변동 중에서 회귀선에 의해 설명되는 비율을 측정한 값이며, 두 변수간 상관계수와는 무관하다.

09 두 연속적 변인인 실업율과 자살률간의 상관계수가 Y=.40 일 경우 실업율에 의해서 결정되는 자살률의 총분산의 비율인 결정계수는 얼마인가?

가. 0.40

나. 0.16

다. 0.20

라. 0.12

10 관측값 12개를 갖고 수행한 단순회귀분석에서 회귀직선의 유의성 검정을 위해 작성된 분산분석표가 다음과 같다. 이표에서 (A), (B), (C)의 값으로 맞는 것은?

요인	자유도	제곱합	평균제곱	F값
회귀	1	66	66	(C)
잔차	(A)	220	(B)	

가. (A)=10, (B)=22, (C)=3

나. (A)=10, (B)=22, (C)=3.67

다. (A)=11, (B)=20, (C)=3.3

라. (A)=11, (B)=220, (C)=0.3

11 회귀분석을 수행하는데 필요한 가정이 아닌 것은?

가. 독립성(Independence)

나. 불편성(Unbiasedness)

다. 정규성(Normality)

라. 등분산성(Homoscedasticity)

12 회귀식 $Y= 0.1 - 0.2X_1 + 0.3X_2$에서 X_1이 5단위, X_2가 6단위 증가하면 결과물은 얼마나 증가하는가?

가. 0.8

나. 0.9

다. 1.0

라. 0.7

13 결정계수(coefficient of determination)에 대한 설명으로 틀린 것은?

가. 총변동중에서 회귀식에 의하여 설명되어지는 변동의 비율을 뜻한다.

나. 종속변수에 미치는 영향이 적은 독립변수가 추가된다면 결정계수는 변하지 않는다.

다. 모든 측정값이 추정회귀직선상에 있는 경우 결정계수는 1이다.

라. 단순회귀의 경우 독립변수와 종속변수 간의 표본상관계수의 제곱과 같다.

14 표본의 수가 n이고, 독립변수의 수가 k인 중선형회귀모형의 분산분석표에서 잔차제곱합 SSE의 자유도는?

가. k

나. k+1

다. n−k−1

라. n−1

15 두변량 X와 Y의 관계를 분석하고자 한다. X와 Y가 모두 연속형 변수일 때 가장 적합한 분석은?

가. 분산분석

나. 회귀분석

다. 교차분석

라. 베이즈분석

16 단순회귀분석에서 회귀직선의 기울기와 독립변수와 종속변수의 상관계수와의 관계에 대한 설명으로 옳은 것은?

가. 회귀직선의 기울기가 양수이면 상관계수도 양수이다.

나. 회귀직선의 기울기가 양수이면 상관계수는 음수이다.

다. 회귀직선의 기울기가 음수이면 상관계수는 양수이다.

라. 회귀직선의 기울기가 양수이면 공분산이 음수이다.

제19장

상관분석

상관분석(correlation analysis)은 회귀분석과는 달리 인과관계(causal relationship)에 큰 관심을 가지지 않는다. 회귀분석과는 달리 상관분석은 인과관계의 규명이나 예측이라는 목적에 잘 사용되지 않는다.

인과관계는 아니지만 상관관계 역시 변수간의 관계(relation)에 대한 관심을 가진다. 좀더 구체적으로 두 변수가 서로 '같이 변하는지(co-vary)'에 대한 관심을 가진다. 통계학에서 이러한 관계를 연관(association)이라고 부르기도 한다. 연관이란 변수들이 통계적으로 서로 종속성(dependence)을 가진 상태를 의미한다. 반대로 독립성(independence)이란 변수들이 같이 변하지 않는다는 것이다.

예를 들자면 키와 몸무게의 관계를 들 수 있다. 키와 몸무게 중 어느 것이 원인이고, 어느 것이 결과인지는 얘기하기 어려울 것이다. 하지만 사람들의 키와 몸무게를 재어 보았을 때, 전반적으로 얼마만큼 몸무게가 키와 같이 커지는지를 알아볼 수 있을 것이다. 이때 사용하는 것이 상관분석이라고 할 수 있다.

따라서 상관분석의 확률적 검증은 아래와 같은 귀무가설과 대립가설로 이루어져 있다.

H_0 : 두 변수는 연관이 없다.
H_1 : 두 변수는 연관이 있다.

이러한 상관분석의 전제는 회귀분석의 전제와 거의 동일하다. 첫번째로 변수들이 기본적으로 등간변수이거나 비율변수이어야 한다. 두 번째로 변수들의 분포가 직선적인 형태를 가져야 한다는 것이다. 세 번째는 조금 복잡하다. 주어진 어떠한 x값에 대해 y값의 분포가 정규적으로 분포해 있어야 하며, 또한 주어진 어떠한 y값에 대해서도 x값의 분포가 정규적으로 분포되어야 한다는 것이다. 자세한 내용에 대해서는 Kachigan(1991 : 128)을 참조하면 된다.

19.1 공분산과 상관분석의 이해

공분산(covariance)은 두 변수가 같이 변하는 정도이다. 따라서 공분산은 하나의 변수가 아닌 두 개의 변수가 있어야 측정이 가능하다. 모집단을 추정하기 위해 표본을 추출하는 것은 다른 추리통계기법에서와 마찬가지이다.

공분산의 예를 들어 보기로 하자. 전국의 대학생이 모집단이고, 무작위 추출로 아래와 같이 5명을 뽑았다. 학생 5명의 조사당일 하루 공부시간과 만난 친구의 숫자를 각각 조사하였다. 조사결과를 입력한 것이 [그림 19-1]이다.

표본의 분산을 가지고 모집단분산을 추정할 때, 각 숫자에 평균을 뺀 차이를 제곱해서 $n-1$로 나눈다는 것은 앞서 언급하였다. 분산의 경우 각 값들이 평균으로부터 많이 떨어져 있을수록 분산 값이 커졌다.

표본의 공분산을 가지고 모집단의 공분산을 추정할 때는 이와는 당연히 다르다. 공분산에서는 x와 y값이 같이 변화할수록 공분산이 커져야 한다. 여기서 "같이 변화한다"는 것이 x값이 커질 때 y값이 커지거나 작아진다는 것을 의미한다. x값이 커질 때, y값은 뚜렷한 변화가 없다면 공분산이 거의 없어야 할 것이다. x값이 x평균으로부터 떨어진 차이값과 y값이 y평균으로부

[그림 19-1]   공분산 데이터

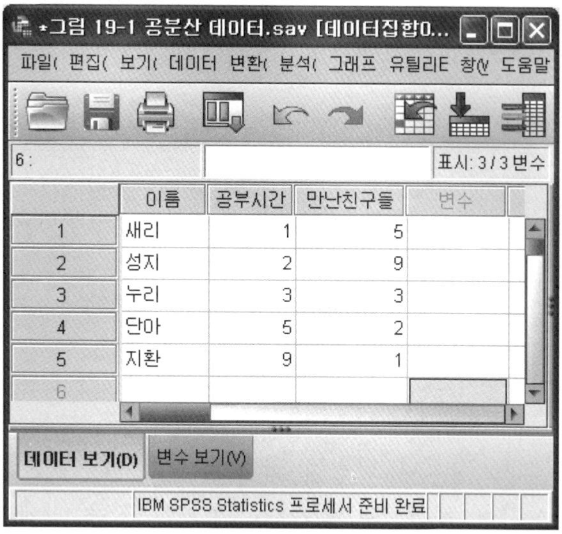

터 떨어진 값을 곱하는 방식을 공분산은 취한다. 이러한 곱을 합해 나간 값을 $n-1$로 나누는 것이다.

만약 x값이 커질 때 y값이 커지면, 공분산의 값으로 큰 양수가 나올 것이다. 반대로 x값이 커질 때 y값이 작아지면, 공분산의 값으로 큰 음수가 나올 것이다. 만약 x값이 커질 때 y값이 어떤 때는 큰 값 또 어떤 때는 작은 값으로 나타나면, 공분산은 0에 가까울 것이다.

이러한 맥락에서 공분산을 구하는 다음의 공식을 이해할 수 있다. 여기서 x_i와 y_i라는 두 값은 하나의 케이스 i가 가지는 두 변수에 해당하는 값들이다.

$$공분산 = \frac{\sum(x_i - \overline{x})(y_i - \overline{y})}{n-1}$$

[그림 19-1]에서 SPSS 화면으로 제시한 공부시간과 친구 숫자를 예로 들어 공식을 해설해 보기로 하자. 변수 x를 '공부시간'으로, 변수 y를 '만난 친구의 숫자'로 간주하기로 한다. 다음은 계산과정을 보여 준다.

x	y	$x_i - \bar{x}$	$y_i - \bar{y}$	$(x_i - \bar{x})(y_i - \bar{y})$
1	5	-3	1	-3
2	9	-2	5	-10
3	3	-1	-1	1
5	2	1	-2	-2
9	1	5	-3	-15
$\bar{x} = 4$	$\bar{y} = 4$			$\sum (x_i - \bar{x})(y_i - \bar{y}) = -29$

여기서 케이스가 5개이므로, $n-1$은 4라는 점을 감안하고 계산을 다음과 같이 해 볼 수 있다.

공분산 $= -29/4 = -7.25$

이러한 공분산은 자료의 단위에 따라 달라진다는 단점을 가지고 있다. 예를 들어 공부시간을 분단위로 기재했다면, 공분산은 이에 따라서 커졌을 것이다. 바꾸어 이야기하자면 자료간 비교가 어렵다고 할 수 있다.

상관분석에서의 상관계수(correlation coefficient)인 Pearson r은 이러한 공분산의 단점을 극복하여 표준화시킨 값이라고 이해할 수 있다. 실제 상관계수의 공식은 공분산을 x의 표준편차(s_x)와 y의 표준편차(s_y)를 곱한 값으로 나눈다.

$$r = \frac{\sum (x_i - \bar{x})(y_i - \bar{y})}{(n-1)s_x s_y} = \text{공분산}/s_x s_y$$

공부시간과 친구 수에 대한 데이터에서 두 변수의 표준편차는 모두 $\sqrt{10}$이다. 공부시간과 친구 수의 공분산은 -7.25이다. 공부시간과 친구 수의 Pearson r은 $-.725$이다.

공부시간과 친구 수의 상관계수(r_{xy}) $= -7.25/\sqrt{10}\sqrt{10} = -.725$

이제 SPSS로 이러한 공분산과 상관계수를 구하는 방법을 알아보도록 한다. [분석] [상관분석] [이변량상관계수]를 선택하면 [그림 19-2]와 같은 화

[그림 19-2]	이변량상관계수 : 공분산

면을 볼 수 있다. 이 화면에 나타난 대로의 기본사양을 선택하면 된다. 지금까지 설명한 상관계수는 Pearson 상관계수가 맞고, 어느 한 방향으로 연관성이 있다고 확신을 못할 때는 양측검정을 하는 것이 좋다. 유의한 상관계수별표시라는 대목은 유의확률이 0.05 이하인 경우에 이를 두드러지게 보일 수 있도록 별표시를 해 주겠다는 의미이다. 공분산을 구하고 싶은 지금과 같은 경우에는 오른쪽 아래 부분의 [옵션]을 누른다.

[그림 19-3]에는 [옵션] 화면을 볼 수 있다. [교차곱편차와 공분산]이라는 부분에 아래와 같이 체크한다. 이어 [계속]과 다시 돌아온 이변량상관계수 화면에서 [확인]을 누른다.

[표 19-1]과 같은 상관분석결과는 이미 하나하나 계산한 결과를 보여주고 있다. 이러한 상관계수표를 해석할 때는 행과 열에 같은 변수 이름이 나오는 부분을 무시하는 것이 중요하다. 예를 들어 아래에서 '공부시간', '공부시간'과 '만난 친구들', '만난 친구들'이 교차하는 란은 무시하면 된다는 것이다. 같은 변수에 대한 상관계수분석을 하였기 때문에 앞으로 언급될 상관

[그림 19-3]	이변량상관계수 옵션 : 공분산

계수의 성질에 따라 Pearson 상관계수는 1로 나타난다. 완벽한 양의 상관이다. 이런 란에서 공분산부분은 실제로 그 변수의 분산을 나타낸다. 공분산의 공식으로 돌아가서 y대신 x를 입력해 보면 쉽게 이해가 될 것이다.

[표 19-1]에서 행과 열의 변수가 다른 란은 2개이며, 실제 정보는 동일하다. 앞서 계산과 마찬가지로 $\sum(x_i - \overline{x})(y_i - \overline{y})$ 부분은 교차곱 -29로 나타난다. N은 5이기 때문에 $n-1$은 4가 된다는 것을 알 수 있다. 앞서 계산에서와 같이 공분산은 -7.25이다. Pearson 상관계수는 $-.725$이다.

[표 19-1]	상관분석 출력결과 : 공분산	

상관계수			
		공부시간	만난 친구들
공부시간	Pearson 상관계수	1	-.725
	유의확률(양쪽)		.166
	제곱합 및 교차곱	40.000	-29.000
	공분산	10.000	-7.250
	N	5	5
만난 친구들	Pearson 상관계수	-.725	1
	유의확률(양쪽)	.166	
	제곱합 및 교차곱	-29.000	40.000
	공분산	-7.250	10.000
	N	5	5

19.2 산점도를 이용한 상관분석의 이해

공분산과 관련해서 상관분석을 언급한 데 이어서 이번에는 산점도를 사용하여서 상관분석을 좀더 쉽게 이해해 보자. 먼저 Pearson r 공식을 약간 변형하여서 표현해 보도록 한다. 이 공식은 앞서 기술한 공식에서 표준편차를 풀어서 계산하면 나오게 된다. 표준편차의 공식을 찾아서 입력해 보면 되기 때문에 직접 해 보기를 권한다. Pearson r의 변형공식은 다음과 같다.

$$r = \frac{\sum(x_i - \overline{x})(y_i - \overline{y})}{\sqrt{\sum(x_i - \overline{x})^2 \sum(y_i - \overline{y})^2}}$$

[그림 19-4]   산점도 : 상관분석

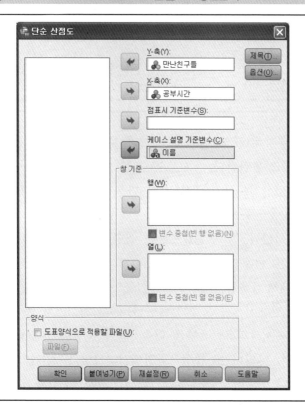

[그림 19-5]   X축 참조선

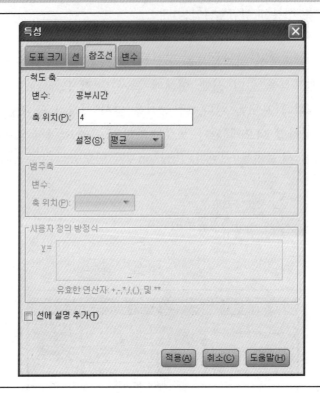

이 공식을 생각해 두고 산점도를 그려 보자. 앞서 회귀분석에서 언급한 방법과 기본적으로 동일하다. [그림 19-4]는 [그래프][레거시 대화 상자][산점도/점도표][단순산점도][정의]를 거쳐 나온 화면이다. 여기서 왼쪽 공란으로부터 변수들을 오른쪽으로 이동시켰다. '공부시간'을 [X축]에, '만난 친구들'을 [Y축]에 입력시켰다. '이름'은 [케이스 설명 기준변수]에 넣었다.

[확인]을 누른 이후 나오는 산점도에 커서를 대고 더블 클릭하여 나온 도표편집기화면에서 [옵션][X축 참조선]을 선택한다. [그림 19-5]와 같이 [설정] 오른쪽 공란에서 [평균]을 선택한다. [축위치]가 "4"로 바뀌어진다.

[그림 19-5]에서 [적용]을 누른 다음, 다시 편집화면에서 [옵션][Y축 참조선]을 선택한다. 나타나는 [특성] 화면에서 [그림 19-6]과 같이 [설정]에서 [평균값]을 택한다. [적용]을 누른다. 그러면 [그림 19-7]과 같이 X축 평균과

[그림 19-6]	Y축 참조선

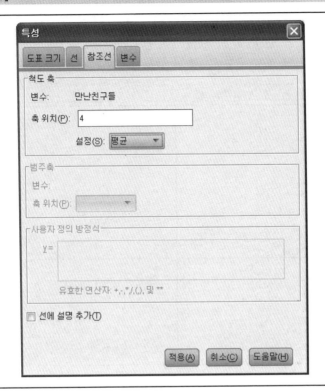

Y축 평균에 의해서 도표가 4개의 면으로 나누어진 것을 볼 수 있다.

산점도에 나타난 5개의 점들은 각각 하나의 면에 속해 있다. 어느 면에 속하는가는 각 학생의 공부시간과 만난 친구 수가 평균보다 큰지 작은지에 따라 틀리다는 것이다. 정리를 하면 다음과 같다.

공부시간이 평균보다 작고, 만난 친구 수도 평균보다 적은 학생 → 왼쪽 하단면
공부시간이 평균보다 크고, 만난 친구 수도 평균보다 많은 학생 → 오른쪽 상단면
공부시간이 평균보다 작고, 만난 친구 수는 평균보다 많은 학생 → 왼쪽 상단면
공부시간이 평균보다 크고, 만난 친구 수는 평균보다 작은 학생 → 오른쪽 하단면

여기서 변형된 Pearson r의 공식을 다시 한번 보도록 하자. 분모는 제곱들의 합을 다시 제곱들의 합으로 곱한 값에 대한 제곱근이다. 즉 분모는

[그림 19-7]   X축·Y축 참조선이 있는 산점도 : 상관분석

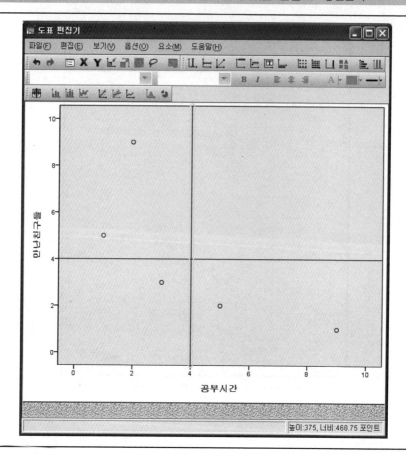

언제나 양수이다. 하지만 분자의 경우는 앞서 공분산에서 언급한 교차곱으로써 양수 또는 음수가 가능하다.

$$r = \frac{\sum (x_i - \overline{x})(y_i - \overline{y})}{\sqrt{\sum (x_i - \overline{x})^2 \sum (y_i - \overline{y})^2}}$$

산점도에서의 네 가지 면구분은 사실 공식 윗부분의 $(x_i - \overline{x})$와 $(y_i - \overline{y})$ 각각의 양수·음수 여부에 따라 이루어지는 것이다. [그림 19-8]에서 x축 +와 −는 $(x_i - \overline{x})$ 계산이 양수인지 음수인지를 나타낸다. y축 +와 −는

[그림 19-8]	산점도의 네 가지 면구분

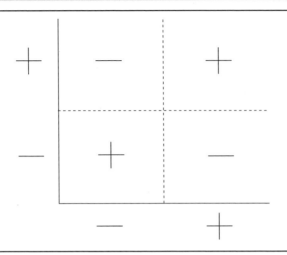

$(y_i - \overline{y})$ 계산이 양수인지 음수인지를 나타낸다. 각 사분면의 +와 −는 $(x_i - \overline{x})(y_i - \overline{y})$ 계산결과가 양수 혹은 음수를 표시하고 있다.

물론 점의 위치들에 따라 다르지만, 일반적으로 Pearson r 값은 아래의 사분면 중에 +에 해당하는 곳에 점이 많이 찍히면 양수값을 가진다. 반대로 사분면에서 −에 해당하는 곳에 점이 많으면 음수값을 가질 것이다.

공부시간과 만난 친구 수에 대한 SPSS의 산점도를 보면 −에 해당하는 면에 4개의 점이 찍힌 것을 알 수 있다. Pearson r 값이 −.725인 점도 여기에 상당히 기인한다고 볼 수 있다.

이러한 것을 염두에 두고 [표 19-1]의 상관분석결과를 다시 보도록 하자.

변형된 Pearson r 공식을 다시 참조하자. $\sum(x_i - \overline{x})(y_i - \overline{y})$ 부분은 교차곱 −29로 SPSS 결과에서 나타난다고 언급하였다. 여기서 공부시간과 공부시간이 교차하는 란에 있는 40은 x의 제곱합 $\sum(x_i - \overline{x})^2$을 의미한다. 만난 친구들과 만난 친구들이 교차하는 란에 있는 40은 y의 제곱합 $\sum(y_i - \overline{y})^2$이다. 이 데이터의 경우 우연히 x의 제곱합과 y의 제곱합이 동일하게 나타났을 뿐이다. 그렇다면 계산은 SPSS 출력표를 이용하여 공식이 아래와 같이 전개되어서 Pearson r 값은 −.725로 계산된다.

[표 19-2]		상관분석 출력결과: 계수	
상관계수			
		공부시간	만난 친구들
공부시간	Pearson 상관계수	1	−.725
	유의확률(양쪽)		.166
	제곱합 및 교차곱	40.000	−29.000
	공분산	10.000	−7.250
	N	5	5
만난 친구들	Pearson 상관계수	−.725	1
	유의확률(양쪽)	.166	
	제곱합 및 교차곱	−29.000	40.000
	공분산	−7.250	10.000
	N	5	5

$$r = \frac{\sum(x_i - \bar{x})(y_i - \bar{y})}{\sqrt{\sum(x_i - \bar{x})^2 \sum(y_i - \bar{y})^2}}$$

$$r = \frac{-29}{\sqrt{40 \times 40}} = \frac{-29}{40} = -.725$$

19.3 SPSS의 활용과 상관분석 원리 이해

[그림 19-7]에서는 [요소][데이터 설명모드]를 눌러 '성지'에 해당하는 점을 클릭한다. 공식에서 $x_i - \bar{x}$와 관련있는 구간과 $y_i - \bar{y}$와 관련있는 구간을 각각 표시하기 위해, 해당되는 부분을 숫자식과 함께 써 놓았다. 성지의 경우 공부시간은 2시간이고 만나는 친구수는 9명이다. $x_i - \bar{x}$에 해당하는 부분은 가는 가로선으로서 2−4=−2이라는 계산이 적혀있다. $y_i - \bar{y}$에 해당하는 구간은 굵은 세로선으로 9−4=5라고 적혀있다.

[그림 19-9]   산점도 해설

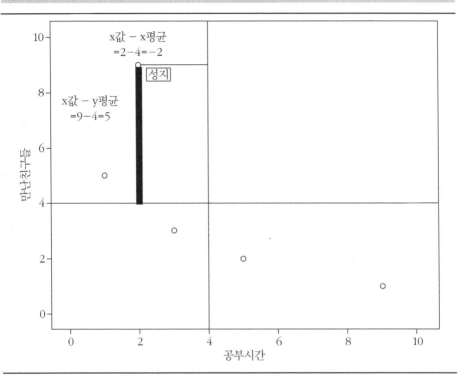

이제 [그림 19-1]의 데이터를 가지고 활용해보자. [그림 19-9]에 해당하는 변수를 만드는 것이다. [변환] [변수계산]에 가서 [그림 19-10]에서 $x_i - \overline{x}$에 해당하는 "시간_시간평균"이라는 변수를 만들었다. 앞서 회귀분석에서 설명하였듯이, [대상변수] 아래의 새 변수 이름은 직접 입력한다. [숫자표현식] 내용은 아래의 계산기 버튼을 사용한다. [그림 19-11]에서 $y_i - \overline{y}$에 해당하는 "친구_친구평균"을 만든다. 이렇게 만들어진 데이터가 [그림 19-12]이다. 성지의 경우 −2와 5가 있는 것을 알 수 있다.

[그림 19-10]   변수계산 시간_시간평균

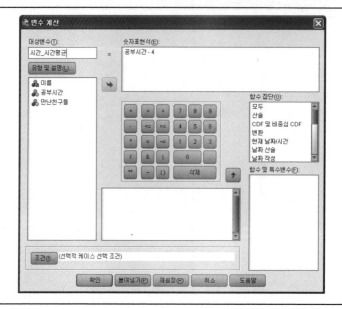

[그림 19-11]   변수계산 친구_친구평균

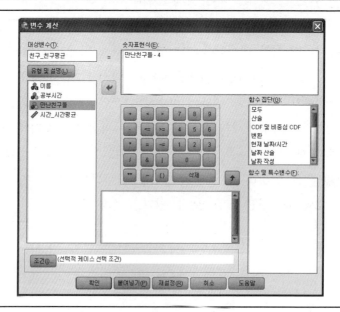

[그림 19-12]   상관계수 계산 값과 평균차

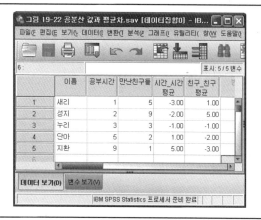

이번에는 값과 평균차의 제곱을 구해보도록 한다. [그림 19-13]과 [그림 19-14]를 거쳐서 공부시간과 만난 친구수 각각의 값에서 평균을 뺀 값을 제곱한 변수 두 개를 추가한다. [그림 19-15]는 이름 변수위를 길게 눌러 보기 좋게 이동시킨 데이터이다. 성지의 -2와 5가 각각 4와 25로 바뀐 것을 알 수 있다.

[그림 19-13]   변수계산 시간_시간평균의제곱

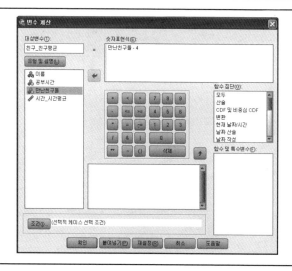

[그림 19-14]   변수계산 친구_친구평균의제곱

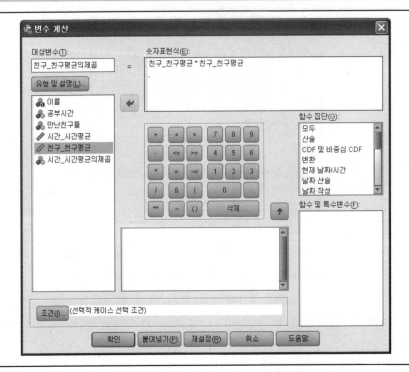

[그림 19-15]   상관계수 값과 평균차 제곱

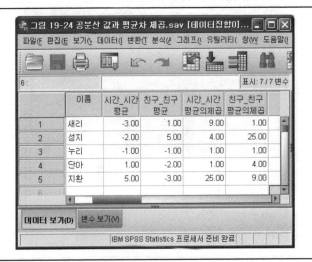

여기서 마지막으로 $x_i - \overline{x}$와 $y_i - \overline{y}$를 곱한 변수를 계산한다. [그림 19-16]과 [그림 19-17]에서, 성지의 −2와 5는 곱해져서 −10이 된 것을 볼 수 있다.

[그림 19-16]   **변수계산 시_시평곱하기친_친평**

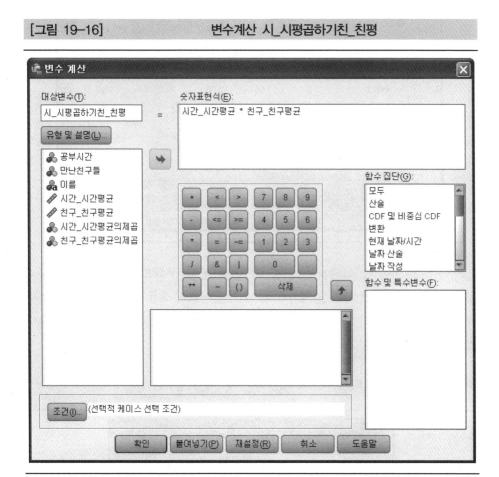

이제 상관계수에 필요한 모든 부분들을 구했다. 앞서 언급하였듯이, 상관계수의 공식은 다음과 같다.

$$\frac{\sum (x - \overline{x})(y - \overline{y})}{\sqrt{\sum (x - \overline{x})^2 \sum (y - \overline{y})^2}}$$

[그림 19-17]   상관계수 분석 변수 추가 완료

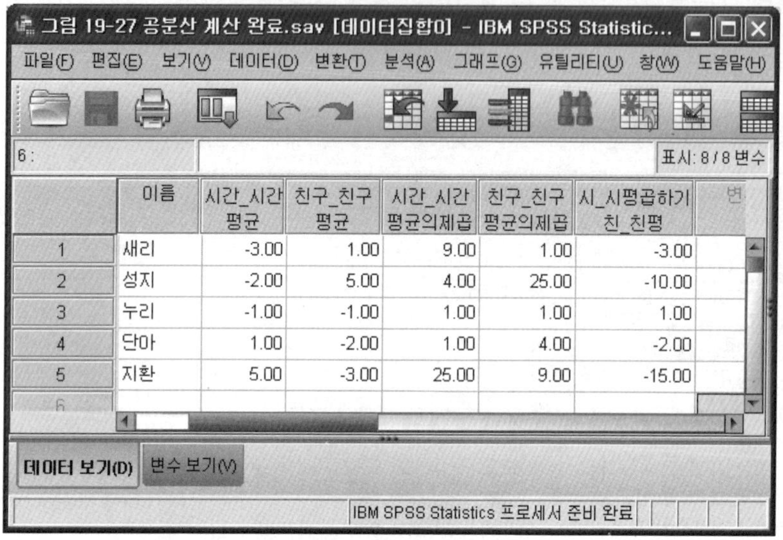

	이름	시간_시간 평균	친구_친구 평균	시간_시간 평균의제곱	친구_친구 평균의제곱	시_시평곱하기 친_친평	변
1	새리	-3.00	1.00	9.00	1.00	-3.00	
2	성지	-2.00	5.00	4.00	25.00	-10.00	
3	누리	-1.00	-1.00	1.00	1.00	1.00	
4	단아	1.00	-2.00	1.00	4.00	-2.00	
5	지환	5.00	-3.00	25.00	9.00	-15.00	
6							

데이터 보기(D) 변수 보기(V)

IBM SPSS Statistics 프로세서 준비 완료

이제 각 부분에 해당하는 값을 SPSS를 통해 구해보자. [분석] [기술통계량] [기술통계]에서 [그림 19-18]과 같이 "시_시평곱하기친_친평"을 [변수] 아래 공란에 넣는다. [그림 19-19]와 같이 [옵션]에서 [합계]를 선택한다. 출력 결과는 [표 19-3]과 같다.

[그림 19-18]   기술통계 시_시평곱하기친_친평

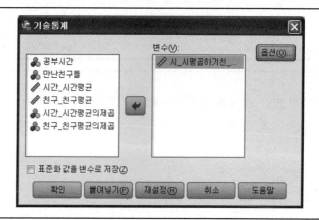

[그림 19-19]   기술통계 시_시평곱하기친_친평

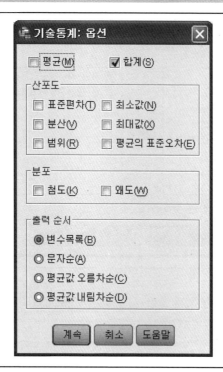

[표 19-3]   기술통계 합계 시_시평곱하기친_친평

기술통계량

	N	합　계
시_시평곱하기친_친평	5	−29.00
유효수(목록별)	5	

이번에는 제곱에 해당하는 두 변수의 각각 합계를 구해본다. [그림 19-20]에서는 "시간_시간평균의제곱" "친구_친구평균의제곱"이라는 두 변수를 한꺼번에 [분석][기술통계량][기술통계]에서 나오는 화면에서 [변수] 아래에 넣었다. [옵션]에서 [합계]를 선택하고 [확인]을 누른 후 나온 결과는 [표 19-4]이다.

[그림 19-20]   기술통계 시간_시간평균의제곱 친구_친구평균의제곱

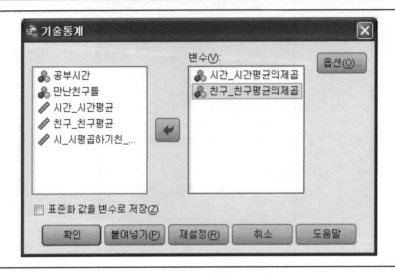

[표 19-4]   기술통계 출력 시간_시간평균의제곱 친구_친구평균의제곱

기술통계량		
	N	합 계
시간_시간평균의제곱	5	40.00
친구_친구평균의제곱	5	40.00
유효수(목록별)	5	

이제 상관계수를 구해보자.

$$\frac{\sum(x-\overline{x})(y-\overline{y})}{\sqrt{\sum(x-\overline{x})^2\sum(y-\overline{y})^2}}$$

$$=\frac{-29}{\sqrt{40\times40}}=-.725$$

19.4 상관계수의 성격

상관분석이 어떠한 성격을 가지고, 상관계수가 어떻게 도출되는지를 앞서서 알아보았다. 여기서는 상관계수가 가지는 몇 가지 성격을 살펴보자.

첫번째, Pearson r 값의 범위는 $-1 \sim +1$이다. Pearson r 값이 $+1$이 될 때는 분포의 점들이 양의 기울기를 가지는 직선 위에 모두 위치할 때이다. [그림 19-9]를 참조할 수 있다. 반대로 Pearson r 값이 -1이 될 때는 분포의 점들이 음의 기울기를 가지는 직선 위에 모두 자리잡을 때이다.

왜 이런 결과가 나오는지 한번 확인해 보자. 다음의 [그림 19-9]에서 선의 공식이 $y=x$라고 가정해 보자. 그러한 때 다음의 공식에서 y값 대신에 x를 입력할 수 있다.

[그림 19-21]   Pearson r값이 $+1$일 때

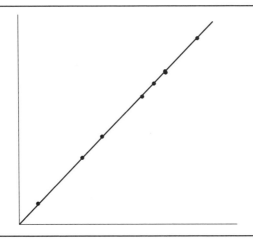

$$r = \frac{\sum(x_i - \overline{x})(y_i - \overline{y})}{\sqrt{\sum(x_i - \overline{x})^2 \sum(y_i - \overline{y})^2}} = \frac{\sum(x_i - \overline{x})(x_i - \overline{x})}{\sqrt{\sum(x_i - \overline{x})^2 \sum(x_i - \overline{x})^2}}$$

$$= \frac{\sum (x_i - \overline{x})^2}{\sum (x_i - \overline{x})^2} = 1$$

음의 기울기를 가지는 경우에도 물론 간단하게 계산해 낼 수 있다. 독자들이 직접 한번 해 보기를 권한다.

두 번째, Pearson r 값은 단위에 영향을 받지 않는다. 예를 들어 x 단위가 cm에서 mm로 바뀌었다고 치자. x값이 10배로 늘어난 것이다. 이 경우 공식에 x 대신 $10x$를 입력해 보자. 분자와 분모에 똑같은 값이 곱해지기 때문에 Pearson r 값은 동일하다는 것을 알 수 있다.

$$r = \frac{\sum (10x_i - 10\overline{x})(y_i - \overline{y})}{\sqrt{\sum (10x_i - 10\overline{x})^2 \sum (y_i - \overline{y})^2}}$$

$$= \frac{10 \sum (x_i - \overline{x})(y_i - \overline{y})}{10 \sqrt{\sum (x_i - \overline{x})^2 \sum (y_i - \overline{y})^2}}$$

$$= \frac{\sum (x_i - \overline{x})(y_i - \overline{y})}{\sqrt{\sum (x_i - \overline{x})^2 \sum (y_i - \overline{y})^2}}$$

세 번째, x와 y를 바꾸어 계산하여도 Pearson r 값은 동일하다. 즉 대칭적(symmetric)인 측정치이다. 어떤 변수가 x이고, 어떤 변수가 y인지가 아무런 차이를 낳지 않는다.

네 번째, Pearson r 값의 절대값이 클수록 상관관계가 강하다고 할 수 있다. 예를 들어 -0.9는 0.4보다 강한 상관관계를 의미한다.

다섯 번째, Pearson r 값은 직선적인 분포에만 사용될 수 있다. 예를 들어 곡선적인 분포에는 적합하지 않다.

수 업 시 간 에   혹 은   나   혼 자 서   해 보 기

01 아래와 같은 두 데이터를 각각 SPSS에 입력하고 상관계수를 구해보자. 상관계수
가 왜 똑같이 나오는지 설명해보라. 직관적이거나 논리적인 설명 어느쪽이나 가
능하다.

공부시간	만난 친구들
1	5
2	9
3	3
5	2
9	1

공부시간	만난 친구들
10	50
20	90
30	30
50	20
90	10

02 아래의 데이터를 입력하면 상관계수가 1이 나온다. 상관계수가 1로 나오는지 설
명해보라. 직관적이거나 논리적인 설명 어느쪽이나 가능하다.

공부시간	만난 친구들
2	2
3	3
5	5
7	7
9	9

03 아래의 데이터를 입력하면 상관계수가 1이 나온다. 상관계수가 1로 나오는지 설
명해보라. 직관적이거나 논리적인 설명 어느쪽이나 가능하다.

공부시간	만난 친구들
2	20
3	30
5	50
7	70
9	90

문제풀기

01 상관계수에 관한 다음의 기술 중 옳은 것끼리 짝지은 것은?

> ㄱ. 상관계수가 0에 가까울수록 변수간에 상관이 없음을 뜻한다.
> ㄴ. 상관계수의 절대값은 1을 넘을 수 없다.
> ㄷ. 상관계수는 변수가 아무리 많더라도 두 변수간만 구할 수 있다.

가. ㄱ, ㄴ
나. ㄱ, ㄷ
다. ㄴ, ㄷ
라. ㄱ, ㄴ, ㄷ

02 상관관계(correlation)에 대한 설명 중 옳은 것은?

가. 두 변수간에 강한 상관관계가 존재하면 두 변수는 서로 독립적이라고 한다.
나. 두 변수간의 상관관계로부터 인과관계를 도출할 수 있다.
다. 두 변수간에 상관관계가 없다면 피어슨 상관계수의 값은 0이다.
라. 피어슨 상관계수의 값은 항상 0이상, 1이하이다.

03 다음 중 상관분석의 적용을 위해 산점도(scatter plot)에서 관찰해야 하는 자료의 특징이 아닌 것은?

가. 선형(linear) 또는 비선형(nonlinear) 관계의 여부
나. 이상점의 존재 여부
다. 자료의 층화 여부
라. 원점(0,0)의 통과 여부

04 다음 중 상관관계에 대한 설명으로 옳은 것은?

가. 두 변수간에 강한 상관관계가 존재하면 두 변수는 서로 독립적이라 한다.
나. 상관관계의 값은 항상 0 이상 1 이하이다.
다. 상관관계의 부호는 공분산의 부호와 같다.
라. 상관관계의 크기는 회귀직선의 기울기 크기와 같다.

05 두 변수 X와 Y의 상관계수가 0.1일 때, 2X와 3Y의 상관계수는?

가. 0.6

나. 0.3

다. 0.2

라. 0.1

06 피어슨의 상관계수 값의 범위는?

가. 0에서 1사이

나. −1에서 0사이

다. −1에서 1사이

라. −∞에서 +∞사이

07 교육수준과 정치적 성향의 관계를 알아보기 위하여 조사를 실시하였다. 조사한 자료를 분석한 결과, 교육년수로 측정한 교육수준의 분산이 70, 정치적 성향의 분산이 50, 그리고 두 변수의 공분산으로 $\sqrt{560}$ 으로 나타났다. 이때 두 변수간의 적률상관계수의 값은 얼마인가?

가. 0.1

나. 0.2

다. 0.3

라. 0.4

08 상관관계에 대한 설명으로 옳은 것은?

가. 두 변수간에 강한 상관관계가 존재하면 두 변수는 서로 독립적이라고 한다.

나. 두 변수간의 상관관계로부터 인과관계를 도출할 수 있다.

다. 두 변수간에 상관관계가 없다면 피어슨 상관계수의 값은 0이다.

라. 피어슨 상관계수의 값은 항상 0이상 1이하이다.

제20장

분산분석

　분산분석은 평균비교의 확장이라고 볼 수 있다. 두 개 집단의 평균을 비교하는 것이 아니라, 세 개 이상 집단의 평균들을 비교하기 때문이다.

　여기서 독자들은 이러한 의문을 품을 수 있다. t-검정을 통한 평균비교를 세 집단에 대해 순차적으로 하면 되지 않느냐는 것이다. 예를 들어 A·B·C 세 집단의 평균을 비교할 때, A-B, B-C, A-C와 같이 세 번 비교하면 되지 않느냐는 것이다.

　이때 발생되는 문제점은 제1종 오류(type 1 error)가 증가한다는 것이다. 이미 언급하였듯이 제1종 오류는 귀무가설이 맞는데도 대립가설이 맞다고 판단하는 것이다. 다른 말로 설명하면 세 모집단평균들간에 실제로 아무런 평균차이가 없는데도 평균차이가 있다고 결론내릴 가능성이 높아진다는 것이다.

　이를 설명하자면 동전을 세 번 던지는 것을 생각해 보면 된다. 앞면과 뒷면이라는 두 가지 확률을 가지고, 독립적인 시행을 반복하는 것이다. 평균비교를 할 때 제1종 오류를 0.05로 잡는다면, 제1종 오류를 범하지 않을 확률은 0.95인 것이다. 평균비교를 세 번 할 때는 동전을 던질 때와 비슷하게 이러한 0.05·0.95 확률상황이 세 번 반복된다. 한 번이라도 제1종 오류를 범할 확률은 1에서 한 번도 제1종 오류를 범하지 않을 확률을 빼면 계산가능하다. 동전을 던질 때 제 1 종 오류를 범하지 않을 확률은 0.95이다. 동전을 세 번 던질 때 계속 제 1 종 오류를 범하지 않을 확률은 0.95×0.95×0.95＝0.857375이다. 따라서 세 번 평균비교를 했을 때 제 1 종 오류를 한번이라도 범할 확률은 0.05가 아닌 0.142625인 것이다. 약 14%인 셈이다.

$$1-(0.95)(0.95)(0.95)=1-0.857375\approx0.14$$

만약 네 개의 집단이 있어서 A-B, A-C, A-D, B-C, B-D, C-D라는 6번의 평균비교를 한다면, 제 1 종 오류의 확률은 26.5% 정도로 올라간다.

$$1-(0.95)(0.95)(0.95)(0.95)(0.95)(0.95)=1-0.735091\approx0.265$$

분산분석은 한 번의 분석으로 통계적 판단을 내린다. 따라서 제 1 종 오류를 정해진 수준, 예를 들어 0.05에서 유지할 수 있다.

다른 식으로 설명해 보기로 하자. 어느 시청에서 순환근무하는 한 공무원의 경우를 예로 들어보자. 한 부서에서 근무할 때 성질 나쁜 상사를 만날 확률이 20%이다. 당연히 한 부서에서 성질 나쁘지 않은 상사를 만날 확률은 80%이다. 이 공무원은 앞으로 세 부서에서 근무해야 한다. 이들 부서 이름과 상사 성질에 대한 확률은 다음과 같다.

	성질 나쁜 상사 만나지 않을 확률	성질 나쁜 상사 만날 확률
첫번째 부서	80%	20%
두번째 부서	80%	20%
세번째 부서	80%	20%

이 공무원이 세 곳의 부서에서 일하면서 성질 나쁜 상사를 만날 확률은 얼마인가? 이 질문을 조금 더 세심하게 표현하면 다음과 같다: "이 공무원이 세 부서에서 한 번이라도 성질 나쁜 상사를 만날 확률은 얼마인가?"

이 확률을 구하기 전에, 세 부서에서 한 번도 성질 나쁜 상사를 만나지 않을 확률을 구해보자. 공무원 순환보직은 운이다. 복권을 사는 것과 마찬가지이다. 지난 일이 현재에 영향을 미치지 않는다. 따라서, 성질 나쁜 상사를 만나지 않을 확률을 계속 곱하면 된다. 즉 $0.8 \times 0.8 \times 0.8 = 0.512$이다.

이 공무원이 세 부서에서 한 번이라도 성질 나쁜 상사를 만날 확률은, 전체 확률 1에서 한 번도 성질 나쁜 상사를 만나지 않을 확률을 빼주면 된다. 즉, $1 - 0.512 = 0.488$이다. 세 부서에서 한 번이라도 성질 나쁜 상사를 만날 확률은 48.8%이다. 꽤나 높은 확률이며, 세상 살기가 만만치 않다는 것을 보여준다.

이 공무원의 주된 관심이 성질 나쁜 상사 만날 0.2(20%)의 확률이라면, 평균비교에서 우리가 가지는 주된 관심은 제1종 오류 0.05(5%)이다. 이 공무원이 세 번의 근무에서 성질 나쁜 상사를 만날 확률은 48.8%였다. 우리가 세 번의 평균비교에서 가질 제1종 오류는 약 14%이다. 즉, $1 - 0.95 \times 0.95 \times 0.95 \approx 0.14$이다.

분산분석에서 귀무가설은 모집단의 평균들이 모두 같다는 것이다. 대립가설은 모집단평균이 모두 같지는 않다는 것이다. 만약 세 개의 모집단평균을 비교한다면, 가설은 다음과 같다.

$H_0 : \mu_1 = \mu_2 = \mu_3$
$H_1 :$ 세 개의 모평균이 모두 동일하지는 않다.

따라서 분산분석은 기본적으로 어느 집단의 평균이 차이가 있는지를 다루지는 않는다. 집단간 평균차이에 대한 분석은 이 장의 마지막 부분에서 설명될 대비(contrast)와 사후비교(post hoc comparison)를 참조하면 된다.

20.1 분산분석의 이해

분산분석은 각 집단의 평균이 얼마나 분산되어 있나 뿐만 아니라 집단 내의 값들이 얼마나 흩어져 있느냐를 동시에 감안하는 기법이다. 세 집단이 있다고 하자. 이 세 집단의 평균을 비교할 때 중요한 것은 평균의 차이만이 아니다. 즉 평균들이 어떻게 분산되어 있는가 하는 것만 중요한 것은 아니라는 것이다. 분산분석은 각 집단의 값들이 어떻게 분산되어 있는지도 중요시한다.

[그림 20-1]　　　　　　　　　　집단 내 분산이 작은 경우

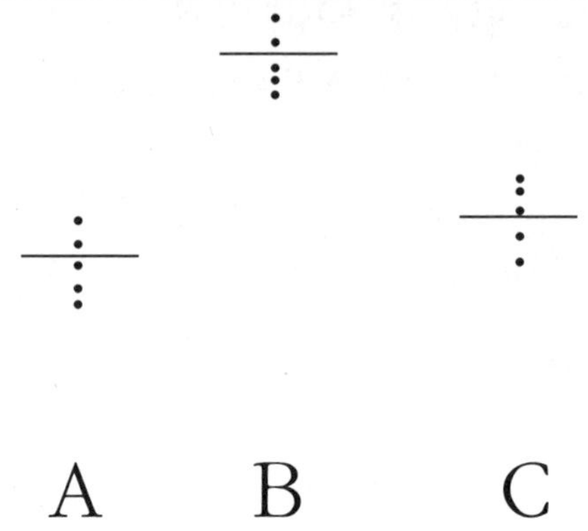

[그림 20-2]　　　　　　　　　　집단 내 분산이 큰 경우

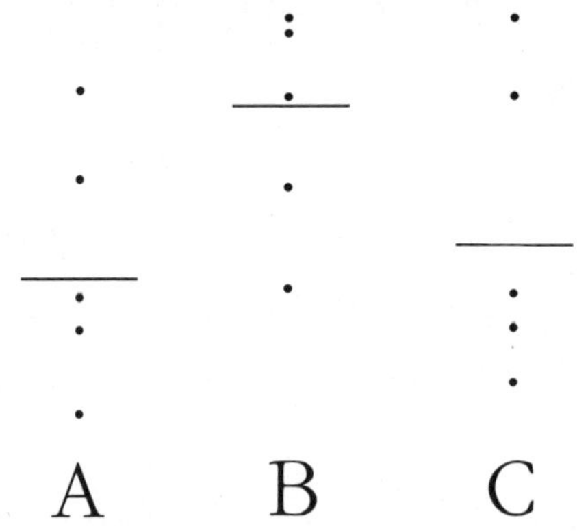

　[그림 20-1]과 [그림 20-2]를 비교해 보자. 평균값은 동일하지만, 평균을 중심으로 값들이 얼마나 흩어진 정도는 다르다. [그림 20-2]보다는 [그림 20-1]의 경우가 훨씬 더 평균값의 차이가 있을 것 같다고 느껴질 것이다.

분산분석에 있어서 각 값들이 전체평균($\bar{x}$)으로부터 흩어진 값들의 제곱합이 전체제곱합(Total Sum of Squares : *TSS*)이다. 이러한 *TSS*는 집단간 제곱합(Between Sum of Squares : *BSS*)과 집단 내 제곱합(Within Sum of Squares : *WSS*)의 합계와 같다.

$$TSS=BSS+WSS$$

[그림 20-3]은 세 가지 발기부전약에 대한 약효발현시간을 나타내고 있다. 첫번째 집단인 그라그라를 복용한 5명은 평균적으로 14분 만에 성적 흥분을 느끼기 시작하였다. 첫번째 집단의 평균이기 때문에 $\bar{x_1}$로 표시하였다. 이 다섯 명의 평균 $\bar{x_1}=14$이다. 두 번째 집단인 싸알라스를 먹은 5명은 평균적으로 12분 만에 약효가 나타났다. 즉 $\bar{x_2}=12$이다. 세 번째 약인 요강깨라의 효과는 탁월하였다. 복용한 5명의 약효발현시간 평균이 4분에 불과하였다. 세 집단을 이루는 15명 전체의 약효발현시간 평균($\bar{\bar{x}}$)은 10분으로 나타났다.

먼저 *TSS*를 계산해 보도록 하자. 각 값에서 전체평균을 뺀 편차들을 제곱해서 더하면 된다. 각 값 x_{ij}는 i번째 집단의 j번째 값이라는 의미이다. x_{ij}에서 전체평균($\bar{\bar{x}}$)을 뺀 값이 편차이다. 이러한 편차를 제곱하고, 이런 제곱값들을 다 더한 것이 *TSS*이다. 즉 *TSS*는 $\sum\sum(x_{ij}-\bar{\bar{x}})^2$이다.

$$TTS=\sum\sum(x_{ij}-\bar{\bar{x}})^2$$

[그림 20-3]	세 가지 발기부전약의 약효발현시간

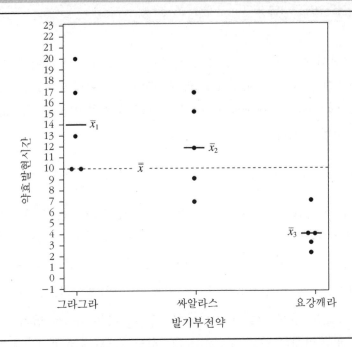

[그림 20-3]에서 각 점에서 "$\bar{\bar{x}}$가 표시된 Y축 10에 위치한 점선"까지의 거리들을 모두 제곱하고, 그 제곱들을 다 더한다고 이해하면 된다. 간단한 계산은 다음과 같다. TSS는 440으로 나타났다.

x_{ij}	$\bar{\bar{x}}$	$x_{ij} - \bar{\bar{x}}$	$(x_{ij} - \bar{\bar{x}})^2$
20	10	10	100
17	10	7	49
13	10	3	9
10	10	0	0
10	10	0	0
17	10	7	49
15	10	5	25
12	10	2	4
9	10	−1	1
7	10	−3	9
7	10	−3	9

3	10	-7	49
4	10	-6	36
4	10	-6	36
2	10	-8	64

$$\sum (x_{ij} - \overline{\overline{x}})^2 = 440$$

이번에는 *BSS*를 구해 보자. *BSS* 역시 모든 값들에 대해 구한다. 각 값들이 해당되어 있는 집단의 평균에서 전체평균을 뺀 편차를 구하고, 이 편차들의 제곱을 합한 값이 *BSS*이다. *BSS*는 $\sum n_i (\overline{x_i} - \overline{\overline{x}})^2$인 것이다.

$$BSS = \sum n_i (\overline{x_i} - \overline{\overline{x}})^2$$

*BSS*는 [그림 20-3]에서 각 점에 대해서 '그 점에 해당하는 집단평균 $(\overline{x_1} \cdot \overline{x_2} \cdot \overline{x_3})$'으로부터 "$\overline{\overline{x}}$가 표시된 *Y*축 10에 위치한 점선"까지의 거리들을 모두 제곱하고, 그 제곱들을 다 더한다고 이해하면 된다. 간단한 계산은 다음과 같다. *BSS*는 280으로 나타났다.

$\overline{x_i}$	$\overline{\overline{x}}$	$\overline{x_i} - \overline{\overline{x}}$	$(\overline{x_i} - \overline{\overline{x}})^2$	n_i	$n_i (\overline{x_i} - \overline{\overline{x}})^2$
14	10	4	16	5	80
12	10	2	4	5	20
4	10	-6	36	5	180

$$\sum (\overline{x_i} - \overline{\overline{x}})^2 = 280$$

마지막으로 *WSS*를 구해 보자. 각 값에서 해당하는 집단평균을 뺀 편차들을 제곱해서 더하면 된다. 각 값 x_{ij}는 *i*번째 집단의 *j*번째 값이다.

$$WSS = \sum\sum (x_{ij} - \overline{x_i})^2$$

*WSS*는 [그림 20-3]에서 각 점에서 '그 점에 해당하는 집단평균$(\overline{x_1} \cdot \overline{x_2} \cdot \overline{x_3})$'까지의 거리들을 모두 제곱하고, 그 제곱들을 다 더한다고 이해하면 된다. 간단한 계산은 다음과 같다. *WSS*는 160으로 나타났다.

x_{ij}	$\overline{x_i}$	$x_{ij}-\overline{x_i}$	$(x_{ij}-\overline{x_i})^2$
20	14	6	36
17	14	3	9
13	14	−1	1
10	14	−4	16
10	14	−4	16
17	12	5	25
15	12	3	9
12	12	0	0
9	12	−3	9
7	12	−5	25
7	4	3	9
4	4	0	0
4	4	0	0
3	4	−1	1
2	4	−2	4

$$\sum\sum(x_{ij}-\overline{x_i})^2=160$$

다시 한번 요약해 보면 다음과 같다. TSS는 BSS와 WSS의 합이다. 세 가지 발기부전약의 경우, TSS는 440이다. BSS와 WSS는 각각 280과 160 이다.

TSS=BSS+WSS
전체제곱합=집단간 제곱합+집단 내 제곱합
440=280+160

20.3 SPSS로 실제 계산해보기: TSS=BSS+WSS

앞 절에서 이야기한 TSS=BSS+WSS를 이제 SPSS를 활용하여 직접 계산해 보기로 한다. [편집][변수삽입]을 통해, [그림 20-4]와 같이 집단평균과 전체평균이라는 두 변수를 추가한다. 그리고 해당하는 값을 각각 입력하였다. 그라그라, 싸알라스, 요강깨라 집단평균은 각각 14, 12, 4이다. 전체평균은 10이다.

[그림 20-4] 집단평균과 전체평균

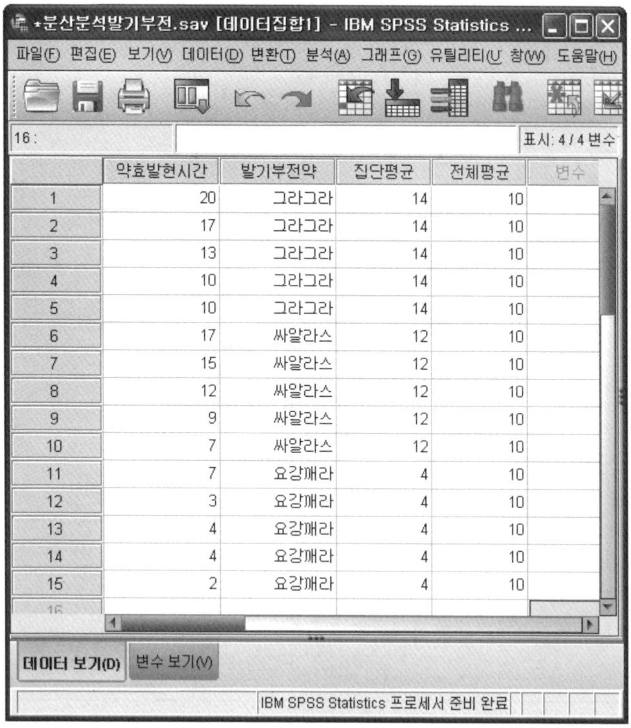

	약효발현시간	발기부전약	집단평균	전체평균	변수
1	20	그라그라	14	10	
2	17	그라그라	14	10	
3	13	그라그라	14	10	
4	10	그라그라	14	10	
5	10	그라그라	14	10	
6	17	싸알라스	12	10	
7	15	싸알라스	12	10	
8	12	싸알라스	12	10	
9	9	싸알라스	12	10	
10	7	싸알라스	12	10	
11	7	요강깨라	4	10	
12	3	요강깨라	4	10	
13	4	요강깨라	4	10	
14	4	요강깨라	4	10	
15	2	요강깨라	4	10	

[그림 20-5]부터 [그림 20-9]까지의 변수 만드는 방법은 회귀분석이나 상관분석에서 언급한 그대로이다. 변수들이 어떻게 만들어지는지를 간략하게 언급하면 다음과 같다.

약효발현시간－집단평균
(약효발현시간－집단평균)의 제곱
집단평균－전체평균
(집단평균－전체평균)의 제곱
약효발현시간－전체평균
(약효발현시간－전체평균)의 제곱

[그림 20-5]   변수계산 : 시간 − 집단평균

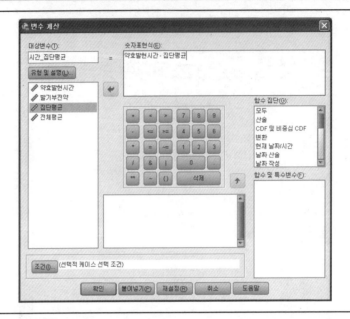

[그림 20-6]   변수계산 : (시간 − 집단평균)의 제곱

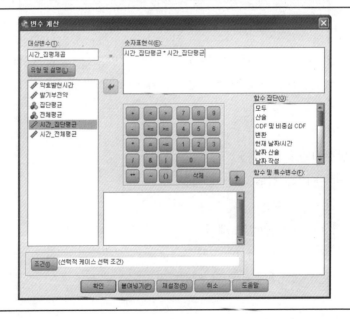

[그림 20-7]   **변수계산 : 집단평균 - 전체평균**

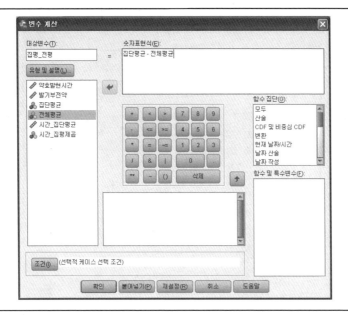

[그림 20-8]   **변수계산 : (집단평균 - 전체평균)의 제곱**

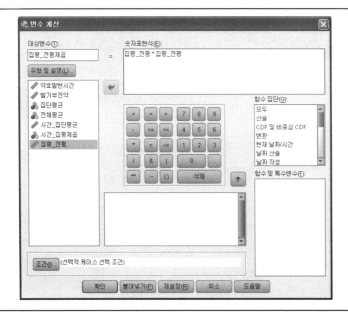

[그림 20-9]   변수계산 : 약효발현시간 - 전체평균

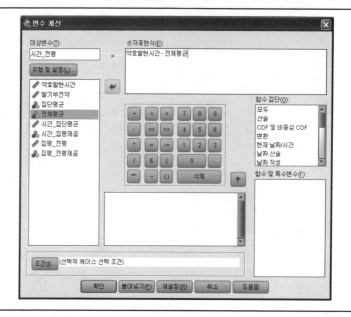

[그림 20-10]   변수계산 : (약효발현시간 - 전체평균)의 제곱

[그림 20-11] 제곱값들이 계산 된 데이터

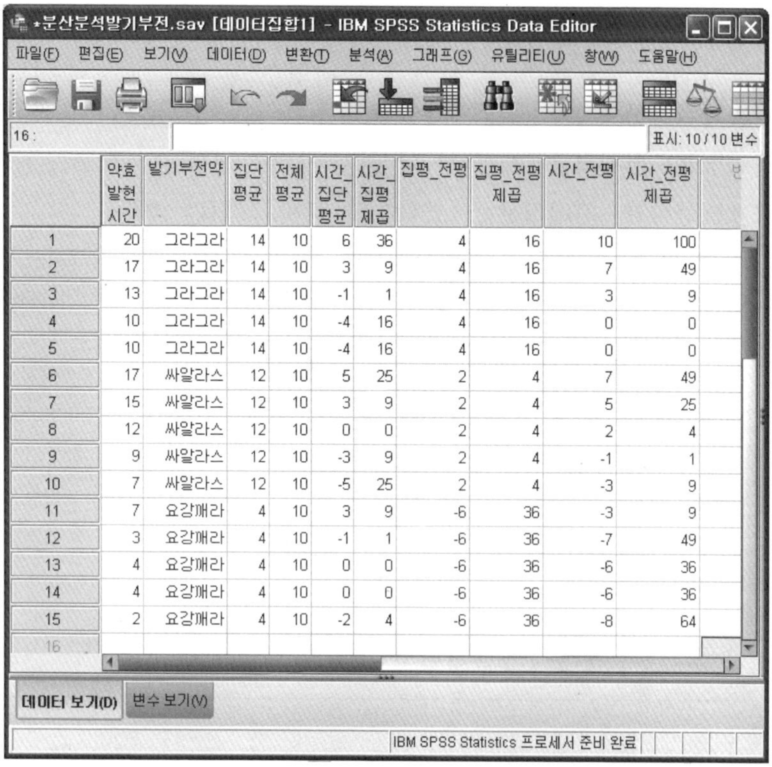

	약효발현시간	발기부전약	집단평균	전체평균	시간_집단평균	시간_집평제곱	집평_전평	집평_전평제곱	시간_전평	시간_전평제곱
1	20	그라그라	14	10	6	36	4	16	10	100
2	17	그라그라	14	10	3	9	4	16	7	49
3	13	그라그라	14	10	-1	1	4	16	3	9
4	10	그라그라	14	10	-4	16	4	16	0	0
5	10	그라그라	14	10	-4	16	4	16	0	0
6	17	싸알라스	12	10	5	25	2	4	7	49
7	15	싸알라스	12	10	3	9	2	4	5	25
8	12	싸알라스	12	10	0	0	2	4	2	4
9	9	싸알라스	12	10	-3	9	2	4	-1	1
10	7	싸알라스	12	10	-5	25	2	4	-3	9
11	7	요강깨라	4	10	3	9	-6	36	-3	9
12	3	요강깨라	4	10	-1	1	-6	36	-7	49
13	4	요강깨라	4	10	0	0	-6	36	-6	36
14	4	요강깨라	4	10	0	0	-6	36	-6	36
15	2	요강깨라	4	10	-2	4	-6	36	-8	64
16										

이러한 과정을 거쳐 만들어진 여섯 개 변수들이 나열되어 있는 데이터가 [그림 20-11]이다. TSS, BSS, WSS 각각이 어느 변수들의 값들을 합계하면 되는지를 다음에 나타낸다.

(약효발현시간－집단평균) 제곱값들의 합계＝WSS
(집단평균－전체평균) 제곱값들의 합계＝BSS
(약효발현시간－전체평균) 제곱값들의 합계＝TSS

[분석] [기술통계량] [기술통계]에서 [그림 20-12]와 같이 세 변수를 선택한다. 시간_집평제곱, 집평_전평제곱, 시간_전평제곱이 공란에 들어가 있다. [옵션]을 누르고, [그림 20-13]에서와 같이 [합계]를 선택한다. [계속] [확인]

을 누른다.

[표 20-1]은 TSS＝BSS＋WSS 라는 지난 절의 내용을 확인해 준다. 다음과 같이 정리할 수 있다.

(약효발현시간－집단평균) 제곱값들의 합계＝WSS＝160

(집단평균－전체평균) 제곱값들의 합계＝BSS＝280

(약효발현시간－전체평균) 제곱값들의 합계＝TSS＝440

[그림 20-12]   기술통계 : 제곱값들

[그림 20-13]   기술통계 합계 : 제곱값들

[표 20-1]	기술통계 합계 출력결과 : 제곱값들	
기술통계량		
	N	합 계
시간_집평제곱	15	160
집평_전평제곱	15	280
시간_전평제곱	15	440
유효수(목록별)	15	

20.4 *MSB·MSW*

표본의 분산을 가지고 모집단분산을 추정할 때, 표본의 각 숫자에 평균을 뺀 차이를 제곱해서 $n-1$로 나눈다는 것은 분산을 설명할 때 언급하였다. 즉 편차의 제곱합을 자유도(degree of freedom)로 나누는 것이다.

집단간 분산과 집단 내 분산도 비슷하게 이해할 수 있다. 집단간 제곱합과 집단 내 제곱합에 각각의 자유도를 나누어 주면 집단간 분산과 집단 내 분산이 된다. 즉 제곱합(Sum of Squares : *SS*)을 자유도(degree of freedom : *df*)로 나누면, 분산(s^2 : variance)에 해당하는 값이 산출된다. 이는 집단간과 집단 내에 모두 적용될 수 있다.

$$s^2 = \frac{SS}{df}$$
분산＝제곱합/자유도

이렇듯이 표본의 분산에 해당하는 값들이 *MSB*와 *MSW*이다. *MSB*를 '집단간 평균제곱(Mean Square Between)'이라고 한다. *MSW*는 '집단 내 평균제곱(Mean Square Within)'이라고 불린다.

*MSB*와 *MSW*의 계산은 앞서 언급한 *BSS*와 *WSS*의 계산에 기초한다. *MSB*는 *BSS*에 "*BSS*의 자유도"를 나눈 값이다. *MSW*는 *WSS*에 "*WSS*의 자유도"를 나눈 값이다.

$MSB=BSS/BSS$의 자유도

$MSW=WSS/WSS$의 자유도

그러면 자유도(degree of freedom)에 대해 먼저 알아보자. 앞서 분산을 설명할 때, 표본의 편차제곱합을 n이 아닌 $n-1$로 나누는 이유에 대해 설명하였다. $n-1$로 나누어야 모집단의 분산을 정확하게 추정하는 불편추정치(unbiased estimate)가 되기 때문이라고 설명하였다.

전체분산에 해당하는 자유도는 $N-1$이다. 즉 TSS에 해당하는 자유도는 $N-1$이라는 것이다. 발기부전약의 경우 15에서 1을 뺀 14가 자유도이다. TSS가 BSS와 WSS로 나누어지기 때문에 자유도 역시 나누어진다.

TSS의 자유도가 어떻게 BSS의 자유도와 WSS의 자유도로 나누어지는지를 알아보자. BSS에 해당하는 자유도는 $G-1$이다. 여기서 G는 집단(Group)의 수를 나타낸다. 예를 들어 발기부전약의 경우, 집단이 3개이기 때문에 BSS의 자유도는 2이다. WSS에 해당하는 자유도는 $N-G$이다. 발기부전약의 경우, 전체사례 수가 15이므로 15에서 3을 뺀 12이다. 전체자유도 14가 12와 2로 나누어지는 것이다.

TSS의 자유도$=BSS$의 자유도$+WSS$의 자유도

$N-1=(G-1)+(N-G)$

$G=$집단의 수

$N=$전체사례 수

BSS의 자유도에 대한 이해는 아주 쉬울 것이다. 세 개의 표본집단평균값들을 가지고 분산을 추정하는 과정에서 집단의 갯수인 G가 아닌 여기서 하나를 뺀 $(G-1)$로 나누었다고 생각하면 된다. 3개의 발기부전약의 경우 자유도는 2이다.

WSS의 경우에는 각 표본집단의 사례들이 가지고 있는 값들을 가지고 분산을 추정하는 과정을 세 집단에 대해 누적적으로 실행했다고 이해할 수 있다. 결국 각 집단마다 사례 수에서 하나씩을 뺀 것이다. 전체사례 수 N에서 집단 수 G를 뺐다고 이해할 수 있다. 결국 $N-G$이다.

따라서 *MSB*와 *MSW*는 다음과 같이 공식화할 수 있다. *MSB*는 $\sum n_i$ $(\overline{x_i} - \overline{\overline{x}})^2$에서 $G-1$을 나눈 값이다. *MSW*는 $\sum\sum(x_{ij} - \overline{x_i})^2$에서 $N-G$를 나눈다.

$$MSB = \frac{\sum n_i(\overline{x_i} - \overline{\overline{x}})^2}{G-1}$$

$$MSW = \frac{\sum\sum(x_{ij} - \overline{x_i})^2}{N-G}$$

발기부전약의 경우 그라그라에 해당하는 사례 수 5에서 1을 빼서 4, 싸알라스에도 마찬가지로 4, 요강깨라에도 마찬가지로 4를 합친다고 생각할 수 있다. 계산하면 4+4+4=12이다. 이는 $N-G$를 적용하여 전체사례 수에서 집단 수를 뺀 15-3=12와 동일하다.

다시 약효발현소요 시간에 대한 *BMS*와 *WMS*의 계산으로 돌아가 보자. 앞서 집단간 제곱합 *BSS*는 $\sum n_i(\overline{x_i} - \overline{\overline{x}})^2 =280$이라는 것을 계산하였다. 집단내 제곱합 *WSS*가 $\sum\sum(x_{ij} - \overline{x_i})^2 =160$으로 나온다는 것도 알고 있다. 각각에다 해당하는 자유도를 나누면 *MSB*와 *MSW*가 된다. 약효의 *MSB*는 *BSS* 280에다 해당하는 자유도 2를 나눈 140이다. 약효의 *MSW*는 *WSS* 160에다 12를 나눈 13.333으로 계산된다.

$$MSB=BSS/G-1=280/2=140$$
$$MSW=WSS/N-G=160/12=13.333$$

20.5 모분산의 불편추정치 : *MSW*

발기부전약의 경우를 생각해 보자. 만약 각 세 모집단의 분산이 동일하다고 가정해 보자. 표본은 모집단을 알기 위해 제비뽑기와 같은 형태의 무작위방법으로 뽑힌 모집단의 일부분이라는 것은 알고 있을 것이다. 예를 들어 발기부전약 그라그라의 경우, 전국에서 그라그라를 사용하는 고객이 모집단으로 설정되었을 가능성이 많다.

결국 세 집단의 모분산은 모두 σ^2이다. 수식으로 표현하면 다음과 같다 :

$$\sigma_1^2 = \sigma_2^2 = \sigma_3^2 = \sigma^2$$

이 경우 그라그라의 5명으로 구성된 표본에서 분산을 구하면, 이는 모집단분산을 잘 추정한다. 싸알라스의 경우도 마찬가지이고, 요강깨라도 그러하다. 표본분산은 편차제곱합에서 자유도인 $n-1$을 나눈 값이라는 것은 산포도에서 이미 언급하였다.

이러한 각각의 과정을 더해 나가는 것이 MSW인 셈이다. MSW가 각 표본값에서 표본평균을 뺀 편차의 제곱들을 다 더하고 $\sum\sum(x_{ij}-\overline{x_i})^2$, 이를 $N-G$로 나눈다는 것을 다시 생각해 보면 알 수 있다. 발기부전약의 경우 $N-G=15-3=12$인데, 이는 각 표본 수에서 하나씩을 뺀 4를 세 번 더해 나갔다고 이해할 수 있다. 각 값의 해당 집단평균값들로부터의 편차제곱합이 분자이고, 각 집단의 사례 수에서 하나씩을 뺀 값들의 합인 $\sum(n_i-1)$이 분모라고 생각할 수 있는 것이다.

다시 한번 요약하자면 각 집단의 모분산이 동일할 때, MSW는 그 모분산의 불편추정치(unbiased estimate)이다. 모분산들이 동일한 경우 MSW는 σ^2이라는 것을 위 설명을 참조해 수리적으로 표현하면 다음과 같다.

$$MSW = \frac{\sum\sum(x_{ij}-\overline{x_i})^2}{N-G} = \frac{\sum\sum(x_{ij}-\overline{x_i})^2}{\sum(n_i-1)} = \sigma^2$$

20.6 모분산의 불편추정치 : MSB

다시 발기부전약을 생각해 보자. 이번에는 세 모집단의 분산이 동일할 뿐 아니라, 세 모집단의 평균 역시 동일하다고 가정한다. 즉 모평균과 모분산이 동일한 것이다. 각 모집단의 평균은 μ이며, 분산은 σ^2이라고 생각할 수 있다. 세 개의 다른 모집단이 아니라 하나의 모집단이라고 생각해도 된다고 볼 수 있다. 하나의 모집단에서 무작위로 사례를 뽑은 것들이 각각의 표본이라고 보아도 무방한 것이다.

$$\sigma_1^2 = \sigma_2^2 = \sigma_3^2 = \sigma^2$$
$$\mu_1 = \mu_2 = \mu_3 = \mu$$

이번에는 이전에 익힌 중심극한정리를 생각해 보자. 중심극한정리에서 동일한 모집단에서 무작위표본을 μ추출하는 경우에 표본평균들의 분포를 살펴보았다. 표본평균들의 분포에 있어서 표준오차(평균값들의 표준편차)는 $\sigma/\sqrt{n}$이라는 것을 정리한 바 있다. 따라서 표본평균들의 분포에 있어서 분산은 σ^2/n이다.

표본평균들의 분산을 구할 때 먼저 각 표본평균값들에서 표본평균들의 전체평균을 나눈 편차를 제곱한다. 이 편차제곱들을 더한 값에 표본갯수에서 1을 뺀 값을 나누면 된다. 즉 $\sum(\overline{x_i} - \overline{\overline{x}})^2$에서 $G-1$을 나누면 σ^2/n이 된다.

$$\text{표본평균들의분산} = \frac{\sum(\overline{x_i} - \overline{\overline{x}})^2}{G-1} = \sigma^2 / \, n$$

이번에는 각 표본집단들의 사례 수가 동일하다고 가정하자. 즉 $n_i = n$인 것이다. 물론 발기부전약의 경우에는 모든 표본집단사례 수가 5로 동일하다. 이러한 표본 케이스 수가 같다는 전제를 하는 이유에 대한 상세한 설명은 박광배(2003 : 70-77, 86-88)를 참조하면 된다.

표본집단사례 수가 동일한 경우, 앞서 언급한 _MSB_의 계산공식에서 n_i가 n으로 바뀌어진다. 즉 $MSB = \sum n(\overline{x_i} - \overline{\overline{x}})^2 / G - 1$이라는 공식이 성립한다.

$$MSB = \frac{\sum n_i(\overline{x_i} - \overline{\overline{x}})^2}{G-1}$$

$$MSB = \frac{\sum n(\overline{x_i} - \overline{\overline{x}})^2}{G - 1}$$

이러한 공식에 앞서 언급한 표본평균들의 분산 $\sum(\overline{x_i} - \overline{\overline{x}})^2 / G - 1 = \sigma^2/n$를 대입해 본다. 결국 MSB가 모분산인 σ^2의 불편추정치라는 것을 알 수 있다.

$$MSB = \frac{\sum n(\overline{x_i} - \overline{\overline{x}})^2}{G - 1} = n\frac{\sum(\overline{x_i} - \overline{\overline{x}})^2}{G - 1} = n\frac{\sigma^2}{n} = \sigma^2$$

다시 한번 상기해야 할 점은 MSB가 모분산의 불편추정치가 되는 조건 중 하나는 모집단평균이 동일하다는 것이다.

여기서 하나 더 알아 둘 것이 있다. 만약 모평균들이 동일하지 않는다면, MSB는 σ^2보다 크다는 것이다. 수리적 계산은 박광배(2003 : 72-76)를 참조하고, 여기서는 직관적 이해만 하도록 하자.

모평균들이 같을 때보다 다를 때, MSB 공식에서 분자인 $\sum n_i(\overline{x_i} - \overline{\overline{x}})^2$이 커질 것이라는 것은 쉽게 이해될 것이다. 평균이 다른 모집단들로부터 표본을 뽑으면, 평균이 같은 모집단으로부터 표본을 뽑을 때보다 전체평균으로부터의 편차가 커지는 것이 당연하다.

20.7 F값의 이해와 분산분석에의 적용 : $F = MSB/MSW$

정규분포를 이루는 두 모집단이 있다고 하자. 여기서 두 모집단의 평균이 꼭 같다고 가정할 필요는 없다. 두 모집단의 분산은 동일하다. 즉 $\sigma_1^2 = \sigma_2^2$이다. 여기서 σ_1^2은 우리가 표본을 가지고 추정하는 모집단 1의 분산이다. σ_2^2은 물론 모집단 2의 분산이다.

[그림 20-14]와 같이 모집단 1에서 뽑은 표본의 분산은 s_1^2이다. 모집단 2에서 추출한 표본의 분산은 s_2^2이다. F값은 s_1^2/s_2^2이다.

[그림 20-14]	모집단분산과 표준편차

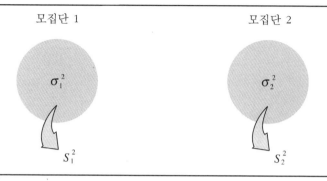

만약 분산이 동일한 두 개의 모집단에 대해 매번 각각 표본을 뽑아 내고 F값을 구한다면, F값들의 빈도는 [그림 20-15]와 같은 확률밀도함수로 나타난다. 두 분산의 비율이 F값을 이루기 때문에 F-분포에는 음수가 존재하지 않는다. 하나의 가장 높은 꼭대기를 가지고 있다. 또한 꼬리가 오른쪽으로 길게 치우쳐져 있다.

이 F-확률밀도함수에 대해 이해를 해 보자. 두 모집단의 분산들이 동일하다면, 두 개의 표본분산들도 거의 비슷한 값을 가질 가능성이 많다. $\sigma_1{}^2 = \sigma_2{}^2$이라면, 표본 1의 분산과 표본 2의 분산인 $s_1{}^2$과 $s_2{}^2$이 비슷한 값을 가질 확률이 높다는 것이다. $F = s_1{}^2/s_2{}^2$이므로 많은 F값이 1부근에 몰릴 것이라는 것이다. 분자와 분모의 자유도에 따라 틀려지긴 하겠지만, [그림 20-15]에서 x축의 값 1 주위에 분포함수의 꼭대기가 위치한다고 볼 수 있다.

$s_1{}^2/s_2{}^2$인 F값이 1보다 조금 크거나 조금 작은 값을 가질 확률은 꽤나 높다. [그림 20-15]에서 꼭대기 주위의 높은 곡선위치가 이를 나타낸다. 하지만 $s_1{}^2/s_2{}^2$인 F값이 1보다 많이 큰 값을 가질 확률은 낮다. 따라서 분포의 꼬리가 오른쪽으로 치우치게 된다. 꼬리란 이어지는 낮은 확률로 인해 나타나는 것이다.

F-분포는 (n_1-1)과 (n_2-1)이라는 두 개의 자유도를 가진다. 공식에서 분자에 들어가는 표본의 사례 수를 n_1이라고 하고, 분모에 들어가는 표본의 사례 수를 n_2라고 한다. 이 두 개의 자유도에 따라 분포의 형태가 달라진다.

[그림 20-15]	F-분포

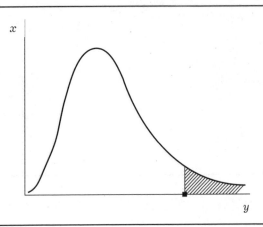

[그림 20-15]의 x축에 찍힌 점이 두 개의 표본분산들을 구해서 산출한 하나의 F값이다. 그 점을 기준으로 오른쪽으로 사선이 그어져 있는 것을 알 수 있다. 사선이 그어진 면적이 나타내는 것은 동일한 분산을 가진 두 모집단으로부터 두 표본분산들을 구했을 때, 점이 나타내는 F값보다 큰 값이 나올 확률을 의미한다. 다시 설명하자면 분산이 동일한 두 개의 모집단에서 각각 하나씩의 표본들을 무수히 많이 뽑았을 때 특정한 F값 이상으로 큰 F값이 나올 확률인 것이다.

분산분석에서 F값은 주로 모집단분산의 추정치로써 MSB와 MSW의 비율을 알아보려고 사용된다. 앞서 모평균이 동일한 경우, MSB와 MSW 모두 모분산 σ^2의 불편추정치라는 것을 증명하였다. MSB와 MSW 모두 표본분산 s^2의 성격을 가진다고 언급하였었다.

표본분산 $s_1{}^2$과 $s_2{}^2$을 가지고 그 비율로써 F값을 구한다고 언급하였다. 이러한 $F = s_1{}^2/s_2{}^2$이라는 공식을 MSB와 MSW에 적용할 수 있는 것이다. 이 경우 MSB를 분자로 두고, MSW를 분모로 둔다. 사례 수가 작은 표본의 분산을 분자로 두는 관례에 의한 것이라고 이해할 수 있다. 따라서 MSB를 MSW로 나누어서 F값을 구할 수 있다. 모평균이 동일할 경우, F값은 1과 가까운 값을 나타낼 확률이 많다.

$F=MSB/MSW$

만약 모집단의 평균들이 동일하지 않는다면, MSB는 σ^2 보다 큰 값을 가진다는 것을 앞서 언급하였다. 반면 모집단의 평균들이 동일하지 않아도 분산만 동일하면, MSW는 σ^2 의 불편추정치라는 것도 다루었다. 따라서 모집단의 평균들이 동일하지 않을 때는 F 값이 1보다 큰 값으로 나타난다.

분산분석의 귀무가설은 이 장의 처음에 언급하였듯이 모평균들이 동일하다는 것이다. 대립가설은 모평균들이 모두 동일하지는 않다는 것이다. 따라서 F 값은 [그림 20-15]의 확률밀도함수를 이용하여 실제 모평균이 동일할 때 표본으로 계산된 F 값 이상의 값이 나올 확률을 계산한다. 즉 귀무가설이 맞는데도 특정한 F 값이 계산될 확률이다. 즉 사선으로 그어진 부분의 확률은 유의확률이기도 하다.

발기부전약의 경우를 보자. MSB는 140이고, MSW는 13.333인 것을 알 수 있다.

$$MSB=BSS/G-1=280/2=140$$
$$MSW=WSS/N-G=160/12=13.333$$
$$F=\frac{MSB}{MSW}=\frac{140}{13.333}=10.5$$

F 값은 MSB에서 MSW로 나눈 값은 10.5이다. 이러한 F 값이 가지는 유의확률은 SPSS가 계산해 준다.

20.8 SPSS 분산분석결과의 이해

발기부전약과 약효발현시간을 입력하면 [그림 20-16]과 같이 나타난다. 여기서 유의할 점은 관심을 가지는 특성을 측정하는 변수뿐 아니라, 집단을 구분할 변수가 필요하다는 것이다. [그림 20-16]에서 '발기부전약'이 집단을 구분하는 변수이다. 발기부전약 변수에서 1・2・3이 각각 다른 세 개의 집단

[그림 20-16] **분산분석 데이터 입력**

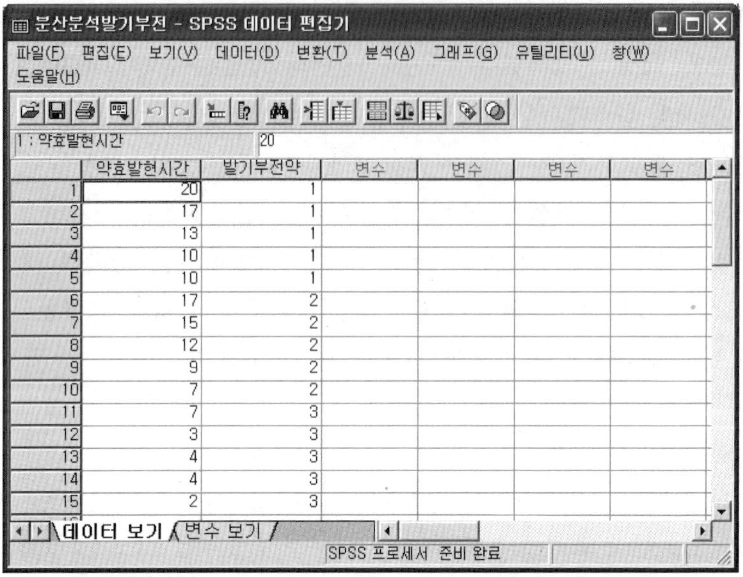

	약효발현시간	발기부전약	변수	변수	변수	변수
1	20	1				
2	17	1				
3	13	1				
4	10	1				
5	10	1				
6	17	2				
7	15	2				
8	12	2				
9	9	2				
10	7	2				
11	7	3				
12	3	3				
13	4	3				
14	4	3				
15	2	3				

[그림 20-17] **분산분석 데이터 입력**(변수값 보기)

	약효발현시간	발기부전약	변수	변수	변수	변수
1	20	그라그라				
2	17	그라그라				
3	13	그라그라				
4	10	그라그라				
5	10	그라그라				
6	17	싸알라스				
7	15	싸알라스				
8	12	싸알라스				
9	9	싸알라스				
10	7	싸알라스				
11	7	요강깨라				
12	3	요강깨라				
13	4	요강깨라				
14	4	요강깨라				
15	2	요강깨라				

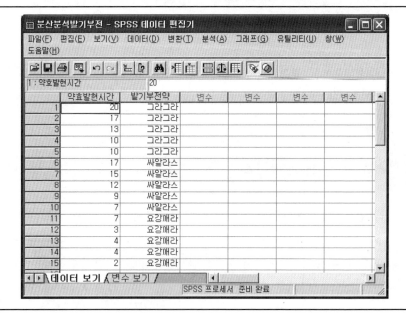

[그림 20-18] 일원배치 분산분석화면

[그림 20-19] 일원배치 분산분석 옵션 화면

을 나타낸다.

[변수 보기]에서 변수값의 설정을 '1=그라그라', '2=싸알라스', '3=요강깨라'로 해 둔다. 따라서 [보기] [변수값 설명]을 누르면 [그림 20-17]과 같은 형태로 나타난다.

[분석] [평균비교] [일원배치 분산분석]을 선택하면 [그림 20-18]과 같은 화면이 나타난다. 이 화면 [종속변수]에 '약효발현시간'을 넣고, [요인]에 '발기부전약'을 이동시킨다. 여기서 [요인]은 요인분석에서의 요인과는 다른 의

미이다. 독립변수 정도로 이해하는 것이 정확하다.

[그림 20-18]의 오른쪽에서 [옵션]을 누르면, 나타나는 화면이 [그림 20-19]이다. [통계량] [기술통계]의 네모난 칸을 체크하고 [계속]을 선택한다. 이처럼 [기술통계]와 [평균도표]를 선택하는 것이 언제나 좋다. 이는 변수에 대한 기본적인 기술통계와 도표를 출력하는 것이 이해에 도움이 되기 때문이다.

다시 [그림 20-18]에서 [확인]을 선택하고 나타난 출력결과가 [표 20-2] 및 [그림 20-20]이다.

[표 20-2]와 [그림 20-20]에서 [기술통계]라는 제목의 표는 각 표본집단의 사례 수, 평균과 같은 수치를 출력해 준다. 세 집단의 케이스 수가 모두 5인 것을 알 수 있다. 그라그라의 약효발현시간이 평균 14분으로 가장 오래 걸리며, 싸알라스가 12분이며, 요강깨라가 4분임을 알 수 있다. 모든 15개 사례의 전체평균은 10분이다.

맨 아래에 있는 [평균도표]는 기술통계에 나온 사항들을 시각적으로 제

[표 20-2]	일원배치 분산분석 출력결과

일원배치 분산분석
기술통계

약효발현시간

	N	평 균	표준편차	표준오차	평균에 대한 95% 신뢰구간 하한값	평균에 대한 95% 신뢰구간 상한값	최소값	최대값
그라그라	5	14.00	4.416	1.975	8.52	19.48	10	20
싸알라스	5	12.00	4.123	1.844	6.88	17.12	7	17
요강깨라	5	4.00	1.871	.837	1.68	6.32	2	7
합 계	15	10.00	5.606	1.447	6.90	13.10	2	20

분산분석

약효발현시간

	제곱합	df	평균제곱	F	유의확률
집단-간	280.000	2	140.000	10.500	.002
집단-내	160.000	12	13.333		
합 계	440.000	14			

[그림 20-20]	일원배치 분산분석 옵션 화면

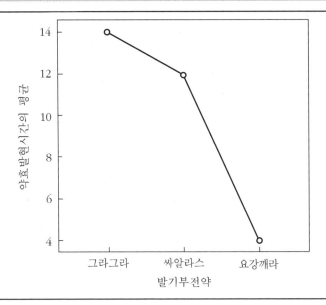

시해 준다. 요강깨라를 복용하고 성적 흥분을 느끼는 데 걸리는 시간이 그라그라와 싸알라스보다 훨씬 작다는 것을 보여 준다.

　이번에는 [분산분석] 표를 보자. TSS는 제곱합-합계 교차 칸에 나타난 440이다. BSS는 제곱합-집단간 교차 칸의 280이다. WSS는 제곱합-집단 내 교차 칸의 160이다.

　$TSS=BSS+WSS$라는 것을 앞서 언급하였다. '전체제곱합=집단간 제곱합+집단 내 제곱합'이며, 이는 '440=280+160'으로 확인되었다.

　MSB는 평균제곱-집단간 교차 칸의 140이다. MSW는 평균제곱-집단 내 교차칸의 13.333이다. $MSB=BSS/G-1$이며, 이는 '280/2=140'으로 계산된다. $MSW=WSS/N-G$이며, '160/12=13.333'이라는 계산이 가능하다.

　BMS와 WMS의 계산에 사용된 자유도는 $N-1=(G-1)+(N-G)$라는 공식에 합치하게 나와 있다. 자유도-합계 교차 칸의 14는 $N-1=15-1=14$로 해석할 수 있다. 자유도-집단간 교차 칸의 2는 $G-1=3-1=2$로 이해하면 된다. 자유도-집단 내 교차 칸의 12 역시 마찬가지다. $N-G=15-3=12$이다.

　F는 $BMS/WMS=140/13.333=10.500$이다. 유의확률은 주어진 자유도를

가지는 F 값 확률밀도함수에서 10.500 이상이 나올 확률이다. SPSS의 계산은 0.002이다.

모평균이 동일할 때 10.500 이상의 F 값이 나올 확률은 0.002라는 것이다. 유의수준을 0.05로 사용한다면, 유의확률 0.002가 유의수준 0.05보다 작으므로 귀무가설을 기각한다. 즉 유의수준 0.05에서 모평균이 모두 동일하지는 않다는 대립가설을 받아들인다.

20.9 대 비(contrast)

분산분석의 F 값을 이용한 판단은 모평균이 모두 동일하지 않다는 정보만 줄 뿐이다. 어느 평균(들)이 어느 평균(들)과 다른지에 대한 정보는 없다. 이러한 정보를 다루는 것이 대비(contrast)와 사후비교(post hoc comparison)이다.

대비와 사후분석의 차이는 어떻게 보면 단측검정과 양측검정의 차이와 유사하다. 단측검정과 마찬가지로 대비는 자료수집 이전에 이 평균(들)이 저 평균(들)과 다른지에 대해 가설을 세우고 이를 확인한다. 반대로 사후분석은 이러한 가설 없이 자료수집 이후에 가능한 차이들을 살펴보는 것이다.

대비는 하나의 t-검정을 한다고 이해하여도 무방하다. 내가 관심이 있는 비교집단(들)을 선택하여서 비교를 하는 것이다. 따라서 이 장의 처음에 언급하였던 제1종 오류의 증대에서 상대적으로 자유로울 수 있다. 여기서 상대적이란 의미는 여러 번 대비분석을 하면, 이는 곧 그 횟수만큼의 t-분석을 하는 것과 동일하기 때문이다.

발기부전약의 경우를 생각해 보자. 시장에 제일 먼저 출시되었던 그라그라와 후발주자인 싸알라스와 요강깨라를 비교한다고 하자. [그림 20-18] 일원배치 분산분석화면에서 [대비]를 선택하면 [그림 20-21]이 나온다.

[그림 20-21] 왼쪽 하단에 있는 2·-1·-1은 SPSS가 입력한 것이 아니다. [상관계수] 오른쪽 공란에 먼저 '2'를 입력하고 [추가]를 누르고, '-1'과 [추가], '-1' 입력과 [추가] 누름을 거쳤다.

[그림 20-21]　　　　　　　　　　　분산분석대비

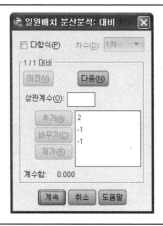

여기서 이런 값들을 가중치(weight)라고 한다. 가중치가 선택되는 방식은 집단변수에서의 값 입력순서대로이다. 변수값이 그라그라(1) · 싸알라스(2) · 요강깨라(3)라는 순서대로 되어 있기 때문에 가중치를 이 순서에 맞추어서 입력한 것이다.

가중치의 합은 0이 되어야 한다. 양수가 지정된 집단(들)과 음수가 지정된 집단(들)이 비교된다. 이 때 어느 쪽이 양수로 지정되는가는 중요하지 않다. 예를 들어 2 · −1 · −1이 아니라 −2 · 1 · 1로 하여도 마찬가지이다. 즉 그라그라와 (사알라스 · 요강깨라)가 비교되는 것이다.

변수값	집　단	가중치
1	그라그라	2
2	싸알라스	−1
3	요강깨라	−1
	합계	0

[표 20-3]은 [그림 20-21]에서 [계속]을 누르고 분산분석을 실행한 출력결과물이다.

[표 20-3]에서 [대비계수]는 어느 집단(들)이 어떠한 가중치를 부여받았는지를 나타내 준다. 비교대상집단(들)을 확인해 준다. 여기서는 그라그라와

[표 20-3]	분산분석대비 출력결과

대비계수

대 비	발기부전약		
	그라그라	싸알라스	요강깨라
1	2	−1	−1

대비검정

		대비	대비 값	표준오차	t	df	유의확률 (양측)
약효발현	등분산 가정	1	12.00	4.000	3.000	12	.011
시 간	등분산을 가정하지 않습니다	1	12.00	4.438	2.704	6.078	.035

(싸알라스·요강깨라)가 비교된다는 것을 알 수 있다.

[대비검정]에서는 등분산을 가정하는 경우와 가정하지 않는 경우를 나누어서 이야기하고 있다. 여기에 대해서는 앞으로 나올 분산분석의 가정부분에서 다룰 것이다. 조금만 이야기하자면, Levene의 등분산검정을 해 보고 등분산가정이 되면 '등분산가정'이 있는 행을 해석한다. 등분산가정이 기각된 경우에는 "등분산을 가정하지 않습니다"가 있는 행을 이용하면 된다.

곧 다루어질 [표 20-6]에서 모분산이 동일하다는 귀무가설을 판단해 보았다. 유의확률이 0.108로 0.05보다 크기 때문에 귀무가설을 기각하지 않는다. [표 20-3]의 [대비검정]에서는 '등분산가정'이 있는 줄을 읽으면 된다.

[대비검정]에서 '대비값'은 대비가 되는 평균값 곱하기 가중치를 하여서 다 더한 값이라고 생각하면 된다. 그라그라·싸알라스·요강깨라의 각각 평균이 14·12·4이고, 해당하는 가중치가 2·−1·−1이므로 '(14×2)+(12×−1)+(4×−1)=12'라는 대비값이 도출되었다.

이 [대비검정]에서 귀무가설은 각 평균에 가중치를 곱한 값을 더한 합이 0이라는 것이다. 즉 대비값이 0이라는 것이다.

귀무가설 : (2×그라그라 평균)+(−1×싸알라스 평균)+(−1×요강깨라 평균)=0
대립가설 : (2×그라그라 평균)+(−1×싸알라스 평균)+(−1×요강깨라 평균)≠0

이러한 '대비값'이 '표준오차'에 의해 나누어져서 t 값이 나온다. 여기서 표준오차는 등분산이 전제될 때는 다음의 공식으로 구해진다. w_i는 각 집단에 지정된 가중치(weight)이며, n_i는 집단별 사례 수이다.

$$대비값의\ 표준오차 = \sqrt{MSW \sum \frac{w_i^2}{n_i}}$$

$$= \sqrt{\frac{160}{12} \left(\frac{4}{5} + \frac{1}{5} + \frac{1}{5} \right)}$$

$$= \sqrt{\frac{160}{12} \left(\frac{6}{5} \right)} = \sqrt{16} = 4$$

[표 20-3]의 [대비검정]에서 대비값 12에 표준오차 4를 나누어서 t값 3이 나왔다. 이러한 t값의 유의확률은 0.011이다. 따라서 그라그라와 (싸알라스·요강깨라)의 평균차이가 있다고 결론지을 수 있다. 그라그라보다 (싸알라스·요강깨라)의 약효발현시간이 짧다고 할 수 있다.

마지막으로, 여러 번의 대비를 해 보는 방법을 한번 알아보자. 한번 비교를 하고, 또 세부적으로 비교해 보는 방법이다. 이러한 여러 번 대비의 단점은 이 장의 처음에 언급하였듯이 제 1 종 오류의 증가이다.

여러 번의 대비를 할 때의 원칙은 이전 대비에서 같은 묶음으로 취급된 집단들에 대해서 세부적으로 나누어야 한다는 것이다. 가중치의 합은 0이 되어야 하고, 세부적으로 나누어지지 않는 집단은 0으로 가중치를 두어야 한다.

앞에서 했던 대비에 두 번째 대비를 해 보도록 하자. 세 번째 대비는 더 쪼갤 부분이 없어서 불가능하다. 첫번째 대비에서는 가중치 2·−1·−1로, 그라그라와 (싸알라스·요강깨라)를 비교하였다.

두 번째 대비에서는 같은 묶음으로 취급한 집단내부를 나누어 비교한다. 다음은 싸알라스와 요강깨라에 각각 가중치 1과 −1이 지정된 것을 보여 준다. 이때 비교되지 않는 변수에는 반드시 0을 지정해 주어야 한다. 따라서 가중치 0·1·−1로 싸알라스와 요강깨라를 비교한다.

[그림 20-22]	분산분석 두 번째 대비

변수값	집단	대비 1 가중치	대비 2 가중치
1	그라그라	2	0
2	싸알라스	−1	1
3	요강깨라	−1	−1
	합계	0	0

[그림 20-22]에서는 두 번째 대비가 입력된 상황을 보여 준다. 첫번째 대비가중치를 입력한 이후에 [다음]을 누르면 새로운 가중치가 입력가능해진다. '대비 2/2'가 두 번째 대비가중치입력이라는 것을 나타내 준다. 가중치 0·1·−1은 이미 언급하였다.

[그림 20-22]에서 [계속]을 누르고, 분산분석을 실행하면 [표 20-4]와 같은 출력결과를 얻을 수 있다. 이 출력결과에는 첫번째와 두 번째 대비의 결과가 나와 있다.

이전과 마찬가지로 [대비계수]에서는 가중치를 확인시켜 준다. [대비검정]에서는 이제 '대비'라는 열에 1과 2가 있는 것을 알 수 있다. 앞서와 마찬가지로 '등분산가정'한 행을 읽어 보면 된다. '대비 2'의 경우 대비값이 8인 것을 알 수 있다. 싸알라스의 평균 12에 가중치 1을 곱하면 12이고, 요강깨라의 평균 4에 가중치 −1을 곱하면 −4이다. 12−4=8이라는 계산이다. 유의확률은 0.005이다. 즉 싸알라스와 요강깨라의 평균차이가 있다는 결론이다.

[표 20-4]	분산분석 첫번째와 두 번째 대비 출력결과		

대비계수

| 대 비 | 발기부전약 | | |
	그라그라	싸알라스	요강깨라
1	2	−1	−1
2	0	1	−1

대비검정

		대비	대비 값	표준오차	t	df	유의확률 (양측)
약효발현 시 간	등분산 가정	1	12.00	4.000	3.000	12	.011
		2	8.00	2.309	3.464	12	.005
	등분산을 가정하지 않습니다	1	12.00	4.438	2.704	6.078	.035
		2	8.00	2.025	3.951	5.580	.009

20.10 사후분석(post hoc analysis)

사후분석의 경우는 이 장의 처음에서 언급한 것처럼 자료가 수집된 이후에 SPSS가 모든 평균들의 가능한 비교를 해 주는 것이다. 앞서 언급한 제1종 오류의 증가를 방지하기 위해 다양한 기법들이 있다.

Bonferroni 검증의 원리는 전체 제1종 오류를 정해진 수준으로 묶어 두는 것이다. 예를 들어 발기부전약의 경우 전체 제1종 오류를 0.05로 묶어 두고자 한다고 치자. Boferroni 검증은 이러한 0.05를 비교횟수인 3(그라그라-싸알라스, 싸알라스-요강깨라, 요강깨라-그라그라)으로 나눈다. 이렇게 0.05/3=0.017이다.

이런 0.017을 하나하나의 t-검정 비교의 오류기준으로 삼는 것이다. 이 장의 처음에 계산했던 제1종 오류를 다시 한번 계산해 보자. 여러 번 반복되는 비교에서 한번이라도 제1종 오류를 범할 확률이다.

계산에 사용된 0.983의 경우 1−0.017=0.983에서 나왔다. 계산결과는 전체 제1종 오류를 0.05 수준으로 묶는다는 것을 보여 준다.

[그림 20-23]	일원배치 분산분석 사후분석

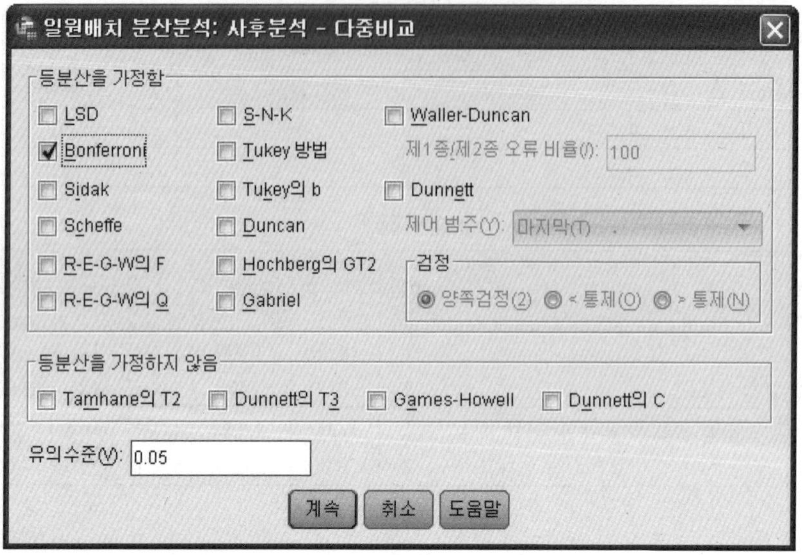

$$1 - (0.983)(0.983)(0.983) = 0.05$$

흔히 사용되는 다른 기법들은 Tukey · Scheffe 등이 있다. 많은 책들이 이러한 기법들에 대해 다루고 있으므로, 여기서 자세한 설명은 생략한다.

[그림 20-18] 일원배치 분산분석화면에서 [사후분석]을 선택하면 [그림 20-23] 화면을 볼 수 있다.

[그림 20-23] 화면에서 Boferroni를 선택하고 [계속]을 누른다. 이어 분산분석을 실행하면 [표 20-5]의 출력결과를 얻을 수 있다.

[표 20-5]에서는 Bonferroni 방법을 사용하여 각각 하나의 집단과 다른 두 집단의 평균비교를 실행하였다. [다중비교] 표에서 첫줄의 그라그라는 싸알라스와 요강깨라와 비교되는 것을 볼 수 있다. 그라그라의 약효발현시간이 14분인데, 싸알라스가 12분, 요강깨라가 4분이다. 따라서 '평균차'가 2와 10으로 나타나는 것이다. 여기서 그라그라와 싸알라스의 평균비교는 유의확률이 1.000으로 의미가 없다. 하지만 그라그라와 요강깨라의 평균비교는 유의확률이 0.003으로 의미가 있다.

[표 20-5]	일원배치 분산분석 사후분석 출력결과

다중비교

약효발현시간
Bonferroni

(I) 발기부전약	(J) 발기부전약	평균차(I-J)	표준오차	유의확률	95% 신뢰구간 하한값	95% 신뢰구간 상한값
그라그라	싸알라스	2.000	2.309	1.000	−4.42	8.42
	요강깨라	10.000*	2.309	.003	3.58	16.42
싸알라스	그라그라	−2.000	2.309	1.000	−8.42	4.42
	요강깨라	8.000*	2.309	.014	1.58	14.42
요강깨라	그라그라	−10.000*	2.309	.003	−16.42	−3.58
	싸알라스	−8.000*	2.309	.014	−14.42	−1.58

* 평균차는 0.05 수준에서 유의합니다.

평균차의 유의성은 그라그라-요강깨라, 싸알라스-요강깨라만이 유의한 것을 알 수 있다. 싸알라스와 그라그라는 유의미한 평균차이를 보이지 않는다.

결론적으로, 요강깨라가 (그라그라·싸알라스)보다 약효발현시간이 짧다.

20.11 분산분석의 가정

이 장에서 어느 정도 언급되었지만, 다시 한번 분산분석의 가정을 살펴보는 것은 의미 있을 것이다.

첫번째, 각 모집단으로부터 표본이 독립적으로 추출되어야 한다. 예를 들어서 각 가정의 남편은 A집단으로, 아내는 B집단으로 할당된다면, 이는 독립적이지 않다고 볼 수 있다.

두 번째, 각 모집단의 분포는 정규적이어야 한다. 정규분포인지를 파악하는 방법은 정규분포를 다룬 장에서 자세히 설명하였다.

세 번째, 각 집단의 분산은 동일해야 한다. 이는 MSW와 MSB의 모집단 추정치로서 성격을 설명할 때 이미 자세히 언급되었다.

| [그림 20-24] | 분산동질성검정 |

| [표 20-6] | 분산분석 Levene 검정 |

분산의 동질성 검정

약효발현시간

Levene 통계량	df1	df2	유의확률
2.696	2	12	.108

여기서는 어떻게 모분산의 동질성검사를 할지 알아본다. [그림 20-18] 일원배치 분산분석화면에서 [옵션]을 선택한다. 나타나는 [그림 20-24]에서 [분산동질성검정]을 선택한다.

분산동질성검정 실시결과는 [표 20-6]에서 나온다. 귀무가설은 모집단분산이 동일하다는 것이다. 보통 유의확률이 0.05보다 작으면 귀무가설을 기각한다.

수업시간에 혹은 나 혼자서 해보기

01 대구, 광주, 대전 세 지역의 중학생을 각각 100명씩 무작위 추출하여 수학성적을 비교하였다. 분산분석 결과, 유의확률은 0.01로 나타났다.
이 조사의 귀무가설과 대립가설을 기술하여라. 유의수준을 0.05로 잡을 때, 분석의 결과를 보고해보라.

02 이 절에서는 t 검정과 분산분석을 비교하면서, 제 1종 오류의 증가를 언급하였다. A, B, C, D 네 개의 집단이 있다면, 몇 번의 t 검정을 해야 할까? 이 경우 제 1종 오류를 범할 확률은 얼마가 나올까?

03 분산분석 결과표의 괄호안을 채우시오

변동요인	자유도	제곱합	평균제곱	F 값
집단간	2	280	( )	( )
집단내	12	120	( )	
합계	14	400		

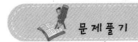
문제풀기

01 직업별로 소비행동에 어떤 차이가 있는지를 보기 위해 취업주부를 대상으로 전
　 문직, 사무직, 생산직으로 나누어 소비성향을 측정하였다. 이때 소비행동은 연속
　 변수의 척도를 구성하였다. 직업별로 소비행동의 차이가 있는지를 알아보려면 어
　 떤 통계적 분석을 실시하는 것이 가장 적합한가?
　 가. 분할표 분석
　 나. 판별분석
　 다. 상관관계 분석
　 라. 분산분석

02 분산분석에 대한 설명이 아닌 것은?
　 가. 집단간 평균을 비교하는 기법이다.
　 나. 두 집단을 비교할 때는 분산분석을 사용할 수 없다.
　 다. 분산을 분석함으로써 집단들의 평균을 검정한다.
　 라. 집단의 평균이 다르면 분석도 달라진다.

03 분산분석에 대한 옳은 설명만 짝지어진 것은?

> A. 집단간 분산을 비교하는 분석이다.
> B. 집단간 평균을 비교하는 분석이다.
> C. 검정통계량은 집단내 제곱합과 집단간 제곱합으로 구한다.
> D. 검정통계량은 총제곱합과 집단간 제곱합으로 구한다.

　 가. A, C
　 나. A, D
　 다. B, C
　 라. B, D

04 분산분석에 대한 설명 중 옳은 것으로 짝지어진 것은?

> ㄱ. 집단간 분산을 비교하는 분석이다.
> ㄴ. 집단간 평균을 비교하는 분석이다.
> ㄷ. 검증통계량은 집단내 제곱합(SSW: Sum of Squared Within)과 집단 간 제곱합(SSB: Sum of Squared Between)으로 구한다.
> ㄹ. 검증통계량은 총제곱합(TSS: Total Sum of Square)과 집단간 제곱합 (SSB: Sum of Squared Between)으로 구한다.

가. ㄱ, ㄷ
나. ㄱ, ㄹ
다. ㄴ, ㄷ
라. ㄴ, ㄹ

05 일원분산법으로 4개의 평균의 차이를 동시에 검정하기 위하여 귀무가설 $H_0: \mu_1 = \mu_2 = \mu_3 = \mu_4$라고 정할 때 대립가설 H_1은?

가. 모든 평균이 다르다.
나. 적어도 세 쌍 이상의 평균이 다르다.
다. 적어도 두 쌍 이상의 평균이 다르다.
라. 적어도 한 쌍 이상의 평균이 다르다.

06 다음의 분산분석표에서 결정계수(R^2)는?

변동요인	자유도	제곱합	평균제곱	F 값	P 값
모형	1	1519.98	1519.98	20.026	0.0212
잔차	10	759.02	75.90		
종합	11	2279.00			

가. 0.67
나. 0.49
다. 0.09
라. 0.05

07 다음의 표를 잘못 해석한 것은?

요인	자유도	제곱합	평균제곱	F 값	P 값
처리	4	3836.55	959.14	15.48	0.000
잔차	25	1549.27	61.97		
계	29	4385.83			

가. 분산분석에 사용된 집단의 수는 5개이다.
나. 분산분석에 사용된 케이스의 수는 30개이다.
다. 각 처리별 평균값의 차이가 있다.
라. 만약 F값이 주어지지 않는다면 가설검증이 곤란하다.

08 다음 가정 중 일원분산분석법을 수행하기 위해 필요한 가정은?

> ㄱ. 관측값은 독립적으로 추출된 표본에서 얻어진 것이다.
> ㄴ. 표본이 추출된 모집단은 정규분포를 따른다.
> ㄷ. 표본이 추출된 각 모집단의 분산은 같다.

가. ㄱ, ㄴ
나. ㄱ, ㄷ
다. ㄴ, ㄷ
라. ㄱ, ㄴ, ㄷ

09 분산분석을 위한 모형에서 오차항에 대한 가정으로 해당하지 않는 것은?
가. 정규성
나. 독립성
다. 일치성
라. 등분산성

10 분산분석을 수행하는데 필요한 가정이 아닌 것은?
가. 독립성(independence)
나. 불편성(unbiasedness)
다. 정규성(normality)
라. 등분산성(homosecdasticity)

11 '성별 평균소득'에 관한 설문조사자료를 정리한 결과, 집단내 편차제곱의 평균(MSW)은 50, 집단간 편차제곱의 평균(MSB)은 25로 나타났다. 이 경우에 F값은?

가. 0.5

나. 32

다. 25

라. 75

12 다음의 상황에 알맞은 검정방법은?

『과수원을 운영하는 농민이 세 종류의 종자 중 수확량이 많이 나오게 하는 종자를 구입하여 심으려고 한다.』

가. 독립표본 t 검정

나. 대응표본 t 검정

다. x^2 검정

라. F 검정

13 일원배치 분산분석에서 인자의 수준이 3이고 각 수준마다 반복실험을 5회씩 한 경우 잔차(오차)의 자유도는?

가. 9

나. 10

다. 11

라. 12

14 다음 분산분석표는 상품포장색깔(빨강, 노랑, 파랑)이 판매량에 미치는 영향을 알아보기 위해서 4곳의 가게를 대상으로 실험한 결과이다.

요인	자유도	제곱합	평균제곱	F 값	P 값
모형	2	72	36	3.18	0.0904
잔차	9	102	(A)		

위 분산분석표에서 잔차 평균제곱 (A)값은 얼마인가?

가. 11.33

나. 14.33

다. 10.23

라. 13.23

15 일원배치 분산분석에서 다음과 같은 결과를 얻었을 때, 처리효과의 유의성 검정을 위한 검정통계량의 값은?

· 처리의 수=3	· 각 처리에서의 관측값의 수=10
· 총제곱합=650	· 잔차제곱합=540

가. 1.83
나. 1.90
다. 2.75
라. 2.85

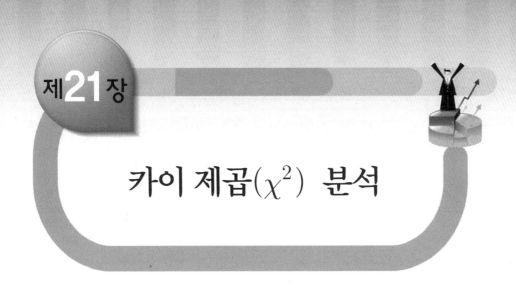

카이 제곱(χ^2) 분석

카이 제곱 분석은 명목변수나 서열변수의 관계를 알아볼 때 가장 많이 쓰이는 방법 중 하나이다. 앞서 상관분석을 언급할 때 두 변수 사이의 관계가 독립적일 때와 종속적일 때를 구분하여 설명하였다. 두 변수가 종속적이라는 것은 한 변수가 다른 변수의 결과로써 나타난다는 것이다. 독립적이라는 것은 이러한 변수들간에 연관(association)이 없다는 것을 의미한다.

등간변수나 비율변수를 다루는 상관분석에서는 두 변수가 독립적인지 종속적인지를 같이 변하는 정도로 파악하였다. 즉 상관분석에서 변수들이 종속적이란 것은 한 변수의 값이 변할 때, 다른 변수의 값이 같이 변하는 정도를 의미하였다.

카이 제곱 분석에서 두 변수의 독립과 종속 여부는 한 변수의 다른 변수에 대한 조건분포(conditional distribution)들이 각 수준에 있어 동일한지 여부에 달려 있다(Agresti & Finlay, 1986 : 202). 조건분포란 한 변수의 특정한 수준에서 다른 변수에 대한 분포를 의미한다.

예를 들어 한국 월급생활자 전체로부터 무작위로 50명을 뽑았다고 치자. 이들 중 직급별로 보자면 중+고위직은 15명이고, 하위직은 35명이다. 성별로 볼 때 남자는 30명이고, 여자는 20명이다.

직급이라는 하나의 변수의 특정수준에서, 예를 들어 중+고위직이라는

[표 21-1]	독립적 두 변수 : 행의 조건분포		

직급 · 성별 교차표

			성 별		전 체
			남 자	여 자	
직 급	하위직	빈 도	21	14	35
		직급의 %	60.0%	40.0%	100.0%
	중+고위직	빈 도	9	6	15
		직급의 %	60.0%	40.0%	100.0%
전 체		빈 도	30	20	50
		직급의 %	60.0%	40.0%	100.0%

수준에서 성별이라는 다른 변수의 분포가 조건부분포인 것이다. 만약 조건부
분포가 동일하다면, 중+고위직의 성별 분포와 하위직의 성별 분포가 동일하
여야 하는 것이다. 즉 중+고위직과 하위직에 걸쳐 성별 분포가 동일하여야
한다. 그러한 경우 통계적으로 독립적이다.

[표 21-1]과 같이 직급변수의 중+고위직에서 남자와 여자의 비율이
60%·40%로 동일하고, 하위직에서도 남자와 여자의 비율이 60%·40%로
동일한 경우이다. 이때가 카이 제곱 분석에서 두 변수가 독립적인 때이다.

이러한 두 변수들간의 독립성은 대칭적(symmetric)이다. 행의 조건분포
가 동일하면, 열의 조건분포 역시 동일하다는 것이다. [표 21-2]에서는 같은
표에 대해 행으로 퍼센트를 산출하였다. 열의 조건분포 역시 남자와 여자에

[표 21-2]	독립적 두 변수 : 열의 조건분포		

직급 · 성별 교차표

			성 별		전 체
			남 자	여 자	
직 급	하위직	빈 도	21	14	35
		성별의 %	70.0%	70.0%	70.0%
	중+고위직	빈 도	9	6	15
		성별의 %	30.0%	30.0%	30.0%
전 체		빈 도	30	20	50
		성별의 %	100.0%	100.0%	100.0%

대해 각각 중+고위직과 하위직 분포가 70%·30%로 동일하다.

카이 제곱 분석은 표본자료를 가지고 모집단이 이러한 독립성을 가지고 있는지에 대해 확률적으로 추정한다.

21.1 카이 제곱의 계산

카이 제곱은 확률분포에 대해 앞서 언급했을 때 나온 실제와 확률의 차이를 다룬다. 두 변수의 관계가 독립적일 때 기대할 수 있는 값과 실제로 표본을 조사해 보았을 때 나온 값을 비교하는 것이다.

먼저 [표 21-3]과 같은 상황을 생각해 보자. 현재 한국 월급생활자 전체에 대해 알고 있는 바는 하나도 없다. 무작위로 표본을 뽑았다. 두 변수의 실제 분포는 모르지만, [표 21-3]과 같이 전체직급의 분포와 전체성별의 분포는 알고 있다.

이 경우 직급과 성별이 상관이 없을 때 기대할 수 있는 분포가 기대빈도이다. 이 기대빈도는 확률에 의해 계산된다. 각 칸의 기대값은 두 변수에서 각 칸이 해당하는 속성의 확률을 곱한 다음 전체빈도 수로 다시 곱해 주면 된다.

하위직의 남자의 경우를 생각하여 보자. 하위직이라는 속성의 확률은 35/50=0.7이다. 남자라는 속성의 확률은 30/50=0.6이다. 기대빈도는 0.7×0.6×50=21이다. 다른 방식으로 한번 계산해 보자. 남자 하위직의 기대빈도는 남자 전체 30명이 직급비율(35/50: 50명중에서 35명은 하위직)대로 배치되는 것이다. 즉 30×(35/50)이다. 이는 앞서 계산법과 동일하다. 늘여서 설명하자면 다음과 같다.

$$30\times(35/50)=(35/50)\times(30/50)\times50=0.7\times0.6\times50=21$$

중+고위직 여자의 경우는 0.3×0.4×50=6이다.

[표 21-3]	두 변수의 실제값을 모를 때 교차표		

직급·성별 교차표

빈 도

		성 별		전 체
		남 자	여 자	
직 급	하위직			35
	중+고위직			15
전 체		30	20	50

[표 21-4]	교차표에서 실제빈도와 기대빈도의 차이		

직급·성별 교차표

			성 별		전 체
			남 자	여 자	
직 급	하위직	빈 도	18	17	35
		기대빈도	21.0	14.0	35.0
	중+고위직	빈 도	12	3	15
		기대빈도	9.0	6.0	15.0
전 체		빈 도	30	20	50
		기대빈도	30.0	20.0	50.0

[표 21-1]과 [표 21-2]의 경우, '빈도'로 표시된 실제빈도와 기대빈도가 일치한다.

하지만 실제빈도는 기대값과 다른 경우가 많다. [표 21-4]에서 '빈도'에 해당하는 행이 실제빈도를 나타낸다. 이는 실제로 모집단에서는 두 변수가 완벽하게 독립적이라도 표본을 뽑다 보면 다르게 나올 수 있기 때문이다. [표 21-4]는 실제빈도와 기대빈도의 차이를 나타내고 있다. 하위직남자의 경우, 기대하였던 21명보다 작은 18명이 나왔다. 중+고위직 여자의 경우, 기대했던 6명보다 작은 3명을 볼 수 있다.

카이 제곱(χ^2) 값은 각 칸에 대해 실제빈도와 기대빈도의 차이를 제곱하고, 이를 기대빈도로 나눈 값들을 다 더한 것이다. 여기서 실제빈도와 기대빈도의 차이를 왜 제곱하는지는 아마 이해할 것이다. 제곱하지 않고 다 더하면 0이 나오게 된다.

　실제 계산에서 이러한 값의 합은 3.571이다. 이 값이 카이 제곱(χ^2) 값이다. 다시 공식으로 표현하면 다음과 같다.

$$\chi^2 = \sum (\text{실제빈도} - \text{기대빈도})^2 / \text{기대빈도}$$

실제빈도	기대빈도	실제빈도-기대빈도	(실제빈도-기대빈도)^2/기대빈도
18	21	−3	9/21 = 0.429
17	14	3	9/14 = 0.642
12	9	3	9/9 = 1
3	6	−3	9/6 = 1.5

$$\sum (\text{실제빈도} - \text{기대빈도})^2 / \text{기대빈도} = 3.571$$

21.2 카이 제곱 분석 : SPSS 활용과 출력결과

　[그림 21-1]과 [그림 21-2]는 표본으로 뽑힌 50명 직장인의 분포가 어떻게 입력되었는지를 나타내어 준다. 화면에서 나타나지 않은 맨 위부터 12개의 케이스는 화면 제일 위쪽 행에 나타난 13번째 케이스와 동일하게 입력되어 있다고 이해하면 된다.

　이러한 데이터를 가지고 카이 제곱을 해 보기로 하자. [분석][기술통계량][교차분석]을 선택하면 [그림 21-3]과 같은 화면이 나온다. 이 화면에서 변수 '성별'을 [열]에, '직급'을 [행]에 넣는다.

　[그림 21-4]는 [그림 21-3] 오른쪽의 [통계량]을 선택하여 나온 화면이다. 여기서는 일단 [카이 제곱]만 선택하였다.

　[그림 21-5]는 [그림 21-3] 오른쪽의 [셀]을 선택하여 나온 화면이며, 셀 출력형식을 다룬다. [관측빈도]와 [기대빈도]를 선택하고, [행] 퍼센트를 체크하였다.

　[표 21-5]와 [표 21-6]은 교차분석 출력결과를 나타낸다. [표 21-5]의 교차표는 앞서 설명되었으므로 쉽게 이해할 수 있을 것이다.

[그림 21-1]	카이 제곱 데이터 화면

카이제곱_실제분포 – SPSS 데이터 편집기

파일(F) 편집(E) 보기(V) 데이터(D) 변환(T) 분석(A) 그래프(G) 유틸리티(U) 창(W) 도움말(H)

1 : 직급   1

	직급	성별	변수	변수	변수	변수	변수
13	1	1					
14	1	1					
15	1	1					
16	1	1					
17	1	1					
18	1	1					
19	1	2					
20	1	2					
21	1	2					
22	1	2					
23	1	2					
24	1	2					
25	1	2					
26	1	2					
27	1	2					
28	1	2					
29	1	2					
30	1	2					
31	1	2					
32	1	2					
33	1	2					
34	1	2					
35	1	2					
36	2	1					
37	2	1					
38	2	1					
39	2	1					
40	2	1					
41	2	1					
42	2	1					
43	2	1					
44	2	1					
45	2	1					
46	2	1					
47	2	1					
48	2	2					
49	2	2					
50	2	2					

데이터 보기 / 변수 보기 /

SPSS 프로세서 준비 완료

A 漢

[표 21-6]은 카이 제곱의 검정결과를 나타내고 있다. 카이 제곱값은 'Pearson 카이 제곱'과 '값'이 교차하는 칸에 앞서 계산한 바와 마찬가지로 3.571로 나타난다. 자유도는 (행의 수준개수−1)(열의 수준개수−1)이다. 여기서는 (2−1)(2−1)=1로 계산되었다. 유의확률은 이 장의 처음에 언급하였듯이 모집단

[그림 21-2]　　　　　　　　카이 제곱 데이터 화면 : 변수값 설명

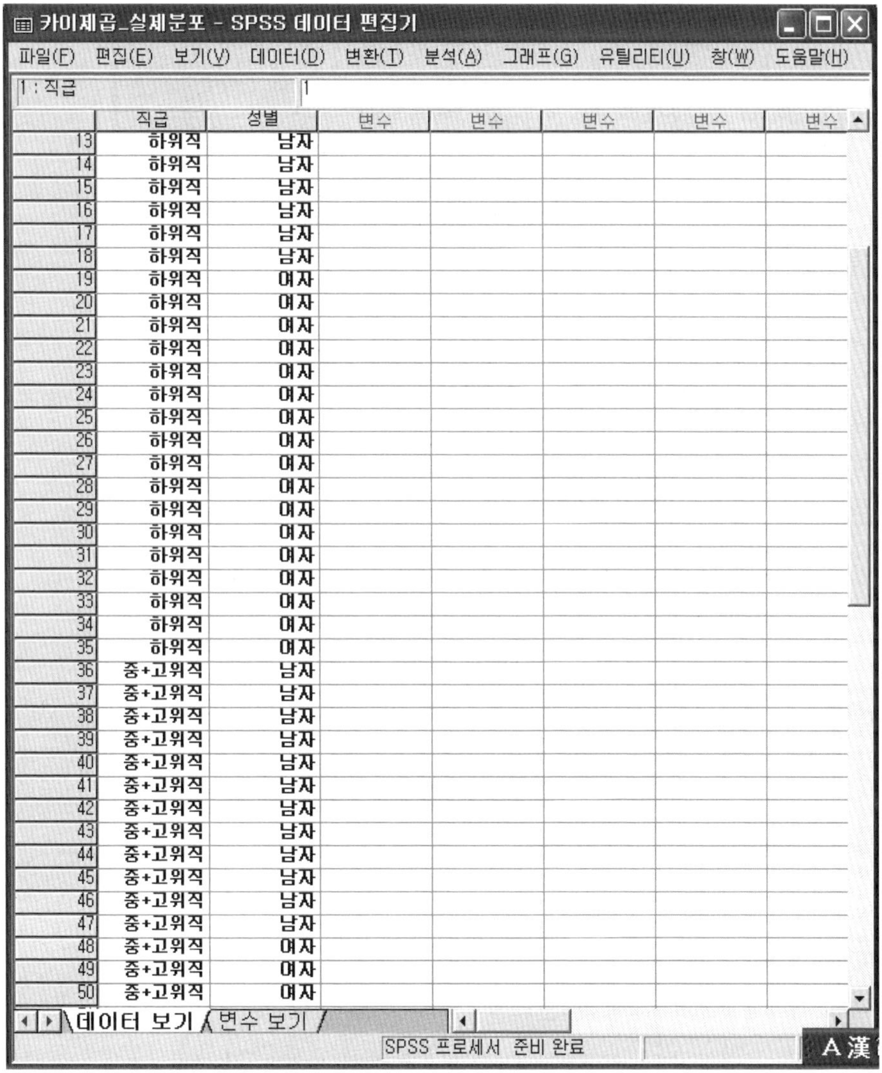

이 실제로 독립적인데, 표본에서 나온 카이 제곱값 3.571 이상의 값이 나올 확률을 의미한다. 카이 제곱의 유의확률은 F-분포와 다소 비슷한 오른쪽에 꼬리가 있는 형태의 카이 제곱 확률밀도함수에 기초해서 계산된다.

[그림 21-3]   교차분석화면

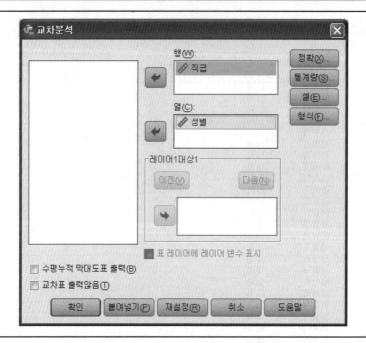

[그림 21-4]   교차분석 : 통계량

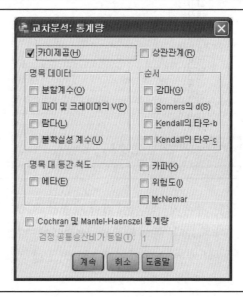

[그림 21-5]	교차분석 : 셀 출력

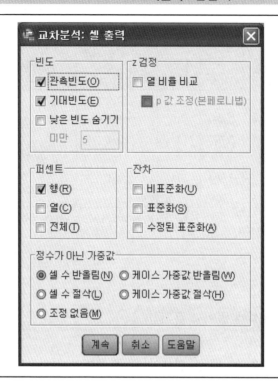

[표 21-5]	교차분석 출력결과 교차표

직급 · 성별 교차표

			성 별		전 체
			남 자	여 자	
직 급	하위직	빈 도	18	17	35
		기대빈도	21.0	14.0	35.0
		직급 중 %	51.4%	48.6%	100.0%
	중+고위직	빈 도	12	3	15
		기대빈도	9.0	6.0	15.0
		직급 중 %	80.0%	20.0%	100.0%
전 체		빈 도	30	20	50
		기대빈도	30.0	20.0	50.0
		직급 중 %	60.0%	40.0%	100.0%

[표 21-6]	교차분석 출력결과 카이 제곱 검정				

카이 제곱 검정

	값	자유도	점근 유의확률 (양측검정)	정확한 유의확률 (양측검정)	정확한 유의확률 (단측검정)
Pearson 카이 제곱	3.571[a]	1	.059		
연속수정[b]	2.480	1	.115		
우도비	3.797	1	.051		
Fisher의 정확한 검정				.069	.055
선형 대 선형결합	3.500	1	.061		
유효 케이스 수	50				

a) 0 셀(.0%)은(는) 5보다 작은 기대빈도를 가지는 셀입니다. 최소 기대빈도는 6.00입니다.
b) 2×2 표에 대해서만 계산됨.

21.3 카이 제곱 분석에 있어서 유의점

카이 제곱 분석을 할 때, 주의해야 할 경우들이 있다.

첫번째는 기대빈도가 너무 작아서는 안 된다는 것이다. 2×2 교차표의 경우, 어떠한 기대빈도라도 5보다 작다면 카이 제곱을 사용하지 않는 것이 좋다. 2×2보다 더 변수들의 수준들이 많은 교차표의 경우, 어떠한 기대빈도라도 1보다 작거나 기대빈도들의 20%가 5보다 작으면 사용하지 않아야 한다 (Miller *et al.*, 2002 : 134).

두 번째는 카이 제곱 분석을 비율에 사용하는 경우이다.

세 번째는 실제빈도가 기대빈도와 논리적으로 연결되지 않는 경우이다. 한 응답자가 하나 이상의 문항을 선택하는 경우가 그 전형적인 경우이다(Agresti & Finlay, 1986 : 208).

유의점은 아니나, 마지막으로 하나를 참고삼아 잠시 언급하려 한다. 우리가 사용한 카이제곱은 두 변수간의 관계를 살펴보는 것이다. 하지만, 적합도(goodness of fit)를 알아보기 위하여 카이제곱 분석을 사용할 수도 있다.

적합도 검증은 주어진 분포가 어떤 선험적 원리에서 기대하는 분포와 같다고 할 것인지를 따져보는 것이다. 적합도 검증은 특히 유전학에서 많이 사용하고 있다. 예를 들어, 맨델이 콩의 색깔과 모양을 관찰한 다음 제시한 9:3:3:1이라는 비율이 맞는지 여부를 실험결과와 대조해 알아보는 것이다.

수업시간에 혹은 나 혼자서 해보기

01 표 21.4에 나오는 기대빈도에 맞도록 데이터를 만들어 보자. 남자 하위직 21명, 남자 중고위직 9명, 여자 하위직 14명, 여자 중고위직 6명이 되도록 한다. 카이 제곱 값(출력될때에는 "Pearson 카이제곱"이라고 나오는)은 얼마가 될까? 그 이유는 무엇인가? 여기에 대해 친구들과 의견을 교환해보자. 실제 분석을 해보고, 카이제곱 값을 확인해보자.

02 카이제곱과 t 검정의 차이는 무엇인가? 친구들과 이야기해보자.

03 카이제곱과 상관분석간의 차이는 무엇인가? 친구들과 이야기해보자.

01 두 정당 (A, B)에 대한 선호가 성별에 따라 다른지 알아보기 위하여 1,000명
을 임의추출 하였다. 이 경우에 가장 적합한 통계분석법은?
가. 분산분석
나. 회귀분석
다. 인자분석
라. 교차분석

02 두 명목변수형 변수 사이의 연관성을 보고자 할 때 가장 적합한 것은?
가. 피어슨 상관계수
나. 순위(스피어만) 상관계수
다. 산점도
라. 분할표(교차표)

03 2차원 교차표에서 한 변수는 5개, 다른 한 변수는 4개의 범주로 구성되어 있다.
카이제곱 검정을 한다면 이 검정의 자유도는 얼마인가?
가. 5
나. 12
다. 9
라. 4

04 10대 청소년 480명을 대상으로 인터넷 사용시 가장 많은 시간을 할애해서 이용
하는 서비스가 무엇인지 물었더니 다음과 같은 결과를 얻었다. 이 결과를 이용
해서 가장 많은 시간을 할애해서 이용하는 서비스에 서로 차이가 없다는 귀무가
설을 검정하기 위한 카이제곱 통계량의 값과 자유도는 얼마인가?

〈인터넷 서비스〉	〈명〉
이메일	175
뉴스 등 정보검색	92
게임	213

가. 카이제곱 통계량=136.1235, 자유도=2

나. 카이제곱 통계량=136.1235, 자유도=3

다. 카이제곱 통계량=47.8625, 자유도=2

라. 카이제곱 통계량=47.8625, 자유도=3

05 멘델의 법칙에 의하면 제2대 잡종의 형질분리는 9:3:3:1로 나타난다고 한다. 이 법칙의 적합성 여부를 확인하기 위한 합당한 검정방법은?

가. F 검정

나. t 검정

다. χ^2 검정

라. 부호검정

06 3×4 분할표 자료에 대한 독립성 검정을 위한 카이제곱통계량의 자유도는?

가. 12

나. 10

다. 8

라. 6

07 작년도 자료에 의하면, 어느 대학교의 도서관에서 도서를 대출한 학부 학생들의 학년별 구성비는 1학년 12%, 2학년 20%, 3학년 33%, 4학년 35%였다. 올해 이 도서관에서 도서를 대출한 학부 학생들의 학년별 구성비가 작년도와 차이가 있는지 분석하기 위해 학부생 도서 대출자 400명을 랜덤하게 추출하여 학생들의 학년별 도수를 조사하였다. 이 자료를 갖고 통계적인 분석을 하는 경우 사용하게 되는 검정 통계량은?

가. 자유도가 4인 카이제곱 검정통계량

나. 자유도가 (3,396)인 F 검정통계량

다. 자유도가 (1,398)인 F 검정통계량

라. 자유도가 3인 카이제곱 검정통계량

08 다음의 표는 변수의 측정수준에 따라 적합한 분석방법을 제시하고자 하는 것이다. 이때 각 칸에 들어갈 수 있는 분석방법의 조합으로 맞게 결합한 것은?

종속변수의 측정수준	독립변수의 측정수준	
	비연속	연속
비연속	A	
연속	B	C

가. A=분할표 분석, B=회귀분석, C=분산분석

나. A=분할표 분석, B=분산분석, C=회귀분석

다. A=분산분석, B=회귀분석, C=분할표 분석

라. A=회귀분석, B=분산분석, C=분할표 분석

09 2차원 교차표에서 행 범주의 범주수는 50이고, 열 변수의 범주수는 4개이다. 두 변수간의 독립성 검정에 사용되는 검정통계량의 분포는?

가. 자유도 9인 카이제곱 분포

나. 자유도 12인 카이제곱 분포

다. 자유도 9인 t 분포

라. 자유도 12인 t 분포

10 교차표를 만들어 두 변수간의 독립성 여부를 유의수준 0.05에서 검정하고자 한다. 검정통계량의 유의확률이 0.55로 나왔다면 결과 해석으로 옳은 것은?

가. 두 변수간에는 상호 연관 관계가 있다.

나. 두 변수는 서로 아무런 관계가 없다.

다. 이것만으로 상호 어떤 관계가 있는지 말할 수 없다.

라. 한 변수의 범주에 따라 다른 변수의 변화 패턴이 다르다.

11 "성과 정당지지도 사이에 관계가 있는가?"를 살펴보기 위하여 설문조사를 실시 분석한 결과 Pearson 카이제곱값이 32.29, 자유도가 2, 유의확률이 0.000이었다. 이 분석에 근거할 때, 유의수준 0.05에서 "성과 지지도 사이의 관계"에 대한 결론은?

가. 위에 제시한 통계량으로는 성과 정당지지도 사이의 관계를 알 수 없다.

나. 성과 정당지지도 사이에 유의미한 관계가 있다.

다. 성과 정당지지도 사이에 유의미한 관계가 없다.

라. 정당의 종류는 2가지이다.

이원분산분석

이전에 다룬 분산분석과는 달리 이원분산분석(two-way analysis of variance)은 독립변수가 두 개이다. 이전에 다룬 분산분석은 독립변수가 하나라고 해서 일원분산분석(one-way analysis of variance)이라고 불린다. 이원분산분석은 많은 부분 일원분산분석의 확장이다.

[그림 22-1]은 이원분산분석을 나타내고 있다. Y는 종속변수를 나타낸다. $\overline{Y_{11}}$은 변수 A에 대해 수준 1을, 그리고 변수 B에 대해서도 수준 1을 가지는 케이스들의 평균이다. $\overline{Y_{1.}}$은 변수 A에 대해 수준 1을 가지는 모든 케이스들의 평균이다. $\overline{Y_{.1}}$은 변수 B에 대해 수준 1을 가지는 모든 케이스들의 평균이다. 이러한 각 수준별 평균은 표의 외곽에 위치한다고 해서 외곽평균 (marginal mean)이라고도 한다. $\overline{Y_{..}}$는 모든 케이스들의 평균이다.

이전의 분산분석을 확장해 보면 독립변수 A의 중요성은 각 수준(level) 평균인 $\overline{Y_{1.}}$과 $\overline{Y_{2.}}$의 차이에서 볼 수 있다. 독립변수 B의 중요성은 각 수준 (level) 평균인 $\overline{Y_{.1}}$과 $\overline{Y_{.2}}$의 차이에서 알 수 있다. 변수 A의 수준별 외곽평균이 차이가 나는 것을 종속변수에 대한 변수 A의 주효과(main effect)라고 한다. 이는 변수 B에도 마찬가지로 적용된다.

하지만 이원분산분석의 가장 큰 특징은 두 독립변수들간의 상호 작용

[표 22-1]		이원분산분석의 모형		
		독립변수 A		
		1	2	
독립변수 B	1	$\overline{Y_{11}}$	$\overline{Y_{21}}$	$\overline{Y_{.1}}$
	2	$\overline{Y_{12}}$	$\overline{Y_{22}}$	$\overline{Y_{.2}}$
		$\overline{Y_{1.}}$	$\overline{Y_{2.}}$	$\overline{Y_{..}}$

(interaction)에 있다. 실제로 이원분산분석은 상호 작용에 강조점을 두고 실험 설계되는 경우가 많다. 이 장에서는 이러한 상호 작용의 개념을 가능한 상세히 설명하고, 실제로 SPSS를 활용하는 방법에 대해 알아보려고 한다.

22.1 상호 작용

상호 작용효과(interaction effect)는 두 개나 혹은 그 이상의 독립변수들이 종속변수에 집합적으로 가지는 효과이다. 상호 작용효과가 있는 두 독립변수의 경우, 두 번째 독립변수의 수준을 알지 못하면 첫번째 독립변수가 종속변수에 어떠한 영향을 미치는지 정확하게 예측할 수 없다. 즉 하나의 독립변수의 효과가 다른 독립변수의 수준에 의해 좌우된다는 것이다(Newton & Rudestam, 1999 : 208).

상호 작용효과는 상승효과(synergy effect)를 가질 수도 있고, 상쇄효과(buffering effect)를 가질 수도 있다. 종속변수로 가계저축률을 생각해 보자. 독립변수는 부부통합통장의 사용 여부와 부부 중 누가 전체적인 돈관리를 하는가 이다. 이때 통합통장을 사용하고 아내가 돈관리를 한다면, 가계저축률이 굉장히 높아질 수 있다. 이것이 상승효과이다.

이번에는 상쇄효과를 알아보자. 종속변수를 정신건강점수로 잡자. 독립변수는 직장에서 받는 스트레스의 정도와 편하게 신세타령을 할 수 있는 친구의 유무이다. 편한 친구를 가지고 있으면 스트레스가 정신건강에 미치는 효과를 줄인다. 다른 말로 상쇄(buffering)라고 한다.

다시 [표 22-1]을 보도록 하자. 여기서 상호 작용효과는 다음과 같다(박광배, 2003 : 123).

변수 A와 변수 B의 상호 작용효과$=\{(\overline{Y_{11}}+\overline{Y_{22}})/2\}-\{(\overline{Y_{12}}+\overline{Y_{21}})/2\}$

이러한 상호 작용효과가 있는 경우에 변수 A나 변수 B의 주효과는 있을 수도 있고 없을 수도 있다.

효과가 있는 경우에 ○를 표시하고, 효과가 없을 때 ×를 표시한 경우, 다음과 같은 8개의 조합이 이루어질 수 있다.

상호 작용효과 ○	변수 A 주효과 ○	변수 B 주효과 ○
상호 작용효과 ○	변수 A 주효과 ○	변수 B 주효과 ×
상호 작용효과 ○	변수 A 주효과 ×	변수 B 주효과 ○
상호 작용효과 ○	변수 A 주효과 ×	변수 B 주효과 ×
상호 작용효과 ×	변수 A 주효과 ○	변수 B 주효과 ○
상호 작용효과 ×	변수 A 주효과 ○	변수 B 주효과 ×
상호 작용효과 ×	변수 A 주효과 ×	변수 B 주효과 ○
상호 작용효과 ×	변수 A 주효과 ×	변수 B 주효과 ×

이러한 조합을 이해하기 위해 박광배(2003 : 122)에서 도표를 가져와 설명해 본다. [표 22-2]는 변수 A의 주효과만 있는 경우이다. 변수 A의 수준에 따라 평균값들이 달라지는 것을 알 수 있다. 변수 A의 주효과는 5와 10의 차이인 5이다. 변수 A의 수준 1의 외곽평균은 5이며, 변수 A의 수준 2 외곽평균은 10이다. 변수 B의 경우는 7.5와 7.5로써 차이가 없다. 변수 B의 경우, 수준 1 · 2 모두 외곽평균은 (5+10)/2=7.5로 계산된다. 변수 B의 주효과는 0인 것이다. 상호 작용효과는 없는 것으로 나타난다. $\{(\overline{Y_{11}}+\overline{Y_{22}})/2\}-\{(\overline{Y_{12}}+\overline{Y_{21}})/2\}$를 계산하면 $\{(5+10)/2\}-\{(5+10)/2\}=7.5-7.5=0$으로 나온다.

[표 22-3]은 상호 작용효과만 있는 경우이다. 상호 작용효과는 $\{(10+10)/2\}-\{(5+5)/2\}=5$이다. 변수 A와 변수 B 수준에 따른 차이는 없다는 것을 알 수 있다. 변수 A의 수준 1 · 수준 2 외곽평균은 모두 (10+5)/2=7.5로 동일하다. 변수 B 역시 마찬가지이다.

| [표 22-2] | 상호 작용 ×, 변수 A 주효과 ○, 변수 B 주효과 × |

	A_1	A_2
B_1	5	10
B_2	5	10

| [표 22-3] | 상호작용 ○, 변수 A 주효과 ×, 변수 B 주효과 × |

	A_1	A_2
B_1	10	5
B_2	5	10

우리가 다루려고 하는 실험에 대해 생각해 보자. 12명의 사람을 대상으로 1년간 회사근무를 시키고 업무성취도를 조사하였다. 업무성취도가 종속변수 Y이다. 독립변수는 두 개를 사용하였다. 첫번째 독립변수는 계약조건(A)이다. 계약조건의 수준 1은 연봉제이고, 수준 2는 호봉제이다. 두 번째 독립변수는 근무의욕(B)이다. 근무의욕의 수준 1은 낮은 근무의욕이며, 수준 2는 높은 근무의욕이다. 따라서 A와 B의 수준들이 교차하는 네 가지 경우에 각 3명씩이 있는 것이다.

실험결과는 상호 작용효과 ○, 변수 A 주효과 ×, 변수 B 주효과 ○의 유형에 속한다. [표 22-4]는 [표 22-1]의 각 요소에 해당하는 변수 이름과 값을 입력하였다. 변수 A 계약조건의 주효과는 두 평균 $\overline{Y_1}=80$, $\overline{Y_2}=75$의 차이인 5이다. 변수 B 근무의욕의 주효과는 두 평균 $\overline{Y_{.1}}=65$, $\overline{Y_{.2}}=90$의 차이 25이다. 변수 B의 수준별 외곽평균의 차이가 더 큰 것을 알 수 있다. 이후에 통계결과에서 볼 수 있겠지만, 변수 B인 근무의욕의 효과만이 유의미하다.

변수 A와 변수 B의 상호 작용효과는 $\{(\overline{Y_{11}}+\overline{Y_{22}})/2\}-\{(\overline{Y_{12}}+\overline{Y_{21}})/2)\}$ 이므로, $\{(75+95)/2\}-\{(85+55)/2\}=85-70=15$이다. 변수 B의 차이보다는 작지만, 통계적으로 유의미하게 나타났다.

[표 22-4]	상호 작용효과 ○, 변수 *A* 주효과 ✕, 변수 *B* 주효과 ○			
		A 계약조건		
		1 연봉제	2 호봉제	
B 근무의욕	1 낮음	$\overline{Y_{11}}=75$	$\overline{Y_{21}}=55$	$\overline{Y_{.1}}=65$
	2 높음	$\overline{Y_{12}}=85$	$\overline{Y_{22}}=95$	$\overline{Y_{.2}}=90$
		$\overline{Y_{1.}}=80$	$\overline{Y_{2.}}=75$	$\overline{Y_{..}}=77.5$

22.2 제곱합의 계산

제곱합의 계산은 일원분산분석의 확장이다. 앞서 집단간 제곱합과 집단 내 제곱합의 합이 전체제곱합이라는 것을 다음과 같이 언급한 바 있다.

$$TSS=BSS+WSS$$
전체제곱합＝집단간 제곱합＋집단 내 제곱합

이원분산분석에서 상호 작용부분은 집단간 제곱합에 포함된다. 먼저 상호작용에 의한 편차계산은 집단간 제곱합에서 변수 *A*에 해당하는 부분과 변수 *B*에 해당하는 부분을 뺀 나머지로 한다. 다음과 같은 계산결과 상호 작용에 의한 편차는 $\overline{Y_{ij}}-\overline{Y_{i.}}-\overline{Y_{.j}}+\overline{Y_{..}}$ 로 계산된다.

상호 작용에 의한 편차
= 집단간 편차 − [(변수 *A*에 의한 편차)＋(변수 *B*에 의한 편차)]
= $(\overline{Y_{ij}}-\overline{Y_{..}})-[(\overline{Y_{i.}}-\overline{Y_{..}})+(\overline{Y_{.j}}-\overline{Y_{..}})]$
= $\overline{Y_{ij}}-\overline{Y_{i.}}-\overline{Y_{.j}}+\overline{Y_{..}}$

그러면 이원분산분석의 제곱합계산을 한번 알아보자. 전체제곱합(TSS)은 집단간 제곱합(BSS)과 집단 내 제곱합(WSS)으로 나누어진다. 집단간 제곱합은 다시 변수 *A* 제곱합(BSS_A), 변수 *B* 제곱합(BSS_B), 변수 *A*와 *B* 상호 작용제곱합(BSS_{AB})으로 나누어진다. 계산공식은 다음과 같다.

$TSS = BSS + WSS$

전체제곱합=집단간 제곱합+집단 내 제곱합

$TSS = (BSS_A + BSS_B + BSS_{AB}) + WSS$

전체제곱합

=(변수 A 제곱합+변수 B 제곱합+변수 $A \cdot B$ 상호작용 제곱합)+집단 내 제곱합

$(Y - \overline{Y_{..}})^2$

$$= (\overline{Y_{i.}} - \overline{Y_{..}})^2 + (\overline{Y_{.j}} - \overline{Y_{..}})^2 + (\overline{Y_{ij}} - \overline{Y_{i.}} - \overline{Y_{.j}} + \overline{Y_{..}})^2$$
$$+ (Y - \overline{Y_{ij}})^2$$

[표 22-5]는 이러한 공식을 가지고 실제로 아까 언급한 업무성취도 실험결과를 제곱합계산해 보았다. 방금 "$TSS = (BSSA + BSSB + BSSAB) + WSS$"라고 언급하였다. [표 22-5] 계산은 '3575=(75+1875+675)+950'로써 맞아떨어지는 것을 확인할 수 있다.

참고로 [표 22-4]에 나온 사항들을 다음과 같이 다시 정리해 본다.

[표 22-5]					이원분산분석에서 제곱합의 계산		
A	B	Y	$(\overline{Y_{i.}} - \overline{Y_{..}})^2$	$(\overline{Y_{.j}} - \overline{Y_{..}})^2$	$(\overline{Y_{ij}} - \overline{Y_{i.}} - \overline{Y_{.j}} + \overline{Y_{..}})^2$	$(Y - \overline{Y_{ij}})^2$	$(Y - \overline{Y_{..}})^2$
1	2	90	$(80-77.5)^2$	$(90-77.5)^2$	$(85-80-90+77.5)^2$	$(90-85)^2$	$(90-77.5)^2$
1	2	85	$(80-77.5)^2$	$(90-77.5)^2$	$(85-80-90+77.5)^2$	$(85-85)^2$	$(85-77.5)^2$
1	2	80	$(80-77.5)^2$	$(90-77.5)^2$	$(85-80-90+77.5)^2$	$(80-85)^2$	$(80-77.5)^2$
1	1	85	$(80-77.5)^2$	$(65-77.5)^2$	$(75-80-65+77.5)^2$	$(85-75)^2$	$(85-77.5)^2$
1	1	70	$(80-77.5)^2$	$(65-77.5)^2$	$(75-80-65+77.5)^2$	$(70-75)^2$	$(70-77.5)^2$
1	1	70	$(80-77.5)^2$	$(65-77.5)^2$	$(75-80-65+77.5)^2$	$(70-75)^2$	$(70-77.5)^2$
2	2	85	$(75-77.5)^2$	$(90-77.5)^2$	$(95-75-90+77.5)^2$	$(85-95)^2$	$(85-77.5)^2$
2	2	100	$(75-77.5)^2$	$(90-77.5)^2$	$(95-75-90+77.5)^2$	$(100-95)^2$	$(100-77.5)^2$
2	2	100	$(75-77.5)^2$	$(90-77.5)^2$	$(95-75-90+77.5)^2$	$(100-95)^2$	$(100-77.5)^2$
2	1	45	$(75-77.5)^2$	$(65-77.5)^2$	$(55-75-65+77.5)^2$	$(45-55)^2$	$(45-77.5)^2$
2	1	45	$(75-77.5)^2$	$(65-77.5)^2$	$(55-75-65+77.5)^2$	$(45-55)^2$	$(45-77.5)^2$
2	1	75	$(75-77.5)^2$	$(65-77.5)^2$	$(55-75-65+77.5)^2$	$(45-55)^2$	$(45-77.5)^2$
			$\sum = 75$	$\sum = 1{,}875$	$\sum = 675$	$\sum = 950$	$\sum = 3{,}575$

A	계약조건	1=연봉제, 2=호봉제
B	근무의욕	1=낮음, 2=높음

A가 1일 때 평균=80

A가 2일 때 평균=75

B가 1일 때 평균=65

B가 2일 때 평균=90

A가 1이고, B가 2일 때 평균=85

A가 1이고, B가 1일 때 평균=75

A가 2이고, B가 2일 때 평균=95

A가 2이고, B가 1일 때 평균=55

전체평균=77.5

이러한 내용을 이번에는 SPSS를 사용하여 직접 해보도록 한다. 앞 절에 나오는 공식을 데이터와 관련해서 다시 한번 정리하면, 다음과 같다.

전체제곱합=(변수 A 제곱합+변수 B 제곱합+
변수 A, B 상호작용 제곱합)+집단내 제곱합

전체성취도편차제곱=(계약별성취도편차제곱+의욕별성취도편차제
곱+상호작용발성취도편차제곱)+집단내성취
도편차제곱

$$3575=(75+1875+675)+950$$

[그림 22-1]은 여태까지 다룬 내용을 SPSS에 입력한 데이터이다.

이 데이터로부터 다음의 순서로 제곱합 변수들을 만들어 가기로 한다: 계약별성취도편차제곱, 의욕별성취도편차제곱, 상호작용발성취도편차제곱, 집단내성취도편차제곱, 그리고 마지막으로 전체성취도편차제곱.

첫번째 독립변수인 계약조건에 의한 업무성취도 편차 제곱합을 구해보자. 계약조건에 따른 업무성취도 평균값은 얼마인지를 먼저 살펴보자. [표 22-4]에서는, 연봉제 직원의 업무성취도 평균을 80으로 호봉제 직원의 업무성

[그림 22-1] 이원분산분석 데이터

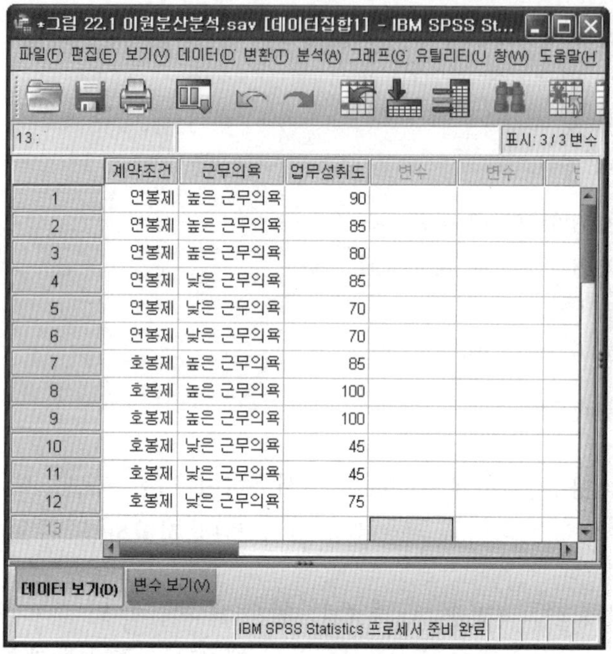

	계약조건	근무의욕	업무성취도
1	연봉제	높은 근무의욕	90
2	연봉제	높은 근무의욕	85
3	연봉제	높은 근무의욕	80
4	연봉제	낮은 근무의욕	85
5	연봉제	낮은 근무의욕	70
6	연봉제	낮은 근무의욕	70
7	호봉제	높은 근무의욕	85
8	호봉제	높은 근무의욕	100
9	호봉제	높은 근무의욕	100
10	호봉제	낮은 근무의욕	45
11	호봉제	낮은 근무의욕	45
12	호봉제	낮은 근무의욕	75

취도 평균은 75로 나타내고 있다. 전체 직원 평균이 77.5라는 것도 기억해두자.

먼저 80과 75라는 두 값을 SPSS에 입력해보자. [편집][변수삽입]하고, 왼쪽 하단 [변수보기]를 눌러서 변수이름을 입력한다. 변수이름은 "계약별성취도평균"이라고 한다. 값들을 입력한 결과가 [그림 22-2]이다.

이번에는 계약조건에 의한 업무성취도 편차제곱을 구해본다. [변환][변수계산]을 누른다. [그림 22-3]과 같이, 방금 만든 계약별성취도평균에서 전체평균인 77.5를 뺀 값을 제곱한다. 80과 75사이에 77.5가 위치해 있기 때문에 모든 12개 값의 제곱은 동일하게 6.25로 나온다. [그림 22-4]에서는 '계약별 성취도 편차제곱'이라는 새로운 변수가 나와 있다. 모든 값은 6.25이다.

전부 6.25가 나오게 되는 간단한 계산은 다음과 같다.

$$(80 - 77.5)^2 = 2.5^2 = 6.25$$

$$(75 - 77.5)^2 = -2.5^2 = 6.25$$

[그림 22-2]   이원분산분석 데이터 : 계약별성취도평균

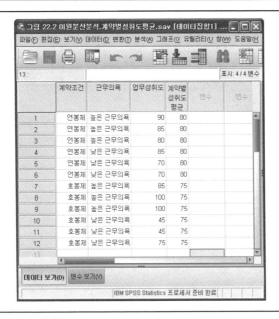

[그림 22-3]   변수계산 계약별성취도편차제곱

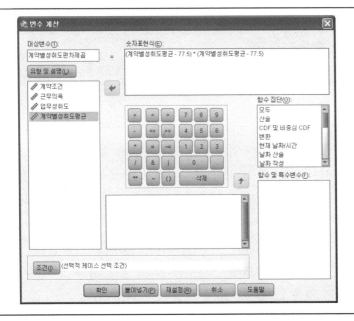

[그림 22-4]	이원분산분석 데이터 : 계약별성취도편차제곱

```
┌─ *그림 22.2 이원분산분석.계약별성취도평균.sav [데이터집합1] - IB... ─ □ X
파일(F) 편집(E) 보기(V) 데이터(D) 변환(T) 분석(A) 그래프(G) 유틸리티(U) 창(W) 도움말(H)
```

13 :   표시: 5 / 5 변수

	계약조건	근무의욕	업무성취도	계약별성취도평균	계약별성취도편차제곱	변수
1	연봉제	높은 근무의욕	90	80	6.25	
2	연봉제	높은 근무의욕	85	80	6.25	
3	연봉제	높은 근무의욕	80	80	6.25	
4	연봉제	낮은 근무의욕	85	80	6.25	
5	연봉제	낮은 근무의욕	70	80	6.25	
6	연봉제	낮은 근무의욕	70	80	6.25	
7	호봉제	높은 근무의욕	85	75	6.25	
8	호봉제	높은 근무의욕	100	75	6.25	
9	호봉제	높은 근무의욕	100	75	6.25	
10	호봉제	낮은 근무의욕	45	75	6.25	
11	호봉제	낮은 근무의욕	45	75	6.25	
12	호봉제	낮은 근무의욕	75	75	6.25	
13						

데이터 보기(D)   변수 보기(V)

IBM SPSS Statistics 프로세서 준비 완료

이제 두 번째 독립변수인 근무의욕에 의한 업무성취도 편차 제곱합을 구해보자. 근무의욕에 따른 업무성취도 평균값은 얼마인지를 먼저 살펴보자. [표 22-4]에서는, 높은 의욕 직원 업무성취도 평균을 90으로 낮은 의욕 직원 업무성취도 평균은 65로 나타내고 있다. 전체 직원평균이 77.5라는 것도 기억해두자.

앞서와 같이 변수를 하나 만들어서 90과 65값을 입력한다. 높은 근무의욕을 가지고 있는 직원은 90을, 낮은 근무의욕을 가지고 있는 직원은 65라는 값을 가진다는 것을 [그림 22-5]에서 알 수 있다.

[그림 22-5] 이원분산분석 데이터 : 의욕별성취도평균

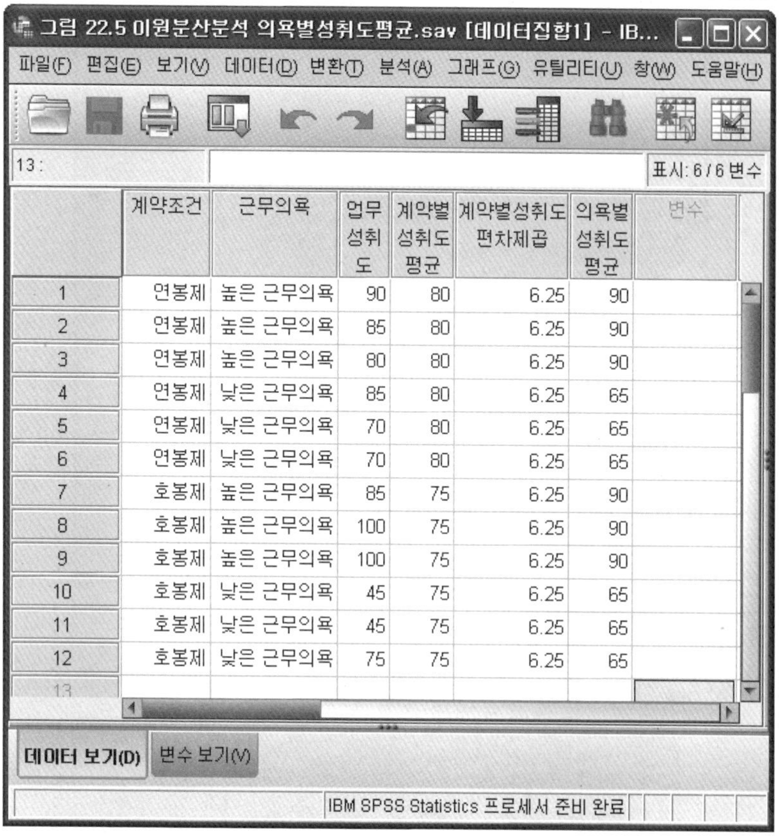

그림 22.5 이원분산분석 의욕별성취도평균.sav [데이터집합1] – IB...

파일(F) 편집(E) 보기(V) 데이터(D) 변환(T) 분석(A) 그래프(G) 유틸리티(U) 창(W) 도움말(H)

13 :   표시: 6 / 6 변수

	계약조건	근무의욕	업무성취도	계약별성취도평균	계약별성취도편차제곱	의욕별성취도평균	변수
1	연봉제	높은 근무의욕	90	80	6.25	90	
2	연봉제	높은 근무의욕	85	80	6.25	90	
3	연봉제	높은 근무의욕	80	80	6.25	90	
4	연봉제	낮은 근무의욕	85	80	6.25	65	
5	연봉제	낮은 근무의욕	70	80	6.25	65	
6	연봉제	낮은 근무의욕	70	80	6.25	65	
7	호봉제	높은 근무의욕	85	75	6.25	90	
8	호봉제	높은 근무의욕	100	75	6.25	90	
9	호봉제	높은 근무의욕	100	75	6.25	90	
10	호봉제	낮은 근무의욕	45	75	6.25	65	
11	호봉제	낮은 근무의욕	45	75	6.25	65	
12	호봉제	낮은 근무의욕	75	75	6.25	65	
13							

데이터 보기(D)   변수 보기(V)

IBM SPSS Statistics 프로세서 준비 완료

이번에는 의욕에 의한 업무성취도 편차제곱을 구해본다. [변환][변수계산]을 누른다. 방금 만든 의욕별성취도평균에서 전체평균인 77.5를 뺀 값을 제곱한다. 90과 65사이에 77.5가 위치해 있기 때문에 모든 12개 값의 제곱은 동일하게 156.25로 나온다. [그림 22-7]의 '의욕별 성취도 편차제곱'이라는 변수의 모든 값은 156.25이다.

계산은 다음과 같다.

$$(90 - 77.5)^2 = 12.5^2 = 156.25$$
$$(65 - 77.5)^2 = -12.5^2 = 156.25$$

[그림 22-6]   변수계산 : 의욕별성취도편차제곱

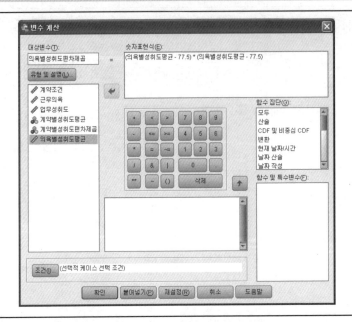

[그림 22-7]   이원분산분석 데이터 : 의욕별성취도편차제곱

세 번째로 상호작용에 의한 업무성취도 편차제곱을 구해본다. 먼저 상호
작용에 의한 편차를 앞서 언급한 공식에 따라 계산한다. 집단간 업무성취도
편차에서 계약조건에 의한 업무성취도 편차를 빼고, 근무의욕에 의한 업무성
취도 편차를 또 빼는 것이다.

이를 공식으로 계산하다보면, 집단간 업무성취도 평균에서 계약조건별
업무성취도 평균을 빼고, 또 근무의욕별 업무성취도 평균을 빼고, 여기에 전
체평균을 더하는 것이다. 공식을 다음과 같이 다시 제시한다.

상호작용에 의한 편차
= 집단간 편차 − [변수 A에 의한 편차) + (변수 B에 의한 편차)]
= $(\overline{Y_{ij}} - \overline{Y_{..}}) - [(\overline{Y_{i.}} - \overline{Y_{..}}) + (\overline{Y_{.j}} - \overline{Y_{..}})]$
= $\overline{Y_{ij}} - \overline{Y_{i.}} - \overline{Y_{.j}} + \overline{Y_{..}}$

[그림 22-8]   이원분산분석 데이터 : 집단별성취도평균

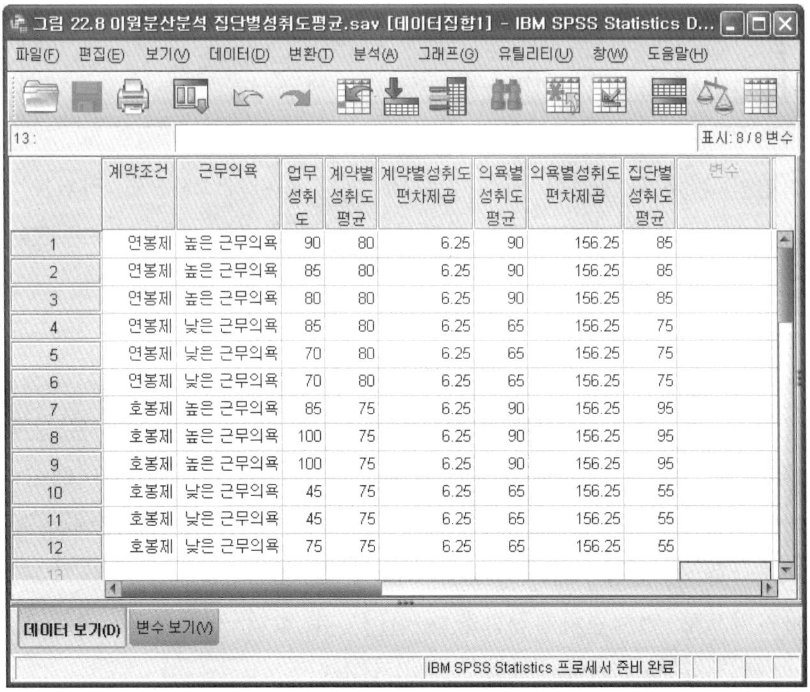

	계약조건	근무의욕	업무성취도	계약별성취도평균	계약별성취도 편차제곱	의욕별성취도평균	의욕별성취도 편차제곱	집단별성취도평균	변수
1	연봉제	높은 근무의욕	90	80	6.25	90	156.25	85	
2	연봉제	높은 근무의욕	85	80	6.25	90	156.25	85	
3	연봉제	높은 근무의욕	80	80	6.25	90	156.25	85	
4	연봉제	낮은 근무의욕	85	80	6.25	65	156.25	75	
5	연봉제	낮은 근무의욕	70	80	6.25	65	156.25	75	
6	연봉제	낮은 근무의욕	70	80	6.25	65	156.25	75	
7	호봉제	높은 근무의욕	85	75	6.25	90	156.25	95	
8	호봉제	높은 근무의욕	100	75	6.25	90	156.25	95	
9	호봉제	높은 근무의욕	100	75	6.25	90	156.25	95	
10	호봉제	낮은 근무의욕	45	75	6.25	65	156.25	55	
11	호봉제	낮은 근무의욕	45	75	6.25	65	156.25	55	
12	호봉제	낮은 근무의욕	75	75	6.25	65	156.25	55	

[그림 22-9]	변수계산 : 상호작용발업무성취도편차

집단간 편차를 구하기 위해서는 네 가지 집단의 "집단별 성취도 평균"을 [그림 22-8]과 같이 SPSS에 입력한다. 연봉제 높은 근무의욕은 85, 연봉제 낮은 근무의욕은 75, 호봉제 높은 근무의욕은 95, 호봉제 낮은 근무의욕은 55를 각각 입력한다.

공식에 의거해서, [그림 22-9]와 같이 상호작용발 업무성취도 편차를 계산한다. [표 22-5]를 참조하면 이해하기가 더 쉽다. [그림 22-10]은 상호작용발 업무성취도 편차의 제곱 계산이다. 결과는 [그림 22-11]의 데이터이다.

이번에는 네 번째로 집단내 제곱합을 구해본다. 업무성취도에서 집단별 성취도평균을 뺀 값을 제곱하면 된다. [그림 22-12]와 같다.

마지막으로 전체편차제곱합을 구한다. 각 값이 전체평균으로부터 떨어진 편차를 제곱하면 된다. [그림 22-13]과 같다.

[그림 22-10]　　　　　　　변수계산 : 상호작용발업무성취도편차제곱

[그림 22-11]　　　　　이원분산분석 데이터 : 상호작용발성취도편차제곱

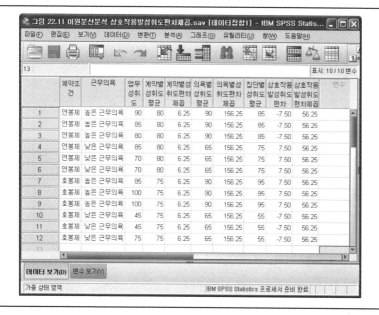

[그림 22-12]　　　　　　　　　　변수계산 : 집단내성취도편차제곱

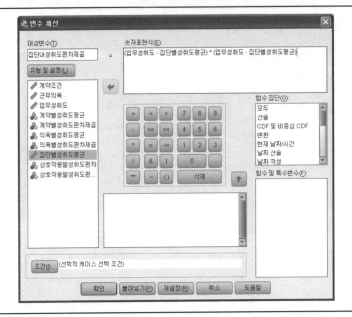

[그림 22-13]　　　　　　　　　　변수계산 : 전체성취도편차제곱

[그림 22-14] 이원분산분석 데이터 전체성취도편차제곱

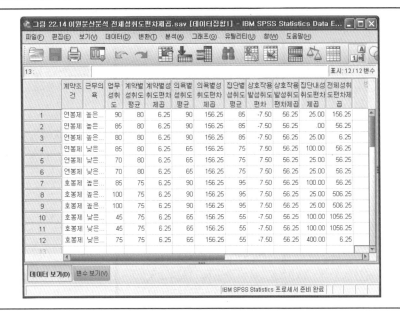

	계약조건	근무의욕	업무성취도	계약별성취도평균	계약별성취도편차제곱	의욕별성취도평균	의욕별성취도편차제곱	집단별성취도평균	상호작용발성취도편차	상호작용발성취도편차제곱	집단내성취도편차제곱	전체성취도편차제곱
1	연봉제	높은...	90	80	6.25	90	156.25	85	-7.50	56.25	25.00	156.25
2	연봉제	높은...	85	80	6.25	90	156.25	85	-7.50	56.25	.00	156.25
3	연봉제	높은...	80	80	6.25	90	156.25	85	-7.50	56.25	25.00	6.25
4	연봉제	낮은...	85	80	6.25	65	156.25	75	7.50	56.25	100.00	56.25
5	연봉제	낮은...	70	80	6.25	65	156.25	75	7.50	56.25	25.00	56.25
6	연봉제	낮은...	70	80	6.25	65	156.25	75	7.50	56.25	25.00	56.25
7	호봉제	높은...	85	75	6.25	90	156.25	95	7.50	56.25	100.00	56.25
8	호봉제	높은...	100	75	6.25	90	156.25	95	7.50	56.25	25.00	506.25
9	호봉제	높은...	100	75	6.25	90	156.25	95	7.50	56.25	25.00	506.25
10	호봉제	낮은...	45	75	6.25	65	156.25	55	-7.50	56.25	100.00	1056.25
11	호봉제	낮은...	45	75	6.25	65	156.25	55	-7.50	56.25	100.00	1056.25
12	호봉제	낮은...	75	75	6.25	65	156.25	55	-7.50	56.25	400.00	6.25

[그림 22-14]에서 제곱값들의 합을 구한다. [분석][기술통계량][기술통계]에서 [그림 22-15]와 같이 제곱이라는 단어로 끝나는 5개 변수를 선택한다. 여기서 [옵션]을 누른다. [그림 22-16]에서는 [합계]만을 선택한다. [계속][확인]을 누른다. 결과는 [표 22-6]과 같다.

[그림 22-15] 기술통계 성취도편차제곱합

[그림 22-16]   기술통계 옵션 성취도편차제곱합 합계

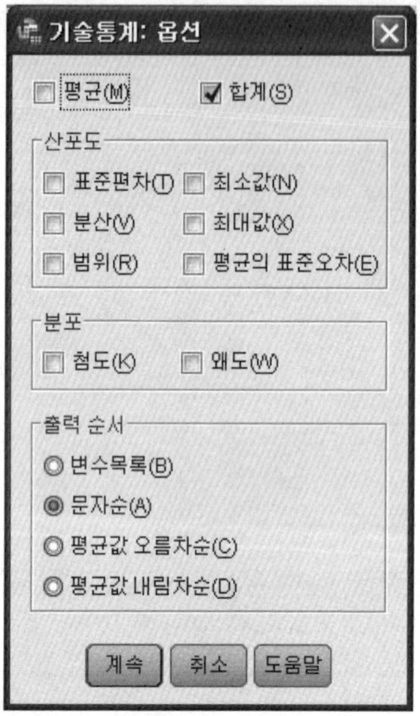

[표 22-6]   기술통계 출력결과 성취도편차제곱합 합계

기술통계량

	N	합 계
계약별성취도편차제곱	12	75.00
상호작용별성취도편차제곱	12	675.00
의욕별성취도편차제곱	12	1875.00
전체성취도편차제곱	12	3575.00
집단내성취도편차제곱	12	950.00
유효수(목록별)	12	

앞서 언급하였던 공식을 다시 적고, [그림 22-17]의 결과를 적용해 보려고 한다. 공식에 spss 변수이름을 대입하고, 또 마지막으로 숫자를 넣는다.

전체제곱합＝(변수A 제곱합＋변수B 제곱합＋
변수A, B 상호작용 제곱합)＋집단내 제곱합

전체성취도편차제곱=(계약별성취도편차제곱+의욕별성취도편차제곱+

상호작용성취도편차제곱)+집단내성취도편차제곱

3575=(75+1875+675)+950

22.3 이원분산분석과 SPSS 활용

[그림 22-17]과 [그림 22-18]은 데이터의 입력상태를 알려 준다. 사용한 데이터는 업무성취도에 대한 자료이다.

[그림 22-17]   **이원분산분석 데이터 편집기**

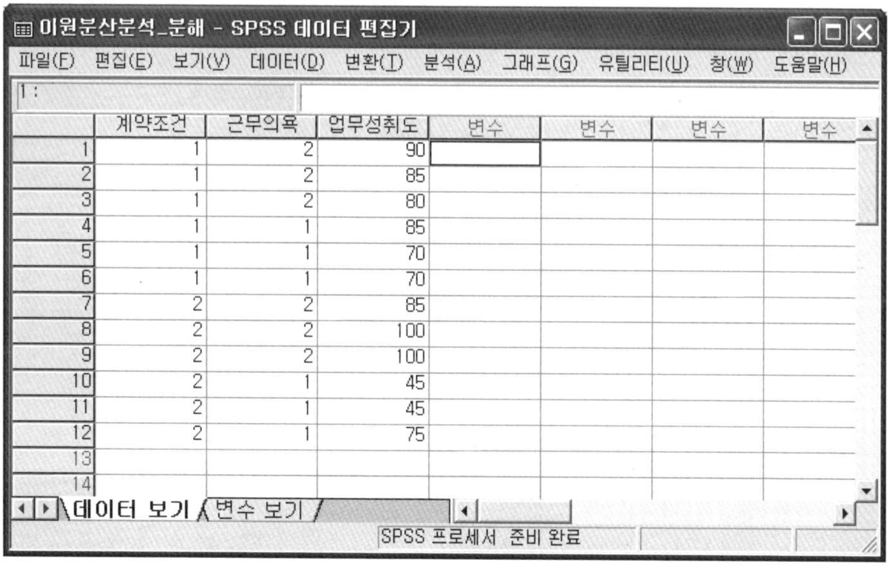

[그림 22-18] **이원분산분석 데이터 편집기**(변수값 보기)

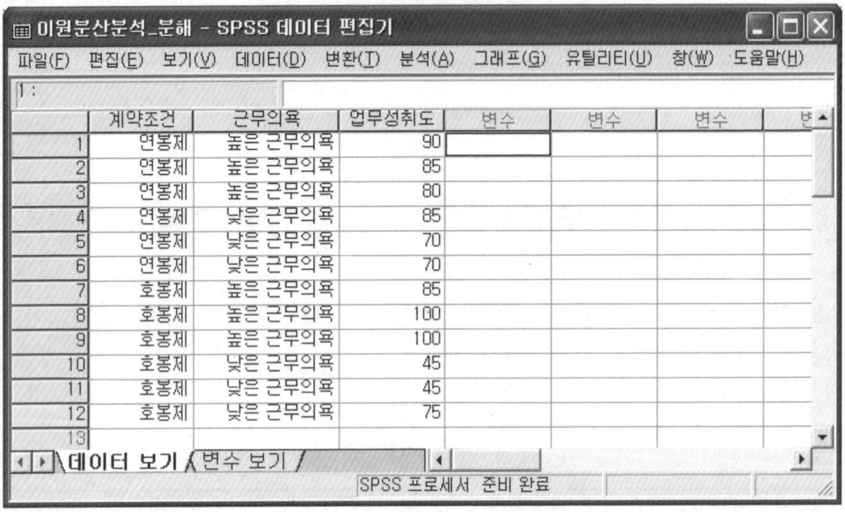

이원분산분석_분해 - SPSS 데이터 편집기
파일(F) 편집(E) 보기(V) 데이터(D) 변환(T) 분석(A) 그래프(G) 유틸리티(U) 창(W) 도움말(H)
1 :
계약조건 근무의욕 업무성취도 변수 변수 변수
1 연봉제 높은 근무의욕 90
2 연봉제 높은 근무의욕 85
3 연봉제 높은 근무의욕 80
4 연봉제 낮은 근무의욕 85
5 연봉제 낮은 근무의욕 70
6 연봉제 낮은 근무의욕 70
7 호봉제 높은 근무의욕 85
8 호봉제 높은 근무의욕 100
9 호봉제 높은 근무의욕 100
10 호봉제 낮은 근무의욕 45
11 호봉제 낮은 근무의욕 45
12 호봉제 낮은 근무의욕 75
13
데이터 보기
변수 보기
SPSS 프로세서 준비 완료

[그림 22-19] **이원분산분석 화면**

일변량 분석
종속변수(D):
업무성취도
모수요인(F):
계약조건
근무의욕
변량요인(A):
공변량(C):
WLS 가중값(W):
모형(M)...
대비(C)...
도표(T)...
사후분석(H)...
저장(S)...
옵션(O)...
확인
붙여넣기(P)
재설정(R)
취소
도움말

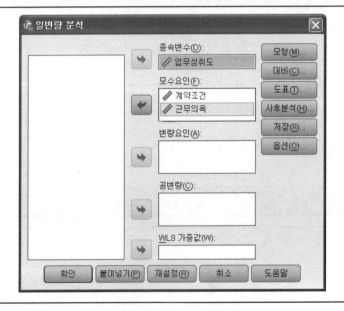

[그림 22-20]   이원분산분석 프로파일 도표화면

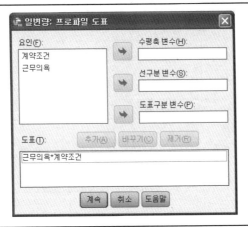

[보기][변수값 설명]을 선택하면 [그림 22-18]과 같이 각 수준이 어떻게 설정되었는지를 알 수 있다.

[그림 22-21]   이원분산분석 옵션 화면

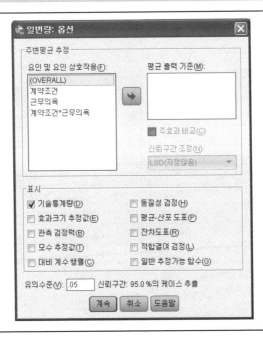

[표 22-7]	이원분산분석 출력결과

개체-간 요인

		변수값 설명	N
계약조건	1	연봉제	6
	2	호봉제	6
근무의욕	1	낮은 근무의욕	6
	2	높은 근무의욕	6

기술통계량

종속변수 : 업무성취도

계약조건	근무의욕	평 균	표준편차	N
연봉제	낮은 근무의욕	75.00	8.660	3
	높은 근무의욕	85.00	5.000	3
	합계	80.00	8.367	6
호봉제	낮은 근무의욕	55.00	17.321	3
	높은 근무의욕	95.00	8.660	3
	합계	75.00	25.100	6
합 계	낮은 근무의욕	65.00	16.432	6
	높은 근무의욕	90.00	8.367	6
	합계	77.50	18.028	12

개체-간 효과 검정

종속변수 : 업무성취도

소 스	제III유형 제곱합	자유도	평균 제곱	F	유의확률
수정 모형	2,625.000[a]	3	875.000	7.368	.011
절 편	72,075.000	1	72,075.000	606.947	.000
계약조건	75.000	1	75.000	.632	.450
근무의욕	1,875.000	1	1,875.000	15.789	.004
계약조건 · 근무의욕	675.000	1	675.000	5.684	.044
오 차	950.000	8	118.750		
합 계	75,650.000	12			
수정합계	3,575.000	11			

a) R제곱=.734(수정된 R제곱=.635).

[분석] [일반선형모형] [일변량]을 선택하면, [그림 22-19]와 같은 이원분산분석을 할 수 있는 화면이 나온다. [종속변수]에 '업무성취도'를 넣었다. [모수요인]에는 '계약조건'과 '근무의욕'을 입력하였다.

[그림 22-19]에서 [도표]를 선택하면 프로파일 도표를 그릴 수 있는 화면이 나온다. [그림 22-20]의 [수평축변수]에 '근무의욕', [선구분변수]에 '계약조건'을 넣고 나서 [추가]를 눌렀다. 아래의 공란에 '근무의욕·계약조건'이라는 글씨가 나타나 있는 것을 알 수 있다. 이어서 [계속]을 선택한다. 일반적으로 두 변수 중 수준의 수가 더 많은 변수를 [선구분변수]로 선택하는 것이 좋다.

[그림 22-21]은 [그림 22-19]에서 [옵션]을 눌러 나온 화면이다. 여기서는 [기술통계량]을 눌렀다. [기술통계량]을 선택해 주어야 출력결과를 이해하기 쉽다.

[표 22-22]는 이원분산분석의 출력결과를 보여 주고 있다. [개체간 요인]과 [기술통계량]은 이미 언급되었던 내용이기 때문에 쉽게 이해될 수 있을

[그림 22-22]	업무성취도의 추정된 주변평균

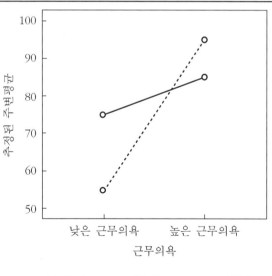

것이다. [개체간 효과검정]은 앞서 계산한 제곱합들을 나열하고 있다. 상호
작용부분은 '계약조건·근무의욕'임을 알 수 있다. A가 계약조건이고, B가
근무의욕이라고 하자. "$TSS = (BSS_A + BSS_B + BSS_{AB}) + WSS$"이다. "$3,575 = (75 + 1,875 + 675) + 950$"이라는 앞서 계산내용이 "제 III 유형 제곱합" 열에 구체적으
로 나타나 있다.

    F-검정 결과 '근무의욕'과 '계약조건·근무의욕'이 유의수준 0.05에서 의
미 있다는 것을 알 수 있다. '근무의욕'의 경우, 근무의욕의 수준에 따라 종
속변수인 업무성취도 평균값이 다르다는 것을 의미한다. '계약조건·근무의
욕'의 유의확률이 의미 있게 나온 것은 근무의욕과 계약조건 각각이 종속변
수 업무성취도에 미치는 효과가 다른 독립변수의 수준에 따라 상이하게 나
타난다는 것이다.

    출력된 프로파일 도표가 보여 주듯이 연봉제와 호봉제라는 계약조건이
업무성취도에 영향을 미치는 것은 다른 독립변수인 근무의욕에 따라 달라진
다. [기술통계]에서 보듯이 전체적으로는 연봉제의 업무성취도가 80으로써
호봉제의 75보다 높다.

    하지만 프로파일 도표를 보면 계약조건의 효과가 근무의욕에 따라 상
이하게 나타난다는 것을 알 수 있다. 근무의욕이 낮은 사람은 연봉제보다
호봉제에서 일을 아주 못한다. 업무성취도평균이 각각 75와 55라는 차이를
보인다.

    그런데 근무의욕이 높은 사람은 오히려 연봉제에서보다 호봉제에서 더
일을 잘 한다는 것을 알 수 있다. 호봉제에서 평균이 95이고, 연봉제에서 평
균이 85이다. 계약조건이 종속변수인 업무성취도에 미치는 효과가 근무의욕
각 수준마다 상당히 다르게 나타난 것이다.

22.4   프로파일 도표의 편집

    프로파일 도표에서 나오는 선은 흑백으로 출력했을 때 큰 혼란을 가져
온다. 따라서 선들의 형태를 바꿀 수 있는 것이 중요하다. 프로파일 도표 출

력화면을 더블 클릭(double-click)하면 프로파일 도표편집기화면이 나온다. 여기서 자신이 수정하려는 선을 천천히 두 번 누르면 [그림 22-23]과 같이 하나의 선만이 굵게 선택되어 나온다.

이때 [편집][특성][선]을 선택한다. [그림 22-24]의 [유형]에서 가능하면 직선이 아닌 점선을 선택하도록 한다.

[그림 22-24]에서 [적용]을 누르고, 편집기 창을 닫으면 출력화면이 바뀐 것을 확인할 수 있다. [그림 22-25]는 수정된 프로파일 도표를 보여 준다. 하나의 선이 점선으로 바뀌어서 쉽게 이해할 수 있다.

[그림 22-23]   프로파일 도표편집기화면

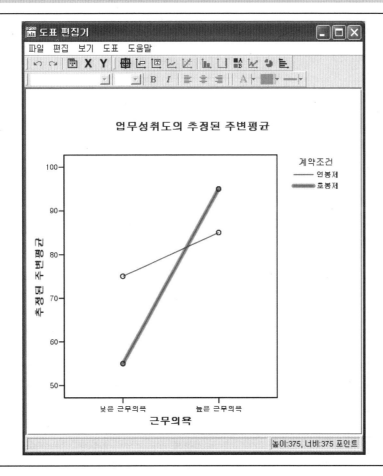

[그림 22-24] 프로파일 도표편집기 특성화면

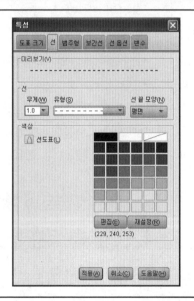

[그림 22-25] 수정된 프로파일 도표

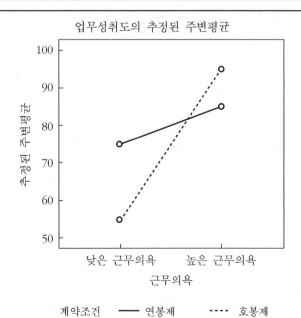

수 업 시 간 에 혹 은 나 혼 자 서 해 보 기

01 일상생활에서 상호작용에 해당하는 일들을 생각해보자. 상승 효과에는 어떤 것이
    있을 수 있고, 상쇄 효과에는 어떤 일이 있을 수 있는지 이야기해 보자.

제23장

회귀분석의 확장 : 공선성 · 상호 작용 · 가변수

앞서 이루어진 회귀분석설명은 원리 위주였다. 따라서 실제 적용에 있어 나타나는 다양한 쟁점들을 다루지는 않았다. 여기서는 이러한 쟁점들 중 공선성(collinearity) · 상호 작용(interaction) · 가변수(dummy variable)를 다룬다.

23.1 공선성의 개념

공선성(collinearity)은 독립변수들간에 높은 상관관계가 존재하는 것을 의미한다. 예를 들어 점수가 종속변수이고, 공부시간과 집중력이 독립변수인 경우를 생각해 보자. 공부시간과 집중력 사이의 상관계수가 높다면, 예를 들어 0.9라면 공선성이 존재한다고 볼 수 있다. 다중공선성(multicollinearity)은 여러 개의 독립변수들 사이에 공선성이 있는 경우를 뜻한다.

이 현상이 거론되는 이유는 독립변수들 사이의 높은 상관관계가 때때로 잘못된 판단을 유도할 수 있기 때문이다. 공선성이 존재하는 경우, 실제로 종속변수에 큰 영향을 미치는 독립변수가 무의미하게 나타날 수 있다. 심지어는 회귀계수의 부호가 바뀌어 나타날 수도 있다(박광배, 2004 : 319).

다중회귀분석에서는 다른 독립변수들이 고정되어 있을 때 특정독립변수가 종속변수에 미치는 영향을 살펴본다. 따라서 공선성이 존재하는 회귀분석에서는 회귀계수(예를 들어 $b_1 \cdot b_2 \cdots$)에 대한 해석이 어렵다. 공선성이 존재하는 경우, 다른 변수들이 고정되어 있다는 가정 자체가 어렵기 때문이다 (Agresti & Finlay, 1986 : 382).

공선성의 원리를 가장 잘 직관적으로 설명한 이우리·오광우(2003)는 공선성이 있을 때 회귀계수추정의 어려움을 지적한다. 그들은 다음과 같은 다중회귀모형을 가정한다.

$$Y_i = \alpha + \beta_1 X_{1j} + \beta_2 X_{2j} + \epsilon_j$$
$$j = 1, 2, \cdots, n$$

X_{1j}와 X_{2j}가 완벽히 상관된 $X_{2j} = 2X_{1j}$의 관계가 성립한다고 가정해 보자. 즉 완벽한 공선성이 존재하는 것이다. 그러면 이 모형은 다음과 같이 나타낼 수 있다.

$$Y_i = \alpha + (\beta_1 + 2\beta_2)X_{1j} + \epsilon_j$$
$$j = 1, 2, \cdots, n$$

이 공선성모형에서는 β_1과 β_2가 분리되어 추정될 수 없다(이우리·오광우, 2003 : 253).

좀디 수학적으로 설명해 보도록 하자. $E(Y) = \alpha + \beta_1 X_1 + \beta_2 X_2$ 라는 수식에서 β_1을 추정하는 b_1의 표준오차는 다음과 같다. 여기서 $\hat{\sigma} = \sqrt{SSE/(n-3)}$ 이다. $\hat{\sigma}$는 x의 특정값에서 나타나는 y의 표준편차이다. 즉 y의 조건부표준편차라고 할 수 있다.

$$\widehat{\sigma_{b1}} = \frac{1}{\sqrt{1 - r_{x_1 \cdot x_2}^2}} (\hat{\sigma} / \sqrt{\sum(X_1 - \overline{X}_1)^2})$$

이러한 경우 $r_{x_1 \cdot x_2}$가 아주 크면, 즉 공선성이 존재하면 b_1의 표준오차가 커진다(Agresti & Finlay, 1986 : 380). 여기서 우리는 공선성이 존재하지 않을 때보다 X_1이 Y에 미치는 영향이 약하게 계산된다는 것을 알 수 있다.

예를 들어 종속변수 Y에 미치는 독립변수 X_1과 X_2의 영향이 비슷하게 중요한 데도 공선성이 있는 경우, 두 독립변수 모두 다 중요하지 않게 회귀분석 결과가 나올 수 있다. 이러한 예는 다음 절에서 직접 실습해 보도록 하자.

23.2 공선성의 실제 예

[그림 23-1]은 종속변수가 점수이고, 독립변수가 공부시간과 성취욕구인 경우이다. 여기서는 종속변수 Y에 미치는 독립변수 X_1과 X_2의 영향이 비슷하게 중요한데도 공선성이 있는 경우, 두 독립변수 모두 다 중요하지 않게 회귀분석결과가 나오는 것을 보이려고 한다. 물론 공선성이 있을 때, 꼭 이

[그림 23-1] 　　　　　　　　　　**회귀분석에서의 공선성**

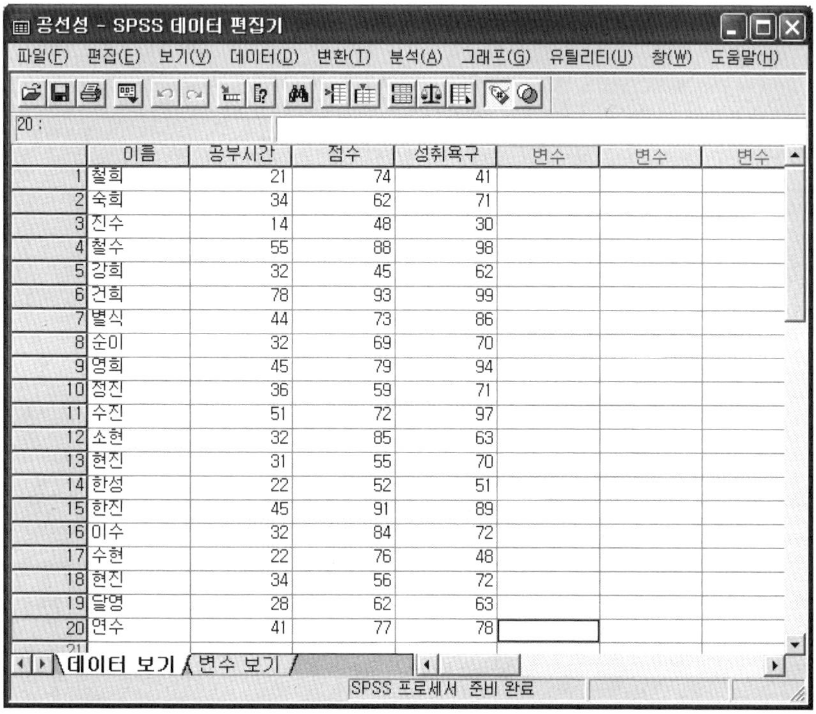

이름	공부시간	점수	성취욕구
1 철희	21	74	41
2 숙희	34	62	71
3 진수	14	48	30
4 철수	55	88	98
5 강희	32	45	62
6 건희	78	93	99
7 별식	44	73	86
8 순이	32	69	70
9 영희	45	79	94
10 정진	36	59	71
11 수진	51	72	97
12 소현	32	85	63
13 현진	31	55	70
14 한성	22	52	51
15 한진	45	91	89
16 이수	32	84	72
17 수현	22	76	48
18 현진	34	56	72
19 달영	28	62	63
20 연수	41	77	78

데이터 보기 / 변수 보기

러한 결과만 나타나는 것은 아니라는 것을 미리 밝혀 둔다.

[그림 23-2]는 공부시간과 점수의 산점도이다. 공부시간과 점수 간에 어느 정도 선형적 관계가 있다는 것을 산점도를 통해 알 수 있다.

[표 23-1]은 독립변수가 공부시간이고, 종속변수가 점수일 때의 회귀분석결과이다. '모형요약' 표에서 R 제곱은 0.381임을 알 수 있다. '분산분석' 표에서의 유의확률은 0.004이다. '계수' 표에서 공부시간의 회귀계수는 0.630이며, 이의 유의확률은 역시 0.004이다. 공부시간이 점수에 유의미하게 영향을 미친다는 것을 알 수 있다.

[그림 23-2]   독립변수가 공부시간이고, 종속변수가 점수일 때의 산점도

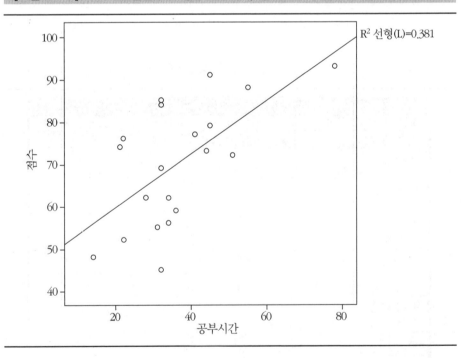

[표 23-1]	독립변수가 공부시간이고, 종속변수가 점수인 경우 회귀분석결과

모형요약

모 형	R	R제곱	수정된 R제곱	추정값의 표준오차
1	.617[a]	.381	.347	11.747

a) 예측값 : (상수), 공부시간.

분산분석[b]

모 형		제곱합	자유도	평균제곱	F	유의확률
1	회귀모형	1,530.183	1	1,530.183	11.089	.004[a]
	잔 차	2,483.817	18	137.990		
	합 계	4,014.000	19			

a) 예측값 : (상수), 공부시간.
b) 종속변수 : 점수.

계 수[a]

모 형		비표준화계수		표준화계수	t	유의확률
		B	표준오차	베 타		
1	(상수)	47.047	7.376		6.378	.000
	공부시간	.630	.189	.617	3.330	.004

a) 종속변수 : 점수.

[그림 23-3]은 성취욕구와 점수의 산점도이다. 성취욕구와 점수 간에 어느 정도 선형적 관계가 있다는 것을 산점도를 통해 알 수 있다.

[표 23-2]는 독립변수가 성취욕구이고, 종속변수가 점수일 때의 회귀분석결과이다. '모형요약' 표에서 R제곱은 0.329임을 알 수 있다. '분산분석' 표에서의 유의확률은 0.008이다. '계수' 표에서 성취욕구의 회귀계수는 0.433이며, 이의 유의확률은 역시 0.008이다. 성취욕구가 점수에 유의미하게 영향을 미친다는 것을 알 수 있다.

[그림 23-4]는 공부시간·성취욕구·점수의 산점도이다. 변수가 세 개이므로 3차원 산점도를 그렸다. 입체감을 살리기 위해 도표편집과정에서 '말뚝표시' 기능을 이용해 각 점에서 바닥으로 말뚝이 내려오도록 하였다. 또한 분포가 한 눈에 잘 보이도록 '3차원 회전' 기능도 사용하였다. 산점도작성에 대한 사항은 회귀분석 부분을 참조하면 된다.

[그림 23-3]	성취욕구와 점수의 산점도

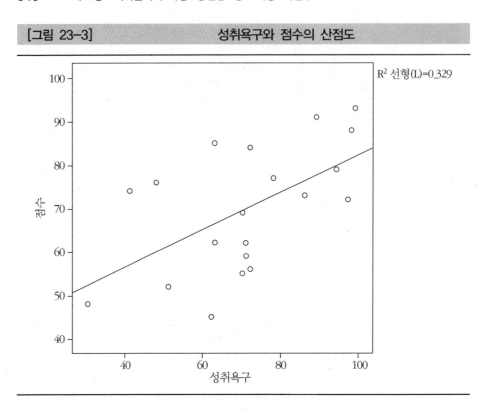

[표 23-3]은 독립변수가 공부시간과 성취욕구이고, 종속변수가 점수일 때의 회귀분석결과이다. 여기서는 공부시간과 성취욕구 각각의 회귀계수가 그 통계적 의미를 상실한다. '계수' 표에서 공부시간의 유의확률은 0.241이다. 성취욕구의 유의확률 역시 0.829이다. 앞서 두 번의 단순회귀에서 각각 공부시간과 성취욕구가 하나씩만 독립변수로 들어갔을 때와 결과가 다르다는 것을 알 수 있다.

여기서 또 하나 특이한 점이 있다. [표 23-3]의 '분산분석' 표를 보면 두 변수가 동시에 고려된 선형회귀분석은 유의확률 0.017로 유의미하다는 것을 알 수 있다. 이는 공선성문제가 있더라도 두 변수가 합쳐진 효과에 영향을 주지는 않는다는 것이다. 높은 상관관계를 가진 독립변수가 추가로 들어왔을 때 R 제곱 수치를 줄이지는 않기 때문이다.

[표 23-2]	독립변수가 성취욕구이고, 종속변수가 점수인 경우 회귀분석결과

모형요약

모 형	R	R 제곱	수정된 R 제곱	추정값의 표준오차
1	.574[a]	.329	.292	12.230

a) 예측값 : (상수), 성취욕구.

분산분석[b]

모 형		제곱합	자유도	평균제곱	F	유의확률
1	회귀모형	1,321.800	1	1,321.800	8.838	.008[a]
	잔 차	2,692.200	18	149.567		
	합 계	4,014.000	19			

a) 예측값 : (상수), 성취욕구.
b) 종속변수 : 점수.

계 수[a]

모 형		비표준화계수		표준화계수	t	유의확률
		B	표준오차	베 타		
1	(상수)	39.122	10.741		3.642	.002
	성취욕구	.433	.146	.574	2.973	.008

a) 종속변수 : 점수.

　　이를 이해하기 위해서는 회귀분석에서 $TSS \cdot RSS \cdot SSE$ 부분을 살펴보면 된다. 하나의 독립변수가 추가된다는 것은 그만큼 Y를 예측할 수 있는 정보가 늘어났다는 의미이다. 독립변수가 추가될 때, RSS는 그대로이거나 혹은 더 커진다. 예를 들어 성취욕구만 독립변수인 [표 23-2]에서 RSS는 1,321.800이다. 성취욕구와 공부시간이 독립변수인 [표 23-3]에서 RSS는 1,537.190이다. 조금이지만 늘어난 것이다.

　　X와 Y의 평면으로 이해되는 단순회귀분석과 $X \cdot Z$라는 두 개의 독립변수와 Y가 만드는 3차원 공간으로 그려 볼 수 있는 다중회귀분석을 생각해보자. 회귀분석 부분에서 설명하였듯이 3차원 공간에서는 하나의 평면으로써 각 값의 Y 수치를 예측한다. 이러한 평면으로 이루어진 예측은 일반적으로 2차원 평면에서 하나의 선으로 Y값을 예측하는 것보다 효율적이다. 즉 보통은 좀더 작은 SSE를 가진다는 것이다. 그만큼 R 제곱값도 늘어난다고 볼 수

있다. 물론 RSS가 하나도 늘지 않아서 R 제곱값도 그대로인 경우도 이론적
으로는 가능하다.

[그림 23-4]   공부시간·성취욕구·점수의 산점도

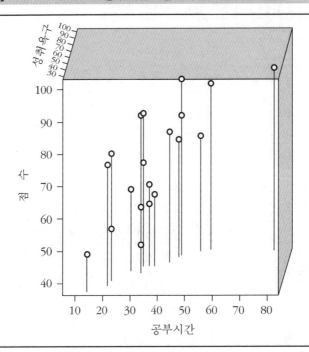

[표 23-3]   독립변수에 공부시간과 성취욕구가 동시에 들어간
                            경우의 회귀분석결과

모형요약

모 형	R	R 제곱	수정된 R 제곱	추정값의 표준오차
1	.619[a]	.383	.310	12.070

a) 예측값 : (상수), 공부시간, 성취욕구.

분산분석[b]

모 형		제곱합	자유도	평균제곱	F	유의확률
1	회귀모형	1,537.190	2	768.595	5.275	.017[a]
	잔 차	2,476.810	17	145.695		
	합 계	4,014.000	19			

a) 예측값 : (상수), 공부시간, 성취욕구.
b) 종속변수 : 점수.

계 수a)

모 형		비표준화계수		표준화계수	t	유의확률
		B	표준오차	베 타		
1	(상수)	45.097	11.685		3.860	.001
	성취욕구	.072	.330	.096	.219	.829
	공부시간	.542	.446	.531	1.216	.241

a) 종속변수 : 점수.

23.3 공선성의 진단

앞에서 공선성은 회귀분석에서 독립변수들이 서로 높은 상관관계를 가진다고 정의했었다. 일반적으로 상관계수가 0.7 이상이면, 다중공선성이 개입되었을 가능성이 크다고 이야기한다(Gunst & Mason, 1980; 김현철, 2000 : 273). 하지만 단순상관분석은 한계를 가지고 있다. 두 독립변수가 제3의 독립변수와 또 상관관계를 가지고 있을 경우에 단순상관관계가 크지 않게 나타날 수도 있다.

따라서 SPSS는 공차한계(tolerance)와 분산팽창계수(Variance Inflation Factors : VIF)를 사용한다. 공차한계는 해당 독립변수의 값들이 흩어진 정도가 다른 여타의 독립변수들에 의해서 통계적으로 설명되지 않는 정도를 의미한다. 0에서 1까지 값이 나올 수 있으며, 0에 가까울수록 공선성이 높다고 볼 수 있다.

만약 공차한계가 0이라면 완벽한 공선성을 다른 독립변수들과 가진다고 해석할 수 있다. 특정한 독립변수의 공차한계를 계산할 때는 1로부터 '회귀분석에서 해당 독립변수를 종속변수로 삼고, 나머지 독립변수들을 독립변수로 잡은 회귀분석을 수행했을 때 얻어지는 R 제곱'을 빼면 된다.

분산팽창계수는 공차한계에서 그대로 계산이 가능하다. 계산방법은 '1/공차한계'이다.

[그림 23-5]에 나타나는 데이터 파일을 가지고 공선성진단을 해 보자.

[그림 23-6]은 [분석][회귀분석][선형]을 선택한 화면이다. 독립변수로

'성취욕구 · 공부시간 · 집중력'을 선택하였다. 종속변수로는 '점수'가 입력되었다.

[그림 23-6]에서 [통계량]을 선택하면 [그림 23-7]이 나타난다. 여기서 [공선성진단]이라는 부분에 보이는 바와 같이 체크를 하고 [계속] [확인]을 누른다.

[표 23-4]는 회귀분석결과에서 우리가 관심 있는 '계수' 표만 나타낸 것이다. [공선성진단]을 선택하지 않았던 경우와는 달리 표의 오른쪽에 [공선성 통계량]이라는 란이 추가되었다. 공성선통계량에는 공차한계(tolarance)와

[그림 23-5] 공선성진단 데이터 파일

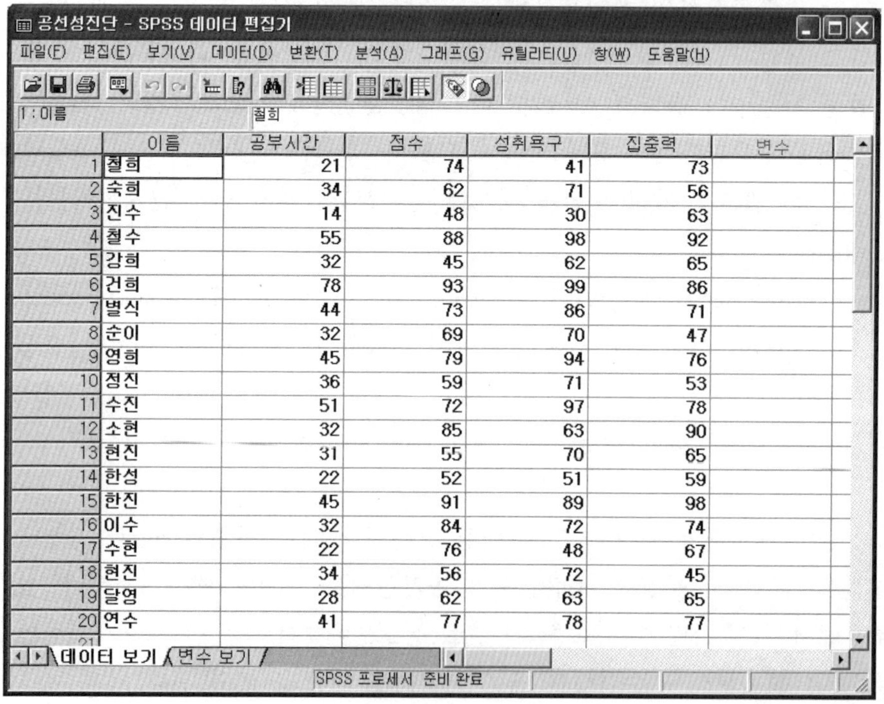

	이름	공부시간	점수	성취욕구	집중력	변수
1	철희	21	74	41	73	
2	숙희	34	62	71	56	
3	진수	14	48	30	63	
4	철수	55	88	98	92	
5	강희	32	45	62	65	
6	건희	78	93	99	86	
7	별식	44	73	86	71	
8	순이	32	69	70	47	
9	영희	45	79	94	76	
10	정진	36	59	71	53	
11	수진	51	72	97	78	
12	소현	32	85	63	90	
13	현진	31	55	70	65	
14	한성	22	52	51	59	
15	한진	45	91	89	98	
16	이수	32	84	72	74	
17	수현	22	76	48	67	
18	현진	34	56	72	45	
19	달영	28	62	63	65	
20	연수	41	77	78	77	

[그림 23-6] 성취욕구·공부시간·집중력이 독립변수이고, 점수가
종속변수인 회귀분석

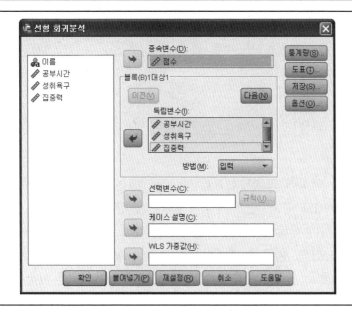

VIF(분산팽창계수)라는 두 가지 통계치가 있는 것을 알 수 있다. 이 통계치에
대해서는 이미 언급을 하였다.

[그림 23-7] 회귀분석통계량에서 공선성진단

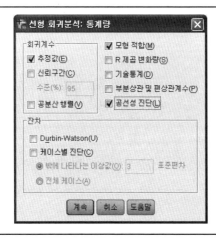

[표 23-4] 회귀분석통계량에서 공선성통계량 출력결과

계 수a)

모 형	비표준화계수		표준화계수	t	유의확률	공선성통계량	
	B	표준오차	베 타			공차	VIF
1 (상수)	12.380	12.577		.984	.340		
공부시간	.168	.353	.165	.475	.641	.174	5.735
성취욕구	.112	.251	.148	.445	.662	.190	5.268
집중력	.622	.169	.620	3.671	.002	.733	1.364

a) 종속변수 : 점수.

통계치가 어떻게 도출되는지를 알아보기 위해서 앞서 언급한 대로 계산을 한번 해 보기로 하자. 먼저 성취욕구변수의 경우를 알아보자. [표 23-5]에서와 같이 회귀분석에서 성취욕구를 종속변수로 두고 공부시간과 집중력을 독립변수로 입력한 경우, R 제곱은 0.810으로 나타났다. 따라서 $1-0.810$이라는 계산을 거쳐 성취욕구의 공차한계는 0.190으로 나타난다. 이어서 $1/0.190 \approx 5.268$이다.

[표 23-5] 성취욕구가 종속변수이며, 공부시간과 집중력이 독립변수인 회귀분석결과

모형요약

모 형	R	R 제곱	수정된 R 제곱	추정값의 표준오차
1	.900a)	.810	.788	8.865

a) 예측값 : (상수), 집중력, 공부시간.

[표 23-6] 공부시간이 종속변수이며, 성취욕구와 집중력이 독립변수인 회귀분석결과

모형요약

모 형	R	R 제곱	수정된 R 제곱	추정값의 표준오차
1	.909a)	.826	.805	6.291

a) 예측값 : (상수), 성취욕구, 집중력.

[표 23-7]	집중력이 종속변수이며, 공부시간과 성취욕구가 독립변수인 회귀분석결과

모형요약

모 형	R	R 제곱	수정된 R 제곱	추정값의 표준오차
1	.517[a]	.267	.181	13.120

a) 예측값 : (상수), 공부시간, 성취욕구.

마찬가지로 [표 23-6]은 공부시간이 종속변수이며, 성취욕구와 집중력이 독립변수인 회귀분석결과이다. R 제곱은 0.826임을 알 수 있다. 따라서 공부시간의 공차한계는 0.174이다. $1/0.174 \approx 5.735$이다.

[표 23-7]로 집중력의 공선성통계량을 계산할 수 있다. R 제곱이 0.267이기 때문에 공차한계는 0.733이다. $1/0.733 \approx 1.364$이다.

이제 공선성통계량의 계산방법에 대해서는 충분히 살펴보았다. 그러면 공선성을 진단하는 기준은 어떠할까를 살펴보자.

여기서는 Field(2004 : 153)가 제시하는 공선성기준을 살펴보기로 하자.

* 가장 큰 VIF가 10보다 크다면, 공선성의 존재에 대해 우려해 보아야 한다 (Myers, 1990; Bowerman and O'Connell, 1990).
* VIF들의 평균값이 1보다 훨씬 크다면, 공선성의 가능성이 있다(Bowerman and O'Connell, 1990).
* 공차한계(tolerance)가 0.1보다 작으면, 심각한 공선성이 존재한다고 진단한다.
* 공차한계(tolerance)가 0.2보다 작으면, 공선성일 가능성이 있다(Menard, 1995).

이러한 Field가 제시하는 기준으로 [표 23-4]에 나오는 공선성기술통계량을 분석해 보자. 먼저 VIF값을 살펴보면 세 VIF값의 평균은 1을 훨씬 넘는다는 것을 알 수 있다. 평균은 $(5.268+5.735+1.364)/3=4.12$이다. 공선성의 가능성이 있다고 할 수 있다.

공차한계의 경우에는 성취욕구와 공부시간이 각각 0.190과 0.174이다. 둘 다 0.2보다 작기 때문에 공선성의 가능성이 있다고 진단할 수 있다.

23.4 공선성의 대응방안

공선성의 대응방안 중 가장 근원적인 것은 공선성의 대상이 되는 변수 중 일부를 모형에서 삭제하는 것이다. 예를 들어 성취욕구와 공부시간의 경우, 이 중 하나를 모형에서 제거하는 것이다. 물론 이러한 방법은 이론적인 측면에서 힘든 경우가 많다.

두 번째로 추천할 만한 방법은 상관성이 높은 변수들로 이루어진 하나의 지수를 구성하여 사용하는 것이다. 교육·소득·직업을 합쳐서 *SES* (socioeconomic status)라는 하나의 지수를 만드는 것이 예가 될 수 있다 (Agresti & Finlay, 1986 : 382).

세 번째 방법은 더 많은 자료를 모으는 것이다. 더 많은 자료를 모으면 현재 보이고 있는 공선성이 약해질 가능성이 있다. 하지만 이는 시간과 비용을 추가적으로 들여야 하므로 현실적으로 힘들 가능성이 많다(Lewis-Beck *et al.*, 2004 : 669).

다른 방법들로는 주성분분석(principal components analysis)이나 능형회귀 (ridge regression) 등을 들 수 있다.

23.5 회귀분석에서 상호 작용

회귀분석에서 상호 작용은 분산분석에서의 상호 작용과 마찬가지의 의미를 갖는다. 단지 등간변수들 사이에 상호 작용이 일어난다는 차이만을 들 수 있다.

[그림 23-8]은 '행복지수'를 종속변수로 삼고 있는 회귀분석 데이터 파일이다. '월수입'과 '친한 사람 수'라는 두 개의 독립변수가 있다. 여기서 주목할 변수는 '월수입 친한 사람 수'이다. 이 변수가 상호 작용변수이기 때문이다.

'월수입 친한 사람 수'라는 변수는 SPSS의 [변환][변수계산]으로 들어가서 [그림 23-9]에서의 과정을 거쳐 만들어졌다. [대상변수]에 '월수입 친한

[그림 23-8]   상호 작용이 포함된 데이터 파일

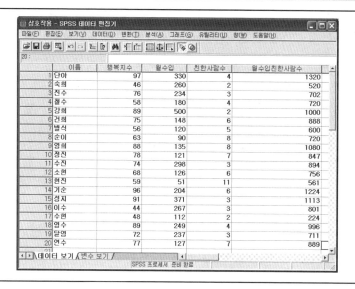

사람 수'라는 이름을 입력하였고, [숫자표현식]에 '월수입*친한 사람 수'라고
표현하였다. 변수계산에 대한 부분은 앞에서 이미 설명하였다.

[그림 23-9]   상호 작용 변수계산

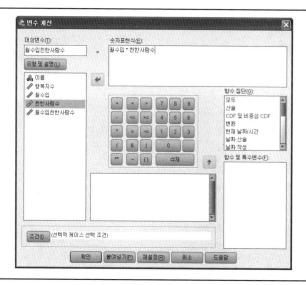

결국 [그림 23-9]에서 볼 수 있듯이 '월수입*친한 사람 수'라는 변수는 '월수입'과 '친한 사람 수'라는 두 개의 변수에 해당하는 값들을 곱해서 나온 값들로 이루어져 있다. 첫번째 케이스인 단아를 보자. 월수입이 330만 원이고, 친한 사람이 4명이다. '월수입 친한 사람 수'에서는 330×4＝1,320이라는 계산을 통해 1,320이 나옴을 알 수 있다.

그렇다면 어떻게 '월수입 친한 사람 수'가 상호 작용변수로 작용하는지 먼저 회귀분석을 해 본 다음에 살펴보도록 하자. [분석][회귀분석][선형]을 선택해서 나타난 [그림 23-10]에서 [독립변수]로써 '월수입', '친한 사람 수', '월수입 친한 사람 수'라는 세 개의 변수가 입력된 것을 알 수 있다. [종속변수]는 '행복지수'이다.

[표 23-8]은 상호 작용변수를 포함한 회귀분석결과를 나타낸다. '월수입 친한 사람 수'가 유의확률 0.000으로써 유의미하다는 것을 알 수 있다. 물론 여기서 0.000은 0.0005보다 작다는 것을 의미한다.

[그림 23-10]	상호 작용변수를 포함한 회귀분석

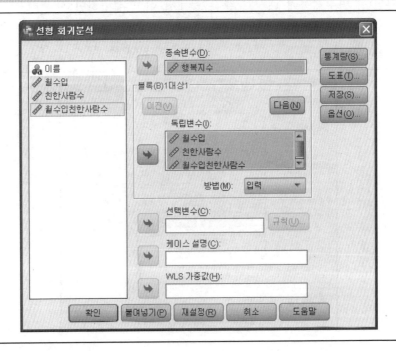

[표 23-8]	상호 작용변수를 포함한 회귀분석 출력결과				

계 수a)

모 형	비표준화계수		표준계수	t	유의확률
	B	표준오차	베 타		
1 (상수)	23.768	10.553		2.252	.039
월수입	.008	.039	.050	.192	.850
친한 사람 수	.393	1.556	.058	.253	.804
월수입 친한 사람 수	.054	.012	.840	4.508	.000

a) 종속변수 : 행복지수.

이러한 경우 세 독립변수를 이용한 회귀식은 다음과 같다. 물론 회귀식
은 [표 23-8]의 회귀계수들로부터 도출한 것이다.

$$행복지수 = 23.768 + 0.008\,월수입 + 0.393\,친한\,사람\,수 + 0.054\,월수입\,친한\,사람\,수$$

월수입을 중심으로 회귀식 오른쪽을 변형하면 상호 작용의 의미를 이해
할 수 있다. 상호 작용변수가 투입됨으로써 월수입의 경우 기울기가 (0.008 +
0.054 친한 사람 수)인 것이다. 즉 월수입과 친한 사람 수가 '결합적 효과
(combined effect)'를 보이는 것이다.

$$행복지수 = 23.768 + (0.008 + 0.054\,친한\,사람\,수)\,월수입 + 0.393\,친한\,사람\,수$$

좀더 풀어서 설명해 보자. 친한 사람이 2명인 경우, 회귀식은 다음과 같
이 나타낼 수 있다.

$$행복지수 = 23.768 + (0.008 + 0.054 \times 2)\,월수입 + 0.393 \times 2$$
$$= 24.554 + 0.116\,월수입$$

친한 사람이 2명인 경우, 월수입이 1만 원(월수입의 단위는 만 원) 올라갈
수록 행복지수는 0.116씩 올라간다는 것을 알 수 있다.

친한 사람이 5명인 경우, 회귀식은 당연히 또 달라진다. 절편뿐만 아니라 기울기도 변화하는 것이다.

$$행복지수 = 23.768 + (0.008 + 0.054 \times 5) \; 월수입 + 0.393 \times 5$$
$$= 25.733 + 0.278 \; 월수입$$

친한 사람이 5명인 경우, 월수입이 만 원 올라갈수록 행복지수는 0.278씩 올라간다는 것을 알 수 있다.

이제 독자들도 친한 사람 수와 월수입이 어떻게 결합적 효과를 내는지를 이해할 수 있을 것이다. 또한 왜 '월수입 친한 사람 수'가 두 변수의 곱으로 계산되어서 상호 작용변수로 취급받는지도 알 수 있을 것이다.

결국 친한 사람 수와 월수입이 행복지수에 상호 작용으로 미치는 결합효과는 시너지 효과라고 볼 수 있다. 친한 사람 수와 월수입이 동시에 많을수록 각각 변수들 효과의 합보다 더 큰 행복효과를 가져온다는 것을 회귀식으로부터 알 수 있다.

회귀분석에서 상호 작용변수를 포함하는 것은 신중하게 생각해 보아야 한다. 상호 작용이 존재할 때는 기존의 회귀계수들이 의미를 잃게 된다. 상호 작용이 없는 경우, 회귀계수는 다른 독립변수들이 고정되어 있을 때 해당 독립변수가 1단위 증가할 때 종속변수의 변화량을 의미하였다.

또한 상호 작용변수의 포함은 앞서 언급한 공선성의 문제를 가져오기도 한다. 예를 들어 '월수입', '친한 사람 수', '월수입×친한 사람 수'라는 세 변수가 서로 상관되어 있을 수 있다는 것은 쉽게 이해될 것이다. 이러한 공선성 문제를 해결하기 위해 각 독립변수에 각각의 평균을 빼 주는 방안이 있다. 이를 "centering"이라 한다. 여기에 대해서는 박광배(2004)를 참조하도록 하자.

23.6 가변수의 의미와 가변수를 포함하는 회귀식

가변수(dummny variable)는 회귀분석에서 범주형 변수를 독립변수로 사용할 때 사용되는 변수이다. 가변수에 대한 설명은 왜 범주형 변수를 있는 그대로 사용하면 안 되느냐 하는 질문부터 시작해야 한다.

예를 들어 수업방식이 점수에 미치는 영향에 대해 알아본다고 하자. '강의'·'시청각'·'토론'이라는 세 가지 방식이 있다고 하자. 그러면 수업방식이라는 변수를 만들어서 다음과 같이 변수값을 부여하면 어떨까?

강   의=1
시청각=2
토   론=3

이 방식이 가지는 문제는 분명하다. 이렇게 입력하고 SPSS를 돌리면, SPSS는 이 변수를 등간변수로 취급할 것이다. 회귀분석결과 수업방식이라는 변수에 해당하는 회귀계수가 의미하는 바는 엉뚱하기 짝이 없을 것이다. 만약 회귀계수가 5라면 수업방식의 단위 1이 증가할 때마다 점수가 5점 올라간다는 이야기이다. '교재사용'·'시청각'·'강의'라는 세 방식에서 높고 낮음의 의미가 없기 때문에 회귀계수 5는 적용이 불가능해진다. 따라서 이러한 점을 해결하기 위해 가변수를 사용한다.

[그림 23-11]의 회귀분석 데이터 파일을 보면 "D시청각"과 "D토론"이라는 두 개의 가변수가 있는 것을 알 수 있다. "D시청각"에서 1로 입력된 학생들은 시청각교육을 받았다. 이 학생들은 처음의 7명으로 '철희·숙희·진수·철수·강희·건희·별식'이다. "D시청각"에서 0으로 입력된 학생들은 시청각교육을 받지 않은 것이다.

"D토론"에서 1로 입력된 학생들은 토론교육을 받았고, 이들 7명은 '순이·영희·정진·수진·소현·현진·한성'이다. "D토론"에서 0으로 입력된 학생들은 토론교육을 받지 않은 것이다.

"D시청각"과 "D토론"에서 0으로 입력된 학생들은 두 교육 모두 받지

[그림 23-11] 가변수를 포함한 회귀분석 데이터 파일

	이름	점수	D시청각	D토론	성취욕구	변수
1	철희	84	1	0	41	
2	숙희	72	1	0	71	
3	진수	58	1	0	30	
4	철수	98	1	0	98	
5	강희	75	1	0	62	
6	건희	93	1	0	99	
7	별식	82	1	0	86	
8	순이	89	0	1	70	
9	영희	99	0	1	94	
10	정진	78	0	1	71	
11	수진	92	0	1	97	
12	소현	95	0	1	63	
13	현진	75	0	1	70	
14	한성	72	0	1	51	
15	한진	81	0	0	89	
16	이수	74	0	0	72	
17	수현	66	0	0	48	
18	현진	46	0	0	72	
19	달영	52	0	0	63	
20	연수	67	0	0	78	

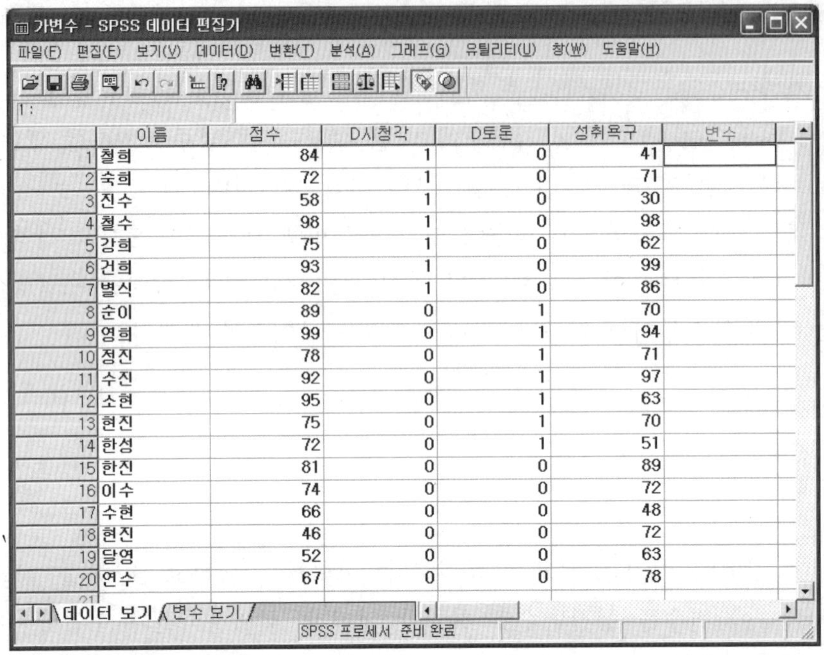

않았다는 의미이다. 즉 강의로 교육받았다는 의미이다. 이 학생들은 마지막 6명이며, '한진 · 이수 · 수현 · 현진 · 달영 · 연수'이다.

어떤 독자는 왜 가변수가 두 개밖에 없느냐는 의문을 가질 수 있다. 예를 들어 "D강의"라는 가변수가 왜 없느냐는 것이다. 하지만 두 가변수로도 세 개의 교육방식을 충분히 표현할 수 있었다. 또한 세 개의 변수가 다 들어가면 완벽한 공선성을 가진다. 예를 들어 "D시청각"과 "D토론"이라는 두 개의 변수를 알면 "D강의"는 완전히 예측가능한 것이다. 독자들이 실제로 "D강의"라는 변수를 만들고, 앞에서 공선성에서 배웠던 부분을 실습해 보는 것

	D시청각	D토론
시 청 각	1	0
토 론	0	1
교재사용	0	0

도 의미가 있을 것이다.

　[그림 23-11]의 데이터를 가지고 회귀분석을 해 본다. 등간변수인 성취욕구와 명목변수인 수업방식을 나타내는 두 개의 가변수가 같이 독립변수로 입력된다. 종속변수는 점수이다.

　[그림 23-12]는 이러한 회귀분석을 보여 주고 있다.

[그림 23-12]	가변수를 포함한 회귀분석

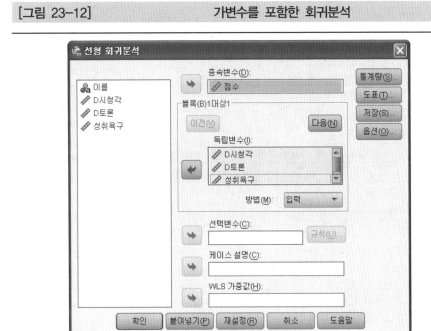

　[그림 23-12]는 가변수를 포함한 회귀분석결과를 나타내어 준다.

　'계수'표를 가지고 다음과 같은 회귀식이 만들어진다.

$$점수 = 36.519 + 0.395 \ 성취욕구 + 16.254 \ D시청각 + 20.044 \ D토론$$

　이러한 회귀식을 수업방식에 따라서 변형시켜 보자. 먼저 강의교육을 생각해 보자. 이때 "D시청각"과 "D토론"은 모두 0이다. 따라서 다음과 같이 간단하게 계산된다.

[표 23–9]	가변수를 포함한 회귀분석결과

모형요약

모 형	R	R제곱	수정된 R제곱	추정값의 표준오차
1	.796[a]	.633	.564	9.811

a) 예측값 : (상수), 성취욕구, D시청각, D토론.

분산분석[b]

모 형		제곱합	자유도	평균제곱	F	유의확률
1	회귀모형	2,656.772	3	885.591	9.201	.001[a]
	잔 차	1,540.028	16	96.252		
	합 계	4,196.800	19			

a) 예측값 : (상수), 성취욕구, D시청각, D토론.
b) 종속변수 : 점수.

계 수[a]

모 형		비표준화계수		표준화계수	t	유의확률
		B	표준오차	베 타		
1	(상수)	36.519	9.184		3.976	.001
	D시청각	16.254	5.459	.535	2.977	.009
	D토론	20.044	5.473	.660	3.663	.002
	성취욕구	.395	.118	.512	3.365	.004

a) 종속변수 : 점수.

강의교육받은 학생점수＝36.519＋0.395 성취욕구

이번에는 시청각교육을 받은 학생들을 생각해 보자. "D시청각"은 1이고, "D토론"은 0인 경우이다. 따라서 회귀식은 다음과 같다.

시청각교육받은 학생점수＝36.519＋0.395 성취욕구＋16.254
＝52.773＋0.395 성취욕구

마지막으로, 토론교육을 받은 학생들을 생각해 보자. "D토론"은 1이고, "D시청각"은 0인 경우이다. 회귀식은 다음과 같다.

$$토론교육받은\ 학생점수 = 36.519 + 0.395\ 성취욕구 + 20.044$$
$$= 56.563 + 0.395\ 성취욕구$$

여기서 "D시청각"과 "D토론"의 회귀계수가 무엇을 의미하는지 알 수 있다. [그림 23-13]은 각 교육방식에 따라서 회귀선이 어떻게 달라지는지를 보여 준다. 각 교육방식에 따라 성취욕구증가에 따른 점수변화를 나타내는 기울기는 동일하지만, 절편은 다르다는 것을 알 수 있다.

동일한 성취욕구를 가지고 있을 때, 시청각교육을 받은 학생은 강의를 받은 학생보다 "D시청각"의 회귀계수에 상당하는 16.254 높은 점수를 받는다. 절편에서 52.773－36.519＝16.254임을 알 수 있다.

동일한 성취욕구를 가지고 있을 때, 토론교육을 받은 학생은 강의를 받은 학생보다 "D토론"의 회귀계수에 상당하는 20.044 높은 점수를 받는다. 마찬가지로 절편에서 56.563－36.519＝20.044임을 알 수 있다.

여기서 우리는 가변수 "D시청각"과 "D토론"에서 모두 0으로 입력된 강의 교육을 받은 학생들이 다른 집단과의 비교를 위한 기준으로 사용되었음

[그림 23-13]　　　　　　　　**각 교육방식에 따른 회귀선**

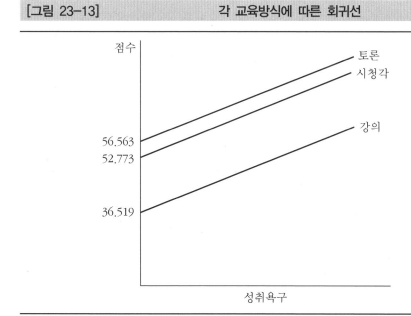

을 알 수 있다. 이러한 집단을 '참조집단(reference group)'이라고도 한다.

23.7 가변수의 효과측정

이러한 가변수의 효과는 [표 23-9]에 나와 있는 표만으로는 파악할 수
없다. 예를 들어 각 회귀계수의 유의확률이 '몇 개의 가변수가 나타내는 원
래 변수'에 대한 통계적 유의성을 나타내 줄 수는 없는 것이다.

가변수의 효과는 해당 가변수들이 가지는 R 제곱 변화로 측정한다. [그림
23-11]의 데이터 파일에서 [그림 23-14]의 화면을 불러 온다. 이때 [독립변수]
에는 '성취욕구'라는 변수 하나만 입력한다. 독립변수 둘레에 선이 그어져 있
으며, [독립변수] 글자 바로 위에 [블록 1/1]이라고 적혀 있음을 알 수 있다.

여기서 [종속변수]와 [독립변수] 사이에 있는 [다음]을 누른다. 이때 나
타나는 화면이 [그림 23-15]이다. [블록 1/1]이 [블록 2/2]로 바뀌어져 있다는
것을 알 수 있다.

[그림 23-14]　　　　　　가변수효과를 알아보기 위한 회귀분석 블록 1/1

[그림 23-15]　　　　　가변수효과를 알아보기 위한 회귀분석 블록 2/2

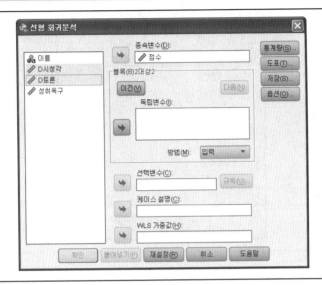

[그림 23-16]은 블록 2/2에서 다시 독립변수를 입력하는 과정을 보여 준
다. "성취욕구"·"D시청각"·"D토론"이라는 세 개의 변수가 들어간다. 여기

[그림 23-16]　　가변수효과를 알아보기 위한 회귀분석 블록 2/2 독립변수입력

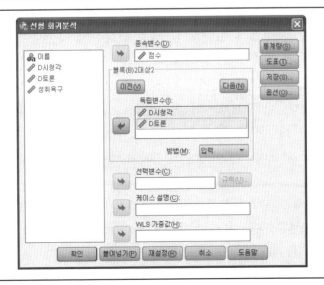

[그림 23-17]	가변수효과를 알아보기 위한 회귀분석통계량

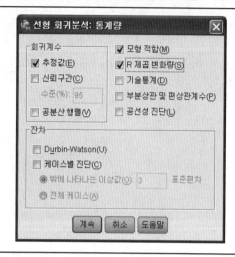

서 중요한 것은 [통계량]을 선택한다는 것이다. [통계량]을 선택하고 나타나는 [그림 23-17]의 통계량화면에서 [R 제곱 변화량]에 체크한다. 이어 [계속]을 누르고, 회귀분석화면에서 [확인]을 눌러 회귀분석을 실시한다.

[표 23-10]의 출력물은 각 표에 있어 모형 1과 모형 2를 나누어 제시한다. 모형 1은 [블록 1/1]에서 독립변수로 '성취욕구'만 입력한 경우이다. 모형 2는 [블록 2/2]에서 독립변수로 "성취욕구"·"D시청각"·"D토론"을 넣었을 때의 결과이다. '모형요약' 표에서 [R 제곱 변화량]을 찾을 수 있고, [유의확률 F 변화량] 역시 표의 맨 오른쪽에 제시되어 있다.

우리가 여기서 관심을 가지는 것은 모형 2의 [R 제곱 변화량]과 [유의확률 F 변화량]이다. 이는 모형 1의 독립변수로 성취욕구만 있을 때와 비교해서 "D시청각"·"D토론"이 같이 독립변수로 추가되어서 얼마만큼의 R 제곱값 증가를 가지고 왔으며, 또 이러한 증가치가 통계적으로 유의미한지를 밝혀 준다.

표에서 R 제곱 증가는 0.341이며, F 변화의 유의확률은 0.005이다. 가변수 "D시청각"·"D토론"으로 표현된 교육방법이 점수에 미치는 영향이 유의미하다는 것을 나타낸다.

[표 23-10]　　　가변수효과를 알아보기 위한 회귀분석결과

모형요약

모형	R	R제곱	수정된 R제곱	추정값의 표준오차	통계량변화량				
					R제곱 변화량	F변화량	df 1	df 2	유의확률 F 변화량
1	.541[a]	.292	.253	12.846	.292	7.433	1	18	.014
2	.796[b]	.633	.564	9.811	.341	7.430	2	16	.005

a) 예측값 : (상수), 성취욕구.
b) 예측값 : (상수), 성취욕구, D시청각, D토론.

분산분석[c]

모 형		제곱합	자유도	평균제곱	F	유의확률
1	회귀모형	1,226.506	1	1,226.506	7.433	.014[a]
	잔 차	2,970.294	18	165.016		
	합 계	4,196.800	19			
2	회귀모형	2,656.772	3	885.591	9.201	.001[b]
	잔 차	1,540.028	16	96.252		
	합 계	4,196.800	19			

a) 예측값 : (상수), 성취욕구.
b) 예측값 : (상수), 성취욕구, D시청각, D토론.
c) 종속변수 : 점수.

계 수[a]

모 형		비표준화계수		표준화계수	t	유의확률
		B	표준오차	베 타		
1	(상수)	47.656	11.282		4.224	.001
	성취욕구	.417	.153	.541	2.726	.014
2	(상수)	36.519	9.184		3.976	.001
	성취욕구	.395	.118	.512	3.365	.004
	D시청각	16.254	5.459	.535	2.977	.009
	D토론	20.044	5.473	.660	3.663	.002

a) 종속변수 : 점수.

수업시간에 혹은 나 혼자서 해보기

01 공선성이 문제가 될 수 있는 상황을 가정해보고, 이를 해결할 구체적 방안들을 토론해보자.

02 먼저 인터넷에서 적당한 행복지수를 찾아보자. 행복지수에 영향을 미칠 것 같은 두 변수를 생각해보자. 주위 친구들에게 간단한 설문조사를 한 후, 상호작용 항목이 독립변수로 들어가 있는 회귀분석을 실시해보자.

03 전세계 국가를 단위로 하는 회귀분석을 하기로 하였다. 나라들을 종교별로 구분한 변수를 독립변수에 넣기로 하였다. 개신교, 천주교, 그리스정교, 불교, 이슬람, 힌두교로 구분하기로 했다. 가변수는 몇 개가 필요할까? 또 6개의 가변수가 필요하지 않은 이유는 무엇인지를 친구들과 토론하자.

문제풀기

01 교육수준에 따른 생활만족도의 차이를 다양한 배경변수를 통제한 상태에서 비교하기 위해서 다중회귀분석을 실시하고자 한다. 교육수준을 5개의 범주로(무학, 초등교졸, 중졸, 고졸, 대졸 이상)측정하였다.

   이때 교육수준별 차이를 나타내는 가변수(dummy variable)를 몇 개 만들어야 하겠는가?

   가. 1개

   나. 2개

   다. 3개

   라. 4개

02 미국에서 흑인과 백인의 교육수준별 주관적 계급의식에 대한 조사를 통해 얻은 자료에 회귀분석을 적용한 결과 아래 그림과 같은 관계를 얻을 수 있었다. 다음 중 이 그림에 대한 설명으로 잘못된 것은 무엇인가? (단 이때 상, 중, 하로 표시된 것은 그림의 편의를 위한 것으로 실제 측정과 분석은 연속변수로 이루어졌다).

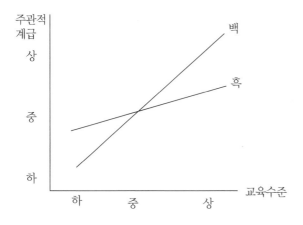

   가. 흑인과 백인 모두 교육수준이 상승함에 따라 주관적 계급의식 역시 높아졌다.

나. 흑인의 주관적 계급의식은 중간 이상의 교육수준을 받았을 경우 백인보다 낮지만 그 이하일 경우 백인보다 높다.

다. 교육수준이 흑인의 주관적 계급의식에 미치는 영향의 정도는 백인에 비해 더 낮다.

라. 주관적 계급의식에 대한 영향을 미치는 독립변수로서 인종과 교육수준 간에는 통계적 상호작용이 존재하지 않는다.

제24장

로지스틱
회귀분석의 소개

이 장에서는 로지스틱 회귀분석의 기본적 원리를 쉽게 소개하는데 주력한다. 쉽고 명쾌하게 설명하려고 하다 보니, 기본 원리만을 다루었는데도 꽤나 긴 분량이 된다. 이 책을 출발삼아, 다른 시중에 나와 있는 책 활용을 독자들에게 권한다.

이 장을 공부하기 위해서는, 제18장의 선형회귀분석 내용을 제대로 알고 있어야 한다. 선형회귀분석에 익숙하지 않은 독자들은 제18장을 먼저 읽어보아야 한다. 이 책의 전개는 선형회귀분석을 이해하고 있다는 전제하에서 이루어진다.

로그와 지수에 대한 기본지식이 없는 독자들은 고등학교 교과서나 쉬운 수학 책에 나오는 관련 원리들은 먼저 살펴보아야 한다. 인터넷에서도 이러한 내용들은 많이 나와 있기 때문에 이에 대한 설명은 하지 않고 로지스틱 회귀분석에 대한 설명을 진행한다.

24.1 로지스틱 회귀분석 공식

가장 흔한 로지스틱 회귀분석은 종속변수가 두 가지의 경우를 가지는

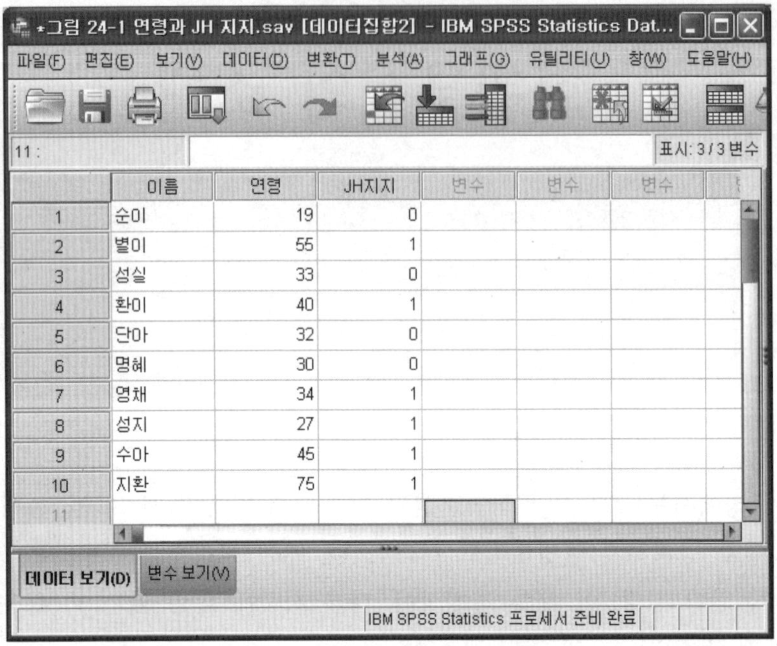

[그림 24-1] 연령과 JH 지지

	이름	연령	JH지지	변수	변수	변수
1	순이	19	0			
2	별이	55	1			
3	성실	33	0			
4	환이	40	1			
5	단아	32	0			
6	명혜	30	0			
7	영채	34	1			
8	성지	27	1			
9	수아	45	1			
10	지환	75	1			
11						

'범주형 변수(categorical variable)'일 경우이다. 환자의 병이 재발할지 안할지, 전과자가 범죄를 다시 저지르지 않을지, 혹은 [그림 24-1]과 같이 JH라는 정치인을 지지할지 않을지에 관심을 가진다. [그림 24-1]에서 1은 '지지한다'를 0은 '지지하지 않는다'를 나타낸다.

[분석] [회귀분석] [이분형 로지스틱]을 선택한 후, [그림 24-2]에서와 같이 종속변수와 독립변수를 구분해서 지정해준다. [종속변수]에는 "JH지지"를, [공변량]에는 "연령"을 각각 왼쪽으로부터 옮겨왔다. [그림 24-2]에서 [저장]을 누르고, [그림 24-3]과 같이 [예측값]에서 [확률]을 체크한다. [계속] [확인]을 누른다.

[그림 24-2]   로지스틱 회귀모형

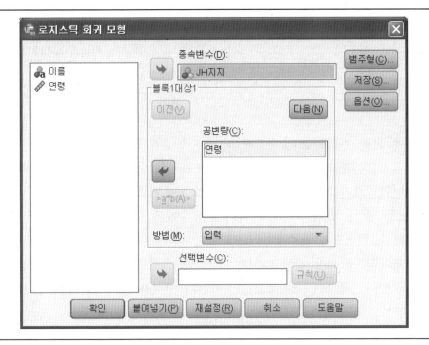

[그림 24-3]   로지스틱 회귀분석 : 저장

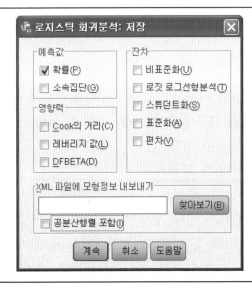

[표 24-1]	방정식에 포함된 변수					
방정식에 포함된 변수						
		B	S.E.	Wals	자유도	유의확률	Exp(B)
1단계[a]	연령	.222	.168	1.743	1	.187	1.248
	상수항	-7.201	5.527	1.698	1	.193	.001

a) 변수가 1 : 단계에 진입했습니다 연령.연령.

이에 따라 나타나는 출력결과 중 하나는 [표 24-1]이며, 데이터 파일에는 [그림 24-4]와 같이 하나의 변수가 추가된다. [표 24-1]에는 선형회귀분석과 유사한 결과를 볼 수 있다. [그림 24-4]에는 "PRE_1"이라는 변수가 추가된 것을 알 수 있다. 확률 예측값인만큼 0에서 1사이의 값들이 나온 것을 알 수 있다. 연령으로 예측해본 JH라는 정치인에 대한 지지 확률인 셈이다.

먼저 [표 24-1]의 출력결과를 로지스틱 회귀분석의 회귀식과 연결해보자. 명목변수를 종속변수로 삼고 예측확률을 구하는 로지스틱 회귀분석의 특성상, 공식은 선형회귀분석과는 조금 다르다. 로지스틱 회귀분석 공식은 종속변수의 확률(probability)를 구하며, $e(\approx 2.718)$를 포함하고 있다. "a+bx"라는 부분은 선형회귀분석에서도 찾아 볼 수 있다.

다음은 로지스틱 회귀분석 공식이다.

$$p = \frac{e^{a+bx}}{1+e^{a+bx}}$$

선형회귀분석에서와 마찬가지로 로지스틱 회귀분석 공식에서도 a와 b를 찾아내면 된다. [표 24-1]에서는 a와 b를 찾을 수 있다. a+bx에서 a에 해당하는 것이 -7.201이며, b에 해당하는 것이 .222이다.

공식에서 JH를 지지할 확률에 해당하는 p값이, [그림 24-4]의 "PRE_1"인 것이다. 공식을 자세히 살펴보면, 확률예측치인 p는 0에서 1사이에 놓인다는 것을 쉽게 이해할 수 있다. 연령이 높아짐에 따라, JH라는 정치인을 지지할 예상 확률인 "PRE_1"의 값이 올라간다는 것을 알 수 있다. 첫번째 응답자인 순이의 나이는 19살이며, 이러한 나이를 기초해서 추측한 JH 지지

[그림 24-4]   연령과 JH 지지 확률 추가

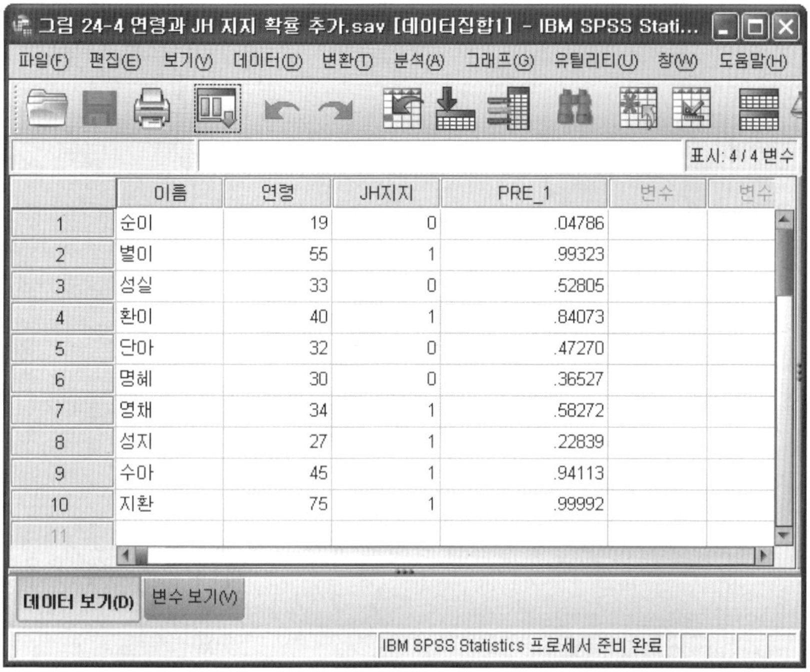

	이름	연령	JH지지	PRE_1	변수	변수
1	순이	19	0	.04786		
2	별이	55	1	.99323		
3	성실	33	0	.52805		
4	환이	40	1	.84073		
5	단아	32	0	.47270		
6	명혜	30	0	.36527		
7	영채	34	1	.58272		
8	성지	27	0	.22839		
9	수아	45	1	.94113		
10	지환	75	1	.99992		

확률은 .04786이다. 반면, 나이가 75세인 지환이 JH를 지지할 예상 확률은 .99992이다.

24.2 SPSS를 활용하여 확률을 직접 구해보기

공식을 보고 이해하는 것하고, 실제로 해보면서 느끼는 것은 천지차이이다. 이 절에서는 공식에 나오는 p에 해당하는 값인 확률을 SPSS의 계산 기능을 통해 구해보기로 한다. [그림 24-4]의 "PRE_1" 변수를 직접 구해보는 것이다.

먼저 공식의 "a+bx"을 z라는 새로운 변수로 계산한다. [변환][변수계산]을 누르고, [표 24-1]에 나오는 값을 이용해 입력해 넣는다. 이전 장에서

[그림 24-5]   변수계산 z

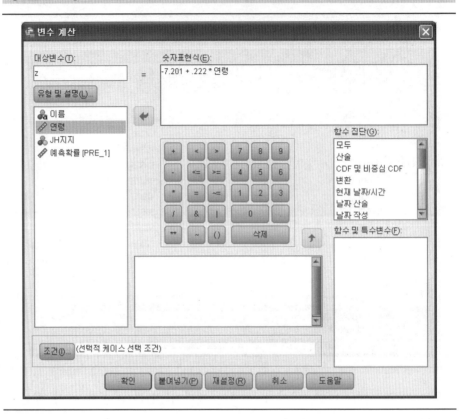

도 언급히였듯이, 아래 계산기 비튼을 활용하고 변수이름은 왼쪽 공란에서 [숫자표현식]아래 공란으로 가져온다. [그림 24-5]에서 [대상변수] 아래 공란에 z는 직접 입력한다. [숫자표현식]아래 공란에는 "-7.201+.222×연령"을 입력한다. [확인]을 누른다.

[숫자표현식]은 [표 24-1]에 나온 숫자들을 선형회귀분석에서와 마찬가지로 가져온 것이다. "연령"과 "B"가 교차하는 곳의 숫자가 .222이며, 상수항과 B가 만나는 곳 숫자가 -7.201이다.

[그림 24-6]에서는 e^{a+bx} 에 해당하는 부분을 계산한다. [대상변수] 아래 공란에는 expz라고 직접 입력한다. [함수집단]에서 [산술]을 선택하고, [함수 및 특별변수]에서 [Exp]를 더블클릭한다. 그러면, [숫자표현식] 아래 공란에

[그림 24-6]   변수계산 exp

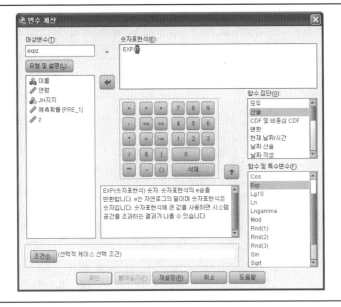

[그림 24-7]   변수계산 expz

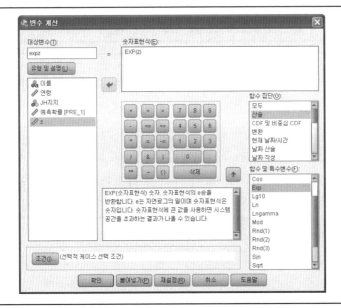

[그림 24-8] 　　　　　　　　　　　변수계산 p

[그림 24-6]에서와 같이, "Exp(?)"라고 뜬다. 이때 물음표가 파란색으로 선택되어 있는 상태를 그대로 유지한다. 왼쪽 공란에 있는 변수이름 중에서 z를 더블클릭하면, [그림 24-7]과 같이 "Exp(z)"라고 표시된다. [확인]을 누른다.

　　마지막으로 확률인 p를 구해본다. [대상변수]에 p를 입력하고, 공식과 마찬가지로 [숫자표현식]에 "expz/(1+expz)"라고 입력한다. [확인]을 누른다.

　　[그림 24-9]에서 "PRE_1"과 p를 비교해보라. 동일하다는 것을 알 수 있다. 이것이 로지스틱 공식에 대한 기본적 이해이다.

[그림 24-9]			연령과 JH 지지 확률계산			

그림 24-9 연령과 JH 지지 확률계산.sav [데이터집합1] – IBM SPSS Statistics Data Editor

파일(F) 편집(E) 보기(V) 데이터(D) 변환(T) 분석(A) 그래프(G) 유틸리티(U) 창(W) 도움말(H)

11 :   표시: 7 / 7 변수

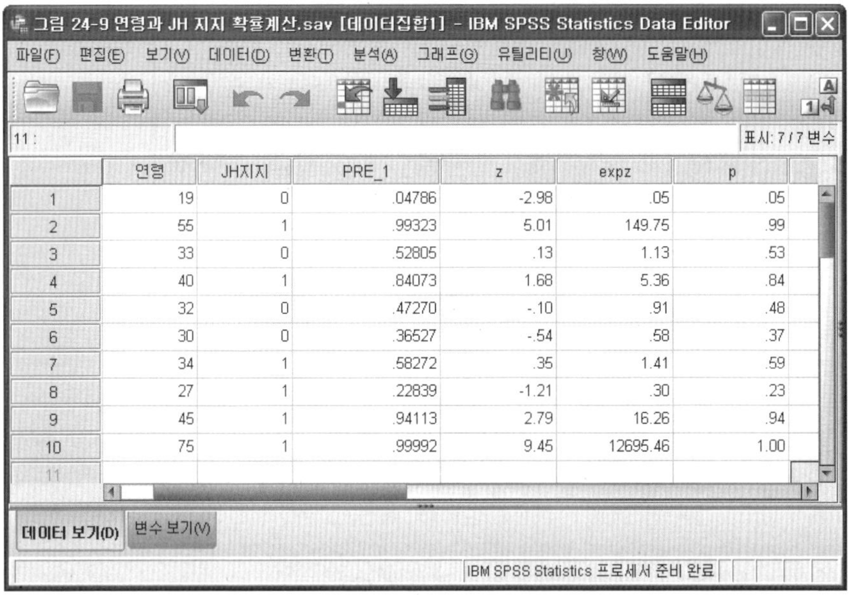

	연령	JH지지	PRE_1	z	expz	p
1	19	0	.04786	-2.98	.05	.05
2	55	1	.99323	5.01	149.75	.99
3	33	0	.52805	.13	1.13	.53
4	40	1	.84073	1.68	5.36	.84
5	32	0	.47270	-.10	.91	.48
6	30	0	.36527	-.54	.58	.37
7	34	1	.58272	.35	1.41	.59
8	27	1	.22839	-1.21	.30	.23
9	45	1	.94113	2.79	16.26	.94
10	75	1	.99992	9.45	12695.46	1.00
11						

데이터 보기(D) 변수 보기(V)

IBM SPSS Statistics 프로세서 준비 완료

24.3 선형회귀분석을 쓰지 않는 이유

이렇게 더 복잡한 로지스틱 회귀분석을 사용하는 이유 중 하나는 선형 회귀분석을 사용할 경우 y의 예측값이 0보다 작거나 1보다 클 수 있기 때문이다. [그림 24-1] 데이터를 가지고 선형회귀분석을 해보자. [분석] [회귀분석] [선형]을 누른다. [그림 24-10]과 같이, [종속변수]에 "JH지지"를 넣는다. [독립변수]에는 "연령"을 넣는다. [저장]을 누르고, [그림 24-11]처럼 [예측값] [비표준화]를 체크한다.

[그림 24-12]에서는 회귀식에 근거한 예측값이 역시 기본사양 이름인 "PRE_1"이라는 이름으로 나와 있다. 여기서 눈여겨 볼 부분은 10번째 응답자인 지환이다. 그의 JH 지지 예측값은 1.25060이다. 1보다 큰 값이 나옴으로써 분석의 의미가 없어졌다.

[그림 24-10] 　　　　　　　　　　　　　선형회귀분석

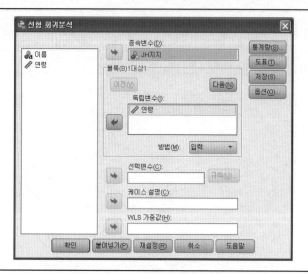

[그림 24-11] 　　　　　　　　　　　선형회귀분석 : 저장

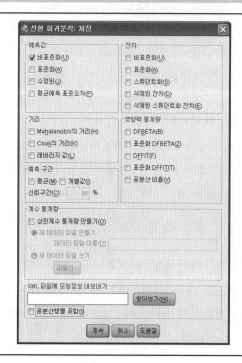

[그림 24-12] 연령과 JH 지지 선형회귀분석 : 예측값 포함

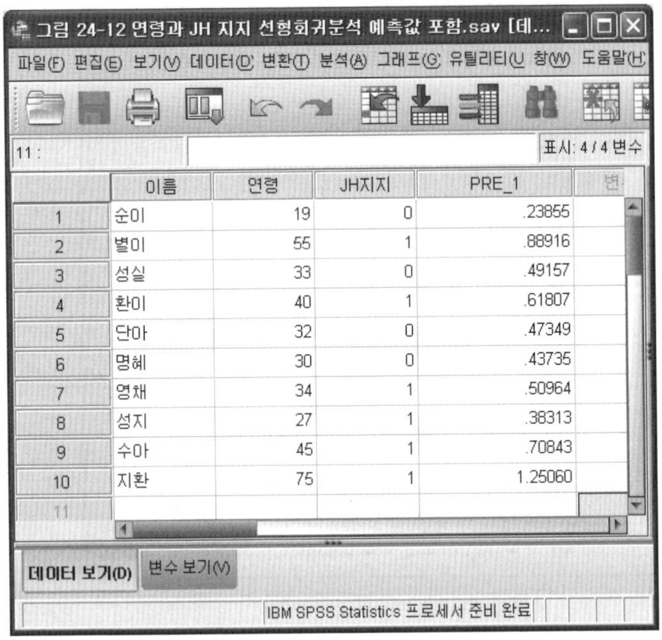

	이름	연령	JH지지	PRE_1
1	순이	19	0	.23855
2	별이	55	1	.88916
3	성실	33	0	.49157
4	환이	40	1	.61807
5	단아	32	0	.47349
6	명혜	30	0	.43735
7	영채	34	1	.50964
8	성지	27	1	.38313
9	수아	45	1	.70843
10	지환	75	1	1.25060
11				

이제 왜 이런 현상이 일어나는지를 한번 살펴보자. [그래프][레거시 대화 상자][산점도/점도표]를 선택하고, [단순산점도][정의]를 누른다. 나타나는 단순산점도 창 [Y축]에 "JH지지"를 [X축]에 "연령"을 입력한다. [케이스 설명]에는 "이름"을 넣는다. [확인] 이후 나오는 도표를 더블클릭한 도표편집기가 [그림 24-13]이다.

[그림 24-13]에서 [요소][전체적합선]을 선택한다. 전체적합선이란 선형회귀식을 의미한다.

[그림 24-14]가 나타난다. 여기에서는 제일 오른쪽 위 한 점에 대한 선형회귀선 예측점을 찾을 수 없다. 따라서 [편집][Y축 선택]을 누른 후, [그림 24-15]와 같이 [최대값] 옆 [자동]이라는 공란에 있는 체크를 한번 눌러서 없앤다. [최대값]과 [사용자 정의]가 교차하는 공란에 "2"를 입력한다. [적용]을 누른다. 나온 산점도에서, [요소][데이터 설명 모드]를 선택하고 제일 오른쪽 점을 클릭한 결과가 [그림 24-16]이다.

[그림 24-13]   연령과 JH 지지 산점도

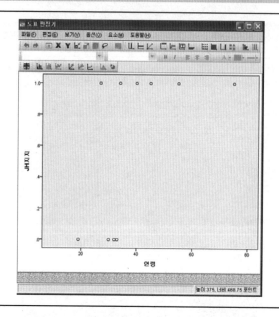

[그림 24-14]   연령과 JH 지지 산점도 전체적합선

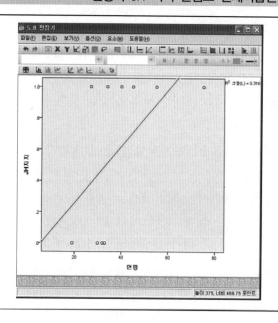

[그림 24-15]   연령과 JH 지지 산점도 특성

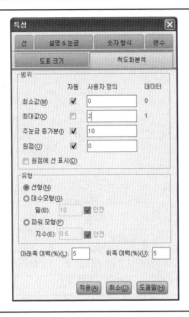

[그림 24-16]   연령과 JH 지지 수정된 산점도

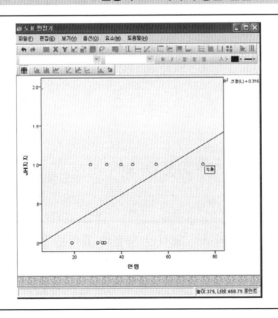

| [그림 24-17] | 연령과 JH 지지 산점도 설명 |

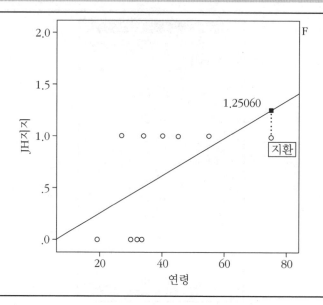

[그림 24-16]에서 나온 도표를 편집한 [그림 24-17]을 보면 선형회귀분석을 사용했을 때의 문제점을 좀더 쉽게 파악할 수 있다. 개념형 변수인 JH 지지를 연속형 변수처럼 간주해 선형회귀곡선을 돌릴 때는, 확률의 범위인 0 ~1을 벗어나는 예측치가 나올 수 있는 것이다.

지환의 예측값은 [그림 24-12]에서와 같이 1을 넘어선 1.25060이다. 의미가 없는 값인 것이다.

24.4 로지스틱 회귀분석에서 기울기의 의미

회귀분석에서 기울기의 의미를 공식에 대한 간단한 증명을 통해 알아 보기로 한다. 로지스틱 회귀분석 공식이 다음과 같다는 것은 이미 언급하였다.

$$p = \frac{e^{a+bx}}{1+e^{a+bx}}$$

여기서 $a+bx$를 z라고 하자. 그렇다면 $\dfrac{p}{1-p}$값은 얼마일까? 먼저 $1-p$의 값을 구한 다음 진행하도록 한다.

$$1-p = 1 - \frac{e^z}{1+e^z}$$
$$= \frac{(1+e^z)-e^z}{1+e^z}$$
$$= \frac{1}{1+e^z}$$
$$\frac{p}{1-p} = \frac{\dfrac{e^z}{1+e^z}}{\dfrac{1}{1+e^z}}$$
$$= e^z$$

$\dfrac{p}{1-p}$의 값이 e^z이라고 증명된 것을 바탕으로, $\log\dfrac{p}{1-p}$의 값을 구해본다. 이 값은 다음에서 간단히 보여지듯 $a+bx$이다.

$$\log\frac{p}{1-p} = \log e^z$$
$$= z$$
$$= a+bx$$

여기서 $\log\dfrac{p}{1-p}$를 '로그 오즈(log odds)' 혹은 '로짓(logit)'이라 부른다. x가 한 단위 증가하면, '로그 오즈' 혹은 '로짓'은 b만큼 증가하는 것이다.

다시 [표 24-1]을 살펴보자. 다음과 같이 간단히 공식화 할 수 있다.

JH를 지지할 로짓$=7.201+0.222\times$연령

응답자의 연령이 한 살 증가할 때마다, JH를 지지할 로짓은 0.222만큼 증가한다. 선형회귀분석에서와 마찬가지로, 해석에 있어서 상수인 -7.201에 대해서는 크게 신경쓸 필요가 없다.

이러한 로짓의 의미를 이해하는 것은 쉽지 않다. 너무 복잡하기 때문이다. 일단, 독자들은 로짓(logit)과 확률(p)의 대략적 관계만 이해하면 된다. 이 내용은 다음 절에서 다룬다.

24.5 로짓(logit)과 확률(p)과의 관계

확률(p)이 커지면 로짓(logit)도 커진다. 수학적인 증명보다, 여기서는 확률과 로짓간의 산점도를 그려보면서 감을 잡아보자.

[그림 24-9]의 데이터에서, [변환] [변수계산]을 선택한다. [그림 24-18]과 같이 대상변수에는 "변수1_p"를 입력한다. 숫자표현식에는 아래 계산기 버튼을 활용하고 왼쪽 공란 변수를 옮겨넣어서 "1-p"라고 만들어 둔다. [확인]을 누른다.

[그림 24-18]   변수계산 1-p

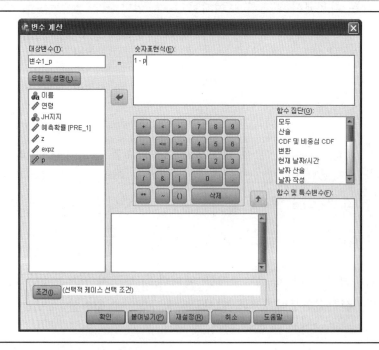

[그림 24-19]　　　　　　　　변수계산 $\dfrac{p}{1-p}$

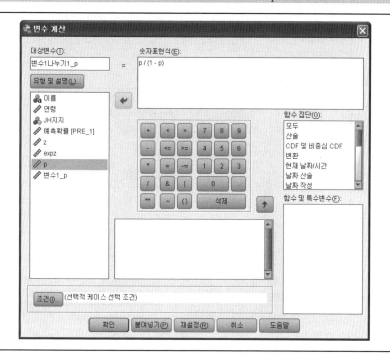

이번에는 $\dfrac{p}{1-p}$ 을 계산해본다. [그림 24-19]에서와 같이, 변수이름은 "변수1나누기1_p"로 [대상변수] 아래 공란에 입력한다. [숫자표현식] 아래 공란에는 p/(1-p)가 기입되도록 한다. [확인]을 누른다.

마지막으로 로짓에 해당하는 변수를 계산한다. 먼저 [그림 24-19]에서 [대상변수]를 "로짓"으로 정한다. [함수집단]에서 [산술]을 선택한다. [함수 및 특수변수]에서 [Ln]을 더블클릭한다. Ln은 log를 의미한다. 그러면 [그림 24-20]과 같이 [숫자표현식] 아래 공란에 물음표가 나타난다. 이때, 왼쪽 공란에서 $\dfrac{p}{1-p}$ 을 의미하는 "변수1나누기1_p"를 선택하고 오른쪽 화살표를 눌러서 [그림 24-21]과 같이 만든다. [확인]을 누른다.

이제 [그림 24-22]에서와 같이 로짓 변수가 만들어졌다. 참고로 확률(p)와 로짓(logit) 공식을 그 전개과정과 함께 다음과 같이 다시 적어본다.

[그림 24-20]   변수계산 log

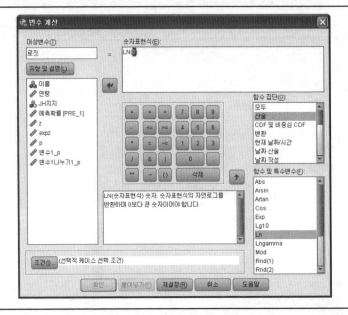

[그림 24-21]   변수계산 로짓

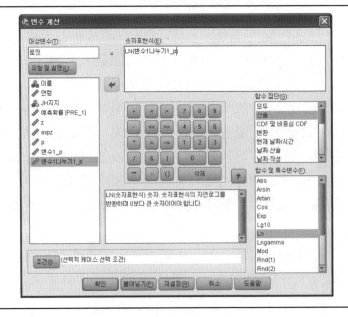

$$p = \frac{e^{a+bx}}{1+e^{a+bx}}$$

$$1-p = 1-\frac{e^{z}}{1+e^{z}}$$

$$= \frac{(1+e^{z})-e^{z}}{1+e^{z}}$$

$$= \frac{1}{1+e^{z}}$$

$$\frac{p}{1-p} = \frac{\frac{e^{z}}{1+e^{z}}}{\frac{1}{1+e^{z}}}$$

$$= e^{z}$$

$$\log\frac{p}{1-p} = \log e^{z}$$

$$= z$$

$$= a+bx$$

[그림 24-22] 연령과 JH 지지 로짓 계산

	p	PRE_2	변수1_p	변수1나누기1_p	로짓
1	.05	.23855	.95	.05	-2.98
2	.99	.88916	.01	149.75	5.01
3	.53	.49157	.47	1.13	.13
4	.84	.61807	.16	5.36	1.68
5	.48	.47349	.52	.91	-.10
6	.37	.43735	.63	.58	-.54
7	.59	.50964	.41	1.41	.35
8	.23	.38313	.77	.30	-1.21
9	.94	.70843	.06	16.26	2.79
10	1.00	1.25060	.00	12695.46	9.45
11					

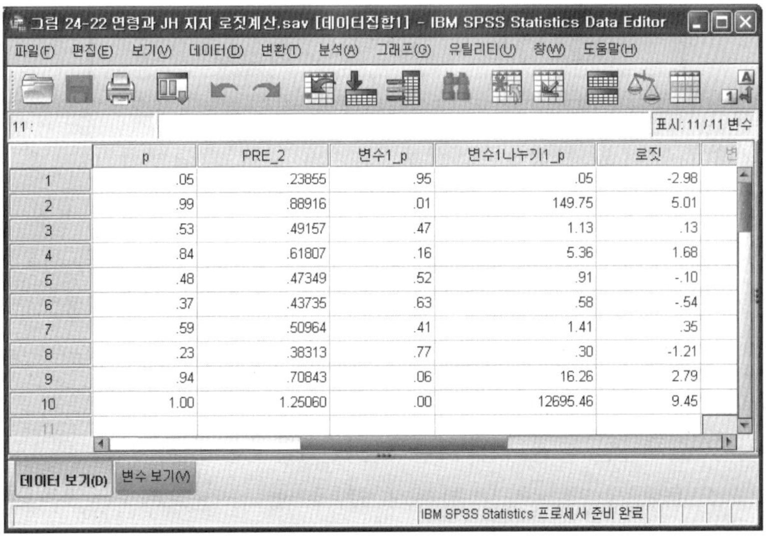

[그림 24-23]	로짓과 확률간의 산점도

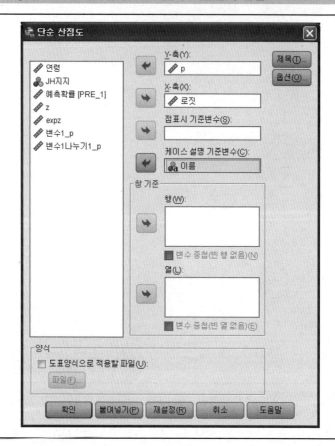

반복해서 공식을 살펴보았으므로, 이제는 확률과 로짓이 어떻게 관련이 있는지를 한번 살펴보기로 한다. [그래프] [레거시 대화 상자] [산점도/점도표]를 선택하고, [그림 24-23]과 같이 만든다. [X축]에는 "로짓"을, [Y축]에는 "p"를, [케이스 설명 기준변수]에는 "이름"을 각각 넣는다. [확인]을 선택한다.

나온 산점도에서, [요소] [데이터 설명 모드]를 선택하고 제일 오른쪽 점을 클릭한 결과가 [그림 24-24]이다.

로짓이 증가하면 확률이 증가한다는 관계는, 출력된 산점도를 더블클릭해서 나온 [그림 24-24]에서 명확하게 알 수 있다. 선형관계는 아니지만, x축의 로짓이 증가할수록 y축에 해당하는 확률이 증가함을 알 수 있다.

| | 로짓과 확률간의 산점도 |

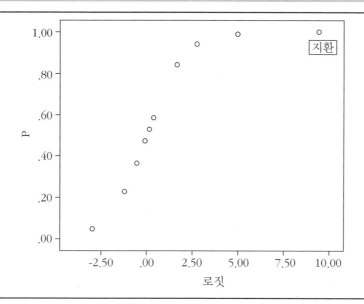

단순한 양의 상관관계 뿐 아니라, 관계의 성격도 파악해볼 수 있다. 확률은 0에서 1사이에 위치한다는 것을 알 수 있다. 로짓은 음수에서부터 양수까지 존재한다는 것 역시 알 수 있다. 로짓의 값이 낮아서 확률이 0에 가까울때는 증가속도가 늦다가, 어느 순간부터는 기울기가 가팔라지는 것 역시 알 수 있다. 또한 확률이 1에 가까워지면서 증가속도가 다시 줄어드는 것을 볼 수 있다.

이러한 로짓과 확률의 관계 때문에, [그림 24-24]에서처럼 지환의 확률값은 1에 근접하지만 1을 넘기지 않는 것이다. 선형회귀분석을 돌렸을때, 네모로 표시된 지환의 JH 지지 예측값이 [그림 24-17]에서 1.25060인 것과 비교해 보자.

[그림 24-24]로 인해, 로짓이 커지면 확률이 커진다는 것은 분명해졌다. 또 반복되지만, 로짓식을 다음과 같이 다시 살펴보자. b값이 양수이면, x가 커짐에 따라 왼쪽의 로짓이 커진다. b값이 음수이면, x가 커짐에 따라 왼쪽의 로짓이 작아진다.

$$\log \frac{p}{1-p} = \log e^z$$
$$= z$$
$$= a + bx$$

따라서 기울기 b가 양수이면, x값이 한 단위 증가함에 따라 종속변수가 일어날 확률도 커진다. 기울기 b가 음수이면, x값 한 단위 증가는 종속변수가 일어날 확률의 감소를 가져온다.

확률과 로짓은 서로 같은 방향으로 움직인다고 생각하면 된다. 선형회귀분석에서처럼 직선적인 관계는 아니지만, 기울기 b값이 양수이면 x 증가에 따라 확률과 로짓 모두 증가한다.

24.6 로짓과 기울기 다시 살펴보기

앞서 b값이 한단위 증가함에 따라, 종속변수 로짓이 b만큼 변화한다고 언급하였다. [그림 24-22]에서 로짓을 구했으므로, 기울기와 로짓의 관계로 다시 돌아가 SPSS에서 실습해 보도록 하자.

[그림 24-25]는 연령과 JH지지 로짓을 쉽게 볼 수 있도록 [그림 24-22]에서 로짓 변수를 변수이름 부분을 길게 누르고 끌어와서 이동시킨 화면이다.

[그래프] [레거시 대화 상자] [산점도/점도표]에서 [그림 24-26]과 같이 선택한다. [X축]에는 "연령"을, [Y축]에는 "로짓"을 넣는다. [케이스 설명 기준변수]에는 "이름"을 넣는다. [확인]을 누른다. 출력결과를 더블클릭하고, [요소] [데이터 설명 모드]에서 명혜와 환이에 해당하는 점을 클릭하고 설명 사항을 추가하여서 [그림 24-27]이 나온다.

[그림 24-25]   연령과 JH 지지 로짓

[그림 24-26]   단순산점도 연령과 로짓

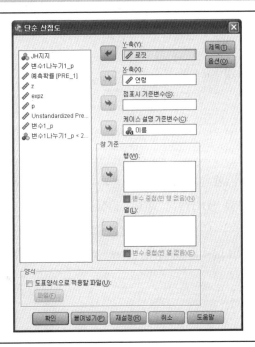

[그림 24-27]	단순산점도 출력결과 연령과 로짓 설명

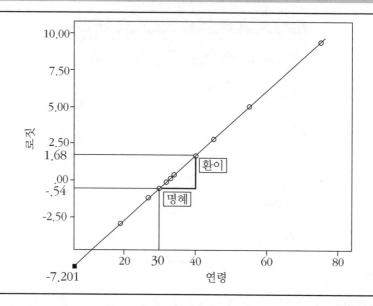

[그림 24-27]은 [표 24-1]에 나온 결과를 잘 설명해 주고 있다. 다음을 보자.

$$JH\ 지지\ 로짓 = a + bx$$
$$= -7.201 + .222 \times 연령$$

[그림 24-27]에서 각 응답자들을 의미하는 점을 이은 선이 y축과 만나는 절편이 -7.201이다.

기울기는 명혜와 환이의 연령 증가분과 로짓값 증가분을 살펴보면 나올 수 있다. 연령이 명혜 30살에서 환이 40살로 증가하면, 명혜 JH지지 로짓 -.54에서 환이 JH지지 로짓 1.68로 2.22 증가하였다. 연령 10 단위 증가는 로짓 2.22 증가를 의미한다. 따라서, 연령 1 단위 증가는 로짓 .222 증가를 의미한다.

24.7 오즈(odds)의 이해

앞서 로짓의 변화와 기울기를 연결하여 설명하기는 어렵다고 얘기한 바 있다. 이러한 이유로, 로짓이 아니라 로짓의 일부를 이루는 오즈(odds)로 기울기를 설명하기도 한다.

오즈는 사건이 발생할 확률을 사건이 발생하지 않을 확률로 나눈 값이다. 공식으로 나타내면, 다음과 같다.

$$odds = \frac{p}{1-p}$$

오즈(odds)를 번역할 때, "승산(勝算)"이나 "가능성"이라는 표현을 쓰기도 한다. 하지만, 승산은 승리할 확률을 의미하는 것으로 생각하기 쉽다. 가능성 역시 확률로 이해하기 쉽다. 오즈의 개념은 확률과는 엄밀하게 다르므로, 이 책에서는 영어 발음 그대로 적기로 한다.

오즈와 확률의 차이점은 쉽게 설명할 수 있다. 주사위를 던져 1이 나올 확률은 1/6이다. 주사위를 던져 1이 나올 오즈는, 1이 나올 확률을 1이 나오지 않을 확률로 나눈 값이다.

다음의 계산과 같이, 주사위를 던져 1이 나올 오즈는 1/5이다.

$$\text{주사위를 던져 1이 나올 오즈} = \frac{\frac{1}{6}}{1-\frac{1}{6}} = \frac{\frac{1}{6}}{\frac{5}{6}} = \frac{1}{5}$$

그렇다면 오즈란 개념은 왜 사용하는 것일까? 이는 도박과 관련이 있다. 예를 들어, 경마는 오즈가 흔히 사용되는 분야이다.

예를 들어, 두 말이 출전하는데 실력이 동일하다고 가정해보자. 각 말이 이길 확률은 각각 1/2이다.

그렇다면 각 말의 오즈는 1이다.

$$각\ 말이\ 이길\ 오즈 = \frac{\frac{1}{2}}{1-\frac{1}{2}} = 1$$

도박은 다음과 같이 진행된다. 만약 독자가 각 말에 만원씩을 걸었다고 하자. 진 말에 건 만원은 잃고, 이긴 말에 건 만원은 돌려받는다. 그리고 오즈 계산에 따라 만원 곱하기 1을 해서 만원을 상금으로 받는다. 전부해서 2만원을 걸어서, 결국 2만원을 돌려받았다. 본전이다.

좀더 복잡한 경우를 생각해보자. 세 말이 출전한다. A, B, C 각각의 우승확률은 1/2, 1/4, 1/4이다.

그러면 오즈는 다음과 같다.

$$A\ 말이\ 이길\ 오즈 = \frac{\frac{1}{2}}{1-\frac{1}{2}} = 1$$

$$B\ 말이\ 이길\ 오즈 = \frac{\frac{1}{4}}{1-\frac{1}{4}} = \frac{1}{3}$$

$$C\ 말이\ 이길\ 오즈 = \frac{\frac{1}{4}}{1-\frac{1}{4}} = \frac{1}{3}$$

독자가 이길 확률에 비례해서 돈을 세 말에 걸었다고 치자. A에 2만원, B에 1만원, C에 1만원을 걸었다. 총 4만원을 걸었다.

A가 이긴 경우를 생각해보자. B와 C에 건 2만원은 날린다. 그리고 A에 건 2만원은 돌려받는다. 그리고 상금으로 받을 돈의 계산은 2만원(2만원×1)이다. 결국 4만원을 돌려받은 것이다. 본전치기를 한 것이다.

B가 이긴 경우를 생각해보자. A에 건 2만원과 C에 건 1만원은 잃었다. B에 건 1만원은 돌려 받는다. 그리고 상금으로 받을 돈의 계산은 다음의 계산과 같이 3만원이다. 가능성이 작을수록 많은 비율의 돈을 받는다는 것은

쉽게 이해가 될 것이다.

　　1만원×3=3만원

　B가 이길 경우에도 돌려받는 돈은 합쳐서 4만원이다. 본전이다. C가 이겨도 본전인 것은 쉽게 이해할 수 있다.

　이래서 오즈라는 개념이 유용한 것이다. 단지 실제 경마에서는 베팅을 거는 사람이 확률대로 돈을 걸면 절대 본전을 할 수는 없도록 되어 있다. 돈을 거는 사람이 불리하도록 확률이 설정되어 있어서, 오즈 역시 그렇게 정해진다.

　이제 이러한 오즈를 어떻게 기울기 설명에 사용할 것인지 다음 절에서 알아보자.

24.8 　오즈(odds)와 기울기

　수학적 설명보다, 이 절에서도 SPSS 실습을 통해 알아보자. [그림 24-28]은 연령과 JH지지 오즈를 쉽게 볼 수 있도록 [그림 24-22]에서 오즈에 해당하는 변수("변수1나누기1_p")를 변수이름 부분을 길게 누르고 끌어와서 이동시킨 화면이다.

　이번에는 산점도를 그리기 전에 두개의 케이스를 제외하도록 한다. y축에 그릴 변수는 변수1나누기1_p이다. 별이 149.75, 지환 12695.46, 수아 16.26은 다른 값에 비해 너무 크기 때문이다. 이러한 값들을 포함시키면, y축의 범위가 너무 커져서 x 변화에 따른 y 변화를 파악하기 힘들다.

　[데이터][케이스 선택]을 누르고, [그림 24-29]에서와 같이 [조건을 만족하는 케이스] 왼쪽의 동그란 라디오 버튼을 누른다. 바로 밑의 [조건]을 눌러, [그림 24-30]에서와 같이 "변수1나누기1_p<10"이라고 조건식을 입력한다. [계속][확인]을 누른다.

[그림 24-28]   연령과 JH 지지 오즈 위치 이동

[그림 24-29]   케이스 선택 모드

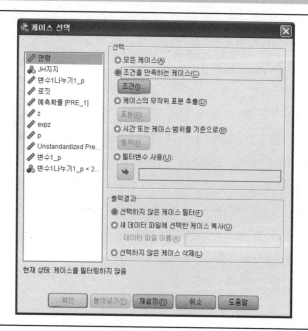

[그림 24-30] 케이스 선택 조건 오즈

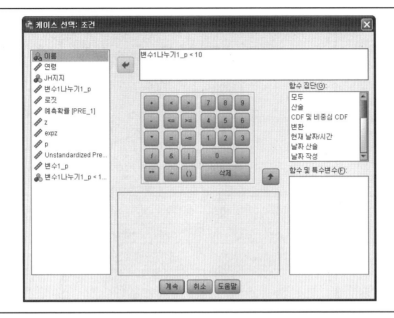

[그림 24-31] 연령과 JH 지지 데이터 케이스 선택

[그림 24-32]	연령과 JH 지지 데이터 단순산점도

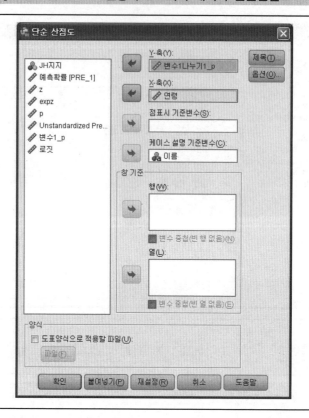

[그림 24-31]과 같이 벌이 지환 수아 세 값의 왼쪽 케이스 번호에 비스듬한 줄이 그어진다. [그림 24-31]은 [변수보기]에 들어가서 변수1나누기1_p 소수점을 세 자리로 조정해 둔 결과다. 이 책에서 좀더 정밀한 결과를 얻기 위해서다.

[그림 24-31]에서 [그래프][레거시 대화 상자][산점도/점도표]를 누르고, [그림 24-32]와 같이 산점도의 조건을 설정한다. [확인]을 누른다.

출력된 산점도를 더블클릭한 도표편집기에서 [요소][데이터 설명 모드]를 선택한다. 단아, 성실, 영채에 해당하는 세 점에 클릭한다. 여기에 세 점의 연령과 오즈값을 표시한 것이 [그림 24-33]이다.

[그림 24-33]   연령과 JH 지지 단순산점도 설명

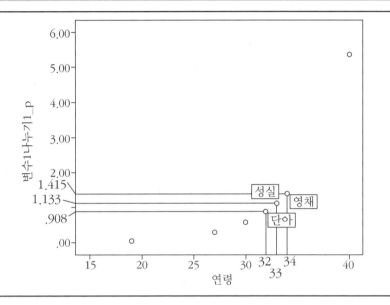

여기에서 간단한 산수를 해보자.

$$1.415 \div 1.133 = 1.24889$$
$$1.133 \div \ .908 = 1.24779$$

$$.908 \times 1.248 \approx 1.133$$
$$1.133 \times 1.248 \approx 1.415$$

단아(32세)에서 성실(33세)로 한살이 증가하고 또 성실(33세)에서 영채 (34세)로 한살이 증가할 때, 각각 오즈의 값은 24.8%(혹은 1.248배) 증가한다. 단아의 오즈에 1.28를 곱하면, 단아보다 한 살 많은 성실의 오즈값이 되는 것이다.

오즈와 로짓은 x 단위값 증가에 다르게 반응한다. [그림 24-27]에서는, x 한단위 증가에 따라 로짓이 .222씩 동일한 크기만큼 증가한다. [그림 24-33]에서는, x 한단위 증가에 따라 오즈가 1.248씩 동일한 비율만큼 증가한다.

[표 24-2]				방정식에 포함된 변수			
방정식에 포함된 변수							
		B	S.E.	Wals	자유도	유의확률	Exp(B)
1단계[a]	연령	.222	.168	1.743	1	.187	1.248
	상수항	-7.201	5.527	1.698	1	.193	.001

a) 변수가 1 : 단계에 진입했습니다 연령.연령.

따라서, x 단위값 증가에 따른 오즈 증가의 크기는 당연히 동일하지 않다. [그림 24-33]을 보면 기하급수적으로 오즈가 늘어나는 것을 알 수 있다. 은행 예금의 복리를 생각하면 이해하기 쉽다.

다음에는, [표 24-1]의 내용을 다음과 같이 다시 가져와 보았다. 1.248이라는 숫자가 "Exp(B)"와 "연령"의 교차점에 있는 것을 알 수 있다.

이제 왜 오즈를 기울기 해석에 사용하는지 다시 강조하려고 한다. 오즈라는 개념에만 익숙해지면, 로짓보다는 오즈를 이야기하는 것이 훨씬 이해가 쉽다. 오즈를 이용해서 다시 한번 회귀식을 설명해 보도록 한다.

나이가 한살씩 늘어날수록, 정치인 JH를 지지할 오즈는 24.8%씩 늘어난다.

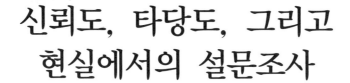

제25장

신뢰도, 타당도, 그리고
현실에서의 설문조사

동일 조건에서 비슷한 결과가 나오면 우리는 일관성이 있다고 말한다. 일관성을 통계학에서는 '신뢰도 信賴度 reliability'라 한다. 체중계의 예를 들어보자. 집에서 체중계로 재어본 나의 오늘 몸무게는 50kg이다. 일주일 후의 나의 체중 역시 50kg 근처가 나와야 체중계가 일관성을 가진다. 신뢰할 수 있는 체중계인 것이다.

지능검사도 마찬가지이다. 오늘 나의 지능지수는 120이다. 일주일 후에 동일한 지능지수 검사지를 가지고 재어볼 경우 120 부근으로 나와야 한다. 그래야 이 지능지수 검사가 일관성을 가진다. 신뢰도가 있는 것이다.

우울증에 대한 설문조사도 마찬가지이다. 오늘의 우울증 점수와 일주일 이후의 점수가 비슷해야 한다. 큰 차이가 난다면, 우울증을 측정하려고 만든 질문에 문제가 있는 것이다. 신뢰도가 없는 것이다.

여기서 하나 유의할 점이 있다. 일관성은 정확성과는 다르다는 것이다. 나의 몸무게는 1주일 전에도 50kg이었고 오늘도 50kg으로 나왔다. 나는 몸무게 관리를 잘 한 것 같아서 흐뭇하다. 하지만 사실 돈을 아끼려고 싼 값에

구입한 체중계가 5kg을 일관되게 작게 측정한 것이다. 내 체중은 일주일전
이나 오늘이나 55kg이었다.

계속 일관되게 측정할 경우, 이렇게 부정확한 체중계도 신뢰도가 있다.
지능지수 검사지나 우울증 설문조사 역시 마찬가지이다. 틀린 값도 일관되게
나온다면 신뢰성이 있는 것이다.

[그림 25-1]에서 아래에 있는 두 과녁은 모두 신뢰도를 가진다. 중심에
서 많이 벗어난 왼쪽 과녁이나 중심을 정확하게 맞춘 오른쪽 과녁이나 신뢰
도를 가지고 있다.

이러한 과녁에서 하나의 총탄자국은 하나의 측정값이라고 보면 된다. 예
를 들어, 한 번씩 측정된 지능지수나 우울증 측정치라고 볼 수 있다. [그림

[그림 25-1]　　　　　　　　　과녁으로 본 신뢰도와 타당도

Unreliable & Unvalid

Reliable, Not Valid　　　　　　Both Reliable & Valid

25-1]에서 나오는 큰 자국은 여러 개의 하나하나의 총탄자국이 모여서 크게 보이는 것 정도로 이해하는 게 좋을 듯하다. 과녁에서 멀어질수록 정확하지 않은 것이다. 정확하지는 않아도, 신뢰도는 있을 수 있다.

현실을 있는 그대로, 즉 중심을 정확하게 맞추는, 조사인지를 말해주는 기준이 다음 절에서 언급할 타당성이다.

25.2 정확성으로서 타당도

'타당도 妥當度 validity'는 정확성을 의미한다. [그림 25-1]에서의 오른쪽 아래 과녁은 분포의 중심점이 과녁의 중심과 일치한다. 정확하기 때문에 타당도가 있다.

이와는 달리 왼쪽 위와 왼쪽 아래의 경우는 둘 다 중심을 많이 비껴갔다. 타당도가 없다.

신뢰도와 연관해서 정리해보자. 왼쪽 위 과녁은 '신뢰도도 없고 타당도도 없다 unreliable & invalid.' 왼쪽 아래는 '신뢰도가 있지만 타당도가 없다 reliable, not valid.' 오른쪽 아래는 '신뢰도도 있고 타당도도 있다 both reliable & valid.'

신뢰도는 낮고 타당도는 높을 수 있을까? 인터넷에는 일부 이러한 내용이 나와 있기는 하다. 분포의 중심은 과녁 중심과 일치하지만 총탄자국이 여기저기 찍혀있는 그림이 제시되는 식이다.

하지만 '신뢰도는 없지만 타당도는 있다'는 실제로 존재할 수 없다. 체중계가 고장이 나서 들쭉날쭉한 숫자가 나오는데 이 숫자들의 평균이 몸무게와 일치한다고 해서 정확하다고 이야기 할 수는 없는 것이다. [그림 25-1]의 원래 그림에도 그러한 과녁이 있었는데, 필자가 지워버렸다.

기존 교과서에 나오는 신뢰도와 타당도 관계에 대한 언급을 다시 살펴보는 것이 이 대목에서 효과적이다. '신뢰도는 타당도의 필요조건이지만 충분조건은 아니다 Reliability is a necessary but not sufficient condition for validity'는 흔히 인용되는 고전적 표현이다. '신뢰도보다 더 높은 타당도를 보여주는 수치는 없다 No data can be more valid than it is reliable'이라는 지적(Alreck & Settle, 2004: 59)도 핵심을 찌르고 있다.

반복하자면, 현실에서 나올 수 있는 경우의 수는 [그림 25-1]에 나오는 '신뢰도와 타당도 다 없음', '신뢰도는 있으나 타당도 없음', '신뢰도 타당도 다 있음'이라는 세 가지 뿐이다.

신뢰도와 타당도가 다 없는 설문은 엉터리 설문이다. 신뢰도 타당도가 다 있는 설문이 우리가 추구하는 좋은 설문이다. 신뢰도는 있으나 타당도가 없는 경우는 엉뚱한 것을 제대로 측정하고 있는 경우이다.

신뢰도는 있으나 타당도는 없는 경우는 생각보다 흔하다. 현실의 무엇인가를 일관되게 잡아내고는 있지만, 그것이 원래 설문이 의도한 정확한 그 주제는 아니다. '사랑'에 대한 설문을 예로 들어 보자. '사랑'에 대해 알아보려면 정확히 '사랑'에 대해 물어보아야 한다. 쉬운 것 같지만 쉽지 않다. "그 사람이 내 것이 되었으면 좋겠다"라는 표현은 유행가에 흔히 등장하는 사랑의 대명사이다. 하지만 설문에 이런 질문이 등장하는 경우 '사랑'이 아닌 엉뚱한 주제인 '집착'을 포착해낸다.

그래서 타당도 높은 설문은 쉽지 않다. 일단 신뢰도를 갖춰야 하기 때문이다. 신뢰도가 갖추어진 이후에, 타당도도 갖출 수 있다.

설문은 시작하는 순간부터 신뢰도와 타당도와 관련된 과정이라는 말이 이제는 이해가 될 것이다. 좋은 설문을 만들기 위한 하나하나의 과정은 대부분 신뢰도와 타당도를 동시에 높인다.

다음 절은 좋은 설문 만들기를 다룬다. 신뢰도와 타당도에 대해서는, 이후에 다시 언급하려 한다. 개념이 아닌 측정에 대해 설명한다.

25.3 좋은 설문 만들기

25.3.1 재미의 추구와 질문던지기

설문지를 만드는 과정은 그 자체로서 재미있어야 한다. 소설을 쓰는 것과, 재미의 추구라는 면에서 비슷하다. 소설가는 독자들이 재미있어 할 수 있는 글을 쓰려고 노력한다. 하지만 근본적으로는 자신이 재미있어 하는 글을 쓰는 것이다. 자신에게 재미없는 글은 독자의 흥미를 불러일으키기 어렵다. 설문지 질문을 하나하나 만들어가는 과정을 즐겨야, 좋은 설문지가 나온다.

주어진 과제로서 설문지를 작성하는데 어떻게 재미를 추구할 수 있느냐는 반론이 있을 수 있다. 하지만 설문조사는 기본적으로 창의적 작업이다. 현실적 제약이 창의성을 없앨 수는 없다.

필자의 경험을 예로서 제시하려 한다. 과제로서 부산 해수욕장에 대한 설문조사를 해야 했다. 나름대로의 재미를 찾기 위해 생각해본 결과, 부산에 위치한 해수욕장은 다른 지역 해수욕장과 그 성격이 다를 것이라는 생각이 들었다. 만약 다르다면 다른 성격의 해수욕장으로서 어떠한 평가를 받고 있는지 알고 싶어졌다. 교통접근성, 외식경험, 편의시설, 여가활동과 같은 측면을 조사에 추가해보았다. 나름대로 설문과정이 재미있었다.

설문결과를 기초로 한 신문기사 내용은 다음과 같다.

부산지역 해수욕장들 "음식값 비싸다"

중앙일보 입력 2001-7-23

해운대해수욕장 등 부산지역 해수욕장들이 부산시민들의 불만을 사고 있는 것으로 조사됐다. 부산발전연구원 김준우(金俊佑) 연구원이 최근 부산시민 2백 6명을 대상으로 부산지역 해수욕장 만족도에 대해 설문조사를 실시한 결과, 해수욕장 주변 음식가격에 대해 응답자의 57%가 '타 지역 해수욕장에 비해 비싸다'고 응답했다. 음식 맛도 타 해수욕장과 비교해서 '맛없다'는 응답이 24%로 '맛있다'의 13%보다 훨씬 많았다.

물놀이와 관련한 시설은 응답자의 41%가 '타 지역 해수욕장보다 샤워장·탈의실 등 물놀이 관련 시설이 나쁘다'고 대답한 반면 '낫다'는 9%에 그쳤다. 해수욕장 수질도 '나쁘다'는 대답이 58%인데 반해 '좋다'는 7%로 나타났다.

부산시민들은 ▶숙박시설·탈의실·샤워장 부족 ▶화장실 불결 ▶교통체증과 주차장 부족 ▶불친절 등을 불만 사항으로 꼽았다.

金 연구원은 "부산지역 해수욕장이 전통적인 물놀이 기능보다는 여가공

간·편의시설 이용 중심으로 한 도심형 해수욕장 성격을 띠고 있다"며 "시민들이 불만족스런 평가를 내린 만큼 도심형 기능을 시민들의 기대수준에 맞추고 수질·물놀이 관련 시설 개선에도 역점을 둬야할 것"이라고 지적했다.

정용백 기자 chungyb@joongang.co.kr

그렇다면 재미란 무엇인가? 소설과 설문지는 이 점에서도 유사하다. X선 촬영을 통해 눈에 보이지 않는 뼈와 기관들을 살펴보는 것과 같은 통찰적 분석이 재미를 유발한다.

필자가 보기에, 셰익스피어는 열등감이라는 도구를 가지고 인간을 분석해낸다. 본인과 주위 사람을 파괴시키는 엄청난 힘으로서, 셰익스피어는 열등감을 제시한다. 용기, 재산, 지위, 평판을 다 갖춘 맥베스가 열등감을 가지게 되는 것은 충격적이다. 자신을 인정해주고 진심으로 좋아하는 왕을 죽이는 장면은, 셰익스피어가 가지고 있는 문제의식을 극적으로 보여준다. 이러한 통찰을 갖춘 설문지가 재미를 가지는 것이다.

이러한 통찰적 재미를 추구하려면, 자신이 실제로 잘 알고 또 관심을 가지고 있는 일상적 주제에서 시작하는 것이 좋다. 주어진 과제에서도 마찬가지이다. 자신이 잘 아는 부분이나 관심이 있는 부분과 연결시키는 것이 좋다. 앞서 언급한 해수욕장에 대한 설문도 마찬가지이다. 나 자신의 경험에서 시작하는 것이 중요하다. '나는 왜 부산의 해수욕장에 갔을까?', '가서 무엇을 하면서 시간을 보냈을까?'라는 생각으로부터 출발한 것이다.

잘 모르는 거창한 주제는 누구나 빠지기 쉬운 유혹이다. 대학생은 사형제 폐지와 같은 성격의 주제를 선택하는 경우가 많다. 사형수나 사형 집행현장에 대해 잘 알고 있는 학생은 거의 없다.

주위에서 쉽게 접할 수 없는 현실이기 때문에 잘 모르는 것이 당연하다. 이러한 주제에 대한 조사는 하나같이 재미없다. 다시 셰익스피어로 돌아가자면, 열등감이란 누구나가 직간접적으로 겪는 심리현상이다. 셰익스피어 본인도 잘 알고 있는 일상적 주제이다.

이러한 재미의 추구는 연구질문으로 이어진다. '부산의 해수욕장은 어떻게 다를까?', '사람들은 왜 스타벅스에서 줄서서 커피를 마실까?'와 같은 질문이 연구질문이다. 이에 대한 답을 추구하는 과정이 설문조사라고 할 수도 있다.

　이러한 질문에 대한 답을 구하는 과정에서, 일단 구체적인 내용을 갖추면 '가설 假說 hypothesis'이 된다. 제대로 지어지지 않은 집을 가건물이라고 하듯이, 아직 증명되지 않은 이야기를 가설이라 한다. 가설에 대해서는, 16장을 다시 읽는 것이 좋다. 동전 던지기와 판사의 판결 같은 비유로 출발하기 때문에 이해가 쉽다. 통계분석 결과로 어떻게 가설이 증명되는지도 설명되어 있다.

　가설은 두 개 이상 변수간 관계를 다룬다. 대개 두 개의 관계를 다룬다. 변수가 여럿 있을 때는, 두 변수를 다룬 가설을 여러 개 만들면 되기 때문이다.

　연구질문이 딱딱한 형태를 가지면 가설이 된다고 생각해도 된다. 단순히 남녀의 경제적 상황에 대해 생각해보는 재미의 추구에서 한 발짝 더 나아가 '남녀 소득에 차이가 있다'라는 구체적 진술이 이루어지는 것이다. 성별과 소득이라는 좀 더 구체적이고 측정 가능한 변수가 딱딱하게 등장한 것이다.

　의학 분야를 생각해보면, 가설이 금방 이해된다. 다음과 같은 예를 생각해보자.

✓ 운동을 할수록 혈압이 떨어진다.
✓ 음주를 할수록 수명이 짧아진다.
✓ 스트레스를 많이 받으면 암에 걸릴 확률이 높아진다.

　가설보다는 연구질문에 충실하는 것이 좋다. 가설에의 집착은 재미를 잃어버리는 첩경이다. 실제 조사에서는 재미를 추구하는 연구질문 자체에 매달려야 한다.

　필자의 부산 해수욕장 설문으로 돌아가 보자. 굳이 가설을 만들자면 두 가지 정도가 가능하다. 첫 번째, 부산 지역 해수욕장은 다른 지역 해수욕장과는 방문객 이용행태에서 차이를 보인다. 두 번째, 부산시민은 부산 지역 해수욕장 이용에 대한 만족감에 있어 다른 지역 해수욕장과 차이를 보인다. 독자는 어떻게 받아들일지 몰라도, 필자에겐 말 자체가 어렵다.

　다시 강조하지만, 연구질문 그 자체를 우선시하는 것이 좋다. 연구질문을 충실하게 따라가다 보면 자신도 모르게 가설을 검증하고 있는 것을 느낄 수 있다. 명시된 가설 없이도, 조사는 가능하다.

필자의 예를 들어 설명하려 한다. 나주 혁신도시에 이주하려는 한국전력을 비롯한 공공기관 직원들에 대한 설문조사를 하게 되었다. '이 사람들을 가족과 함께 정착시키려면 어떻게 하면 될까?'라는 연구질문이 생겼다.

이를 알아보기 위해, 다양한 질문을 던졌다. 요양시설이 있다면 가족과 같이 정착하시겠습니까? 이사비용을 제공하면 가족과 같이 정착하시겠습니까? 아파트 우선 분양권을 제공하면 가족과 같이 정착하시겠습니까? 좋은 초·중·고등학교가 생기면 가족과 같이 정착하시겠습니까?라는 식의 질문을 여러 개 던졌다.

결과는 가설을 가지고 조사한 것과 동일하다. 하지만, 명시된 가설을 가지고 조사를 진행하지는 않았다. 단지 연구질문에 최대한 충실하였다.

연구가설의 재미를 끝까지 끌고 가면 결국 명시적 혹은 암시적 가설로 연결된다. 재미에 충실하려 하다보면, 이런 저런 가능성을 생각하게 된다. 이러한 가능성이 변수이다. 즉 변수간의 관계를 생각하지 않을 수 없다. 이러한 생각은 자연히 가설로 넘어간다.

필자가 연구질문을 강조하는 것은 재미 자체의 추구가 조사 진행을 계속하게 하는 힘이기 때문이다. 가설이라는 형식적 틀에 매여 있으면, 생각 자체가 이어지지 않는 경우가 많다. 형식만을 충족하는 많은 재미없는 연구가 가설에 대한 집착에서 비롯된다.

연구질문을 가설로 자연스럽게 연결시키는 것을 구체적으로 말하자면, 인과관계에 대한 탐구이다. 원인과 결과에 대한 탐구는 언제나 흥미롭다. 필자의 혁신도시 조사의 경우도 마찬가지이다. 암묵적으로는 인과관계를 다루는 가설이 들어가 있는 것이다. 좋은 교육환경이 원인이며 가족동반 정착이 결과이다. 부산 해수욕장도 마찬가지다. 사람들이 해수욕장에 오는 것은 결과이다. 사람들을 오도록 하는 어떠한 매력은 원인이다.

연구질문과 가설 둘 중에서 어느 것을 강조하든지간에, 공통적으로 중요한 것은 관련 주제에 대한 공부이다. 자신이 관심 있는 주제에 대해 빠짐없이 잘 알아보고, 또 이전에 진행되었던 조사를 찾아보는 것은 중요하다.

공부의 중요성은 자동차를 살 때를 생각해보면 된다. 먼저 자동차 전반에 대해 잘 아는 것이 중요하다. 구동방식, 차체제작, 연료 연소방식, 현가장

치, 제동장치, 방청처리, 안전장치에 대해 잘 아는 것은 중요하다. 내가 사려고 생각하는 차를 이미 구매한 이들이 내리는 평가 역시 필수적으로 알아야 한다.

혁신도시에 대한 설문지의 경우도 마찬가지이다. 필자는 여러 다른 나라의 기존 공공기관 지방이전 사례에 대해 자료를 찾아보았다. 당시 이전대상 공공기관 노조가 실시한 자체 설문조사도 참조하였다. '가족과 함께 정착'이란 문제의식은 여기서 나온 것이다.

기존 연구의 중요성은 이 장에서 계속 반복해서 강조된다. 지수의 구성에서도 기존 지수를 최대한 활용할 것을 언급한다. 주제를 잘 아는 것은 타당성과도 관련이 있다.

25.3.2 실용적 글쓰기로서 설문지 초안

25.3.2.1 짧은 문장

설문지 작성이 소설쓰기와 다른 점도 있다. 설문지 글쓰기는 실용의 영역에 있다. 설문지 작성 원칙 중에서 필자는 '문장을 짧게 하라'는 원칙을 가장 강조한다. 그 자체로서 의사소통을 명확하게 할 뿐 아니라 다른 두 가지 미덕이 있다.

25.3.2.2 한 문장에 한 개의 내용

간결한 문체로는 한 문장에 한 개의 내용만 넣는 게 쉬워진다. 일상생활에서도 간단하게 말하면 하나의 내용만 들어간다.

설문에서나 일상생활에서나 한 번에 하나의 이야기만 하는 게 좋다. '미안한데 너도 잘 한 것은 없어'라는 식의 표현을 생각해보자. 좋은 결과가 나올 리가 없다. 일단 상대방이 혼란스러워 한다. 그 다음에는 분노라는 반응이 나올 가능성이 크다.

사무적 대화도 마찬가지이다. '부장님, 자재대금은 다음 달에 결재할 예정이고, 저는 다음 주 월요일은 월차를 내려고 합니다'는 최선의 의사소통은 아니다. 부장님에게 얘기할 수 있는 기회가 적더라도, 가능하면 한번 이야기할 때 한 가지만 이야기 하는 것이 좋다.

설문도 마찬가지이다. 한 문장에 하나의 내용만 넣으라는 것이 철칙이다. '와', '과', '고', '그리고', '데', '또'와 같은 요소가 있어 문장이 길어지게 되면, 두 가지 이상의 내용이 들어가기 쉽다.

두 가지 내용의 근원적 문제점은, 하나의 이야기에 두 개의 답변을 요구한다는 것이다. 예를 들어 보자. "월급과 근무환경에 얼마나 만족하십니까?"라는 질문이 있다. "월급에 얼마나 만족하십니까?"와 "근무환경에 얼마나 만족하십니까?"라는 두 개의 질문을 합쳐놓은 것이다. 질문은 한 개인데 요구하는 답변은 두 개이다.

여러 내용을 넣는 다른 예(출처: www.wikipedia.org/double-barreled question 2014년 6월 1일 접근)를 들어보자. 의외로 언뜻 보기에는 멀쩡해 보이는 경우가 많다.

✓ 이 제품이 팔릴만한 시장이 있고 또 잘 팔릴 것이라고 생각하십니까?
✓ 정부가 국방비 지출을 줄이고 교육비 지출을 늘려야 한다고 생각하십니까?
✓ 예 혹은 아니요로 답변하시오: 자동차는 더 안전하고 더 빨라져야 합니까?
✓ 직원당 문서처리 업무량을 줄이기 위해 앞으로 채용인원을 늘려야 할까요?

25.3.2.3 편향되지 않은 내용

짧은 문장은 대체로 공정하다. 이것이 두 번째 미덕이다. 문장이 간결하면 편향되지 말라는 원칙을 지키기 쉽다. 짧은 문장이 편향성을 어떻게 제거하는지는 실제 예를 들면 쉽게 이해할 수 있다. "시민의 발을 묶는 지하철 파업에 대해 어떻게 생각하십니까?"와 "노동권 쟁취를 위한 지하철 파업에 대해 어떻게 생각하십니까?"는 서로 반대되는 정치적 성향을 보인다. 하지만 이 둘은 모두 편향성이라는 공통점을 가지고 있다. 설문답변을 자신이 원하는 쪽으로 유도하려 하고 있다.

둘의 또 다른 공통점은 문장이 길다는 것이다. "지하철 파업에 대해 어떻게 생각하십니까?"라고 짧게 말하면 편향이 없어진다는 것을 확인할 수 있다. 기계에 쓸모없는 부품이 필요하지 않는 것처럼, 쓸모없는 말이 설문에 들어갈 필요는 없다. '헛된 말을 하지 말라'는 것은, 여러 종교에서도 그렇지만 조사방법론에서도 마찬가지로 진실로 통한다.

한 문장에 두 개 이상 내용이 들어가는 오류와 자신이 원하는 답변을 유도하는 잘못은 실제에서는 겹쳐 나타날 수 있다. 이러한 복합적 오류를 의도적으로 활용하는 경우도 있다.

'나라 재정을 생각하는 애국심을 가지고 노후에 공적 연금을 조금만 받는데 찬성하라'라는 식의 정치구호가 이러한 예이다. 이런 경우는 사실 세 가지의 내용이 들어가 있다. 국가 재정, 개인의 노후 공적 연금 수급액수, 애국심이 합쳐져 있다. 내용은 세 가지인데, 내 의견에 대한 찬반이라는 한 가지 응답을 요구한다.

광고의 경우에는 문구로 명시되지 않더라도 대개 이러한 식이다. "이 제품을 쓰고 이렇게 멋있는 사람이 되세요"가 핵심이다. 제품 구매와 멋있음이라는 두 개의 내용이 있다. 요구하는 소비자 행동은 '구매여부' 하나이다.

멋있음에는 여러 가지가 있을 수 있다. 이성을 유혹하는 매력일수도 있으며 다른 이의 부러움을 사는 재력일수도 있다. '대한민국 1% 렉스턴' '요즘 어떻게 지내냐는 친구의 말에 그랜저로 대답했습니다. 당신의 오늘을 말해줍니다'라는 광고 문구는 과시를 선택한 경우이다. 내 차를 부러워하는 것을 바라는 허영과 자동차의 소유가 광고 영상에서는 합쳐진다. 또 이를 통해 제품구매를 유도한다.

25.3.2.4 말보다는 행동

명확성을 위해서는 간결함 이외에도 추구해야 할 덕목이 있다. 말이 아닌 행동을 알아보려는 것이다. '말보다 행동 Action speaks louder than words'라는 격언은 설문조사에서도 적용된다.

'당신은 얼마나 독실한 종교인입니까?'와 같은 질문은 별 의미가 없다. 일주일에 몇 번씩 종교활동에 참여하는지, 자녀에게 종교교육을 의무화하는지, 규칙적 헌금을 하는지가 더 현실을 명확하게 드러낸다.

25.3.2.5 쉽고 정상적인 말을 써야

명확한 의사소통을 위해 속어나 어려운 표현은 피해야 한다. 명확한 의사소통에 방해가 되기 때문이다. 꼭 써야 되는 경우에는 설문지의 인사말에서 사용하는 이유나 표현의 의미를 설명해주어야 한다.

속어의 대표적인 예로는 대통령이 사용해서 논란이 된 '대박'을 들 수 있다. 이러한 표현을 사용하면 정확한 의사소통이 어렵다. 응답자에게 모욕감을 느끼게 하기도 쉽다. 정 사용해야 하면 '큰 노력없이 요행으로 큰 돈이나 높은 지위 등을 얻는다'라고 인사말에서 정의해 주어야 한다.

'힐링'과 같은 어려운 표현 역시 금기시된다. 어려운 표현의 사용은 '조사자인 나는 너보다 나은 인간이다'라는 느낌을 깔고 들어간다. 마찬가지로 꼭 써야할 때는 인사말에서 설명해주어야 한다.

25.3.2.6 때로는 긴 문장이 필요

명확성을 위해서는, 간결성을 포기해도 괜찮은 경우도 있다. 어떤 때는 길게 물어보는 것이 필요하다. 어떠한 기능이 꼭 필요하다면, 기계에도 상당히 복잡한 부품이 투입된다.

예를 들어보자. 소득에 대해 물어볼 때, '얼마를 버십니까?'라는 표현은 혼란스럽다. '국민연금 등의 공적연금, 건강보험료, 세금을 제외하고 한 달에 선생님 본인이 실질적으로 버는 돈은 얼마입니까?'가 더 명확하다. 두 문장을 비교해보고 어떠한 점이 다른지를 독자 스스로 생각해보기 바란다.

25.3.2.7 민감한 질문은 뒤에 배치

민감한 질문은 제일 뒤로 돌리는 것이 현명하다. 응답자의 응답은 당연한 것이 아니다. 응답자는 언제나 응답을 거부할 수 있다. 따라서 최대한 많은 응답을 얻어내는 것이 현실적인 최선책이다.

대표적인 민감성 질문은 인적사항에 대한 것이다. 인적사항은 통상적으로 '인구통계학적 변수'라고 한다. 영어 'demographic variable'의 번역이다.

필자가 느끼기에, 한국사회에서 학력에 대한 언급은 개인의 정체성과 동일시된다. 응답자들이 그렇게 받아들이는 것 같다는 의미이다. 민감한 건 마찬가지이지만, 소득과 학력은 다른 것 같다. 학력은 높을수록 응답자가 편하게 응답한다. 소득은 중간 수준 월급쟁이가 편하게 응답한다. 소득이 높거나 낮은 경우 응답을 꺼리는 경향이 강하다. 자영업자 역시 얼마 버는지 잘 밝히지 않는다.

인적사항이 아닌 설문주제에 대한 민감한 질문 역시 설문의 뒤편에 배치하는 것이 좋다. 본문에서의 질문 배치는 과거에서 현재, 익숙한 것에서 낯선 것, 편안한 것에서 민감한 것으로 하는 것이 일반적이다.

'커피사랑'이라는 주제에 대해 조사하는 대학생의 예를 들어보자. 유명 커피가게에서 비싼 커피를 마시는 사람들은 커피의 맛보다는 과시 때문이라는 가설을 가지고 있다.

어떠한 커피를 좋아하고 어떠한 커피를 실제로 주문하며 어디에서 구매해서 어떻게 소비하는지를 먼저 물어본다. 의미는 민감할 수 있기 때문에 그 다음에 묻는 게 좋다. 비싼 커피전문점 로고가 있는 텀블러를 가지고 다닐 때 어떤 기분이 드는지, 싼 커피가게에서 커피를 마시는 사람들을 볼 때 어떤 생각이 드는지, 커피의 맛을 감안했을 때 적정한 값을 치르고 있다고 생각하는지와 같은 직접적이고 민감한 질문은 본문의 마지막에 하는 것이 좋다는 것이다.

많이 민감한 주제는 아예 하지 않는 것이 현명하다. 개인의 내밀한 사생활에 대한 주제가 여기에 속한다.

25.3.2.8 표로 만들어진 설문지는 최악

최악의 설문 유형 중 하나는 [그림 25-1]과 같이 표로 만들어진 객관식

[표 25-1]	좋지 않은 설문의 예				
질문문항	매우 나쁘다	나쁘다	그저 그렇다	좋다	매우 좋다
공원의 위생상태는 어떻습니까?					
공원의 치안은 어떻습니까?					
공원의 운동기구는 어떻습니까?					
공원의 휴식공간은 어떻습니까?					

일색의 설문조사이다. 이러한 설문을 응답자에게 기입하게 하는 경우에는 끔찍한 결과가 나온다. '그저 그렇다'에 쭉 체크하고 설문을 제출하기 십상이다. 작성자의 무성의는, 응답자의 무개념으로 돌아온다.

25.3.2.9 동기부여와 인사말

인간관계에서 첫 인상이 중요하듯이, 설문에서도 인사말은 중요하다. 응답자의 설문 응답 여부가 보통 인사말에서 결정된다. 또한 인사말은 응답자가 설문 응답 동안 무엇을 하는지 알려주는 역할도 한다.

설문지 구성은 인사말-본문-인적사항 순으로 진행되는 것이 일반적이다. 일상생활에서의 의사소통과 설문조사의 구성 순서는 비슷하다. "안녕하세요? 저는 서울 강남에 위치한 최고 기획부동산 왕대박 부장입니다. 저는 오늘 부동산으로 돈 버는 기회에 대해 말씀드리려고 전화했습니다. 혹 돈 버는 것 좋아하세요? ... 비용은 차후에 말씀드리겠습니다. 안녕히 계십시오!"라는 식으로 전화통화는 보통 이루어진다.

설문조사에서의 인사말 역시 이와 유사하다. 전형적인 구성은 다음과 같다: "안녕하세요? 저는 한국대학교 한국학과 신사임당입니다. 조사방법론 수업 과제로서 한국대학생의 커피 사랑에 대한 조사를 하려 합니다. 조사는 5분정도 걸립니다. 설문에 응해주시면 제가 학점을 받는 데 큰 도움이 됩니다. 조사한 내용은 수업시간 발표를 위해서만 활용됩니다" 내가 누구인지, 무엇에 대해 물어보는지, 얼마나 시간이 걸리는지, 설문응답이 어떠한 의미를 가지는지, 설문정보는 어떻게 쓰이는지 설명해주는 것이 일반적인 설문 인사말 구성이다.

실제 설문진행에서 중요한 것은 응답 동기 부여이다. 설문에서 인사말이 중요한 또 하나의 이유이다. 설문에 응하기 위해 왜 응답자가 자신의 시간과 노력을 써야 하는지 알려주는 것이다.

좋은 뜻을 강조하는 것이, 언제나 최고이다. 의료 관련 조사에서는, 아픈 이의 고통을 줄여준다는 것이 가장 좋다. 명분을 내세우기 어려운 경우에는 솔직히 도움을 요청하는 것이 현실적이다. 대학생들의 과제 수행은 대체적으로 여기에 해당한다. '설문 좀 도와주세요'라는 표현은 다른 경우에도 무난하다.

25.3.2.10 첫 번째 질문의 중요성

설문 본문의 첫 번째 질문은 중요하다. 소설에서와 마찬가지이다. 소설의 첫 문장은 독자의 관심을 끌어야 하며, 또 동시에 그 한 문장으로 전체 글을 이끌어가는 반석이 되어야 한다. 설문에서도 마찬가지이다.

이는 사실 쉽지 않다. 소설에서도 좋은 첫 문장은 고전에서나 제대로 볼 수 있다. 소설의 예를 다음과 같이 들어보자:

행복한 가정은 서로 닮았지만, 불행한 가정은 모두 저마다의 이유로 불행하다.
<안나 카레니나, 레프 톨스토이, 펭귄클래식코리아 윤새라 번역>

상당한 재산을 소유한 독신의 남자는 아내가 필요하게 마련이다.
<오만과 편견, 제인 오스틴, 펭귄클래식코리아 김정아 번역>

그는 멕시코 만류에서 조그만 돛단배로 혼자 고기잡이를 하는 노인이었다.
<노인과 바다, 어니스트 헤밍웨이, 문학동네, 이인규 번역>

현실적으로는 응답자와 친밀감을 형성할 수 있는 첫 질문을 만드는 정도에 만족하는 것도 좋다. 함축적이고 주의를 집중시키는 좋은 첫 질문문항을 만들면 좋겠지만, 역시 평범한 대다수의 사람에게 이러한 작업은 쉽지 않다.

이러한 첫 질문은 설문종류에 따라 조사를 더 이상 진행시킬 필요가 없는 사람을 제외시키는 효과도 낼 수 있다. "커피 하루에 몇 잔이나 드세요?"와 같은 질문이 그러한 예이다. 커피 사랑에 대한 과제물을 내려는 대학생의 경우 이 질문 하나로 조사를 진행시킬 사람에게는 친밀감 형성과 더불어 기본 정보를 얻어낼 수 있다. 안 마신다는 사람에게는 간단한 인사와 함께 설문을 종료시킬 수 있다.

25.3.2.11 인적사항은 조심스럽게 필요한 것만

마지막에 배치되는 인적사항 역시 앞서 언급한대로 조심스러워야 한다. 초고에서부터 객관식 질문을 던지는 것이 좋다. '고졸이나 고졸이하, 전문대학졸, 대졸, 대학원 재학 이상'과 같은 식이다. 학력이나 소득에 대한 설문기준은 워낙 민감하다. 기존에 어떠한 식의 조사가 이루어졌는지를 잘 참조해야 한다. 조사성격을 감안해서 각자 상황에 맞게 설정하는 것이 좋다. 누락이나 중복이 없다는 원칙을 기계적으로 적용하는 것은 미련하다. 가능한 응답 범위를 넓게 잡는 것이 나을 수 있다. 앞서의 학력 분류가 그러하다.

　　인적사항은 꼭 필요한 것만 넣도록 한다. 앞서 13장에서 나온 신문기사 지문에서는, 인구주택 총조사에서의 불필요한 인적사항 기입 요구에 대해 언급한 바 있다. 엄청난 수의 인적사항을 요구하는 설문이 많다. 설문을 망치는 지름길이다.

　　인적사항은 본문 질문과 연결시킬 수 있거나 그 자체로서 의미가 있어야 한다. '본문의 내용과 관련해 도표를 만들 수 있는가?'를 생각해보면 된다.

　　이렇게 본문과 연결해 생각해보면, 인적사항을 어떻게 물어야 하는지도 분명해진다. 본문에 있는 커피 소비금액과 소득을 도표로 만든다고 생각해보자. 어떠한 소득을 물어보아야 하는지 분명해진다. 예를 들어서 버는 돈 총금액과 쓸 수 있는 돈에는 큰 차이가 있다.

　　인적사항을 꼼꼼히 물어야 하는 경우가 있다. 혁신도시 이전 공공기관 직원 조사가 그러한 예이다. 본인 소득, 주거지, 배우자 직업, 가족관계 등을 꽤나 자세히 물어보았다. 사생활을 너무 물어본다 싶었지만, 꼭 물어보았어야 했다. 가족동반 정착이라는 주제와 직결되기 때문이다.

　　불필요한 문항은 빼야 한다. 하지만, 본문 질문에서의 맥락이 될 수 있는 인적사항이 더 있나는 늘 확인해야 한다. 커피사랑을 조사하는 대학생의 경우, 실제로 커피 소비와 연결되는 어떠한 맥락을 찾으려고 노력해야 한다. 주위에 커피를 잘 아는 어떤 사람이 있는지, 차나 다른 음료는 어떠한 것을 좋아하는지, 여유 시간을 어떻게 보내는 것을 좋아하는지, 사람들과 만날 때 어떠한 활동을 같이 하고 싶어하는지, 집에 커피를 내리는 기계가 있는지는 좋은 질문거리이다.

25.3.2.12 주관식 질문의 활용

　　초안 작성에서 필자가 가장 강조하는 점은 주관식 질문을 최대한 많이 넣는 것이다. 흔히 '개방형 질문 open-ended question'이라 한다. 주관식이 많아야 하는 이유가 있다. 완성된 설문지에서 객관식으로 나올 질문도, 초안에서는 주관식으로 제시되는 것이 좋기 때문이다. 객관식 질문은 '폐쇄형 질문 close-ended question'이라고 보통 지칭한다.

객관식 질문에서는 응답문항의 제시가 질문만큼이나 중요하다. 응답문항의 제시에는 '중복이나 누락 없는 MECE mutually exclusive and collectively exhaustive' 응답이라는 원칙이 적용된다. MECE는 설문조사 뿐 아니라 '맥킨지 McKinsey & Company'의 경영전략에서도 쓰인다. 예를 들어 중복과 누락이 없이 한국 자동차 소비자를 분류해 본다. 이러한 사고 과정에서, 새로운 사업기회나 개선책을 찾아낼 수 있다.

설문에서는 다음과 같이 적용된다. 고향에 대한 응답을 지역별로 제시할 때, '전주'와 '전라북도'가 있으면 중복이다. '① 서울 ② 경기 ③ 충북 ④ 충남 ⑤ 전남 ⑥ 전북 ⑦ 강원 ⑧ 경북 ⑨ 대구 ⑩ 경남 ⑪ 부산 ⑫ 제주 ⑬ 광주 ⑭ 세종 ⑮ 울산 ⑯ 대전'으로 제시된 응답문항은 누락된 상태이다. 인천이 빠진 것이다.

중복이나 누락을 없애는 것은 쉽지 않다. 앞선 지자체의 예는 아주 쉬운 경우이다. "한국 정치의 문제점은 무엇입니까?"라는 질문을 예로 들어보자. 설문 초안에 주관식 질문이 들어가고 사전 설문조사를 소규모라도 실시해보아야 한다. 그래야 어떠한 응답문항을 만들지 감을 잡을 수 있다.

현실에서의 주관식 질문 응답은 예측불가능하며 혼돈 그 자체이다. '부정부패', '지역감정', '정경유착', '권위주의', '패거리 정치', '이념적 방향성 부족', '이념적 경직성 과다', '이념적 이분화', '서민에 대한 관심 부족', '엘리트의 정치 독점', '정당정치 부재', '지도력 부재', '빈부격차 방치', '청년실업 무대책', '중산층 보호 미비', '소통 부족', '노인빈곤 방치', '공정하지 않은 사회현실'과 같은 응답이 한국 정치 문제점으로 나올 것이다. 중복과 누락이 없이 이러한 응답들을 분류해내야, 객관식 응답문항이 나올 수 있다. 사실 현실적으로는 중복과 누락 없이 하는 경우가 없다. 주제와 별 관련이 없는 응답은 '기타'라는 항목을 만든다. 기타 항목이 제외될 뿐 아니라 덜 중요한 몇 개의 의미가 크지 않은 분류 항목이 제외된 상태에서, 객관식 응답문항이 나오는 것이다.

그래서 필자는 객관식 응답문항에서도 가능하면 몇 개의 주어진 응답 이외의 생각을 적을 수 있는 주관식 형태를 합치는 것이 좋다고 생각한다.

예를 들면, 다음과 같은 형태의 설문이 좋다는 것이다.

> 한국정치의 문제점은 무엇입니까?
> ① 국민 위에 군림하는 정치인
> ② 현실을 이끄는 정책 방향성 없음
> ③ 지역, 직업, 세대 등의 집단갈등 조정기능 부족
> ④ 어려운 형편의 국민에 대한 배려 부족
>
> 기타의 경우 자세히 적어주십시오.
> _____

주관식 질문의 비중이 작은 점이 많은 설문조사의 공통적 문제점이라고 필자는 생각한다. 설문조사는 주로 객관적 질문으로 이루어져야 한다는 인식이 가장 큰 원인이다. 이 장의 처음 부분에 언급한 기계론적 사고의 산물이다. 객관적 자료인 숫자를 설문에서는 구해야 한다는 압박감이라고도 할 수 있다. 몇 퍼센트가 찬성하는가를 설문조사의 핵심으로 이해하는 것이다.

주관식 질문의 비중이 작은 가장 큰 이유는 앞서 설명한 것처럼 응답에 대한 이러한 분류가 어렵기 때문이다. 한국정치 문제점에 대한 응답처럼 각 응답에 대한 의미부여가 쉽지 않다. 몇 개의 중요한 범주로의 응답 분류도 통찰이 필요하다. 그래서 어떠한 응답을 '기타 응답'으로 두는가는 언제나 골칫거리이다.

하지만 언제나 주관식 질문의 비중을 최대화해야 풍성한 설문조사가 이루어진다. 주관식 질문은 객관식 질문을 만들기 위한 수단으로서도 유용하지만 그 자체로도 큰 효용을 가진다. 의미에 대한 탐구에는 주관식 질문이 언제나 최고이다.

25.3.2.13 응답자에 맞는 응답항목

이러한 의미에 대한 탐구는 응답문항을 응답자에게 맞추어주는 효과도 있다. 중복이나 누락의 부재보다는 더 높은 수준을, 설문조사자는 추구해야 한다.

밥상과 비유적으로 비교해보자. 이것저것을 갖추고 짜임새 있는 밥상이

라고 해서 꼭 최고의 밥상은 아니다. 꼭 이런 음식점들이 있다. 구색을 갖추
었는데 먹을 음식은 없는 경우이다.

응답자가 만족할 수 있는 응답항목이어야 한다. 다시 비유적으로 말하자
면, 손님이 즐거워할 수 있는 음식이 되어야 한다. 나이든 이도 먹을 수 있
도록 고기를 다져놓은 담양 떡갈비와 같은 식단이 좋은 것이다. 불행히도 대
부분의 설문문항은 설문자 자신의 생각을 강요한다. 자기가 좋아하는 식단을
차리는 것과 마찬가지이다. 이가 튼튼한 사람이 뼈에 붙은 살점을 손질하지
않고 그대로 구워서 노인에게 내어놓는 식이다.

응답자에 맞춘 응답 문항의 대표적 예는 범위를 맞추는 것이다. 다시 비
유하자면, 아주 매운 맛을 좋아하는 고객을 위해서는 청양고추를 가득 쓴 요
리를 준비하는 것이다.

범죄학과에서 논문을 준비하던 한 사람의 예를 들 수 있다. 경찰의 업무
스트레스에 관한 조사를 끝내고 필자에게 SPSS 입력을 부탁했다. 자료입력
요령을 가르쳐주면서 필자는 깜짝 놀랐다. '업무를 하면서 어느 정도의 스트
레스를 받습니까?'라는 질문에 대한 대답이 모두 동일했기 때문이다.

조사자 입장에서의 응답항목을 내어 놓은 게 문제였다. '① 거의 없다
② 대체로 없다 ③ 어느 정도 있다 ④ 많은 편이다 ⑤ 아주 많은 편이다'라
는 응답에 거의 100%의 응답자들이 '아주 많은 편이다'를 선택한 것이다.

거의 대부분 경찰들이 스트레스를 많이 받는다는 것을 아는 정도가 이
연구의 의의가 되어 버렸다. 어떤 경찰이 더 스트레스를 받고, 어떤 경찰이
덜 받는지에 대한 정보는 없는 셈이다. 학문적으로나 현실정책적으로 별 의
미없는 조사가 되어 버렸다.

결론적으로는 더 극단적인 범위에 있는 응답문항이 필요하다. 업무 스트
레스 정도에 '직장을 그만두고 싶은 생각이 가끔씩 든다' '직장을 그만두고
싶은 생각이 간절하다'와 같은 선택이 있어야 한다.

좀 더 근원적인 개선책은 업무 스트레스 관련된 기존의 지수를 활용하
는 것이다.

25.3.3 하나의 질문으로 묻기 어려울 때는 지수를 활용

어떤 주제는 하나의 질문으로는 부족하다. 우울증이 좋은 예이다. "당신은 우울하십니까?"라는 하나의 질문으로 어떤 사람의 우울증을 가지고 있는지 파악해내기는 힘들다.

신뢰도와 타당도를 기준으로 생각해보자. "당신은 우울하십니까?"라는 질문에 대한 응답은 오늘 물어보는 것과 일주일 후에 물어보는 것이 상당히 다를 수 있다. 일관성으로서의 신뢰도가 낮은 것이다.

"당신은 우울하십니까?"라는 응답이 우울증이라는 주제를 정확하게 물어보는가도 의문이다. 우울증이라기보다는 그 날의 기분을 묻는 것으로 들리기 쉽다. 정확성으로서의 타당도가 떨어지는 것이다.

그래서 여러 질문으로 구성되는 지수가 필요한 것이다. '간단 알코올 중독 지수'를 한번 만들어봄으로서 지수 만들기의 실제를 익혀보자.

간단 알코올 중독 지수

1. 술은 선생님의 인생에 큰 낙이라고 할 수 있습니까?
(1) 전혀 큰 낙이 아니다
(2) 두 번째나 세 번째 낙 정도는 된다
(3) 제일 큰 낙이다

2. 술 마신 다음 날 집이나 직장에서의 일상생활은 어떻습니까?
(1) 전혀 어렵지 않다
(2) 조금 어렵다
(3) 많이 어렵다

3. 스트레스를 풀기 위해 술을 드십니까?
(1) 술이 아닌 다른 방법으로 스트레스를 푼다
(2) 스트레스가 있을 때 술로 푸는 경우가 종종 있다
(3) 스트레스가 있을 때는 거의 대부분 술을 마시는 편이다

4. 술 생각이 얼마나 자주 나십니까?
(1) 일주일에 1일 이하
(2) 일주일에 2~3일
(3) 일주일에 나흘 이상

[그림 25-2]는 이 지수를 가지고 10명이 응답한 결과를 입력한 것이다. 변수 이름은 이해가 쉽도록 핵심 주제어를 그대로 선택하는 것이 좋다. "낙, 다음날, 스트레스, 술생각"이라고 해놓았다. 만약 "v1, v2, v3, v4"라고 입력했다고 하자. 데이터를 볼 때마다 짜증이 날 것이다.

[그림 25-2] 간편 알코올 중독 지수 데이터 파일

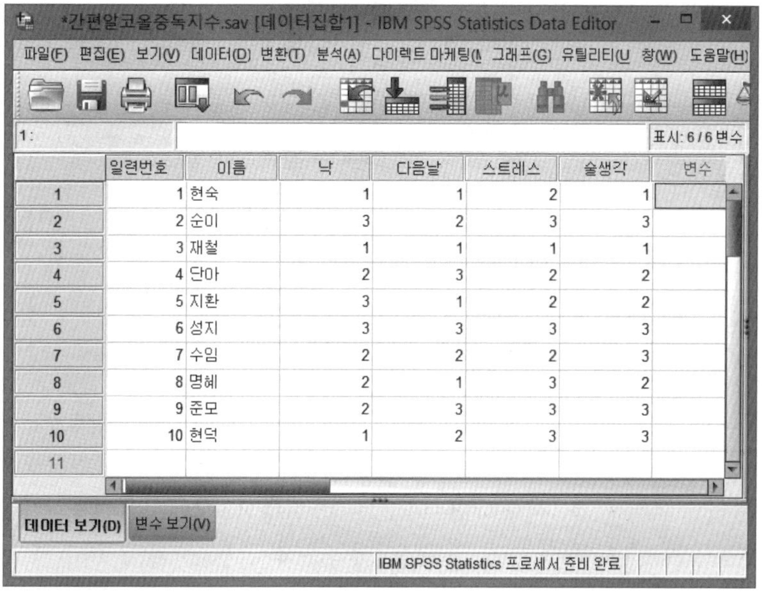

	일련번호	이름	낙	다음날	스트레스	술생각	변수
1	1	현숙	1	1	2	1	
2	2	순이	3	2	3	3	
3	3	재철	1	1	1	1	
4	4	단아	2	3	2	2	
5	5	지환	3	1	2	2	
6	6	성지	3	3	3	3	
7	7	수임	2	2	2	3	
8	8	명혜	2	1	3	2	
9	9	준모	2	3	3	3	
10	10	현덕	1	2	3	3	
11							

변수값과 변수의 방향성은 같아야 한다. 변수값 수치가 크면 클수록, 측정하려는 변수가 강해지거나 심해지거나 커져야 한다. 간단 알코올 중독 지수도 마찬가지이다. 응답이 1, 2, 3으로 진행할수록 알코올 중독이 심해지는 것을 알 수 있다.

이렇게 해 놓아야 [그림 25-4]처럼 총점을 재어도 숫자가 크면 클수록 알코올 중독이 심한 것이 된다. 직관적 이해를 위해서 꼭 확인해야 한다.

[그림 25-3]   간편 알코올 중독 지수 총점 변수 추가

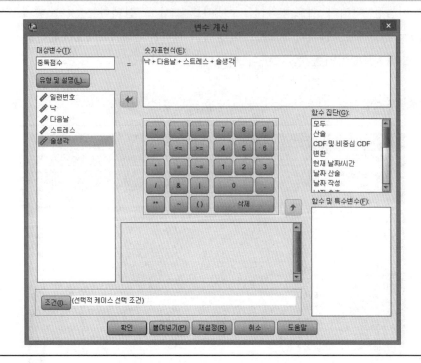

[변환] [변수계산]을 선택하면 나오는 변수계산 창에서 [그림 25-3]에서 처럼 네 변수를 더한 합으로서 총점인 '중독점수'라는 이름의 변수를 만든다. [그림 25-4]에서는 총점 변수가 추가된 데이터 파일을 볼 수 있다.

지수 점수는 대부분의 경우 합계로서 구한다. 평균으로 구하는 경우도 있다.

지수를 만드는 이유를 신뢰도와 타당도와 관련해서 생각해 볼 수 있다. 지수를 잘 만드는 경우에는 신뢰도와 타당도가 동시에 올라간다. 무엇을 응답하는지가 명확해지면 주어진 응답 중에서 아무것이나 대답하는 경우가 줄어든다. 동일한 지수를 가지고 다음에 또 물어볼 때도 비슷한 결과가 나온다. 신뢰도가 높아지는 것이다. 여러 항목을 물어봄으로써 정확하게 어떠한 심리나 행동을 파악할 수 있다면, 타당도가 높아지는 것이다.

여기서는 간편 알코올 중독 지수라는 나름대로의 새 지수를 만들어 보

[그림 25-4]	간편 알코올 중독 지수 총점 변수 추가된 데이터 파일

간편알코올중독지수.sav [데이터집합1] - IBM SPSS Statistics Data Editor

파일(F) 편집(E) 보기(V) 데이터(D) 변환(T) 분석(A) 다이렉트 마케팅(M) 그래프(G) 유틸리티(U) 창(W) 도움말(H)

표시: 7 / 7 변수

	일련번호	이름	낙	다음날	스트레스	술생각	중독점수	변수
1	1	현숙	1	1	2	1	5	
2	2	순이	3	2	3	3	11	
3	3	재철	1	1	1	1	4	
4	4	단아	2	3	2	2	9	
5	5	지환	3	1	2	2	8	
6	6	성지	3	3	3	3	12	
7	7	수임	2	2	2	3	9	
8	8	명혜	2	1	3	2	8	
9	9	준모	2	3	3	3	11	
10	10	현덕	1	2	3	3	9	
11								

데이터 보기(D) 변수 보기(V)

IBM SPSS Statistics 프로세서 준비 완료

왔다. 하지만, 필자는 신뢰도와 타당도를 높이기 위해 기존 지수 사용을 권한다. 지수 개발 및 수정과정에서의 오랜 노력이 다 그대로 나의 것이 되기 때문이다.

예를 들어 '백 우울증 지수 Beck depression inventory'는 높은 신뢰도와 타당도를 자랑한다. 1961년에 Aaron Beck에 의해 개발된다. '프로이트 Sigmund Freud' 식의 정신분석학적 우울증 이해에서 벗어나 환자 자신의 생각에 우울증이 자리잡고 있다는 인식전환을 이루게 한 지수이다(https://en. wikipedia.org/Beck depression inventory 2015년 7월 1일 접근).

신뢰도와 타당도의 측정을 이야기할 때 나오겠지만, 신뢰도와 타당도를 갖추었다고 주장할 수 있기 위해서는 큰 노력이 필요하다. 기존의 것을 그대로 사용할 수 없을 경우에도 이를 최대한 참조하는 것이 필요하다. 주제와 관련해서 어떠한 지수가 있는지 공부해보는 과정은 이래서 꼭 필요하다.

기존 지수를 활용할 경우 한 가지 조심할 점은 저작권의 문제이다. 미국 뿐 아니라 한국에서도 많은 심리검사 지수는 유료이다. 저작권이 있는 좋은 예는 앞서 언급한 '백 우울증 지수 Beck depression inventory'이다. 사용하

는 검사지 하나마다 돈을 내야 한다. 검사지의 복사는 불법이다(https://en. wikipedia.org/2015년 7월 1일 접근).

25.3.3.1 지수에서 역순서 입력

지수구성에 있어, 역방향 질문이 필요한 경우가 있다. 역방향 질문을 하면 '역순서 입력'을 반드시 해야 하기 때문에 신중하게 생각해보고 결정해야 한다. 여기서 다루는 간편 알코올 중독 지수에는 역방향 질문이 없다.

쭉 한 숫자를 체크하거나 멋대로 응답을 찍어가는 사람들을 걸러내기 위해서는, 반대 방향 질문이 필요하다. 예를 들어, 간편 알코올 중독 질문에 "술 한 잔을 두고 술자리 내내 앉아 있습니까? (1) 전혀 그렇지 않습니다 (2) 좀 그런 편입니다 (3) 아주 그렇습니다"라는 문항이 추가되었다고 하자. SPSS에 '술한잔'이라는 변수가 추가되는 것이다.

역방향 질문을 던지면 불성실한 응답자를 표본에서 제외시킬 수 있다. 대충 답변하는 사람은 이 역방향 질문의 응답과 다른 질문응답이 서로 모순된다. 예를 들어 철수는 앞부분 4개의 질문에 알코올 중독자에 해당되게 답변했다. 철수에 해당하는 케이스 열은 "3, 3, 3, 3"을 나타낸다. (3) 제일 큰 낙이다 (3) 많이 어렵다 (3) 스트레스가 있을 때는 거의 대부분 술을 마시는 편이다 (3) 일주일에 나흘 이상을 선택했기 때문이다. 철수가 '술한잔'이라는 변수에도 '3'을 선택했다고 하자. 이런 응답자는 답변이 귀찮아서 '3'이라는 하나의 답변을 쭉 적어내려 갔다. 역방향 질문을 던짐으로써 철수를 표본에서 뺄 수 있다.

이러한 솎아내기 작업이 끝나면, 역방향 질문의 변수값은 변수의 방향과 그 수치가 일치하게 바꾸어주어야 한다. 이를 '역순서 입력 reverse coding'이라 한다.

그리 복잡하지 않기 때문에 여기서는 그림이나 도표 제시없이 하는 법을 설명한다. SPSS에서 [변환][변수계산]을 선택한다. [숫자표현식]에서 "4-술한잔"이라는 식으로 입력한다. 1은 3으로 바뀌고, 2는 그대로 2, 3은 1이 된다. 이렇게 바뀌는 숫자가 나오는 변수인 [대상변수]에는 "술한잔_역순서입력"을 적는다. 이러면 "술한잔_역순서입력"이라는 새로운 변수가 데이터 파일에 추가된다.

역방향 입력을 한 이후에는 데이터 파일을 다른 이름으로 저장하는 것이 좋다. 이렇게 저장하는 데이터 파일에는 원래 변수는 삭제하는 것이 좋다. 저장할 때는 변수값 변환을 알 수 있는 다른 이름이 필요하다. 예를 들어 '역순서입력'이라 한다.

역방향 입력 이전에 응답한대로 입력한 데이터 파일은 컴퓨터에 '원본'이라는 식의 이름으로 저장해두는 것이 좋다. 독자에게 한번 해보기를 권한다.

25.3.4 사전조사와 설문지 수정

사전조사는 계획서를 작성할 필요 없이 가능한 사람들에게 손쉽게 실행하면 된다. 예를 들자면 핸드폰에 저장되어 있는 친구들에게 유선으로 설문조사를 하고 질문에 대해 어떻게 생각하는지 물어보아도 된다. 최대한 많은 사람을 포함시키는 것이 좋다.

사전조사와 설문지 수정에 대해 언급하기 전에, 이러한 과정이 어떻게 신뢰도 그리고 타당도와 연결되어 있는지 먼저 설명할 필요가 있다. 초안 작성을 언급하면서, 설문 문항의 명확성은 계속 언급되었다.

설문 문항의 명확성은 신뢰도와 직결된다. 초안은 그 자체를 다른 사람들에게 보여서 문구가 명확한지 혹은 주제를 제대로 다루고 있는지를 확인할 필요가 있다.

Alreck & Settle(2004: 60)은 왜 명확성이 중요한지 쉽게 설명한다:

'무작위 오차 random error'는 다양한 측정 요인에서 기인한다. 예를 들어보자. 질문이 너무 어렵다면 많은 응답자는 무슨 말인지 전혀 이해하지 못한다. 하지만 응답자는 전혀 감을 잡지 못해도 대충 추측을 해서 보통 답변을 한다. 이렇게 추측을 하면 신뢰도는 떨어진다.

또한 사전조사를 통해 초안에 대한 응답을 받는 것이 필수적이다. 사람들이 응답하는 방식 자체가 도움이 되기도 하지만, 조금 더 적극적인 것이 좋다. 하나하나의 질문에 대해 어떠한지를 물어보고 평가하게 해야 한다.

사전조사에서 신뢰도를 제고시켜야 한다. Fink(2009: 44)에 따르면, 다음과 같은 경우에는 질문에 문제가 있으므로 명확성을 높여 신뢰도를 높여야 한다:

✔ 질문에 대한 응답을 못할 때
✔ 하나의 질문에 몇 개의 대답을 할 때
✔ 자기기입식 설문지의 경우 설문 옆에 메모를 남길 때

초안 작성에서의 원칙은 사전조사 과정에서의 신뢰도 제고 방안과 거의 일치한다. 초안 작성에서 또한 Fink(2009: 44)는 신뢰도를 높이기 위해 확인할 사항을 나열하고 있다:

✔ 객관식 질문의 응답은 서로 겹치지 않는지
✔ 가능한 다른 응답을 놓쳤는지
✔ 질문이 명료한지
✔ 질문이 편향되지는 않은지
✔ 설문에서의 지시 내용이 말이 되는지
✔ 질문의 순서는 적절한지
✔ 설문지가 너무 길거나 너무 오래 걸리지는 않는지
✔ 설문지가 너무 어렵지는 않는지

Fink(2009: 44)는 사전조사에서 타당도를 높여야 한다고 주장한다. 주제와 관련된 모든 면이 포함되었는지 확인해보라고 조언한다. 앞서 언급한 공부의 중요성과 관련이 있다. 사전조사와 설문지 수정 과정에서, 주제에 대한 기존 문헌과 연구를 살펴보는 것이 중요하다.

비확률적 표본추출은 보통 사전조사의 방법으로 활용된다. 비확률적 표본추출의 문제점은 바로 이어 설명된다. 신뢰도를 측정할 수 없으며, 타당도가 크게 훼손된다는 것이다. 하지만 사전조사의 용도로는 아무 문제가 없다.

비확률적 표본추출을 본 조사에서 활용하는 것도 의미가 있다고 필자는 주장한다. 별 의미가 없다고 보는 많은 연구자와 의견을 달리 하는 셈이다. 동일한 표본으로의 포함 확률을 갖게 할 시간과 돈을 하염없이 기다릴 수는 없기 때문이다. 아무것도 안하는 것보다는 무엇이라도 하는 것이 좋다. 여기

서 비확률적 표본추출에 어떤 종류가 있는지 간단히 살펴보도록 한다.

25.3.4.1 사전조사와 비확률적 표본추출

비확률적 표본추출의 한계에 대해서는 신뢰도와 타당도 관련해서 바로 이어서 설명한다. 이러한 한계에도 불구하고 활용할 수 있을 때는 사전조사 용도 뿐 아니라 본 조사에서도 쓰는 게 좋다는 필자의 의견도 피력했다. 본 조사에서 사용할 경우 한계를 보완하는 가장 좋은 방법이 있다. 한계에 대해 솔직히 명시하는 것이다. 편의 표본추출을 시행한 경우를 예로 들자. 모집단 전체에 대한 무작위 표본추출에 비해 가지는 한계를 분석적으로 밝혀주는 것이 좋다. 어떤 집단이 과하게 포함되었고 또 어떤 집단이 무시되거나 적게 포함되었다고 생각하는지 언급해야 한다.

과정에 대한 한계도 언급하는 것이 좋다. 한국대학교 후문에서 지나가는 사람을 대상으로 조사한 경우를 생각해보자. "아침 9시가 다가오면 사람들이 미친 듯이 바쁘게 걸어가서 조사하기가 힘들었습니다" "점심을 마치고 학교로 돌아오는 사람의 경우에는 말 붙여서 부탁하기가 쉬운 편이었습니다"와 같은 솔직한 경험토로가 큰 의미를 가진다.

가장 대표적 비확률적 표본추출은 '편의 표본추출 便宜 標本抽出 convenience sampling'이다. 말 그대로 조사자가 편한대로 표본을 정한다. 길가는 사람을 조사하던, 핸드폰에 저장된 번호를 쭉 눌러보던, 직장 동료에게 물어보던 상관없다. 편의 표본추출을 '우연 표본추출 偶然 標本抽出 accidental sampling'이라고도 한다. 말 그대로 '사고'로 표본이 되는 것이다.

편의 표본추출을 하는 데 있어 집단별로 표본수를 정하면 '할당 표본추출 割當 標本抽出 quota sampling'이 된다. 집단을 나누고는 멋대로 숫자를 정해진 만큼 채우는 방식이다. 따라서, 편의 표본추출보다 모집단을 더 잘 대표한다고 할 근거는 전혀 없다.

언뜻 생각하기에는 괜찮은 것 같지만, 세부적인 실제를 보면 비확률 표본추출 자체의 문제를 그대로 가지고 있다. '40세 이하의 농촌거주 백인남성 7명' '40대 넘는 도시거주 흑인여성 3명'과 같은 식의 할당이 조사원에게 내려온다. 하지만 할당에 맞게 응답자를 채워서 넣는 것은 조사원이 알아서 한다. 여기서부터는 편의 표본추출이다.

1948년 미국 대통령 선거에서는 이러한 식의 할당 표본추출로 진행하는 여론조사가 한계를 드러낸다. Chicago Tribune은 "DEWEY DEFEATS TRUMAN"이라는 제목의 머리기사를 실었다가 망신을 당한다. 이후 여론조사에서 할당 표본추출은 자취를 감춘다.

'눈덩이 표본추출 snowball sampling'은 조사하기 어려운 사람들을 연구할 때 쓰는 흥미로운 방법이다. 조직폭력배에 대한 조사가 이러하다. 한명의 조직폭력배를 알면 그 사람을 통해 다른 사람을 조사해나간다. 눈덩이가 커지듯 표본수가 커지는 방식이다.

재미있고 유용하지만, 응답자가 자신과 비슷한 사람을 추천한다는 큰 단점을 가진다. 예를 들어, 조직폭력배도 여러 종류일 수 있다. 자신이 속한 유형의 조직폭력배만 계속 소개시켜줄 가능성이 크다.

'판단 표본추출 判斷 標本抽出 judgment sampling'은 다른 많은 이름으로 불린다. '유의 표본추출 有意 標本抽出 purposive sampling', '선택 표본추출 選擇 標本抽出 selective sampling', '주관 표본추출 主觀 標本抽出 subjective sampling'을 들 수 있다.

역시 흥미로운 개념이다. 자신이 판단해서 표본추출을 하는 것이다. 한쪽으로 극단적인 견해를 가진 집단을 선택할 수도 있다. 여러 다른 견해를 가진 사람들을 모을 수도 있다. 어떤 태도나 행태에 있어 아주 평범한 집단을 고를 수도 있다. 전문가 조사를 할 수도 있다.

판단 표본추출은 심층적 분석으로 연결될 수 있다는 장점을 가진다. 자신이 판단해서 표본을 만들 경우, 그 표본이 의미하는 바를 찾아내기 위해 노력하게 되기 때문이다.

질적 연구방법인 '초점집단 기법 焦點集團 技法 focus group method'과 판단 표본추출은 표본추출 방식에서는 유사하다. 물론 판단 표본추출은 초점집단 기법과 다르다. 초점집단 기법은 그 진행방식이 상당히 정형화 되어 있다.

원래 냉전시대 소련의 핵무기 무장 정도를 파악하기 위해 고안된 전문가 조사이다. 전문가를 따로 접촉함으로써 독립적인 사고를 보장한다. 동시에 전문가 각각의 생각을 조사 진행자가 정리하여 다른 전문가들에게 공유한다. 순차적인 합의를 이루어내는 방식이다. 왜 '델파이 기법 delphi method'라고도 불리는지를 보여준다.

기업의 제품 개발이나 판촉전략 수립에 애용된다. 예를 들어, 가전회사가 요즘 젊은 주부를 모아 "인테리어로서 가전제품에 대한 요구"를 파악해 볼 수 있다.

판단 표본추출의 또 하나 흥미로운 면은 선거조사에서의 활용가능성이다. 선거에서 전체를 잘 대표할 것 같은 곳의 주민을 표본으로 정하는 것이다.

미국의 여론조사 기관은 최근 여러 번의 미국 대통령 선거 결과와 일치하는 지역에 대한 관심을 기울여왔다. 이런 곳에 대한 조사가 미국 전체의 판세와 추세를 이해하는 발판을 제시할 수 있기 때문이다. 미국의 경우 주 단위로는 1964년부터 2012년까지 투표 결과가 일치하는 오하이오를 들 수 있다. '군 county'으로는 1956년부터 2012년까지의 기록을 가진 인디애나 '비고 Vigo'가 있다.

이런 곳은 '선행 길잡이 bellwether'이라고 불린다. 목에 '종 bell'을 맨 '거세한 숫양 wether'이다. 양떼가 보이기 전에 소리로서 움직임을 알게 해 준다는 뜻에서 유래한다.

25.3.5 현실을 반영하는 표본 선정

먼저 신뢰도와 타당도에 대한 이론적 기초를 쉽게 비유적으로 설명하려 한다. 총알자국이 나와 있는 표적의 예를 다시 들자. 신뢰도가 떨어질 때는 총탄이 한곳으로 모이지 않고 흩어진다. 총을 쏠 때마다 총신이 흔들리는 것이다.

타당도가 떨어질 때는 총알이 박힌 곳이 중심에서 멀어진다. 총신이 한쪽으로 휘었다든지 하는 문제점이 있는 것이다.

흩어지는 총신의 문제인 낮은 신뢰도는 표본에서는 그리 심각하지 않은 문제다. 해결도 쉽다. 표본 추출 관련 대표적인 두 가지는 다음과 같다.

첫째 모든 개체가 표본으로 뽑힐 확률이 동일하다는 원칙이 지켜져야 한다. 수치로 신뢰도를 제시하는 것도 이런 전제하에서만 가능하다. 이 책

13장에 나오는 것처럼 무작위 표본추출이 이루어지면, 15장 신뢰구간에 나오는 것처럼 오차의 범위가 제시된다. 예를 들어, [표 15-2]에서는 무작위 표본추출로 25개 크기의 표본을 추출했을 때 95% 신뢰도에서 평균의 표준오차는 1.879라고 제시된다. 총탄이 흩어지는 정도가 숫자로 나오는 것이다.

이러한 전제가 지켜지지 않는 상황에서 이런 숫자가 제시되는 것은 문제가 있다. 여론조사에서 흔하게 나타나는 문제이다. 이런 문제에 대해서는 표본추출 방법 하나하나를 다루면서 언급하려 한다.

두 번째로는 무작위로 뽑히는 표본의 크기가 늘어나야 한다. 한국 성인 여성의 키를 조사한다고 가정해보자. 10명의 키 평균과 100명의 키 평균 분포를 상상해보자. 모집단 평균이 156cm라 하자. 10명의 표본에서는 9명이 156cm 근처이고 한명이 196cm이면 평균값이 미친 듯이 올라간다. 평균값이 160cm가 된다. 100명의 표본에서 99명이 156cm 근처이고 한명이 196cm라 하자. 평균은 단지 0.4cm 올라가는 데 그친다. 156.4cm이다.

오차범위의 차이는 표본크기와 직결된다. 15장에 나오는 공식을 확인하면, 표본크기와 오차범위의 관계를 명확하게 이해할 수 있다.

타당도는 신뢰도와 다르다. 표본의 크기를 늘린다고 해서 타당도가 꼭 올라가는 것은 아니다. 총신이 휘었는데 총알을 많이 퍼붓는다고 해서 적을 맞힐 수 있는 것은 아니다.

하지만 신뢰성과 마찬가지로 무작위 표본추출이라는 원칙은 중요하다. 표본으로 뽑힌 확률이 동일하지 않다는 것은 모집단이라는 전체를 반영하지 않고 일부를 반영하는 결과를 낳는 것이기 때문이다. 무작위 표본추출이 아닌 경우, 타당성은 심하게 훼손된다.

비확률 표본추출의 경우, 타당성이 낮을 뿐 아니라 어떻게 타당도가 훼손되었는지도 이해하기 어렵다. 한국대학교 학생들을 대상으로 간편 알코올 중독 지수 조사를 한다고 하자. 후문으로 지나가는 학생들을 대상으로 조사를 진행한다. 이런 경우 학생 전체를 잘 반영하지 못한다. 뿐만 아니라, 어떻게 편향된 표집이 되는지도 파악하기가 쉽지 않다. 조사원들이 무의식적으로나 의식적으로나 험상궂게 생긴 남학생을 제외할 수도 있다. 바쁘게 걸어가는 사람은 자연스럽게 제외되기 쉽다. 자기 집 차를 타고 통학하는 학생들은 제외될 가능성이 많을 것이다. 점심시간에 조사를 진행하면 후문에서 밥 먹고 오는 학생들이 주로 대상이 될 것이다. 어느 방향으로 치우쳤는지 파악이 어렵다.

하지만 무작위 표본추출만으로 타당성을 주장할 수 있는 것도 아니다. 간편 알코올 중독 지수를 가지고 이야기해보자. 청소년 중독이 어느 정도인지를 알아보고 싶다. 전국 중고등학교 학생들을 대상으로 한 무작위 표본추출을 실시한다. 타당성이 확보될까? 학교를 그만두거나 조사 당일 학교에 나오지 않은 학생들은 제외될 것이다. 이런 학생일수록 알코올 중독에 빠져있을 확률이 높다.

제대로 된 모집단을 대상으로 조사를 하더라도 표집 방법에 따라 타당성이 낮아지기 쉽다. 신뢰도의 경우와 마찬가지로, 무작위 표본추출 방법이라고 언론에서 이야기하는 조사법은 실제로 그렇게 보기 힘든 경우가 많다. 이런 경우에도 타당성은 많이 낮아진다.

결국은 이 장 처음의 이야기로 다시 돌아간다. 좋은 설문을 하는 과정은 신뢰도와 타당도를 동시에 올린다. 표본의 추출에 있어서도 마찬가지이다. 모집단을 잘 반영하려는 노력은 신뢰도와 타당도를 동시에 높여나간다.

이러한 이해를 기반으로 각 표본추출법에 대해 알아본다. 이 주제에 대해 익숙하지 않은 독자는 교재 13장을 먼저 읽는 것이 좋다. 모집단, 표본, 그리고 무작위 표본추출에 대해 자세히 언급하고 있다.

25.3.5.1 단순 무작위표본추출

'단순 무작위표본추출 單純 無作爲標本抽出 simple random sampling'은 제비뽑기라고 생각하면 된다. 13장 3절에 언급된 것처럼, '난수표 亂數表 random number table'를 이용할 수도 있다. 13장에 있는 자세한 설명을 참조하면 된다.

단순 무작위표본추출의 가장 큰 장점은 '동일한 선택가능성'이라는 원칙에 가장 충실하다는 것이다. 모집단의 어떠한 개체도 표본으로 선택될 가능성이 동일한 '균일확률 추출방법 EPSEM'인 것이다. EPSEM은 Equal Probability of Selection Method의 약자이다.

원리를 남에게 쉽게 이해시킬 수 있다는 점도 큰 장점이다. 앞서 언급한 것처럼 신뢰도를 단순한 수치로서 제시할 수 있다는 점 역시 큰 플러스이다.

이러한 장점이 크다면 단점은 치명적이라고 할 수 있다. 시간과 돈이 많이 든다는 점이다. 둘 다 현실에서는 언제나 부족하다. 그래서 잘 사용되지 않는다.

25.3.5.2 체계적 표본추출

'체계적 표본추출 體系的 標本抽出 systematic sampling'은 무작위 표본추출과 거의 유사하다. 여기에서는 실제의 예를 보여주는 방식으로 이해를 돕는다. [그림 25-5]는 모집단이 50명 표본 5명인 경우이다.

10명마다 1명씩 체계적으로 뽑으면 되겠다는 것을 쉽게 이해할 수 있다. 처음 10명 중에 누가 뽑힐지는 제비뽑기나 난수를 활용하여 정한다. 제비뽑기를 한 결과 1에서 10까지의 숫자 중 3이 뽑혔다. [그림 25-6]은 이후의 결과를 보여준다.

[그림 25-5]	모집단 50명 표본 5명인 체계적 표집

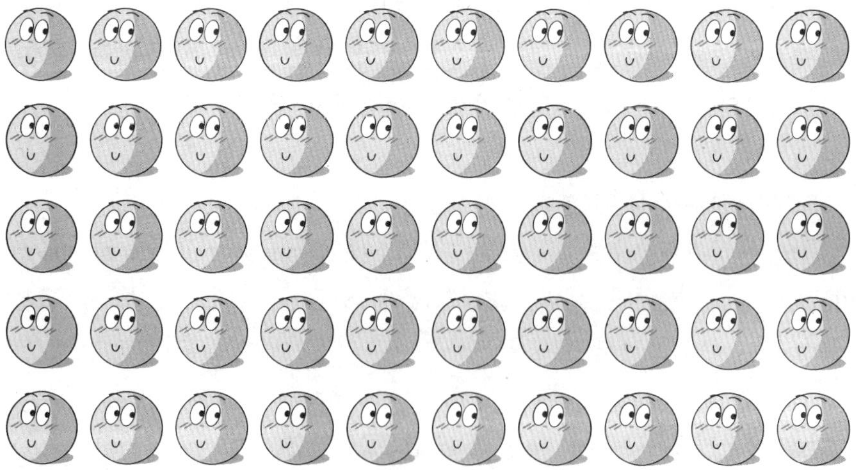

[그림 25-6]　　　　　　모집단 50명 표본 5명인 체계적 표집의 결과

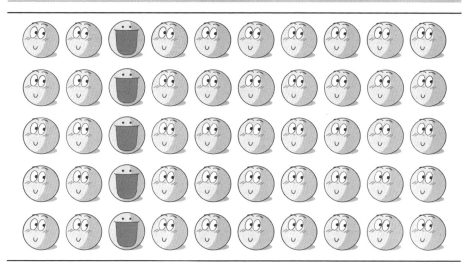

　　체계적 표본추출은 무작위 표본추출의 장점과 단점을 그대로 가진다. 신뢰도와 타당도도 동일하다.

　　따라서 여기에서는 차이점만 언급하려 한다. 첫 번째로 숫자에 반복적 규칙성이 있으면 문제가 된다. 열 명마다 한명은 반장이라면, 문제가 생길 수 있다. 물론 이런 경우는 극히 드물다.

　　두 번째로는 다음 절에 설명될 층화 표본추출의 성격을 가질 수 있다. 목록을 가지고 체계적 표본추출을 하는 경우, 목록이 어떠한 순서로 배열되어 있을 수 있다. 예를 들어, 전화번호부의 경우 이름의 분포를 반영하게 된다.

　　세 번째로 개체가 표본으로 뽑힐 확률이 동일하다는 전제가 깨어지는 경우가 있다. 교과서에도 잘 나오지 않지만, 이는 매우 중요하다. '균일확률 추출방법 EPSEM Equal Probability of Selection Method'이 아닌 경우가 발생한다는 것이다.

　　앞서와 비슷한 예를 들자. 만약에 52명 모집단에서 5명을 뽑는다면, 마지막 2명은 아예 뽑힐 기회가 없다. [그림 25-7]에서는 맨 아래의 두 명은 화난 표정을 짓고 있다. 이 두 명은 전혀 뽑힐 기회가 없다는 사실로 인해

균일확률 추출방법이 아니게 되어 버렸다.

[그림 25-7]   모집단 52명 표본 5명인 체계적 표집

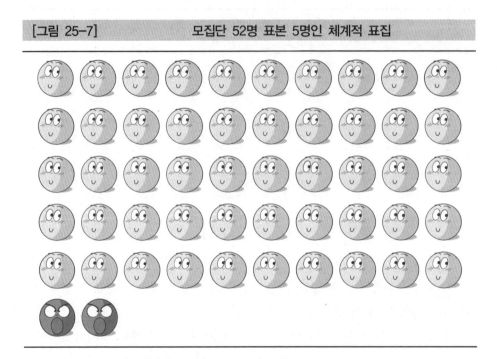

25.3.5.3 층화 표본추출

'층화 표본추출 層化 標本抽出 stratified sampling'은 모집단을 각각의 '층 層 stratum'으로 나누는 과정이 먼저 들어간다. 모집단이 이질적인 집단으로 구성되어 있을 경우에 이러한 과정은 효과적이다. 예를 들어, 여성인권 문제에 대한 조사를 한다고 치자. 이런 경우, 응답은 성별에 따라 크게 달라진다. 남자라는 층과 여자라는 층으로 모집단을 나눈 다음 표본을 구한다.

'비례 층화 표본추출 比例 層化 標本抽出 proportional stratified sampling'의 예를 들어보자. 150명으로 이루어진 모집단을 성별로 층화한다. 남자 100명과 여자 50명으로 두 집단을 나눈다. 각 층의 개체수에 비례하여 표본을 추출한다. 예를 들어, 남자 10명 여자 5명을 무작위 표본추출로 구한다. 이런 경우, 무작위 표본추출과 마찬가지로 각 개체가 표본으로 뽑힐 확률이 동일하다. '균일확률 추출방법 EPSEM Equal Probability of Selection Method'인

것이다.

신뢰도에 대해 살펴보자면, 층화 표본추출은 이전의 두 가지 방법과는 다소 다르다. 앞서 표본 추출 과정에서의 신뢰도에 대해 언급한 적이 있다. 신뢰도를 높이기 위해 표본 크기를 늘리는 방법이 기본이라고 설명하였다.

하지만 신뢰도는 표본 크기 이외에도 모집단 분산과도 관련되어 있다. 층화 표본추출은 이렇게 모집단 분산을 줄인다. 따라서 신뢰도를 무작위 표본추출이나 체계적 표본추출보다 높일 수 있다.

Babbie(2013: 225-6)는 표본 크기와는 별도로 층화 표본추출의 차이점이 가지는 추가적 근거로서 모집단의 분산을 잘 설명해주고 있다:

> 단순무작위 표집과 체계적 표집은 일정 정도의 대표성을 보장하면서 존재하고 있는 오차를 추정 가능하게 한다. 층화표집은 표집오차를 가능한 한 감소시킴으로써, 보다 향상된 수준의 대표성을 획득하는 방법이다. 이 방법을 이해하기 위해, 잠시 기본적인 표집분포이론으로 돌아가야 한다. 표집오차가 표본설계의 두 요인에 의해 감소된다는 점을 상기하자. 첫째, 큰 표본은 작은 표본보다 작은 표집오차를 산출한다. 둘째, 동질적인 모집단은 이질적인 모집단보다 작은 표집오차를 가진 표본들을 생산한다. 만약 모집단의 99%가 어떤 진술에 동의한다면, 어떤 확률표본도 동의수준을 크게 잘못 나타낼 가능성은 거의 없다. 만약 모집단이 그 진술에 대해 50 대 50으로 갈라져 있다면, 표집오차는 훨씬 더 크게 될 것이다. 층화표집은 표집이론의 두 번째 요소에 기초하고 있다. 대체로 연구자는 커다란 전체 모집단에서 표본을 추출하기보다 적합한 수의 요소들이 그 모집단의 동질적인 하위집단들에서 추출되어야 한다고 확신한다.

Alreck & Settle(2004: 60)은 모집단 수치의 흩어진 정도가 신뢰도와 연결되어 있다고 설명한다:

> 어떠한 정치문제에 대해 설문조사를 한다고 하자. 조사를 하는 이는 이 쟁점에 대해 의견이 극렬히 나누어져 있다는 것을 알고 있다. 조사대상인 두 지역주민은 각기 서로 다른 의견을 가지고 있다. 각 지역 내에서의 분산은 얼마 되지 않는다. 층이 나누어지지 않은 무작위 표본을 쓰면 표본크기가 커야 한다. 두 지역을 포함한 전체 모집단의 견해를 잘 반영하기 위해서는 그러하다. 신뢰도란 어느 정도 모집단의 분산에 의해 결정되기 때문이다. 이런 경우, 여론 양극화는

분산을 크게 한다. 만약 두 지역이라는 층으로 모집단을 나눈다면, 각 지역 내 분산은 아주 작을 것이다. 표본 크기는 작아져도 된다. 필요로 하는 신뢰도와 신뢰구간은 확보하면서도, 층화 표본추출에서 나누어진 두 표본의 개체수 합계 는 무작위 표본추출을 이용할 때 필요한 표본 개체수보다 훨씬 작아도 된다.

다시 정리하자면 이렇다. 표본의 크기가 커지면 신뢰도가 높아진다. 표 본의 크기가 작아지면 신뢰도가 낮아진다. 모집단 분산이 커지면 신뢰도가 낮아진다. 모집단 분산이 작아지면 신뢰도가 높아진다. 층화 표본추출은 모 집단 분산을 작게 만들기 때문에 무작위 표본추출이나 체계적 표본추출보다 신뢰도가 높다.

층화 표본추출 역시 단순 무작위 표본추출과 같은 단점을 가지고 있다. 층을 나눈 다음에는 무작위 표본추출에 기초하기 때문에 시간과 돈이 많이 든다. 층을 나누는 작업 자체가 복잡하고 어려울 수 있어서 단순 무작위 표 본추출보다 더 힘들 수도 있다.

25.3.5.3.1 비비례 층화 표본추출과 가중치 적용

마지막으로 '비비례 층화 표본추출 非比例 層化 標本抽出 nonproportional stratified sampling'을 적용할 경우 필수적으로 따라와야 할 가중치 적용에 대해 설명하려 한다.

비례 층화 표본추출과 비교해보자. 남자 100명과 여자 50명으로 두 집단 을 나누고, 각 층의 개체수에 비례하여 표본을 추출한다. 예를 들어, 남자 10 명 여자 5명을 무작위 표본추출로 구한다. 이런 경우 그대로 표본을 통계처 리하면 된다.

하지만 여성을 5명만 뽑는 것이 문제라고 생각해서 여성 숫자를 남성과 동일하게 10명을 선택한다고 하자. [그림 25-8]은 이렇게 표본 추출된 데이 터를 보여준다. 모집단에서의 성별 구조와는 달리, 표본에서의 남성과 여성 은 각각 10명이다. 이런 경우 비례가 맞지 않기 때문에 '비비례 非比例 nonproportional'가 된다.

따라서 비비례 층화 표본추출은 '균일확률 추출방법 EPSEM Equal Probability of Selection Method'이 아니다. 여성이 표본으로 뽑힐 확률은 남자

[그림 25-8] 가사노동 데이터 파일

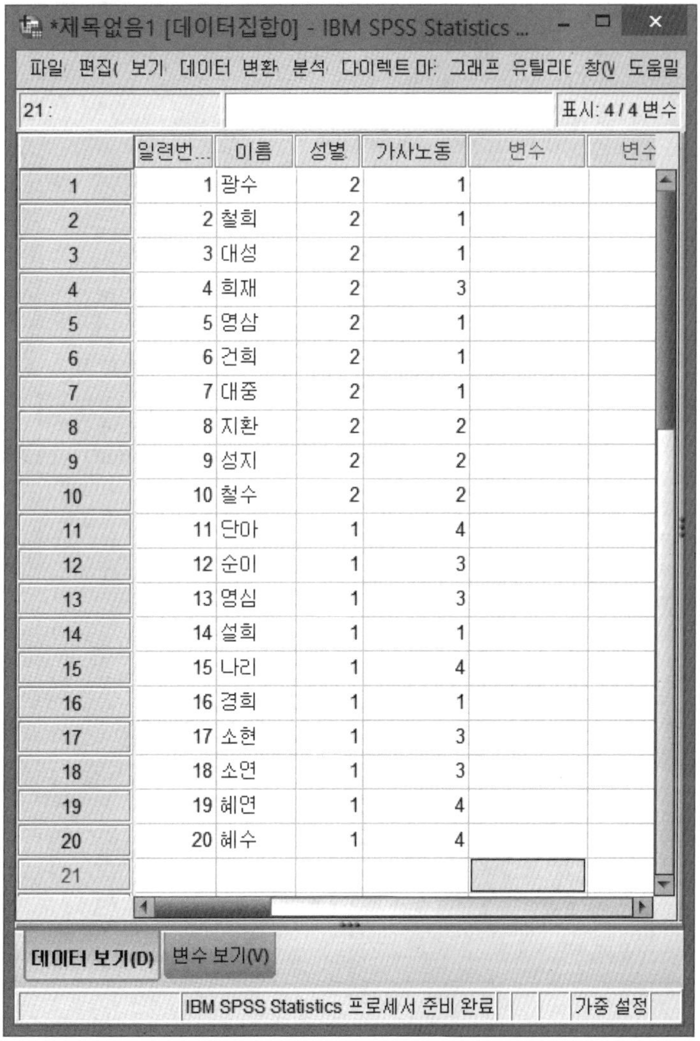
*제목없음1 [데이터집합0] - IBM SPSS Statistics ...
파일 편집(보기 데이터 변환 분석 다이렉트 마: 그래프 유틸리티 창(V 도움말
21 :
표시: 4 / 4 변수
데이터 보기(D)
변수 보기(V)
IBM SPSS Statistics 프로세서 준비 완료
가중 설정

	일련번...	이름	성별	가사노동	변수	변수
1	1	광수	2	1		
2	2	철희	2	1		
3	3	대성	2	1		
4	4	희재	2	3		
5	5	영삼	2	1		
6	6	건희	2	1		
7	7	대중	2	1		
8	8	지환	2	2		
9	9	성지	2	2		
10	10	철수	2	2		
11	11	단아	1	4		
12	12	순이	1	3		
13	13	영심	1	3		
14	14	설희	1	1		
15	15	나리	1	4		
16	16	경희	1	1		
17	17	소현	1	3		
18	18	소연	1	3		
19	19	혜연	1	4		
20	20	혜수	1	4		
21						

의 두배이기 때문이다.

이러한 표본을 가지고 모집단에 대해 이야기하려고 할 때는 분석단계에서 여성 숫자를 모집단에 비례하게 맞추어주어야 한다. 이런 작업을 가중치 적용이라 한다.

| [그림 25-9] | 가사노동 데이터 파일 변수값 보기 |

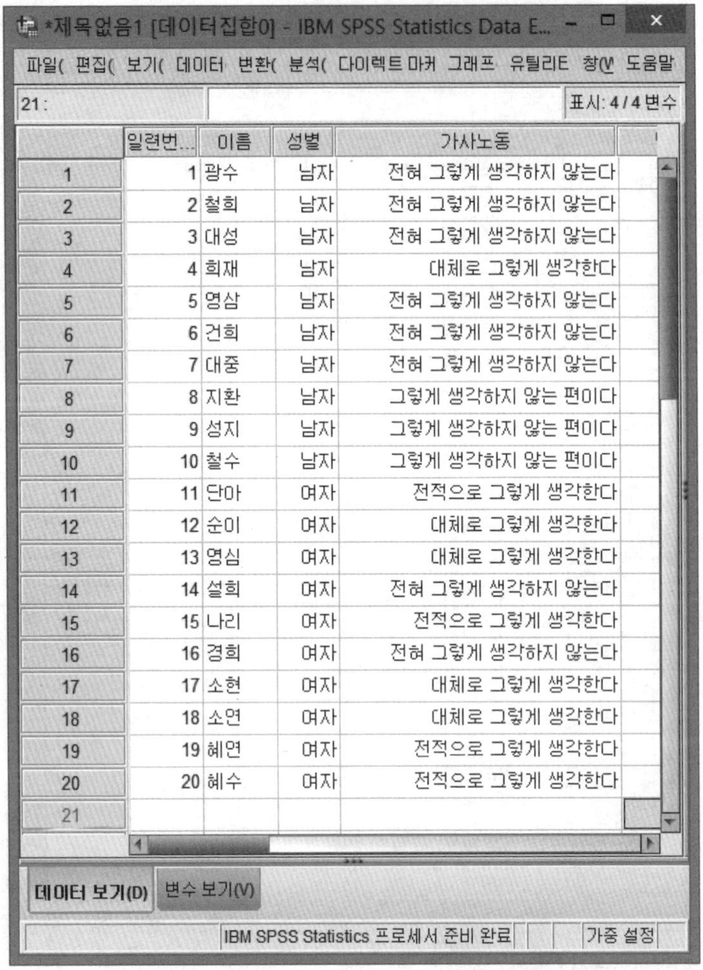

[보기] [변수값 설명]에 체크하여, [그림 25-9]과 같이 가사노동에 대한 응답을 살펴보자. "맞벌이의 경우 남편과 아내가 육아를 포함한 가사노동을 반반씩 해야 한다고 생각하십니까?"라는 질문에 대한 응답이다. 응답문항의 변수값은 다음과 같다.

1=전혀 그렇게 생각하지 않는다
2=그렇게 생각하지 않는 편이다
3=대체로 그렇게 생각한다
4=전적으로 그렇게 생각한다

남녀 간 가사노동에 대한 생각이 상당히 다르다는 것을 알 수 있다. 가사노동을 분담해야 한다는 생각은 남자보다 여자가 훨씬 강하다.

[분석] [기술통계량] [빈도분석]을 선택한다. 남녀 각각 10명이 있는 데이터 파일의 빈도분석을 [그림 25-10]과 같이 해본다.

[그림 25-10]   가사노동 데이터 파일 빈도분석

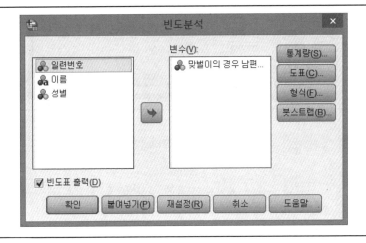

[그림 25-11]과 같이 빈도분석 창 통계량에서 평균을 선택하고 빈도분석을 실행한다. [표 25-2]를 보면 사례수가 20으로 나온다. 평균은 2.25로 나온다. '그렇게 생각하지 않는다'가 2이고 '대체로 그렇게 생각한다'가 3이다.

기본적으로는 중립적이지만 가사분담을 반대하는 쪽으로 조금 기운 결과가 나왔다.

[그림 25-11]   가사노동 데이터 파일 빈도분석 통계량

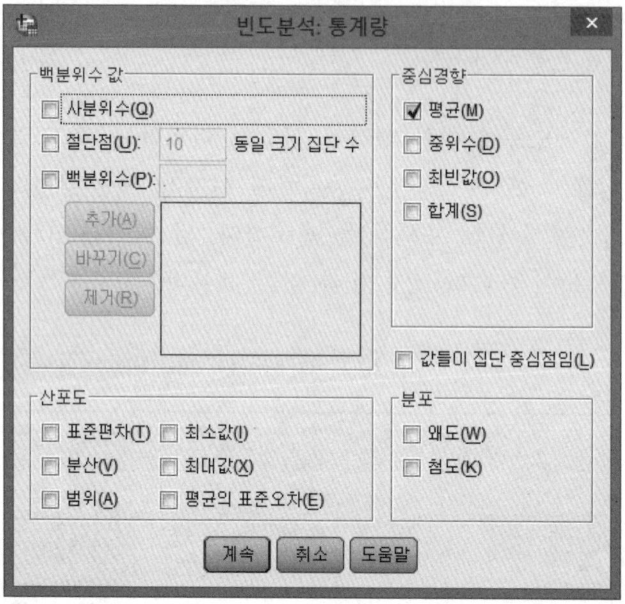

[표 25-2]   가사노동 데이터 파일 빈도분석 결과

통계량

※ 맞벌이의 경우 남편과 아내과 육아를 포함한 가사노동을 반반씩 해야 한다고 생가하십니까?

N	유효	20
	결측	0
평균		2.25

※ 맞벌이의 경우 남편과 아내가 육아를 포함한 가사노동을 반반씩 해야 한다고 생각하십니까?

		빈도	퍼센트	유효 퍼센트	누적 퍼센트
유효	전혀 그렇게 생각하지 않는다	8	40.0	40.0	40.0
	그렇게 생각하지 않는 편이다	3	15.0	15.0	55.0
	대체로 그렇게 생각한다	5	25.0	25.0	80.0
	전적으로 그렇게 생각한다	4	20.0	20.0	100.0
	합계	20	100.0	100.0	

[분석][평균 비교][집단별 평균비교]를 통해 [그림 25-12]와 같이 남녀 집단별로 평균을 분석해본다. 남자 평균은 1.5이며, 여자 평균은 3이다. '그렇게 생각하지 않는 편이다'와 '전혀 그렇게 생각하지 않는다'의 중간이 남자의 평균이다. '대체로 그렇게 생각한다'가 여자의 평균이다.

[그림 25-12] **가사노동 데이터 파일 평균비교**

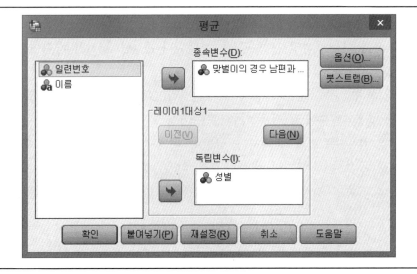

[표 25-3] **가사노동 데이터 파일 평균비교 결과**

케이스 처리 요약

	케이스					
	포함		제외		합계	
	N	퍼센트	N	퍼센트	N	퍼센트
맞벌이의 경우 남편과 아내가 육아를 포함한 가사노동을 반반씩 해야 한다고 생각하십니까?* 성별	20	100.0%	0	0.0%	20	100.0%

보고서

※ 맞벌이의 경우 남편과 아내가 육아를 포함한 가사노동을 반반씩 해야 한다고 생각하십니까?

성별	평균	N	표준편차	합계
여자	3.00	10	1.155	30
남자	1.50	10	.707	15
합계	2.25	20	1.209	45

이제 남자 100명과 여자 50명이라는 모집단을 반영하는 가중치를 적용해 본다. [파일] [새 파일] [명령문]을 선택한다. [그림 25-13]과 같이 가중치 명령문을 입력한다.

명령문 첫 번째 줄은 가중치 변수인 WEIGHT의 값을 0으로 잡아둔다. 가중치를 따로 변수별로 적용하지 않는 이상 가중치 변수는 작동하지 않게 해두는 것이다. 두 번째 줄에서는 성별이 여자인 경우 가중치로서 0.5를 집어넣어 준다. 0.5는 '(모집단 비율)/(표본 비율)'에서 나왔다. 세 번째 줄에서는 성별이 남자인 경우 모집단 비율과 표본 비율이 같기 때문에 1을 입력해 준다.

[그림 25-13]	가중치 명령문

[그림 25-14]는 가중치 명령문을 어떻게 실행하는지 보여준다. 명령문을 커서로 선택한 후, 마우스 오른쪽 버튼을 누른다. [모두 실행]을 선택한다.

[그림 25-14]   가중치 명령문 실행

이러한 가중치는 SPSS 메뉴를 통해 적용되어야 한다. 그 전에는 [그림 25-15]에서와 같이 WEIGHT라는 이름의 변수가 추가되었을 뿐 가중치 자체는 적용되지 않고 있다. WEIGHT 변수 아래 칸에 모두 비어있는 것을 알 수 있다.

[그림 25-15] 가사노동 데이터 파일 WEIGHT 변수 추가

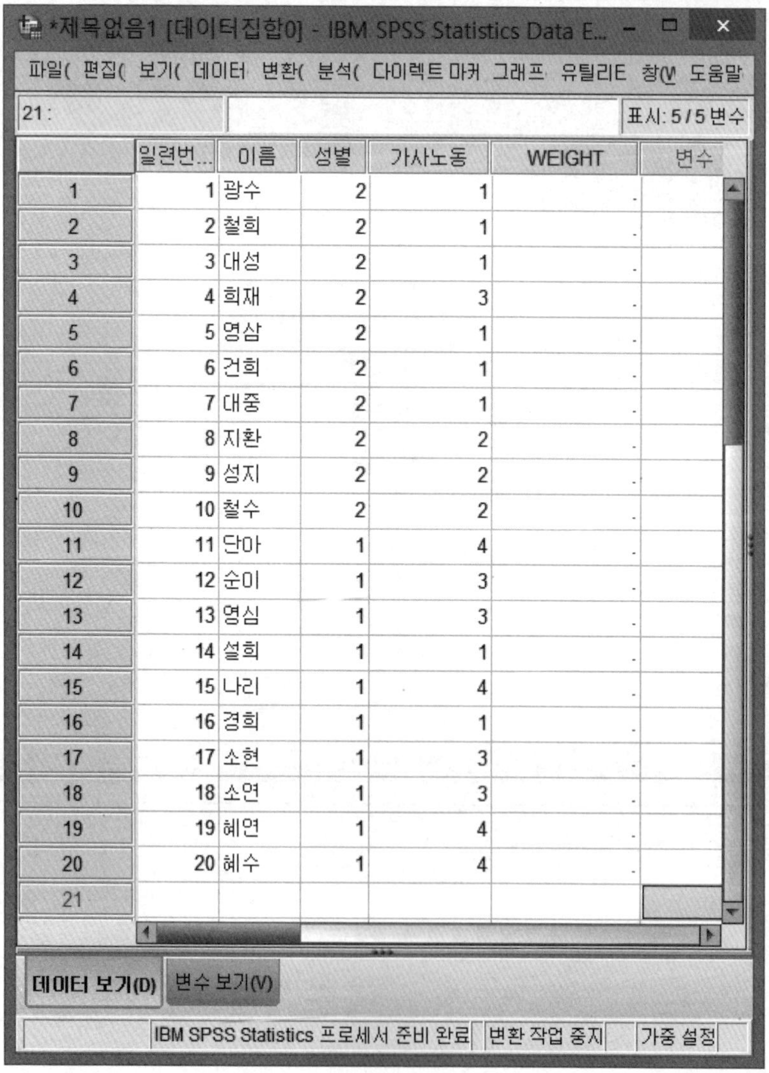
*제목없음1 [데이터집합0] - IBM SPSS Statistics Data E...
파일(편집(보기(데이터 변환(분석(다이렉트 마케 그래프 유틸리티 창(W 도움말
21 :
표시: 5 / 5 변수

	일련번...	이름	성별	가사노동	WEIGHT	변수
1	1	광수	2	1	.	
2	2	철희	2	1	.	
3	3	대성	2	1	.	
4	4	희재	2	3	.	
5	5	영삼	2	1	.	
6	6	건희	2	1	.	
7	7	대중	2	1	.	
8	8	지환	2	2	.	
9	9	성지	2	2	.	
10	10	철수	2	2	.	
11	11	단아	1	4	.	
12	12	순이	1	3	.	
13	13	영심	1	3	.	
14	14	설희	1	1	.	
15	15	나리	1	4	.	
16	16	경희	1	1	.	
17	17	소현	1	3	.	
18	18	소연	1	3	.	
19	19	혜연	1	4	.	
20	20	혜수	1	4	.	
21						

데이터 보기(D) 변수 보기(V)
IBM SPSS Statistics 프로세서 준비 완료 변환 작업 중지 가중 설정

[데이터][가중 케이스]를 열면, [그림 25-16]과 같은 가중 케이스 창이 나온다. [가중 케이스 지정]을 선택하고, [빈도변수] 아래 칸은 [WEIGHT]로 채워 넣는다. [확인]한다.

[그림 25-16]	가중 케이스

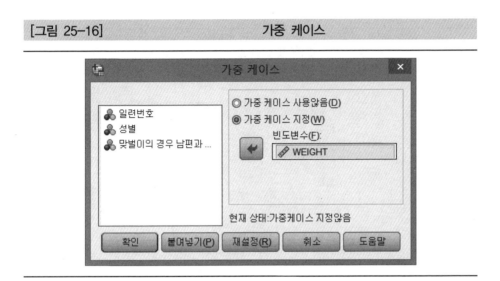

[그림 25-17]과 같이 가중치가 적용된다. 남자에게는 1.0이 여자에게는 0.5가 적용된 것을 알 수 있다.

[그림 25-17]	가사노동 데이터 파일 가중치

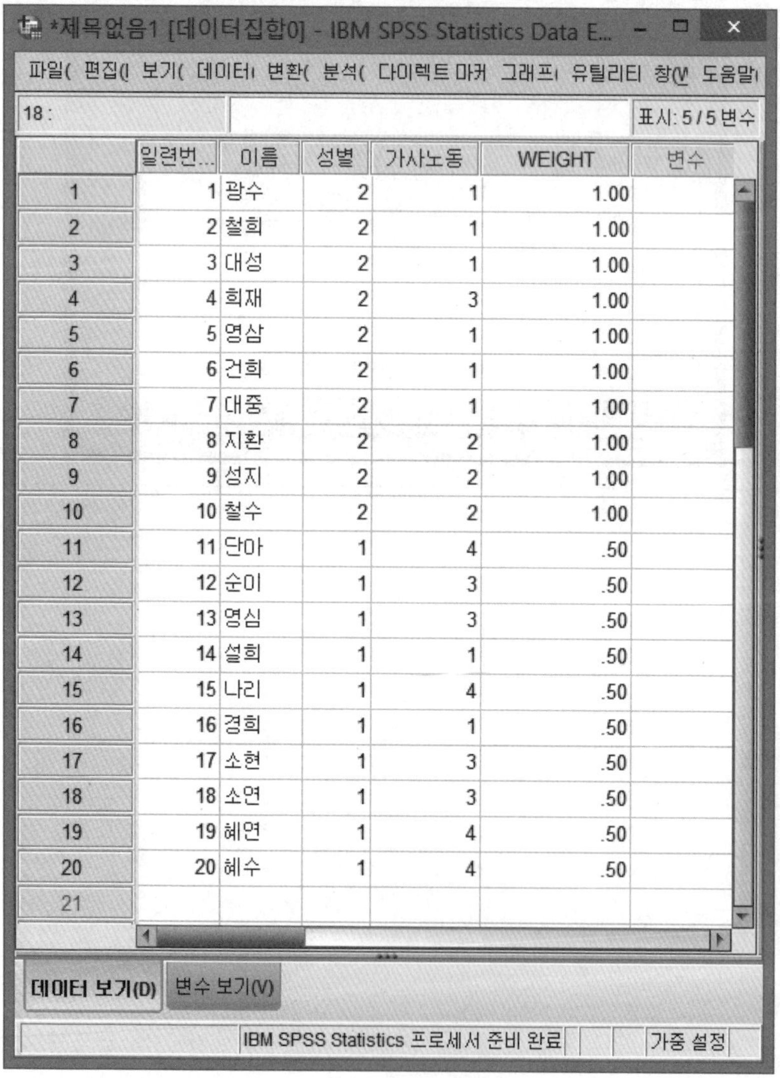

	일련번...	이름	성별	가사노동	WEIGHT	변수
1	1	광수	2	1	1.00	
2	2	철희	2	1	1.00	
3	3	대성	2	1	1.00	
4	4	희재	2	3	1.00	
5	5	영삼	2	1	1.00	
6	6	건희	2	1	1.00	
7	7	대중	2	1	1.00	
8	8	지환	2	2	1.00	
9	9	성지	2	2	1.00	
10	10	철수	2	2	1.00	
11	11	단아	1	4	.50	
12	12	순이	1	3	.50	
13	13	영심	1	3	.50	
14	14	설희	1	1	.50	
15	15	나리	1	4	.50	
16	16	경희	1	1	.50	
17	17	소현	1	3	.50	
18	18	소연	1	3	.50	
19	19	혜연	1	4	.50	
20	20	혜수	1	4	.50	
21						

[그림 25-18]은 가중치 적용이후 빈도분석 실행을 보여준다. [표 25-4]에서는 평균이 2.0으로 변화한 것을 알 수 있다. 가중치가 적용되지 않은 [표 25-2]에서는 평균이 2.25였다.

전체 평균이 가사노동 분담에 부정적인 방향으로 바뀐 것을 알 수 있다. '그렇게 생각하지 않는 편이다'가 변수값 2이다. 여성의 의사 반영이 반으로 줄어든 영향이다.

[그림 25-18]	가중치 적용이후 빈도분석

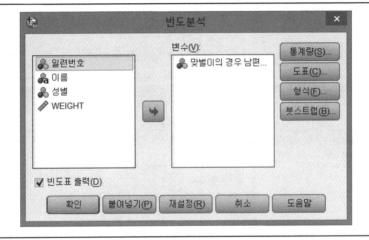

[표 25-4]	가중치 적용이후 빈도분석 결과

통계량

※ 맞벌이의 경우 남편과 아내과 육아를 포함한 가사노동을 반반씩 해야 한다고 생각하십니까?

N	유효	15
	결측	0
평균		2.00
합계		30

※ 맞벌이의 경우 남편과 아내가 육아를 포함한 가사노동을 반반씩 해야 한다고 생각하십니까?

		빈도	퍼센트	유효 퍼센트	누적 퍼센트
유효	전혀 그렇게 생각하지 않는다	7	46.7	46.7	46.7
	그렇게 생각하지 않는 편이다	3	20.0	20.0	66.7
	대체로 그렇게 생각한다	3	20.0	20.0	86.7
	전적으로 그렇게 생각한다	2	13.3	13.3	100.0
	합계	15	100.0	100.0	

[그림 25-19]는 가중치 적용이후 평균비교를 보여준다. [표 25-5]에서는 여성의 경우 평균은 3.0으로 동일하지만 숫자가 5로 바뀐 것을 보여준다.

[그림 25-19]　　　　　　　가중치 적용이후 평균비교

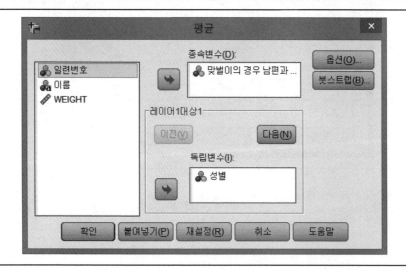

| [표 25-5] | 가중치 적용이후 평균비교 결과 |

케이스 처리 요약

	케이스					
	포함		제외		합계	
	N	퍼센트	N	퍼센트	N	퍼센트
맞벌이의 경우 남편과 아내가 육아를 포함한 가사 노동을 반반씩 해야 한다고 생각하십니까?* 성별	15	100.0%	0	0.0%	15	100.0%

보고서

※ 맞벌이의 경우 남편과 아내가 육아를 포함한 가사노동을 반반씩 해야 한다고 생각하십니까?

성별	평균	N	표준편차	합계
여자	3.00	5	1.225	15
남자	1.50	10	.707	15
합계	2.00	15	1.134	30

[그림 25-20]은 [가중 케이스 사용않음]을 다시 선택한 창을 보여준다. 이전과 마찬가지로, [데이터] [가중 케이스]를 선택해서 나타나는 창이다.

| [그림 25-20] | 가중 케이스 사용않음 |

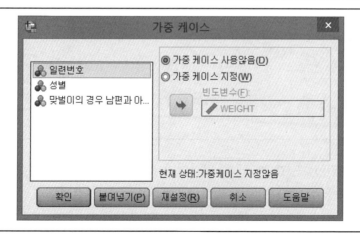

25.3.5.4 군집 표본추출

'군집 표본추출 群集 標本抽出 cluster sampling' 혹은 '집락 표본추출 集落 標本抽出'은 모집단 개체가 아닌 개체들이 모인 덩어리를 우선적으로 추출한다. 어려운 군집이나 집락이라는 표현 대신, 필자는 여기서부터 덩어리라는 표현을 쓴다.

덩어리 표본추출의 핵심은 일차적으로 덩어리를 무작위 표본추출을 단위로 삼는다는 것이다. 이렇게 선택된 덩어리를 이루는 개체 전부 혹은 그 일부를 표본으로 삼는다.

선택된 덩어리들 중에서 일부를 선택할 때는 다양한 방법 선택이 가능하다. 무작위 표본추출을 사용할 수도 있다. 다시 또 덩어리 표본추출을 쓸 수도 있다.

[그림 25-21]	덩어리 표본추출

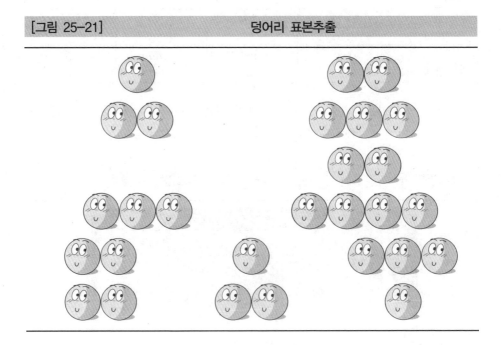

[그림 25-21]과 같이 7개의 덩어리가 있을 때 이 7개를 대상으로 무작위 표본추출을 실시한다. 예를 들어 두 개의 덩어리를 선택한다.

[그림 25-22]	덩어리 표본추출에서 덩어리 선택

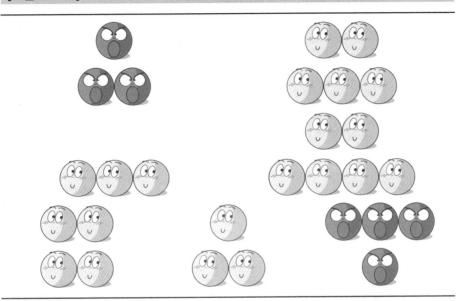

[그림 25-22]는 덩어리가 어떻게 선택되는지를 보여준다. 이렇게 선택된 7개를 표본으로 사용할 수 있다.

이러한 덩어리에서 다시 표본을 선택하는 방법이 더 흔하다. 예를 들어, 2개의 선택된 덩어리에서 각각 2명씩을 무작위 표본추출을 통해 선택한다.

이렇듯 여러 단계가 있을 수 있기 때문에, 첫 선택 대상 덩어리를 부르는 이름이 있다. 최초로 추출된다는 의미에서 '일차 표본추출 단위 一次 標本抽出 單位 PSU Primary Sampling Unit'라고 불린다.

현실에서의 덩어리는 크기가 크다. 지리적으로 위치한 덩어리인 경우가 많기도 하다. 왜 번역할 때 군집이나 집락과 같은 생태학적 용어를 사용하는지 이해가 된다. 군집 표본추출은 '지역 확률 표본추출 地域 確率 標本抽出 Area Probability Sampling'이라고도 불린다.

미국에서 이루어지는 전국적 군집 표본추출의 경우, 예를 들어 시·군에 해당하는 단위인 city나 county가 일차 표본추출 단위가 될 수 있다. city는 대규모 도시일 경우에만 해당되며, 작은 county는 몇 개가 합쳐질 수도 있다. 전국적으로 예를 들어 50개의 시군 단위를 표본으로 삼은 다음, 미국에

654 ••• 제25장 신뢰도, 타당도, 그리고 현실에서의 설문조사

서 가장 작은 행정단위이며 4면이 거리로 둘러싸인 block을 이차 표본추출 단위로 삼을 수 있다. 선택된 50개 시군에서 다시 각각 10개의 block을 선택 하는 것이다. 이렇게 500개의 block이 정해지면 block에 있는 집 전체를 대상 으로 조사를 진행할 수도 있고, 이 중의 몇 가구를 표본추출 할 수도 있다.

이런 경우 장점은 무엇일까? 전국 시군 목록만 가지고도 조사를 시작할 수 있다는 것이다. 시군 단위에서도 block 목록만 가지고 표본 추출을 한다. 시간과 돈이 앞서 방법과는 비교할 수 없는 정도로 절약된다. 앞서 언급된 표본추출 방법은 표본틀이라는 개체 목록을 필요로 한다. 이제는 덩어리 목 록만 있으면 된다.

Nardi(2006: 117)는 필자와는 조금 다른 예를 들지만, 조사의 편이성이라 는 결론에 도달한다:

> 더 큰 모집단을 조사할 경우, 연구자는 '다단계 방법 multistage method' 혹은 '군집 표본추출'이라고 불리는 조사법을 사용한다. 대형 여론조사기관은 표본추 출을 위해 이 방법을 전형적으로 사용한다. 이 방법은 큰 덩어리로부터 시작해 서 그 다음의 하나하나의 단계로 갈 때마다 작은 덩어리로 옮겨간다. 미국 대통 령 후보에 대한 태도를 조사한다고 하자. '주 州 state' 단위에서 시작할 수 있 다. 지역으로 층화시켜 하거나 아니면 그냥 무작위로 하거나 간에 50개의 주로 부터 표본을 뽑아낸다. 그 다음 단계는 선택된 주 각각에서 '군 郡 country'을 무작위로 추출해낸다. 그 다음 단계는 '시 市 city'로서 역시 무작위로 선택한다. 다음 단계는 '거리 street'이다. 최종 단계는 각각의 거리에서 '가구 家口 household'를 선택하는 것이다. 단순 무작위 표본추출, 체계적 표본추출, 층화 표본추출은 각각 단계에서 무엇이든 적용될 수 있다. 여론조사 기관은 이런 방 법을 사용해서 겨우 1,500명만 표본으로 조사하고 미국 전국조사를 해치우는 것 이다.

이러한 환상적 장점과 더불어 해소되지 않는 어려움도 있다. 각각의 개 체가 표본으로 뽑힐 확률이 동일하다는 원칙에서 벗어나기 때문이다. 동일한 표본추출 확률을 가진 것은 덩어리이지 개체가 아니다. 따라서 앞서 표본추 출에서나 쓸 수 있는 "95% 신뢰도에 오차범위"라는 표현 사용은 부적절하다.

25.4 신뢰도의 측정

25.4.1 재검사법

일관성으로서의 신뢰도를 설명하기 위해 앞서 체중계에서의 측정치를 언급하였다. 실제로 이러한 방법이 있으며, 이를 '재검사 방법 再檢査 方法 test-retest method'라고 한다. 동일한 설문을 동일한 이에게 시간을 두고 두 번 응답하게 한다. 시간을 두고 측정된 두 개 데이터가 얼마나 일관되게 나오는가를 본다. 심리검사에서는 일반적으로 2주 이후에 재검사를 치른다.

신뢰도 측정에 있어 이론적으로 가장 이상적 방법이 재검사법이라고 필자는 생각한다. 원래 신뢰도의 의미를 그대로 구현하기 때문이다.

[그림 25-23]   **간편 알코올 중독 지수 재검사 파일**

[그림 25-23]은 재검사 방법이 무엇인지를 쉽게 보여준다. [분석] [상관분석] [이변량상관계수]로 들어가서 상관계수를 구하면 된다. 19장에 나오는 '피어슨 상관계수 Pearson correlation coefficient'를 주로 구한다. 통상적으로는 상관계수가 0.7 이상이면 신뢰도가 있다고 판단한다.

재검사 방법의 가장 큰 약점은 응답자가 체중계와 다르다는 데서 나온다. 언제나 측정이 가능한 체중계와 달리, 설문조사에서 응답자는 2주 이후에 다시 설문참여시키는 것이 불가능한 경우가 대부분이다.

또한 체중계와는 달리 이전의 응답이 이후의 응답에 영향을 준다. 예를 들어, 학습효과가 있을 수 있다.

25.4.2 동형검사

이러한 재검사 방법의 단점을 극복하기 위한 방안 중 하나이다. 동일한 검사로 재검사 하는 대신 '동형검사 同形檢査 parallel forms test'를 사용하는 것이다. 질문이나 응답의 형태는 동일하고 또한 의미도 동일하지만 다른 표현을 쓴다는 것이다. "술은 선생님의 인생에 큰 낙이라고 할 수 있습니까?"라는 질문을 "술은 선생님의 인생에 큰 즐거움입니까?"라는 식으로 바꾸는 것이다.

재검사와 달리 동형검사는 꼭 시간을 두고 다시 측정하지 않아도 된다. 물론 시간을 두고 측정하여도 무방하다. 원래의 검사와 동형검사를 한번에 실행할 수 있다는 것은 현실적으로 큰 장점이다.

이러한 장점에도 불구하고, 동형검사 나름대로의 단점이 있다. 동형검사를 만든다는 것 자체가 어렵다. 앞서의 예를 들어보자. '낙'과 '즐거움'은 상당히 다른 의미를 가질 수 있다. '낙'은 어려움을 잊게 해주고 버티게 해주는 의미가 강하다. '즐거움'은 인생의 어려움을 쉬움으로 바꾸는 적극적 성격을 가졌다고도 볼 수 있다.

수학검사와 같이 숫자만 바꾸는 되는 경우가 아닌 이상, 동형검사는 검사지 개발 자체가 쉽지 않다.

25.4.3 반분법

또 다른 방법은 하나의 설문지로 재검사법 효과를 내려고 하는 '반분법 半分法 split-half method'이다. 예를 들어, 홀수 항목으로 하나의 검사를 만들고 짝수 항목으로 다른 하나의 검사를 만든다. 이 두 검사를 응답자에게 한 번에 같이 응답하게 하고 두 점수 간의 상관관계를 살펴보는 것이다.

반분법은 나누는 방법에 따라 결과에 차이가 난다는 단점이 있다. Cronbach α에 대해 먼저 설명하고, 반분법은 Cronbach α와 관련해 다시 설명하기로 한다.

25.4.4 Cronbach α의 계산과 그 의미

Cronbach α는 신뢰도 측정에서 가장 많이 쓰인다. α값은 상관계수와 설문문항 숫자에 의해 결정된다.

[표 25-6]	간편 알코올 중독 지수의 설문문항간 상관계수 출력결과			
상관계수				
		낙	다음날	스트레스	술생각
낙	Pearson 상관계수	1	.311	.389	.496
	유의확률(양쪽)		.382	.266	.145
	N	10	10	10	10
다음날	Pearson 상관계수	.311	1	.436	.663
	유의확률(양쪽)	.382		.208	.037
	N	10	10	10	10
스트레스	Pearson 상관계수	.389	.436	1	.733
	유의확률(양쪽)	.266	.208		.016
	N	10	10	10	10
술생각	Pearson 상관계수	.496	.663	.733	1
	유의확률(양쪽)	.145	.037	.016	
	N	10	10	10	10

[표 25-6]은 간편 알코올 중독 지수의 설문문항간 상관계수 출력결과이

다. 여기서 나오는 모든 상관계수의 평균은 .5046666666666667이다. 숫자계산
의 정확성을 위해 어쩔 수 없이 6을 12개나 넣었다.

$$(.311 + .389 + .496 + .436 + .663 + .733) \div 6 = .5046666666666667$$

이제 설문문항간 상관계수의 평균값을 먼저 안 상태에서 다음과 같이
알파값 계산공식을 살펴본다.

$$\alpha = \frac{상관계수평균 \times 설문문항수}{[1 + (상관계수평균 \times (설문문항수 - 1)]}$$

$$= \frac{.5046666666666667 \times 4}{[1 + .5046666666666667 \times 3]}$$

$$= \frac{2.018666666666667}{2.5140000000000002}$$

$$= .802970 \quad \approx \quad .799$$

SPSS에서 상관계수 소수점을 세 자리까지만 제시하는 것이 계산 오차
의 원인이다. 긴 소수점까지를 계산해도 근사한 수준 정도로 만족해야 한다.
계산결과는 .802970이다.

SPSS가 계산한 알파값은 .799이다. 다음 절에서 도출 과정이 자세히 설
명된다. 상관계수과 질문수를 포함한 계산 공식에 따라 나온 .802970과 근사
함을 알 수 있다.

이 계산공식은 도식적 사고의 실상을 잘 보여준다. 0.7에서 0.9사이가 좋
다는 식은 문제가 있다.

계산 공식에 나오는 것처럼 상관계수와 문항수가 직접적으로 결정짓는
다는 것을 알 수 있다. 문항수가 늘어나면 자연히 알파값이 늘어난다. 내용
이 중복되는 설문문항이 있어 이런 문항간 상관계수가 1에 가까워지면 알파
값도 늘어나게 되어 있다.

결론적으로 말하자면, 알파값은 참고를 하기 위한 숫자에 불과하다. 알
파값을 높이거나 줄이기 위해 기계적으로 어떠한 항목을 지수에서 넣고 빼
는 것은 의미가 없다.

25.4.5 반분법과 Cronbach α

반분법의 단점을 극복한 것이 Cronbach α이다. 가능한 모든 반분 경우마다 나오는 α의 평균이기 때문이다. 그래서 가장 많이 사용되기도 하다. 간편알코올중독지수를 활용해보자. 질문 문항이 네 개이기 때문에 다음과 같은 세 가지의 반분만이 가능하다. [그림 25-24]에는 이러한 구도가 변수로 구현되어 있다.

낙 + 다음날	대	스트레스 + 술생각
낙 + 스트레스	대	다음날 + 술생각
낙 + 술생각	대	다음날 + 스트레스

[그림 25-24]를 살펴보면 이해가 되겠지만, '낙_다음날'이라는 변수는 '낙'과 '다음날'이라는 두 개의 변수를 합친 값이다. [변환] [변수계산]을 선택하여 새로운 변수 만들기를 한 것이다. '스트레스_술생각', '다음날_술생각', '낙_술생각', '다음날_스트레스' 역시 마찬가지의 방식으로 만들어진다.

[그림 25-24] 간편 알코올 중독 지수 반분 변수

	일련번호	이름	낙	다음날	스트레스	술생각	낙_다음날	스트레스_술생각	낙_스트레스	다음날_술생각	낙_술생각	다음날_스트레스
1	1	현숙	1	1	2	1	2	3	3	2	2	3
2	2	순이	3	2	3	3	5	6	6	5	6	5
3	3	재철	1	1	1	1	2	2	2	2	2	2
4	4	단아	2	3	2	2	5	4	4	5	4	5
5	5	지환	3	1	2	2	4	4	5	3	5	3
6	6	성지	3	3	3	3	6	6	6	6	6	6
7	7	수임	2	2	2	3	4	5	4	5	5	4
8	8	명혜	2	1	3	2	3	5	5	3	4	4
9	9	준모	2	3	3	3	5	6	5	6	5	6
10	10	현덕	1	2	3	3	3	6	4	5	4	5

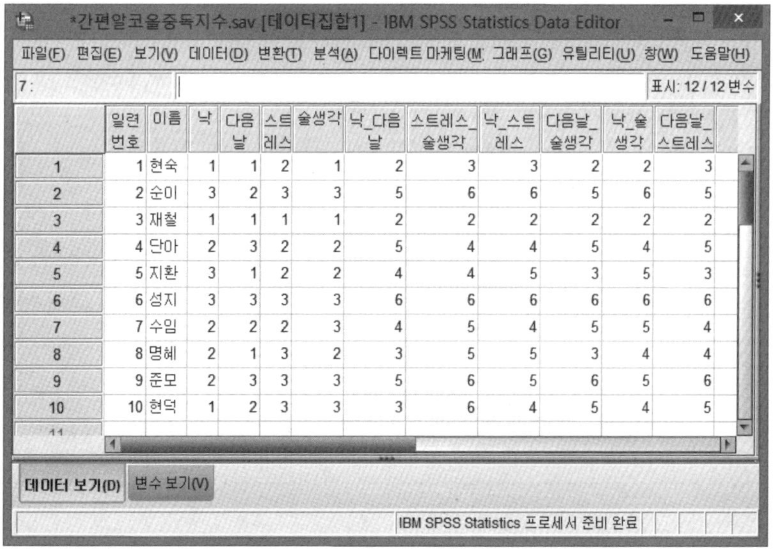

낙_다음날 대 스트레스_술생각   (α=.801)

낙-스트레스 대 다음날_술생각   (α=.767)

낙_술생각 대 다음날_스트레스   (α=.829)

.801 + .767 + .829 = 2.397

2.397 ÷ 3 = .799

먼저 α=.801이 나오는 과정을 설명한다. '낙'과 '다음날'이라는 두 변수를 합친 변수가 낙_다음날이다. '스트레스'와 '술생각'을 합친 변수가 스트레스_술생각이다. 4문항을 반분해서 2문항씩 합친 변수인 것이다. 두 반분 변수의 Cronbach α가 .801이다.

[분석] [척도] [신뢰도분석] 이후 나오는 신뢰도분석 창이 [그림 25-25]이다. [항목]에는 '낙_다음날'과 '스트레스_술생각'이라는 두 변수가 선택되어 있다. [확인]을 누른 이후 결과가 [표 25-6]이다. 알파값 .801이 이렇게 도출된다. 나머지 값인 .767과 .829도 이해되리라 생각한다.

[그림 25-25]	반분 변수의 신뢰도분석

[표 25-7] 반분 변수의 알파값 출력결과

케이스 처리 요약

		N	%
케이스	유효	10	100.0
	제외됨[a]	0	.0
	합계	10	100.0

a. 목록별 삭제는 프로시저의 모든 변수를 기준으로 합니다.

신뢰도 통계량

Cronbach의 알파	항목 수
.801	2

원래 4개의 질문에 대한 알파값이 반분 알파값 세 개의 평균인 .799이다.

[분석] [척도] [신뢰도분석]을 거쳐 [그림 25-26]을 연다. [항목]에는 반분 변수가 아닌 원래 네 개의 질문변수가 있다. [확인]하면 [표 25-7]에서와 같이 알파값이 .799이다.

[그림 25-26] 간편 알코올 중독 지수 신뢰도분석

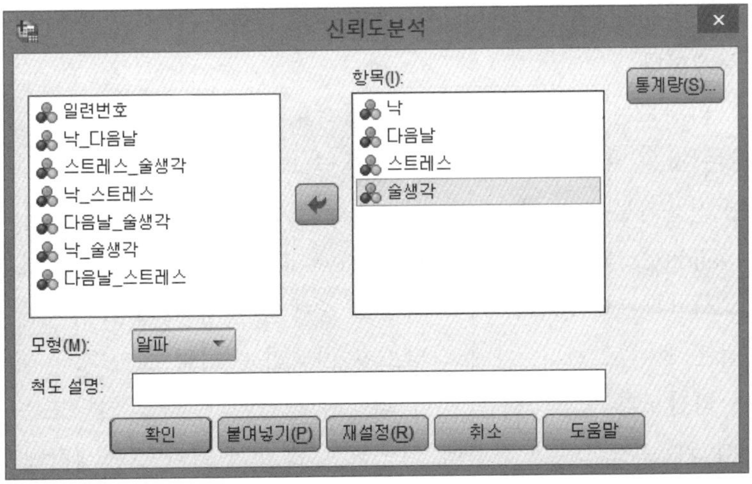

[표 25-8] 간편 알코올 중독 지수의 알파값 출력결과

케이스 처리 요약

		N	%
케이스	유효	10	100.0
	제외됨[a]	0	.0
	합계	10	100.0

a. 목록별 삭제는 프로시저의 모든 변수를 기준으로 합니다.

신뢰도 통계량

Cronbach의 알파	항목 수
.799	4

25.5 타당도의 측정

25.5.1 액면 타당도

필자는 여러 종류의 타당도 중에서 기본이 되는 것은 '액면 타당도 額面 妥當度 face validity'이다. 타당도는 우리가 측정하려는 것을 실제로 측정하느냐의 문제이다.

액면 타당도는 이 핵심을 가장 직접적으로 다룬다. 응답자의 기준에서 측정하려는 것을 측정한다고 판단되면, 액면 타당도가 있다.

많은 전문가들은 액면 타당도에 큰 가치를 두지 않는다. '표면 타당도 surface validity', '외형 타당도 appearance validity'같은 표현은 이러한 비하가 언어로서 나타난 것이다. 여러 타당도 중에서 가장 근거가 취약한 것으로 어떤 이들은 보기도 한다. 아예 타당도가 아니라는 이들도 있다.

액면 타당도가 중요하다는 것이 필자의 생각이다. 액면 타당도는 설문을 대했을 때 기존 지식이나 경험에 의존하지 않고 튀어나오는 생각에 근거한다. 이러한 사유체제가 '직관 直觀 intuition'이다. 액면 타당도의 무시는 직관의 무시이다.

액면 타당도에 대한 무시는 안타까운 일이다. 높은 신뢰도를 가지고 있다고 일반적으로 인정되는 지능검사를 생각해보자. 창의성이나 감수성과 같은 항목에 대한 무시나 문화권에 따른 편차와 같은 논쟁점은 바로 직관의 중요성을 다시 일깨워준다.

액면 타당성은 현장에서의 정확한 측정을 가능하게 해준다. 자동차 공장 노동자 대상의 '직장 분위기' 조사를 예를 들어 보자. 교과서를 열심히 읽고 설문지를 만들어 가면 조롱거리가 된다. '이 설문지 재미있네!'라고 근로자가 생각할 수 있어야 한다. 액면 타당도를 갖춘 내용과 표현이 있어야 제대로 된 답변을 받을 수 있다.

직관은 변화하는 현실에 대한 인식을 쉽게 해준다는 장점도 있다. 경험이나 지식에의 의존은 바뀌는 세상을 이해하기 어렵게 만든다. 21세기의 '똑똑함'은 지능검사가 처음 만들어진 20세기 초반의 지능과는 당연히 다르다. 지능이 개인의 향후 소득을 측정하기 위한 목적도 있다는 것을 감안하면, 이 점을 쉽게 이해할 수 있다.

직관으로서의 액면 타당도는 당연히 통계적 수치로 제시할 수 없다. 숫자로 나타나지는 않지만 액면 타당도를 높이는 방법은 질문을 명료하게 하는 것을 비롯한 좋은 설문지 만드는 일반적 과정과 동일하다.

하지만 액면 타당도를 높이는 가장 직접적 방법은 역시 많은 응답자의 직관을 미리 접하는 것이다. 설문지 초안부터 많은 이들이 참여하고 자신의 생각을 드러내게 하는 과정이 필요하다. 사전조사의 결과를 잘 분석해보는 것도 필요하다.

앞서 만든 간단 알코올 중독 지수를 생각해보자. 초안과 사전검사를 거치는 동안 여러 응답자들로부터 정말 알코올 중독에 관해 측정하는 것 같다는 좋은 반응을 받았다. 그렇다면 액면 타당도는 주장할 수 있는 것이다.

여기서 '주장한다'는 표현을 쓰는 것은 사실 타당도를 확립한다는 것이 어렵기 때문이다. 어떠한 수치나 근거도 타당도를 실체적으로 확립시키지는 않는다. "타당도는 주장하는 것이지 증명할 수 있는 것은 아니다. Validity has to be argued for: it is not proven(De Vaus, 2002: 27)"라는 말은 전적으로 옳다.

하지만 액면 타당도를 주장할 수 있다고 해서 여기서 멈추는 것은 곤란하다. 내용 타당도와 기준관련 타당도를 살펴보고, 간단 알코올 중독 지수의 타당도를 더 높일 수 있도록 살펴보도록 한다.

25.5.2 내용 타당도

'내용 타당도 內容 妥當度 content validity'는 내용이 다 들어가 있는 정도이다. 지능검사의 예를 들어보자. 지능을 제대로 측정하기 위해 필요한 모든 부분들을 포함하고 있는지의 문제이다. 수리, 언어, 논리, 추리와 같은 하위영역이 내용을 구성하고 있다. 지능검사의 변천사는 어떠한 부분들이 지능을 이루고 있느냐는 쟁점과도 연관이 많다.

내용 타당성을 높이는 직접적 방법은 두 가지 정도로 정리할 수 있다. 첫 번째는, 기존의 조사나 연구를 열심히 공부하는 것이다. 앞서 이에 대해서는 자세히 언급한 바 있다. 두 번째는 전문가의 의견을 묻는 것이다.

간편 알코올 중독 지수의 경우도 마찬가지이다. 첫 번째는, 알코올 중독이 무엇인지 어떠한 기존의 알코올 중독 관련 지수가 있었는지를 조사하는 것이 필요하다. 두 번째는, 알코올 중독 전문 치료 병원을 찾아가 이 지수가 모든 내용을 포함하고 있는지를 자문 받는 것이다.

간편 알코올 중독은 이러한 내용 타당성을 확인해보는 과정에서는 문제점을 드러낼 수도 있다. 기존 문헌 검토나 전문가 의견 청취에서는 어떤 내용이 빠졌다는 결론이 나올 수 있다. 예를 들어, 하루에 얼마를 마시느냐 하는 실질적 음주량 문제가 빠졌을 수 있다.

두 가지 해결책이라는 도식이 아닌, 실제 설문하는 과정에서 내용 타당도를 높이려고 노력하는 과정의 예는 Fink(2009: 44)가 잘 보여준다:

> (가능하면) 설문에 모든 해당되는 주제가 포함되었는지 확인해보아야 한다. 정치에 대한 태도에 대한 설문이리면, 모든 정당이 포함되었는지 모든 민감한 쟁점들이 포함되었는지를 보아야 한다 ... 확신이 안 선다면 설문지 초안에 응답한

사람을 포함한 다른 사람들에게 물어보아야 한다. 설문에 다른 의견을 더 추가
해서 넣을 여지가 있는지 살펴보아야 한다 … 종교에 대한 설문을 한다고 치자.
잘 아는 사람 중에 신심이 깊은 사람과 그렇지 않은 사람에게 설문지를 응답하
게 할 수도 있다. 이들의 응답은 다른가?

25.5.3 기준 타당도

'기준 타당도 基準 妥當度 criterion validity'는 관심을 외부로 돌린다.
세상의 다른 구체적 현실적 기준과 비교한다. 이 때 조사가 가지고 있는 의
미를 살펴본다. 기준 타당도에는 동시 타당도와 예측 타당도가 있다.

'예측 타당도 豫測 妥當度 predictive validity'는 필자가 가장 중요하다고
생각하는 타당도이다. 이성 간 사랑을 측정하는 지수는 앞으로 남녀관계가
어떤지를 잘 예측할 수 있어야 한다. 헤어졌는지 아니면 같이 지낸다면 서로
에게 얼마만큼 만족하고 사는지를 맞추어야 한다. 수능성적은 고등학생이 대
학생이 되었을 때 받는 학점을 어느 정도는 말해줄 수 있어야 한다.

간편 알코올 중독 지수 역시 마찬가지이다. 대학생을 대상으로 조사한다
면 졸업 후 소득과 어떠한 상관관계가 있는지 말해주어야 한다. 이렇듯 예측
타당도는 지수 개발 이후에 한참을 기다려야 하는 경우가 대부분이다.

'동시 타당도 同時 妥當度 concurrent validity'는 말 그대로 동시에 일어
난다는 것이다. 예측 타당도와는 달리, 앞으로 일어날 일을 기다린 이후에
상관계수 수치를 분석할 필요가 없다.

동시 타당도는 기존에 많이 쓰여서 기준이 된다고 인정받는 비슷한 설문
과 얼마나 유사한 결과를 얻을 수 있는지를 본다. 새로운 지능검사를 개발한
사람이 꼭 해보아야 할 것이 있다. 기존의 대표적 지능검사와의 비교이다.

간편 알코올 중독 지수도 다른 대표적 알코올 중독 지수와 비교해보는
것이 필요하다. 세계보건기구에서 개발한 알코올 사용 장애 검사를 한국에
적용하기 위해 만든, AUDIT-K와 같은 표준이 좋다.

AUDIT-K (알코올 중독 자가진단 테스트)

1. 술을 마시는 횟수는 어느 정도입니까?
① 전혀 안 마신다 ② 한 달에 1회 이하 ③ 한 달에 2~4회
④ 1주일에 2~3회 ⑤ 1주일에 4회 이상

2. 술을 마시는 날은 보통 몇 잔을 마십니까?
① 1~2잔 ② 3~4잔 ③ 5~6잔 ④ 7~9잔 ⑤ 10잔 이상

3. 한 번의 술좌석에서 5잔 이상을 마시는 횟수는 어느 정도입니까?
① 전혀 없다 ② 한 달에 1회 이하 ③ 한 달에 1회 정도
④ 1주일에 1회 정도 ⑤ 거의 매일

4. 지난 1년간 일단 술을 마시기 시작하여 자제가 안 된 적이 있습니까?
① 전혀 없다 ② 한 달에 1회 이하 ③ 한 달에 1회 정도
④ 1주일에 1회 정도 ⑤ 거의 매일

5. 지난 1년간 음주 때문에 일상생활에 지장을 받은 적이 있습니까?
① 전혀 없다 ② 한 달에 1회 이하 ③ 한 달에 1회 정도
④ 1주일에 1회 정도 ⑤ 거의 매일

6. 지난 1년간 과음 후 다음날 아침 정신을 차리기 위해 해장술을 마신 적
이 있습니까?
① 전혀 없다 ② 한 달에 1회 이하 ③ 한 달에 1회 정도
④ 1주일에 1회 정도 ⑤ 거의 매일

7. 지난 1년간 음주 후 술을 마신 것에 대해 후회한 적이 있습니까?
① 전혀 없다 ② 한 달에 1회 이하 ③ 한 달에 1회 정도
④ 1주일에 1회 정도 ⑤ 거의 매일

8. 지난 1년간 술이 깬 후의 취중의 일을 기억할 수 없었던 적이 있습니
까?
① 전혀 없다 ② 한 달에 1회 이하 ③ 한 달에 1회 정도
④ 1주일에 1회 정도 ⑤ 거의 매일

9. 당신의 음주로 인해 본인이 다치거나 또는 가족이나 타인이 다친 적이
있습니까?

① 전혀 없다

② 과거에 있었지만 지난 1년 동안에는 없다(2점)

③ 지난 1년 동안에 그런 적이 있다(4점)

10. 가족이나 의사가 당신의 음주에 대해 걱정을 하거나 또는 술을 끊거나
 줄이라고 권고한 적이 있습니까?

① 전혀 없다

② 과거에 있었지만 지난 1년 동안에는 없다(2점)

③ 지난 1년 동안에 그런 적이 있다(4점)

소주: 소주잔 1잔, 양주: 양주잔 1잔, 맥주: 355cc(캔맥주 1개), 포도주: 148cc(와인잔 1잔)

남자는 20점 이상, 여자는 10점 이상이면 알코올 의존단계라고 할 수 있다 ('전혀 없다'가 0점이며 '거의 매일'이 4점, 이렇게 점수는 0점에서 4점까지 분포)

점수별 알코올 의존단계

남자 0~9점, 여자 0~5점

정상 음주 단계-정상적인 수준이지만 적당한 음주량을 지키려는 습관 형성이 필요하다.

남자 10~19점, 여자 6~9점

위험 음주 단계-술로 인한 치명적인 문제가 있는 단계는 아니지만, 의존증 예방을 위해 전문가와 상담을 하고, 음주 지침을 정하는 것이 좋다.

남자 20점 이상, 여자 10점 이상

알코올 남용이나 의존 단계-스스로 조절하는 것이 어려운 상태, 병원이나 전문 기간을 방문하는 것이 필요하다.

1970년 John Ewing에 의해 개발된 알코올 중독 지수도 아주 흔히 쓰이기 때문에 참조대상이 될 수 있다. 'CAGE questionnaire'라고 불리는데 한국어 번역없이 원문 그대로 옮겨둔다. '아니오'는 0점, '예'는 1점으로 계산된다. 2점 이상인 경우는 의학적으로 문제가 있다고 간주된다(http://www.hopkinsmedicine.

org/johns_hopkins_healthcare/downloads/CAGE 2015년 7월 1일 접근).

전문가들은 4번 eye-opener 질문에 대해서 '예'라고 답하면 그것만으로 알코올 중독으로 판단하기도 한다(https://en.wikipedia.org/CAGE questionnaire 2015년 7월 1일 접근). 한국식으로 표현하면 '해장술'에 해당한다.

1. Have you ever felt you needed to Cut down on your drinking?
2. Have people Annoyed you by criticizing your drinking?
3. Have you ever felt Guilty about drinking?
4. Have you ever felt you needed a drink first thing in the morning (Eye-opener) to steady your nerves or to get rid of a hangover?

여기서 다루어지지 않은 타당도가 있다는 점을 밝혀 둔다. 기존의 여러 타당도 개념을 포괄한다고 주장되기도 하고, 또 응답이 이론대로 나타나는가에 주된 관심을 가진 '구성 타당도 construct validity'이다.

중복이 되는 면도 있고 또 혼란스러울 것 같아서 이 장에서 다루지 않는다. 참고로 '구성개념 構成槪念 construct'은 쉽게 이야기하자면 이론적이고 복잡한 개념이다. 동기, 사랑, 집착, 분노, 불안, 지능이 그 예이다. 체중이나 키와 같은 쉽게 측정할 수 있는 단순한 개념은 구성개념이 아니다.

부 록

▶ 난수표
▶ 문제풀기 정답

난수표(표 13-1의 확대본)

10480	15011	01536	90725	52210
22368	46573	59986	64364	67412
24130	63271	09896	08962	00358
42167	88547	57243	95012	68379
37570	55957	87453	15664	10493
77921	20969	99570	91291	90700
99562	52666	19174	39615	99505
96301	30680	19655	63348	58629
89579	00849	74917	97758	16379
86475	14110	06927	01263	54613
28918	21916	81825	44394	42880
63553	63213	21019	10634	12952
09429	18425	84903	42508	32307
15141	58678	44947	05535	56941
08303	16439	11458	18593	64952
28918	69578	88231	33276	70997
63553	40961	48235	03427	49626
09429	93969	52636	92737	88974
10365	61129	87529	85689	48237
51085	12765	51821	51259	77452
02368	21382	62404	60268	89368
01011	54092	33362	94904	31273
52162	53916	46369	58586	23216
07056	97628	33787	09998	42698

▶ 제4장
01 나   02 나   03 가   04 다

▶ 제9장
01 나   02 가   03 다   04 다   05 라   06 나   07 다   08 나   09 다

▶ 제10장
01 가   02 다   03 나   04 라   05 다   06 나   07 다   08 라

▶ 제11장
01 라   02 나   03 다   04 다   05 가   06 나   07 라   08 나   09 다   10 다
11 라   12 가   13 다

▶ 제12장
01 다   02 라   03 라   04 라   05 가   06 나   07 가   08 나   09 다   10 나
11 나   12 가   13 가

▶ 제14장
01 가   02 라   03 라   04 가   05 가   06 가   07 가   08 라   09 가

▶ 제15장
01 라   02 라   03 가   04 가   05 가   06 다   07 나   08 다   09 다   10 다

▶ 제16장
01 라   02 나   03 나   04 나   05 다   06 라   07 나   08 가   09 라   10 나
11 나   12 다   13 가   14 가   15 가   16 나   17 가   18 다   19 라

▸ 제17장
01 가 02 나 03 다

▸ 제18장
01 나 02 다 03 라 04 가 05 가 06 가 07 다 08 라 09 나 10 가
11 나 12 가 13 나 14 다 15 나 16 가

▸ 제19장
01 가 02 다 03 라 04 다 05 라 06 다 07 라 08 다

▸ 제20장
01 라 02 나 03 다 04 다 05 라 06 가 07 라 08 라 09 다 10 나
11 가 12 라 13 라 14 가 15 다

▸ 제21장
01 라 02 라 03 나 04 다 05 다 06 라 07 라 08 나 09 나 10 나
11 나

▸ 제23장
01 라 02 라

참고문헌

김현철(2000), SPSS for Windows에 의한 실용회귀분석, 경문사.

노형진·정한열(2001), 한글 SPSS 10.0 기초에서 응용까지, 형설.

대럴 허프(2003), 새빨간 거짓말, 통계(박영훈 역), 더불어책.

박광배(2004), 변량분석과 회귀분석, 학지사.

박성현(1998), 회귀분석, 민영사.

이우리·오광우(2003), 회귀분석:입문 및 응용, 탐진.

우수명(2001), 마우스로 잡는 SPSS, 인간과 복지.

염준근(2005), 선형회귀분석, 자유아카데미.

워나코트(1993), 현대사회통계학(차종천 역), 나남.

정영해 외(2005), SPSS 12.0 통계자료분석, 한국사회조사연구소.

한국사회학회(1999), 사회조사전문가를 위한 SPSS 사회조사분석, SPSS 아카데미.

한국사회조사연구소(2005), SPSS 12.0 통계자료분석, 한국사회조사연구소.

Agresti, Alan and Barbara Finlay(1986), *Statistical Methods for the Social Sciences*(San Francisco:Dellen Publishing Company).

Alreck, Pamela & Robert Settle(2004), *The Survey Research Handbook* NY: McGrow-Hill.

Babbie, Earl(2013), The Practice of Social Research. Andover: Cengage Learning. 고성호 외 역. 사회조사방법론, 서울: 그린.

Blalock. Jr. Hubert M(1979), *Social Statistics.* McGraw Hill.

Bowerman, B. L. & O'Connell, R. T(1990), *Linear Statistical Models: An Applied Approach*(Belmont, CA: Duxbury).

De Vaus, David(2002), *Analyzing Social Science Data*(London: Sage).

Field, Andy(2004), *Discovering Statistics: Using SPSS for Windows*(London: Sage).

Fink, Arlene(2008), *How to ask survey questions?* Sage.

Gunst R. F and R. L. Mason(1980), *Regression Analysis and Its Applications* Dekker, NY.

Kalton, Graham(1983), *Introduction to Survey Sampling*(Beverly Hills: Sage).

Lewis-Beck Michael S. Alan Bryman, and Tim Futing Liao(2004), *The Sage*

Encyclopedia of Social Science Research Methods(Thousand Oaks, CA : Sage).

Menard, S(1995), *Applied Logistic Regression Analysis* Sage university paper series on quantitative applications in the social sciences, 02-106(Thousand Oaks, CA : Sage).

Miller, Robert et al.(2002), *SPSS for Social Scientists*(NY : Palgrave Macmillan).

Moore, David(2001), *Statistics: Concepts and Controversies*(NY : W. H. Freeman and Company).

Myers, R(1990), *Classical and Modern Regression with Applications*(Boston, MA : Duxbury).

Nardi, Peter(2006), *Doing Survey Research*(Boston : Pearson Education).

Newton, Rae R. & Kjell Erik Rudestam(1999), *Your Statistical Consultant* (Thousand Oaks, CA : Sage).

Rumsey, Deborah(2003), Statistics for Dummies(Indianapolis : Wiley).

Sabo, David(2005), www.math.bcit.ca/faculty/david_sabo/apples/ math2441/section8/ smallsampmean/pplots/probplots.doc Mathematics at British Columbia Institute of Technology. 2005년 11월 10일 접근.

Spiegel, Murray R. & Larry J. Stephens. *Schaum's Outlines Statistics,* McGraw Hill.

Voelker, David et al.(2001), Statistics : *Cliffs Quick Review.* Cliffs Notes.

국문색인

[ㄱ]

가변수　559, 564

가설　321, 609

가설검정　321

가우스　215

가우스분포　215

가중치　483

가중치 적용　638

값　17

개방형 질문　618

개별 변수　97, 98

거짓말　1, 2, 3

검정　321

결정계수　378

결측　76

결측값　17, 71

결측치　73

결합적 효과　557

경우의 수　197

경험적 확률　198

고정 너비　52

공분산　430

공선성　541, 543

공차한계　549

교차분석　78

교차표　78

구간　200

[ㄱ] 구분자　48

구성 타당도　668

구성개념　668

군집 표본추출　652

균일확률 추출방법　633

귀무가설　322

그래프　97

그래프의 편집　137

기각　326

기대빈도　500

기술통계　69, 97, 127, 243

기준 타당도　665

[ㄴ]

난수표　253, 633

내용 타당도　664

누적상대빈도　234

눈덩이 표본추출　630

능형회귀　554

[ㄷ]

다단계 방법　654

다중공선성　541

다중응답　85

다중회귀분석　407

단순　99

단순막대도표　99, 106, 117

단순 무작위표본추출　633
단순산점도　367
대립가설　322
대비　482
대비값　484
대상변수　22
대칭적　170, 217, 498
덩어리 표본추출　652
데이터 파일의 작성·수정　13
데이터 보기　15, 16
델파이 기법　631
도박　195
도표편집기　140
독립성　429, 498
독립표본　343
동간성　61
동간척도　61
동시 타당도　665
동형검사　656
등간　60
등분산검정　353, 484

[ㄹ]
레이어　81

[ㅁ]
막대도표　97, 99
맞춤　17
명목　59
명목변수　76, 83
명목척도　60
모수　244, 290
모집단　244

모집단분포　264
무게중심　161
무작위 오차　627
무작위추출　313
무작위표본추출　251

[ㅂ]
반분법　657
범주형　94
범주형 다중응답　91
변수 보기　15, 16
변수값　59
변수값 설명　18, 19
변수계산　22
변수군　86, 87
변이　59
변환　22
변환점수　222
부적편포　173
분류범주　60
분산　185
분산도　179
분산분석　377, 455
분산팽창계수　549
불편추정치　191, 470
비례 층화 표본추출　636
비비례 층화 표본추출　638
비율　60
비율척도　62
비정규분포　234
비확률적 표본추출　629
비확률표집　313
빈도　73

빈도분석 73
범위 179

[ㅅ]
3차원 156
사전조사 627
사후분석 487
산점도 369, 410, 435
상관계수 432
상관분석 429
상대도수확률 198
상쇄 514
상쇄효과 514
상승효과 514
상호 배타적 60
상호 작용 513, 554
상호 작용효과 514
샤피로 윌크 검정 234
서열 59
서열변수 76, 83
서열척도 61
선도표 133
선택 표본추출 630
선행 길잡이 631
선형회귀분석 360
센서스 243
셀 83
수용 326
수준 513
수직누적막대도표 111
수평누적막대도표 101, 109, 119
숫자표현식 24
신뢰계수 298

신뢰구간 289, 290
신뢰도 603
신뢰성 290, 306
신뢰수준 298
실제빈도 500
실제사례 196

[ㅇ]
액면 타당도 662
F값 474
엑셀 45
역순서 입력 626
연관 429, 497
연구가설 322
연구질문 608
연속확률분포 198
열 78
열 퍼센트 83
영가설 322
예측 타당도 665
오류 323
오차 364
오차범위 291
왜도 231
외곽평균 513
외형 타당도 662
우연 표본추출 629
원도표 128
유의수준 324
유의 표본추출 630
유의할당추출법 313
유의확률 324
유형 16

유효 퍼센트   76

유효   76

응답   85, 86

이름   16

이분형   86

이분형 다중응답   86

이산확률분포   198

이원분산분석   513

인과관계   497

인구통계학적 변수   614

일관성   603

일원분산분석   513

일차 표본추출 단위   653

[ㅈ]

*z*값   330

*Z*점수   222

자리   16

자유도   469, 470

재검사법   655

전체 케이스   20

전체 퍼센트   85

전체적합선   369

전체제곱합   459, 517

정규분포   215, 217, 234

정규분포곡선   230

정규접근정리   259

정적편포   171

정확성   289, 290, 306, 605

제 1 종 오류   323, 324, 326, 455, 482, 487

제 2 종 오류   323, 324, 26

조건분포   497

종속성   429

주관 표본추출   630

주성분분석   554

주효과   513

중심경향   159

중심극한정리   259

중위수   162, 217

지수   622

지역 확률 표본추출   653

집단 내 제곱합   459, 517

집단 내 평균제곱   469

집단간 제곱합   459, 517

집단간 평균제곱   469

집락 표본추출   652

[ㅊ]

참조집단   564

척도   59

척도치   61

첨도   231

체계적 표본추출   634

초점집단 기법   630

총조사   247

최대값   179

최빈값   166, 217

최소값   179

최소제곱선   364

최소제곱원리   190

추리   243

추리통계   243

측도   17

측정수준   59

층화 표본추출   636

[ㅋ]

카이 제곱   497

캘빈 온도   62

케이스   85, 97, 98

케이스 선택   19

케이스 선택조건   21

케이스 요약   69

케이스 집단   97, 98

코딩 변경   24

콜모고로프-스미르노프 검정   234

[ㅌ]

타당도   605

텍스트 가져오기 마법사   50

텍스트 파일   48

통계   1

통계량   244

통계치   244

통계학   1

t값   330, 336, 348

[ㅍ]

파일 합치기   30

파일 가져오기   45

파일합치기 : 변수   36

파일합치기 : 케이스   30

판단 표본추출   630

패턴   153

퍼센트   76

편의 표본추출   629

편포도   231

평균   160, 217

평균비교   455

평균의 차이   343

평균차이   344

폐쇄형 질문   619

포괄적   60

표면 타당도   662

표본 틀   251

표본   244

표본분포   265

표본평균   265

표본평균값   265

표준오차   264, 329

표준점수   221, 171

표준정규분포   221

표준정규순서 통계량의 기대치   234

표준편차   185

프로파일 도표   536

필터   21

[ㅎ]

한글 파일   48

할당 표본추출   629

행   78

행 퍼센트   83

확률   195

확률밀도함수   200, 217

확률분포   195

회귀   359

회귀면   420

회귀분석   359

회귀선   362

회귀식   362, 557

히스토그램   129

영문색인

[A]

accept   326

accidental sampling   629

alpha   362

alternative hypothesis   322

Analysis of Variance   377

appearance validity   662

Area Probability Sampling   653

association   429, 497

[B]

bar   264

bellwether   631

beta   362

Between Sum of Squares   459

Bonferroni   487

BSS   459, 517

buffering   514

buffering effect   514

[C]

case   30, 85, 98, 179

category   60

causal relationship   429

cell   13, 45

Census   243, 247

centering   558

Central Limit Theorem   259

central tendency   159

classical probability   196

close-ended question   619

cluster sampling   652

coefficient of determination   378

collinearity   541

column   15

combined effect   557

concurrent validity   665

conditional distribution   497

confidence   290, 306

confidence coefficient   298

construct   668

construct validity   668

content validity   664

continuous variable   198

contrast   482

correlation analysis   429

correlation coefficient   432

countable   198

covariance   430

convenience sampling   629

criterion validity   665

[D]

degree of freedom   469, 470

delphi method   631

demographic variable   614

dependence   429

descriptive statistics   69, 243

dichotomous   86

discrete   129

discrete variable   198

dispersion   179

double-barreled question   612

dummy variable   541, 559

[E]

E 310

empirical probability   198

EPSEM   633

epsilon   363

equidistance   61

equivalence   61

error   364

Excel   45

expected standard normal-order
    statistics   235

[F]

face validity   662

focus group method   630

frequency   73

[G]

gambling   195

Gauss   215

Gaussian distribution   215

[H]

histogram   129

hypothesis   321, 609

[I]

independence   429

independent   343

inference   243

inferential statistics   243

interaction   514, 541

interaction effect   514

interval   200

interval scale   61

[J]

judgment sampling   630

[K]

Kelvin   62

Kelvin scale   62

Kolmogorov   206

Kolmogorov-Smirnov test   234

kurtosis   231

[L]

layer   81

least square line   364

level   513

Levene   353, 484

lies   1

linear regression analysis   360

[M]

main effect   513

margin of error   291

marginal mean   513

Mean   161

Mean Square Between   469

Mean Square Within   469

MECE   619

Median   162

missing value   36, 73

mode   166

MSB   469, 472

MSW   469, 471

mu   217, 264

multicollinearity   541

multiple regression analysis   407

Multiple Response   85

multistage method   654

[N]

n   264

negatively skewed   173

nominal scale   60

nonproportional stratified sampling   638

Normal Approximation Theorem   259

normal distribution   215

null hypothesis   322

[O]

one-way analysis of variance   513

open-ended question   618

ordinal scale   61

[P]

p value   324

parallel forms test   656

parameter   244, 290

Pearson *r*   432

positively skewed   171

post hoc analysis   487

precision   290, 306

predictive validity   665

Primary Sampling Unit   653

principal components analysis   554

principal of least squares   190

probability density function   200

proportional stratified sampling   636

purposive quota sampling   313

purposive sampling   630

[Q]

quota sampling   629

[R]

random error   627

random number table   633

random sampling   251, 313

rank   61

ratio scale   62

reference group   564

regression   359

regression equation   362

regression line   362

reject   326

relative frequency probability   198

reliability   603

research hypothesis   322

response   85, 86

reverse coding   626

ridge regression   554

row   15

RSS   378

[S]

sampling frame   251

scale value   61

Scheffe   488

selective sampling   630

Shapiro-Wilk test   234

sigma   217, 264, 309

significance   324

significance level   324

significance probability   324

simple random sampling   633

skewness   231

snowball sampling   630

split-half method   657

spread   179

SSE   378

standard error   264

standard normal distribution   221

standard score   221

statistic   1, 244

stratified sampling   636

subjective sampling   630

surface validity   662

symmetric   217, 498

symmetrical   170

synergy effect   514

systematic sampling   634

[T]

test   321

test-retest method   655

text file   45

tolerance   549

Total Sum of Squares   459

TSS   378, 459, 517

Tukey   488

two-way analysis of variance   513

type 1 error   455

[U]

unbiased estimate   191, 470

[V]

variable   16, 30

validity   605

variable value   59

variance   379

variance inflation factors   549

variation   59

VIF   549

[W]

weight   485

Within Sum of Squares   459

WSS   459, 517

[X]

X bar   264

[저자 약력]

김준우

1999년 미시간주립대 사회학 – 도시학 박사
2000년 싱가포르국립대 박사후과정
2001년 부산발전연구원 부연구위원
2002년 전남대 사회학과 교수

저서 및 역서

「사회과학의 현대통계학」, 김영채 공저, 박영사, 2005.
「즐거운 SPSS, 풀리는 통계학」, 박영사, 2007.
「국가와 도시」, 2008년 문화체육관광부 선정 우수 학술도서, 전남대학교출판부, 2007.
「선집으로 읽는 한국의 도시와 지역」, 안영진 공편, 박영사, 2008.
「공간이론과 한국도시의 현실」, 전남대학교출판부, 2010.
「황금도시: 장소의 정치경제학」, Logan & Molotch *Urban Fotunes* 번역, 전남대학교 출판부, 2013.

개정 3판
설문지 작성법이 추가된 즐거운 SPSS, 풀리는 통계학

초판발행	2007년 1월 20일
개정판발행	2012년 9월 5일
개정3판발행	2015년 9월 11일
중판발행	2020년 8월 3일

지은이	김준우
펴낸이	안종만 · 안상준

편 집	배근하
기획/마케팅	이영조
표지디자인	김문정
제 작	우인도 · 고철민

펴낸곳	(주) **박영사**
	서울특별시 종로구 새문안로3길 36, 1601
	등록 1959. 3. 11. 제300-1959-1호(倫)
전 화	02)733-6771
f a x	02)736-4818
e-mail	pys@pybook.co.kr
homepage	www.pybook.co.kr
ISBN	979-11-303-0244-7 93310

정 가   30,000원